高等学校食品质量与安全专业适用教材

动植物检验检疫学

鞠兴荣 主编

中国轻工业出版社

图书在版编目（CIP）数据

动植物检验检疫学／鞠兴荣主编．—北京：中国轻工业出版社，2025.1

全国高等学校食品质量与安全专业适用教材

ISBN 978-7-5019-6363-8

Ⅰ.动… Ⅱ.鞠… Ⅲ.①动物－检疫－高等学校－教材②植物检疫－高等学校－教材 Ⅳ.S851.34 S41

中国版本图书馆 CIP 数据核字（2008）第 021599 号

责任编辑：马　妍

策划编辑：李亦兵　　责任终审：滕炎福　　封面设计：锋尚制版

版式设计：王超男　　责任校对：郎静瀛　　责任监印：张京华

出版发行：中国轻工业出版社（北京鲁谷东街 5 号，邮编：100040）

印　　刷：三河市万龙印装有限公司

经　　销：各地新华书店

版　　次：2025 年 1 月第 1 版第 19 次印刷

开　　本：787×1092　1/16　印张：26.75

字　　数：570 千字

书　　号：ISBN 978-7-5019-6363-8　定价：52.00 元

邮购电话：010－85119873

发行电话：010－85119832　传真：010－85119912

网　　址：http://www.chlip.com.cn

Email：club@chlip.com.cn

250161JIC119ZBW

食品质量与安全专业教材编写委员会

本书编委会

主　编　鞠兴荣（南京财经大学）

副主编　王明洁（南京财经大学）

杨莲茹（内蒙古农业大学）

钟青萍（华南农业大学）

赵瑞香（河南科技学院）

赵海珍（南京农业大学）

参编人员（按拼音排序）

陈金顶（华南农业大学）

高瑀珑（南京财经大学）

李少英（内蒙古农业大学）

刘　艳（江苏出入境检验检疫局）

沈崇钰（江苏出入境检验检疫局）

前　　言

加入世贸组织为我国农、林、牧、渔业的发展带来了空前的机遇，同时也对动植物检验检疫提出了更高的要求。目前在WTO的贸易运行机制下，关税大幅度降低，非关税壁垒不断地削弱，但技术性贸易壁垒却呈现日益增多的趋势。动植物检验检疫措施作为合理保护动植物健康的技术性贸易措施与国际贸易，特别是与农产品国际贸易的关系日趋密切。作为发展中国家，我国正陷入技术性贸易壁垒的重围之中。我国在出口农副产品时，必须跨越越来越多的发达国家设置的包括动植物检验检疫方面的各种技术性贸易壁垒，同时也肩负着切实加强食品卫生及动植物检验检疫体系，防御各种外来不利于人类、动植物生命及健康安全的危险侵入，阻止发达国家大量进口农副产品挤压国内市场，维护国家利益、确保国家生态安全和促进经济持续稳定发展的重任。

为了适应国家对动植物检验检疫方面人才培养的需求，由南京财经大学牵头，组织内蒙古农业大学、华南农业大学、南京农业大学、江苏出入境检验检疫局和河南科技学院6个单位从事动植物检验检疫教学与科研人员编写了《动植物检验检疫学》教材。本书可供食品质量与安全、动植物检验检疫和植物保护专业本专科学生、硕士研究生及教师使用，也可作为动植物检验检疫机构有关人员参考及培训用书。

本书由鞠兴荣主编。全书分为绪论、第一篇动物检验检疫和第二篇植物检验检疫三部分内容。绪论由鞠兴荣编写，第一章动物检验检疫概述由沈崇钰和刘艳编写，第二章动物检验检疫技术由钟青萍和陈金顶编写，第三章检疫性传染病和寄生虫病由赵瑞香编写，第四章肉品检验检疫技术中第一节至第四节、第七节至第九节由杨莲茹编写，第五节由赵海珍和杨莲茹编写，第六节由杨莲茹和赵海珍编写，第十节由赵海珍编写，第五章乳品检验检疫技术由李少英编写，第六章水产品检验检疫技术和第七章蛋品卫生检验检疫技术由沈崇钰和刘艳编写；第八章有害生物风险分析和第九章植物检疫法规由鞠兴荣编写，第十章植物检疫的主要措施、第十二章检疫处理和第十三章检疫性植物有害生物由王明洁编写，第十一章植物检验检疫技术由王明洁和高瑀珑编写。本教材出版得到了南京财经大学食品科学与工程学院等单位的领导和同行们的大力支持和帮助，在此深表谢意。

动植物检验检疫是一项涉及生物、社会、法律、贸易、技术保障以及信息管理等领域的系统工程，发展很快，涉及的学科较多，内容范围广，加之编者水平有限，书中难免有不妥之处，恳请读者批评指正。

编　者

目 录

绪 论

第一节 动植物检验检疫的概念……1
一、动植物检验检疫的历史渊源……1
二、常用的动植物检验检疫术语……2
第二节 动植物检验检疫的重要性……6
一、近现代动物疫病及植物检疫性有害生物的传播危害……6
二、动植物检验检疫的实际重要性……7
第三节 动植物检验检疫的特点……12
一、动植物检验检疫的基本特征……12
二、世界各国动植物检验检疫的基本类型……14
三、国际动植物检验检疫发展的特点和趋势……15
第四节 中国动植物检验检疫工作的历史及其发展……18
一、动植物检验检疫起步阶段……18
二、动植物检验检疫取得重大进展与遇到干扰破坏的时期……19
三、改革开放后动植物检验检疫健康顺利发展的新时期……19

第一篇 动物检验检疫

第一章 动物检验检疫概述……23
第一节 动物检验检疫的主要依据、手段及措施……23
一、《国际动物卫生法典》……24
二、《中华人民共和国进出境动植物检疫法》……25
三、《中华人民共和国动物防疫法》……27
四、动物检疫名录……28
五、检疫操作规程……29
六、动物检疫的主要手段和措施……29
第二节 进境动物风险分析……30
一、风险分析……30
二、危害因素确定……31
三、风险评估……31
四、风险管理……32

五、风险交流……32
第三节 进出境动物检疫……32
一、动物检疫审批……32
二、进境动物检疫……34
三、出境动物检疫……36
四、过境检疫……37
五、检疫结果判定和出证……37
六、检疫处理……38
第四节 国内动物检疫……38
一、预防动物疫病的制度和措施……38
二、控制和扑灭动物疫病的法律措施……40
三、动物检疫制度……41
四、动物防疫监督……43
第二章 动物检验检疫技术……45
第一节 检验检疫样品……45
一、病料采集和运送……45
二、病料的保存……47
三、病料的记录、包装和运送方法……48
第二节 细菌分离及鉴定……48
一、无菌技术……48
二、接种工具……49
三、操作环境……49
四、细菌培养基……50
五、病料的处理……52
六、细菌的分离接种……53
七、细菌的培养方法……54
八、细菌的鉴定……56
第三节 病毒分离及鉴定……65
一、检材的采集与送检……65
二、病料的处理……65
三、病毒的分离培养……65
四、分离病毒的鉴定……74
第四节 其他病原微生物分离及鉴定……78
一、螺旋体……78
二、立克次氏体……81
三、支原体……84

四、衣原体……86
第五节　寄生虫检查……89
一、虫卵检查法……89
二、虫体检查法……89
三、免疫学检测方法……90
四、分子生物学检测方法……90
第六节　现代生物技术在动物检验检疫中的应用……90
一、概述……90
二、免疫学技术在动物检验检疫中的应用……91
三、分子生物学技术在动物检验检疫中的应用……93
四、快速生化检测技术在微生物检测中的应用……94
五、生物芯片在检验检疫中的应用……95
六、生物传感器在检验检疫中的应用……96
第三章　检疫性传染病和寄生虫病……97
第一节　人兽共患传染病的检验检疫……97
一、炭疽……97
二、口蹄疫……99
三、布氏杆菌病……102
四、结核病……103
五、沙门氏菌病……106
六、狂犬病……107
七、钩端螺旋体病……109
八、流行性乙型脑炎……110
第二节　家畜固有传染病的检验检疫……112
一、猪瘟……113
二、牛瘟……115
三、猪丹毒……117
四、气肿疽……118
五、副结核病……119
六、蓝舌病……122
第三节　寄生虫病的检验检疫……123
一、旋毛虫病……123
二、棘球蚴病……124
三、猪囊尾蚴病……126
四、弓形虫病……127
五、细颈囊尾蚴病……129

六、猪蛔虫病……130
第四节 家禽重要疫病的检验检疫……132
一、传染性法氏囊病……132
二、马立克病……134
三、鸡新城疫……135
四、禽流感……137
五、鸡传染性支气管炎……138
第四章 肉品检验检疫技术……141
第一节 概述……141
一、肉与肉制品……141
二、肉的形态结构、化学组成与物理性状……141
三、宰后肉的变化……142
第二节 宰前检疫技术……144
一、宰前检疫的意义……144
二、宰前检疫的组织……144
三、宰前检疫的方法及技术要领……146
四、宰前检疫后的处理……147
五、宰前检疫结果的登记……147
第三节 宰后检验技术……148
一、宰后检验的目的及意义……148
二、宰后检验的组织及技术要求……148
三、宰后检验的基本方法……150
四、宰后检验的程序及操作要点……151
五、宰后检验后的处理……155
第四节 肉的新鲜度检验……157
一、感官检验……157
二、理化检验……157
第五节 肉品的微生物学检验……162
一、菌落总数的测定……162
二、大肠菌群的测定……163
三、致病菌的检验……164
第六节 肉品的寄生虫学检验……167
一、旋毛虫病……167
二、囊尾蚴病……168
三、棘球蚴病……169
四、弓形虫病……170

第七节　腌腊肉制品的检验……170
一、感官检验……171
二、理化检验……173
三、腌腊肉制品卫生评价与处理……180
第八节　熟肉制品的检验……180
一、感官检验……180
二、理化检验……181
三、微生物检验……183
四、熟肉制品卫生评价与处理……184
第九节　肉类罐头的卫生检验……184
一、肉类罐头的常规检验……185
二、肉类罐头的理化检验……188
三、肉类罐头的微生物检验……188
四、肉类罐头卫生评价与处理……191
第十节　食用动物油脂的卫生检验……192
一、感官检查……192
二、理化检验……193
三、食用动物油脂卫生评价与处理……196
第五章　乳品检验检疫技术……197
第一节　概述……197
一、乳与乳制品……197
二、乳的组成及主要化学成分……197
三、异常乳……198
四、乳制品的安全与卫生……198
第二节　乳品取样技术……200
一、样品采集……200
二、样品保存……201
第三节　乳与乳制品的理化检验……202
一、酸度的测定……202
二、乳脂含量的测定……203
三、乳蛋白的测定……204
四、乳糖含量的测定……205
五、灰分及主要盐类的测定……205
六、磷酸酶的测定……207
七、牛乳冰点的测定及掺水计算……208
第四节　乳与乳制品的微生物检验……209

一、一般微生物检验方法……209
二、特殊检验方法……210
第五节 乳与乳制品的卫生学评价……211
一、原料乳……211
二、巴氏杀菌乳……211
三、灭菌乳……212
四、奶油……212
五、炼乳……213
六、酸牛乳……213
七、乳酸菌饮料……214
八、冷冻饮品……214
第六章 水产品检验检疫技术……216
第一节 概述……216
一、生物性的危害……216
二、化学性危害……216
三、物理性危害……217
第二节 水产品检验抽样和制样……217
一、抽样方法……217
二、样品制备……219
第三节 水产品品质感官检验……219
一、活水产品……220
二、冰鲜水产品……220
三、冻水产品……221
第四节 水产品理化检验……221
一、品质理化检验……221
二、鲜度检验……223
三、食品添加剂含量的检验……223
四、环境污染物的检验……224
第五节 水产品细菌学检验……225
一、设备和材料……225
二、水产品细菌学检验……225
第六节 水产品寄生虫检验……226
一、双槽蚴……226
二、微孢子虫……227
三、异尖线虫蚴……227
四、绦虫蚴……227

五、后尾蚴……227
第七节　水产品天然毒素检验……228
一、贝类毒素的检验……228
二、组胺的检验……228
三、河豚毒素的测定……228
第七章　蛋品卫生检验检疫技术……230
第一节　蛋的品质鉴定方法……230
一、感官鉴定法……230
二、光照鉴定法……230
三、理化鉴定法……231
第二节　蛋与蛋品卫生标准的分析方法……232
一、鲜鸡蛋……232
二、冰全蛋……232
三、巴氏消毒冰鸡全蛋、冰蛋黄和冰蛋白……234
四、巴氏杀菌全蛋粉……235
五、鸡全蛋粉、鸡蛋黄粉……236
六、蛋白片……236
七、皮蛋（松花蛋）……237
参考文献……239

第二篇　植物检验检疫

第八章　有害生物风险分析……241
第一节　有害生物在自然界中分布的区域性……241
一、有害生物传播的“人为性”……241
二、有害生物传入新区的危害性……242
三、加强植物检疫的紧迫性……243
第二节　植物检疫与植物卫生……244
一、植物检疫的概念……244
二、植物检疫与植物卫生……245
第三节　有害生物风险分析的历史与发展……247
一、风险与风险管理……247
二、风险管理的程序……247
三、有害生物风险评估的产生和发展……248
第四节　有害生物风险分析的国际标准及风险分析程序……250
一、有害生物风险分析的国际标准……250
二、检疫性有害生物风险分析的标准程序……250

三、有害生物风险分析的方法……254
四、世界各国有害生物风险分析现状……254
第五节 转基因植物的风险评估……257
一、转基因作物的现状……257
二、转基因作物的安全性……258
三、转基因植物的风险评估……260
四、国内外对转基因生物及其产品的管理……264
第九章 植物检疫法规……266
第一节 植物检疫法规的发展和类别……266
一、植物检疫法规的起源与发展……266
二、植物检疫法规的类别……268
第二节 国际性植物检疫法规……268
一、《国际植物保护公约》(IPPC)……268
二、《实施卫生与植物卫生措施协定》(SPS协定)……271
三、《生物多样性公约》……272
四、检疫双边协定、议定书及合同条款中的检疫规定……273
第三节 中国植物检疫法规……274
一、植物检疫法规的基本内容……274
二、进出境植物检疫的主要法规……275
三、国内植物检疫的主要法规……276
四、加强植物检疫立法工作，建立并健全我国植物检疫法规体系……276
第十章 植物检疫的主要措施……279
第一节 检疫性有害生物“疫区”和“保护区”的划定……279
一、国内植物检疫的做法……279
二、国际植物检疫“非疫区”的确定……281
第二节 建立健康种苗基地和产地检疫……284
一、建立健康种苗生产基地……284
二、产地检疫……285
第三节 植物检疫的审批与报检……287
一、植物检疫审批……287
二、植物检疫报检……291
第四节 进出境口岸检疫和国内调运检疫……292
一、国内调运检疫……293
二、进出境口岸检疫……295
第五节 隔离试种检疫……298
一、隔离试种检疫的必要性……298

二、隔离试种检疫的基本程序……300
第六节 疫情的监测和控制……301
一、疫情的监测……301
二、疫情的控制……302
三、迎接挑战，加强疫情的监测和控制工作……303
第十一章 植物检验检疫技术……305
第一节 常规检验检疫技术……305
一、现场检验检疫技术……305
二、实验室检验检疫技术……307
第二节 植物检验检疫新技术的应用……318
一、核酸杂交技术……318
二、限制性片段长度多态性标记技术……319
三、聚合酶链式反应……319
四、随机扩增多态性DNA技术……321
五、基因芯片检测技术……322
第三节 植物检疫信息和资料的收集……322
一、植物检疫情报资料的内容……322
二、植物检疫信息和资料的收集……323
第十二章 检疫处理……326
第一节 检疫处理的原则和方法……326
一、检疫处理的目的……326
二、检疫处理的原则……327
三、检疫处理的方式……327
四、除害处理的方法……328
第二节 物理处理方法……328
一、低（高）温处理……328
二、电磁波处理……332
第三节 化学处理方法……334
一、熏蒸处理……334
二、化学药剂处理……346
三、防腐处理……346
第四节 进境原木及木质包装材料的检疫处理……348
一、进境原木的检疫处理……348
二、木质包装材料的检疫处理……349
第十三章 检疫性植物有害生物……352
第一节 检疫性植物病原物……352

一、检疫性植物病原真菌……352
二、检疫性植物病原细菌……359
三、检疫性植物病原线虫……364
四、检疫性植物病原病毒……369
第二节 检疫性害虫……373
一、检疫性实蝇……373
二、检疫性甲虫……375
三、检疫性蛾类……389
四、其他检疫性害虫……394
第三节 检疫性杂草……398
一、菟丝子属……398
二、毒麦……400
参考文献……402

绪论

第一节 动植物检验检疫的概念

一、动植物检验检疫的历史渊源

动植物检验检疫就起源而言，是当人类面临着来自自然界的强大敌人——有害生物，借助于立法和法规对来自疫区的可疑动植物、动植物产品及其他应检物品，实行强制性的检查和处理，以防止疫情传播蔓延，从而维护生态平衡和农业可持续发展以及保证人体健康，这是始于卫生检疫，而后发展为动植物检疫的活动，是人类在与自然界作斗争实践中的一项伟大创举。

“检疫”一词是由英文Quarantine翻译而来。文献资料表明Quarantine源于拉丁文*Quarantum*，意思是“四十天”。早在14世纪，当时欧洲的威尼斯共和国为阻止当时的传染病（黑死病、霍乱、黄热病、疟疾等）传入本国国土，对要求入境的外来船舶和人员在进港前一律采取在锚地滞留、隔离40d的防范措施。在此期间，如未发现船上人员染有传染性疫病，方可允许船舶进港和人员上岸。这种带有强制性的隔离措施，在当时医药尚不发达的条件下，对阻止疫病的传播蔓延起到了很好的作用。从此以后，此方法在国际上被普遍采用，Quarantine 成为隔离40d的专有名词，并逐渐形成了“检疫”的概念。这种防范人类疫病蔓延的卫生措施——隔离检疫措施，给人类以启迪，被人们逐步运用到阻止动物疫病、植物危险性有害生物的传播和蔓延上，遂出现了动物检疫和植物检疫。

最早的动植物检疫工作可上溯至300年前。到了19世纪中后期和20世纪初期，世界上出现了一系列灾难性的动植物疫情，给人类造成了深重的灾难，以立法形式禁止疫区动植物及其产品输入的做法逐渐受到了许多国家的重视。一些国家相继制定和公布了既有针对性又有可操作性的检疫法规。例如，日本在1886年颁布了《兽医传染病预防法规》，接着又于1896年制定了《兽医预防法》，1914年制定了《出口植物检查证明规程》和《进出口植物检疫取缔法》。英国于1907年颁布了《危险性病虫法案》，于1967年发布了《植物保健法》。1912年，美国国会通过了《植物检疫法》，1935年又正式颁布了《动植物检疫法》。新西兰于1960年颁布了《动物保护法》，1967年颁布了《动物法》，1968年颁布了《家禽法》，1969年颁布了《动物医药法》。澳大利亚于1908年公布了有关家禽检疫的规章，1975年又制定了《动物法》。

随着动植物检疫工作的进行、科学技术的发展，动植物检疫也从单个国家的国家行为发展到双边合作或多边合作。1881年有关国家签订了《国际葡萄根瘤蚜公约》，这是世界上第一个防范有害生物越境传播的区域国际植物检疫公约。在此基础上，1951年联合国粮农组织通过了《国际植物保护公约》（International Plant Protection Convention，IPPC），1979年和1997年，FAO分别对IPPC进行了2次修改。此外，在一定的生物地理区域，联合国粮农组织（Food and Agriculture Organization of the United Nation，FAO）还陆续帮助建立了9个区域植物保护组织（Regional Plant Protection Organization，RPPO）。《国际植物保护公约》（IPPC）及区域植物保护组织在协调成员国间的植物检疫活动、传递植物保护信息、促进区域内国际植物检疫的合作方面起到了十分积极的作用。在动物检疫方面，国际动物检疫公约有由世界动物卫生组织（World Organization for Animal Health）于1968年通过后又几经修订的《国际动物卫生法典》。世界动物卫生组织原译为国际兽疫局（法文为office international des epizooties，OIE），先后成立了5个地区委员会，而且在世界各地还拥有156个协作中心和参考实验室的全球网络。

为推进当今世界贸易自由化进程，世界贸易组织（World Trade Organization，WTO）制定了《实施卫生与植物卫生措施协定》（Agreement on the Application of Sanitary and Phytosanitary Measures，SPS），1994年117个国家（包括中国）签署了《实施卫生与植物卫生措施协定》（SPS），1995年1月1日起《实施卫生与植物卫生措施协定》（SPS）对大多数WTO成员开始生效。这一协定在规范动植物卫生检疫的国际运行规则，将其对贸易的消极作用降低到最小起到了十分有益的作用。近年来，国际植物保护公约（IPPC）已制定出了区域性植物有害生物名单，还制定了一系列与植物检疫有关的国际植物卫生标准、程序及术语，同样世界动物卫生组织（OIE）也制定了一系列动物及其产品国际卫生标准，这些都充分反映了《实施卫生与植物卫生措施协定》（SPS）的科学性、协调性、等同性、程序性和透明度等原则。回顾动植物检疫的历史就可以知道，动植物检疫适应不断变化的形势，理论在不断的成熟，法规和执法组织都在日臻完善，技术和管理水平也在不断提高。动植物检疫将在保护农业生产和人类健康，保护生物多样性及促进国民经济的全面发展方面发挥更大的作用。

二、常用的动植物检验检疫术语

随着动植物检疫工作的深入，积累了一批动植物检疫方面的基本词汇，时光斗转星移，人们对这些术语内涵和外延的认识也越来越完善。国际植物检疫措施标准第5号出版物专门对184个植物检疫专业名词进行定义。该标准于1999年发布，以后又多次修订。该标准发布为在全球范围内制定和实施植物检疫措施提供了国际公认的词汇，同时也方便了贸易各方之间的交流。

（一）有害生物（Pest）

有害生物是指能对人类的利益造成损害的生物，或者应该说对人体健康、农业生产和生态环境有害的生物就是有害生物。

联合国粮农组织（FAO）/国际植物保护公约（IPPC）2002年版的植物检疫措施

国际标准（International Standard for Phytosanitary Measure，ISPM）第5号出版物（ISPM Pub. No.5）是《植物检疫术语》（Glossary of Phytosanitary Terms）。《植物检疫术语》对有害生物的定义是：有害生物（Pest）是指任何对植物或植物产品有害的植物、动物或病原体的种、株（品）系或生物型。本书所说的有害生物主要是指植物及其产品携带的能对农业生产和生态环境造成损害的生物。

植物有害生物通常可分危害虫、病原真菌、病原原核生物（细菌、植原体、螺原体）、植物病毒（病毒和类病毒）、杂草、病原线虫、软体动物和其他有害动物等若干类。

外来物种和转基因生物可以是有害生物也可以是非有害生物。外来物种是指本地没有的生物物种。转基因生物是指利用现代生物技术特别是重组DNA技术引入外源基因的生物，如果它们能够造成危害就是有害生物。

近年来，适应国际贸易的发展，植物检疫中有害生物的概念被进一步拓展。根据在国际贸易中采取植物检疫措施的需要将有害生物分为两类：限定的有害生物和非限定的有害生物。限定的有害生物又分为检疫性有害生物和限定的非检疫性有害生物（见表1）。

有害生物
- 限定的有害生物
  - 检疫性有害生物
  - 限定的非检疫性有害生物
- 非限定的有害生物

表 1　有害生物类型的比较

类型	检疫性有害生物	限定的非检疫性有害生物	非限定的有害生物
分布现状	无或极有限	存在，可能广泛分布	很普遍
经济影响	可以预期	已经知道	已经知道
官方控制	如存在，目标必须是根除或封锁在官方控制之下	处于特定种植用植物，官方目标是抑制其危害	官方不采取控制措施
官方检疫要求	针对任何传播途径	只针对种植材料	不检疫

（引自许志刚《植物检疫学》）

1. 非限定的有害生物

非限定的有害生物（Non-Regulated Pest）是指已经广泛存在，普遍分布的有害生物，它们在植物检疫中没有特殊的重要性，根据IPPC第Ⅵ.2条，签约方不应对这类有害生物采取植物检疫措施。

2. 限定的有害生物

限定的有害生物（Regulated Pest）是指本国或本地区没有的，或者有但没有广泛分布即没有达到生态学极限或者正在被官方进行管制的具有潜在经济重要性的有害生物。限定的有害生物包括检疫性有害生物和限定的非检疫性有害生物。

（1）检疫性有害生物（Quarantine Pest）　是指对某一地区具有潜在经济重要性，

但在该地区尚未存在或虽存在但分布未广并正由官方控制的有害生物。

（2）限定的非检疫性有害生物（Regulated Non-Quarantine Pest） 是指“一种在供种植的植物上存在，危及这些植物的原定用途而产生无法接受的经济影响，因而在输入国和地区要受到限制的非检疫性有害生物”。

《国际植物保护公约》（IPPC）秘书处组织起草了《限定的非检疫性有害生物：概念与应用》（ISPM Pub.No.16）。这个国际植物检疫措施标准描述了限定的非检疫性有害生物的含义，明确了限定的非检疫性有害生物的特性，介绍了这一概念在实践中的应用及在限制体系中应注意的情形。

正确理解限定的非检疫性有害生物，首先需要正确理解定义中的“预定的用途”及“无法接受的经济影响”两个词语的含义。一般认为，“预定的用途”主要包括种植用来直接生产商品（如水果、切花、木材等）、保持被种植状态（盆栽植物等）、增加相同的种植用植物的数量（如块根、块茎、种子等）等数类。非检疫性有害生物的“经济影响”受有害生物种类、商品种类及预定用途的差异而不同。一般可从减产、品质下降、防治有害生物的额外费用、采收及分级过程的额外支出、由于植物生命力丧失或抗性变化等需再种植的开支或种植替代植物而带来的损失等因素来加以考察。在特殊情形下，有害生物对生产地点的其他寄主植物的影响也可加以考虑。

（二）动物疫病及其病原

动物的传染病和寄生虫病统称为动物疫病。传染病是由特定病原微生物引起的，具有一定的潜伏期和临床表现，并具有传染性的疾病。寄生虫病是由病原性寄生虫引起的疾病。

人畜共患病是指在人类和脊椎动物之间自然传播的疾病，即由共同病原物引起的，在流行病学上有相互关联的人和脊椎动物的疾病，又称为人畜共患病，包括人畜共患传染病和人畜共患寄生虫病。有些人畜共患病，属于《中华人民共和国进出境动植物检疫法》和《国境卫生检疫法》共同的检疫对象，如狂犬病、炭疽病等。

动物疫病的病原物指引起动物特定疾病的生物因子，包括病原性微生物和寄生虫。微生物是指一类分布广、繁殖快、形体微小的单细胞或个体结构较为简单的多细胞甚至没有细胞结构的低等生物。微生物主要包括病毒、衣原体、支原体、立克次氏体、细菌、真菌、螺旋体及少数藻类等。寄生虫是指暂时或永久地寄生在宿主的体内或体表，以其作为居住条件，并从宿主取得其营养物质，给宿主造成一定程度的危害的动物。

动物疫病根据不同的分类方法，可以分成不同的种类。

（1）按疫病的危害程度分类　我国将进境动物疫病分为一类和二类。《中华人民共和国动物防疫法》将动物疫病分为一类、二类、三类，国际兽医组织（OIE）将陆生动物疫病分为A类和B类。按政府的管理要求分为法定（报告）疫病和非法定（报告）疫病。

（2）按病原物分类　可分为传染病和寄生虫病。传染病包括病毒病、细菌病、支原体病、衣原体病、螺旋体病、放线菌病、立克次氏体病和霉菌病；寄生虫病包括原虫病、线虫病、吸虫病、绦虫病、丝虫病以及由一些昆虫引起的疾病等。

（3）按宿主分类 可分为人畜共患病、猪疫病、反刍动物（牛、羊等）疫病、马属动物（马、骡、驴等）疫病、小动物（犬、猫、兔等）疫病、家禽（鸡、鸭、鹅等）疫病、野生动物疫病、水生动物疫病、实验动物疫病、蜜蜂疫病以及家蚕疫病等。

（三）植物

《植物检疫术语》将植物（Plants）定义为："活的植物及其器官，包括种子和种质"。

在1991年颁布的《中华人民共和国进出境动植物检疫法》中是这样定义的："植物是指栽培植物、野生植物及其种子、种苗及其他繁殖材料等"。

（四）植物产品

《植物检疫术语》将植物产品（Plant Products）定义为："未经加工的植物产品（包括谷物）或它们加工后的产品，产品本身或在加工它们的过程中可能会增加有害生物的传入和扩散的风险"。

《中华人民共和国进出境动植物检疫法》将植物产品定义为："植物产品是指来源于植物未经加工或者虽经加工但仍有可能传播病虫害的产品，如粮食、豆、棉花、油、麻、烟草、籽仁、干果、鲜果、蔬菜、生药材、木材、饲料等"。

（五）动物

《中华人民共和国进出境动植物检疫法》将动物（Animals）定义为："动物是指饲养、野生的活动物，如畜、禽、兽、蛇、龟、鱼、虾、蟹、贝、蚕和蜂等"。

（六）动物产品

《中华人民共和国进出境动植物检疫法》将动物产品（Animal Products）定义为："动物产品是指来源于动物未经加工或者虽经加工但仍有可能传播疫病的产品，如生皮张、毛类、肉类、脏器、油脂、动物水产品、乳制品、蛋类、血液、精液、胚胎、骨、蹄、角等"。

（七）检疫物（限定物）

《植物检疫术语》将检疫物（限定物）（Regulated Article）定义为："要求进行检疫措施的任何植物、植物产品、贮藏地、包裹、运输工具、容器、土壤和任何能够隐藏和传播有害生物的微生物、物体和材料，特别是那些涉及国际运输的地方"。

（八）植物检疫

《植物检疫术语》将植物检疫（Plant Quarantine）定义为："任何为防止检疫性有害生物传入和/或扩散或使它们处于官方控制之下的一切活动"。

（九）动物检疫

根据GB/T 18635—2002《动物防疫基本术语》中将动物检疫（Animal Quarantine）定义为："动物防疫监督机构的检疫人员按照国家标准、农业部行业标准和有关规定对动物及动物产品进行的是否感染特定疫病或是否有传播这些疫病危险的检查以及检查定性后的处理”。

第二节 动植物检验检疫的重要性

一、近现代动物疫病及植物检疫性有害生物的传播危害

动物疫病及植物检疫性有害生物传播危害对经济、社会和生态造成的影响和损失是全方位的、巨大的、深远的，甚至是不可逆转和难以弥补的。在近现代，这样的例子俯拾即是。

（一）棉花红铃虫（*Pectinophora gossypiella*）

棉花红铃虫原产印度，通过棉花贸易于1903年和1913年先后传入埃及和墨西哥，1917年又从墨西哥传入美国。1911—1935年，由于许多国家从埃及引进长绒棉种子，使棉红铃虫迅速扩散和蔓延，到1940年已传到当时全世界79个种植棉花的国家中的71个，使得这些国家的棉花一般都损失1/5~1/4的产量，中美洲一些国家甚至损失了1/3~1/2。因棉红铃虫为害也会导致棉花品质下降，这方面的损失更大。清朝末年，棉红铃虫随美国棉花种子传入我国，至今仍为我国绝大部分产棉区棉花上的主要害虫之一，每年蒙受巨大损失。

（二）松材线虫病

松材线虫病在美国、加拿大、墨西哥、日本、韩国等国均有发生，20世纪80年代侵袭中国香港，几乎毁灭了香港分布广泛的马尾松林。1982年在南京中山陵发现了松材线虫[*Bursaphelenchus xylophilus*（Steiner&Buhere，1934）Nickle，1981]，随后相继在安徽、山东、浙江、广东等地形成几个疾病中心，并向四周扩散，在这些省的局部地区发生并流行成灾，导致大批松树枯死，目前该病害在中国的发生的面积已超过8万hm^2。在重点发生区，部分林地已因松材线虫病发生而退化为荒山，疫区相关农副产品和林产品的流通和出口也直接受到影响。在安徽，为防止和隔断松材线虫病害传入黄山，保护黄山松不受松材线虫侵袭，实施了宽4km、内围边界长67km、外围边界长100km的黄山生物控制带工程，有效地阻隔了松材线虫传入黄山。从中国发现松材线虫病至今的20余年中，该病已累计给中国造成直接经济损失近50亿元，对社会和生态等产生的间接损失上千亿元。

（三）红脂大小蠹（*Dendroctonus valens Leconte*）

红脂大小蠹原产于北美洲和中美洲地区，1998年在中国山西省阳城泌水首次发现，可能是在从美国进口木材时侵入山西的。它主要危害我国华北地区的重要造林树种——油松，可导致几年生至几十年生的树木在较短的时间内死亡。红脂大小蠹扩散蔓延十分迅速，很快波及周边的河北省、河南省，对华北及西北地区大面积松树构成严重威胁。2003年该虫已扩散到河南、河北、陕西、甘肃省，发生面积50万hm^2，已造成351.6万株成材松树枯死。

（四）非洲猪瘟（African Swine Fever）

非洲猪瘟原先发生于非洲东南部，后来赤道上之非洲各地都有发生病例，据说近年来欧洲也发现有病例。非洲猪瘟是一种急性、发热、传染性很高的滤过性病毒所引起的猪病。其特征是发病过程短，死亡率高。1978年非洲猪瘟席卷了马耳他。仅一个月疫情就波及到全国304个猪场。政府不得不下令扑杀了全国所有的猪。开创了一个国家由于一种疫病的传入，使一种家畜绝种的先例。据了解，这场悲剧是由一个农民用飞机上旅客吃剩的食物喂猪引起的。

（五）新城疫（Newcastle Disease）

新城疫又称亚洲鸡瘟、伪鸡瘟等，是一种急性、高度接触性传染病。

一般认为，1926年新城疫首次暴发于印度尼西亚的爪哇和英国的新城，但也有资料认为，此前朝鲜已有类似的疾病发生。自那以后，新城疫不断传播，至今世界上大多数国家和地区均有暴发该病的记载。目前，新城疫仍广泛存在于亚洲、非洲、美洲的许多国家。亚洲，尤其是东南亚，该病时有暴发，使养禽业蒙受巨大的经济损失，目前仍是最主要和最危险的禽病之一。

（六）禽流感（Avian Influenza）

禽流感是由A 型流感病毒引起的一种从呼吸系统到严重的全身败血症等多种症状的禽类烈性传染病。最早于1878 年发生在意大利。历史上又称为鸡瘟，随后，在欧洲、南美洲及东南亚、美国均有发生。迄今为止，不同禽流感毒株已经在世界各地引起了广泛的暴发和流行，导致大量的禽类发生死亡，造成了巨大的经济损失。2000年以来，高致病性H5N1型禽流感在印度尼西亚、越南等东南亚地区大规模暴发。现在，禽流感已经被OIE 定为A 类传染病，并被列入国际生物武器公约动物类传染病名单。

二、动植物检验检疫的实际重要性

（一）动植物检验检疫的必要性

动物疫病及植物检疫性有害生物传播和蔓延可以给农林业生产、生态环境带来巨大损失，还会严重影响社会稳定和人类健康。

1. 动物疫病及植物检疫性有害生物传播蔓延给人类造成巨大的经济损失

动物疫病及植物检疫性有害生物传播和蔓延的直接经济代价是农林牧渔业产量与质量的惨重损失与高额的防治费用；除此而外，还可通过改变生态系统产生各种间接经济损失（见表2）。

亚洲开发银行在2005年11月 3 日发表报告指出，禽流感的蔓延对亚洲的农业和畜牧业生产造成了严重破坏。报告预计，如果禽流感持续流行半年时间，亚洲地区的经济损失将达990亿美元；如果持续一年，亚洲地区的经济损失将高达2000多亿美元。另据专家估计，20世纪90年代英国暴发的疯牛病，所造成的经济损失已高达90亿~140亿美元。2005年四川出现的猪链球菌病，据估计损失在70亿~80亿元以上。

在国际贸易活动中，对动物疫病及植物检疫性有害生物入侵的防范和对其威胁

表 2　　几种农林检疫性有害生物的经济损失估计

入侵生物	发生面积/$\times 10^4 hm^2$	防治费用/万元	直接损失费用/万元	间接损失费用/万元	总计/万元	年份
松材线虫	7.24	3258	14373.1	307066.5	324697.6	1998
湿地松粉蚧	35.24	15858		747308.3	763166.3	1999
松突圆蚧	80.9	36450	898000	343153.5	1227603.5	1996
美国白蛾	9.9	4455			4455.0	1998
松干蚧	11	4950		466537.5	471487.5	1998
稻水象甲	33	38340	59400		97740.0	1999
斑潜蝇	100	45000	1350000		1395000.0	2000

（万方浩等，2002）

的恐惧常常引起国与国之间的贸易摩擦，成为贸易制裁的重要借口或手段，相关国家为此曾蒙受巨大的经济损失。1985年在英国发现疯牛病，1996年英国政府首次承认吃了病牛肉可能会得病，这一消息在英国、欧洲乃至全球掀起轩然大波，世界各国纷纷禁止进口英国的牛肉，英国的畜牧业几乎崩溃；2003年美国借口在鸭梨中发现新种黑斑病菌，全面封杀中国鸭梨，不仅停了河北鸭梨的进口，也停了山东鸭梨的进口。随后，加拿大也停止了进口河北鸭梨。长期以来中美两国政府关注的贸易焦点之一是美国小麦进出口问题，这一问题起因于小麦矮腥黑穗病（TCK）这一检疫性有害生物的检疫风险；1998年，美国借口在美国造成严重为害的光肩星天牛是随中国输美木质包装侵入其国内，正式要求我国对所有出口美国的木质包装材料实施严格检疫处理。仅此一项，将直接影响我国对美贸易出口量的1/3~1/2，可能造成的损失达170亿美元。

植物有害生物的传播和蔓延的生态代价是生态系统的结构和功能的破坏，对自然遗传资源、生物多样性保护与持续利用及人类生存环境构成重要威胁。

松材线虫主要侵染松类植物，引起松树枯萎死亡。我国于1982年在南京中山陵风景区首次发现松材线虫，当时仅200余株，至1992年的短短10年间，仅南京地区病死松树近140万株。目前，该病在我国江苏、安徽、浙江、湖北、重庆、广东、山东、台湾、香港等地区均有发生。该病不仅仅给国民经济造成极大损失，也破坏了自然景观及生态环境，更对我国松林资源构成威胁。

2. 动物疫病及植物检疫性有害生物传播蔓延危及国家经济安全和社会稳定

检疫性有害生物的入侵可以危害一个国家的经济安全，损害一个国家的人民利益，甚至动摇一个社会的稳定根基，这决非危言耸听。起源于墨西哥的马铃薯晚疫病于19世纪40年代传到欧洲和南美洲，1845—1847年该病在爱尔兰暴发并引起大饥荒，致使800万居民中约100万人死亡和超过150万人流落他乡；1942—1943年，水稻褐斑病使印度和比利时200多万人遭受饥荒；1970年美国南部玉米叶斑病流行造成损失达10亿美元；19世纪叶锈病使东南亚的咖啡园彻底毁灭；疯牛病在英国首次被发现至今，欧盟多个成员国先后发现疯牛病。欧盟的牛肉已失去消费者的信任，并引起市场萧条，严重影响了欧盟牛饲养业发展。从经济角度预计，欧盟今后一方面需斥巨资销毁病牛和有嫌疑病牛，另一方面又要耗费重金进口大豆、大豆粕和其他植物饲料，而肉骨粉加工业停产后工人面临失业的威胁。更严峻的是，据欧洲医学专家预测，在未来10~40年间，在英国有可能出现13万多例的“新克雅氏病”患者，加上其他欧盟成员国的患者，其对人类健康危害不亚于15世纪肆虐欧洲的“黑死病”。由此可见，动物疫病及植物检疫性有害生物传播蔓延可严重影响社会的稳定与发展。

3. 动物疫病及植物检疫性有害生物传播和蔓延威胁人类健康

动物疫病及植物检疫性有害生物传播和蔓延除了严重破坏农林牧业生产和生态环境，影响社会稳定外，还会威胁人类健康，且不论曾经夺去了数百万人性命的天花、鼠疫、霍乱，有研究初步表明，目前约有100多种动物疫病可以传染给人类，其中真正危及人类身体健康的人畜共患疾病有10余种，如口蹄疫、艾滋病、疯牛病、猪链球菌病、禽流感、炭疽等。在2005年7~8月间我国（包括广东和香港在内）四川资阳等地因暴发流行2型猪链球菌导致的猪和人感染事件中共发生204例人感染猪链球菌病例，其中38例死亡。

（二）动植物检验检疫是中国农、林、牧、渔业生产安全的保障

1. 动植物检验检疫是中国农、林、牧、渔业生产安全的保障

（1）为确保农、林、牧、渔业生产的安全，我国采取一系列动植物检疫措施防止动物疫病及植物检疫性有害生物传入和蔓延。

①公布禁止传入的动物疫病、植物检疫性有害生物名录和禁止进境的动植物、动植物产品及其他检疫物名录：2007年5月28日农业部发布《中华人民共和国进境植物检疫性有害生物名录》；1997年7月29日农业部修订发布我国进境植物检疫禁止进境物名录，禁止玉米、烟草、大豆、马铃薯、小麦、水果、橡胶等八大类植物的繁殖材料或产品从一些疫情流行的国家和地区进口；1992年6月8日，农业部公布了《中华人民共和国进境动物一、二类传染病、寄生虫病名录》，规定了对进境动物和动物产品检疫的疫病共97种，其中一类病15种，二类病82种。1992年6月11日，农业部公布了《中华人民共和国禁止携带、邮寄进境的动物、动物产品和其他检疫物名录》。1999年2月12日，农业部又公布了一、二、三类动物疫病名录，其中一类动物疫病14种，二类动物疫病61种，三类动物疫病41种，共116种疫病。

②按标准进行检疫：动植物检疫机构按照技术标准规定的程序和方法对相应的动植物、动植物产品和其他检疫物开展检疫，是防止动物疫病、植物检疫性病虫杂草传入我国的重要手段。目前的检疫标准包括国家标准、部颁标准、行业标准和可以参照的国际标准等。

③开展疫情监测：由于动物疫病、植物检疫性有害生物传播的复杂性和检疫手段的有限性，为最大限度地发现和控制动物疫病、植物检疫性病虫杂草，我国检疫机构通过对引进动植物、动植物产品和可能传入的疫情进行跟踪监测，做到早发现早采取措施，将传入的疫情消灭在萌芽状态。特别是从国外引进的、可能带有动物疫病或植

物检疫性有害生物的动物和植物种子、种苗及其他繁殖材料，必须隔离试种，在隔离期间，检疫机构进行调查、检查和检疫。

④ 进行除害处理：检疫机构通过检疫发现动物疫病、植物检疫性有害生物后，需要通过物理方法、化学方法以及生物学方法等来进行除害处理，尽可能减少损失，确保商品的流通。

⑤ 组织局部疫情的封锁扑灭：发现动植物疫情时，依据动植物检疫法规划定疫点、疫区、受威胁区，对疫区实施限制、封锁措施。在动物疫区采取隔离、扑杀、销毁、消毒、紧急免疫接种等强制性控制、扑灭措施。在植物疫区内应采取严格的控制、封锁、除治、消灭措施，有计划、有步骤、有重点、分期分批地逐步压缩疫区范围，直至扑灭检疫性病虫害。

（2）动植物检疫是中国农、林、牧、渔业可持续发展的重要保障 。

①防止许多重大动物疫病、植物检疫性有害生物的传入：动植物检疫机构每年从进口动植物、动植物产品和其他检疫物中发现和截获大量动物疫病、植物检疫性有害生物，如：地中海实蝇、小麦矮腥黑穗病菌、新城疫等近300种。多年以来，检疫部门还加强了对运输工具以及货物木质包装的检疫，有效地防止了国外发生流行的重大疫情传入我国。

②有效地封锁控制传入的和突发性动物疫病、植物检疫性有害生物：在动物检疫方面，半个多世纪以来，我国相继宣布消灭了牛瘟（1956）和牛肺疫（1996），初步控制或稳定控制了马鼻疽、马传染性贫血、牛羊布鲁氏菌病、绵羊痘、炭疽和牛气疽等51种疫病；在植物检疫方面，20世纪80年代以来，成功地封锁扑灭了蚕豆染色病毒、香蕉穿孔线虫、番茄环斑病毒等检疫性病害。对一些传入或国内原来局部发生的植物病虫也采取了封锁控制措施，将许多检疫性病虫长期控制在局部地区。如1988年稻水象甲传入我国河北等地后，检疫机构组织制定了控制方案，设立了检查站，建立140个监测点，常年组织防治53万hm^2，成功地将其控制在沿海局部地区。通过检疫机构的努力，目前，柑橘溃疡病、柑橘黄龙病、马铃薯癌肿病等许多检疫性病虫在我国得到了有效的控制。

③动植物检疫在保护生态环境方面功不可没，是中国农、林、牧、渔业可持续发展的重要保障：众所周知，动植物病虫害的流行可以加快生物物种的灭绝速度，减少动植物资源，严重影响生态环境。同时，大剂量、大范围地使用农药、兽药防治病虫害，也会使大气受到污染，生态环境遭到破坏。此外，残留在粮食、水果、蔬菜、畜禽中的农药、兽药还会危及人类的身体健康。另一方面，病虫害可以使森林、植被受到破坏，造成水土流失和土地沙漠化，也会使生态环境恶化。在这种情况下，中国农、林、牧、渔业可持续发展将不可能实现。

动植物检疫是一项预防性措施，通过国家强制措施，防止外来动物疫病、植物检疫性有害生物传入，并对局部新发生的动物疫病、植物检疫性有害生物进行控制，保护了生态环境，使现有的有限农业资源得到充分利用，避免动物疫病、植物检疫性有害生物对农、林、牧、渔业生产带来危害，所以，动植物检疫是保证农、林、牧、渔业持续安全生产的一项非常有效的措施，其所产生的影响是巨大和深远的。

2. 动植物检验检疫促进了中国农产品进出口贸易

在全球经济一体化，贸易自由化进程不断加快的今天，国际农产品贸易摩擦此起彼伏，动植物检疫在确保国内急需的动植物及产品安全引进、促过农产品出口和保护国内农产品市场方面的作用越来越显著。

（1）确保国内急需的动植物及产品安全引进　随着中国经济的发展、西部开发、种植业结构调整，国外大批的动植物优良品种（如蛋鸡、肉鸡、奶牛、肉牛、水果、蔬菜等）和农产品被引进的数量逐年增多。

国家十分重视对国外引进动植物、动植物产品及其他检疫物的检疫工作。对苜蓿种子的引进是一个典型的例子。近年来，我国从美国、加拿大等国引种苜蓿种子量呈逐年增加的趋势。由于美国、加拿大是检疫性病害——苜蓿黄萎病发生区，苜蓿黄萎病是典型的土传兼种传病害，能随种子进行远距离传播。一旦定殖极难根除，是苜蓿、棉花、草莓上的灾难性病害。为防止该病随种子传入中国，植物检疫部门采取了一系列措施：组织专题小组，加强对国内疫情调查；派专家去种子原产地实地考察病虫发生情况；开展检验技术研究；严格控制进口条件，要求种子来自非发生区，来自发生区的种子必须进行药剂处理；加强口岸检验等措施，确保了苜蓿种子的安全引进。

1993年以后我国对拟引进的重点作物及植物繁殖材料进行有害生物风险分析，完成了多个风险分析报告，同时加强隔离检疫设施的建设和引进种苗种植期间的疫情监测，武装重点检疫检验实验室，确保了国内急需的植物及产品的安全引进。

（2）促进了农产品的出口　入世后，在关税税率不断下降和非关税壁垒不断被破除的情况下，进口国设置的检疫障碍常常成为中国农产品出口的重要限制因素。我国检疫部门加强对世贸组织有关规则和协议的研究和应用，加强有害生物风险分析工作，加大对我国优势农产品进入国际市场准入交涉力度，同时建立我国重点出口农产品从国外检疫要求、生产、加工、贮藏、运输到通关出口全过程的检验检疫质量保障体系，促进了对外贸易的发展。

我国检疫机构通过建立无法定病虫区域、加强监控、提供技术支持进行处理，使出口动植物及其产品达到进口国的要求，促进我国农产品出口创汇。中国山东、河北两省的鸭梨是名优水果之一，有出口的潜在优势，但因为病虫害问题，一直很难出口到澳大利亚市场。检疫机构在对病虫发生和管理情况调查的基础上对果园和加工厂进行了注册，每年开花期对注册果园进行病害调查，设置实蝇监测系统，调查出口地区周围的病害寄主分布情况，并采取果实套袋、收获前田间调查，加工厂预检，出口检疫出证等措施，保证了鸭梨进入澳大利亚市场。

检疫机构除提供技术服务以外，还要考虑生产期间防治和后期加工处理措施的安全性，防止因农残、药残的超标影响出口。如2003年1月25日起，欧盟以我国出口禽肉、龙虾制品中农残、药残及微生物超标为由，全面禁止我国动物源性食品输入。欧盟从2000年7月1日起，对进口茶叶实行新的农残标准，限制和禁止使用的农药从原来的29种增至62种，部分农药的残留标准比原有标准提高了200倍，这意味着中国茶叶今后只有达到绿色食品A级标准才能进入欧洲市场。检疫机构通过给生产出口企业提供全程规范服务，实现不带进口国禁止的检疫性动物疫病、植物检疫性有害生物和控制农残、药残两个目标。

1988年以来，中国检疫部门经过多年的艰辛努力，克服重重困难，先后冲破了日本、美国、加拿大、新西兰、澳大利亚、马来西亚、以色列和乌拉圭等国对我国动植物产品的限制，使我国的哈密瓜、荔枝、稻草垫、盆景、鸭梨、苹果、蒜苗、种猪、肉牛、猪肉等进入这些国家的市场，为促进我国优质动植物产品出口创汇和外向型农业生产的发展起到了重要作用。

（3）保护了国内一些农产品的市场　动植物检疫作为WTO规则下可以合理使用的技术手段之一，在维护农产品贸易利益方面可以发挥独特的作用。可以在国际检疫规则的框架内，通过加强有害生物风险分析工作，提出科学合理的技术性措施，制定科学的检疫标准，有效地限制或延缓国外农产品对国内产业的冲击，起到保护我国农产品市场的作用。1997年农业部为防范一些危险性有害生物传入，发布禁止进境物名录，禁止了一些国家和地区玉米种子、大豆种子、小麦、马铃薯种薯、橡胶属种苗、烟叶、水果及部分茄科蔬菜等的进口，客观上对保护这些农产品的国内市场起到了一定的作用。

第三节　动植物检验检疫的特点

一、动植物检验检疫的基本特征

一般认为，动植物检疫具有预防性、法制性、技术性和国际性四个基本特征。

（一）预防性

人类长期的生产实践证明：对于动物疫病、植物检疫性有害生物，采取预防措施远较其传入后再采取措施更为可行和奏效，也更有成本效率和有利于生态环境。为此，实施动植物检疫的国家，无论是在防范外来动物疫病、植物检疫性有害生物入侵，还是在防止已入侵的动物疫病、植物检疫性有害生物再传播而采取控制乃至消灭措施方面，都采取预防性的措施。预防性是动植物检疫的基本特征，从这个意义上来说，动植物检疫具有超前和预警功能。

预防性的措施一般包括：制定动植物检疫相关法律法规；开展风险分析和疫情监测为预防提供科学依据；与国际社会疫情信息共享提升检疫措施的前瞻性；建立审批制度进行预防；严格产地、口岸查验和检疫；构建“快速反应”机制与体系，有效控制和扑灭疫情；提高公众防范意识。

（二）法制性

动植物检疫从它诞生之日起，就是通过动植物检疫法规的制定和实施来限制检疫性动物疫病、植物检疫性有害生物的人为传播。换言之，动植物检疫是由法规来保障实施的，法制性是动植物检疫与生俱来的又一个基本特征。

当今，世界各国对动植物检疫越来越重视，动植物检疫也已成为普遍建立的法律制度。根据有关法律法规，由官方机构，用先进的动植物检疫技术，对流通中的动植物、动植物产品及其他检疫物作强制性的检验检疫；对检疫中发现的检疫性动物疫病及限定的植物有害生物，必须依法进行有效的检疫处理；对造成检疫性动物疫病及限定的植物有害生物扩散等后果的，将依法追究责任。任何个人和组织都必须遵守动植物检疫法规。动植物检疫工作不仅要以本国、本地政府制定的法规为依据，在涉外的动植物检疫工作中，还要遵守有关的国际公约、协定、协议等国际动植物检疫法规。

近年来，我国动植物检疫立法工作得到高度重视，立法步伐不断加快，从法律、行政法规到部门规章，已经初步形成了比较健全的动植物检疫法律法规体系。入世后面对新形势，需要对已不适应形势要求的一些动植物检疫法律法规进行修改和完善。今后，应参照WTO的有关规定和国际组织制定的标准、建议和指南，进一步健全和完善动植物检疫法律法规体系，提高立法质量，使之成为科学的，与市场经济相一致的，与国际通行做法相符合的动植物检疫法律法规体系。

（三）技术性

法规性与技术性是动植物检疫的基本属性，二者相辅相成。单有法律法规，无配套技术来执行，也形同虚设，不能发挥法规的作用。动植物检疫工作中，动物疫病以及植物有害生物的检验、鉴定，风险分析与管理，产地、口岸查验和检疫，除害处理，疫情监测、预警、控制和扑灭，重点出口农产品检验检疫质量保障技术体系的建立等都是技术性很强的工作。

由于动植物检疫技术本身的特点，决定了所应用的动植物检疫技术是“快速、准确、有效”的技术。当今生物技术发展极快，动植物检疫技术必须紧跟当代科技的发展，引进或研制先进技术，提高检验检疫水平及能力。

（四）国际性

虽然动植物检疫在一定的行政区域内进行，但动物疫病以及植物有害生物的发生和传播区域与特定的行政区域常常不相吻合。因此决定了动植物检疫具有国际性的特点。为了解决动物疫病以及植物有害生物的人为传播问题，促进国际贸易的发展，加强动植物检疫的国际交流与合作是十分必要的。OIE、IPPC和SPS协定都要求成员国在动植物检疫中加强协调与合作，在防止检疫性动物疫病以及限定的植物有害生物传播的同时，应该促进贸易的发展。《实施卫生与植物卫生措施协定》（SPS）的科学性、协调性、等同性、程序性和透明度等原则都充分反映出了这一精神。联合国粮农组织（FAO）下属的《国际植物保护公约》（IPPC）秘书处编纂发布了19个植物检疫措施的国际标准，世界动物卫生组织（OIE）也制定了一系列动物及其产品国际卫生标准，今后各国所采取的检疫措施应以现行的国际标准、指南或建议为基础。各国动植物检疫法规的制定必须符合动植物检疫的国际法规及国际惯例。目前在世界范围内，已经建立起了9个区域性植保组织和隶属于世界动物卫生组织（OIE）的5个地区委员会，这些区域性组织负责协调各成员国动植物检疫方面所出现的各类问题。另外，很多国家还签订了双边的检疫协定，为双方的合作确定法律框架和基础。许多国家检疫机构之间加强了双方的互访和联系，有的建立了定期磋商制度，有的合作开展试验研究。为协调检疫观念和立场，国家之间的检疫交流和相互沟通将进一步加强。

二、世界各国动植物检验检疫的基本类型

按照各国的地理位置、自然环境、资源禀赋和经济社会发展水平，将世界范围的动植物检疫分为自然环境优越型、发达国家型、经济共同体型、发展中国家型和工商业城市型五种类型。

（一）自然环境优越型

环境优越型的特点是这些国家具有独特的自然地理条件，是岛国或半岛国，如澳大利亚、日本、韩国和新西兰这样的岛国，经济基础好，农牧业比较发达，动植物检疫设施和检疫能力强，出于保护自身的需要，实施极为严格的进口动植物检疫措施，而对出口动植物检疫较松，一般是根据进口国家的动植物检疫要求进行检疫和出证。如澳大利亚和新西兰除引进少数优良品种外，基本上不进口农产品，即使进口要求也非常严格。

（二）发达国家型

发达国家型的特点是经济发达，技术先进，体系健全，动植物检疫的国家能力、管理能力和研究能力较强。由于这些国家农业发达，出于对本国农业、市场和对外贸易等利益需要，其对外动植物检疫要求、措施和标准很高，往往凭借其经济、技术、信息优势制造技术性贸易壁垒，限制他国农产品的进口。这类国家，如美国和加拿大，虽然具有很长的边境线，但疫情比较清楚，两国之间的检疫措施较宽松，但对外检疫并不比岛国或半岛国松，出口检疫也比较宽松。

（三）经济共同体型

经济共同体型的特点是这些国家形成经济政治联合体，如欧盟有统一的外围边界，奉行共同的农业政策，包括检疫政策，这种特殊的环境产生了特殊而有效的检疫管理模式。成员国通过将欧盟检疫法规本国化执行统一的检疫政策，形成完备的法规体系。在共同体国与国之间的检疫措施放松，基本取消，但是，共同体对来自欧共体以外的国家的检疫要求仍十分严格。同时，其检疫做法又有很强的针对性和灵活性。例如，出口动植物检疫各成员国拥有自主权，可以对欧盟以外的国家进行单独谈判达成协议，而进口动植物检疫各成员享有欧盟待遇，欧盟外国家如需要向欧盟出口货物要得到各成员认可，即欧盟的同意。

（四）发展中国家型

发展中国家型的特点是经济基础较差，农业生产不够发达，技术相对落后，实施动植物检疫的国家能力、管理能力和研究能力都比较薄弱，对突发一种动物疫病或植物检疫性有害生物的早期诊断和监测困难，一旦发现一种动物疫病或植物检疫性有害生物时，往往已经扩散蔓延，难以根除和封锁控制。因此，在逐步对外开放的过程中，尽管选择了比较严格的进出口动植物检疫措施，但仍然处于相对被动的地位。一方面采取了严格的进口动植物检疫措施，时常遭到出口国家，尤其是发达国家的指责，而防止外来动物疫病或植物检疫性有害生物的传入和蔓延困难重重，另一方面尽管也采取了严格的出口动植物检疫措施，但往往难以满足进口国家，特别是发达国家的动植物检疫要求和技术标准，出口动植物检疫也十分困难。泰国、马来西亚、印度尼西亚、印度及部分美洲、非洲国家就属于这类国家。

（五）工商业城市型

工商业城市型的特点是这些国家或地区是农牧业贫乏的自由贸易区或城市化工业化国家，如中国香港地区、新加坡等，这些国家或地区也存在动植物检疫机构，对进口活动物、植物实行许可证制度，并且对进口种子、种畜有严格的检疫要求，但对进口动植物产品要求不严，旅检工作较松，出口主要按进口国的检疫要求进行检疫出证或履行国际协定中的应尽的义务。

三、国际动植物检验检疫发展的特点和趋势

以《实施卫生与植物卫生措施协定》（SPS）为核心的一系列协定、协议和标准的制定，引起了全球动植物检疫管理体制和做法的巨大变革。

（一）动植物检疫保护范围进一步扩展，保护农业生产、人类健康和生态环境的责任越来越重大

以前动植物检疫的主要目标仅仅针对检疫性动物疫病和农业生态系统的检疫性有害生物，现在则开始重视动植物所携带的影响人的健康与安全的物质、外来生物入侵及转基因动植物及其产品的动植物检疫风险，保护的范围扩大到野生生物和生态环境。这一变革赋予了动植物检疫新的内涵，加大了动植物检疫的难度。

《实施卫生与植物卫生措施协定》（SPS）虽然肯定检疫，但突破了“零风险”的传统概念，要求承担可接受的风险，同时未来人类的活动日益频繁和广泛，国际贸易越来越活跃，使疫情的传播流行更加容易，因此检疫的任务将越来越重，保护农业生产、人民健康和生态环境的责任也越来越大。

（二）动植物检疫必须适应和服务于经济贸易的发展

《实施卫生与植物卫生措施协定》（SPS）《国际植物保护公约》（IPPC）及《国际动物卫生法典》都在动植物检疫从原来重在防止检疫性动物疫病、检疫性有害生物传播蔓延发展为在确保安全的前提下强调服务，强调采取动植物检疫措施的技术合理性、透明度和非歧视原则，防止对贸易构成不必要的限制，防止动植物检疫成为非关

税贸易壁垒。这些都是贸易发展对动植物检疫的必然要求，并逐步得到开展检疫工作国家的认同。现在，国际社会和粮农组织各成员都在相继对其动植物检疫政策进行调整，使动植物检疫更好地为贸易服务。今后，必要的动植物检疫措施须局限于保护动植物生命与健康范围内；禁止进境的动植物名单必然逐渐减少；实施边界检查的做法逐渐向产地和入境后转移，并逐步与健康通行证、质量保证体系和认证制度相结合；有害生物风险分析和非疫区等概念和措施正逐渐被广泛接受和采用。

（三）动植物检疫措施的国际化进程不断加快

WTO规范货物贸易中动植物和卫生检疫行为的是《实施卫生与植物卫生措施协定》（SPS），《实施卫生与植物卫生措施协定》（SPS）实际上就是一部国际动植物和卫生检疫法。根据这一协议已陆续制定出一些检疫工作指南，现在这种“国际化”进程还在不断加快。到2003年，联合国粮农组织（FAO）下属的《国际植物保护公约》（IPPC）秘书处编纂发布了19个植物检疫措施的国际标准。对植物检疫与贸易的关系，植物检疫基本术语，有害生物风险分析，外来生物防治物的引进，有害生物监测、综合防治、铲除，非疫区的建立，植物检疫证书签发，国际贸易中木质包装材料检疫，有害生物报告，限定有害生物名单的制定等方面做出了具体的规定。世界动物卫生组织（OIE）标准已被WTO认可为参考的国际动物卫生标准，世界动物卫生组织（OIE）制定的标准化著作有《陆生动物卫生法典》、《哺乳动物、禽、蜜蜂疾病诊断试验和疫苗标准手册》、《水生动物卫生法典》、《水生动物疾病诊断手册》。

1. 有害生物风险分析成为检疫决策的重要手段

根据《实施卫生与植物卫生措施协定》（SPS）精神，有害生物风险分析（PRA）是在贸易利益和检疫风险之间寻找一种平衡的有效措施。它通过对有害生物传播、定殖可能性、对社会经济环境的影响、检疫措施的种类和有效性分析，可以明确风险来自哪里，风险有多大，是否在可以接受的范围内，怎样降低风险，以决定动植物及其产品能否进口调运及应采取什么检疫措施。这是提高检疫科学性、有效性的重要措施，是检疫决策的科学依据和重要支持工具。有害生物风险分析也是确保进口农产品安全、农产品市场准入谈判和保护国内市场的有效武器，是解决国际检疫争端的科学基础。

有害生物风险分析原则将“风险”的概念引入动植物检疫管理领域，改变了以往检疫措施仅针对动植物、动植物产品，进而转向关注动植物、动植物产品进出境所造成的风险，针对不同风险采取不同的系统的管理措施方案。长期以来，许多国家的动植物检疫采取的是“拒绝或回避风险”，对有风险的动植物、动植物产品禁止进口或调运。现在为确保贸易进行，必须要承担一定的风险，问题的关键在于如何通过一系列积极的检疫措施，对风险进行有效的管理，将风险降低到可以接受的程度。对此国际上产生了“可接受的风险水平”和“适当的保护水平”两个概念。由于动物疫病及植物检疫性有害生物种类繁多，其生物学特性和传播特点又千差万别，商品流通又日趋多样化。因此，过去那种过分依靠设卡把关来达到防止其传播蔓延和为害的目的已很难实现。要加强产地检疫，把设卡把关工作提前到产地生长期和货物启运前，结合质量保证体系和认证制度的建立一起进行，保证检疫质量。另外，要切实抓好入境后检疫，建立完善的检疫监管制度。努力从生产、加工、贮藏、运输到市场、目的地管理一系列环节把关，防止和降低风险，真正达到防止检疫性动物疫病和限定的植物有害生物传播蔓延的目的。

2. 根据《实施卫生与植物卫生措施协定》（SPS）“区域性原则”精神实施检疫

在保证农牧业生产安全的情况下，为最大限度地保证贸易进行，原来以国家范围确定动物疫病及植物有害生物有无，并以此确定检疫政策的做法，正被以根据与贸易有关的区域有无进口方关注的动物疫病及植物有害生物，来确定具体检疫措施的做法代替。为此，联合国粮农组织已经制定发布了《建立非疫区的要求》、《某一地区有害生物状况的确定》、《建立非疫生产地和非疫生产点的要求》等与此相关的标准。世界动物卫生组织（OIE）制定的《法典》中也有关于非疫区的要求。按照这些标准，一个国家如果存在某个无进口国关注的特定动物疫病及植物有害生物的地区或某个生产地点，则通过采取满足一定检疫要求和程序的预防措施，经进口方审核同意后，该地区或生产点的农产品就可以出口到关注此特定动物疫病及植物有害生物的国家。

按国际标准，“非疫区”是“经科学证据证明不存在特定有害生物和在适当的地方这一状况得到官方保持的地区”，建立和保持这样的区域主要有3方面的工作，即确定无疫害的方法，保持无疫害状况的动、植物检疫措施，核查无疫害状况的检验。为了建立和维持非疫状况，各国都十分重视新传入和国内局部发生检疫性动物疫病及检疫性植物有害生物的强制性控制和扑灭，避免对农、林、牧、渔业生产造成危害，更重要的是避免对现在或将来的农产品出口造成影响。

3. 重视国家之间的协调与合作

加强国与国之间的协作已成为现代检疫的一个重要特点。《实施卫生与植物卫生措施协定》（SPS）要求缔约方应提供实施动植物检疫措施的规定及其变化情况，公布和事先通知所有新的和变更了的动植物检疫措施，包括检疫法律、规章，并在公布和生效之间有一定的宽限期，以便出口国有时间采取相应的改进措施，以适应新的要求。根据《实施卫生与植物卫生措施协定》（SPS）的要求，各缔约方应建立1个国家咨询点，负责回答其他缔约方的有关问题，提供相关文件和信息。同时各国还确定了IPPC国家联系点，加强检疫政策的协调和检疫信息的沟通。

许多国家检疫机构之间加强了双方的互访和联系，有的建立了定期磋商制度，有的合作开展试验研究。多数国家还签订了双边的检疫协定，为双方的合作确定法律框架和基础。为防范风险和减少经济损失，越来越多的国家在大宗贸易产品成交前或起运前，根据双边协议或工作计划，输入方的动植物检疫人员到输出地调查、了解、核实输出方的检疫机构是否履行了双边协议的所有承诺，包括对整个生产加工过程、贮藏、运输、包装、检疫标识、装载等各个环节，经输入方的动植物检疫人员确认后方可输入。为协调检疫观念和立场，国家之间的检疫交流和相互沟通将进一步加强。

（四）新技术将逐步得到应用，检疫除害处理技术趋于无害化

高新技术，特别是分子生物学检测技术和信息技术将得到全面应用。

分子生物学技术的广泛应用，将使得检验检疫既快速又准确，某些检疫检测技术甚至可能实现自动化。免疫检测技术、基因检测技术、生物传感器技术及近年来的生物芯片技术等正逐步应用于检疫工作之中。信息技术包括计算机及其网络技术。世界各国将在网络上发布疫情信息，提供疫情发生动态，通过网络，实现与国际社会疫情信息共享，提升检疫措施的前瞻性。网络技术还可将世界各地的专家连接在一起，解决检疫疑难问题，进一步提高检疫效率。

多年来，溴甲烷熏蒸被广泛应用于植物检疫，但由于它能破坏臭氧层，从而破坏人类赖以生存的大气环境，国际上将在2015年前逐步禁止使用。随着人类对环境问题的日益关注，检疫所使用的各种处理技术都将朝着对人、动植物和生态环境均无害方向发展，物理方法将更多地被应用于检疫处理。

第四节　中国动植物检验检疫工作的历史及其发展

中国的动植物检疫事业，在经历了1949年以前无权、无为的痛苦经历之后，于中华人民共和国成立后方得以新生，在党的十一届三中全会精神鼓舞下获得了较大发展，已经形成一个捍卫国家主权，保卫农、林、牧、渔业生产安全，保护生态环境和人民身体健康，促进对外经济贸易和国民经济发展的动植物检疫体系。

一、动植物检验检疫起步阶段

1840年鸦片战争以后，帝国主义列强打破了旧中国闭关锁国的状态，清朝、民国政府被迫开放门户，英、美、法、日、德、俄等一方面倾销其工业品，另一方面大肆掠夺中国的农产品原料。1913年，英国农渔部为了防止牛、羊疫病的传入而禁止病畜皮毛进口。上海商人为此聘请了英国兽医派德洛克来华办理出口肉类检验和签发兽医证书。1921年英国驻华使馆照会中国政府，要求执行英国政府颁布的《禁止染有病虫害植物进口章程》，之后外商竟在中国设立检验所、检验室及公正行等从事农产品检验的机构并签发证书。旧中国早期的动植物检疫带有显著的半殖民地色彩。

1928年12月，中国政府农矿部正式公布了《农产物检查条例》，并先后在上海、广州设立了农产物检查所，开展进出口农产品的品质检验和病虫害检查。1929年农矿部颁布了《农产物检查条例实施细则》及《农产物检查所检查农产物处罚规则》。1930年4月，农矿部又公布了《农产物检查所检查病虫害暂行办法》。以后农矿部和工商部合并成实业部，商品检验局改属实业部领导，由商品检验局接管农产品检查所，统一管理进出口商品检验，其中设有农产品检验处，专门从事进出口农产品的品质检验和植物病虫害检验。1932年实业部公布了《商品检验法》。这是中国最早的商品检验法规，开创了中国对进出口商品实施法定检验的先河。1935年，建立了第一座动物检疫隔离所——江湾牲畜隔离所，开始对进口动物实施隔离检疫。

1937年抗日战争全面爆发，各商品检验局的工作被迫中止。1945年抗战胜利后，各地商检局虽然恢复了建制，但由于内战仍频，经济衰败，进出口贸易基本停顿，动植物检疫仍处于名存实亡的境地。

众所周知的甘薯黑疤病、棉花枯萎病、马铃薯块茎蛾、葡萄根瘤蚜、苹果棉蚜、蚕豆象、马传染性贫血都是在动植物检疫起步的这个时期，在帝国主义的侵略和强权政治的作用下传入我国的。

二、动植物检验检疫取得重大进展与遇到干扰破坏的时期

1949年10月1日新中国成立后，我国动植物检疫事业获得了新生。1965年以前对外动植物检疫工作由外贸部门主管。这一时期先后在上海、天津、青岛、广州、大连、武汉、重庆等地的商品检验局开展动植物检疫的检验工作。由于这一阶段主要是积极开展对前苏联和东欧各国的贸易，大量出口农产品，进口工业装备，要求出口农产品必须符合进口国的检验要求，所以外检工作的重点是放在出口农产品的检疫上。为了适应这一需要，我国政府制定公布了《输出输入农、畜产品检验暂行标准》、《输出输入植物检疫暂行办法》、《输出输入植物应施检疫种类与检疫对象名单》和《各国禁止或限制输入植物检疫对象名单》，并参加由前苏联和东欧各国组成的国际植物保护组织，同各有关国家签订了动植物检疫双边协定。为贯彻《输出输入植物检疫暂行办法》，外贸部还先后编制了《国内尚未发现或分布未广的重要病、虫、杂草名录》、《植物病虫害检验方法》和《农产品药剂熏蒸除虫方法》等技术文件，作为这一时期植物检疫检验和处理的技术依据。

从1965年起，进出口动植物检疫交由农业部管理（动物产品检疫仍由商检局办理）。并在27个口岸建立了动植物检疫所，筹建农业部植物检疫实验所，以后又根据形势发展需要在开放口岸设立进出境动植物检疫机构，初步形成全国对外动植物检疫机构系统。1966年，农业部又在对外贸易部《输入植物检疫暂行办法》等文件的基础上，制定和公布了《关于执行对外植物检疫的几项规定》（简称外检工作十八条）和《进出口植物检疫对象名单》（草案）作为这一时期对外植物检疫工作的依据。

“文革”的10年间，刚刚步入正轨的中国动植物检疫工作受到了极大的冲击和破坏，许多机构被精简甚至撤销、大批人员被下放，进出境动植物检疫工作一度陷入混乱，进出口商品质量无法保证，国家经济建设和对外贸易遭受严重损失。

三、改革开放后动植物检验检疫健康顺利发展的新时期

这一阶段，是我国动植物检疫工作最健康顺利发展的时期，表现在检疫立法取得了突破性的进展，组织机构的完善，检疫队伍的壮大，日常检疫工作、开拓农产品国际市场以及国际合作等方面都取得了显著的成绩。

1978年我国进入了以经济建设为中心的新时期，改革开放给国家的社会主义经

济带来了新的活力，对外贸易活动空前活跃。国务院于1981年9月24日批准成立中华人民共和国动植物检疫总所（1995年更名为国家动植物检疫局），统一管理全国口岸所的业务工作。1982年6月，国务院发布了《中华人民共和国进出口动植物检疫条例》。1983年1月国务院颁布了我国第一个《植物检疫条例》。1991年10月30日公布了《中华人民共和国进出境动植物检疫法》，1992年5月国务院修订了《植物检疫条例》，其后，于1994年和1995年，林业部和农业部先后发布了修订后《植物检疫条例》的"实施细则"，两部还先后发布了《全国农业植物检疫性有害生物名单和应施检疫的植物及植物产品名单》以及《林业植物检疫性有害生物名单和应施检疫的森林植物及其产品名单》。《中华人民共和国进出境动植物检疫法》以法律的形式明确了动植物检疫的宗旨、性质、任务，为口岸动植物检疫工作提供了法律依据和保证。它的颁布实施，扩大了中国动植物检疫在国际上的影响，标志着中国动植物检疫事业进入一个新的发展时期。1996年12月2日颁布了《中华人民共和国进出境动植物检疫法实施条例》。《动植物检疫法》及其实施条例颁布施行后，农业部、国家动植物检疫局根据工作的需要，先后制定了一系列配套规章及规范性文件。如《中华人民共和国进境动物一、二类传染病、寄生虫病名录》、《中华人民共和国禁止携带、邮寄进境的动物、动物产品和其他检疫物名录》、《中华人民共和国进境植物检疫性有害生物名录》、《中华人民共和国进境植物检疫禁止进境物名录》等。这些规章及规范性文件的执行对于实现进出境动植物检疫"把关、服务、促进"的宗旨发挥了重要的作用。1997年7月3日，由八届全国人大常委会第二十六次会议通过，由国家主席令第八十七号颁布了《中华人民共和国动物防疫法》，于1998年1月1日施行。所有这些都标志着我国国内动植物检疫与进出境动植物检疫一并走上了法制化的管理道路。此外，各种有关的动植物检疫专项规定，操作规程、技术标准等也陆续公布，使动植物检疫初步走上了标准化、规范化的轨道。

1998年国家进出口商品检验局、国家动植物检疫局和国家卫生检疫局合并组建国家出入境检验检疫局。2001年，国家质量监督局和国家出入境检验检疫局合并组成中华人民共和国质量监督检验检疫总局（简称国家质检总局），直属国务院领导。目前，有关进出境动植物检疫工作由国家质量监督检验检疫总局主管，对外动植物检疫工作由国家质量监督检验检疫总局下属的出入境检验检疫机构承担。国家质检总局负责制定与贸易伙伴国的国际双边或多边协定中有关检疫条款，处理贸易中出现的检疫问题，收集世界各国疫情、提出应对措施，办理检疫特许审批，负责制定与实施口岸检疫科研计划。

2004年7月，农业部正式成立兽医局。新成立的农业部兽医局将依法履行国家兽医行政管理职责，主要工作任务是：承办起草动物防疫检疫法律、法规和政府间动物检疫协议；发布禁止入境动物及其产品名录；研究、指导动物防疫检疫队伍和体系建设，组织兽医医政管理、兽药药政药检和兽医实验室监管；提出动物防疫检疫、畜禽产品安全、动物福利方面的方针、措施并组织落实；组织制定兽医、兽药标准并监督实施；组织兽药、兽医医疗器械及兽用生物制品的登记和进出口审批等。同时，中央编委批准在农业部设立国家首席兽医师，国际活动中称“国家首席兽医官”，使兽医和动物检疫工作得到加强。

2004年在中国进出口商品检验技术研究所和国家质量监督检验检疫总局动植物检疫实验所的基础上合并组建成中国检验检疫科学研究院（简称中国检科院）。中国检科院隶属于国家质检总局和科技部，下设的动植物检疫研究所主要开展动植物检验检疫相关基础、高新技术和应用科学以及有关软科学研究，着重解决动植物检验检疫工作中带有全局性、关键性、基础性的科学技术问题，并为国家的动植物检验检疫事业提供技术支持和保障。

国家很重视检疫设施、检疫手段的建设，1998—2003年，国家投入国债资金29.79亿元，用于动物防疫国家重点项目、疫情测报站、无规定动物疫病区、西部地区冷链系统等基础设施建设。近年来，农业部启动和实施了“植保工程”，“植保工程”计划，重点装备300个检疫实验室，6个检疫隔离监测场，24个无法定检疫病虫区域和种苗繁育中心。到2003年，国家已重点装备3个检疫隔离监测场、25个检疫实验室、25个危险性病虫检测站、5个TCK疫情检测站、1个葡萄苗木检测中心和1个有害生物风险分析中心。通过建设，动植物检疫体系的防疫能力正在得到不断的加强。1999年以来，中央财政安排动物疫病防治经费30多亿元，重大动物疫病实行强制免疫，动物病死率逐年下降，每年减少经济损失100多亿元。

在进出境的检疫工作方面，进境检疫、出境检疫、过境检疫、携带和邮寄物检疫、运输工具检疫等各方面全面而迅速的发展，检疫技术的研究和应用也有了长足的进步。《进出境动植物检疫法》实施十几年来，全国共检疫进出境动植物及其产品1896万批，截获各类动植物疫病近2000种、近10万批，有效防止了动植物疫病的传入传出。

入世以后，为适应跨越国外植物卫生技术性贸易壁垒扩大出口的需求，我国加强对WTO规则的学习，特别是加强了对《实施卫生与植物卫生措施协定》（SPS）和《国际植物保护公约》（IPPC）相关的国际规则和标准的研究和应用，有针对性的就主要贸易国对我国的农产品所设置的技术性贸易壁垒进行攻关，在促进农产品出口方面取得了进展。1988年以来，我国先后打破了日本、美国、加拿大、新西兰、澳大利亚、马来西亚、以色列、乌拉圭等国对我国动植物产品的限制，使我国的哈密瓜、荔枝、稻草垫、盆景、鸭梨、苹果、蒜苗、种猪、肉牛、猪肉等进入这些国家的市场，为促进我国优质动植物产品出口创汇和外向型农业生产的发展起到了重要作用。

改革开放以来，我国积极开展动植物检疫方面的国际交流与合作活动。中国于1990年4月参加了亚太区域植物保护委员会（APPPC）；1992年11月，中国七届人大第28次会议审议批准了《生物多样性公约》，中国成为这个公约的最早缔约国之一；2000年8月8日中国正式签署了《卡塔赫纳生物安全议定书》；2001年12月11日中国正式成为WTO成员，从此在国际贸易活动中执行《实施卫生与植物卫生措施协定》（SPS）和运用《实施卫生与植物卫生措施协定》（SPS）措施；中国还参加了联合国粮农组织

（FAO）起草的《国际植物检疫措施标准》、《植物检疫术语》等文件的修改工作；农业部、原动植物检疫总所、原国家动植物检疫局、原国家出入境检验检疫局、国家质量监督检验检疫总局代表我国政府，先后与世界上四十多个国家签订了双边动植物检疫协定、议定书、工作计划、备忘录等。在对外交往过程中，我国动植物检疫的影响正日趋扩大，地位也逐步提高。

目前，国内植物检疫由农业部和国家林业局分别负责。农业部所属植物检疫机构和国家林业局所属森林检疫机构作为具体的主管部门负责全国的国内植物检疫工作。这些机构的任务是：负责起草植物检疫法规，提出检疫工作长远规划的建议；贯彻执行《植物检疫条例》，协助解决执行中出现的问题；制定并发布植物限定性有害生物名单和应检植物、植物产品名单；负责国外引种审批：开展国内疫情普查，汇编全国植物检疫资料，推广检疫工作经验；组织检疫科研攻关，培训检疫技术人员。各省、市、自治区的农业、林业主管部门（省植保植检站和省森林病虫防治站）主要负责贯彻《植物检疫条例》及国家发布的各项植物检疫法令、规章制度及制定本地区的实施计划和措施，起草本地区有关植物检疫的地方性法规和规章，确定本地区的植物检疫性有害生物名单，提出划分疫区和非疫区以及非检疫产地与生产点的管理，检查指导本地区各级植物检疫机构的工作，签发植物检疫有关证书，承办国外引种和省间种苗及应检植物的检疫审批，监督检查种苗的隔离试种等。

在国内动物防疫与检疫方面，我国目前实行的是中央、省、地（市）、县四级防疫、检疫、监督体系。农业部主管全国的兽医工作，负责全国的动物疫病防治、检疫和动物防疫监督的宏观管理，负责起草动物防疫和检疫的法律法规，签署政府间协议、协定，制定有关标准等。农业部下设兽医局（2004年8月成立）和渔业局（中华人民共和国渔政渔港监督管理局）；农业部在兽医管理方面下设全国畜牧兽医总站、中国兽医药品监察所和农业部动物检疫所等3个事业机构；县级以上地方人民政府下设畜牧兽医行政管理部门。

中国动植物检疫正在构筑面向21世纪农、林、牧、渔业可持续发展和农产品贸易全球化的动植物检疫防疫体系。

思 考 题

1. 什么是动植物检验检疫？为什么要进行动植物检验检疫？
2. 动植物检验检疫有哪些基本特征？
3. 国际动植物检验检疫有何新特点？

第一篇　动物检验检疫

第一章　动物检验检疫概述

动物检验检疫是为了保护农、牧、渔业生产安全，防止动物传染病等的传播危害，依据国家的检验检疫法规，对进出境和国内调运的动物及其产品实施检查检验和除害处理。动物检疫不仅包括进出境检疫，还包括国内检疫，其目的和任务是保护农、牧、渔业生产安全，促进经济贸易的发展和保护人民身体健康。众所周知，农、牧、渔业生产在世界许多国家的国民经济中占有非常重要的地位，提供优质、健康的动物及其产品也是当前国际上动物及动物产品贸易成功的关键，所以采取一切有效的措施避免发生重大疫情，是各个国家动物检疫部门的重大任务。动物及其产品与人的生活也密切相关，许多疫病是人畜共患传染病，据有关方面不完全统计，目前动物疫病中，人畜共患传染病已达196种。自1996年以来，疯牛病多次引发了全球性危机，其主要原因是疯牛病对人的健康造成了严重威胁。因此，动物检验检疫对保护人民身体健康也具有非常重要的现实意义。

本章主要介绍了动物检验检疫的主要依据、手段及措施，进境动物风险分析，进出境动物检疫和国内动物检疫。

第一节　动物检验检疫的主要依据、手段及措施

动物检疫依据国家法律，运用强制性手段和科学技术方法预防或阻断动物疫病的发生以及在地区间的传播。动物检疫工作得以正常进行并发挥其应有的作用，是以有关的检疫法律法规作为根本保证的。

世界贸易组织制定的《实施卫生与植物卫生措施协议》以及世界动物卫生组织的《国际动物卫生法典》、《陆生动物卫生法典》和《水生动物卫生法典》是重要的国际性动物检疫法规，我国颁布的动物检疫法规有《中华人民共和国进出境动植物检疫法》和《中华人民共和国动物防疫法》以及有关的配套法规，如《中华人民共和国进出境动植物检疫法实施条例》、《中华人民共和国进境动物一、二类传染病、寄生虫病名录》、《中华人民共和国禁止携带、邮寄进境的动物、动物产品及其他检疫物名录》

和《进境动物和动物产品风险分析管理规定》等。

一、《国际动物卫生法典》

世界动物卫生组织（OIE）于1968年通过初版的《国际动物卫生法典》，后又几经修订，现在每年以英、法、俄和西班牙等语种出版发行。

世界动物卫生组织（OIE）是处理国际动物卫生协作事宜的国际组织，现已发展成为影响力最大的国际动物卫生组织，被WTO指定为制定动物及动物产品贸易卫生法规的国际参考机构，它制定的《国际动物卫生法典》及其他标准已成为全球动物检疫、防疫工作的权威性法规和标准，既是成员国的行为准则，也是非成员国的重要参考法规。

《国际动物卫生法典》共分6部分，即总则、A类疫病、B类疫病、附则、国际动物检疫证书格式和通报疾病名录。该法典强调各成员应尽可能在其领域内建立口岸检疫机构和隔离检疫站，应及时报告其管辖区内流行性动物疾病的发生情况、诊断方法、控制措施及结果，并通报动物检疫等相关法规。

该法典的内容主要体现在以下4个方面。

（一）成员国的义务和责任

各成员国在动物及动物产品的国际贸易中必须遵守本规则；各成员国应尽可能在其领域内建立口岸检疫机构和隔离检疫站；各成员国应及时报告其管辖区内流行性动物疾病的发生情况、诊断方法、控制措施及结果，并通报动物检疫等相关法规；世界动物卫生组织（OIE）有责任提供和协调进出口双方的检疫和防疫标准。

（二）检疫性疫病的种类（A、B类疫病）

《国际动物卫生法典》规定了A、B类疫病的种类。目前，A类疫病包括15种，如口蹄疫、水疱性口炎、非洲猪瘟、非洲马疸、新城疫、高致病性禽流感等；B类疫病包括80种，如炭疽病、狂犬病、地方性牛白血病、传染性法氏囊病、兔出血热、蜂螨病等。B类疫病与A类疫病相比，对畜牧业所造成的潜在危害较低，但当这些疫病侵入无此疫病或正在对该病实施国家控制和消灭计划的国家时，也可导致巨大的经济损失。

（三）疫情信息通报

世界动物卫生组织（OIE）的所有成员必须承认世界动物卫生组织（OIE）中央局有直接与该国兽医行政管理部门联络的权力。世界动物卫生组织（OIE）寄送给兽医行政管理部门的所有通报和信息即视为已向有关国家寄送，由兽医行政管理部门寄送给世界动物卫生组织（OIE）的通报和信息即视为向有关国家寄送。各成员应通过世界动物卫生组织（OIE）向其他国家提供限制A、B类疫病扩散以及更好地控制疫病所必需的信息。各成员除报告新的疫情情况，还应通报为防止疫病传播所采取的措施，包括对动物和动物制品及其他有传播动物疫病特性的物品所采取的流通限制措施等。

兽医行政管理部门应向世界动物卫生组织（OIE）通报其检疫法规的条文内容，

同时应随时通报法规的修订情况。在发生下列情况时，兽医行政管理部门应在24h内通过一定的方式（如电传、电报、传真或电子邮件等）向世界动物卫生组织（OIE）寄送通报：

（1）在某国或某地区属于首次发生或重新发生的A类疫病；

（2）有重要新发现，对其他国家有流行病学意义的A类疫病；

（3）临时诊断到某种A类疫病，并对其他国家有流行病学意义的重要信息；

（4）非A类疫病，但对其他国家有特别流行病学意义的新发现。

在收到各成员的通报后，世界动物卫生组织（OIE）中央局也以一定的方式（如电传、电报、传真或电子邮件等）向各兽医行政管理部门发布所接收的所有通报。

（四）国际贸易出证

在动物和动物产品的国际贸易中，既要确保不阻碍贸易正常进行，又要确保对人和动物健康无不可接受的危险。为了达到这一目的，《国际动物卫生法典》规定，出口国应按要求向进口国提供下述信息资料：

（1）有关动物卫生状况和国家动物卫生信息系统的信息，以确定该成员是否为无A类或B类疫病国家或是否存在无A类或B类疫病的区域，信息还应包括保持无疫病状态所实施的条例及方法；

（2）传染病发生的常规信息及快报；

（3）国家控制和预防A类及B类疫病采取措施能力的详细情况；

（4）兽医服务机构和主管当局的信息；

（5）技术资料，特别是该国全部或部分地区应用的生物学试验和疫苗。

《国际动物卫生法典》制定了动物检疫证书的格式，并要求出口国（或地区）的兽医行政管理部门须以上述的格式为标准，根据进口国所提出的检疫要求对每批动物和动物产品出具证书，否则进口国（或过境国）有权拒绝其货物入境。在提出进口要求时，进口国应遵循下述原则：

（1）所提要求限于证明动物和动物产品卫生的要求，即这些要求是为避免一种或几种疫病风险转移或至少把风险降到可接受水平而必需的；

（2）出证要求应简明准确，清楚传达进口国的意愿；

（3）出证应尽可能建立在最高道德标准基础上，其中最重要的是尊重和保护出证兽医的职业诚实性；

（4）兽医行政管理部门向出口国的非兽医行政管理部门人员传送证书或通告进口许可要求时须将文件副本寄送给出口国兽医行政管理部门。

二、《中华人民共和国进出境动植物检疫法》

《中华人民共和国进出境动植物检疫法》是进出境动物检疫最重要的法律依据，于1991年10月颁布，1992年4月正式实施，一共八章五十条。该法及其实施条例以及国务院农业行政部门和国家质检总局发布的各种动物检疫规章构成进出境动物检疫的法规体系。动物检疫法主要内容如下：

（一）立法宗旨

动植物检疫法第一章第一条对立法宗旨做出了明确的阐述："为防止动物传染病、寄生虫病以及其他有害生物传入、传出国境，保护农、林、牧、渔业生产和人体健康，促进对外经济贸易的发展。"

（二）主管部门和执法机构

动物检疫法第三条规定"国务院农业行政主管部门主管全国进出境动物检疫工作"。国家动物检疫机关统一管理全国进出境动物检疫工作。口岸动物检疫机关是实施检疫的执法机构。1998年机构改革后，国家出入境检验检疫局主管出入境卫生检疫、动物检疫和商品检验工作。2000年成立国家质量监督检验检疫总局，主管出入境卫生检疫、动植物检疫和商品检验工作。

（三）检疫范围

（1）动物　动物是指饲养、野生的活动物，如畜、禽、兽、蛇、龟、鱼、虾、蟹、贝、蚕、蜂等。

（2）动物产品　动物产品是指来源于动物未经加工或虽经加工但仍有可能传播疫病的产品，如生皮张、毛类、肉类、脏器、油脂、动物水产品、乳制品、蛋类、血液、精液、胚胎、骨、蹄角等。

（3）包装材料及装载容器　是指装载动物、动物产品和其他检疫物的装载容器（如集装箱等）、包装物。

（4）运输工具　主要是指来自动物疫区的运输工具，包括车、船、飞机等。

（5）其他检疫物　是指动物疫苗、血清、诊断液、动物性废弃物等。

（四）检疫项目

检疫项目包括进境检疫、出境检疫、过境检疫、运输工具检疫、国际邮包检疫、旅客检疫等，现分述如下：

（1）进境检疫　是对通过贸易、科技合作、交换、赠送、援助等多种方式输入的动物、动物产品和其他检疫物，在进境时按我国检疫规定实施动物检疫。

（2）出境检疫　是对输出的动物、动物产品和其他检疫物，在出境前或出境时要按输入国家或地区的检疫要求和我国有关检疫规定实施动物检疫。

（3）过境检疫　过境的动物、动物产品和其他检疫物在进境时实施动物检疫，出境口岸不再检疫。

（4）运输工具检疫　来自动物疫区的船、飞机、火车抵达口岸时要实施动物检疫并实施必要的防疫处理；装载动物、动物产品和其他检疫物的运输工具，应该符合动物检疫和防疫的规定。

（5）国际邮包检疫　从国外邮寄入境的动物产品和其他检疫物的邮包在国际邮包交换局实施动物检疫。

（6）旅客检疫　入境旅客携带或托运的动物、动物产品和其他检疫物在入境口岸实施动物检疫。

（五）法律责任

动植物检疫法第七章对法律责任作了专门规定，对违反动物检疫法行为的，可处以罚款、吊销检疫单证，以及追究刑事责任。

三、《中华人民共和国动物防疫法》

《中华人民共和国动物防疫法》是国内动物防疫最重要的法律依据。中华人民共和国第八届全国人民代表大会常务委员会第二十六次会议于1997年7月3日通过，自1998年1月1日起施行。动物防疫，包括动物疫病的预防、控制、扑灭和动物、动物产品的检疫。《中华人民共和国动物防疫法》的主要内容包括4个方面，即动物疫病的预防、动物疫病的控制和扑灭、动物和动物产品的检疫、法律责任。

（一）立法宗旨

动物防疫法第一章第一条对立法宗旨做出了明确的阐述："为了加强对动物防疫工作的管理，预防、控制和扑灭动物疫病，促进养殖业发展，保护人体健康，制定本法。"

（二）主管部门和执法机构

动物防疫法第六条规定："国务院畜牧兽医行政管理部门主管全国的动物防疫工作。县级以上地方人民政府畜牧兽医行政管理部门主管本行政区域内的动物防疫工作。县级以上人民政府所属的动物防疫监督机构实施动物防疫和动物防疫监督。军队的动物防疫监督机构负责军队现役动物及军队饲养自用动物的防疫工作。"动物防疫法第七条要求各级人民政府应当加强对动物防疫工作的领导。

（三）动物疫病的预防

动物疫病分3级管理；国家对严重危害养殖业生产和人体健康的动物疫病实行计划免疫制度，实施强制免疫；预防和扑灭动物疫病所需的药品、生物制品和有关物资，应当有适量的储备，并纳入国民经济和社会发展计划；禁止经营的动物、动物产品包括：

（1）封锁疫区内与所发生动物疫病有关的；

（2）疫区内易感染的；

（3）依法应当检疫而未经检疫或者检疫不合格的；

（4）染疫的；

（5）病死或者死因不明的等。

（四）动物疫病的控制和扑灭

任何单位或者个人发现患有疫病或者疑似疫病的动物，都应当及时向当地动物防疫监督机构报告，动物防疫监督机构应当迅速采取措施，并按照国家有关规定上报；发生一、二类动物疫病时，须划定疫点、疫区、受威胁区，并对疫区实行封锁；为控制、扑灭重大动物疫情，动物防疫监督机构可以派人参加当地依法设立的检查站执行监督检查任务，也可以在必要时设立临时性的动物防疫监督检查站，执行监督检查任务；发生人畜共患疫病时，有关单位互相通报疫情，并及时采取控制、扑灭措施。

（五）动物和动物产品的检疫

动物检疫员取得相应的资格证书后，方可上岗实施检疫，并对检疫结果负责；国家对生猪等动物实行定点屠宰、集中检疫，动物防疫监督机构对屠宰点屠宰的动物实行检疫；国内异地引进种用动物及其精液、胚胎、种蛋的，应先办理检疫审批手续并须检疫合格；动物凭检疫证明出售、运输、参加展览、演出和比赛，动物产品凭检疫证明、验讫标志出售和运输。

（六）法律责任

对各种违法行为做出了罚款、行政处分、追究刑事责任等相应的处罚规定。

四、动物检疫名录

动物检疫的名录是执法的重要依据，包括应检物品名录、检疫性有害生物名录、禁止进口物品名录等。

（一）应检物品名录

根据《中华人民共和国进出境动植物检疫商品对照表》，把动物检疫应检物品进行分类，并与海关的税号作了对应。动物和动物产品共19类395个税则号。其他应检物品9个税号。

（二）检疫性有害生物名单

这是法规规定不准传入的检疫性有害生物（即重点控制的有害生物），OIE的《国际动物卫生法典》将陆生动物疫病分为A类和B类，A类疫病包括15种，B类疫病包括80种。

我国动植物检疫法第十八条规定，要制定动物传染病、寄生虫病名录，并由农业行政主管部门公布。

1992年6月8日农业部公布了《中华人民共和国进境动物一、二类传染病、寄生虫病名录》，规定了对进境动物和动物产品检疫的疫病共97种，其中一类病15种，二类病82种。1999年2月12日农业部又公布了一、二、三类动物疫病名录，其中一类动物疫病14种，二类动物疫病61种，三类动物疫病41种，共116种疫病。

（三）禁止进口物品名单

根据动植物检疫法第五条规定，国家禁止下列各物进口（共四类）：

（1）动物病原体（包括菌种、毒种）、害虫及其他有害生物；

（2）来自疫情流行的国家和地区的动物、动物产品及其他检疫物；

（3）动物尸体；

（4）土壤。

根据动植物检疫法的规定，1992年农业部公布了《中华人民共和国禁止携带、邮寄进境动物、动物产品和其他检疫物名单》，1996年农业部发布了《准许向中华人民共和国输出种畜禽的国家名录》。

五、检疫操作规程

为了使动物检疫程序规范化、标准化，原国家动植物检疫局于1997年编制了《中华人民共和国进出境动物检疫规程手册》，并于2002年进行了修订，发布了《检验检疫工作手册》。检疫程序主要包括以下几个方面。

（一）报检

货主或代理申报检疫时填写报检单，并提交输出国的官方检疫证书、产地证、贸易合同、信用证等，有的还需提供《动植物检疫许可证》。

（二）现场检验（临床检疫）

登车、登船、登机检查仓储场地、运输工具的环境，包装并抽取样品。

（三）实验室检验

实验室检验是指借助于实验室仪器设备对动物样品进行动物疫病检查、鉴定的法定程序。在我国动物进境检疫时，实验室重点检测我国所规定的动物一、二类危险性传染病、寄生虫病。目前，病原检验、血清学检验和病理学检验是动物检疫实验室检测的主要方法。

（四）结果评定

根据检验结果，按照检疫法规作出放行、截留、处理、退回等结论。

（五）证书签发

动物检疫的证书主要是《动物检疫证书》、《动物健康证书》、《熏蒸消毒证书》等11种格式。另外，还有《报检单》、《放行单》等单证，可根据结果评定得出的结论颁发相应的检疫证书。

六、动物检疫的主要手段和措施

（一）禁止进口措施

对于特别危险又缺乏检验和处理方法的有害生物采取比较严格的禁止进口措施。

（二）检疫审批

动检的审批分为两类：一般审批和特许审批。一般审批是对进口的动物及其产品事先提出一些检疫的要求，符合要求的才批准进口；特殊审批则主要是指国家规定的禁止进境物，因科研等特殊需要，在严格控制的情况下准许进口。

（三）实施检查和检验

货物进境时，都需进行现场检查或抽取一定的样品进行实验室的检验，对旅客携带或者邮寄的包裹也都要根据规定进行检查。

（四）隔离检疫

动物疫病有一定的潜伏期，在口岸检查时不一定能发现，有些症状过一段时间才能表现出来，所以要隔离起来观察一段时间，观察其是否显示疫病的症状。大动物隔离检疫时间一般为45d。

（五）检疫处理

检疫工作不仅要查出疫情，更重要的还要把疫情予以消灭。动物检疫的处理，一种采取扑杀即全部杀掉，尸体深埋或焚烧，另一种则退回。对于动物产品也可通过物理、化学方法进行消毒处理。

（六）检疫监督

在生产、加工或储存过程中进行监督是检疫工作的一个重要手段。因为进口时不一定能完全查出来有害生物或者有些是漏报漏检的，那么就通过生产、加工、储存这些环节进行监督，一旦发生有害生物及时进行处理。

（七）疫情监测与预警

县级以上人民政府应建立健全动物疫情监测网络，兽医技术机构对动物疫病的发生、流行情况应进行监测；省级以上兽医主管部门根据预测及时发出动物疫情预警；接到预警的地方各级人民政府要采取相应的预防控制措施。

第二节　进境动物风险分析

为规范进境动物和动物产品风险分析工作，防范动物疫病传入风险，保障农牧渔业生产，保护人体健康和生态环境，国家质检总局于2002年12月31日以总局令第40号公布了《进境动物和动物产品风险分析管理规定》，明确规定对进境动物和动物产品进行风险分析，该《规定》适用于进境动物、动物产品、动物遗传物质、动物源性饲料、生物制品和动物病理材料的风险分析，并于2003年2月1日起施行。

一、风 险 分 析

“风险”是指动物传染病、寄生虫病病原体、有毒有害物质随进境动物、动物产品、动物遗传物质、动物源性饲料、生物制品和动物病理材料传入的可能性及其对农牧渔业生产、人体健康和生态环境造成的危害。“风险分析”是指危害因素确定、风险评估、风险管理和风险交流的过程。 动物和动物产品风险分析，包括对进境动物、动物产品、动物遗传物质、动物源性饲料、生物制品和动物病理材料的风险分析。

遵循原则：

（1）以科学为依据；

（2）执行或者参考有关国际标准、准则和建议；

（3）透明、公开和非歧视原则；

（4）不对国际贸易构成变相限制。

风险分析过程应当包括危害因素确定、风险评估、风险管理和风险交流。 风险分析应当形成书面报告。报告内容应当包括风险分析的背景、方法、程序、结论和管理措施等。

二、危害因素确定

对进境动物、动物产品、动物遗传物质、动物源性饲料、生物制品和动物病理材料应当进行危害因素确定。

危害因素主要指：

（1）《中华人民共和国进境一、二类动物传染病、寄生虫病名录》所列动物传染病、寄生虫病病原体；

（2）国外新发现并对农牧渔业生产和人体健康有危害或潜在危害的动物传染病、寄生虫病病原体；

（3）列入国家控制或者消灭计划的动物传染病、寄生虫病病原体；

（4）对农牧渔业生产、人体健康和生态环境可能造成危害或者负面影响的有毒有害物质和生物活性物质。

经确定进境动物、动物产品、动物遗传物质、动物源性饲料、生物制品和动物病理材料不存在危害因素的，不再进行风险评估。

三、风 险 评 估

风险评估是指对病原体、有毒有害物质传入、扩散的可能性及其造成危害的评估。进境动物、动物产品、动物遗传物质、动物源性饲料、生物制品和动物病理材料存在危害因素的，启动风险评估程序。根据需要，对输出国家或者地区的动物卫生和公共卫生体系进行评估。动物卫生和公共卫生体系的评估以书面问卷调查的方式进行，必要时可以进行实地考察。风险评估采用定性、定量或者两者相结合的分析方法。结果用风险的高、中、低等类似的等级指标来描述的风险评估是定性风险评估；结果用风险发生的概率估计来表达的评估就是定量风险评估；介于二者之间的是半定量风险评估。

风险评估过程包括传入评估、发生评估、后果评估和风险预测。

1. 传入评估

（1）生物学因素　如动物种类、年龄、品种，病原感染部位，免疫、试验、处理和检疫技术的应用；

（2）国家因素　如疫病流行率，动物卫生和公共卫生体系，危害因素的监控计划和区域化措施；

（3）商品因素　如进境数量，减少污染的措施，加工过程的影响，贮藏和运输的影响。

传入评估证明危害因素没有传入风险的，风险评估结束。

2. 发生评估

（1）生物学因素　如易感动物、病原性质等；

（2）国家因素　如传播媒介，人和动物数量，文化和习俗，地理、气候和环境特征；

（3）商品因素　如进境商品种类、数量和用途，生产加工方式，废弃物的处理。

发生评估证明危害因素在我国境内不造成危害的，风险评估结束。

3. 后果评估

（1）直接后果　如动物感染、发病和造成的损失，以及对公共卫生的影响等；

（2）间接后果　如危害因素监测和控制费用，补偿费用，潜在的贸易损失，对环境的不利影响。

4. 风险预测

对传入评估、发生评估和后果评估的内容综合分析，对危害发生作出风险预测。

四、风险管理

当境外发生重大疫情和有毒有害物质污染事件时，国家质检总局根据我国进出境动植物检疫法律法规，并参照国际标准、准则和建议，采取应急措施，禁止从发生国家或者地区输入相关动物、动物产品、动物遗传物质、动物源性饲料、生物制品和动物病理材料。根据风险评估的结果，确定与我国适当保护水平相一致的风险管理措施。风险管理措施应当有效、可行。

进境动物的风险管理措施包括产地选择、时间选择、隔离检疫、预防免疫、实验室检验、目的地或者使用地限制和禁止进境等。

进境动物产品、动物遗传物质、动物源性饲料、生物制品和动物病理材料的风险管理包括产地选择，产品选择，生产、加工、存放、运输方法及条件控制，生产、加工、存放企业的注册登记，目的地或者使用地限制，实验室检验和禁止进境等方面的措施。

五、风险交流

风险交流应当贯穿于风险分析的全过程。风险交流包括收集与危害和风险有关的信息和意见，讨论风险评估的方法、结果和风险管理措施。政府机构、生产经营单位、消费团体等可了解风险分析过程中的详细情况，可提供意见和建议。对有关风险分析的建议和意见应当组织审查并反馈。

第三节　进出境动物检疫

进出境动物检疫主要负责与境外的国家和地区之间的动物检疫事宜，包括进境检疫，出境检疫，过境检疫，携带、邮寄物检疫，运输工具检疫等。

一、动物检疫审批

（一）概述

1. 动物检疫审批的定义

动物检疫审批是指国家出入境检验检疫机关或其授权的口岸出入境检验检疫机关

依照《中华人民共和国进出境动植物检疫法》及其实施条例和《农业转基因生物安全管理条例》的规定，对输入的动物、动物产品或因科学研究等特殊需要引进的禁止进境动物以及过境动物、过境转基因动物产品、微生物事先进行审核，并最终决定是否允许进境或过境的行政行为。

2. 动物检疫审批的目的、意义

动物检疫审批是一项必不可少的动物检疫措施。为保护本国动物不受外来疫病的侵袭，各国均采取了进口动物检疫许可制度，这项制度在保护本国农牧业发展方面具有重要作用。2002年8月2日，国家质检总局颁布了《进境动植物检疫审批管理办法》（第25号局长令），自2002年9月1日开始实施，这为加强检疫审批力度、规范检疫审批行为提供了法律保障。

（二）动物检疫审批的依据和范围

实施动物检疫审批是法律赋予检验检疫机关的权力。《中华人民共和国进出境动植物检疫法》第十条规定："输入动物、动物产品、植物种子及其他繁殖材料的，必须事先提出申请，办理检疫审批手续"；第五条规定："因科学研究等特殊需要引进动植物病原体（包括菌种、毒种等）、害虫及其他有害生物等禁止进境物的，必须事先提出申请，经国家动植物检疫机关批准"。第二十三条规定："要求运输动物过境的，必须事先征得中国国家动植物检疫机关同意，并按照指定的口岸和路线过境"。《进出境动植物检疫法实施条例》对此也做了明确规定。《农业转基因生物安全管理条例》第三十五条规定："农业转基因生物在中华人民共和国过境转移的，货主应当事先向国家出入境检验检疫部门提出申请，经批准方可过境转移，并遵守中华人民共和国有关法律、行政法规的规定"。

国家质量监督检验检疫总局公布的《进境动植物检疫审批名录》对动物检疫审批的范围做了如下规定：

1. 动物检疫审批

（1）活动物　动物（指饲养、野生的活动物如畜、禽、兽、蛇、龟、虾、蟹、贝、蚕、蜂等）、胚胎、精液、受精卵、种蛋及其他动物遗传物质。

（2）食用性动物产品　肉类及其产品（含脏器）、动物水产品、鲜蛋、鲜奶等。

（3）非食用性动物产品　皮张类、毛类、骨蹄角及其产品、明胶、蚕茧、动物源性饲料及饲料添加剂、鱼粉、肉粉、骨粉、肉骨粉、油脂、血粉、血液等，含有动物成分的有机肥料。

另外，农业部和国家质检总局曾联合发文，对需要办理检疫审批的动物性饲料产品种类作了详细规定：动物性饲料产品是指源于动物或产自于动物的产品经工业化加工、制作的供动物食用的饲料。包括肉骨粉、骨粉、肉粉、血粉、血浆粉、动物下脚料、动物脂肪、干血浆及其他血液产品、脱水蛋白、蹄粉、角粉、鸡杂碎粉、羽毛粉、油渣、鱼粉、磷酸氢钙、骨胶，以及用上述原料加工制作的各类饲料。

2. 特许审批

动物病原体（包括菌种、毒种等）、害虫以及其他有害生物，动物疫情流行国家和地区的有关动物、动物产品和其他检疫物（其他检疫等）、动物尸体。

另外，根据农业部《禁止携带、邮寄进境的动物、动物产品和其他检疫物名录》（农业部1992年6月11日公布）规定，进口细胞、血清、动物废弃物以及可能被病原体污染的物品也应列入特许审批范畴。总之，凡确需进口国家禁止进境物的，必须事先办理特许审批手续。

3. 过境动物检疫审批

过境的动物、动物产品及微生物也须由国家出入境检验检疫部门批准。

上述审批范围不是一成不变的，国家质检总局可根据有关法律、法规和国务院有关部门发布的禁止进境物名录，及时制定、调整并发布需要检疫审批的动物及其产品名录。

（三）检疫审批机关

国家质检总局统一管理全国的进境动植物检疫审批工作。国家质检总局或其授权的其他审批机构（以下简称审批机构）负责签发《中华人民共和国进境动植物检疫许可证》和《中华人民共和国进境动植物检疫许可证未获批准通知单》。各直属检验检疫局（以下简称初审机构）负责所辖地区进境动植物检疫审批的初审工作。

（四）动物检疫审批的条件

根据《动植物检疫法实施条例》，符合下列条件的，方可办理进境检疫审批手续：

（1）国家或者地区无重大动植物疫情；

（2）符合中国有关动植物检疫法律、法规、规章的规定；

（3）符合中国与输出国家或者地区签订的有关双边检疫协定（含检疫协议、备忘录等）。

近年来，我国先后与美国、加拿大、英国、法国、德国、荷兰、比利时、丹麦、芬兰、澳大利亚、新西兰、以色列、日本、南非、纳米比亚、津巴布韦等国家签订了双边输入动物、动物产品的协定（包括协议、条款、议定书、备忘录）。

（五）检疫审批程序

根据《进境动植物检疫审批管理办法》的规定，检疫审批程序包括申请、审核批准等步骤。

二、进境动物检疫

（一）进境动物检疫依据

对进境动物将依照《进出境动植物检疫法》、《进出境动植物检疫法实施条例》、《进境动物检疫管理办法》及其他相关规定进行检疫。对每批进境动物具体检哪些疫病，将按照我国与输出国所签订的双边动物检疫议定书的要求执行。对进境演艺动物将依照《进境演艺动物检疫管理办法》实施检疫。对进境伴侣动物将依照《出入境人员携带物检疫管理办法》（国家质检总局56号令）进行检疫。

（二）进境动物检疫程序

（1）进境动物检疫许可证的申请　输入动物、动物遗传物质应在签订贸易合同或赠送协议之前，货主或其代理人必须填写《进境动植物检疫许可证申请表》，向国家质检总局申办《进境动植物检疫许可证》或通过登陆网站办理。国家动植物检疫机关根据对申请材料的审核及输出国家的动物疫情、我国的有关检疫规定等情况，对同意进境动物、动物遗传物质的发给《进境动植物检疫许可证》。

入境伴侣动物无须办理审批手续。

（2）境外产地检疫　为了确保引进的动物健康无病，国家质检总局将视进口动物的品种（如猪、马、牛、羊、狐狸、鸵鸟等种畜禽）、数量和输出国的情况，依照我国与输出国签署的输入动物检疫和卫生条件议定书规定，派出官方兽医赴输出国配合输出国官方检疫机构执行检疫任务。

（3）报检　依照《进出境动植物检疫法实施条例》的规定，输入种畜禽，货主或其代理人应在动物入境前30天到隔离场所在地的检验检疫机关报检；输入其他动物，货主或其代理人应在动物入境前15天到隔离场所在地的检验检疫机关报检。报检时提供：报检员证、入境动物检疫许可证、贸易合同、协议、发票、正本动物检疫证书（可在动物入境时补齐），并预交检疫费。

对旅客携带伴侣动物，每人只限1只，报检时必须提供输出国出具的动物检疫证书和狂犬病免疫证书。

（4）进境现场检疫　输入动物、动物遗传物质抵达入境口岸时，检疫人员须登机（登轮、登车）进行现场检疫。现场检疫的主要工作是查验出口国政府动物检疫或兽医主管部门出具的《动物检疫证书》等有关单证，对动物进行临床检查，对运输工具和动物污染的场地进行防疫消毒处理。对现场检疫合格的，口岸动植物检疫机关出具《调离通知单》，将进境动物、动物遗传物质调离到口岸动植物检疫机关指定的场所做进一步全面的隔离检疫。

（5）隔离检疫　隔离检疫是进境动物检疫的重要环节，在隔离检疫期应严格按照《国家入境动物隔离检疫场管理办法》和《进出境动物临时隔离检疫场管理办法》实施检疫和管理。

（6）实验室检验　实验室检验是最终出具检疫结果的重要依据。实验项目和结果判定标准依照中国与输出国签订的动物检疫议定书（条款）、协定和备忘录或国家质检总局的审批意见执行。检出阳性结果或发现重要疫情应及时上报上级检验检疫机关，并通知隔离场采取进一步隔离措施。

实验室检验应在隔离期内完成，如遇特殊情况需延长隔离期的须报国家局批准。

（7）检疫结果的判定和出证　对检疫结果判定应严格按照我国与输出国签订的双边检疫议定书或协议中的规定执行，并参考国际标准和国家标准。根据检疫结果出具相应的动物检疫证书。

（8）检疫处理　根据现场检疫、隔离检疫和实验室检验的结果，对符合议定书或协议规定的动物出具《入境货物检验检疫合格证明》，准予入境。对不符合议定书或协议规定的动物按规定实施检疫处理，对检出患传染病、寄生虫病的动物，须实施检疫处理。检出农业部颁布的《中华人民共和国进境动物一、二类传染病、寄生虫病名录》中一类病的阳性同群动物或动物遗传物质禁止入境，作退回或销毁处理；检出二类病的阳性动物禁止入境，作退回或销毁处理，同群的其他动物放行；阳性的动物遗传物质禁止入境，作退回或销毁处理。检疫中发现有检疫名录以外的传染病、寄生虫病，但国务院农业行政主管部门另有规定的，按规定作退回或销毁处理。隔离检疫结束后一周内，将进口动物检疫工作总结和《进口种畜流向记录表》一并报国家质检总局。

（9）资料的收集与保存　对检验检疫中的临床记录、原始实验记录、文字记载和声像资料要及时归档。实验材料、血清、病理材料、分离到的菌株、毒株要妥善保存至少半年。

三、出境动物检疫

出境动物是指我国向境外国家或地区输出供食用、种用、养殖、观赏、演艺、科研实验等用途的家畜、禽鸟类、伴侣动物、观赏动物、水生动物、两栖动物、爬行动物、野生动物和实验动物等。检验检疫机构对出境动物根据《进出境动植物检疫法》及其实施条例以及相关法律法规的规定实施检验检疫。检验检疫的内容依据输入国家或者地区与我国签订的双边检疫协定、我国的有关检验检疫规定以及贸易合同中订明的检验检疫要求确定。检验检疫的程序一般包括注册登记、检疫监督管理、受理报检、隔离检疫和抽样检验、运输监管、离境检疫和签发证单等方面。

（一）注册登记

对出口动物的饲养场、养殖场等出口企业实施卫生注册登记备案制度，供港澳活动物，港澳特区政府也有此要求。通过检验检疫机构的卫生注册，一方面对这些出口企业卫生条件进行评估和考核认可；另一方面通过检验检疫机构的监管和指导，规范和提高出口饲养场、养殖场的防疫管理水平。

（二）检疫监督管理

《中华人民共和国进出境动植物检疫法》及其实施条例授权检验检疫机构对出境动物的饲养过程实施检疫监督管理。

（三）报检

输出动物的货主或其代理人应在动物出境前向启运地检验检疫机构预报检（一般种用大、中动物45d，种用禽鸟类和水生动物30d，食用动物10d），提交输入国法定和贸易合同规定的动物检验检疫要求以及与所输出动物有关的资料。在隔离检疫前一星期填写《出境货物报检单》，并持贸易合同、信用证、货运单、发票等资料向启运地检验检疫机构正式报检。对输入国要求中国向其输出的动物饲养单位注册登记的，货主或其代理人在报检时须提交出口动物饲养场注册登记证；输出属于国家规定的保护动物的，货主或其代理人须提交国家濒危物种进出口管理机构核发的允许出口证明书；输出种用畜禽的，货主或其代理人应提交农牧部门出具的种用动物允许出口证明书；输出实验动物的，货主或其代理人须提交国家科技行政主管部门核发的允许出口证明书；输出观赏鱼类的，货主或其代理人尚须有养殖场供货证明、养殖场或中转包装场注册登记证和委托书。

（四）隔离检疫和抽样检验

出口动物实施启运地隔离检疫和抽样检验、离境口岸作临床检查和必要复检的制度。输出动物，出境前需经隔离检疫的，须在检验检疫机构指定的隔离场所实施检疫。需隔离检疫的情况主要有：进口国要求隔离检疫的，检验检疫机构按照进口国的要求对出境动物进行隔离检疫；根据贸易合同的规定需对出境动物进行隔离检疫的，按合同约定进行检疫；在对出境动物进行检疫过程中发现传染病的，应对其同群假定健康动物实施隔离检疫；我国政府对出境动物有隔离检疫规定的，按规定要求进行隔离检疫。

（五）运输监管

出境动物，经启运地检验检疫机构检验检疫合格的，从启运地运往出境口岸时，交通、铁路、民航等运输部门和邮电部门凭检验检疫机构签发的单证办理承运和邮递手续；从启运地运往出境口岸的过程中，国内其他部门不再检验检疫。

检验检疫机构对检验检疫合格的出境动物可以实行监装制度。

出口大、中动物，货主或其代理人必须派出经检验检疫机构培训、考核合格的押运员负责国内运输过程的押运。

（六）离境口岸检验检疫

经启运地检验检疫机构检验检疫合格的出口动物运抵口岸后，由离境口岸检验检疫机构实施临床检查或者复检。要按照离境申报、离境查验、签证放行等步骤实施检验检疫。

四、过 境 检 疫

境外动物在事先得到批准的情况下，允许途经中华人民共和国国境运往第三国。根据《中华人民共和国进出境动植物检疫法》及其实施条例，检验检疫机构对过境动物依法实施检验检疫和全程监督管理。

过境动物必须是经输出国（地区）检验检疫合格的，并有输出国（地区）官方机构出具的动物检疫证书。

五、检疫结果判定和出证

进出境动物检疫结果的判定主要是指实验室检验结果的判定。检疫结果是出具检疫证书的科学基础，检疫证书是检疫结果的书面凭证，检疫结果的判定和出证是确定动物是否符合有关规定的必然要求和最终表现，是对进出境动物放行、进行检疫处理和货主对外索赔的科学依据。

六、检 疫 处 理

（一）检疫处理的概念

检疫处理指检验检疫机构单方面采取的强制性措施，即对违章出入境或经检疫不合格的进出境动物和其他检疫物采取的除害、扑杀、销毁、退回、截留、封存、不准入境、不准出境、不准过境等措施。

（二）检疫处理的原则

检疫处理总的原则是：在保证动（植）物病虫害不传入或传出国境的前提下，同时考虑尽量减少经济损失以促进对外贸易的发展。能作除害灭病处理的，尽可能不进行销毁处理。无法进行除害处理或除害处理无效的，或法律有明确规定的，要坚决作扑杀、销毁或者退回处理，作出扑杀、销毁处理决定后，要尽快实施，以免疫病进一步扩散。

（三）检疫处理的方式和程序

（1）检疫处理的方式　包括除害、扑杀、销毁、退回、截留、封存等处理。

（2）检疫处理的程序　检疫处理的程序是口岸检验检疫机构根据检验检疫结果，对不合格的检疫物签发《检验检疫处理通知书》，通知货主或其代理人进行处理。检疫处理必须在检疫人员的监督下进行，检疫处理后，货主可根据需要向检验检疫机构申请出具有关对外索赔证书。

（四）入境动物检疫处理

（1）现场检疫处理；

（2）隔离检疫和实验室检验的检疫处理。

（五）出境动物检疫处理

根据输入国的检疫卫生要求或双边议定书中的检疫要求，经检验检疫不合格的动物不准出境，根据具体情况作退回原产地或者扑杀销毁处理，发现重大疫情要及时上报国家质检总局并向当地及原产地畜牧兽医部门通报，及时采取措施，扑灭疫情。

第四节　国内动物检疫

动物检疫可以分为国境检疫与国内检疫两类。国境检疫就是为防止动物传染病、寄生虫病以及其他有害生物传入、传出国境而实施的疫病检查。国内检疫是国内各地区包括各省（区）、地、市、县、乡、镇所实施的疫病检查，动物防疫法适用于中华人民共和国领域内的动物防疫活动。

一、预防动物疫病的制度和措施

在动物防疫法中所确立的预防动物疫病的制度和措施主要有下列几项。

（一）将动物疫病划分为3类，采取针对性的管理措施

动物防疫法将动物疫病分为三类：一类疫病指对人畜危害严重、需要采取紧急、严厉的强制预防、控制、扑灭措施的疫病；二类疫病指可造成重大经济损失、需要采取严格控制、扑灭措施，防止扩散的疫病；三类疫病指常见多发、可能造成重大经济损失、需要控制和净化的疫病。

（二）制定国家动物疫病预防规划

制定国家动物疫病预防规划有利于科学地组织和推动全国的动物防疫工作。

（三）规定并公布动物疫病预防办法

规定并公布动物疫病预防办法是规范各个方面动物疫病预防行为的需要，是组织和实施动物防疫工作所必须有的规则。

（四）实行计划免疫制度，实施强制免疫

实行计划免疫制度，实施强制免疫相关内容如下：

（1）确定了实行计划免疫制度的范围；

（2）对严重危害养殖业生产和人体健康的动物疫病实施强制免疫；

（3）由国务院畜牧兽医行政部门规定并公布实施强制免疫的病种名录；

（4）对实施强制免疫以外的动物疫病预防也要制定计划采取措施；

（5）饲养、经营动物和生产、经营动物产品的单位和个人有义务做好动物疫病的计划免疫、预防工作。

（五）运用国家的力量进行动物疫病的预防

动物防疫法中主要规定：

（1）国家应当采取措施预防和扑灭严重危害养殖业生产和人体健康的动物疫病。

（2）预防和扑灭动物疫病所需的药品、生物制品和有关物资，应当有适量的储备，并纳入国民经济和社会发展计划。

（六）广泛组织动物疫病预防工作

动物防疫法中规定广泛组织动物疫病预防工作，并列出相关法定事项。动物防疫监督机构应当加强对动物疫病预防的宣传教育和技术指导、技术培训、咨询服务，并组织实施动物疫病免疫计划；确定有关机构职责，便于检查督促。动物防疫法还明确规定乡、民族乡、镇的动物防疫组织应当在动物防疫监督机构的指导下，组织做好动物疫病预防工作。

（七）对动物疫病预防相关重要事项进行规范

（1）动物饲养场应当及时扑灭动物疫病；

（2）种畜、种禽应当达到国家规定的健康合格标准；

（3）动物、动物产品的运载工具、垫料、包装物应当符合国务院畜牧兽医行政管理部门规定的动物防疫条件；

（4）染疫动物及其排泄物、染疫动物的产品、病死或者死因不明的动物尸体，必须按照国务院畜牧兽医行政管理部门的有关规定处理，不得随意处置；

（5）保存、使用、运输动物源性致病微生物的，应当遵守国家规定的管理制度和操作规程；

（6）因科研、教学、防疫等特殊需要，运输动物病料的，应当按照国家有关规定运输；

（7）要对实验动物严格管理，防止动物疫病传播；

（8）禁止经营染有疫病的、有可能传播疫病的动物、动物产品。

动物防疫法明确规定：封锁疫区内与所发生动物疫病有关的动物、动物产品；疫区内易感染的动物、动物产品；依法应当检疫而未经检疫或者检疫不合格的动物、动物产品；染疫的动物、动物产品；病死或者死因不明的动物、动物产品；其他不符合国家有关动物防疫规定的动物、动物产品。该规定严格控制动物疫病的传染渠道；切断疫区与非疫区有可能传播疫病的联系；杜绝有病的动物及其产品进入市场危害生产和消费者。

二、控制和扑灭动物疫病的法律措施

动物防疫法第三章对动物疫病的控制和扑灭作出一系列规定，相关内容如下。

（一）动物疫情管理

动物防疫法对动物疫情管理作了规范，法规明确规定：

（1）全国动物疫情由国务院畜牧兽医行政管理部门统一管理并公布；

（2）可以根据需要授权省级人民政府的畜牧兽医行政管理部门公布本行政区域内的动物疫情；

（3）任何单位或者个人发现患有疫病或者疑似疫病的动物，都应当及时向当地动物防疫监督机构报告；

（4）动物防疫监督机构接到有关动物疫情报告后，应当迅速采取措施，并按照国家有关规定上报；

（5）任何单位或者个人不得瞒报、谎报、阻碍他人报告动物疫情。

（二）发生一类动物疫病时的特别措施

一类动物疫病对人畜危害严重，动物防疫法对其制定以下规定。

（1）一旦发生一类动物疫病，当地县级以上地方人民政府畜牧兽医行政管理部门应立即派人到现场，划定疫点、疫区、受威胁区，采集病料，调查疫源；

（2）及时报请同级人民政府决定对疫区实行封锁；

（3）县级以上地方人民政府应当立即组织有关部门和单位采取隔离、扑杀、销毁、消毒、紧急免疫接种等强制性控制、扑灭措施，迅速扑灭疫病，并通报毗邻地区；

（4）确定对疫区封锁时采取的法定措施包括：禁止染疫和染疫的动物、动物产品流出疫区；禁止非疫区的动物进入疫区，以防止染上疫病；根据扑灭动物疫病的需要对出入封锁区的人员、运输工具及有关物品采取消毒和其他限制性措施；

（5）疫区封锁的决定权，在一个行政区域内的由当地县级以上地方人民政府决定，如果疫区范围涉及两个以上行政区域的，由有关行政区域共同的上一级人民政府决定对疫区实行封锁，或者由各有关行政区域的上一级人民政府共同决定对疫区实行封锁。

（三）发生二类、三类动物疫病时的措施

动物防疫法对动物疫病的不同发生情况作了相关规定。

（1）发生二类动物疫病时，同样要由当地县级以上地方人民政府的畜牧兽医行政管理部门划定疫点、疫区、受威胁区，以便于进行控制和扑灭疫病，但未规定实行封锁；

（2）在发生二类动物疫病时，由于可造成重大经济损失，因此仍然有必要采取隔离、扑杀、销毁、消毒、紧急免疫接种、限制易感染的动物、动物产品及有关物品出入等控制、扑灭措施，具体的则由县级以上地方人民政府根据需要决定；

（3）发生三类动物疫病时，则与发生一类、二类动物疫病时有所不同，是由县级、乡级人民政府按照动物疫病预防计划和国务院畜牧兽医行政管理部门的有关规定，组织防治和净化；

（4）特殊情况是当二类、三类动物疫病呈暴发性流行时，也会造成严重的危害，因此动物防疫法专门规定，应当依照有关发生一类动物疫病时的规定办理。

（四）疫区的有关管理事项

动物防疫法规定疫区内有关单位和个人应当遵守县级以上人民政府及其畜牧兽医行政管理部门依法作出的有关控制、扑灭动物疫病的规定。

关于动物防疫监督检查站的设立，动物防疫法规定了两种情况：一种是为了控制、扑灭重大动物疫情，动物防疫监督机构可以派人参加当地依法设立的现有检查站执行监督检查任务；另一种情况是必要时经省一级人民政府批准，可以设立临时性的动物防疫监督检查站，执行监督检查任务。

关于疫点、疫区、受威胁区和疫区封锁的解除，规定由原决定机关决定解除并宣布。

（五）人畜共患疫病的控制、扑灭

动物防疫法规定发生人畜共患疫病时，有关畜牧兽医行政管理部门应当与卫生行政部门及有关单位互相通报疫情；畜牧兽医行政管理部门、卫生行政部门及有关单位应当及时采取控制、扑灭措施。

（六）关于社会支持的规定

动物防疫法规定发生动物疫情时，航空、铁路、公路、水路等运输部门应当优先运送控制、扑灭疫情的人员和有关物资，电信部门应当及时传递动物疫情报告。

三、动物检疫制度

动物防疫法中的动物检疫制度主要有以下内容。

（一）依法实施检疫

依法实施检疫是建立动物检疫制度的基础。依法实施检疫的基本规定为：

（1）法定的动物检疫机构为动物防疫监督机构；

（2）用作实施检疫标准的是依法颁布的国家标准和国务院畜牧兽医行政管理部门规定的行业标准；

（3）在实施检疫中要执行国务院畜牧兽医行政管理部门规定的检疫管理办法，检疫对象也要按照其规定确定；

（4）对动物、动物产品实施检疫应当依法进行。

（二）依法建立并管理检疫员队伍

依法建立并管理检疫员队伍，检疫员相关规定如下。

（1）动物防疫监督机构设动物检疫员；

（2）动物检疫员具体实施动物、动物产品检疫；

（3）动物检疫员应当具有相应的专业技术资格，具体资格条件和资格证书颁发办法由国务院畜牧兽医行政管理部门规定；

（4）县级以上畜牧兽医行政管理部门应当加强动物检疫员的培训、考核和管理；

（5）动物检疫员应当按照检疫规程实施检疫，并对检疫结果负责。

（三）国家对生猪等动物实行定点屠宰、集中检疫

动物防疫法对定点屠宰、集中检疫生猪等动物作出以下规定。

（1）省一级人民政府规定在行政区域内实行定点屠宰、集中检疫的动物种类和区域范围；

（2）具体的屠宰场（点）由市（包括不设区的市）、县人民政府组织有关部门研究确定；

（3）动物防疫监督机构对屠宰场（点）屠宰的动物实行检疫，并加盖动物防疫监督机构统一使用的验讫印章；

（4）国务院畜牧兽医行政管理部门、商品流通行政管理部门协商确定范围内的屠宰厂、肉类联合加工厂的屠宰检疫按照国务院的有关规定办理，并依法进行监督。

（四）农民个人自宰自用生猪等动物的检疫

动物防疫法中相关规定将自宰自用的动物纳入检疫范围，但由于自宰自用情况复杂，分布面广，宰杀点多，数量大，地区不同，交通条件、风俗习惯不同，因此不作统一规定，由各省、自治区、直辖市人民政府针对实际情况制定管理办法。

（五）检疫出证和检疫处理

经检疫合格的动物、动物产品，由动物防疫监督机构出具检疫证明，动物产品同时加盖或者加封动物防疫监督机构使用的验讫标志；经检疫不合格的动物、动物产品，由货主在动物检疫员监督下作防疫消毒和其他无害化处理；无法作无害化处理的，予以销毁。

（六）检疫证明

检疫证明的格式和管理办法，由国务院畜牧兽医行政管理部门制定。动物凭检疫证明出售、运输、参加展览、演出和比赛。动物产品凭检疫证明、验讫标志出售和运输。检疫证明不得转让、涂改、伪造。

（七）检疫收费

动物检疫收费在动物防疫法中相关规定如下。

（1）允许收取检疫费用；

（2）收取检疫费用按照国务院财政、物价行政管理部门规定进行；

（3）依法检疫，只能收取规定的检疫费用，不能加收其他费用；

（4）动物防疫监督机构不得重复收费。

动物防疫监督机构是政府在动物防疫方面行使监督职能和具体执法的机构，不得从事经营性活动，不得具有企业性质。

四、动物防疫监督

动物防疫法对动物防疫监督作出基本规定，目的是确定监督的依据、监督的重点和监督的方法，组织起动物防疫监督的网络。

（一）防疫监督的法定机构和手段

（1）动物防疫法规定动物防疫监督机构具有监督职能，它依法对动物防疫工作进行监督；

（2）动物防疫监督机构在执行监测、监督任务时，可以对动物、动物产品采样、留验、抽检；

（3）动物防疫监督机构在实施监督时，有权对没有检疫证明的动物、动物产品进行补检或者重检；

（4）动物防疫监督机构履行其依法监督职责时，对染疫或者疑似染疾的动物和染疫的动物产品进行隔离、封存和处理。

（二）动物运输监督

动物防疫法规定经铁路、公路、水路、航空运输动物、动物产品的，托运人必须提供检疫证明方可托运；承运人必须凭检疫证明方可承运，铁路、公路、水路、航空运输单位，对没有检疫证明的动物、动物产品不得承运，有权予以拒绝，如果承运则是一种违法的运输行为。

为了防止出现无检疫证明动物、动物产品的运输行为，有效地监督托运人、承运人认真遵守法律，动物防疫法规定动物防疫监督机构有权对动物、动物产品运输依法进行监督检查。

（三）动物防疫监督的具体规则

动物防疫监督具体规则主要为三项：

（1）动物防疫监督工作人员执行监督检查任务时，应当出示证件，即表明其身份，以便于依法履行职责；

（2）有关单位和个人应当对监督工作人员给予支持、配合；

（3）动物防疫监督机构及人员进行动物防疫监督检查，不得收取费用。

（四）对生产经营活动的监督

动物防疫法主要针对以下四种情况作出规定：

（1）动物饲养场所、贮存场所、加工屠宰场所的选址和设计，应当符合国务院畜牧兽医行政管理部门规定的动物防疫条件；

（2）动物饲养、经营单位，从事动物饲养、经营和动物产品生产、经营活动，应当符合国务院畜牧兽医行政管理部门规定的动物防疫条件，并接受监督检查；

（3）从事动物诊疗活动，应当具有相应的专业技术人员，并取得动物诊疗许可证；

（4）患有人畜共患传染病的人员不得直接从事动物诊疗以及动物饲养、经营和动物产品生产、经营活动。

思 考 题

1. 动物检疫的目的和任务是什么？
2. 实施动物检疫的依据、手段及措施有哪些？
3.《中华人民共和国进出境动植物检疫法》、《中华人民共和国动物防疫法》包括哪些内容？
4. 简要说明动物检疫风险分析的含义和作用。
5. 依据国际标准，动物检疫风险分析包括哪些主要步骤？
6. 什么是进出境动物检疫？进出境动物检疫程序主要包括哪几个方面？
7. 什么是国内动物检疫？简述国内动物检疫的检疫制度。
8. 检疫处理应按哪些原则办理？

第二章　动物检验检疫技术

目前，食源性疾病在全球范围内呈上升趋势，不仅在发展中国家而且在发达国家也经常出现大规模暴发流行，而其中动物性食品引起的疾病占大多数。造成食源性疾病的主要原因是食品及其原料的生物性污染和化学性污染，其中生物性污染造成的问题最为严重。绝大多数食源性疾病是由病原生物所引发的，病原生物包括细菌、病毒、真菌、立克次氏体、寄生虫和昆虫等。本章重点阐述动物检验检疫技术，包括检验检疫样品的采集、运送、处理和保存方法，细菌、病毒、立克次氏体、支原体、衣原体和寄生虫等病原生物的分离及鉴定方法。

近年来，随着生物化学、分子生物学、免疫学、材料学、生物仪器及计算机技术的进步，新的检验检疫技术不断涌现，特别是免疫学技术和分子生物学技术等现代生物技术在动物检验检疫中得到了广泛的应用，克服了传统检测方法操作烦琐、检测时间长等缺点，具有敏感、特异、简便、快速等特点，显示了广阔的发展前景。因此，本章也将介绍常用的免疫学技术、核酸分子杂交技术、PCR技术、生物芯片技术和生物传感器等新型检测技术在动物检验检疫中的应用。

第一节　检验检疫样品

一、病料采集和运送

病原菌检验、病料的采集和运送是否得当，是关系到能否分离到病原菌的关键。首先要充分了解各种病原菌（目的菌）在被检动物体内及其分泌物和排泄物中的分布情况，不同的病原菌在患病动物体内分布情况不同，即使是同一种病原菌，在患病的不同时期和不同的病型中分布也不同。取样应注意以下几点。

（1）在采取病料前必须对被检动物可能患有何种疫病作出初步诊断。

（2）采取病料所用的容器、手术器械，均应灭菌后才能使用，采样时应无菌操作　刀、剪、镊子等用具可煮沸消毒30min，使用前，最好用酒精擦拭，并在火焰上烧一下。器皿（玻璃制品等）需高压灭菌器或干烤箱内灭菌，或放于0.5%~1%的碳酸氢钠水中煮沸，软木塞和橡皮塞置于0.5%石炭酸水溶液中煮沸10min。载玻片应在1%~2%的碳酸氢钠水中煮沸10~15min，水洗后，再用清洁纱布擦干，将其保存于酒精、乙醚等溶液中备用。注射器和针头放于清洁水中煮沸30min即可。采取一种病料，使用一套器械与容器，不可用其再采其他病料或容纳其他脏器材料。如脏器表面被污染，可用烧红的金属片先在器官的表面烧烙，再采深部病料。

（3）解剖前检查　凡急性死亡动物，未解剖之前，必须用显微镜检查其血液抹片或组织触片中是否有炭疽杆菌存在。如怀疑是炭疽时，则不可随意解剖，可采取患畜的血液检查。只有在确定不是炭疽后，方可进行剖检。解剖时，采取有病变脏器或组织送往实验室，以便证明其病因。

（4）取材时间要早　内脏病料的采取，需于患畜死后立即进行，最好不超过6h，否则时间过长，由肠内侵入其他细菌，致使尸体易于腐败，不利于病原菌的检出。

（5）为了提高病原微生物的阳性分离率，采取病料的种类，应根据不同的疫病，相应的采其脏器或内容物。在无法估计是某种疫病时，可进行全面的采取。

①脓汁：用灭菌注射器或吸管抽取或吸出脓肿深部的脓汁，置于灭菌试管中。若为开口的化脓灶或鼻腔时，则用无菌棉签浸蘸后，放在灭菌试管中。

②淋巴结及内脏：将淋巴结、肺、肝、脾及肾等有病变的部位各采取1~2cm^3的小方块，分别置于灭菌试管或平皿中。若为供病理组织切片的材料，应将典型病变部分及相连的健康组织一并切取，组织块的大小每边约为2cm，同时要避免使用金属容器，尤其是当病料供色素检查时（如马传贫、马脑炎及焦虫病等），更应注意。

③血液：

a. 血清：以无菌操作采取血液10mL，置于灭菌试管中，待血液凝固析出血清后，吸出血清置于另一灭菌试管内，如供血清学反应时，可于每1mL中加入5%石炭酸水溶液1~2滴。

b. 全血：采取10mL全血，立即注入盛有5%柠檬酸钠1mL的灭菌试管中，搓转混合片刻后即可。

c. 心血：心血通常在右心房处采取，先用烧红的铁片或刀片烙烫心肌表面，然后用灭菌的尖刃外科刀自烙烫处刺一小孔，再用灭菌吸管或注射器吸出血液，盛于灭菌试管中。

④乳汁：乳房先用消毒药水洗净（取乳者的手也应事先消毒），并把乳房附近的毛刷湿，最初所挤的3~4股乳汁弃去，然后再采集10mL左右乳汁于灭菌试管中。若仅供显微镜直接染色检查，则可于其中加入0.5%的福尔马林液。

⑤胆汁：先用烧红的刀片或铁片烙烫胆囊表面，再用灭菌吸管或注射器刺入胆囊内吸取胆汁，盛于灭菌试管中。

⑥肠：用烧红刀片或铁片将欲采取的肠表面烙烫后穿一小孔，持灭菌棉签插入肠内，以便采取肠管黏膜或其内容物，也可用线扎紧一段肠道（约6cm）两端，然后将两端切断，置于灭菌器皿内。

⑦皮肤：取大小约10cm×10cm的皮肤一块，保存于30%甘油缓冲溶液中，或10%饱和盐水溶液中，或10%福尔马林液中。

⑧胎儿：将流产后的整个胎儿，用塑料薄膜、油布或数层不透水的油纸包紧，装入木箱内，立即送往实验室。

⑨小家畜及家禽：将整个尸体包入不透水塑料薄膜、油纸或油布中，装入木箱

内，送往实验室。

⑩骨头：需要完整的骨头标本时，应将附着的肌肉和韧带等全部除去，表面撒上食盐，然后包于浸过5%石炭酸水或0.1%升汞液的纱布或麻布中，装于木箱内送到实验室。

⑪脑、脊髓：如采取脑、脊髓作病毒检查，可将脑、脊髓浸入50%甘油盐水液中或将整个头部割下。包入浸过0.1%升汞液的纱布或油布中，装入木箱或铁桶中送检。

⑫供显微镜检查用的脓、血液及黏液抹片：先将材料置玻片上，再用一灭菌玻棒均匀涂抹或另用一玻片抹之。组织块、致密结节及脓汁等也可压在两张玻片中间，然后沿水平面向两端推移。用组织块作触片时，持小镊将组织块的游离面在玻片上轻轻涂抹即可。

⑬制成的抹片、触片：按要求包扎，玻片上应注明号码，并另附说明。

二、病料的保存

病料采取后，如不能立即检验或需送往有关单位检验，应当加入适量的保存剂，使病料尽量保持在新鲜或接近新鲜状态，以免病料送达实验室或送往外地检验时失去原来状态，而影响检验结果。

（一）细菌检验材料的保存

将采取的脏器组织块，保存于饱和的氯化钠溶液或30%甘油缓冲盐水溶液中，容器加塞封固。液体可装在封闭的毛细玻管或试管运送。饱和氯化钠溶液的配制法是：蒸馏水100mL、氯化钠38~39g，充分搅拌溶解后，用数层纱布过滤，高压灭菌后备用。30%甘油缓冲盐水溶液的配制法是：纯中性甘油30mL、氯化钠0.5g、碱性磷酸钠1.0g、0.02%酚红1.5mL、中性蒸馏水加至100mL，混合后高压灭菌备用。供细菌检验的液体，可用封闭的巴斯德毛细玻管或试管运送。寄送肠道时，先清除肠内粪团，用灭菌盐水清洗后，置于盛有上述保存剂的试管中即可。生前由直肠中采取的粪便，可移入灭菌容器中寄送。

（二）病毒检验材料的保存

将采取的脏器组织块，保存于50%甘油缓冲盐水溶液或鸡蛋生理盐水中，容器加塞封固，50%甘油缓冲盐水溶液的配制法是：氯化钠2.5g、酸性磷酸钠0.46g、碱性磷酸钠10.74g，溶于100mL中性蒸馏水中，加纯中性甘油150mL、蒸馏水50mL，混合分装后，高压灭菌备用。鸡蛋生理盐水的配制法是：先将新鲜的鸡蛋表面用碘酒消毒，然后打开将内容物倾入灭菌容器内，按全蛋9份加入灭菌生理盐水1份，摇匀后用灭菌纱布过滤，再加热至56~58℃，持续30min，第2天及第3天按上法再加热一次，即可应用。

（三）病理组织学检验材料的保存

将采取的脏器组织块放入10%福尔马林溶液或95%酒精中固定；固定液的用量应为送检病料的10倍以上。如用10%福尔马林溶液固定，应在24h后换新鲜溶液一次。中性福尔马林溶液的配制法是于福尔马林液的总容积中加5%~10%碳酸镁。严寒季节为防病料冻结，可将上述固定好的组织块取出，保存于甘油和10%福尔马林等量混合液中。

三、病料的记录、包装和运送方法

（一）送检单

病料送往检验室时，应附病料送检单，该单需复写3份，其中1份存根，两份寄往检验室，待检查完毕后，退回1份。送检单格式参阅有关文献。

（二）病料的包装和运送

（1）液体病料（如黏液、渗出物、尿及胆汁等）最好收集在灭菌的细玻璃管中，管口用火焰封闭，封闭时，注意勿使管内病料受热。将封闭的玻管用废纸或棉花包裹，装入较大的试管中，再装在木盒中运送。用棉签蘸取的鼻液及脓汁等物，可置于灭菌试管内，剪去多余的签柄，严密加塞，用蜡密封管口，再装在木盒内寄送。

（2）装盛组织或脏器的玻制容器，包装时力求细致而结实，最好用双重容器。将盛材料的器皿加塞用蜡封口后，置于内容器中，内容器中衬垫废纸。当气候温暖时，须加冰块，但需避免病料标本直接与冰块接触，以免冻结。将内容器置于外容器中，外容器内应置以废纸、木屑及石灰粉等，再将外容器密封好。内、外容器中所加废纸等物的量，以盛病料的容器万一破碎时，能完全吸收其液体为宜。外容器上需注明上下方向，最好以箭头注明，并写明“病理材料”“小心玻璃”等标记。也可用广口热水瓶装盛病料寄送。最好在保温瓶内放一些氯化铵，冰块置于氯化铵之上。如此可使冰块维持48h而不融化。如无冰块，可在保温瓶内放入450~500g氯化铵，加水1500mL，也可使保温瓶内温度保持0℃达24h。当怀疑为危险传染病（炭疽、口蹄疫等）的病料时，应将盛病料的器皿置于金属匣内，将匣焊封加印后装入木匣寄送。

（3）病料装于容器内应尽快送到检验部门。运送途中，需避免病料接触高温及日光。

第二节　细菌分离及鉴定

细菌分离及鉴定是用人工的方法使细菌在适当的环境和营养基质中生长繁殖，获取纯种、进行鉴定与研究等。为达到细菌分离及鉴定的目的，运用无菌操作技术，提供适当的营养基质（培养基），以及适宜的培养方法和条件是关键。

一、无 菌 技 术

细菌学检验必须采用无菌技术或无菌操作，以防止外界微生物的污染和病原菌的污染。无菌技术操作要点如下。

（1）无菌室在使用前，用紫外灯照射30~60min进行空气消毒。

（2）在进行接种、倾注琼脂平板时均须在无菌室、超净工作台或接种罩内操作。

（3）用接种环分离和移种细菌时，使用前后均需采用火焰灭菌。

（4）凡打开或关闭无菌试管和烧瓶时，管口通过火焰2~3次，以杀灭可能吸附于管口或瓶口的细菌。开启后的试管和烧瓶应尽量靠近火焰，且瓶口部切忌向上和长时间暴露于空气中。操作时，不可造成含菌材料污染台面和其他物体。

（5）所用的物品均应进行严格的消毒，在使用过程中不得与未经灭菌的物品接触。

（6）自动物体内抽血或接种时，应先剪去局部毛后，再进行常规消毒。

（7）工作完毕，室内空气用紫外灯照射30min、实验人员认真消毒洗手。

（8）因不慎造成污染时，应及时用消毒液处理。

二、接种工具

在实验室中，用得最多的接种工具是接种环、接种针。由于接种要求或方法的不同，接种针的针尖部常做成不同的形状，有刀形、耙形等之分。有时滴管、吸管也可作为接种工具进行液体接种。在固体培养基表面要将菌液均匀涂布时，需要用到涂布棒（见图2–1）。

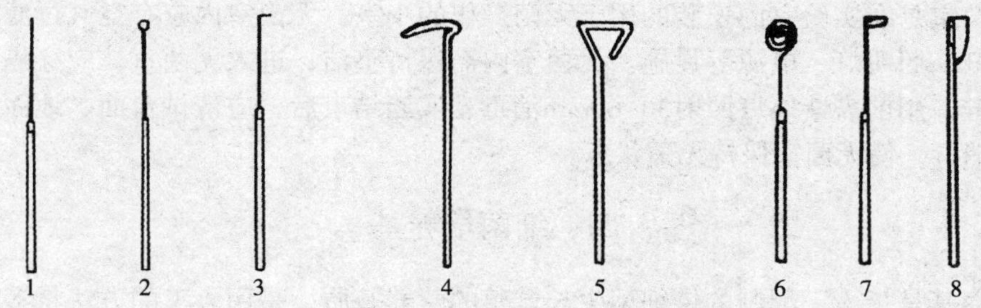

图 2–1 接种和分离工具

1—接种针 2—接种环 3—接种钩 4、5—玻璃涂棒

6—接种圈 7—接种锄 8—小解剖刀

接种环（针）在使用前后均应经火焰灭菌处理。灭菌程序是手持接种环（针）的绝缘端，将镍丝直立于火焰（外焰）渐渐下移，使之烧红，再平持接种环（针），将金属柄往返在火焰中通过3次灭菌，待冷却后使用。用毕，立即将染菌的镍丝在火焰（内焰）中加热，烤干环（针）端附着的细菌或标本，然后再移于火焰中灼烧灭菌，最后将金属柄在火焰中往复通过3次即可。如直接将环（针）在火焰中燃烧，则有污染环境或感染的危险。用完后的接种环（针）切忌随手弃置，以免灼焦台面或其他物体。

玻璃涂布棒的灭菌方法是，将玻棒浸入90%酒精瓶中，取出在火焰上点燃棒上酒精，立即离开火焰，玻璃棒上的酒精燃尽，即达到灭菌目的，冷却后即可使用。使用后再蘸取酒精灭菌玻棒，勿使酒精沿玻棒倒流，以防烧手。批量使用也可使用高压灭菌。

三、操作环境

为了避免空气中的细菌污染培养物，以及被接种物污染环境（如传染性强的细菌接种），一般应在接种罩、生物安全柜或无菌室内进行。

（一）接种罩

供接种（或转种）细菌用的玻璃或有机玻璃制成的空间，其样式可根据需要自行设计和选择。接种罩在使用之前，应先用消毒剂擦拭，或用紫外灯照30min。操作结束后，也应立即清理内部，并作消毒处理。

（二）无菌工作台

无菌工作台又称超净工作台或生物安全柜，是在接种罩的基础上设计出来的一种无菌空间，通过变速离心机将负压箱中经过滤后的空气带入静压器，再经高效过滤器进行过滤，从出风面吹出洁净气流，该气流以一定的、均匀的断面风速通过工作区时，将尘埃颗粒和生物颗粒带走，从而形成一个无尘无菌的工作环境。超净工作台在使用前打开紫外灯，消毒30min后关闭，启动送风机。净化区严禁放不必要的物品，以保持洁净气流不受干扰。

（三）无菌室

无菌室是在实验室内安装的用于无菌操作的小室。无菌室内应有空气过滤装置、紫外线灯、照明灯、电源等设施。无菌室内需保持整洁，进入无菌室，应穿隔离衣帽和专用鞋，用前需紫外灯照射30~60min消毒，实验结束后，应清拭台面、地面，紫外灯照射消毒，使无菌室保持无菌状态。

四、细菌培养基

培养基是指人工配制的供细菌生长繁殖的营养基质，是用人工的方法将多种营养物质按照各种细菌的需要而组合成的混合营养料。进行细菌学检验必须对细菌的营养要求、代谢、培养基成分和制备方法，以及如何使用、保存培养基有一个清楚的了解。

目前，国内外已有很多商品化的干燥培养基出售，使用比较方便，但无论是商品化的培养基或自行配制的培养基，都应适应目的菌生长的需要。必要时，应使用标准菌株进行检验。

（一）培养基成分

培养基的主要成分及其作用介绍如下。

1. 营养物质

细菌在其生长繁殖过程中所需要的营养成分，因细菌的种类不同而异，有的对营养要求不高，仅需碳源、氮源即可；有的则要求较高，除碳源、氮源外还需要鸡蛋、血清、血液等。

一些细菌在生长繁殖过程中还需要多种维生素、氨基酸、嘌呤、嘧啶等生长因子和无机盐类。

2. 水分

细菌细胞75%~80%是由水组成的，水是细菌营养、代谢过程中不可缺少的物质，水又是良好的溶剂，许多营养物质溶于水中才能被细菌吸收。制备培养基常用蒸馏水或离子交换水，若自来水水质稳定，也可用于培养基的配制。

3. 凝固物质

配制固体培养基的凝固物质有琼脂、明胶、蛋白、血清等。常用的是琼脂，特殊目的也用明胶等。琼脂是从石花菜等海藻中提取出来的一种胶体物质，一般不被细菌分解利用，故无营养价值，是培养基中的赋形剂。琼脂在98℃以上融化，低于45℃时则凝固成胶冻状态。培养基中琼脂的含量不同，其凝固能力也不同，因而可根据此制成凝固状态不同的培养基，当琼脂含量为1%~2%时可制成固体培养基，含量为0.3%~0.5%时可制成半固体培养基。由于各种牌号琼脂的凝固能力不同，以及当时气温不同，在配制时可酌情增减。

4. 抑制剂和指示剂

抑制剂和指示剂不是细菌生长繁殖所需物质，而是用于选择、鉴定细菌和结果判断。抑制剂用于抑制非检出菌的生长或使其少生长，以利于检出菌（目的菌）的生长。根据所要抑制的细菌，选择不同的抑制剂。常用的抑制剂有胆盐、煌绿、亚硫酸钠、亚硒酸盐、四硫磺酸盐、叠氮钠、一些染料及某些抗生素等。选择抑制剂时需注意抑制剂应有选择性的抑制作用。指示剂是为了方便了解和观察组菌是否利用及分解培养基中的糖（醇）类等物质。常用的指示剂有：酚红、溴甲酚紫、溴麝香草酚蓝、中性红、甲基红、酸性复红等。美蓝为常用的氧化还原指示剂，一些新的氧化还原指示剂如四氮唑盐类等，也已广泛用于细菌快速培养和鉴定，以及快速药敏试验方面。

（二）培养基的种类

培养基的种类繁多，可根据不同的特点进行分类。

1. 按用途的分类

（1）基础培养基　仅含有细菌生长繁殖所需要的最基本的营养成分，如普通肉汤、营养琼脂等。

（2）营养培养基　在基础培养基的基础上再加入葡萄糖、血液、血清等，以满足对营养要求较高细菌生长繁殖所需要的营养，如血液琼脂培养基、血清肉汤培养基等。

如鲜血琼脂的制作方法为：将灭菌的营养琼脂加热熔化，冷却至45~50℃时，加入5%~10%无菌鲜血（一般为绵羊或兔血），分装试管，摆成斜面或倾注于平皿，待凝固后，置37℃培养1~2d，有污染者废弃，无菌者保存于冰箱备用。

（3）增菌培养基　多为液体培养基，主要目的是为了增加标本中目的菌的数量以提高检出率，该类培养基内一般均含有具选择性抑菌作用的抑制剂，如四硫磺酸盐增菌液。

（4）选择性培养基　在培养基中加有除营养成分以外的抑制物质，使之具有选择性，有利于目的菌的检出和识别，而抑制其他非目的菌的生长或使其生长不佳。此类培养基多为固体培养，如SS培养基。

SS培养基的成分为：

蛋白胨	5g
牛肉膏	5g
乳糖	10g
琼脂	25~30g
胆盐	10g
0.5%中性红水溶液	4.5mL
柠檬酸钠	10~14g
0.1%亮绿溶液	0.33mL
硫代硫酸钠	8.5g
柠檬酸铁	0.5g
蒸馏水（加至）	1000mL

（5）鉴别培养基 利用各种细菌分解糖类和蛋白质能力及代谢产物的不同，在培养基中加入特定的作用底物，观察细菌在其中生长对底物的利用，从而鉴别细菌的培养基。主要供细菌生化反应试验用，如糖发酵培养基、七叶苷培养基等。

（6）厌氧培养基。

2. 按物理性状分类

根据培养基的物理性状，分为液体培养基、半固体培养基和固体培养基三种。液体培养基主要用于增菌、生化试验等；半固体培养基则主要用于观察细菌的动力、保存菌种等；固体培养基主要用于分离培养。固体培养基又分为平板、斜面、高层及高层斜面。

3. 按成分分类

按制备培养基的成分又可以将培养基分为两大类，即合成培养基与天然培养基，二者最大的区别是前者各批次培养基的性质一致，而天然培养基成分不能完全明了或各批次物质的成分很难一致，如牛肉、肉浸液、鸡蛋等。

五、病料的处理

如果病料是病变组织，又是用无菌方法采集的，在接种前一般无需作特别处理。但如果病料被杂菌污染严重，则需根据要分离的病原菌的特性，采用一些对病原菌无害，但对杂菌有杀灭或抑制作用的方法，以抑制杂菌生长。例如，从粪便中分离沙门氏杆菌，可将粪样接种于亚硒酸钠肉汤中，做增菌处理。在这种培养基中，其他杂菌被抑制，而沙门氏杆菌则能自由繁殖。又如，分离布鲁氏杆菌、胎儿弯曲杆菌、炭疽杆菌、副结核杆菌可用选择性抗菌琼脂。分离链球菌和猪丹毒杆菌用叠氮钠结晶紫血琼脂等。如果从肠道内容物或从污染有不产生芽孢的杂菌培养物中分离能形成芽孢的细菌（如魏氏梭菌、破伤风梭菌等），可将病料在80℃加热15min，以杀死不形成芽孢的杂菌，取此材料再接种培养基，即容易获得纯培养物。有些病料（如奶、尿等）含菌太少，则应先作集菌处理，然后接种，以提高检出率，其集菌方法有离心法和过滤法。离心法取沉淀物作培养物；过滤后取沉积于滤板上表面的病料作培养。还有些细菌往往在细胞浆内集结成团，在它们所形成的病灶中含菌较少，遇到这种情况，可将病料组织磨碎，制成乳剂，加入酶、酸或碱，消化组织，使菌团散开，然后离心，收集沉淀物作培养（如从肠黏膜分离副结核杆菌即用此法）。

六、细菌的分离接种

采集的病料，在接种培养前，应对其性状进行观察，例如，是否脓性带血或腐败，有何异味，并作记录。各种病料在分离培养前均应制备一张涂片，做革兰氏染色、镜检，以了解细菌的形态、染色特性，并大致估计其含菌量。通过肉眼观察和显微镜下看到的结果，对病料中可能含有的病原菌做最初步的估价。由于待检标本性质、培养目的及所用培养基种类不同，需采用不同的方法进行细菌接种，常用的接种方法有以下几种。

（一）平板划线接种法

平板划线接种法是常用的分离培养方法，目的是使标本或培养物中混杂的多种细菌在培养基表面分散生长，各自形成彼此分开的菌落，以便根据菌落的形态和特征，挑选所需的单个菌落，经移种获得纯种细菌。

应用平板划线接种法时，接种环与培养基表面约呈45℃进行划线，手腕要放松，不能用力过猛，以免划破培养基表面。为了分出单个菌落，划线时应尽可能有效地利用培养基表面，以达到充分分离细菌的目的。分离培养用的培养基表面应干燥，在使用前将平板置于37℃孵箱内30min，这样既有利于细菌分离，又可使培养基预温。平板划线接种有以下几种形式。

（1）连续划线法　此法多用于含菌量不多的标本或培养咽拭、棉拭所取的培养物。用接种环蘸取标本少许，或咽拭、棉拭培养物直接轻轻涂布于平板上1/5处，然后左右来回以曲线形式做连续划线接种，注意线与线之间既要留有适当的距离，又要尽可能地利用有效面积（见图2-2）。接种后在皿底注明日期和标本号，置孵箱中培养，一般在18~24h后观察结果。

（2）分区划线法　此法多用于含菌量较多的标本（如粪便标本），用接种环取标本或培养物少许，将其涂布于平板1/4区域，再做连续划线，划完一个区转动平皿90°，将接种环通过火焰灭菌，每一区域的划线均接触上一区域的接种线1~2次，使菌逐渐减少，以获得单个菌落（见图2-2）。

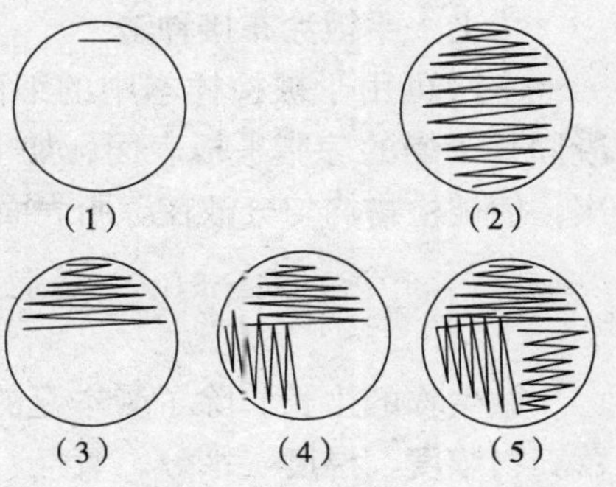

图 2-2　平板接种与划线法示意图

（二）斜面接种法

本法主要用于纯培养和保存菌种，或细菌的

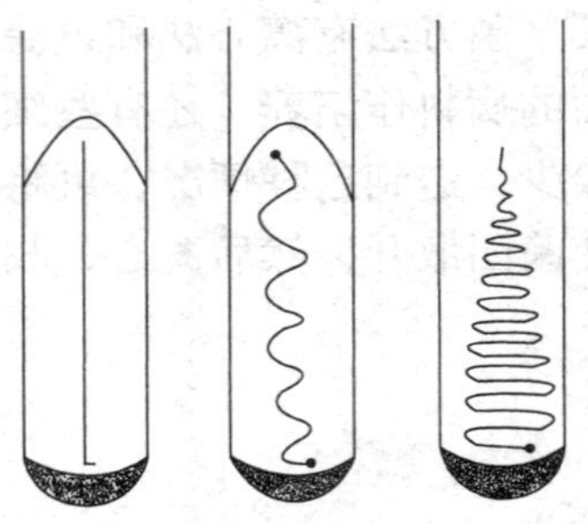

图 2-3 斜面培养基接种法

某些鉴别试验。

（1）划线接种法 以无菌手续将接种环上的培养物由斜面底部向上划一直线，再由底部起向上作蛇形连续划线，直至斜面顶端（见图2-3）。取出接种环，火焰灭菌管口，塞上塞子。置35℃孵箱中培养18~24h即可观察结果，经培养后在斜面上形成均匀一致的菌苔，如不均匀一致往往表示菌种不纯。

（2）穿刺划线接种法 用接种针挑取待检定细菌，插入斜面正中且垂直刺入近管底部，抽出后在斜面上做蛇形划线。

（三）倾注培养法

此法适用于乳汁和尿液等液体标本的细菌计数。其方法是取原标本或经适当稀释（一般是10^{-5}~10^{-1}倍稀释）的标本1mL，置于直径9cm无菌平皿内，倾入已溶化并冷至50℃左右的培养基约15mL，立即混匀待凝固后倒置于37℃培养18~24h，做菌落计数。

（四）穿刺接种法

本法多用于双糖、明胶等具有高层的培养基进行接种。方法是用接种针挑取菌落或培养物，由培养基中央直刺到距管底0.3~0.5cm处。然后沿穿刺线退出接种针，若为双糖等含高层斜面的培养基则只穿刺高层部分，退出接种针后直接以曲线接种斜面部分。

（五）半固体培养基接种法

半固体培养基可用于观察细菌动力和保存菌种。用灭菌接种针取菌少许，垂直刺入培养基中心直达近底部，然后将接种针沿原路退回，培养后观察结果。

（六）液体接种法

本法多用于普通肉汤、蛋白胨、水等液体培养基的接种。其方法是接种环沾取菌种，倾斜液体培养基管，先在液面与管壁交界处研磨接种物（以试管直立后液体能淹没接种物为准），然后再在液体中摆动2~3次接种环，塞好棉塞后轻轻混合即可。

（七）平板涂布接种法

本法可用于被检样本中的细菌计数，也常用于纸片法的药敏测定。其方法是在凝固且干燥的琼脂平板表面，加上定量的被检菌液，然后用无菌L形玻棒反复涂布几次，使被检物均匀分散在琼脂表面，经培养后即可观察结果。

七、细菌的培养方法

微生物的生长，除了受本身的遗传特性决定外，还受到许多外界因素的影响，如营养物浓度、温度、水分、氧气、pH等。微生物的种类不同，培养的方式和条件也不尽相同。

大多数细菌所需的培养温度是35~37℃，根据细菌对氧气的需求不同，可将细菌培养分为需氧培养法、二氧化碳培养法、厌氧培养法。

（一）需氧培养法

一般培养法均为需氧培养法，适合于需氧菌及兼性厌氧菌的培养。将接种物置35℃孵箱中培养18~24h，多数细菌均能达到对数生长期。难于生长或生长缓慢的细菌（如结核杆菌）则需培养3~7d甚至1个月才能生长。为使培养箱内保持一定湿度，可在其内放置一杯水。培养时间较长的培养基，接种后应将试管口塞棉塞后用石蜡凡士林封固，以防培养基干裂。

（二）二氧化碳培养法

某些细菌，如牛流产布氏杆菌和胎儿弧菌等需要在含有10%二氧化碳的空气中才能生长，尤其是初代分离培养要求更为严格。将已接种的培养基置于二氧化碳环境中进行培养的方法即二氧化碳培养法，常用方法有以下几种。

1. CO_2孵箱法

CO_2孵箱，除同一般孵箱能调节温度外，还能调节箱中CO_2的含量，CO_2的供应是靠与孵箱连接的CO_2钢瓶，瓶中定期充有CO_2，钢瓶上的真空表可指示CO_2的输出量并指示补充气体的时间。

2. 烛缸法

将已接种的培养基，置于一定体积的磨口标本缸或干燥缸内，在缸盖缸口均匀涂上少许凡士林，缸内放入点燃的蜡烛，然后盖严缸盖，蜡烛自行熄灭后，缸内CO_2含量为5%~10%。可基本满足CO_2细菌培养的要求。用此法培养时，平皿盖上有水汽凝结，因此在培养前宜在平皿内放一灭菌方形滤纸，并使其角恰好为平板边缘所固定。

3. 化学法

利用化学反应产生CO_2，常用方法为$NaHCO_3$–HCl法，按每1L容积称取0.4g $NaHCO_3$及0.35mL浓盐酸的比例，分别将两药置于容器内，连同容器置于标本缸或干燥缸内，盖好缸盖，倾斜容器，使HCl与$NaHCO_3$接触，即可生成CO_2。

（三）厌氧培养法

厌氧菌由于对氧敏感，在其分离、鉴定及研究过程中，必须为之营造一个低氧化还原电势的厌氧环境，否则厌氧菌就不能生长甚至死亡。造成厌氧环境的方法有多种，常用的有如下一些：

1. 厌氧罐培养法

其原理是用物理或化学的方法除去密闭容器中的氧，造成无氧环境。常用的方法是抽气换气法和气体发生袋法。

（1）抽气换气法　该法可利用普通的真空干燥缸或厌氧罐（市售），将已接种的平板放入缸或罐中，再放入催化剂钯粒和美蓝指示剂［10%葡萄糖、40%NaOH和美蓝水溶液（0.1g溶于60mL蒸馏水中）按4：0.1：0.1的比例混合即可］，先用真空泵抽成负压（–79.909kPa），然后立即充入无氧的氮气，反复3次，最后充入80%的N_2、10%

的CO_2和10%H_2的混合气体。罐中的钯粒可催化罐中残余的氧与氢结合生成水，将氧去除。如果罐中达到无氧状态，则罐中放入的美蓝指示剂变为无色。每次观察标本需重新抽气换气，用过的催化剂应干热2h使其恢复活力再重复使用。

（2）气体发生袋法　该法包括室温催化剂、美蓝指示剂、H_2、CO_2发生袋及厌氧罐等部分。其厌氧环境是靠气体发生袋提供足够的H_2和CO_2，经钯粒的催化作用，将罐中的CO_2与H_2化合成水而建立的。气体发生袋中有一丸硼氢化钠氯化钴合剂、一丸碳酸氢钠柠檬酸合剂及一片滤纸条，用时剪去指定部分的一角，注入10mL水即沿着滤纸条渗到两试剂丸上，发生反应，产生的H_2和CO_2则缓缓地溢出袋外。加水激活后，应立即放入罐内，紧闭罐盖，气体产生于罐中，即造成厌氧环境，用气袋法简便易行，不需要抽气换气。

2. 培养箱法

一般厌氧菌的培养，用上述方法即可，但对高度厌氧的细菌，上述方法还不能满足其厌氧的需要。厌氧培养箱通过附带的橡皮手套，所有的操作都在箱内进行，箱中充满N_2、H_2、CO_2的混合气体，内部的氧由钯粒的触酶作用与氢反应而消失。此培养箱价格昂贵，一般供专业实验室使用。

八、细菌的鉴定

通过分离培养获得的病原菌，必须达到不含有其他微生物的纯培养程度，才能进行系统鉴定。系统鉴定就是通过病原菌的形态结构、生长特性、抗原性和病原性等检测，并用已知标准免疫血清确定分离细菌的属、种和型。微生物鉴定的程序通常是根据其形态，生长、生化特性等定种，最后根据抗原的免疫血清学检查定型。

（一）细菌的生长现象观察

1. 固体培养基上细菌的生长现象

将细菌划线接种在固体培养基表面，因连续划线的分散作用，使许多混杂的细菌在固体培养基表面散开，大多经18~24h培养后单个细菌分裂增殖成一堆肉眼可见的细菌基团称为菌落。一个菌落大多由一个细菌繁殖堆积而成；但有时也可能由2个或数个细菌细胞繁殖而成。从固体培养基上挑一个菌落，移种到另一个培养基中，生长出来的细菌即为纯种，也称为纯培养。菌落特征代表了该细菌的特征，因而观察菌落，描述其特征，并初步识别是极为重要的。观察的方法是将培养基放在自然光或白炽灯光的前面，从不同角度进行观察。菌落太小，则可利用放大镜观察。细菌菌落的基本特征常从下述几方面加以描述：

（1）菌落形状　指菌落的几何形状及表面隆起情况，如圆形、不整形、扁平、凸起、凹面等。

（2）菌落大小　以mm计算。

（3）表面性状　光滑、粗糙、有无光泽等。

（4）边缘情况　整齐、不整齐、锯齿状等。

（5）颜色　白色、黄色、无色、灰色等。

（6）透明度　透明、不透明、半透明等。

（7）质地　硬、软、脂状、膜状等。

（8）黏度　奶油状、黏液状、膜状易碎。

（9）乳化性　将一菌落在盐水中研磨形成均匀乳状或为颗粒状的程度。

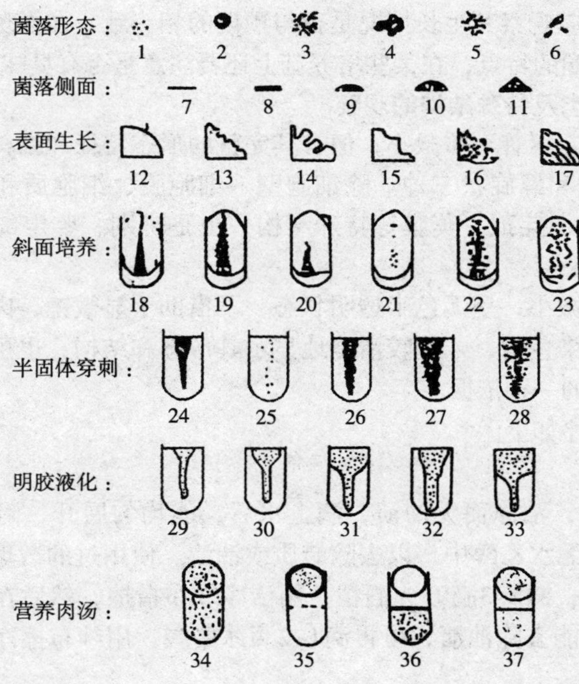

图 2-4　细菌的培养特征

1—点状　2—圆形　3—丝状　4—不规则形　5—假根状　6—纺锤状　7—扁平　8—隆起　9—凸起　10—垫状　11—脐状　12—边缘整齐　13—波状　14—裂片状　15—啮蚀状　16—丝状　17—卷发状　18—丝线状　19—刺毛状　20—串珠状　21—疏展状　22—树根状　23—假根状　24—丝状　25—串珠状　26—乳头状　27—绒毛状　28—树根状　29—量杯状　30—萝卜状　31—漏斗状　32—囊状　33—层状　34—絮状　35—环状　36—蹼状　37—膜状

2. 细菌在液体培养基中的生长现象

细菌在液体培养基中一般以培养18~24h观察生长特性为好（见图2-4）。其生长特性包括：

（1）发育程度　以有无生长，微弱、中等、旺盛来表示。

（2）浑浊度　有无浑浊以及浑浊的程度（以浑、中等、微浑、透明表示）；均匀浑浊、有颗粒；絮状生长。

（3）液体表面性状　有无表面生长及生长的性状，如膜状（厚薄）、环状、皱状或颗粒状。

（4）其他　有无色素，有无气味，有无产酸情况，有无气体产生。

3. 细菌在半固体培养基中的生长现象

半固体培养基主要用于细菌动力的观察，有动力的细菌除沿穿刺线处有生长外，在穿刺线的周围均可见浑浊如瓶刷状或细菌生长的小菌落；无动力的细菌仅沿穿刺线上有生长，周围的培养基透明清晰（见图2–4）。

4. 细菌在鉴别培养基上的生长现象

在鉴别培养基上，应观察其生长情况是否与预期的相一致，在血琼脂培养基上还要观察是否溶血及溶血圈的特点，在某些培养基上还要注意是否有臭味等。

（二）细菌基本形态及特殊结构的观察

细菌是单细胞生物，尽管个体微小，但有其完整的形态特征和结构。细菌的基本形态可分为球状、杆状和螺旋状三种。除细胞壁、细胞膜、细胞质和核质等基本结构外，尚有鞭毛、菌毛、芽孢、荚膜等特殊结构，也是辨别、鉴定细菌菌种的重要依据。

由于细菌细胞个体微小，呈无色半透明状态，不借助于显微镜，肉眼是无法观察到的。只有制成抹片并染色后，才能较清楚地显示其形态和结构，也可以根据不同染色反应，作为鉴别细菌的一种依据。

细菌染色的一般程序如下。

1. 玻片准备

载玻片应清晰透明，洁净而无油渍，滴上水后，能均匀展开，附着性好。新购买的载玻片一般需浸于无水乙醇中，以去除蜡质或油渍。使用过的载玻片如有残余油渍，可按下列方法处理：滴2~3滴95%酒精，用洁净纱布揩擦，然后在酒精灯外焰上轻轻拖过几次。若仍不能去除油渍，可再滴1~2滴冰醋酸，用纱布擦净，再在酒精灯上轻轻拖过。

2. 涂片

根据材料情况不同，涂片方法也有差异。

（1）液体材料　可直接用灭菌接种环取一环材料，于玻片的中央均匀地涂布成适当大小的薄层。

（2）非液体材料　应先用灭菌接种环取少量生理盐水，置于玻片中央，然后再用灭菌接种环取少量材料，在液滴中混合，均匀涂布成适当大小的薄层。

（3）组织脏器材料　可先用镊子夹持中部，然后以灭菌或洁净剪刀取一小块，夹出后将其新鲜切面在玻片上压印或涂抹成一薄层。

3. 干燥

上述涂片应让其自然干燥，或火焰干燥。

4. 固定

有两类固定方法。

（1）火焰固定　将干燥好的抹片，使涂抹面向上，以其背面在酒精灯外焰上如钟摆样来回拖过数次，略作加热，进行固定。

（2）化学固定　血液、组织脏器等抹片浸入甲醇中2~3min，取出晾干；或者在抹片上滴加数滴甲醇使其作用2~3min，自然挥发干燥。抹片如做瑞氏染色，则不必先做固定，染料中含有甲醇，可以达到固定的目的。固定好的抹片就可进行各种方法的染色。

5. 染色

只应用一种染料进行染色的方法称简单染色法，如美蓝染色法。应用两种或两种以上的染料或再加媒染剂进行染色的方法称复杂染色法。染色时，有些是将染料分别先后使用，有些则同时混合使用，染色后不同的细菌，或者细菌构造的不同部分可以呈现不同颜色，有鉴别细菌的作用，又可称为鉴别染色，如革兰氏染色法、抗酸染色法、瑞氏染色法和姬姆萨氏染色法等。

（1）美蓝染色法　细菌菌体蛋白质的等电点多偏酸性（pH2.0~5.0），而细菌生活环境的pH在7.0左右，此时，细菌菌体带负电荷，极易与碱性美蓝染料结合呈蓝色。

在已干燥固定好的抹片上，滴加适量的美蓝染色液，染色1~2min，水洗，干燥，镜检。菌体染成蓝色。

（2）革兰氏染色法

① 初染：在已干燥、固定好的抹片上，滴加草酸铵结晶紫溶液，染色1~2min，水洗。

② 媒染：加革兰氏碘溶液于抹片上媒染，作用1~3min，水洗。

③ 脱色：加95%乙醇于抹片上脱色，0.5~1min，水洗。

④ 复染：加稀释的石炭酸复红（或沙黄水溶液）复染10~30s，水洗。

⑤ 吸干或自然干燥，镜检。

革兰氏阳性细菌呈蓝紫色，革兰氏阴性细菌呈红色。

（3）抗酸染色法　抗酸杆菌类一般不易着色，需用强浓染液加温或长时间才能着色，但一旦着色后即使使用强酸、强碱或酒精也不能使其脱色。其原因一是细菌细胞壁含有丰富的蜡质（分支菌酸），它可阻止染料透入菌体内着染，但一旦染料进入菌体后就不易脱去；二是菌体表面结构完整，当染料着染后即能抗御酸类脱色，若胞膜及胞壁破损，则失去抗酸性染色特性。

① 方法一：萋–尼（Ziehl–Neelsen）氏染色法：首先在已干燥、固定好的抹片上滴加较多的石炭酸复红染色液，在玻片下以酒精灯火焰微加热至产生蒸汽为度（不要煮沸），维持微微产生蒸汽3~5min，水洗。然后用3%盐酸酒精脱色，至标本无色脱出为止，充分水洗。再用碱性美蓝染色液复染约1min，水洗。最后吸干，镜检。抗酸性细菌呈红色，非抗酸性细菌呈蓝色。

② 方法二：固定后的抹片上滴加Kinyoun氏石炭酸复红染液，历时3min。连续水洗90s后，滴加Gabbott氏复染液历时1min。连续水洗1min，吸干，镜检。抗酸菌呈红色，其他菌呈蓝色。

③ 方法三：滴加石炭酸复红染液于抹片（已干燥固定过的）上染1min，水洗，再用1%美蓝酒精复染20s，水洗、干燥、镜检。抗酸性菌呈红色。镜检前对光检查染色片，标本片务必呈蓝色，如标本片呈现红色或棕色，表示复染不足，应再染5~10min，再观察，如仍未全呈蓝色时，仍可反复染，至符合要求为止。

（4）瑞特氏染色法　瑞特氏染料是美蓝与酸性伊红钠盐混合而成，当溶于甲醇后即发生分离，分解成酸性和碱性两种染料。由于细菌带负电荷，与带正电荷的碱性染料结合而成蓝色。组织细胞的细胞核含有大量的核糖核酸镁盐，也与碱性染料结合成蓝色。而背景和细胞浆一般为中性，易与酸性染料结合染成红色（瑞特氏染色液中一般含有甲醇，故组织标本的瑞特氏染色时，一般不需要固定）。常用的瑞特氏染色方法有以下两种。

① 抹片自然干燥后，滴加瑞特氏染色液于其上，为了避免很快变干，染色液可适当多加些，或看情况补充滴加；经1~3min，再加约与染色液等量的中性蒸馏水或缓冲液，轻轻晃动玻片（或用嘴轻轻吹匀），使之与染液混合均匀，经5min左右，直接用水冲洗（注意：不可将染料先倾去），吸干或烘干，镜检。细菌染色成蓝色，组织细胞的细胞浆呈红色，细胞核呈蓝色。

② 抹片自然干燥后，按抹片点大小盖上一块略大的清洁滤纸片，在其上轻轻滴加染色液，至略浸过滤纸，并视情况补滴，维持不使变干；染色3~5min，直接以水冲洗，吸干或烘干，镜检。此法的染色液经滤纸滤过，可避免沉渣附着抹片上而影响镜检观察。

（5）姬姆萨氏染色法

①于5mL新煮过的中性蒸馏水中滴加5~10滴姬姆萨氏染色液原液，即稀释为常用的姬姆萨氏染色液。

②抹片经甲醇固定干燥后，在其上滴加足量染色液或将抹片浸入盛满染色液的染缸中，染色30min，或者染色数小时至24h，取出水洗，吸干或烘干，镜检。细菌呈蓝青色，组织细胞胞浆呈红色，细胞核呈蓝色。

而对于细菌的一些特殊结构，多数很难着色，在显微镜下也很难观察，为此往往需要相应特殊的染色方法，才能较好着色，如荚膜染色、芽孢染色、鞭毛染色等。

（三）生化试验

细菌的生化反应是继形态学鉴定之后，又一重要鉴别依据。下面介绍常用的生化试验方法。

1. 糖类分解试验

某些细菌能分解某种糖，而产生酸，有些细菌还继续分解这些酸，而产生气体（CO_2和H_2），可依其分解糖类的差异来鉴别细菌。试验时，将被检菌接种于糖发酵培养基中，37℃培养2~3d。如果培养基变黄，说明产酸；如变黄的同时还有气泡，说明既产酸又产气。培养基仍呈蓝色，说明未产酸。

需氧菌的糖分解试验：培养基——邓享氏（Dunhan）蛋白胨水溶液：蛋白胨1g，

氯化钠 0.5g，糖0.5%~1%，水100mL，0.2%溴麝香草酚蓝1.2mL或1.6%溴甲酚紫酒精溶液0.1mL。（0.2%溴麝香草酚蓝溶液配法：溴麝香草酚蓝0.2g，0.1mol/L NaOH 5mL，蒸馏水95mL）。分装于试管中（每一管中加有一个倒立的小发酵管），高压灭菌10min，若培养基中加0.5%~0.7%的琼脂，则成半固体，可省去倒立的小发酵管。

2. 吲哚（靛基质）试验

有些细菌能分解蛋白质中的色氨酸而产生吲哚，后者能与对位二甲基氨苯甲醛作用，形成玫瑰吲哚而呈红色。试验时，将待检菌种接种于邓享氏蛋白质的胨溶液中，37℃ 培养1~2d。于培养液中加入戊醇或二甲苯2~3mL，摇匀，静置片刻后，沿管壁加入试剂2mL，如出现红色沉淀，表示为阳性。

常用试剂有两种：

（1）欧立希氏（Ehrlich's）吲哚试剂

对位二甲基氨基苯甲醛	1g
纯乙醇	95mL
浓盐酸	20mL

先以乙醇溶解试剂，后加盐酸，要避光保存。

（2）Kovacs试剂

对位二甲基氨基甲醛	5g
戊醇（或异戊醇）	75g
浓盐酸	25mL

3. 淀粉水解试验

培养基：淀粉琼脂

pH7.6的肉汤琼脂	90mL
无菌羊血清（只对不易生长的细菌才加）	5mL
无菌3%淀粉溶液	10mL

将琼脂加热熔化，使冷到50℃，加入淀粉溶液及羊血清，混匀后，倾注平板。将细菌划线接种于平板上，37℃培养24h，生长后取出，在菌落处滴加革兰氏碘液少许，培养基呈深蓝色，能水解淀粉的细菌菌落周围有透明环。

4. V-P试验

在有蛋白胨存在的条件下，有些细菌分解葡萄糖而产生乙酰甲基甲醇，并分解成2，3-丁烯二醇，在有碱存在时，氧化成二乙酰，后者和胨中的胍基化合物起作用，产生粉红色的化合物。试验时，将被检菌接种于试验培养基中（葡萄糖、K_2HPO_4、蛋白胨各5g，溶于1 000mL水中，分装于试管中，灭菌10min），培养2~7d后，于培养物中加入lmL l0%的氢氧化钠，混匀，再加入3~4滴2%氯化铁溶液。数小时后，培养基表面的下层出现红色者，为阳性。

5. 甲基红（M. R）试验

有些细菌分解葡萄糖时，产生酸性物质较多，使培养基变酸（pH 4.5以下）。试验所用培养基同V-P试验。接种细菌，于37℃培养2~7d后，在培养物中加入几滴甲基红酒精溶液（0.1g甲基红溶于300mL95%乙醇中，加蒸馏水至500mL），如呈红色，表示阳性。

6. 柠檬酸盐利用试验

有些细菌能将柠檬酸盐作为碳素的唯一来源。试验时，将被检菌接种到Simmons固体柠檬酸盐培养基上，37℃下培养2~4d，能利用柠檬酸盐的细菌，培养基从绿色转为蓝色。

Simmons培养基制法：

柠檬酸钠	1g
硫酸镁	0.2g
氯化钠	5g
磷酸二氢铵	1g
磷酸氢二钾	1g
琼脂	20g
1%溴麝香草酚蓝酒精溶液	10mL
蒸馏水	1000mL

121℃高压灭菌15min后，做成斜面。

7. 溴甲酚紫牛乳试验

大部分细菌能在牛乳培养基中生长，所引起的变化各不相同。牛乳可被细菌产生的类似凝乳酶所凝固，也可被其产生的酸凝固。有的细菌可分解乳糖产生气体，有些细菌可将奶酪蛋白胨化，有些细菌虽然在细菌中生长，但不引发任何物理变化。培养基中的酸碱度可由溴甲酚紫变黄或变紫显示出来，培养基变黄表示产酸。

溴甲酚紫牛乳：100mL脱脂乳中加1.2mL1.6%的溴甲酚紫酒精溶液。

8. 凝固血清液化试验

吕氏血清培养基，用1%葡萄糖肉汤（pH7.6）1000mL，无菌羊（牛、猪）血清300mL，混合后分装，在血清凝固器内摆成斜面，间歇灭菌（第一天，80℃ 1h；第二天，85℃1h，37℃过夜；第三天，90℃1h，37℃过夜，弃去有污染的管）。

将纯培养物在斜面上作划线接种，于37℃培养一周，观察培养基有无液化。

9. 硫化氢试验

某些细菌能分解含硫氨基酸，产生硫化氢，使培养基中的醋酸铅形成黑色的硫化铅。试验时，将被检物接种于醋酸铅琼脂斜面上，并穿刺入底部，37℃培养1~2d后，培养基变黑色者为阳性。

醋酸铅琼脂培养基：

高压灭菌的肉汤琼脂	100mL
高压灭菌的10%硫代硫酸钠溶液（新配）	2.5mL
高压灭菌的10%醋酸铅溶液	3mL

在溶化的琼脂内加入硫代硫酸钠溶液（先灭菌），待凉至60℃左右时，再加入醋酸铅溶液，混合均匀，分装即可。如果不加琼脂，即为液体培养基，底部有黑色沉淀时为阳性。

10. 硝酸盐还原试验

有些细菌在含硝酸盐的培养基中，能把硝酸盐还原成亚硝酸，试验时，将被检细菌接种于硝酸盐培养基中，37℃培养1~2d，之后加入下列试剂：

甲试剂：	对氨基苯磺酸	0.4g
	5mol/L冰醋酸	50mL
乙试剂：	2–萘胺	0.25g
	5mol/L冰醋酸	50mL

每管中先加入甲试剂0.1mL，再加乙试剂数滴，如出现红色，表示阳性。

适用于需氧菌的培养基：

硝酸钾（化学纯）	0.2g
蛋白胨	5g

适用于厌氧菌的培养基：

硝酸钾（化学纯）	1g	磷酸氢二钠	2g
蛋白胨	20g	葡萄糖	1g
琼脂	1g	蒸馏水	1000mL
两种培养基均经	121℃	高压灭菌	15min

11. 尿素酶试验

有些细菌能产生尿酸酶，而分解尿素。试验时，将被检菌接种于培养基中，室温放置，经5h和24h观察结果，如培养基变红，表示尿素被分解（阳性）。

尿素酶试验用培养基：

蛋白胨	1g
葡萄糖	1g
氯化钠	5g
磷酸二氢钾	2g
琼脂	20g
0.2%酚红溶液	6mL
20%尿素水溶液	10mL
蒸馏水	1000mL

将除20%尿素水溶液外的其余7种成分混合，加热溶解，调整pH至6.8，分装，121℃高压灭菌15min，冷至50℃时，加入过滤除菌的尿素水溶液，使尿素含量成为2%，摆成斜面备用。

（四）细菌抗原检测及血清型鉴定

细菌抗原结构比较复杂，有存在于细胞壁的菌体抗原（O抗原），有运动性的细菌在菌体抗原之外还有鞭毛抗原（H抗原），它具有不同的种、型特异性。包围于细胞壁外面的抗原称表面抗原，它包括种、型特异性很强的荚膜抗原（如炭疽杆菌）以及Vi抗原（沙门氏菌）和K抗原（大肠杆菌）。此外，还有存在于某些革兰氏阴性杆菌表面的菌毛抗原。从抗原的特异性程度可区分为：存在于属间细菌所共有的共同抗原，这种抗原的存在，只能表明其属性。另一类抗原为特异性抗原，只存在于特定的种、型，是最后确定细菌种、型的重要依据。

血清型鉴定是微生物鉴定的特异方法。首先要求鉴定的细菌必须纯净，不能混有其他种细菌，而且要新鲜，细菌要在适宜的条件下培养，尽量减少传代，以防发生变异。其次是要有特异性强和效价高的已知标准免疫血清（包括单克隆抗体）和标准菌株。有些种类细菌，如大肠杆菌和沙门氏菌不仅种、型繁多，而且抗原构造复杂，应购置专门的分型血清以备应用。最后是根据其菌体构造和抗原成分以及实验室的设备技术条件，选择相应的一种或几种血清学试验方法进行鉴定。

（五）细菌遗传物质检测

目前比较成熟的细菌遗传物质检测技术包括基因探针技术和PCR技术。

1. 基因探针技术

用标记物标记细菌染色体或质粒DNA上的特异性片段制备成细菌探针，待检标本经过短时间培养后，经过点膜、裂解变性、预杂交和杂交后，利用探针上标记物发出的信号可以知道杂交结果并判断病原体的性质。基因探针技术操作比较复杂，加之同位素污染等问题，目前尚不能普及应用。近年来发展起来的地高辛标记的非同位素探针，从探针标记到杂交都很方便，只是价格昂贵，仍限于科研应用，尚不能普及。

2. PCR技术

设计细菌基因的特异引物，细菌标本（不经培养）经过简单裂解、变性后，就可在PCR仪上进行扩增反应，经过25~30个循环，通过琼脂糖电泳即可观察扩增结果，检出、鉴定细菌。该技术简便、快速，适用于那些培养时间较长的细菌的检查，如结核杆菌等。PCR高度的敏感性使该技术在病原体诊断过程中极易出现假阳性，避免污染是提高PCR诊断准确性的关键环节。

（六）细菌毒力测定

病原性细菌致病能力的强弱程度称为毒力。通常病原菌的毒力越大，其致病性就越强。同一种病原菌，因菌株数不同，致病力大小也不相同，它的毒力也有强毒、弱毒和无毒株之分。测定细菌毒力大小系用递减剂量的材料（活的细菌或毒素）感染易感动物来进行。每次试验时，均须注意实验动物的种别、年龄与体重、试验材料和剂量、感染途径以及其他因素。因为这些因素都会直接影响毒力测定结果。其中感染途径与动物体重尤为重要。一般要加以规定，通常用来表示细菌毒力大小的单位有最小致死量（MLD）和半数致死量（LD_{50}）两种。

1. 最小致死量

能使特定的动物感染后，在一定时限内发生死亡的最少活的细菌量或毒素量。这一测定毒力的方法比较简便，不过有时可能由于实验动物个体差异而使结果有误差。

2. 半数致死量

在一定的时限内能使半数实验动物感染后发生死亡所需的活的细菌量或毒素量。试验时要选择年龄、大小、体重一致的动物，将动物分为若干个组，每组动物数量相等。然后用等量的试验材料感染同一组动物。各组动物所用的试验材料量均有一定差数。对每组动物加以记录，然后用Reed和Muench数学方法计算半数致死量。

第三节　病毒分离及鉴定

一、检材的采集与送检

病毒离活体后在室温下很易死亡，故采得检材应尽快送检。若距离实验室较远，应将检材放入装有冰块或干冰的容器内送检。病变组织则应保存于50%的甘油缓冲盐水中。污染检材，如鼻咽分泌液、粪便等应加入青霉素、链霉素或庆大霉素等，以免杂菌污染细胞或鸡胚而影响病毒分离。

二、病料的处理

将分离病毒的材料制成1：5~1：10的乳剂，并且每1mL加入青霉素和链霉素各1000单位，以抑制可能污染的细菌，后置冰箱中作用2~4h，然后离心沉淀，取其上清液作为接种材料。在这同时，应对接种材料作无菌检查。取接种材料少许接种于肉汤、血琼脂斜面及厌氧肝汤各一管，置37℃培养观察2~6d，应无细菌生长。如有细菌生长，应将原始材料再作除菌处理，也可改用细菌滤器过滤除菌．但过滤后的滤液含毒量会减少，应引起注意。

三、病毒的分离培养

病毒本身没有完整的生物合成酶系统，只能依靠宿主细胞的酶系统与营养才能繁殖，因此，培养病毒须接种动物、鸡胚或组织细胞。目前病毒分离常用动物接种培养、鸡胚培养、组织细胞培养方法。

（一）动物接种培养

病毒的动物培养法是最原始的病毒分离培养方法，它无须复杂的仪器设备，技术简单，容易获得成功，主要用于目前无法用细胞、鸡胚培养的病毒。在培养时，根据病毒种类不同，选择敏感动物及适宜接种部位。常用的动物有小白鼠、田鼠、豚鼠、家兔、猴、鸡及其他禽类等。接种部位根据各病毒对组织的亲嗜性而定，可接种鼻内、皮内、脑内、皮下、腹腔或静脉，例如嗜神经性病毒（狂犬病毒）可接种于小鼠脑内。接种后逐日观察实验动物发病情况，如有死亡，则取病变组织剪碎，研磨均匀，制成悬液，继续传代，并作鉴定。

1. 动物接种场地的选择

动物病毒培养需要在专门的动物实验室进行。动物实验室是专供动物饲养、观察和试验（采血、接种及解剖）所用。

动物实验室应远离正常动物房，应靠近高压蒸汽消毒间。进行危险性较大的病毒实验时，应区分一般动物实验室及隔离动物实验室。后者应单独建造，严格执行隔离及检疫措施。隔离动物实验室应附设尸体解剖间，供尸检用。下水及地面渗水沟应通到可以消毒处理的下水道，以便按规定进行无害化处理。可通过呼吸道传播的危险性大的病毒试验，动物实验室应装过滤的通风设备。一般动物实验室也应安装抽气通风设备。动物实验室的墙壁、天花板及室内固定器材，应加涂防酸油漆，便于定期及必要时进行消毒处理。

2. 实验动物的种类

实验动物是指经人工饲养和繁育，对其携带的微生物实行控制，遗传背景明确或者来源清楚的，用于科学研究、教学、生产、检验以及其他科学实验的动物。它具有较高的敏感性，较好的重复性和反应的一致性。实验动物从微生物学角度可分为以下几类：

（1）无菌动物（germ free animals, GFA） 是指机体内外均无一切寄生物（微生物和寄生虫）的动物，是在无菌条件下人工培育而成的。

（2）悉生动物（gnotobiotic animals, GA） 又称已知菌动物，是指完全明确体内带有的微生物的动物。悉生动物是由无菌动物衍生而来的，此种动物原是无菌动物，是人为地将指定的微生物投给其体内，按投给微生物的种类，又分为单菌、双菌、三菌或多菌动物。

（3）无特定病原体动物（specific pathogen free animals, SPFA） 是指体内无特定的微生物和寄生虫存在的动物，但非特定的微生物和寄生虫是允许存在的。

（4）清洁普通动物（clean animals, CA） 来自屏障系统，饲养于普通环境的动物，它是来源于SPFA。

（5）普通动物（conventional animals, CVA） 没有控制微生物的动物，来源于SPF或CV动物，在普通环境下饲养。

3. 动物选择

选择动物的条件是对病毒易感性高，如果病毒对宿主的选择性很强，应选用自然宿主；如果选择性不强，可用实验室常用的小动物。另外，还要求动物健康，体重、年龄尽可能一致，最好使用相应的等级实验动物，并符合所要培养病毒的要求；尽量使用遗传特性相似，个体差异较小，生物学反应比较一致的动物，使实验结果达到一致性、准确性和可比性；对外购动物，要了解当地动物群健康、饲养及免疫接种情况，接种前要经过健康观察，以免误用带有病原体动物。最好使用SPF动物。

4. 常用动物实验技术

（1）动物保定法 进行实验时首先要限制动物的活动，使动物保持安静状态，以便进行抓取、固定、操作和正确记录动物的反应情况，保定动物的方法依实验内容和动物的种类而定。

① 家兔保定法：较小的家兔，基本和豚鼠的保定一样，但大家兔需用仰卧式保定器保定。如果进行耳静脉注射，让家兔站立在手术台上，由助手把握住它的前、后躯即可。也可用筒式金属保定器保定（见图2–5）。

② 小鼠保定法：先用右手抓住尾巴，提起两后肢，令其前爪抓住饲养罐的铁丝盖，然后用左手拇指及食指抓住头部皮肤，并翻转左手，使小鼠腹部朝上，将其尾巴夹在左手掌与小手指之间，消毒腹部后，即可进行注射（见图2–5）。如需较长时间操作时，可将动物装入木制小鼠盒内或固定在小鼠固定板上。

图 2–5　家兔的保定及注射

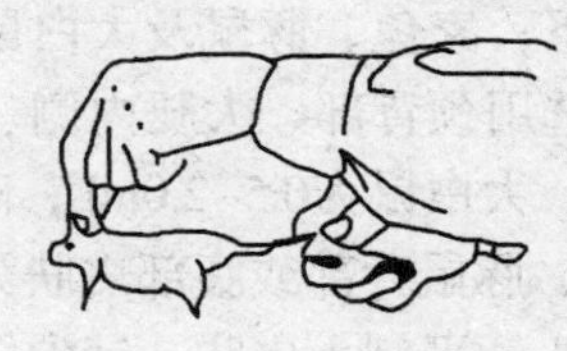

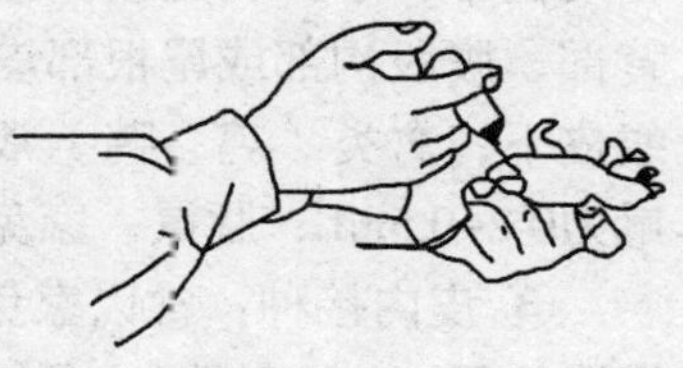

图 2–6　小鼠的捕捉、保定及注射

③ 豚鼠保定法：由助手用左手拇指夹住豚鼠右前肢，用食指和中指夹住左前肢，然后用右手紧握其腹部和两后腿，使其腹部朝上，术者即可进行注射（见图2–7）。

④ 大鼠保定法：大鼠牙齿很锐利，容易咬伤手指。取用时应轻轻抓住其尾巴后提起，置于实验台上，用玻璃钟罩扣住或置于大鼠固定盒内，这样即可以进行尾静脉取血或注射。如果做腹腔注射或灌胃等操作时，实验者应戴上棉纱手套，右手轻轻将大鼠的尾巴向后拉，左手抓紧鼠两耳和头顶部皮肤，并将动物固定在左手中（见图2–8），右手即可进行操作。如需要长时间固定做手术时，可参照固定兔的方法，将动物固定在大鼠固定板上。

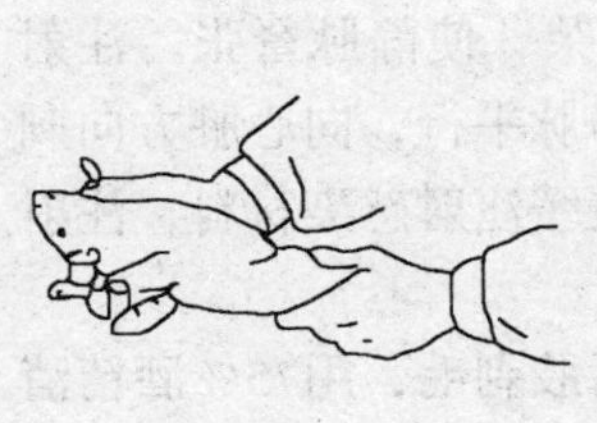

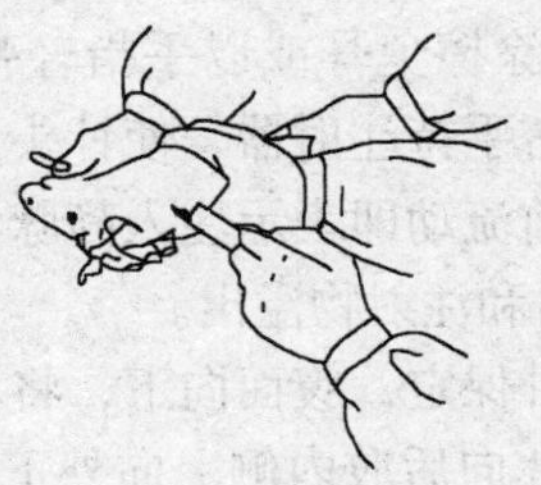

图 2–7　豚鼠保定及注射

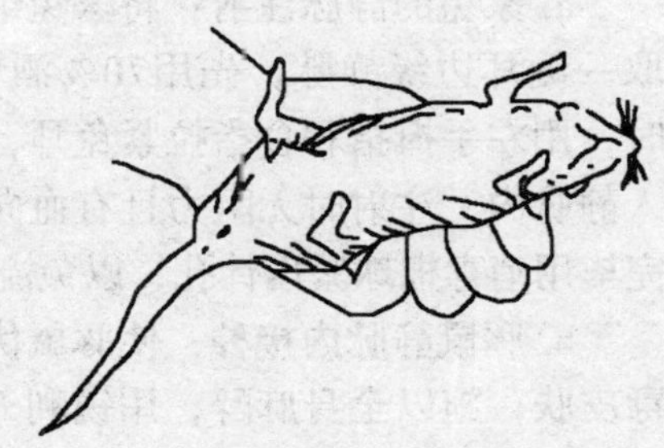

图 2–8　大鼠的抓取方法

⑤ 禽类的捕捉、保定：禽类捕捉、保定时，将其赶于墙角或直接伸手入笼，双手轻轻压其背部两侧，将其抱起。若要进行颈部皮下接种，可一手抱住被接种禽，另

一只手轻抓头部拉展，暴露颈背部。若要进行翅下静脉接种，可用左手将两翅合并保定，禽体置于桌面上，暴露翅下血管，右手进行接种、采血等。若要进行心脏采血，可由助手将禽仰卧保定或侧卧保定。

（2）动物接种法　对接种部位要先进行除毛。除毛的方法有剪毛法、拔毛法、剃毛和化学脱毛法等。除毛后，先用碘酊，再用75%酒精对接种部位进行消毒。实验动物常用的接种方法有下列几种。

① 划痕法：实验动物多用家兔，用剪毛剪剪去肋腹部长毛，再用剃刀或脱毛剂脱去被毛。以75%酒精消毒待干，用无菌小刀在皮肤上划几条平行线，划痕口可略见出血。然后用刀将接种材料涂在划口上。

② 皮下接种：将局部皮肤提起，注射器针头斜向刺入皮下，缓缓注入接种材料。注射完毕，于针头处按一酒精棉球，然后拔出针头，以防接种物外溢。小白鼠常选择背部、腹股沟部或尾根部皮下；家兔、豚鼠及大白鼠常选择腹股沟部、背部或腹壁中线皮下；禽类（鸡、鸭）常选用颈背部、大腿内侧、胸部皮下等。接种量，一般小白鼠为0.2~0.5mL，豚鼠、家兔、大白鼠为0.5~2.0mL，鸡、鸭为0.5~1.0mL。

③ 皮内接种：常以家兔、豚鼠背部或腹部皮肤为注射部位，去毛消毒后，将皮肤绷紧，用1mL注射器的4号针头，平刺入皮肤，针尖向上，缓缓注入接种物，此时皮肤应出现小圆形隆起。注射量一般为0.1~0.2mL。

④ 肌肉接种：选择肌肉丰满或无大血管通过的肌肉群处进行注射。一般都选用动物的腿部和臀部，若为禽类，则以胸侧肌肉为宜。注射时，将注射部位去毛消毒后，将针头刺入深部肌肉内，注射量可视动物的大小而定。

⑤ 腹腔内接种：在家兔、豚鼠、小鼠作腹腔内接种，宜采用仰卧保定。接种时稍抬高后躯，使其内脏倾向前腔，在股后侧面插入针头，先刺入皮下，后进入腹腔，注射时应无阻力，皮肤也无隆起。注射量，家兔可达10mL，豚鼠、大鼠为5.0mL，小鼠为0.5~1.0mL。

⑥ 静脉注射：

a. 家兔的静脉注射：将家兔纳入保定器内或由助手把握住它的前、后躯保定，选取一侧耳边缘静脉，先用70%酒精涂擦兔耳或以手指轻弹耳朵，使静脉弩张。注射时，用左手拇指和食指拉紧兔耳，右手持注射器，使针头与静脉平行，向心脏方向刺入静脉内，注射时无阻力且有血向前流动即表示注入静脉。缓缓注射感染材料，注射完毕用消毒棉球紧压针孔，以免流血和注射物溢出。

b. 豚鼠静脉内接种：使豚鼠伏卧保定，腹面向下，将其后肢剃毛，用75%酒精消毒皮肤，施以全身麻醉，用锐利刀片向后肢内侧上向外下方切一长约1cm的切口，使露出尾部，用小号针头（4号）刺入尾侧静脉，缓缓注入感染材料。接种完毕，将切口缝合一两针。

c. 小鼠静脉接种：其注射部位为尾侧静脉。选15~20g体重的小鼠，注射前将尾部浸于约50℃温水内1~2min，使尾部血管扩张易于注射。用一烧杯扣住小鼠，露出尾部，用小号针头（4号）刺入尾侧静脉，缓缓注入接种物，注射时无阻力，皮肤不变白、不起隆，表示注入到静脉内。

⑦ 脑内接种法：注射部位常选耳根部与眼内角连接线的中点。小白鼠接种时，先将其额部消毒，用左手拇指和食指抓住两耳和头皮，用4号针头的注射器，垂直刺入注射部位，以针尖斜面刚穿过颅盖为限，缓缓注入。注射完毕，在拔出针头的同时应将注射部皮肤稍向一边推动，以防液体向外溢出。家兔和豚鼠因颅骨较硬，需用钢针在接种部位打孔后注射，且需用乙醚对动物进行麻醉。脑内接种的最大注射量为：家兔0.2mL、豚鼠0.15mL、小鼠0.03mL。凡做脑内注射后1h内出现神经症状的动物应该作废，可认为是由于接种创伤所致。

⑧ 鼻内接种法：先将动物轻度麻醉后，用注射器针头将接种材料滴入鼻内，随着动物的吸气，将接种物吸入呼吸道内。此法又称鼻饲法，简便易行，但必须掌握好麻醉的深度。若麻醉过深，则接种物不易被吸到呼吸道内；若麻醉过浅，则接种物又易被喷出。滴入的接种物不宜过浓，否则容易引起动物死亡。小鼠的滴入量为0.03~0.05mL，豚鼠和家兔可适当增加。

（3）动物的临床观察　动物经接种后，须按照试验要求进行观察和护理。对接种病毒的动物，应进行严格观察。根据不同的实验目的，观察记录体温、体重、血液学、细胞学、免疫学等的变化情况。

① 外表检查：注射部位皮肤有无发红、肿胀及水肿、脓肿、坏死等。检查眼结膜有无肿胀发炎和分泌物。对体表淋巴结注意有无肿胀、发硬或软化等。

② 体温检查：注射后有无体温升高反应和体温稽留、回升、下降等表现。

③ 呼吸检查：检查呼吸次数、呼吸式、呼吸状态（节律、强度等），观察鼻腔分泌物的数量、色泽和黏稠度等。

④ 循环器官检查：检查心脏搏动情况，有无心动衰弱、紊乱和加速。并检查脉搏的频度节律等。

正常动物的体温、脉搏和呼吸参数见表2-1。

（4）动物采血法　如欲取得清晰透明的血清，宜于早晨没有饲喂之前抽取血液。如采血量较多，则应在采血后，以生理盐水作静脉（或腹腔内）注射或饮用盐水以补充水分。

① 家兔采血法：家兔采血法可采其耳静脉血或心脏血。耳边缘静脉采血方法基本与静脉接种相同，不同之处是以针尖向耳尖反向抽吸其血，一般可采血1~2mL。如需采大量血液，则用心脏采血法。动物左仰卧由助手保定，或以绳索将四肢固定，术者在动物左前肢腋下处局部剪毛消毒，在胸部心脏跳动最明显处下针。用12号针头，直刺心脏，感到针头跳动或有血液向针管内流动时，即可抽血，一次可采血15~20mL。如采其全血，可自颈动脉放血。将动物保定，在其颈部剃毛消毒，动物稍加麻醉，用刀片在颈静脉沟内切一个稍长的切口，露出颈动脉并结扎，于近心端插入玻璃导管，使血液自行流至无菌容器内，血凝固后析出血清；如利用全血，可直接流入含抗凝剂

表 2-1 正常动物的体温、脉搏和呼吸参数

动 物	体温（肛表）/℃	脉搏/（次/ min）	呼吸/（次/ min）
猪	38.5~40.0	60~80	10~20
绵羊或山羊	38.5~40.0	70~80	12~20
犬	37.5~39.0	70~120	10~30
猫	38.0~39.0	110~120	20~30
家兔	39.6~40.1	123~304	38~60
豚鼠	38.5~40.0	150	100~150
大白鼠	37.0~38.5	—	210
小鼠	37.4~38.0	—	—
鸡	41.0~42.5	140	15~30
鸭	41.0~42.5	140~200	16~28
鸽	41.0~42.5	140~200	16~28

的瓶内，或含有玻璃珠的三角瓶内振荡脱纤以防止血液凝固。放血量可达50mL以上。

② 豚鼠采血法：豚鼠一般从心脏采血。助手使动物仰卧保定，术者在动物腹部心跳最明显处剪毛消毒，用针头稍向右下方刺入胸壁。刺入心脏则血液可自行流入针管，一次未刺中心脏或稍偏时，可将针头稍提起向另一方向再刺，如多次没有刺中，应换另一动物，否则有心脏出血致死亡的可能。

③ 小鼠采血法：可将尾端部消毒，用剪刀断尾少许，使血溢出，采得血液数滴，采血后用烧烙法止血。也可以挖眼采血。

④ 绵羊采血法：在微生物实验室中绵羊血最常用。采血时由一名助手半坐骑在羊背上，两手各持其1只耳（或角）或下颚，因为羊的习惯好后退，令尾靠住墙根。术者在其颈部上1/3处剪毛消毒，左手压在静脉沟下部使静脉弩张，右手持针头猛力刺入皮肤，此时血液流入注射器内。一切操作需无菌进行，以获得无菌血液。

⑤ 鸡采血法：剪破鸡冠可采血数滴供作血片用。少量采血可从翅静脉采取，将翅静脉刺破以试管盛之，或用注射器采血。需大量血可由心脏采取：固定家禽使倒卧于桌上，左胸朝上，以胸骨脊前端至背部下凹处连线的中点垂直刺入，3~4cm深即可采得心血，1次可采10~20mL血液。

（5）动物尸体剖检法 实验用动物经接种后死亡或予以扑杀后，应立即对其尸体进行解剖，否则肠道内的腐败菌可通过肠壁侵入其他脏器，导致尸体腐败，影响检查效果。

尸体剖检中要严格注意消毒和无菌操作。一般的操作程序是：先用肉眼观察动物体表的情况。然后对被检动物体表进行消毒（如用3%~5%来苏儿浸泡），剪开皮

肤，观察内脏病变情况。根据需要，对主要实质器官进行细菌接种培养或触片镜检，同时无菌采取有关组织材料进一步作微生物学、病理学、寄生虫学、毒物学检查。对于那些需作组织学检查的器官组织，应取一小块浸于10%福尔马林固定液中。剖检完的尸体进行高压灭菌或焚烧处理，对解剖用具、器材和场地等要进行严格消毒。

（二）病毒的鸡胚培养

鸡胚是正在发育的活的机体，组织分化程度低，细胞代谢旺盛，适于许多人类和动物病毒（如流感病毒、新城疫病毒、传染性支气管炎病毒等）的生长增殖。鸡胚对多种病毒敏感。一般采用孵化9~14d的鸡胚，根据病毒种类不同，将病毒标本接种于鸡胚绒毛尿囊膜、尿囊腔、羊膜腔、卵黄囊、脑内或静脉内，如有病毒增殖，则鸡胚发生异常变化或羊水、尿囊液出现红细胞凝集现象；但很多病毒在鸡胚中不生长。接种后逐日观察鸡胚变化情况，如有死亡，则取尿囊液或病变组织剪碎，研磨均匀，制成悬液，继续传代，并作鉴定。

1. 鸡胚的选择和孵育

将1日龄实验鸡胚置于温度为37.5℃（最低可用36℃，高可到38.5℃）的孵化箱或恒温箱中培养，相对湿度为45%~60%。孵育3d后每天应翻蛋2~3次，以保证气体交换均匀，鸡胚发育正常。孵后第4天起用照蛋灯对鸡胚进行检视，发育良好的鸡胚血管明显可见，胚体可以活动。未受精鸡胚无血管，死亡鸡胚血管消散呈暗色且胚体固定一处不动。应及时弃去未受精和死亡的鸡胚。实验室接种用的鸡胚最少是6日龄，最大不超过12日龄，一般多用9~10日龄鸡胚（见图2-9）。

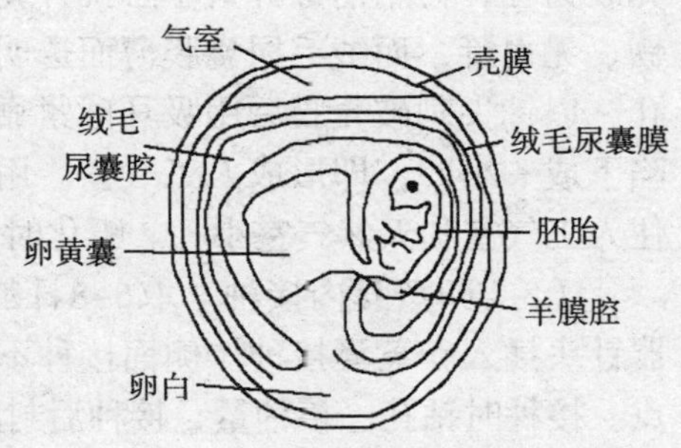

图 2-9　9~10日龄鸡胚结构示意图

2. 接种前的准备

（1）病料的处理　取1.0~2.0g疑似含病毒的脏器组织病料，匀浆研磨后用生理盐水制成1：10悬液，每1mL加入青霉素和链霉素各1000~2000单位，置4℃冰箱中处理4~8h，以抑制可能污染的细菌，然后经2000r/min离心10min，取上清液作为接种材料。

（2）照蛋　用铅笔标出气室位置，并在气室底边胚胎附近无大血管处标出接种部位。若要做卵黄囊接种或血管注射，还要画出相应部位。

（3）消毒　先后用碘酊和75%酒精棉球消毒准备接种部位的蛋壳表面。

3. 鸡胚接种

常用的鸡胚接种途径有绒毛尿囊腔、绒毛尿囊膜、羊膜腔、卵黄囊和静脉等。新城疫病毒多采用绒毛尿囊腔接种法。

（1）绒毛尿囊腔内接种　选用9~11日龄发育良好的鸡胚，气室向上置于蛋架上，在所标记接种部位用经火焰消毒的钢锥钻一个小孔，注意要恰好使蛋壳打通而

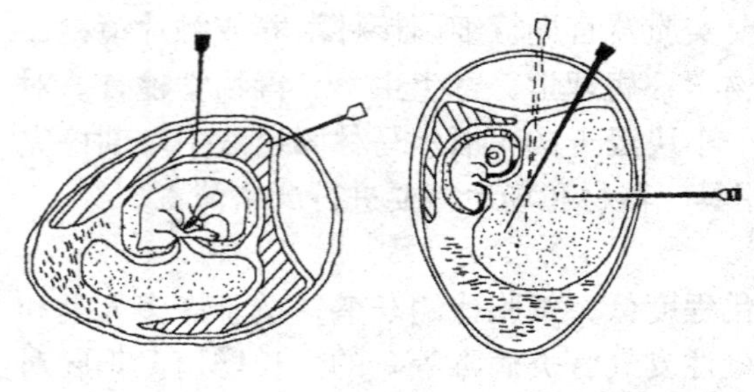

图 2-10　尿囊腔接种的两种途径示意图

又不伤及壳膜。用1mL注射器抽取接种物，与蛋壳成30°斜刺入小孔3~5mm达尿囊腔内（见图2-10），注入接种物。一般接种量为0.1~0.2mL。注射后用熔化的石蜡或消毒胶布封闭注射小孔。气室朝上置于37℃温箱中孵育。另有一种接种方法是仅在距气室底边0.5cm处打一小孔，由此孔进针注射接种物（见图2-10）。

（2）绒毛尿囊膜上接种　取9~13日龄鸡胚横放。在鸡胚的中上部标记接种部位，用钝头锥子或磨平了尖端的螺丝钉轻轻钻开一个小孔，以刚刚钻破蛋壳而不伤及壳膜为佳，再用消毒针头小心挑开壳膜，但勿伤及壳膜下的绒毛尿囊膜。壳膜白色、韧、无血管，而绒毛尿囊膜薄而透明，有丰富血管，可以区别。另外在气室处钻一小孔，以针尖刺破壳膜后用吸耳球紧靠小孔，轻轻一吸，使第一个小孔处的绒毛尿囊膜陷下成一小凹，即形成人工气室。用注射器将接种物滴在人工气室中，然后用石蜡封住人工气室和天然气室小孔。孵化时人工气室向上。

（3）卵黄囊内接种　取6~8日龄鸡胚，从气室顶部或鸡胚侧面钻1个孔，将注射器针头插入卵黄囊接种。侧面接种不易伤鸡胚，但针头拔出后，接种液有时会外溢一点。接种时钻孔、接种量、接种后封闭均同绒毛尿囊腔内接种。

（4）羊膜腔内接种　用10日龄左右鸡胚仿照绒毛尿囊腔内接种法开孔，然后在照蛋灯下将注射器针头向鸡胚刺入，深度以接近但不刺到鸡胚为度，因为包围鸡胚外面的就是羊膜腔。用石蜡封闭接种口后，将鸡胚直立孵化，气室向上。

（5）静脉接种　取12~13日龄的鸡胚在照蛋灯下标出血管位置，消毒后用钢锥小心钻开蛋壳，但不伤及壳膜。滴灭菌液体石蜡少许，以提高壳膜透明度，并在照蛋灯的照明下用细小针头进行静脉接种，注射量在0.1mL以内。注射后会有少许出血，当即用蜡或无菌胶布封住。

4. 接种后的检查

接种后每天检查3~4次。接种后24h内死亡的鸡胚多数是由于鸡胚受损或污染细菌引起，一般弃去。但有些病毒（如高致病性禽流感病毒）也可能会在短时间内引起鸡胚死亡，这时应对可疑尿囊液做进一步鉴定。

5. 鸡胚材料的收获

收获前应将鸡胚于4℃放置6h或过夜,使血液凝固以免收获时流出的红细胞与尿囊液或羊水中的病毒发生凝集，影响实验结果。然后用碘酒、酒精消毒气室部蛋壳，去除蛋壳和壳膜，撕破绒毛尿囊膜而不破羊膜。用灭菌镊子轻轻按住胚胎，以灭菌吸管或注射器吸取尿囊液装入灭菌容器内，多时可收到5~8mL。收集的液体应清亮，浑浊则往往表示有细菌污染，需做菌检。如有少量血液混入，可以1500r/min的速度离心

10min，重新收获上清液。

对于羊膜腔内接种者，应先按照上述方法收完绒毛尿囊液后再用注射器插入羊膜腔内收集羊水，一般可获得1mL左右。对于卵黄囊内接种者则在收集完绒毛尿囊液和羊水的基础上，用吸管收集卵黄液。所有收集到的材料通过无菌检查后置－70℃贮存备用。

（三）病毒的细胞培养

通过机械解离或消化等方法将组织或细胞从机体取出，分散成单个细胞，给予必要的生长条件，模拟体内生长环境，使其在体外能继续生长与增殖，称为细胞培养。所用培养液是含血清（通常为胎牛血清）、葡萄糖、氨基酸、维生素的平衡溶液，pH7.2~7.4。细胞培养可分为原代细胞培养和传代细胞培养。原代细胞培养是用胰蛋白酶将人胚（或动物）组织分散成单细胞，加一定培养液，37℃孵育1~2d后逐渐在培养瓶底部长成单层细胞，如人胚肾细胞、兔肾细胞。原代细胞均为二倍体细胞，可用于产生病毒疫苗。因原代细胞不能持续传代培养，故不便用于诊断工作。传代细胞培养（Continous cell culture）通常是由癌细胞或二倍体细胞突变而来（如 Hela 、Hep-2、Vero细胞系等），染色体数为非整倍体，细胞随时可获得，生长迅速，可无限传代，各次传代的细胞可比性大，性质较稳定，可在液氮中能长期保存。但对病毒的适应性稍差于原代细胞。目前常用的动物传代细胞有：PK-15（猪肾细胞）、IBRS-2（猪肾细胞）、Vero（非洲绿猴肾细胞）、Marc-145（猴肾细胞）、BHK-21（仓鼠肾细胞）、CHO（中国仓鼠卵巢细胞）、MDCK（幼犬肾细胞）、MA-104（猫肾细胞）、293（人胚肾细胞）、HeLa（人子宫颈癌细胞）、sf 9（草地夜蛾细胞）等。

传代细胞培养目前广泛用于病毒的培养，是病毒实验室的常规技术。病毒分离要根据病毒对细胞的亲嗜性，选择敏感的细胞系使用。

病毒细胞培养的一般步骤如下：

1. 病料处理

采集疑似感染病毒的组织脏器及血液等。肺、脾、淋巴结可用含青、链霉素（终浓度为2000U/mL）的MEM培养液作1∶10研磨，4℃过夜，3000r/min离心30min，上清液通过0.22μm的滤膜。血液放室温或37℃温箱，待析出血清备用。

2. 病毒分离、繁殖

病毒标本液可稀释成多个浓度（如1∶1、1∶2、1∶4）以利于病毒分离。血清可不稀释。已知病毒液可根据原测定的毒价进行一定倍数稀释。取培养液48~72h，长成致密细胞单层的细胞，弃去旧培养液。然后分别接种各稀释度的病毒标本液适量，接种量以覆盖瓶（皿、板）底为宜，置37℃、5% CO_2培养箱吸附1h，每过15min晃动一下培养瓶，使病毒液均匀接触细胞。之后吸弃病毒标本液，再加入适量的细胞维持液，置CO_2培养箱继续培养，逐日观察细胞病变（cytopathic effect，CPE）情况。待75%的细胞出现CPE时可收获细胞，反复冻融3次，置－70℃保存备用。分离病毒时须设正常细胞对照。

3. 细胞病变（CPE）观察

病毒感染的细胞培养可以表现出几种不同的CPE，如①细胞圆缩；②细胞聚合；③细胞融合形成合胞体；④细胞中有空泡形成。某些病毒产生特征性CPE，普通光学倒置显微镜下可观察上述细胞病变，结合临床表现可做出预测性诊断。PRRSV在初次分离时可能不出现CPE或CPE不明显，可维持培养5~7d后，收集细胞，再盲传3~4代。

四、分离病毒的鉴定

（一）病毒形态与结构的观察

病毒的大小一般在普通光学显微镜可见波长（200nm）识别之外，需要波长比可见光较短的射线才可见。病毒悬液经高度浓缩和纯化后，借助磷钨酸负染提高反差，增大影像着色的对比度，在电子显微镜（波长较短可见光）下直接观察病毒颗粒。病毒的负染实际上不是染色，而是“包埋”。它是使负染液（重金属盐溶液，通常为磷钨酸、醋酸双氧铀、甲酸双氧铀、钼酸铵）和标本混合之后，盐分子围绕于病毒粒子的表面并进入核壳体表面的间隙，使壳表面的壳粒清晰可见，根据大小、形态可初步判断病毒属哪一科。

以下介绍直接负染色法的操作步骤。

（1）将含病毒培养液、水疱液、粪便悬液等低速离心，以3000r/min离心15~20min，取上清液。再用台式高速离心机以15000r/min离心20min，取沉淀物。

（2）将铜网支持膜置于蜡盘上。用孔径极细（约1mm）的毛细管吸取含病毒的标本滴于铜网支持膜上，约2min后用滤纸条自铜网边缘吸去多余的标本液，稍候数分钟，待其干燥。

（3）加1滴磷钨酸，约2min后再吸干，经紫外线照射10min，使标本干燥、病毒灭活，即可镜检。或者将标本液与等量负染色剂混合，滴于铜网支持膜上，按上述方法处理，镜检。

（4）电镜观察，首先在2000倍上选择负染色良好的网孔，然后放大至30000~40000倍查找，观察病毒形态。

（二）病毒核酸类型的测定

病毒的核酸类型的测定可采用多种方法，通常是在DNA合成的抑制物存在下，通过病毒增殖滴度的变化测定。胸苷酸是病毒DNA合成的重要物质，它的卤素替代物的存在能抑制DNA的合成。DNA病毒增殖时受到的抑制明显，而RNA病毒则不受影响。因此，将胸苷酸的类同物如5–氟–2–脱氧尿嘧啶，5–碘–2–脱氧尿嘧啶或5–溴–2–脱氧尿嘧啶掺入培养液中可望达到选择性地抑制DNA病毒的增殖作用，显然，反录病毒科的RNA病毒也会被抑制，因为它们的增殖过程需要合成DNA。既然病毒的CPE取决于病毒前体的合成或积累，细胞培养中病毒合成的抑制也会抑制CPE的出现，故可以通过观察有无CPE而判断病毒的增殖是否受到抑制。测定方法如下：

（1）给已长满细胞单层6孔板1~4孔每2孔加病毒液3滴。

（2）置37℃ 5% CO_2培养箱中1h。

（3）取出细胞培养板，吸出培养液。

（4）给相应的孔加5mL含胸苷酸的类同物的维持液或不含胸苷酸的类同物维持液。

（5）将细胞培养板放回CO_2培养箱中，每天观察CPE。实验最好设置已知RNA和DNA病毒对照，以及不接种病毒的空白细胞培养对照。

（三）病毒对几种类脂的敏感试验

病毒有无包膜，常用脂溶剂乙醚、氯仿或去氧胆酸钠来处理病毒，看脂溶剂对病毒有无灭活作用而证明病毒有无包膜。

1. 氯仿敏感试验

（1）将氯仿加于病毒悬液中，使最终浓度达5%，充分振摇后在4℃放置10min。

（2）悬液用2000r/min离心沉淀5min，使氯仿沉于管底。

（3）吸取上层液，做连续10倍稀释。每一稀释度接种4管细胞培养，滴定组织细胞半数感染量（$TCID_{50}$）。未经氯仿处理的病毒悬液做同样处理。

（4）氯仿处理的悬液的感染力如比对照悬液低2.0 log以上即可认为是敏感。

2. 乙醚敏感试验

（1）病毒悬液4份加乙醚1份充分混合，将瓶塞紧，在4℃冰箱内过夜。

（2）混合液用2500r/min离心20min。

（3）用移液管插到乙醚下吸取病毒悬液，滴定病毒的感染力。

3. 脱氧胆酸钠敏感试验

（1）用0.75%牛血清白蛋白溶液配制0.2%脱氧胆酸钠，在4℃贮存，用前加温到37℃。

（2）病毒悬液用5000g离心沉淀1h。

（3）病毒澄清液与脱氧胆酸钠溶液等量混合，同时病毒澄清液与营养液等量混合作为对照。

（4）混合后，用pH 7 PBS在4℃透析24h，其间换液3次，以除去对细胞有毒的脱氧胆酸钠。

（5）滴定毒价，比较差异与氯仿试验同。

（四）病毒对几种理化因素的抗性测定

1. 热灭活试验

有些病毒对热敏感，在50℃经30min被灭活，但其敏感性可受营养液中的某些物质的浓度影响，如L-胱氨酸和L-半胱氨酸。因此，试验中条件的标准化很重要。

（1）将2mL病毒悬液加于试管中，置50℃水浴中30min。

（2）同样的病毒悬液在4℃ 30min作为对照。

（3）滴定毒价，比较差异（同氯仿）。

2. 阳离子稳定试验

高浓度二价阳离子如$MgCl_2$能稳定某些病毒如肠道病毒和呼肠孤病毒等，使其在

50℃经60min不被灭活。另外一些病毒如腺病毒、疱疹病毒和痘病毒等则增加对热的敏感性。

（1）将病毒悬液用1.0mol/L $MgCl_2$做10倍稀释。对照管用蒸馏水做同样稀释（对照）。

（2）在50℃水浴中1h。

（3）滴定毒价，比较两组的差别，判定标准同氯仿试验。

3. 酸敏感试验

在pH3溶液中经30min能降低某些病毒的感染力（如口蹄疫病毒），而对另一些病毒没有作用（如猪水疱病病毒等肠道病毒）。

（1）将病毒1份加pH3的Hanks氏液9份，在25℃放置2h。另用pH7.2的Hanks氏液与病毒悬液作同样处理（对照）。

（2）试验组用0.1mol/L NaOH调节pH到7.2。

（3）滴定毒价，比较两组差别，判定标准与氯仿试验同。

（五）血吸附和血吸附抑制试验

细胞培养被某些病毒感染后，不论有无细胞病变，能吸附一些动物的红细胞。能凝集红细胞的病毒，一般具有血吸附的作用。然而也有例外，如部分肠道病毒有血凝作用但无血吸附现象；相反非洲猪瘟病毒虽不显示血凝活性，但却有血吸附作用。

1. 血凝性试验

（1）将试管插在试管架上，标上1~6。

（2）每管加0.5mL PBS液。

（3）给第1管加0.5mL病毒液作连续2倍稀释，直至第5管充分混匀后弃去0.5mL。

（4）每管加0.5%红细胞悬液0.5mL充分混匀，再将试管架放回普通冰箱。

（5）检查试管底部血凝否（不规则花边状为阳性，纽扣状为阴性）。

（6）记录结果，再摇动后将试管架放回冰箱，1h后再读结果。

2. 血吸附抑制试验

（1）细胞培养接种病毒，弃去营养液，用Hanks液轻洗。

（2）每管接种1：10稀释的抗血清0.2mL，使血清遍及整个细胞单层，血清中不应含有非特异血凝抑制物。另设无血清的对照。

（3）室温放置30min。

（4）倾去血清，加入红细胞悬液，用Hanks液轻洗如上。

（5）置低倍镜下观察，与对照比较，读取结果。如果血清作系列稀释，则可计算血清的抑制滴度。

（六）干扰素敏感测定

干扰素是具有高度生物活性的细胞产物，能促使细胞产生抗病毒蛋白，干扰病毒的增殖，减少细胞CPE产生。下面介绍常用的细胞病变抑制测定法。

1. 制备单层细胞培养

测定前一天制备原代细胞或传代细胞，培养24h后长成单层即可使用。

2. 用干扰素处理细胞培养

将待测干扰素以含2%~5%小牛血清的维持液作2倍递增稀释。轻轻倒去细胞培养液，每瓶加入干扰素稀释液0.5mL。对照组只加维持液。将细胞培养置于37℃培养18~24h。

3. 接种病毒

用维持液将病毒稀释至100~300$TCID_{50}$/ mL。倾去细胞维持液，每瓶加入1mL病毒稀释液。病毒对照组也接种病毒液，而细胞对照组只换新维持液。37℃继续培养24~48h，取出观察。

4. 结果判定

（1）判定标准　在规定时间内（24~72h），首先观察对照组。若病毒对照组各瓶中细胞出现75%~100%CPE，而细胞对照组的细胞仍生长良好，即可全面观察。细胞病变保护程度划分为4等，即以“4”表示无明显CPE，“3”表示CPE占25%左右，“2”表示CPE占50%左右，“1”表示CPE占75%左右，“0”表示CPE占100%。

（2）判定与计算　干扰素的抗病毒活性以单位/mL表示，有一般判定法和Reed-Muench法。前者国际上最常用。方法是：能保护半数细胞（50%）免受“攻击病毒”损害的1mL干扰素制剂的最高稀释度的倒数即为干扰素的单位/mL。例如，1mL某干扰素被稀释到1：10000时仍能保护50%的细胞，则干扰素的滴度为10000单位/mL。Reed-Muench法与病毒中和试验中血清中和效价的计算相同。

（七）蚀斑形成单位测定

病毒蚀斑（又称空斑）如同噬菌体的噬斑，一个蚀班为一个病毒体的繁殖后代品系。在细胞培养中做蚀斑是一种较精确地测定病毒感染力的方法，将病毒各稀释度种入单层细胞瓶，吸附1h后，在单层细胞上覆以营养琼脂培养基，病毒在细胞中繁殖使细胞死亡。但由于琼脂的限制只能感染邻近的细胞，形成“蚀斑”的退化细胞区，经中性红活细胞染料着色后，活细胞显红色，而蚀斑区细胞已退化不着色，形成不染色区域。凡是能在细胞培养物中产生细胞死亡破裂现象（CPE）的病毒都可采用蚀斑技术来分离和测定。

（八）病毒毒力的测定

衡量病毒毒力（毒价）的单位过去多用最小致死量（MLD），即经规定的途径，以不同的剂量接种试验动物，在一定时间内能致全组试验动物死亡的最小剂量。但由于剂量的递增与死亡率递增不呈线性关系，在越接近100%死亡时，对剂量的递增越不敏感。而一般在死亡率越接近50%时，对剂量的变化越敏感，故现多改用半数致死量（LD_{50}）作为毒价测定单位，即经规定的途径，以不同的剂量接种试验动物，在一定时间内能致半数试验动物死亡的最小病毒量。用鸡胚测定时，毒价单位为鸡胚半数致死量（ELD_{50}）或鸡胚半数感染量（EID_{50}）。用细胞培养测定时，用组织细胞半数感染量（$TCID_{50}$）。

（九）血凝试验和血凝抑制试验

某些病毒（A型流感病毒、鸡新城疫病毒、副流感病毒、脑炎病毒等），由于具有血凝素，可以使鸡或其他一些动物的红细胞发生凝集。如果在这些病毒悬液中先加入特异性的免疫血清，则病毒凝集红细胞的作用被抑制。红细胞凝集及凝集抑制试验常用于测定病毒的含量及病毒的鉴定等。

（十）中和试验

在细胞培养中进行中和试验可用于病毒实验室诊断，分离的病毒用已知特异免疫血清来中和，抑制病毒细胞培养上的CPE或蚀斑形成等能力，以助鉴定病毒。

在细胞培养中测定中和抗体含量一般将血清作一系列稀释，然后加入定量（通常是100$TCID_{50}$）病毒，即病毒定量-血清变量法，相反用定量稀释的血清来中和各个不同稀释度病毒的方法，即血清定量-病毒变量法系统中，抗体的滴度以能中和上述剂量病毒的最高稀释倍数来表示。

（十一）血清学鉴定

用已知阳性血清来鉴定病毒。如补体结合试验可鉴定病毒科属；中和试验或血凝抑制试验可鉴定病毒种、型及亚型。

第四节 其他病原微生物分离及鉴定

一、螺 旋 体

螺旋体是一类菌体细长、柔软、弯曲呈螺旋状、能活泼运动的原核单细胞微生物。它的基本结构与细菌类似，细胞壁中有脂多糖和壁酸，胞浆内含核质，以二分裂繁殖。依靠位于胞壁和胞膜间的轴丝的屈曲和旋转使其运动。螺旋体细胞呈螺旋状或波浪状圆柱形，具有多个完整的螺旋。其大小（尤为长度）极为悬殊，某些螺旋体可细到足以通过一般的细菌滤器或滤膜。细胞的螺旋数目、两螺旋间的距离（即螺距）及回旋角度（弧幅）各不相同，在分类上可作为一项重要指标。本菌革兰氏染色阴性，但大多不易着色。姬姆萨染色效果较好，可使其染成红色或蓝色。在普通显微镜下难以看到。常用镀银染色法染色，染液中金属盐黏附于螺旋体上，使其变粗而显出黑褐色。采用相差和暗视野显微镜观察螺旋体效果良好，既能检查形体又可分辨运动方式。螺旋体多为需氧菌，对营养要求不高，在含有兔血清、血红蛋白或蛋白胨的培养基中生长良好。用柯氏培养基等人工培养生长缓慢，初次分离需1~2周才生长。对热、酸、干燥和一般消毒剂均敏感。

从有疑似急性螺旋体病症状的动物的血液和乳中分离到螺旋体是有诊断价值的。但从血液中分离有一定难度，因为菌血症和临床症状往往不是同时出现。可取病料直接用暗视野显微镜做活菌检查或进行钩体的分离培养和鉴定，也可用血清学试验检测患病动物血清中的特异性抗体。

（一）病料的采集与检查

1. 材料准备

发病早期以采取病畜的血液为宜（血液应自高热期动物静脉采血）。显微镜检查和分离培养时，则应加抗凝剂，每1mL血液加2mL 1.5%柠檬酸钠溶液。先以100r/min离心10min，吸取上层血浆。再以3000r/nin离心30min，取沉淀物镜检和培养。如做血清学检查，则不用加抗凝剂。发病的后期肾脏中的病原体大量增加，宜采取尿液。按上法离心沉淀后，取沉淀物检查。死后采取肝、肾、肾上腺等实质脏器，加灭菌生理盐水磨碎，制成1∶4乳剂，静置1h，取上清液制片镜检。

2. 暗视野显微镜检查

以上材料制成压滴标本片，用暗视野显微镜检查。螺旋体在暗视野显微镜下，因螺旋不易看清，常似一串发亮的细小珍珠，运动活泼。当绕长轴旋转或摆动时，菌端可弯绕成8字、丁字或网球拍等形状。由于屈曲运动，整个菌体可弯曲成C、S、O等字样，此时弯曲形状又可随时消失。

3. 标本染色镜检

将被检样品制成涂片，染色镜检，用革兰氏染色不易着色，用姬姆萨染色或方氏（Fontana）镀银法和钩端螺旋体媒染法较好。

姬姆萨染色：螺旋体可被染成淡红色，但着色性较差，染色时间较长。

方氏（Fontana）镀银法：抹片经火焰固定后，滴上媒染剂（含5%鞣酸的1%石炭酸水溶液），染色30s；水洗30s后，放吸水纸一小片于涂片部位，加足量染色液（5%硝酸银水溶液）于纸片上，置火焰加热，使略出现蒸汽并维持20~30s；水洗干燥后镜检。螺旋体显黑色，背景为紫色。

（二）分离培养

螺旋体能够在人工培养基上生长，但需用液体或半固体培养基。最常用的培养基有柯氏（Korthof）培养基和捷氏（Tepck ии）培养基。

柯氏培养基：

蛋白胨	0.8g
氯化钠	1.4g
氯化钾（1%溶液）	4mL
碳酸氢钠（1%溶液）	2mL
碱性磷酸钠	0.96g
酸性磷酸钾	1.8g
氯化钙（1%溶液）	4mL

接种材料为血、尿及组织乳剂。接种量要大，每种材料至少接种3管，以增加获得阳性结果的机会。血液可采静脉血直接接种，每管接种3滴。尿液最好先调至中性并经0.45~0.6μm孔径微孔滤膜滤过后，每管接种10滴。为防止污染，可于每100mL培养基中加入5-氟尿嘧啶或磺胺嘧啶400mg。将接种管置25~30℃温箱中培养，每天

对培养基进行暗视野检查，以判断有无生长。培养时间可能要10~30d，确认无钩端螺旋体生长者可弃去而判为阴性。一般是将病料先通过试验动物感染，然后由感染动物取材培养。

（三）动物感染试验

采用幼龄豚鼠（体重150~200g）或仓鼠，腹腔注射被检样1~3mL，接种后每日测温观察两次。若材料中的病原毒力弱，动物常仅表现一过性症状而很快恢复；若毒力强，常于接种3~5d后产生高温、黄疸、拒食、消瘦等典型症状。数日后，体温下降，迅速死亡。当体温升至40℃时，可采心血作培养检查。动物死后立即剖检，可见皮下、肺脏有大小不等的出血斑。取其肝和肾组织研制成悬液，作暗视野检查和培养检查。试验动物不发病可于半月后判为阴性结果。

（四）血清学试验

动物感染钩端螺旋体发病早期，其血清中即有特异性抗体出现，且迅速上升至高滴度水平，此抗体可长期存在。因此，用已知抗原检查动物血清中的抗体，是诊断本病极有价值的方法。另外，被检样品中的病原性钩端螺旋体，也可用已知抗血清进行检验，以作出诊断，并确定其血清类型。凝集溶解试验具有高度的型特异性，是诊断本病最常用的方法。

1. 凝集溶解试验

（1）抗原　所用抗原为钩端螺旋体的幼龄（4~5d）培养物，浓度不低于每视野40个菌。发生自身凝集的菌株不能应用。

（2）操作方法　在一列小试管中，将血清以生理盐水作倍比稀释，1：50~1：2560或更高。每管0.1mL，另以一管加生理盐水0.1mL作为对照。再于每管中各加入抗原0.1mL，混匀后置37℃温箱中作用2h。然后自每管取样作暗视野检查，凡发生凝集者，可见钩端螺旋体相互汇聚成“小蜘蛛”状；发生溶解者则菌体膨胀成颗粒样并随之裂解成为碎片，而且溶解现象在凝聚现象之后发生。一般血清抗体含量高时出现溶解，抗体较低时出现凝集。

（3）判定标准　每一样品应镜检10个视野，10个视野中7个或更多视野有反应者记作＋＋＋，3~6个视野有反应者记作＋＋，3个以下者记作＋。能表现＋＋或更强反应的血清最高稀释度，即为该血清的效价。通常一个血清的凝集价较高而凝集并溶解的效价较低。

被检动物血清的凝集溶解效价达1：800者为阳性反应，1：400者为可疑。但效价在1：400以下甚至更低者也不能确定为非感染动物，应于1~2周后再次采血检查，若效价上升，也可作为诊断的依据。

2. 显微镜凝集试验

（1）筛选操作方法　在滴定板上按1：25（25μL量）稀释血清，加25μL生理盐水，加入25μL的活菌体抗原（血清最终稀释度为1：100），以同法重复作每一血清型。在28℃作用2~2.5h。在暗视野显微镜下用油镜观察凝集絮片或液体的亮度。

（2）滴定　以任一个1：100稀释的阳性血清，再做连续2倍稀释，再与每一血清型的菌体抗原作用，以判定血清的凝集价。

二、立克次氏体

立克次氏体（*Rickettsiae*）是介于细菌和病毒之间的一类微生物。除少数成员外，立克次氏体大多为严格的细胞寄生性微生物；一般比细菌小，大小多在0.3~0.5μm之间，可在普通光学显微镜下看见，一般不能通过滤器。立克次氏体呈多形性，有球状、球杆状以及杆状等。革兰氏染色阴性。一般多用姬姆萨氏法、马基阿韦洛（*Macchiavello*）氏法染色，着色较好。

动物立克次氏体病微生物学诊断，是以病原检查和动物血清中特异性抗体的检测为依据，二者单独或配合应用。病原的分离鉴定是最确切的诊断方法，但需用较长的时间和较多的人力、物力，故一般多为有重点、有选择的应用。但在发现了新的未知立克次氏体感染，首次证实新发现的疫区或病例，或有必要对立克次氏体感染株作进一步鉴定时，则必须进行分离鉴定。

由于某些立克次氏体如Q热立克次氏体等，对人有很强的传染性，在进行有关活立克次氏体的操作实验时应有完善的隔离防护设施和条件，操作人员应严格遵守各项规章制度，防止人为感染和病原散播。

（一）病料的采集与检查

1. 病料采取

根据所怀疑的疾病或检疫要求，采取立克次氏体含量较多、无杂菌污染或污染较少的适宜材料，并按无菌方法采取。供立克次氏体分离培养的病料，应采自未应用抗生素的急性期或发热期患病动物，已死亡的动物，应尽早采取。病料应置－70℃低温保存，及时检查。

根据需要可采取急性期或发热期患病动物的血液；适时采集剖杀或病死动物的脾、肝、肺、肾、脑、脊髓等及胎盘、胎儿、阴道排泄物、乳汁等。检查血清抗体时，应采取血液分离血清。为了检测抗体效价的变化，应分别采取急性期和恢复期血清。

必要时采集蜱等节肢动物样品，其中一部分保存于70%酒精，供分类鉴定用，其余应冷藏供立克次氏体分离培养。

2. 显微镜检查

对原始病料进行涂片染色镜检，根据形态学特性，对病料中立克次氏体作出初步辨识。对某些动物立克次氏体感染，可结合流行病学、临诊症状以及病理变化等，作出诊断或初步诊断。

将原始病料制成血片或组织涂片，有时需制成压片，即将小块组织置于两玻片间用力挤压制成。涂片或压片自然干燥后，用甲醇或无水乙醇固定，以姬姆萨氏法或马基阿韦洛氏法染色，然后进行显微镜检查。镜检时应注意观察立克次氏体感染的细胞种类、形态表现、染色特性、存在部位（胞质内、核内等）以及集落形成等特性。这些特性是立克次氏体鉴定的主要形态学依据。

由于原始病料中立克次氏体含量一般较少，故镜检的阴性结果并不能排除立克次氏体感染的可能。但若对某些病料经过适当处理，则可能提高镜检阳性率。如某些寄生于白细胞的立克次氏体感染时，直接血液涂片检查结果为阴性，而当用加抗凝剂的血液白细胞层制片检查时，可能查出病原。

3. 分离培养

立克次氏体的分离培养方法有动物或鸡胚接种、细胞培养等。从原始病料进行立克次氏体初代分离时，一般多用易感实验动物接种，也可用鸡胚接种，一般原始病料的初代分离较少应用细胞培养。

（1）动物接种　常选用易感性较高的实验动物，如豚鼠、小鼠、仓鼠、大鼠等。因感染某些动物的立克次氏体不能引起实验动物感染或发病，需接种易感的同类动物。

一般病料组织，可研磨制成10%~20%的悬液，低速离心后取用上清液；新鲜的血液或抗凝血可直接应用；血凝块应去血清后研磨制成20%~50%悬液。若病料有杂菌污染，可加青霉素100~1000 IU/mL，室温下作用0.5h后应用。对于媒介蜱，可先用灭菌盐水洗涤，再用0.1%硫柳汞浸泡1~2h进行体表消毒，然后用灭菌生理盐水充分洗去药液，以含青霉素100~1000 IU/mL的灭菌生理盐水研磨制成悬液备用。

动物接种常采用腹腔内接种，有的需静脉接种。一般每份材料需同时接种数只动物，豚鼠至少需接种2只，小鼠可接种4~6只。接种后每天定期测量体温。潜伏期随立克次氏体种类、接种剂量、接种途径等不同而有差异。在实验动物体温升高的高峰期或发病死亡时剖检，采取血液、脾、肝、肺等做涂片染色镜检。若接种感染的实验动物未出现体温升高，也未发病或死亡，或虽有发病但其血液及脏器涂片未发现立克次氏体时，一般可再盲传2~3代，以增加立克次氏体的繁殖量。

在实验动物接种传代时，可用感染的组织悬液或血液，同时应将其接种细菌培养基作无菌检查。在动物接种感染和传代中，对已有立克次氏体繁殖的材料，再接种鸡胚卵黄囊分离培养，一般在鸡胚传数代后便可适应，有的第一代即可致死鸡胚并在卵黄囊膜涂片中发现立克次氏体。

（2）鸡胚培养　引起人类疾病和人畜共患病立克次氏体，除五日热病原体等外，一般均能在鸡胚卵黄囊良好繁殖，但只感染动物的某些立克次氏体，至今尚未在鸡胚培养成功。鸡胚培养一般为卵黄囊接种，可用于立克次氏体的大量繁殖，也可用于初代分离。对于不易直接从原始病料获得初代分离物的，一般可先通过实验动物接种，再进行鸡胚分离培养。

选用6~7日龄鸡胚，按常法接种卵黄囊，剂量一般为0.2~0.5mL，每份材料应同时接种数只鸡胚，一般不少于5只。接种后置较低温度如32~35℃继续孵育7~12d。弃去接种后3d内死亡的鸡胚剖检，第4~12天，死亡的鸡胚和至孵育后期仍存活的鸡胚用洗去卵黄的卵黄囊膜作涂片染色镜检观察，挑选立克次氏体含量较多又无细菌污染的卵黄囊膜，制成悬液接种鸡胚传代，获得纯分离物。在卵黄囊膜涂片镜检未观察到立克次氏体时，可再盲传2~3代，以使其能得到大量繁殖。对鸡胚传代适应的立克次氏体分离株，感染的卵黄囊膜，-70~-20℃低温保存。

（3）细胞培养 立克次氏体的细胞培养法与病毒的细胞培养相似。立克次氏体对细胞的选择性并不严格，但在不同细胞中的繁殖和感染程度可能有差异。现多用单层细胞培养法。原代细胞可用多种动物组织制备，如常用的鸡胚细胞，豚鼠、家兔和仓鼠肾细胞等。传代细胞中如Hela细胞、Vero细胞、RKl3、BHK21细胞、DH82细胞以及纤维母细胞L株等多种传代细胞均可供选用。

接种材料应不加或少加青霉素、链霉素。细胞培养中加入立克次氏体后，低速离心吸附可增加细胞感染，比静置法的效果好。接种后的培养温度多为32~35℃。在单层细胞培养中，除某些立克次氏体种和株外，一般不引起明显的细胞病变。

细胞培养一般较少用于初代分离，必要时可用鸡胚培养物或实验动物感染组织材料再进行细胞培养，供进一步试验检查或其他专项试验。但在动物的某些埃希氏体感染，常用感染动物血液分离出的白细胞作为接种材料，用细胞培养进行病原体的初代分离。

（二）立克次氏体的鉴定

立克次氏体的鉴定包括：形态学鉴定；对感染动物恢复期血清（或待检免疫血清）和分离的立克次氏体，用免疫荧光染色法作特异性快速鉴定；对恢复期血清（或待检免疫血清）与已知抗原进行补体结合试验等血清学试验，做立克次氏体群或种的鉴定。

1. 形态学检查

以接种实验动物或同类动物的血液和脾、肝、肺等组织，感染的卵黄囊膜或细胞培养物进行涂片染色镜检，注意观察形态特性，对立克次氏体作初步辨识，明确鉴定的形态学依据。在动物的某些立克次氏体感染（如动物感染白细胞的埃希氏体病），可根据感染的细胞种类、存在部位以及特征的形态学表现等，结合有关资料作出鉴定。

2. 血清学试验

常用的血清学试验方法有免疫荧光染色法、补体结合试验以及微量凝集试验等。

（1）免疫荧光染色法 以感染动物组织材料、鸡胚培养物或细胞培养物制备抗原标本片，用丙酮、甲醇固定（室温10~15min，低温下30min以上）后，按常规方法，与已知血清进行间接法免疫荧光染色检查；或用已知立克次氏体制备抗原标本片，与感染实验动物恢复期血清（或待检免疫血清）进行间接法免疫荧光染色检查。每批染色试验均需设置必要的对照。阳性结果可对分离的立克次氏体作出特异性快速鉴定。

（2）补体结合试验 补体结合试验所用抗原分为可溶性抗原和颗粒性抗原。前者为用乙醚处理后制成，为群特异的，可用于立克次氏体群的鉴定；后者用洗涤纯净的立克次氏体悬液制成，为种特异的，可用于立克次氏体种的鉴定。抗原一般用含大量立克次氏体的鸡胚卵黄囊膜制成。试验用血清包括感染实验动物的恢复期血清以及用已知或未知立克次氏体免疫实验动物制得的免疫血清。免疫动物多用豚鼠。试验可用试管法，总量1mL（每种成分0.2mL）；也可用微量法，在微量反应板上进行，总量为0.125mL（每种成分0.025mL）。试验用血清、抗原、补体在4℃下冷结合法的敏感性较37℃下的热结合法者为高。抗体滴度达1∶8或以上即可判为阳性反应。

在立克次氏体分离株的鉴定中，有时需进行交叉补体结合试验，即用已知抗原检测分离株抗血清，并用分离株抗原检测已知株的抗血清，根据反应结果作出鉴定。

（3）微量凝集试验　在进行立克次氏体鉴定时，可用已知凝集抗原检测感染实验动物恢复期血清（或待检免疫血清）中的特异抗体，从而对分离立克次氏体作出鉴定；也可用已知血清检查立克次氏体分离株，作出鉴定。凝集试验可用于立克次氏体种的鉴定。

试验在微量反应板上进行。抗原应用高纯度立克次氏体制得，常用经苏木素染色的染色抗原，以便结果观察。Q热立克次氏体染色抗原，一般不用自然Ⅱ相（鸡胚适应Ⅱ相株制备，因其一般难以提纯，在抗原染色时极易发生自身凝集。若用I相抗原经三氯醋酸或高碘酸钾处理后制得的Ⅱ相抗原，则比较稳定，染色后仅能与特异性血清发生凝集反应。若将Q热立克次氏体自然Ⅱ相菌株经多法纯化处理而制成高度纯净染色抗原，也可用于微量凝集试验。试验结果以能引起“++”凝集的最高血清稀释度为凝集滴度。通常凝集滴度在1∶8或以上为阳性。

三、支　原　体

支原体（*Mycoplasma*）是能在无活细胞培养基中繁殖的最小微生物，它是一类无细胞壁，仅由三层薄膜组成的细胞膜，胞质内有颗粒状核糖体，双股DNA的原核细胞。菌体形态呈高度多形性，有球状、杆状、环状、丝状等。革兰氏染色阴性，但较难着色。姬姆萨氏法染色良好，呈淡紫色。菌体大小差异很大，球状的直径为125~250nm，分支细丝的长度可从几个纳米（nm）到150nm。由于菌体细小，且细胞膜具有柔韧弹性，往往能通过孔径450nm的滤器。支原体的菌落比一般细菌小得多（250~600μm），形态是特征性的，有“油煎蛋状”、“乳头状”、“脐眼状”。但有的种如肺炎支原体（*M. pneumonia*）、羊肺炎支原体（*M. ovipneumonia*）则缺乏上述特征，而呈“桑葚状”。二分裂为支原体主要繁殖方式。

在支原体科中，与兽医微生物有关的有两个属，即支原体属和尿素支原体属。几乎所有对人和动物致病的支原体都归在本属内。

（一）病料采集和保存

由于支原体常侵害动物的黏膜表面，一般可用灭菌棉花拭子涂抹取样。也可根据病变部位，取其肺、胸水、乳汁、鼻咽分泌物、关节液、淋巴结等。病料尽可能无菌条件采取，若污染程度大，可经滤器除菌后再接种。

支原体由于热和干燥可使致弱，如不能立即进行接种培养，可将材料浸于适宜的含青霉素、醋酸铊的支原体液体培养基或适宜的保存液中，在4℃下运送或暂时贮存。

（二）培养基

支原体可在人工培养基上生长。但由于支原体细胞中主要成分中的胆固醇和蛋白质均来自培养基，且各种支原体对培养基也有其特殊要求，因而培养基种类繁多。用于分离培养的培养基有固体、半固体、液体的及双相的。培养基应含有丰富营养成分，pH7.6左右，常加青霉素、醋酸铊等用于抑制杂菌生长。世界各国最广泛使用的培养基多是以Difco的PPLO肉汤或琼脂作为基础培养基，其次是Chancck培养基。在我国常用的干粉支原体培养基、马丁肉汤培养基、改良的Hayf1ick培养基以及KM_2培养基可用于多种支原体的培养分离。

（三）培养方法

支原体的培养不仅对营养要求苛刻，而且因其细胞膜裸露而对环境影响十分敏感，对培养条件要求较一般细菌要高。常用的分离培养方法有：

1. 培养基中培养

将病料接种于适宜培养基上，37℃培养，逐日观察其生长情况，如浑浊度、pH变化等。通常需2~3d或迟至6~7d或更长时间才观察到生长，此时可见液体培养基呈轻度浑浊，用40倍放大镜进行固体培养基的观察，可发现有菌落生长。

（1）好气性培养法　与好气性细菌性培养方法一样，在接种固体培养基培养时，要保持一定的湿度。

（2）厌气性培养法　将平皿置于干燥器内，用抽气机抽去其中的空气，添充95%的N_2和5% CO_2气体。也有用烛缸法进行厌气培养。因为支原体一般都是厌氧的，尤其是病料的初代分离培养，用厌气培养法比好气培养效果要好。

2. 鸡胚接种

可将纯培养物接种于9~11日龄鸡胚绒毛尿囊膜上。如牛的支原体接种鸡胚后可使绒毛尿囊膜发生水肿，有时还可形成白色斑点，鸡胚常于接种3~4d后死亡。

3. 动物接种

以病原性支原体的纯培养物接种相应易感动物的鼻内、气管内、关节囊内、乳房内，观察其临诊症状和特征病变，并可从病变组织中再分离出原接种支原体。

（四）菌落形态和染色观察

由于支原体在适宜的固体培养基上可生长出具有“油煎蛋状”或“桑葚状”特征性的菌落，所以菌落形态的检查是分离检查支原体的第一步重要工作。观察可用放大镜（40倍）或低倍光学显微镜（40~80倍）。观察时应注意排除异物或培养基中的气泡、水滴、接种材料中组织细胞或碎片、疑似菌落等非特异性因素。

用Dienes法染色，可使支原体的菌落被染成紫色，一般细菌（除嗜血杆菌）菌落几乎不着色。Dienes染色液的配制：美蓝2.5g，天青-Ⅱ 1.5g，麦芽糖10g，碳酸钠0.5g溶于100mL蒸馏水中。染色时直接吸取染液加在菌落表面，1min后用生理盐水轻轻冲洗，在低倍镜下观察。

（五）生物化学鉴定方法

目前常用的主要试验方法有：

（1）对毛地黄皂苷的敏感性试验 这是鉴别支原体对胆固醇需求性的间接试验方法。试验在琼脂培养基上进行。先以1.5%毛地黄皂苷乙醇溶液浸湿直径为6mm的圆滤纸片，37℃干燥。将待检支原体菌液接种于培养基上（可用流滴技术），取一片毛地黄皂苷纸片放在接种区中心，培养3~5d后，低倍镜下观察菌落生长情况。若有抑制带出现，且带宽大于2mm的为支原体，小于2mm为无固醇原体，L型细菌对毛地黄皂苷也不敏感。

（2）发酵葡萄糖和水解精氨酸试验 将待检支原体接种于适宜培养基（培养基含0.5%葡萄糖和0.2%精氨酸及0.002%酚红），37℃培养，如培养基变成黄色则表明发酵葡萄糖产酸，如培养基变成红色则水解精氨酸产碱。

（3）水解尿素试验 在适宜培养基内加入0.1%尿素，调至pH5.5~6.0，接种培养物后培养基最终变成红色为阳性。

（4）四氮唑还原试验 取氯化四氮唑1g，蒸馏水50mL，溶解后用滤器过滤除菌，分装后可置-25℃保存；用适宜的培养基，其中不加葡萄糖、精氨酸和酚红，而加氯化四氮唑0.02%（即上述2%氯化四氮唑加入培养基中再稀释100倍），调至pH7.0~7.2。接种待检支原体，37℃培养2周，培养基变粉红色者为阳性，不变色者为阴性反应。

（5）菌落吸附红细胞试验 将待检支原体培养物稀释至适当滴度（常取10^{-3}、10^{-4}、10^{-5}），分别接种固体培养基，37℃培养3~4d，低倍镜下观察如有菌落生长，即以pH7.2 PBS将已制备好的豚鼠红细胞配成0.25%悬液，加入菌落密度适宜的平皿中，37℃吸附30min。以PBS轻轻洗3~4次后在低倍镜下观察菌落吸附红细胞情况，如整个菌落表面布满红细胞者为阳性，菌落表面无红细胞者为阴性。

（六）血清学方法鉴定

对支原体定种的是以血清学试验结果为依据的。最常用于种分类的血清学方法有；生长抑制试验（GI）、代谢抑制试验（MI）、免疫荧光抗体（IF）法、直接凝集试验、间接凝集试验、补体结合（CF）试验、双相免疫扩散（DID）试验等。

此外，在支原体血清学诊断和分类鉴定方面还报道了乳胶凝集反应、间接红细胞凝集反应（IHA）、ELISA、放射免疫沉淀反应（RTP）、核酸探针技术、PCR等方法。

四、衣 原 体

衣原体（*Chlamydia*）是一类专性严格的细胞内寄生生活的微生物，不能在细菌培养基上生长繁殖；在光学显微镜下可以被观察到；因其所处发育阶段不同，大小可不同。这类微生物既含有DNA又含有RNA两种核酸；有核糖体；可以以二分裂方式繁殖；对磺胺、四环素族、红霉素和青霉素等抗生素敏感。

衣原体属中与动物有病原关系的主要为鹦鹉衣原体，它可引起畜禽的多种疾病，要确诊其病原，需进行病原体的分离培养及对分离物作鉴定。分离病原体，采集标本最为重要，在一些严重的全身性疾病，从病畜的血、分泌物和大多数器官均能检查和分离到病原体。但对大多数动物衣原体病来说最合适的检查材料，要从有症状或有病变的部位采集，如流产病例为流产胎儿的器官、胎盘和子宫分泌物；关节炎病例为滑液；脑炎病例为大脑与脊髓；肺炎病例为肺、支气管淋巴结；肠炎病例为肠黏膜、粪便等严重感染的病例，如羊的衣原体性流产的子叶，其涂片常用姬姆萨、史丁普或吉姆尼氏等方法染色镜检，即可确诊。对一些可疑病例，仅用显微镜检查是得不出结论的，还必须进行病原体的分离及鉴定。最常用的分离培养方法有：①鸡胚卵黄囊接种法；②小鼠接种法；③细胞培养法。

（一）衣原体接种培养材料的处理

（1）血液　血液块在灭菌乳钵中研细，加入肉汤（pH7.2~7.4，含链霉素和卡那霉素），制成10%悬液。

（2）液体或分泌物　用原液，如黏稠，可加2~10倍体积的肉汤（pH7.2~7.4，含链霉素和卡那霉素），装在加有玻璃球的灭菌瓶内，盖好瓶塞用力摇动，使成悬液，置于冰箱备用。

（3）粪便　粪便样品用加有链霉素和卡那霉素的肉汤制成悬液，其浓度为20%，4℃置4h，在600r/min离心10min，吸取上清液备用。

（4）组织　用剪刀剪碎后在灭菌乳钵中加玻璃砂研细，用含有链霉素和卡那霉素肉汤稀释，使成10%悬液，在600r/min离心10min，吸取上清液备用。

（二）衣原体的接种培养方法

1. 鸡胚卵黄囊接种

鸡蛋需选自未喂过抗生素的鸡群，且为白壳蛋，孵育温度为38~39℃，相对湿度为70%。鸡蛋孵育7d后进行照蛋划出气室和胚位。用70%酒精擦洗气室上方表面的蛋壳，再用碘酊涂擦，然后用套有软木塞的针头在鸡胚后面的气室上方的蛋壳上钻一小孔，用7号针头以垂直方向从小孔全部插入，注射0.5mL。注射完后用融化的石蜡将小孔封闭，将接种鸡蛋置36℃孵育箱内，每天照蛋一次，观察到鸡胚失去活力或死亡为止。大多数鸡胚一般在接种后4~8d死亡，鸡胚和卵黄囊充血，并常有出血。接种后48h内死亡者常由于污染或损伤所致，应予以废弃。如接种后13d鸡胚仍然存活，则再行盲目传代，如连续3代阴性，判为阴性结果。

对较规律死亡的鸡胚，可按下述方法收获鸡胚卵黄囊。用酒精、碘酊涂擦气室部，用灭菌剪沿气室边缘将蛋壳剥开，剪破壳膜，将蛋内容物倾注于灭菌的平皿内，再将卵黄囊自鸡胚剥离，并将其剪破，用灭菌盐水冲洗卵黄囊膜除去卵黄，夹取卵黄囊膜，取一小块涂片，染色镜检，其余的卵黄囊膜，可接种另一批鸡胚或低温保存备用。

2. 小鼠接种

（1）腹腔接种　选用3~5周龄小鼠，用70%酒精或碘酊涂擦鼠腹部，用24号针头的结核菌素注射器，腹腔注射0.2mL，每天观察发病和死亡情况。如小鼠在2~3d内死亡，剖检肉眼变化不多，特征的变化是十二指肠肥大，上覆一层黏性分泌物，其中含有大量的上皮细胞，细胞内可检查到原生小体；如小鼠在5~15d内死亡，脾肿大，肝有早期坏死灶，肝和脾细胞里有大量的衣原体，腹腔积有纤维性渗出物。恢复的或感染后3周扑杀的小鼠，肉眼变化仅见腹腔有渗出物，脾显著增大，组织涂片中可见有衣原体散在。

可按下述方法收获小鼠的肝、脾、肾。体表用消毒药涂擦（3%来苏儿、0.1%新洁尔灭）。用大头针将小鼠四肢钉于解剖板上，用灭菌剪刀和镊子采取脾、肝、肾，置于灭菌平皿内。取上述脏器切面制作涂片，染色镜检。同时做分离培养或冰冻保存。

（2）鼻内接种　选用3~5周龄小鼠，用乙醚适度麻醉，以免小鼠打喷嚏而影响吸入，将接种材料滴数滴于鼻孔内，剂量为0.3~0.5mL。每天观察小鼠，如接种物毒力强，可速发生感染，小鼠表现拱背，精神不振，呼吸困难等症状，于2~20d内死亡。毒力较弱者，几乎未见有临诊症状，剖检可见肺的全叶或一部分硬实，灰色，半透明，感染10d以上的肺涂片中的衣原体较少，但再传代即可导致致死性感染。

收获死亡或存活小鼠（不论有无症状）的肺脏，方法与上述脾、肝、肾者相同，自肺切面涂片染色镜检。如果需要，肺组织作分离培养或冰冻保存。

3. 细胞培养

（1）衣原体可在多种细胞中增殖、分离或培养，最常用是McCoy和L_{929}细胞，其他传代细胞如BHK21、FL、Vero等传代细胞均可供选用。

（2）用细胞培养法分离衣原体所用的感染材料比用鸡胚、小鼠分离要求严格，采集标本时应无菌操作，标本应及时低温保存或放在适宜保存液中，以防止细菌污染或丧失衣原体活性，在处理标本时也应注意温度条件。

（3）为了便于在细胞培养过程中检查衣原体，可在培养瓶中加一盖玻片，在不同的时间取出染色镜检，观察衣原体在细胞内生长发育情况。

（三）衣原体的分类与鉴定

对从各种病料中分离培养出来的疑似衣原体，可作以下各项鉴定：

（1）在细菌培养基上不能生长。

（2）在感染细胞的细胞质内可查见衣原体原生小体和始体，感染细胞破裂后衣原体释放于细胞外。

（3）碘染色反应：沙眼衣原体为阳性，鹦鹉衣原体为阴性。

（4）在鸡胚卵黄囊内生长，鹦鹉衣原体不为磺胺嘧啶钠抑制，沙眼衣原体可被磺胺嘧啶钠抑制。

（5）用补体结合试验检查衣原体的耐热类属共同抗原。

根据上述鉴定要点，只要明确分离物具有严格细胞内寄生的特性，在光学显微镜下可以观察到衣原体的原生小体或始体；又能在鸡胚卵黄囊内生长；再结合其分离的来源，便可基本上确定为衣原体。然后根据其碘染色反应和对磺胺的敏感性，即能鉴定到衣原体属的种。

第五节　寄生虫检查

寄生虫病的检查方法与传染病的检疫方法有一定的区别，作为比较高等的寄生动物，由于其独特的发育史，决定了其检查方法的特殊性。在动物检疫中，除了进行一般的流行病学调查和临床诊断检查外，其定性的实质性方法有以下几种。

一、虫卵检查法

对相对密度较小的虫卵，常用的是虫卵漂浮法。根据虫卵的相对密度，配制有相应的漂浮液，掌握适当的离心力进行离心，即可以在漂浮液的液面上收集到虫卵；对相对密度较大的虫卵，多用水洗沉淀法，在沉渣中收集检查虫卵。虫卵检查法操作简单，结果直观，常用于肠道寄生虫和球虫的检查。

二、虫体检查法

（1）蠕虫的成虫检查法　成虫的虫体检查，在生前主要用于绦虫病的诊断；死后剖检（或抽样剖检）几乎可用于所有蠕虫病的检查。

（2）蠕虫的幼虫检查法　幼虫的虫体检查，多用于非肠道寄生虫或通过虫卵不易鉴定的寄生虫。如贝尔曼氏幼虫检查法用于检查肺线虫；幼虫培养法用于检查圆形线虫病，血液压片法和集虫检查法用于检查丝状线虫病，毛蚴孵化法用于诊断血吸虫病等。

（3）螨的检查法　分皮屑内死虫检查法和皮屑内活虫检查法。前者可采用漂浮法或沉淀法，适用于初步诊断；后者可采用直接检查法或温水检查法，适用于确诊。

（4）血孢子虫病检查

① 血液涂片法：适用于染虫率较高的患病动物。

② 浓集检查法：常用于染虫率很低的情况。

③ 淋巴结穿刺涂片检查：主要用于检查诊断泰勒虫病。

（5）鞭毛虫病的检查

① 血液压滴标本检查：适用于检查伊氏锥虫寄生数量较多的病畜。

② 血液集虫检查：适用于血液虫体数量较少的情况。

③ 泌尿生殖器官刮下物、分泌物压滴标本检查：刮下物压滴标本检查适用于检查媾疫锥虫，分泌物压滴标本检查适用于检查毛滴虫。

④ 泌尿生殖器官刮下物、分泌物涂片检查：适用于检查媾疫锥虫病和毛滴虫病。

三、免疫学检测方法

常用于寄生虫病检查的免疫学技术归结起来可分为以下几大类：

（1）免疫沉淀技术　包括单向免疫扩散法、双向扩散法、免疫电泳法（普通电泳、单向定量免疫电泳、醋酸纤维膜电泳）等，其优点是简便、快速、准确，缺点是敏感性不高。

（2）免疫荧光技术　结合了免疫学反应的特异性和在黑色背景中发光物质易被发现等优点，直接免疫荧光抗体可确切测出少量抗原或抗体在细胞内或组织内的定位及分布，对于测定血清抗体也是一种比较敏感的方法。

（3）免疫酶技术　其实验方法很多，如酶联免疫吸附试验（ELISA）、斑点酶联免疫吸附试验（Dot-ELISA），用生物素、亲和素系统放大的酶联免疫吸附试验（ABC-ELISA）以及免疫酶组化染色法等，具有适应范围广、灵敏度高、特异性强的特点，因而被广泛采用。

（4）免疫凝集技术　常用的方法有间接的细胞凝集试验（IHA）、乳胶凝集试验等。

四、分子生物学检测方法

主要用于精确的定性分析或衡量病原的检测，包括核酸探针技术和PCR技术。这两种技术在寄生虫的检测中多局限于同一种属中不同虫种或虫株的鉴别。

第六节　现代生物技术在动物检验检疫中的应用

一、概　　述

现代生物技术在动物疫病诊断和检疫中已经得到初步应用，为动物疫病的诊断、检测、监测、处理等提供了更为快速、准确和高效的技术与方法，大大地提高了动物检验检疫水平。

在动物疫病诊断和检疫中，现代生物技术的应用主要体现在两个方面：一是基于抗原-抗体反应的免疫血清学技术；二是基于病原核酸检测的分子生物学技术。

免疫血清学技术主要包括中和试验、凝集试验、沉淀试验、补体结合试验、免疫荧光抗体技术、放射免疫技术、免疫酶标记技术、胶体金标记技术、免疫电镜技术等。

分子生物学技术主要包括聚合酶链式反应、核酸杂交、寡核苷酸指纹图谱、限制性片段长度多态性、随机扩增多态性DNA、脉冲电场凝胶电泳、DNA序列测定、DNA芯片、DNA生物传感器等。其中PCR和核酸杂交技术具有特异、敏感、快速、适于疫病早期诊断和大量样品的检测而成为分子生物学诊断技术中最常用和最具应用价值的方法。

目前大多数动物疫病已建立了免疫学和分子生物学等多种检测方法，其中某些方法已被OIE指定为国际贸易中的标准方法。部分疫病的诊断和检疫方法如表2–2、表2–3和表2–4所示。

二、免疫学技术在动物检验检疫中的应用

（一）病原菌的检测

常规细菌疫病的诊断和检疫方法主要包括细菌分离培养、菌落培养特性、菌体染色镜检、生化试验等，与这些方法相比，免疫学技术快速、灵敏，不但可直接进行细

表 2–2　OIE规定的部分动物细菌性疫病诊断和检疫方法

动物	病名	病原	指定诊断方法	替代诊断方法
马	马接触传染性子宫炎	马生殖道泰勒氏杆菌	病原鉴定	—
	马鼻疽	马鼻疽杆菌	鼻疽菌素试验、CF	—
牛	牛传染性胸膜肺炎	丝状支原体丝状亚种	CF	ELISA
	牛布氏杆菌病	流产布氏杆菌	缓冲布氏杆菌抗原试验、CF、ELISA	FPA
	牛生殖道弯曲杆菌病	胎儿弯曲杆菌性病亚种	病原鉴定	—
	牛结核病	牛结核分枝杆菌	结核菌素试验	—

注：CF—补体结合试验；ELISA—酶联免疫吸附试验；FPA—荧光偏振试验。

表 2–3　OIE规定的部分动物病毒性疫病诊断和检疫方法

动物	病名	病原	指定诊断方法	替代诊断方法
人	口蹄疫	微RNA病毒科口蹄疫病毒	ELISA、VN	CF
畜	水疱性口炎	弹状病毒科水疱性口炎病毒	CF、ELISA、VN	—
	小反刍兽疫	副黏病毒科麻疹病毒属	ELISA	VN
	裂谷热	布尼病毒科裂谷热病毒	—	HI、ELISA、PRN
	蓝舌病	呼肠孤病毒科蓝舌病病毒	AGID、病原鉴定、ELISA、PCR	VN
	伪狂犬病	疱疹病毒科伪狂犬病毒	ELISA、VN	—
	狂犬病	弹状病毒科狂犬病病毒	VN	—
禽	新城疫	副黏病毒科新城疫病毒	—	HI
	禽流感	正黏病毒科禽流感病毒	—	AGID、HI
	传染性法氏囊病	双RNA病毒科传染性法氏囊病毒	—	AGID、ELISA
	马立克氏病	疱疹病毒科马立克氏病毒	—	AGID
	鸡传染性支气管炎	冠状病毒科鸡传染性支气管炎病毒	—	VN、HI、ELISA

注：HI—血凝抑制试验；VN—病毒中和试验；AGID—琼脂扩散试验；PRN—蚀斑减数中和试验；PCR—聚合酶链式反应。

表 2–4 OIE规定的部分动物寄生虫病诊断和检疫方法

动物	病名	病原	指定诊断方法	替代诊断方法
畜	旋毛虫病	旋毛虫	病原鉴定	ELISA
	新大陆螺旋蝇蛆病和旧大陆螺旋蝇蛆病	新大陆螺旋蝇和旧大陆螺旋蝇	—	病原鉴定
	螨病	螨虫	—	病原鉴定
	锥虫病（采采蝇传播）	刚果锥虫、活跃锥虫、布氏锥虫	—	IFA
	利什曼病	利什曼原虫	—	病原鉴定
	马媾疫	马媾疫锥虫	CF	IFA、ELISA
	马梨形虫病	马巴贝斯虫和驽巴贝斯虫	CA、IFA	—

注：IFA— 间接荧光抗体试验。

菌种的鉴定，而且可鉴定种内的血清型和血清亚型，成为检疫动物细菌疫病的主导方法。通常免疫学方法用于对大量样品进行筛选分析，对于筛选中发现的阳性样品往往还需采用常规的培养方法进行确证。目前，已建立了很多病原菌及其毒素的ELISA检测方法，而且已有很多公司研究开发了一系列免疫检测试剂盒，能够检测弯曲杆菌、大肠杆菌、沙门氏菌、金黄色葡萄球菌、李斯特菌、肉毒杆菌等多种病原菌。

病原菌的免疫学检测方法有很多优点，但仍存在着一些需改进的方面，主要包括交叉反应较严重、假阳性多、灵敏度偏低，所以通常不能直接对样品进行分析和检测，检测前需进行富集培养，这就延长了检测时间。为了克服这些不足，人们在寻找各种解决方法。

在避免交叉反应、减少假阳性方面，采用经过亲和层析纯化后的多克隆抗体或特异性更强的单克隆抗体替代多克隆抗体，可增加检测的特异性，减少假阳性。在ELISA中，采用碱性磷酸酶替代过氧化物酶，可避免细菌内源性过氧化物酶的干扰，也可减少假阳性。

在提高灵敏度、缩短检测时间方面，可采用免疫磁性分离技术和免疫膜富集技术。免疫磁性分离技术是将特异性抗体偶联在磁性颗粒表面，与样品中被检致病菌发生特异性的结合，载有致病菌的磁性颗粒在外加磁场的作用下，向磁极方向聚集，弃去检样混合液，使致病菌不断得到分离、浓缩。免疫磁性分离技术和免疫膜富集技术都可以直接从样品中或经过简单培养的样品中，选择性地富集（浓缩）目标微生物，提高细菌浓度的同时，也可以消除干扰物质的影响，提高灵敏度。

此外，一些新的免疫学方法，如电化学发光免疫测定、亲和素–生物素ELISA等都可以提高灵敏度。免疫学方法也可与分子生物学方法结合起来，这将是快速检测技术的发展方向之一。

（二）毒素的检测

早在1977年就有抗黄曲霉毒素B_1的单克隆抗体问世，至今，几乎所有重要的真菌毒素的单克隆抗体免疫检测方法已建立，很多免疫学方法的商品检测试剂盒已有出售，并有一些被AOAC（美国公职分析化学家协会）采纳。如黄曲霉毒素、伏马菌素、赭曲霉毒素、T-2毒素、呕吐毒素、玉米赤霉烯酮等的检测都有商品化的试剂盒。我国也有不少研究报道，已有小麦中T-2毒素的ELISA、食品中黄曲霉毒素B_1的ELISA、饲料中黄曲霉毒素B_1的ELISA、谷物及其制品中脱氧雪腐镰刀菌烯醇的ELISA被列入国家标准。

海洋生物毒素的检测和预防已纳入WHO的HACCP计划。因为有害藻类毒素自身或通过食物链在鱼类、贝类等生物体内蓄积，对生物直至人类产生危害。所以，近十几年来用于海洋生物毒素检测的ELISA的方法得到迅速发展，与HPLC法和AOAC常规鼠生物测定法相比，它具有灵敏度好、快速简便等特点。

由于毒素分子量较小，通常是半抗原，所以在免疫之前要进行抗原的改造，使其成为完全抗原，抗原改造后就可以进行抗体的制备了，并建立相应的免疫学检测方法。

（三）药物残留的检测

现在国际上比较重视的残留药物有抗生素、磺胺类、呋喃类、喹喏酮类、激素类和转基因类药物，都在寻求适用的检测方法。因为ELISA样品前处理简便，可同时分析多个样品，分析时间短，敏感度高，因此，ELISA是目前最理想的残留筛选性分析方法之一。20世纪80年代后期，ELISA在残留分析中发展迅速，目前几乎所有重要的兽药残留已建立或正在建立ELISA，如链霉素、氯霉素、青霉素、四环素、盐霉素、磺胺二甲基嘧啶等。1999年，FAO/IAEA联合开展牲畜和畜牧产品中兽药残留监测的研究项目，就是利用和开发ELISA分析技术来检测兽药残留，确定正确的分析方法。

（四）病毒的检测

在病毒病诊断和检疫过程中，ELISA、VN、CF、HI等免疫学技术已作为指定诊断方法或参考诊断方法广泛应用于病毒性传染病的诊断和检疫中，如禽流感病毒、鸭病毒性肝炎、新城疫病毒、蓝舌病病毒等的免疫学检疫方法已建立，大大提高了检疫的效率。

（五）寄生虫病的免疫学诊断

寄生虫病的免疫学诊断使得寄生虫在粪便、尿液或血液中的检出率大大提高。目前，CF、ELISA、IFA等免疫学技术已成功应用于寄生虫病的诊断和检疫中，国内外已将ELISA广泛应用于寄生虫病免疫学诊断中，并制备出多种商品试剂盒。

三、分子生物学技术在动物检验检疫中的应用

（一）应用于病原细菌的检测

PCR技术已广泛应用于病原菌的检测，只要核酸序列是清楚的，就可以检测任何的病原体。与传统方法相比，PCR方法不仅检测时间短、灵敏度高，还可以检出一些依靠培养法不能检测的微生物种类，一般实验室可检出10~100个基因拷贝。目前，PCR已成功地应用于大肠杆菌、沙门氏菌、空肠弯杆菌、布氏杆菌、结核杆菌、副结核杆菌等的鉴定和分型中，检测结果显示这些方法具有简便快速、敏感特

异的优点。

核酸探针技术也已应用于检测大肠杆菌、沙门氏菌、志贺氏菌、埃希氏菌、李斯特菌、金黄色葡萄球菌等。美国的Gene Trak公司开发的检测大肠杆菌的商品化DNA探针系统最快可以在1h内完成检测操作，检测灵敏度为10^3个/g（mL）样品。美国环保署早在1990年已正式使用DNA探针杂交技术检测饮用水中大肠杆菌总数。

但探针检测技术中也存在一定的问题，如检测一种菌就需要制备一种探针；要达到检测量还要对样品进行一定时间的培养；探针检测是分析基因序列，对毒素污染的样品有时因样品中不含产毒菌而无法检测。

（二）在病毒检测中的应用

目前，以PCR技术检测疯牛病病毒、SARS病毒、诺沃克病毒、禽流感病毒、脊髓灰质炎病毒、埃可病毒、柯萨奇病毒、甲肝病毒、腺病毒和轮状病毒等的研究已有报道，如中国进出口商品检验技术研究所的科研人员在人工控制的情况下，利用病毒分离技术，将人为添加在食品样品中的SARS病毒有效富集、分离，采用RT-PCR方法快速检测食品中的SARS病毒，解决了检测食品、动植物及其产品中是否存在SARS病毒的技术问题。而且，PCR等分子生物学技术已作为蓝舌病的指定诊断方法，随着分子生物学技术的推广和逐渐成熟，将会有更多的病毒性疫病将其作为指定诊断方法。

（三）在其他病原体检测中的应用

PCR技术在其他病原体的检测中也得到了应用，如禽鸡毒支原体的检测和羊钩端螺旋体的检测，对钩端螺旋体的阳性检出符合率为100%。此外，对寄生虫的检测中，Magalhaes等用多重PCR检测处于潜伏期时椎实螺中的肝片形吸虫，其中一对特异性的引物用来检测螺中的肝片形吸虫，另外一对作内参，扩增椎实螺rDNA的ITS，其敏感性可检出1个毛蚴（0.8ng/μL）的肝片形吸虫DNA，7ng/μL椎实螺DNA。设立内参可以确保扩增出的阳性条带是由宿主椎实螺中的肝片形吸虫DNA扩增出来的，排除假阳性结果。

四、快速生化检测技术在微生物检测中的应用

众所周知，在病原菌的检测中常应用生化试验进行确认，目前已经研制和生产出了多种微型化的生化试剂盒以及鉴别培养基可供应用，它通常是将多种培养基或生化试剂集成在特定的微型化的装置或培养基中，将传统方法中需要多次完成的实验在一次完成，并且能够在24h内获得结果，有时甚至能在4h内完成，从而节省了样品的分析时间，同时也能够节约成本。国外有很多产品已经成为美国分析化学家协会认可的方法，国内也有一些生产厂商介入了生化检测试剂盒及仪器的研究。

（一）即用型纸片法

3M公司的Perifilm TM Plate系列微生物测试片，可分别进行菌落总数测定、大肠菌群计数、霉菌和酵母计数。由RCP Scientific Inc公司开发上市的Regdigel系列，除上述项目外还有检测乳杆菌、沙门氏菌、葡萄球菌的产品。这两个系列的产品与传统检测方法之间的相关性非常好。

（二）选择、鉴定用培养基法

在培养基中加入特异性的生化反应底物、抗体、荧光反应底物、酶反应底物等，可使目标培养物的选择、分离、鉴定一次性完成。其主要原理就是依据细菌产生特定的代谢产物同培养基中生化物质进行反应，从而根据不同的颜色进行判断。如生物-梅里埃公司的BP+RPF兔血浆+纤维蛋白原培养基，可于24h内鉴定金黄色葡萄球菌。Merk公司的Chromocult Coliform Agar培养基上，大肠杆菌为黑绿色至紫色菌落，沙门氏菌为淡绿色至蓝绿色菌落。柠檬酸杆菌和克雷伯杆菌为橙红色至红色菌落，其他肠道菌为无色菌落。

（三）微型生化试剂盒及生化检测系统

微型生化试剂盒是根据微生物生长代谢中产生的相关产物或现象如蛋白质、糖类的利用情况，产酸或产气等来对实验结果进行分析和判定，可以用肉眼判断，也可以借助仪器进行判读。借助仪器进行分析时，通常微生物的培养和结果判定由同一仪器完成，一般只需将微生物或样品接种后，等待适当的时间，仪器自动判读结果并和仪器中存在的相关数据进行比对后，就能自动给出结果。目前已售的细菌生化检测仪器包括法国默里埃的ATB、VITEK、VITEK32系列细菌生化检测系统，以及美国PHOENIX细菌鉴定/药敏试验系统等。

五、生物芯片在检验检疫中的应用

传统的微生物检测方法成本高、速度慢、操作烦琐，分子生物学和免疫学技术使检测效率大大提高，但缺点是一次实验往往只能针对一种或少数几种细菌，不能满足同时快速检测多种病原体的需要。近十年来，生物芯片技术迅速崛起，体现出了高通量、高效率的优势，一张芯片一次可以对多种微生物进行全面、系统的检测与鉴定，而且操作简便、快速。因此，生物芯片技术已成为检验检疫中最快速、大通量、最适用的高新技术。

基因芯片技术的检测效能是依赖芯片上所固定的探针来实现的，因此，选择适于芯片检测的靶基因和确定探针的种类、序列和数量成为设计制备基因芯片的关键。在选择适宜的靶基因的问题上，可以选取不同细菌的特征基因作为芯片检测的靶基因，例如选用细菌的致病基因；也可以选择细菌的共有基因作为靶基因，用一对通用PCR引物扩增所有细菌的该基因，再利用芯片上的探针检测不同细菌在该共有基因上的独特碱基，从而区分不同的细菌。

继基因芯片之后，蛋白芯片的出现为在蛋白质水平平行检测毒素抗体或抗原提供了方便条件。生物毒素蛋白芯片通常是利用抗原抗体相互作用的原理，由精密机械手迅速将具有高度亲和特异性的生物毒素单克隆抗体定量地点加至已衍生处理过的基片上，用以识别样液中的生物毒素，通过荧光标记物或酶联显色来分析结果。如采用双抗体夹心方法检测生物毒素，灵敏度可达到ng/mL水平，但若用多重放大检测法可使检测的灵敏度由ng/mL水平提高到pg/mL水平。

生物芯片在病毒检验检疫中也得到应用，如对新城疫病毒、禽流感病毒及其亚型的检测，对猪口蹄疫病毒、猪水疱病病毒、猪水疱性口炎病毒和猪水疱疹病毒四种临床上症状非常相似的水疱性疾病进行实验室鉴别诊断等。2003年5月，北京出入境检验检疫局、本元正阳基因技术股份公司和国家质检总局动植物检疫实验所三家单位联合成立的课题组，在国家质检总局的领导和科技部有关部门大力支持下，研制出冠状病毒全基因组生物芯片，并开发出一整套检测系统。该芯片覆盖了非典冠状病毒基因组的全部序列，能够在检测非典冠状病毒的同时全面监测病毒全基因组变化，能灵敏和准确地检出非典病毒。该成果可以广泛应用于检验检疫领域，并在非典病毒的基因变异筛查、环境检测以及寻找非典冠状病毒来源等方面，提供进一步的技术支持。

六、生物传感器在检验检疫中的应用

生物传感器具有酶与底物、抗原与抗体、受体与配基等生物化学反应的特点，能把生化反应非电参量转换成电信号而加以放大、显示、检测等处理，因此具有特异性强、灵敏度高、响应速度快和使用寿命长等优点。在检验检疫等监测方面，有许多生化指标等需要快速、自动化测定，因此，生物传感器在动物检验检疫上应用前景广阔。

生物传感器已成功地用于测定大肠杆菌、金黄色葡萄球菌和沙门氏菌等病原菌，以及黄曲霉毒素B_1、肉毒杆菌毒素A和B、葡萄球菌肠毒素以及水产品中的毒素等。用电化学免疫传感器技术检测大肠杆菌O157：H7，可以在10min内完成分析，检测精度可达10cfu/mL。用光纤生物传感器测定食品中的肉毒杆菌毒素，检出限达5ng/mL，检测时间通常不超过1min。对黄曲霉毒素B的测定，检出限为0~0.5ng/mL。

随着现代生物技术在动物检验检疫领域中的逐步应用，动物检验检疫将会有更为理想的方法，准确性、高效性将会大大提高。

思 考 题

1. 病料采集和运送中的注意事项有哪些？
2. 细菌在不同培养基中的生长表现在细菌鉴定中有何意义？
3. 若要从送检病料直接分离到可疑的需氧病原菌或可疑的厌氧病原菌，常采用哪几种方法？
4. 分析细菌生化反应试验的主要用途有哪些？
5. 目前病毒分离常用的方法有哪些？
6. 螺旋体的形态特征如何？支原体的培养有何特征？立克次氏体分离与鉴定的方法主要有哪些？
7. 在动物检验检疫中有哪些常用的免疫血清学技术和分子生物学技术？简述它们的应用。

第三章　检疫性传染病和寄生虫病

检疫性传染病和寄生虫病（动物疫病）指的是危害或可能危害动物及动物产品的任何传染病和寄生虫病。传染病是指由特定病原微生物引起的，有一定潜伏期和临床表现并具有传染性的疾病。寄生虫病是指由寄生虫对宿主的严重侵袭而引起的疾病。根据动物疫病对人和动物危害的严重程度、造成经济损失的大小和国家扑灭疫病的需要，我国政府将动物疫病分为3大类：一类动物疫病是指对人和动物危害严重，需要采取紧急、严厉的强制性预防、控制和扑灭措施的疾病，如口蹄疫、猪瘟、牛瘟、蓝舌病等。二类动物疫病是指可造成重大经济损失需要采取严格控制扑灭措施、防止扩散的疾病，如狂犬病、炭疽、弓形虫病等。三类动物疫病是指常见多发、可能造成重大经济损失，需要控制和净化的疾病，如肝片吸虫病、丝虫病等。

检疫性传染病和寄生虫病与畜牧业和人类健康密切相关。本章对人兽共患传染病、寄生虫病，家畜固有传染病、寄生虫病以及家禽中主要疫病的检验检疫进行了详细介绍，包括疫病的病原特性、流行病学、临床症状、检验检疫和处理等方面的内容。

第一节　人兽共患传染病的检验检疫

人兽共患传染病是指在人类和脊椎动物之间自然传播的疾病，又称人畜共患传染病。本节对炭疽、口蹄疫、布鲁氏菌病、结核病等人兽共患传染病的检验检疫进行详细介绍。

一、炭　　疽

炭疽是由炭疽杆菌引起多种家畜、野生动物和人的一种急性、热性、败血性传染病。最常见的临床表现是败血症，发病动物以急性死亡为主。炭疽杆菌是1849年从死于炭疽的病羊脾脏和血液中发现的，在世界各国几乎都有分布。

（一）病原

炭疽杆菌（*Bacillus anthracis*）为革兰氏阳性大肠杆菌，大小为（4~9）μm×（1~1.5）μm，无鞭毛，不运动。炭疽杆菌为兼性需氧菌，对培养基要求不严，在普通琼脂平板上生长成灰白色、表面粗糙的菌落，放大观察菌落有花纹，呈卷发状，中央暗褐色，边缘有菌丝射出。

炭疽杆菌菌体对外界理化因素的抵抗力不强，但芽孢则有坚强的抵抗力，在干燥的状态下可存活32~50年，150℃干热60min方可杀死。现场消毒常用20%的漂白粉，0.1%升汞，0.5%过氧乙酸。来苏水、石炭酸和酒精的杀灭作用较差。

（二）流行病学

（1）易感动物　各种家畜，野生动物都有不同程度的易感性。其中草食兽最易感，包括羊、牛、驴、马、水牛、骆驼、鹿和象等，小鼠和豚鼠易感。人也易感。

（2）传染源　主要传染源是病畜。当病畜尸体处理不当，形成芽孢污染土壤、水源、牧区，成为长久的病原散播地。

（3）传播途径　本病主要经消化道感染，常因采食污染的饲料饲草和饮水而感染。其次是通过皮肤感染，主要由吸血昆虫叮咬所致。此外也可通过呼吸道感染。

（三）临床症状

本病潜伏期一般为1~5d，最长的可达14d。按其表现不一，可分为以下四种类型：

（1）最急性型　常见于绵羊和山羊，偶尔也见于牛、马，表现为脑卒中的经过（卒中型）。外表完全健康的动物突然倒地，全身战栗，摇摆，昏迷、磨牙，呼吸极度困难，可视黏膜发绀，天然孔流出带泡沫的暗色血液，常于数分钟内死亡。

（2）急性型　多见于牛、马，病牛体温升高至42℃，表现兴奋不安，吼叫或顶撞人畜、物体，以后变为虚弱，食欲、反刍、泌乳减少或停止，呼吸困难，初便秘后腹泻带血，尿暗红，有时混有血液，乳汁量减少并带血，常有中度程度臌气，孕牛多迅速流产，一般1~2d死亡。马的急性型与牛相似，还常伴有剧烈的腹痛。

（3）亚急性型　也多见于牛、马，症状与上述急性型相似，除急性热性病征外，常在颈部、咽部、胸部、腹下、肩胛或乳房等部皮肤、直肠或口腔黏膜等处发生炭疽痈，初期硬固有热痛，以后热痛消失，可发生坏死或溃疡，病程可长达1周。

（4）慢性型　主要发生于猪，多不表现临床症状，或仅表现食欲减退和长时间伏卧，在屠宰时才发现颌下淋巴结、肠系膜及肺有病变。有的发生咽型炭疽，呈现发热性咽炎。咽喉部和附近淋巴结肿胀，导致病猪吞咽、呼吸困难，黏膜发绀最后窒息死亡。肠炭疽多伴有便秘或腹泻等消化道失常的症状。

（四）检验检疫

随动物种类不同，本病的经过和表现多样，最急性病例往往缺乏临诊症状，对疑似病死畜又禁止解剖，因此最后诊断一般要依靠微生物学及血清学方法。

（1）病料采集　可采取病畜的末梢静脉血或切下一块耳朵，必要时切下一小块脾脏，病料须放入密封的容器中。

（2）镜检　取末梢血液或其他材料制成涂片后，用美蓝染色，发现有多量单在、成对或2~4个菌体相连的短链排列、竹节状有荚膜的粗大杆菌，即可确诊。值得注意的是，从猪局部淋巴结检出的细菌粗细不一，菌链呈扭转状，且常只见荚膜阴影，而菌体消失。

（3）培养　新鲜病料可直接于普通琼脂或肉汤中培养，污染或陈旧的病料应先制成悬液，70℃加热30min，杀死非芽孢菌后再接种培养，对分离的可疑菌株可作噬菌体裂解试验、荚膜形成试验及串珠试验。这几种方法中以串珠试验简易快速，且敏感性、特异性较高。

（4）动物接种　用培养物或病料悬液0.5mL于小鼠注射腹腔，经1~3d后接种小鼠因败血症死亡，其血液或脾脏中可检出有荚膜的炭疽菌。

（5）Ascoli反应　是诊断炭疽简便而快速的方法，其优点是培养失效时仍可用于诊断，因而适宜于腐败病料及动物皮张，风干、腌浸过肉品的检验，但先决条件是被检材料中必须含有足够检出的抗原量。肝、脾、血液等制成抗原于1~5min内两液接触面出现清晰的白色沉淀环，而生皮病料抗原于15min内出现白色沉淀环。此外，还可用琼脂扩散试验和荧光抗体染色试验。

（五）处理

我国农业部于1999年2月12日公布了一、二、三类动物疫病病种名录，将炭疽列为二类动物疫病。扑灭炭疽的措施：

（1）发现可疑炭疽时，可通过细菌学检查（如宰后发现可疑胴体，应迅速采取病料，涂片镜检等）、炭疽沉淀反应等方法迅速确诊。

（2）生前在畜群中发现炭疽病畜或疑似炭疽病畜时，应立即采取不放血的方式扑杀销毁。同群畜全部测体温，体温正常者进行急宰处理。宰后发现炭疽病畜，其内脏、皮毛及血销毁。被炭疽污染或怀疑被其污染的胴体、内脏，也应进行化制或销毁。

（3）对现场进行彻底消毒，所有被炭疽病畜污染的栏圈、用具、场地等，均应用20%漂白粉溶液、10%烧碱溶液或5%福尔马林溶液消毒。金属性器械和用具，用0.5%烧碱溶液加盖煮沸消毒30min后用清水冲洗。工作人员应进行消毒。上述所有消毒工作应于宰后6h内完成。

（4）凡与炭疽病畜接触过的人员，必须接受卫生防护。

二、口　蹄　疫

口蹄疫是由口蹄疫病毒（*Foot-and-mouth disease virus*，FMDV）引起的偶蹄兽的一种急性、热性、高度接触性传染病。临诊特征为口腔黏膜、蹄部及乳房皮肤发生水疱和溃烂（烂斑）。尤为牛患病时口、蹄部病变最明显而得名。世界动物卫生组织（OIE）列为A类烈性传染病，我国也将其列为一类传染病之首。

（一）病原

口蹄疫病毒（*Aphthavirus*）属下只有一个种：FMDV。FMDV现有多个血清型，各型之间抗原性不同，彼此不能交叉保护，感染了一种血清型FMDV后还可以感染其他型FMDV而发病。低温能长期保存，−20℃以下组织块中能存活3~4年，在50~60℃条件下存活30~40min，沸水中瞬间即死。pH7.4~7.6最稳定，对酸性比对碱性敏感。不能抵抗pH 5.0，这是和猪水疱病毒的鉴别要点之一。食盐对病毒无杀灭作用，甘油是FMDV的良好保存剂，常用50%中性甘油PBS保存含毒的组织块，置于普通冰箱能保存一年，毒价无显著降低。肉品中病毒由于产生乳酸使pH下降，3d可使病毒灭活，但冷藏的内脏、骨髓、淋巴结、残存血液中病毒可存活数周至数月。病牛乳中病毒经巴氏消毒，还有少部分存活，但贮藏30d后不能证实存在。

（二）流行病学

（1）易感动物　自然感染主要发生于偶蹄兽，尤以黄牛（奶牛）最为易感，猪也易感，水牛、牦牛、绵羊、山羊次之，骆驼的易感性较低，野生偶蹄兽也能感染，且抵抗力极强。

（2）传染源　病畜是主要传染源，甚至在出现临床症状之前就能排毒，病毒存在于破溃的水疱皮、水疱液内。发热期粪、尿、乳、精液、组织液、唾液均可排毒。感染动物特别是猪、牛呼（喷）出 的气溶胶，也是病毒的重要传播方式。病牛有50%可能带毒4~5个月，少数2~3年。猪一般不带毒，或带毒时间很短（不超过10d）。

（3）传播途径　直接接触或通过媒介物间接传播均可。疫区牲畜、畜产品的调运人员、车辆来往，污染的水源、牧地、饲料、用具及非易感动物均是重要传播媒介。

（三）临床症状

牛潜伏期3~8d。体温为40~41℃，精神沉郁，食欲废绝，流涎，大量泡沫状口涎，挂于口角与下唇；在唇内面，齿龈，颊部，舌面出现水疱，约蚕豆至核桃大，并常融合成片，水疱破裂，露出红色烂斑，水疱破裂时体温降至正常。同时，在蹄冠部、趾间的皮肤、乳房、乳头、鼻镜和阴道常出现水疱；病畜不愿行走，强迫运动时出现跛行。护理不当，继发感染，引起烂斑部化脓，溃疡，坏死，有的蹄匣脱落；奶牛产奶量减少，乳汁改变；妊娠牛流产。口部病变约经1周可愈合，蹄部病变由于继发细菌感染，持续时间较长。成年牛症状较轻，良性病程的死亡率一般不超过2%~5%，但幼畜恶性口蹄疫的死亡率可高达50%~70%。犊牛常不见水疱、不显任何明显症状而死亡，主要因发热，出血性肠炎，心肌炎而死亡。

山羊往往在口、蹄均有病变，但流涎不明显，口腔水疱少见，最明显症状是突然发生急性跛行；绵羊口蹄疫病变多见于蹄部，很小，且迅速愈合，不易发现。猪的蹄部病变严重时可蹄匣脱落，有时在鼻盘可见水疱。成猪死亡率5%~10%，哺乳仔猪死亡率可高达100%。哺乳仔猪常不见水疱而发生四肢麻痹，急性心肌炎突然死亡。

（四）检验检疫

根据急性经过，流行性传播，主要侵害偶蹄兽和一般取良性转归及特征性症状作出诊断。首先鉴别四种水疱病，特别是猪传染性水疱病。其次是确定为FMD 后作型、亚型的鉴定，用生物学、血清学两种方法查出当地流行毒型（从抗原、抗体两方面）。其余3种病很少引起母猪乳房水疱，FMD 几乎100%在乳房有水疱。此外仅口蹄疫引起猪死亡，造成心肌坏死。

1. 病料的采集与病毒分离

一般采集水疱皮和水疱液。牛采取舌面水疱皮，猪采取鼻突部、蹄叉间、蹄冠的水疱皮（早期采取，新鲜未破的），同时采集几头牲畜（牛2头以上，猪5头以上）。采取后立即投入50%甘油PBS中冷藏。水疱液可用无菌注射器直接由未破溃的水疱内抽取。欲将病料送至专业实验室检验时，应将其置于盛有冰-盐混合物的保温瓶内。病毒分离可用试验动物（小白鼠、豚鼠）、鸡胚、组织培养细胞。

（1）水疱皮的采取　牛应采取舌表面的水疱皮，在采取不到水疱皮的情况下，可采取蹄叉及蹄冠部的水疱皮；猪采取蹄叉间，蹄冠部或鼻镜部的水疱皮，不应采取蹄踵部角质化的表皮。水疱皮必须同时采取几头牲畜，其总量在10g以上；采取新鲜成熟，未破裂，无异味的致密组织，不要破裂、溃疡、易碎、腐败的水疱皮；采取时尽量无菌，防止污染，采取后放入消毒瓶内。

（2）水疱液的采取　采自未破的水疱，不加任何保存液。

（3）保存　采取材料放入消毒瓶或试管，其口加蜡封固，严防进水，贴上标签；加蜡封固防止脱落；水疱皮加5倍以上保存液，血清和水疱液每 1mL加双抗1000单位，采取后即放入冷藏。

2. 病毒型的鉴定

通常O、A、C等各种标准阳性血清，进行CF以鉴定分离的毒株或直接鉴定病畜水疱皮内的病毒抗原。采取病牛、病猪或人工感染的豚鼠水疱皮，以pH 7.6PBS或生理盐水冲洗干净（4~5次），用灭菌滤纸吸干后称重，研磨，制成1：2~3的乳剂，在室温浸出1~2h，或在4℃浸出24h，3000r/min离心15min，吸取上清液，58℃灭能40 min，即为被检抗原。也可以应用已知的标准抗原检测动物血清中的抗体，进行抗体型的鉴定。

3. 诊断方法

包括病毒及抗原检查和血清学方法。

（1）病毒分离与抗原检查

① 可用BHK-21或IB-RS-2（猪肾传代系）细胞、乳鼠、有些需盲传多代才适应；② CF 经典法，特异性高，但敏感性差，操作复杂； ③ 反向IHA 简便，适宜于检查水疱皮（液），但不稳定，有时会出现型间交叉，导致误判，世界动物卫生组织（OIE）未被接受；④ 中和试验：乳鼠中和试验，细胞中和试验，蚀斑减少中和试验；⑤ ELISA双抗体夹心法，准确性与CF同，但敏感125~250倍。RT-PCR近几年来也有较多报道。

（2）血清学检查

①SNT 特异、敏感，但受细胞或豚鼠个体影响，重复性差，难度大，需活毒；②琼扩：我国多采用，简便，但不敏感，不能区分灭活苗免疫还是自然感染；③VIA琼扩：为国际OIE进出口检疫方法； ④反向IHA抑制及IHA； ⑤阻断ELISA：OIE推荐，定量灭活病毒+待检血清 37℃，60min。

（五）处理

本病被列为为一类动物疫病。其扑灭措施：

（1）检疫中发现可疑病畜时，按规定程序及时上报疫情，及时进行诊断并鉴定毒型。

（2）对疫点、疫区实行严格隔离、封锁，扑杀疫点内所有易感偶蹄动物并彻底消毒。对未发现疫情的受威胁区一定范围内实行强制性免疫，建立口蹄疫免疫带。

（3）对扑杀的病畜，可按下列情况处理：

①凡农场、牧场、饲养户养的家畜发生口蹄疫时，病畜及同群者，用不放血方式扑杀，尸体化制或销毁，并完善现场消毒；

②屠宰场、屠宰点及待宰饲养仓库发生口蹄疫时，病畜化制或销毁，并完善现场消毒；无可疑症状的同群畜的胴体和内脏高温处理，皮、毛、血、骨消毒后利用；

③收购的生猪在运输途中发生口蹄疫时，应运至由当地动物防疫监督机构指定的地点，或经其许可运到目的地或返回原地，按①和②处理。

三、布氏杆菌病

本病简称布病，是由布鲁氏菌引起的人、畜共患慢性传染病，各种动物临床表现不完全一致，常见于牛、羊、猪等家畜（马例外，一般均为隐性感染，为血检阳性），并由它们传给人和其他家畜。以生殖器和胎膜发炎，引起流产（临床上主要以流产为重要）、不育和各种组织局部病状为特征。

（一）病原

1. 分类

布氏属分6个种，20个生物型。即马耳他布氏菌（又称羊型）有3个生物型，流产布氏菌（又称牛型）有9个生物型，猪布氏菌有4个，其他为林鼠布氏菌、绵羊布氏菌、犬布氏菌。

2. 形态

本菌为短杆菌，无芽孢和鞭毛，革兰氏染色阴性，各型菌株之间形态及染色特性无明显差异（但生物学性状和抗原性不同），常用柯兹洛夫斯基氏法染色，布氏菌染成红色，背景及其他杂菌染成蓝色。

3. 抵抗力

抵抗力较强，在土壤中可存活24~40d，干燥的胎膜中甚至存活更长时间，咸肉中40d，羊毛中1.5~4个月，但对湿热和消毒剂较敏感。

（二）流行病学

1. 易感动物

范围很广，主要有羊、牛、猪；一般母畜的易感性大于公畜，年龄上以性成熟后的成年动物最易感，而幼龄动物有抵抗力。人感染有明显的职业性。

2. 传染源

病畜和带菌动物，以感染的妊娠母畜最危险，它们在流产或分娩时，大量的布菌随胎儿、羊水、胎衣排出而污染周围环境，流产后在3年内阴道分泌物仍带菌，乳汁及感染的公畜精液中也含有布氏菌。

3. 传播途径

主要经消化道传播，还可经交配、损伤的皮肤、黏膜及呼吸道传播。

（三）临床症状

1. 母牛

最显著的症状是流产，多发生于怀孕的第6~8个月（妊娠期282d），产出死胎或弱胎，流产前有分娩预兆象征，还有生殖道的炎症，流产常见胎衣不下，阴道内继续排出褐色恶臭液体，便可发生子宫炎而长期不孕，流产后的母牛可再度流产，一般流产时间比第一次推迟。公牛常见睾丸炎、附睾炎，常见的症状还有关节炎、腱鞘炎、乳房炎等。

2. 羊

主要表现也是流产，发生在妊娠后的第3~4个月（妊娠期150d），其他症状还有乳房炎、支气管炎、关节炎、滑液囊炎，公羊发生睾丸炎。

3. 猪

最明显症状也是流产，发生在怀孕的第1~3个月，少数流产后胎衣不下，引起子宫炎和不育。公猪常发生睾丸炎、附睾炎。也可见关节炎、关节肿胀等。

（四）检验检疫

1. 流产材料的细菌学检查

取母畜胎衣，绒毛叶水肿液，流产胎儿的胃内容物及有病变的肝、脾、淋巴结涂片，或进行细菌培养，发现本菌即可确诊。

2. 免疫学检查

常用的有如下几种：

（1）凝集试验　最为常用，感染1周即产生凝集抗体，一般流产后1~2周达最高，经半年开始下降，可持续2~4年，具体方法上又分为试管法和平板法；

（2）牛全乳环状试验　适宜于对牛群的初筛，取鲜牛乳1mL于小刻度管中，加环状反应抗原0.5mL，混匀于37℃ 1h后观察结果，乳柱不显色，而乳脂环显色时为阳性，反之为阴性；

（3）补反　出现稍迟（感染1~2周产生补反抗体），敏感性比凝集反应高，持续时间也较长，当凝集反应为可疑或阴性时，补反仍为阳性，但操作较复杂，只能作为辅助诊断；

（4）变态反应　仅用于山羊和绵羊的布病诊断，出现迟，持续1~2年。

（五）处理

（1）产地检疫发现个体感染，应予以隔离或扑杀，以保护健康畜群。

（2）宰前发现本病时，不准屠宰。宰后对病胴体、内脏销毁处理。

（3）病畜的同群畜及怀疑被其污染的胴体和内脏高温处理。

四、结 核 病

结核病是由分枝杆菌引起的一种人畜共患的慢性传染病，其病理特征是在多种组织器官形成结核性肉芽肿（结核结节），继而结节中心干酪样坏死或钙化。

（一）病原

本病的病原是分枝杆菌属（*Mycobacterium*）的三个种，即结核分枝杆菌（*M. tuberculosis*）、牛分枝杆菌（*M.boris*）和禽分枝杆菌（*M. avium*）。

结核分枝杆菌是直或微弯的细长杆菌，呈单独或平行相聚排列，多为棍棒状，间有分枝状。牛分枝杆菌稍短粗，且着色不均匀。禽分枝杆菌短而小，为多形性。本菌不产生芽孢和荚膜，也不能运动，为革兰氏染色阳性菌，常用的方法为Ziehl-Neelsen氏抗酸染色法。分枝杆菌为专性需氧菌。生长最适温度为37.5℃，但在培养基上生长缓慢，初次分离培养时需用牛血清或鸡蛋培养基，在固体培养基上接种，3周左右开始生长，出现粟粒大圆形菌落。牛分枝杆菌生长最慢，禽分枝杆菌生长最快。生长最适的酸碱度牛分枝杆菌为pH5.9~6.9，结核分枝杆菌为pH7.4~8.0，禽分枝杆菌为pH7.2。

在自然环境中生存力较强，对干燥和湿冷的抵抗力很强。但对热的抵抗力差，60℃ 30min即可死亡。在直射阳光下经数小时死亡。常用消毒药经4h可将其杀死。

（二）流行病学

（1）易感动物　本病可侵害人和多种动物。家畜中牛最易感，特别是奶牛，其次为黄牛、牦牛、水牛，猪和家禽易感性也较强。

（2）传染源　病人和患病畜禽，其痰液、粪尿、乳汁和生殖道分泌物中都可带菌，污染饲料、食物、饮水、空气和环境而散播传染。

（3）传播途径　本病主要经呼吸道、消化道感染。饲养管理不当与本病的传播有密切关系，畜舍通风不良、拥挤、潮湿、阳光不足、缺乏运动，最易患病。

（三）临床症状

潜伏期长短不一，短者十几天，长者数月甚至数年。

1. 牛结核病

主要由牛分枝杆菌引起。牛常发生肺结核，病初食欲、反刍无变化，但易疲劳，常发短而干的咳嗽，尤其当起立运动，吸入冷空气或尘埃的空气时易发咳，随后咳嗽加重，频繁且表现痛苦。呼吸次数增多或发气喘。病畜日渐消瘦、贫血。多数病牛乳房常被感染侵害，见乳房上淋巴结肿大，无热无痛，泌乳量减少，乳汁初无明显变化，严重时呈水样稀薄。肠道结核多见于犊牛，表现消化不良，食欲不振，顽固性下痢，迅速消瘦。生殖器官结核，可见性机能紊乱；发情频繁，性欲亢进，慕雄狂与不孕。孕畜流产，公畜副睾丸肿大，阴茎前部可发生结节、糜烂等。中枢神经系统主要是脑与脑膜发生结核病变，常引起神经症状，如癫痫样发作、运动障碍等。

2. 禽结核病

主要危害鸡和火鸡，成年鸡多发。临诊表现贫血、消瘦、鸡冠萎缩、跛行以及产蛋减少或停止。病程持续2~3个月，有时可达一年。病禽因衰竭或因肝变性破裂而突然死亡。

3. 猪结核病

猪对禽分枝杆菌、牛分枝杆菌、结核分枝杆菌都有感受性，猪对禽分枝杆菌的易感性比其他哺乳动物高。养猪场里养鸡或养鸡场里养猪，都可能增加猪感染禽结核的机会。猪感染结核主要经消化道感染，在扁桃体和颌下淋巴结发生病灶，很少出现临诊症状，当肠道有病灶则发生下痢。猪感染牛分枝杆菌则呈进行性病程，常导致死亡。

（四）检验检疫

在畜（禽）群中有发生进行性消瘦、咳嗽、慢性乳房炎、顽固性下痢、体表淋巴结慢性肿胀等的畜（禽），可作为初步诊断的依据。但在不同的情况下，须结合流行病学、临床症状、病理变化、结核菌素试验，以及细菌学试验和血清学试验等综合诊断较为切实可靠。

1. 细菌学诊断

本法对开放性结核病的诊断具有实际意义。采取病畜的病灶、痰、尿、粪及其他分泌物，做抹片检查（直接涂片镜检或集菌处理后涂片镜检，可用抗酸性染色法），分离培养和动物接种试验。采用免疫荧光抗体技术检查病料，具有快速、准确，检出率高等优点。

2. 结核菌素试验

这是目前诊断结核病最有现实意义的好方法。结核菌素试验主要包括提纯结核菌素（PPD）诊断方法和老结核菌素（OT）诊断方法。

（1）老结核菌素诊断法　我国现行奶牛结核病检疫规程规定，应以结核菌素皮内注射法和点眼法同时进行。每次检疫各作两回，两种方法中的任何一种是阳性反应者，即判定为结核菌素阳性反应。操作方法及判定标准见实习指导。

（2）提纯结核菌素诊断法　诊断牛结核病时，将牛分枝杆菌提纯菌素用蒸馏水稀释成100000IU/mL，颈侧中部上1/3处皮内注射0.1mL。操作方法及判定标准见实习指导。对其他动物的结核菌素试验一般多采用皮内注射法。

诊断鸡结核病用禽分枝杆菌提纯菌素，以0.1mL（2500IU）注射于鸡的肉垂内24h、48h判定，如注射部位出现增厚、下垂、发热、呈弥漫性水肿者为阳性。

诊断猪结核病，用牛分枝杆菌提纯菌素0.1mL（10000IU）或老结核菌素原液0.1mL，在猪耳根外侧皮内注射，另一侧注射禽分枝杆菌提纯菌素0.1mL（2500IU），48~72h后观察判定，明显发生红肿者为阳性。如无禽结核菌素，仅用牛结核菌素亦可。

诊断马、绵羊、山羊结核病，同时应用牛、禽分枝杆菌提纯菌素或老结核菌素，以1：4稀释液分别皮内注射0.1mL。马的部位与牛同，绵羊在耳根外侧，山羊在肩胛部。判定标准与牛相同。

诊断鹿结核病，用牛分枝杆菌提纯菌素或老结核菌素，以1：2稀释，一次2回点眼，每回3~4滴，按3h、6h、9h分别观察，判定同牛。

（五）处理

牛结核病被列为二类动物疫病. 禽结核病为三类动物疫病。

（1）阳性反应牛应隔离治疗　发现开放性结核病牛，应予以扑杀。

（2）肉尸和内脏的处理　在评价病畜肉的合理利用问题时，必须明确其发病范围是全身性还是局部性结核。患全身性结核（指多个器官或多个淋巴结发生结核病变），胴体和内脏化制或销毁；患局部性结核（仅发生于个别器官或某个局部或某个淋巴结），将病变部分销毁，其余部分高温处理。

五、沙门氏菌病

沙门氏菌病，又名副伤寒，是由沙门氏菌属细菌引起各种动物疾病的总称。临诊上多引起败血症、肠炎、孕畜流产，对人主要引起食物中毒（急性胃肠炎）。

（一）病原

沙门氏菌为两端钝圆、中等大小的直杆菌。革兰氏阴性，无芽孢、无荚膜，但多数具有活泼的动力（周鞭毛，鸡白痢、禽伤寒沙门氏菌则例外，无鞭毛，鉴别上十分有用），都具有菌毛。需氧、兼性厌氧，营养要求不高。

（二）流行病学

（1）易感动物　人、各种家畜和家禽及其他动物均有易感性，幼龄动物较成年者易感。

（2）传染源　病畜及带菌动物，它们可由粪、尿、乳、流产的胎衣、胎儿、羊水、精液排菌。

（3）传播途径　健康畜禽带菌现象很普遍，潜藏于消化道、淋巴结、胆囊，当动物抵抗力降低时，病菌活化发生内源性传染，也可反复通过易感动物，毒力增强而扩大传播，野鸟、冷血动物（乌龟、蛇、蜥蜴）、鼠、蜱、蝇都有传播作用。本病一年四季均可发生。主要经消化道、交配或胎盘传染。

（三）临床症状

1. 猪沙门氏菌病的症状

（1）急性败血型　多见于断奶前后（2~4月龄）仔猪，主要由猪霍乱沙门氏菌引起。发热，拒食，很快死亡，耳根、胸前、腹下等处皮肤出现紫斑，后期见下痢、呼吸困难，咳嗽跛行，经1~4d死亡。发病率低于10%，病死率可达20%~40%。

（2）亚急性和慢性　病原为一般沙门氏菌，特别是鼠伤寒沙门氏菌，临诊上多见，似肠型猪瘟，其表现如下：① 体温升高，畏寒；② 结膜炎，黏、脓性分泌物，上下眼睑粘连，角膜可有混浊，溃疡；③ 呈顽固性下痢，粪便水样、黄绿色、暗绿、暗棕色，恶臭，时好时坏，反复发作，持续数周，伴以消瘦、脱水而死；④ 部分病猪在病中后期皮肤出现弥漫性痂状湿疹。

2. 禽沙门氏菌病的症状

鸡胚及雏鸡感染：鸡蛋带菌率在33%，卵黄内细菌在孵化时蔓延至整个鸡胚，雏鸡在孵出前后呈败血症死亡，经卵感染的雏鸡多于7日龄死亡，在孵化器或育雏开始时感染的雏鸡多于2~3周龄死亡（出现双峰性死亡曲线）；病鸡除表现虚弱、口渴、食欲不振外，最易辨认的症状是腹泻，粪便呈灰白色，如石膏团状，污染肛门周围或封住肛门，使排粪困难，有的还有呼吸困难、失明、关节炎等。慢性病雏，发育迟滞。成年鸡：多为雏鸡感染的继续，最常见产蛋量降低或停止。

（四）检验检疫

1. 细菌学检查

被检材料的选择：常采取猪回肠壁或肠系膜淋巴结，发热初期的牛乳汁、血液、粪便及内脏组织，雏鸡的胆汁、胰、脾、肝，残留的卵黄，成年鸡的卵巢等材料，进行分离培养，并做生化和血清学鉴定。并注意类症鉴别，仔猪特别要与猪瘟鉴别，仔鸡注意与鸡球虫病区别：后者发病多在20~90日龄，血性下痢，从小肠、盲肠损害部刮取黏膜，镜下查球虫卵囊即可。

2. 成年鸡一般作血清学检查，以全血平板法用得最为普遍

（1）凝集试验　有平板法和试管法，前者又分为全血法和血清法；

（2）琼扩试验　也有全血和血清法两种，特异性强；

（3）卵黄凝集试验　将卵黄用浓盐水（8%）稀释5倍，放4℃静置1d，除去脂肪层，再用8%浓盐水作倍比稀释后，供凝集反应。

（五）处理

鸡白痢为二类动物疫病，禽伤寒为三类动物疫病。平板凝集试验是监测本病最常用的血清学方法，其监测范围包括各品种的鸡群，年龄在3个月以上的鸡，每年可分两次取样，随机抽样数一般≥200只鸡。

（1）动物检疫发现阳性鸡，予以淘汰急宰，病变部分化制或销毁；胴体和内脏高温处理。

（2）当肌肉有严重病变时，胴体和内脏化制或销毁。

六、狂 犬 病

狂犬病俗称疯狗病，又称恐水症，是由狂犬病毒引起的一种人畜共患的急性接触性传染病，临诊特征是神经兴奋和意识障碍，继之以局部或全身麻痹。除了大洋洲岛国，本病在世界各国都有分布，在大多数发展中国家，本病是一种严重的传染病，在我国，每年死于本病的高达6万人。

（一）病原

狂犬病病毒（*Rabies virus*）属于弹状病毒科，狂犬病毒属，病毒粒子呈子弹形，由5种结构蛋白和一条呈线状单股（SS）RNA组成，大小为（180~250）nm×75nm，具有囊膜，囊膜上有穗状的纤突，纤突上的糖蛋白能诱发中和抗体，能凝集鹅的红细胞。

（二）流行病学

（1）易感动物　人及所有的温血动物，包括鸟类。在有的国家野生动物中流行

严重，以鼬鼠、香猫、松鼠、臭鼬和蝙蝠为主，随后传至狼、狐、狗、猫等野兽和家兽，再传至人、牛、猪、马、羊等动物。

（2）传染源　患病和带毒的动物（我国以犬为主），病犬的潜伏期唾液中就排毒，在我国的流行区，外观健康狗有8.3% ~25%的血清阳性率，曾报道人被健康犬咬伤后，人发病死亡而犬仍存活；在泰国北部18%的健康流浪犬唾液带毒；印度曾从1只无症状犬4年13次分离出病毒，该犬咬伤一男孩，经44d潜伏后发病死亡。

（3）传播途径　咬伤、损伤的皮肤黏膜、消化道摄入、呼吸道吸入。

（三）临床症状

1. 犬

分为两种类型：

（1）狂暴型　① 潜伏期：1周~3月，平均为3周。② 前驱期：不听使唤，举动反常、情绪不安，咬伤处发痒，性欲亢进，异嗜。③ 兴奋期：狂暴，不认熟人或主人，攻击人畜，野外游荡（逃跑病），不但不恐水，而且喜饮水，满身污泥、血迹、流涎明显、动物消瘦。④ 麻痹期：舌脱于口外，吠声嘶哑、流涎显著、后躯、四肢麻痹、最后因呼吸中枢麻痹、衰竭而死。

（2）麻痹型　与狂暴型相似，但无兴奋期或兴奋期很短，随之转为麻痹症状。

2. 牛

通常为狂暴型，被咬部奇痒，常以角抵撞人畜或墙壁、嚎叫、磨牙。其他动物基本上同犬。

（四）检验检疫

（1）处置　人或动物被可疑犬咬伤后，应对可疑犬及早确诊，要捕获、拘禁观察至少2周，如发病，最好待其死亡作剖检和脑组织检查，同时对被咬伤的动物或人进行治疗。

（2）标本采取　濒死期或死于本病的动物尸体的脑组织，置灭菌容器，在冷藏条件下运送至实验室，将标本分作3份，1份作压片，供显微镜和荧光抗体检查用，1份用10%的福尔马林溶液浸泡作病理学检查，1份作病毒分离用。

（3）脑触片、切片检查　触片室温干燥染色镜检，注意与非特异性包涵体区别。

（4）荧光抗体检查　特异性强、快速，比直接法敏感；可用脑组织或唾液腺制成触片或冰冻切片，作荧光抗体染色，在荧光镜下出现黄绿色荧光颗粒或团块。

（5）病毒分离　将脑等样品制成乳剂，接种于小鼠脑内，7~10d后发病，最长观察3周，可在5d、7d各杀死1只小鼠，用上述方法检查之。

（6）血清学诊断　主要用于疫苗效果的检查，方法有VN、CF 、HI、蚀斑抑制试验等。

（五）处理

确认为狂犬病畜应采取不放血方式扑杀，尸体销毁。确认为狂犬病的整个胴体和内脏，均作销毁处理。

七、钩端螺旋体病

钩端螺旋体病简称钩体病，是由致病性钩体引起的一种重要人畜共患病和自然疫源性传染病。家畜中主要发生于猪，其次是牛、犬、马、羊，临诊表现多样，主要有发热、黄疸、血红蛋白尿、出血性素质，流产、皮肤及黏膜坏死，水肿等。但大多数病畜都呈隐性感染，缺乏明显临床症状。

（一）病原

（1）分类　钩体目前公认的只有一个种，再根据生物学特点不同，可分为两大群：①双曲钩体（*Leptospira biflexa*），为非致病性或腐生性钩体。②问号状钩体（*Leptospira*），为致病性钩体；近年来，国内外还不断从动物和人分离到一种“中间类型钩体”，它具有腐生性，但在一定条件下又有致病性。

（2）抵抗力　对理化因素（如日光、高温、干燥，酸碱、一般消毒剂、抗生素）很敏感，但对低温抵抗力较强，如在-20℃可存活100d，但在中性到偏弱碱性（pH7.0~7.6）较适宜，可在pH（7.2~7.4）水中生存1~2个月，弱碱性湿土中生存达279d，这在流行病学上有一定意义。

（二）流行病学

几乎所有温血动物都可感染钩体。流行病学上意义最大的是鼠、猪、犬、蛙；主要以消化道、还可通过交配、损伤皮肤黏膜、乳汁、精液、尿分别传给仔猪、母猪，也可以通过吸血昆虫传播，有明显季节性（7~10月为高峰）。

（三）临床症状

（1）猪　主要菌型是波摩那、出血性黄疸和犬型三种；居于症状首位的是流产及新生仔猪多数归于死亡。妊娠母猪感染后1~4周流产，常为死胎或弱胎，产后不久即死亡。流产率可高达半数以上。产木乃伊胎是本病与其他细菌子宫感染区别之一；哺乳、断奶前后小猪，初似感冒，腹泻，后出现结膜炎、皮肤黄染、贫血、头颈或全身水肿，尿色深黄色，茶尿，病死率很高，架子猪可见体温升高，耳、尾尖皮肤坏死。

（2）牛　最初发热、鼻镜干燥、龟裂，皮肤黏膜黄染、贫血，随之出现血红蛋白尿，产乳量下降，乳色变黄，浓如初乳并含有血凝块；还可见脑炎型：出现兴奋不安，冲向障碍物，自行撞伤，有的运动失常、转圈运动。妊畜流产。

（3）犬　以犬型最多见，发热、黄疸，厌食呕吐，腹泻，齿龈、口腔黏膜常见到小溃疡、扁桃体炎，呼出恶臭气体，许多犬表现腹壁紧张，同时肾区有压痛。

（四）检验检疫

（1）微生物学检查　发热期、未出现黄疸前，采取血液，发病中后期用尿液（脊髓液不常用），要求在发病后6~10d，死后立即采取（不超过1~3h）肝、肾、脾、脑等组织，进行处理后，做暗视野检查或荧光抗体染色镜检，病理组织可用姬姆萨染色或镀银染色后检查。

（2）分离培养　上述材料接种柯索夫氏培养基（需灭活的兔血清），28~30℃培养，每隔5~7d，需做一次检查，一般7~20d内开始生长，有时在1~3月才出现，镜检阳性者要及时传代，适应后可2个月传代一次，若需保存毒力，需用动物和培养基交替传代，个别钩体在常用培养基不生长，兼用动物接种分离更好。

（3）动物接种　采用幼龄豚鼠或地鼠，腹腔接种被检材料2~3mL，隔离饲养观察，污水和尿可用浸泡感染法，动物感染后3~14d发病，应于发热时采取心血检查，或濒死前剖检，观察病变并取肾、肝组织盲传三代。

（4）血清学诊断

①凝溶试验：本试验适于钩体病诊断和菌型鉴定。一般先定性（初筛），将血清作低倍稀释，查明被检血清是否有钩体抗体及群别，后定量，即将血清做进一步稀释，测定凝溶效价及型别，作出诊断；

②补反：血清效价在1：20以上有诊断价值，本试验所用抗原具有属特异性，阳性结果只能证明是钩体感染，不能定型，故常用于流行病学调查（感染3d即出现，4周达高峰，持续一年）；

③间接凝集（炭凝集、间接血凝、乳胶凝集等）：利用钩体属特异性抗原吸附于载体颗粒上，使之成为致敏颗粒抗原，当与被检血清中相应抗体相遇时，则出现肉眼可见的凝集现象，其方法简便迅速，准确性强；

④ELISA、荧光抗体法：检出率高，且有早期诊断的优点，有条件单位可试用；

⑤多价菌苗紧急接种诊断：用人用的3~5价菌苗作紧急接种，两周后新病例停止出现，既具有诊断效果，也具有治疗效果。

（五）防治

（1）做好防鼠、灭鼠和家畜管理工作，消除带菌、排菌的各种动物；清理污染的水源，污水、淤泥、牧地，饲养场、舍，用具，以防扩散传染。

（2）选用与当地流行菌型一致的菌苗预防接种，或使用多价浓缩菌苗预防，接种应在本病流行前一个月完成，中草药：穿心莲、板蓝根、金银花、土茯苓、千里光、大青叶有一定预防效果。

（3）治疗：急、亚急性抗菌素疗效不佳，可结合保肝、强心利尿，可用高免血清或多价苗施治，慢性、带菌者可用土霉素、四环素、链霉素等药物治疗。

八、流行性乙型脑炎

流行性乙型脑炎又称日本乙型脑炎（*Japanese encephalitis B*），是由流行性乙型脑炎病毒引起的一种人畜共患传染病。在人和马呈现脑炎症状，猪表现流产、死胎和睾丸炎，其他家畜和家禽大多呈隐性感染。传播媒介为蚊虫，流行有明显的季节性。

（一）病原

流行性乙型脑炎病毒属于黄病毒科（Flaviviridae），黄病毒属（*Flavivirus*）。病毒对外界环境的抵抗力不强，在-20℃可保存一年，但毒价降低，在50%甘油生理盐水中于4℃可存活6个月。病毒在pH7以下或pH 10以上，活性迅速下降，常用消毒药都有良好的灭活作用。本病毒适宜在鸡胚卵黄囊内繁殖，并产生细胞病变和形成蚀斑。

病毒在感染动物血液内存留时间很短，主要存在中枢神经系统及肿胀的睾丸内。小鼠是最常用来分离和繁殖病毒的实验动物，各种年龄的小鼠都有易感性，但以1~3日龄鼠最易感。小鼠脑内接种后2~4d发病，表现离巢，被毛无光泽，并于1~2d内死亡。3~4周龄小鼠经脑接种病料后4~10d也可发病。

（二）流行病学

（1）易感动物　多种动物和人感染后都可成为本病的传染源。经检查发现，在本病流行地区，畜禽的隐性感染率均很高，国内很多地区的猪、马、牛等的血清抗体阳性率在90%以上，特别是猪的感染最为普遍。

（2）传染源　本病主要通过带病毒的蚊虫叮咬而传播。三带喙车蚊是优势蚊种之一，嗜吸畜（猪、牛、马）血和人血，感染阈低（小剂量即能感染），传染性强，病毒能在蚊体内繁殖和越冬，且可经卵传至后代，带毒越冬蚊能成为次年感染人畜的传染源，因此蚊不仅是传播媒介，也是病毒的贮存宿主。某些带毒的野鸟在传播本病方面的作用也不应忽视。在热带地区，本病全年均可发生。在亚热带和温带地区本病有明显的季节性，主要在夏季至初秋的7~9月流行，这与蚊的生态学有密切关系。

（3）传染途径　猪不分品种和性别均易感，发病年龄多与性成熟期相吻合。本病在猪群中的流行特征是感染率高，发病率低，绝大多数在病愈后不再复发，成为带毒猪。但在新疫区常可见到猪、马集中发生和流行。人的病例多见于10岁以下的儿童，尤以3~6岁发病率最高。

（三）临床症状

1. 猪

人工感染潜伏期一般为3~4d 。常突然发病，体温升高达40~41℃，呈稽留热，精神沉郁、嗜睡。食欲减退，饮欲增加。粪便干燥呈球状，表面常附有灰白色黏液，尿呈深黄色。有的猪后肢轻度麻痹，步态不稳，也有后肢关节肿胀有疼感而跛行。个别表现明显神经症状，视力障碍，摆头，乱冲乱撞，后肢麻痹，最后倒地不起而死亡。

2. 牛羊

多呈隐性感染，自然发病者极为少见。牛感染发病后主要见有发热和神经症状。发热时，食欲废绝，呻吟、磨牙、痉挛、转圈以及四肢强直和昏睡。急性者经1~2d，慢性者10d左右可能死亡。山羊病初发热，从头部、颈部、躯干和四肢渐次出现麻痹症状，视力、听力减弱或消失，唇麻痹、流涎、咬肌痉挛、牙关紧闭、角弓反张，四肢关节伸屈困难，步样蹒跚或后躯麻痹，卧地不起，约经5d可能死亡。

（四）检验检疫

1. 临诊综合诊断

本病有严格的季节性，呈散在性发生，多发生于幼龄动物和10岁以下的儿童，有明显的脑炎症状，怀孕母猪发生流产，公猪发生睾丸炎。死后取大脑皮质、丘脑和海马角进行组织学检查，发现非化脓性脑炎等，可作为诊断的依据。

对人还应进行血液白细胞和脑脊液检查。早期白细胞总数增多，中性粒细胞80%以上，嗜酸性粒细胞减少。脑脊液压力升高，外观透明或微浊。

2. 病毒分离

在本病流行初期，采取濒死期脑组织或发热期血液，立即进行鸡胚卵黄囊接种或1~5日龄乳鼠脑内接种，可分离到病毒，但分离率不高。

3. 血清学诊断

在本病的血清学诊断中，血凝抑制试验、中和试验和补体结合试验是常用的实验室诊断方法。由于这些抗体在病的初期效价较低，且隐性感染或免疫接种过的人、畜血清中都可出现这些抗体，因此，均以双份血清抗体效价升高4倍以上作为诊断标准。由此可见，这些血清学方法只能用于疾病回顾性诊断或流行病学调查，无早期诊断价值。

机体感染本病毒后，特异性IgM抗体于病后3~4d即可产生，2周达高峰，因此，确定单份血清中的IgM抗体，可以达到早期诊断的目的。检测血清中IgM抗体，通常采用2-巯基乙醇（2-ME）法。此法的早期诊断率可达80%以上。

（五）防治

预防流行性乙型脑炎，应从畜群免疫接种、消灭传播媒介和加强宿主动物的管理三个方面采取措施。

1. 免疫接种

为了提高畜群的免疫力，可接种乙脑疫苗。马属动物和猪使用我国研制选育的仓鼠肾细胞培养的弱毒活疫苗，安全有效。预防注射应在当地流行开始前1个月内完成。

2. 杜绝传播媒介

以灭蚊防蚊为主，尤其是三带喙库蚊。三带喙库蚊以成虫越冬，越冬后活动时间较其他蚊类晚，主要产卵和孳生地是水田或积聚浅水的地方，此时数量少，孳生范围小，较易控制和消灭。选用有效杀虫剂（如毒死蜱、双硫磷等）进行超低容量喷洒。对猪舍、羊圈等饲养家畜的地方，应定期进行喷药灭蚊。对贵重种动物畜舍必要时应加防蚊设备。

3. 宿主管理

本病无特效疗法，应积极采取对症疗法和支持疗法。病马在早期采取降低颅内压、调整大脑机能、解毒为主的综合性治疗措施，同时加强护理，可收到一定的疗效。

第二节　家畜固有传染病的检验检疫

家畜固有传染病是指家畜传统的传染病。本节对猪瘟、牛瘟、猪丹毒、气肿疽等家畜固有传染病的检验检疫进行了详细介绍。

一、猪　　瘟

猪瘟是由猪瘟病毒引起的猪的一种高度传染性和致死性传染病，其特征为高热稽留，小血管变性引起广泛出血，梗塞和坏死。自发现本病以来，各养猪国家都有不同程度流行，因传染性强，病死率高，造成的损失极为严重。因此，也有不少国家采取严格防治措施宣布消灭本病。我国是猪瘟流行较多的国家之一，自从20世纪50年代后期广泛应用了兔化弱毒疫苗，采取有效措施基本控制了流行，许多地区已无本病发生，但80年代以来，又有抬头趋势。

（一）病原

（1）分类　该病毒属于Flaviridae pestivirus 的一个成员。40~50nm，球形，有囊膜，电镜照片上观察，表面具有脆弱的纤突结构，基因组为SSRNA，长12.2kb，仅含有一个ORF。

（2）抵抗力　pH 5~10稳定，但不耐受pH3，消毒以2%氢氧化钠作用最理想。

（二）流行病学

（1）易感动物　仅猪易感，其他动物有抵抗力，可产生抗体。

（2）传染源　病猪和带毒动物均是传染源，在抗体产生前的整个病程中可经尿、粪、多种分泌物排毒（如口、鼻、泪液）。屠宰时则由血、肉、内脏、废料、废水散布，通过多种途径传染给易感猪。一般由消化道，口鼻黏膜，结膜、生殖道黏膜及皮肤擦伤，还可经呼吸道黏膜感染和胎盘垂直传播。

（3）传播途径

①引入潜伏期或恢复期病猪；

②废水、废料直接喂猪；

③其他　如器械、工具、人、动物、吸血昆虫，蚯蚓、肺丝虫的感染。

（三）临床症状

潜伏期5d（2~21d波动）。

1. 最急性型

突然发病，高热稽留，皮肤、黏膜发绀、有出血点，与其他急性败血症类似，1~8d病程。

2. 急性型

最常见。

（1）体温升高至41℃或更高，稽留、畏寒、白细胞数减少；

（2）眼有多量黏性、脓性分泌物，清晨可见两眼粘封；

（3）先便秘，后腹泻，时有呕吐；

（4）皮肤病初充血，紫绀，出血，鼻端、耳、四肢、腹下、会阴等处明显；

（5）公猪包皮积尿、有些仔猪可见神经症状，磨牙、运动障碍，痉挛（病程10~20d）。

3. 亚急性

较缓和，病程可达 30d。

4. 慢性型

（1）消瘦，贫血，衰弱，常伏卧，行走无力，时有轻热，咳嗽，食欲时好时差，便秘与腹泻交替。

（2）有时皮肤出现紫斑或结痂，病程100d以上（国外分为3期）。

（四）检验检疫

1. 生物学诊断

包括兔体交互免疫和猪接种，此法简便易行，不需特殊设备，仍在基层广泛采用，后者确实可靠，但需一定的条件和较长时间，现较少采用。兔体交互免疫实验：将可疑病料制作乳剂，进行兔体皮下注射，每日测体温3次，一周后用1：100倍稀释的 C系兔化毒（或100个DH 50）耳静脉注射，每日测温4次，根据体温反应判定；病毒分离与NDV强化法：猪睾丸细胞接种10×倍连续稀释待检病毒，37℃培养4 d，随后接种10 个PFU/NDV，连续培养4 h，如出现CPE可证明（必须设有对照组）；病毒抗原检查：FA 首选扁桃体，脾、肾，此法简单快速，时间短2 h，缺点是有非特异荧光；RT–PCR：敏感性可达10000 TCID50，巢式引物，敏感性可达1000倍；髓细胞检查法。

2. 鉴别诊断

（1）急性猪丹毒　传播较慢，多发生于 3~12月龄猪，夏季多见，病程短，发病及死亡率较低，有食欲，眼清亮有神，步态僵硬或有跛行，很少腹泻，肾、淋巴结淤血肿大，樱桃红色，胃、小肠严重出血，治疗有显著效果；病料染色镜检可见到猪丹毒杆菌。

（2）猪副伤寒　主要发生于2~4月龄仔猪，发病率不高，慢性病猪顽固性下痢，体温不高，剖检皮肤有红紫斑，脾、肠系膜淋巴结肿大，肝有灰黄色坏死灶，大肠糠麸状坏死，治疗有效。

（3）最急性猪肺疫　多发于气候多变季节，与饲养管理有关。急性咽喉肿胀，口鼻流黏沫，咳嗽、呼吸困难，剖检见急性肺水肿或广泛的肺炎。咽、颈淋巴结出血，切面红色，病料染色镜检可见巴氏杆菌。

（4）败血性链球菌病　多见于仔猪，常有多发性关节炎和脑膜脑炎症状，病程短。剖检各器官充血、出血，心包液增量，脾肿大，有神经症状，脑膜充血、出血，脾有化脓性炎症变化。脑脊髓液增量，病料染色镜检可见链球菌。

（5）弓形体病　也见高热稽留，皮肤紫红斑出血点，大便干燥等，但本病呼吸极度困难，腹股沟淋巴结明显肿大，白细胞总数增加，初期磺胺治疗有效。剖检见肺水肿，肝、淋巴结肿大，脾肿或萎缩，肺、肝、脾均有出血点、坏死灶，肺实质有充血、水肿、变性、坏死。取肺、支气管淋巴结涂片染色镜检，可查出弓形虫。

（五）处理

本病被列为一类动物疫病。

（1）确认为猪瘟的病猪及其产品一律销毁并完善现场消毒。

（2）猪瘟病猪的同群猪及怀疑被其污染的胴体和内脏高温处理。

二、牛　瘟

牛瘟是由牛瘟病毒引起牛和水牛的一种急性、热性、致死性传染病，绵羊、山羊和猪也可感染。该病的临床症状是发热，齿龈、舌、颊和硬腭等处黏膜糜烂，眼、鼻流出浆液性或黏液脓性分泌物，有时出现严重腹泻。

（一）病原

牛瘟病毒（Rinderpest virus）属于副黏病毒科（Paramyxoviricae）、麻疹病毒属（*Morbillivirus*）成员。病毒粒子呈多形性，成熟粒子为圆形，平均直径120~130nm，有囊膜，囊膜上有纤突。

该病毒能够刺激机体产生中和抗体、补体结合抗体和沉淀抗体，与麻疹病毒、犬瘟热病毒和小反刍兽疫病毒有较强的抗原相关性，并对裂谷热病毒有干扰作用。本病毒没有红细胞凝集和吸附作用。

牛瘟病毒对外界的抵抗力弱，高温、日光、超声波、冻融、冻干等极易使本病毒失去活力，而且多种消毒剂都容易将其杀灭。病牛分泌物、排泄物内的病毒一般可于36h内死亡；病牛的皮张在日光下曝晒48h后病毒被灭活。

（二）流行病学

（1）易感动物　牛瘟病毒主要感染牛和水牛，致死率高，但不同年龄、品种牛的易感性有明显差异，其中以牦牛最易感，黄牛和水牛次之。绵羊、山羊和猪对该病也有一定的易感性。

（2）传染源　病牛和带毒牛是该病主要的传染源，病牛能通过其分泌物和排泄物排出大量病毒，但大多数都是由于健康牛与病牛的直接接触而感染。亚临床感染的绵羊和山羊可将牛瘟病毒传染给牛，感染猪也可通过直接接触将病毒传播给其他猪或牛，病毒能在猪体内持续存活36d。

（3）传播途径　该病主要通过消化道传播，也可通过呼吸道飞沫传播或吸血昆虫机械性传播。由于牛瘟病毒弱毒株的存在，可在流行地区的牛群中长期存在而不被人们注意，一旦出现应激或传播到一个新地方，则可能引起严重发病和流行。

（三）临床症状

潜伏期2周左右。新疫区与老疫区病牛的表现稍有差异，前者多表现为典型性，后者则以非典型性为主。

1. 典型牛瘟

发病初期体温升高超过40℃以上，稽留3~5d，随后体温下降，死前体温可能低于正常。眼结膜鲜红，眼睑肿胀，眼分泌物初为浆液性，渐变为黏性或黏脓性。鼻液有无色黏液渐变为灰色或棕色脓样物，有恶臭异味。鼻黏膜充血并有出血点。鼻镜干燥、发热、龟裂，其上附有棕黄色痂皮，脱落后露出红色易出血的糜烂面。唾液增加并夹杂有气泡，间或混有血丝。发病早期病牛便秘，粪便干燥并覆盖黏液和血液；随后严重腹泻，粪便呈水样、恶臭，粪便含有黏液、血液和上皮碎屑，并伴有里急后重表现；后期大便失禁。尿频，尿液呈黄红色至黑红色。母牛可从阴道流出黏性或黏脓性分泌物，有时混有血液。阴户红肿，阴道黏膜充血；乳房松软，产奶量减少，奶稀如水呈黄色或停止泌乳。病势严重时病牛多在出现症状后4~7d死亡。

2. 非典型性

上述症状不典型或不明显，表现出或多或少、严重程度不一的临床现象，也可能呈隐性经过。

（四）检验检疫

根据流行病学、临床症状和剖检变化可作出初步诊断，确诊需要进行实验室检查。

1. 病原学检测

取急性感染动物的皮、淋巴结、血或口、鼻分泌物等病料处理后，接种适宜的细胞培养物可观察到特征性的细胞病变，既有折射性、细胞变圆、皱缩、胞浆拉长或形成巨细胞。病毒鉴定可使用免疫过氧化物酶染色或特异性血清进行中和试验。由于牛瘟病毒和小反刍兽疫病毒具有血清学交叉反应，因此，在小反刍兽医的疫区，必须应用基于牛瘟病毒特异性单克隆抗体的荧光抗体或ELISA试验或PCR方法进行分离物的鉴定。

2. 血清学试验

常用的有琼脂扩散试验、反向对流免疫电泳试验、中和试验和竞争ELISA等快速诊断技术。前两种方法可用于检测患病动物眼分泌物中的沉淀抗原，并且在该病前驱期和糜烂期采集的分泌物均有大量的抗原存在。中和试验需要在特定的实验室进行，竞争ELISA试验主要用于抗体的检测。

（五）防治

牛瘟是OIE规定的A类动物传染病，也是我国规定的一类动物传染病。由于该病具有高度的传染性和致死率，所有分泌物都带有病毒，所以需要对疫区内活体动物的移动采取严格限制措施。一旦有牛瘟发生，应在24h内向上级主管部门通报疫情，封锁疫点和疫区，消毒、销毁污染器物及环境，对尸体做无害化处理。对可能发病的牛群进行紧急免疫接种。

世界动物卫生组织（OIE）规定无牛瘟国家禁止从有牛瘟国家直接或间接进口或过境运输下列动物及动物产品，其中包括家养和野生的反刍动物和猪；反刍动物和猪的精液；反刍动物和猪的胚胎；家养和野生反刍动物和猪的鲜肉；未经加工处理的、家养和野生反刍动物和猪的肉制品；未经加工处理、用于动物饲料、工业、制药的反刍动物和猪的产品；未经加工处理的、来自反刍动物和猪的病理材料和生物制品。

我国规定禁止从发生牛瘟的国家或地区进口有关动物及动物产品。在进口的动物中检出牛瘟时，阳性动物连同其同群动物作全群退回或者扑杀并销毁尸体。

三、猪　丹　毒

猪丹毒是由猪丹毒杆菌引起的猪的一种急性或慢性传染病。其特征为急性型呈败血症症状，亚急性型在皮肤上出现紫红色疹块，慢性型常发生心内膜炎和关节炎。

（一）病原

猪丹毒杆菌（*Erysipelthrix zhususipathiac*）是革兰氏阳性、纤细、三无（无荚膜、芽孢和鞭毛）小杆菌。在病料内，细菌常单在，成对或成丛排列；在陈旧的肉汤培养物，慢性病猪的心内膜疣状物上多呈长丝状。在血液或血清琼脂培养基上，因菌株来源不同，可有光滑（S）、粗糙（R）和中间型（I）三个型。对外界抵抗力很强，例如猪肉内细菌经盐腌或熏制后，能存活 3~4个月，暴露于日光下存活10d，掩埋尸体内可活7个月，干燥状态下可活3周。可以抵抗胃酸的作用，但对消毒药和温度抵抗力不强。

（二）流行病学

（1）易感动物　仅猪易感，其他动物有抵抗力但可产生抗体。

（2）传染源　病猪和带毒动物均是传染源，在抗体产生前的整个病程中可经尿、粪、多种分泌物排毒（如口、鼻、泪液）。屠宰时则由血、肉、内脏、废料、废水散布，通过多种途径传染给易感猪。一般由消化道，口鼻黏膜，结膜、生殖道黏膜及皮肤擦伤，还可经呼吸道黏膜感染，垂直感染。

（3）传播途径

①引入潜伏期或恢复期病猪；

②废水、废料直接喂猪；

③其他　如器械、工具、人、动物、吸血昆虫，蚯蚓、肺丝虫的感染。新疫区发病、死亡率均很高（90%以上），老疫区则均较低，因猪群有一定的免疫性，免疫母猪新产仔猪哺乳期以内很少发病。

（三）临床症状

潜伏期1~7d（平均3~5d），临床上可分为三型：

1. 急性型

较多见。初期个别猪无症状突然死亡，大多以发热（42~43℃）稽留，寒战，食欲下降，结膜充血，两眼清亮有神，很少有分泌物，粪便干硬，粟状（后期可能下痢）呼吸急促，黏膜发绀。耳尖、鼻端、腹、腿内侧皮肤出现大小、形状不一的红斑，指压退色，病程2~4d，病死率达 80% ~90%。

2. 亚急性型（荨麻疹型）

除轻微表现急性败血症症状外，其特征是在皮肤上出现疹块，俗称打火印，疹块大小、形状不一，数量不等，菱形多见，可出现于胸、腹、肩、背、四肢等处，色紫红，稍突起，可于数日内消退，自行恢复。

3. 慢性型

常见的有慢性关节炎，慢性心内膜炎和皮肤坏死。关节的损害最常见于肘、髋、跗、膝、腕关节，受害关节肿胀，跛行；病猪生长缓慢，消瘦；慢性心内膜炎型通常不表现临床症状，常无先兆，突然倒地死亡或在宰后检查时发现；也有呈进行性消瘦，喜卧厌走，强行运动时见心率加快，呼吸急促，听诊有心杂音。皮肤坏死常发生于背、肩、耳、蹄、尾部，局部皮肤变黑，干硬如革，最后脱落遗留斑痕。

（四）检验检疫

根据皮肤上出现特征性疹块作出诊断。慢性心内膜炎型病例不易与链球菌性心内膜炎区别。往往需要死后剖检，做微生物检查确诊。慢性关节炎也要与类症鉴别。败血型要与猪瘟、猪肺疫、猪副伤寒急性型相鉴别。除流行病学和临床症状、病理解剖学诊断方法外，常需做微生物学检查。病料采集：肾、脾、肝、淋巴组织，疹块部的渗出液，心内膜组织，关节液。镜检、培养、实验动物接种见实习指导。血清学诊断：已报道的有免疫荧光、凝集反应、补反、间接血凝，其中以直接荧光抗体实验敏感，主要用于慢性病例的诊断。

（五）处理

本病被列为二类动物疫病。

（1）动物检疫发现急性猪丹毒病猪或胴体和内脏做销毁处理，其同群猪及怀疑被其污染的胴体和内脏进行高温处理。

（2）对疹块型、慢性型猪丹毒，割去病变部分销毁，其余部分高温处理。

四、气 肿 疽

气肿疽又称黑腿病或鸣疽。主要是牛的一种急性、发热性传染病。其特征为肌肉丰满部位发生炎性气性肿胀，并常有跛行。

（一）病原

气肿疽梭菌（*Clostridium chauvoei*）属于梭状芽孢杆菌属（*Clostridium*）。为圆端杆菌有周鞭毛，能运动，在体内外均可形成中立或近端芽孢，呈纺锤状，专性厌氧，革兰氏染色阳性。在接种豚鼠腹腔渗出物中，单个存在或呈3~5个菌体形成的短链，这是与能形成长链的腐败梭菌形态上主要区别之一。

实验动物中以豚鼠最敏感，仓鼠也易感、小鼠和家兔也可感染发病。

（二）流行病学

（1）易感动物　在自然情况下，气肿疽主要侵害黄牛，而水牛、绵羊患病者少见，人对此病有抵抗力。

（2）传染源　本病传染源为病畜，但并不是由病畜直接传给健康家畜，主要传递因素是土壤。

（3）传播途径　芽孢随着泥土通过产羔、断尾、剪毛、去势等创伤进入组织而感染。草场或放牧地，被气肿疽梭菌污染，此病将会年复一年在易感动物中有规律地重新出现。

本病常发地区牛在6个月至3岁期间容易感染，但幼犊或更大年龄者也有发病的。

肥壮牛似比瘦弱牛更易罹患。性别在易感性方面无差别。

本病多发生在潮湿的山谷牧场及低湿的沼泽地区。较多病例见于夏季，常呈地方流行性。

（三）临床症状

潜伏期3~5d，人工感染4~8h即有体温反应及明显局部炎性肿胀。黄牛发病多为急性经过。体温升高到41~42℃，早期即出现跛行。相继出现本病特征性肿胀，即在多肌肉部位发生肿胀，初期热而痛，后来中央变冷、无痛。患部皮肤干硬呈暗红色或黑色，有时形成坏疽。触诊有捻发音，叩诊有明显鼓音。切开患部，从切口流出污红色带泡沫酸臭液体。此等肿胀多发生在腿上部、臀部、腰部、颈部及胸部。食欲反刍停止，呼吸困难，脉搏快而弱，最后体温下降或再稍回升，随即死亡。一般病程1~3d，也有延长至10d者。老牛患病，其病势常较轻。绵羊多创伤感染，即感染部位肿胀。

（四）检验检疫

根据流行病学资料、临床症状和病理变化，可做出初步诊断。进一步确诊需采取肿胀部位的肌肉、肝、脾及水肿液，作细菌分离培养和动物试验。动物试验时可用厌气肉肝汤中生长的纯培养物肌肉接种豚鼠，豚鼠在6~60h死亡。

气肿疽易于与恶性水肿混淆，也与炭疽、巴氏杆菌病有相似之处，应注意鉴别。恶性水肿多因创伤引起，病畜无年龄区别，气肿不显著，发生部位不定，肌肉无海绵状病变，肝表面触片染色镜检，可见到特征的长丝状的腐败梭菌。炭疽可使各种动物感染，局部肿胀为水肿性，没有捻发音，脾高度肿大，取末梢血涂片镜检，可见到有荚膜竹节状的炭疽杆菌，炭疽沉淀试验（阿斯柯里氏反应）阳性。巴氏杆菌病的肿胀部主要见于咽喉部和颈部，为炎性水肿，硬固热痛，但不产气，无捻发音，常伴有急性纤维素性胸膜肺炎的症状与病变，血液或实质脏器涂片染色镜检，可见到两极着色的巴氏杆菌。

（五）防治

本病的发生有明显的地区性。采取土地耕种或植树造林等措施，可使气肿疽梭菌污染的草场变为无害。疫苗预防接种是控制本病的有效措施。我国于1950年以后相继研制出几种气肿疽疫苗，效果良好。近年来又研制成功气肿疽、巴氏杆菌病二联疫苗，对两种病的免疫期各为1年。病畜应立即隔离治疗，死畜严禁剥皮吃肉，应深埋或焚烧，以减少病原的散播。病畜圈栏，用具以及被污染的环境用3%福尔马林或0.2%汞液消毒。粪便、污染的饲料和垫草等均应焚烧销毁。

治疗早期可用抗气肿疽血清，静脉或腹腔注射，同时应用青霉素和四环素，效果较好。局部治疗，可用加有80万~100万U青霉素的0.25%~0.5%普鲁卡因溶液10~20mL于肿胀部周围分点注射。

五、副结核病

副结核病又称副结核性肠炎，是主要发生于牛的一种慢性传染病。病的显著特征是顽固性腹泻和逐渐消瘦；肠黏膜增厚并形成皱襞。

（一）病原

副结核分枝杆菌（*Mycobacterium paratuberculosis*）为革兰氏阳性小杆菌，具抗酸染色的特性，与结核杆菌相似。在组织和粪便中多排列成团或成丛。初次分离培养比较困难，所需时间也较长；培养基中加入一定量的甘油和非致病性抗酸菌的浸出液，有助于其生长。属于分枝杆菌科（Mycobacteriaceae）、分枝杆菌属（*Mycobacterium*）。

本菌对热和消毒药的抵抗力与结核杆菌相似。

（二）流行病学

（1）易感动物 副结核分枝杆菌主要引起牛（尤其是奶牛）发病，幼年牛最易感。除牛外，绵羊、骆驼、猪、马、驴、鹿等动物也可罹患。

（2）传播源 在病畜体内，副结核杆菌主要位于肠黏膜和肠系膜淋巴结。患病家畜，包括没有明显症状的患畜，从粪便排出大量病原菌，病原菌对外界环境的抵抗力较强，因此可以存活很长时间（数月）。经过消化道传播，犊牛吸乳感染或子宫内感染本病。

（3）传播途径 虽然幼牛对本病最为易感，但潜伏期甚长，可达6~12个月，甚至更长，一般在2~5岁时才表现出临床症状，特别是在母牛开始怀孕、分娩以及泌乳时，易于出现临床症状。因此在同样条件下，此病在公牛和阉牛比母牛少见得多；高产牛的症状较低产牛为严重。饲料中缺乏无机盐，可能促进疾病的发展。

（三）临床症状

病牛体温正常，早期症状为间断性腹泻，以后变为经常性的顽固拉稀。排泄物稀薄，恶臭，带有气泡、黏液和血液凝块。食欲起初正常，精神也良好，以后食欲有所减退，逐渐消瘦，眼窝下陷，精神不好，经常躺卧。泌乳逐渐减少，最后全部停止。皮肤粗糙，被毛粗乱，下颌及垂皮可见水肿。尽管病畜消瘦，但仍有性欲。腹泻有时可暂时停止，排泄物恢复常态，体重有所增加，然后再度发生腹泻。给予多汁青饲料可加剧腹泻症状。如腹泻不止，一般经3~4个月因衰竭而死。

绵羊和山羊的症状相似。潜伏期数月至数年。病羊体重逐渐减轻。间断性或持续性腹泻，但有的病羊排泄物较软。保持食欲，体温正常或略有升高。发病数月以后，病羊消瘦、衰弱、脱毛、卧地。病的末期可并发肺炎。染疫羊群的发病率为1%~10%，多数归于死亡。

（四）检验检疫

根据症状和病理变化，一般可做出初步诊断。但顽固性腹泻和消瘦现象也可见于其他疾病，如冬痢、沙门氏菌病、内寄生虫、肝脓肿、肾盂肾炎、创伤性网胃炎、铅中毒、营养不良等，因此，应进行实验诊断以资区别。

1. 细菌学诊断

已有临床症状的病牛，可刮取直肠黏膜或取粪便中的小块黏液及血液凝块，尸体可取回肠末端与附近肠系膜淋巴结或取回盲瓣附近的肠黏膜，制成涂片，经抗酸染色后镜检。副结核杆菌为抗酸性染色（红色）的细小杆菌，成堆或丛状。镜检时，应注意与肠道中的其他腐生性抗酸菌相区别，后者虽然也呈红色，但较粗大，不呈菌丛状排列。在镜检未发现副结核杆菌时，不可立即作出否定的判断，应隔多日后再对病牛进行检查。有条件或必要时可进行副结核杆菌的分离培养。

2. 变态反应诊断

对于没有临床症状或症状不明显的家畜，可以用副结核菌素或禽结核菌素做变态反应试验。变态反应能检出大部隐性型病畜（副结核菌素检出率为94%，禽型结核菌素为80%），这些隐性型病畜，尽管不显临床症状，但其中部分病畜（30%~50%）可能是排菌者。

3. 血清学诊断

（1）补体结合反应　补体结合反应最早用于本病的诊断。与变态反应一样，病牛在出现临床症状之前即对补体结合反应呈阳性反应，但其消失却比变态反应迟。据实际观察，补体结合反应与变态反应具有互补关系，两者不能互相代替，而应配合使用。

（2）酶联免疫吸附试验（ELISA）　近年来，国内外应用ELISA诊断本病的报道日益增多，认为其敏感性和特异性均优于补体结合反应，尤其适宜于检测无症状的带菌牛和症状出现前补体结合反应呈阴性反应的牛。从世界趋势看，ELISA有可能代替补体结合反应而获得广泛应用。

（3）琼脂扩散试验　本法可用于确诊临床上疑似患病的绵羊和山羊。

（4）免疫斑点试验　本法的敏感度可与ELISA相比，其优点是简便、快速，并且可在野外使用。

此外，还有间接血凝试验、免疫荧光抗体及对流免疫电泳等均可用来诊断本病。

4. DNA技术

最近，副结核分枝杆菌的特异性DNA探针已经研制成功。这项技术可快速地检出牛粪便中的副结核分枝杆菌DNA片段，使从粪便中检测病菌的时间从以往培养8~12周缩短到24h以内。本法比其他免疫学方法要特异得多，除了与禽分枝杆菌Ⅱ型有交叉外，可以与其他分枝杆菌区别开来。

（五）防治

由于病牛往往在感染后期才出现临床症状，因此药物治疗常无效。预防本病重在加强饲养管理，特别是对幼牛只更应注意给以足够的营养，以增强其抗病力。不要从疫区引进牛只，如已引进，则必须进行检查，确诊健康时，方可混群。

曾经检出过病牛的假定健康牛群，在随时做观察和定期进行临床检查的基础上，对所有牛只，用副结核菌素做变态反应进行检疫，每年要做4次（间隔3个月）。变态反应阴性牛方准调群或出场。连续3次检疫不再出现阳性反应牛，可视为健康牛群。

对应用各种检查方法检出的病牛，要及时扑杀处理，但对妊娠后期的母牛，可在严格隔离不散菌的情况下，待产犊后3d扑杀处理；对变态反应阳性牛，要集中隔离，分批淘汰，在隔离期间加强临床检查，有条件时采取直肠刮下物、粪便内的血液或黏液作细菌学检查；对变态反应疑似牛，隔15~30d检疫一次，连续3次呈疑似反应的牛，应酌情处理；变态反应阳性母牛所生的犊牛，以及有明显临床症状或菌检阳性母牛所生的犊牛，立即和母牛分开，人工喂母牛初乳3d后单独组群，人工喂以健康牛乳，长至1、3、6个月龄时各做变态反应检查一次，如均为阴性，可按健牛处理。

被病牛污染过的牛舍、栏杆、饲槽、用具、绳索和运动场等，要用生石灰、来苏儿、苛性钠、漂白粉、石炭酸等消毒液进行喷雾、浸泡或冲洗。粪便应堆积高温发酵后作肥料用。

关于本病的人工免疫，尚未获得满意的解决方法。国外曾应用菌苗对牛、绵羊进行预防接种，但因免疫效果不佳和使接种牛对变态反应呈阳性反应等问题，而未能推广。

六、蓝　舌　病

蓝舌病是以昆虫为传染媒介的反刍动物的一种病毒性传染病。主要发生于绵羊，其临床特征为发热、消瘦，口、鼻和胃黏膜的溃疡性炎症变化。由于病羊，特别是羔羊长期发育不良、死亡、胎儿畸形、羊毛的破坏，造成的经济损失很大。

（一）病原

蓝舌病病毒（Blue tongue vires）属于呼肠孤病毒科（Reoviridae）、环状病毒属（*Orbivirus*）。为一种双股RNA病毒，病毒基因组由10个分子质量大小不一的双股RNA片段组成。已知病毒有24个血清型，各型之间无交互免疫力。

羊肾、胎牛肾、犊牛肾、小鼠肾原代细胞和继代细胞（BHK-21）都能培养增殖并产生蚀斑或细胞病变。也可用核酸探针进行鉴定。

（二）流行病学

（1）易感动物　绵羊易感，不分品种、性别和年龄，以1岁左右的绵羊最易感，吃奶的羔羊有一定的抵抗力。牛和山羊的易感性较低，多为隐性感染。

（2）传染源　病畜是本病的传染源。病愈绵羊血液能带毒达4个月之久，一些带毒动物也是传染源。

（3）传播途径　本病主要通过库蠓传递，绵羊虱蝇（*Melphagus ovinus*）也能机械传播本病。公牛感染后，其精液内带有病毒，可通过交配和人工受精传染给母牛。病毒也可通过胎盘感染胎儿。

病的发生有严格的季节性，多发生在湿热的夏季和早秋，特别是池塘、河流较多的低洼地区。

（三）临床症状

潜伏期为3~8d，病初体温升高达40.5~41.5℃，稽留5~6d，表现厌食、委顿，落后于羊群。流涎，口唇水肿，蔓延到面部和耳部，甚至颈部、腹部。口腔黏膜充血，后发绀，呈青紫色。在发热几天后，口腔连同唇、齿龈、颊、舌黏膜糜烂，致使吞咽困难；随着病的发展，在溃疡损伤部位渗出血液，唾液呈红色，口腔发臭。鼻流炎性、黏性分泌物，鼻孔周围结痂，引起呼吸困难和鼾声。病程一般为6~14d，发病率30%~40%，病死率2%~3%，有时可高达90%。

山羊的症状与绵羊相似，但一般比较轻微。

牛通常缺乏症状。约有5%的病例可显示轻微症状，其临床表现与绵羊相同。

（四）检验检疫

根据典型症状和病变可以作临床诊断。为了确诊可采取病料进行人工感染或通过鸡胚或乳鼠和乳仓鼠分离病毒。也可进行血清学诊断。血清学试验中，琼脂扩散试验、补体结合反应、免疫荧光抗体技术具有群特异性，可用于病的定性试验；中和试验具有型特异性，可用来区别蓝舌病病毒的血清型。也可采用DNA探针技术。

牛羊蓝舌病与口蹄疫、牛病毒性腹泻-黏膜病、恶性卡他热、牛传染性鼻气管炎、水疱性口炎、茨城病、牛瘟等有相似之处，应注意鉴别。

（五）处理

（1）检出的阳性动物，全群扑杀销毁，并完善现场消毒。

（2）动物检疫检验确认为蓝舌病的病畜，整个尸体或胴体和内脏均作销毁处理。

（3）病畜的同群者或怀疑被其污染的肉尸体和内脏，应进行高温处理。

第三节　寄生虫病的检验检疫

本节介绍人兽共患寄生虫病和家畜固有寄生虫病。

人兽共患寄生虫病是指在人类和脊椎动物之间自然传播的寄生虫病，又称人畜共患寄生虫病，如旋毛虫病、棘球蚴病、囊尾蚴病、弓形虫病等寄生虫病；家畜固有寄生虫病是指家畜传统的寄生虫病，如东毕血吸虫病、猪蛔虫病、莫尼茨绦虫病、细颈囊尾蚴病、棘口吸虫病等寄生虫病。

一、旋毛虫病

旋毛虫病是由毛尾目、毛形科的旋毛形线虫（*Trichinella spiralis*）引起的。成虫寄生于肠道，幼虫寄生于横纹肌。人、猪、犬、猫、鼠类、狐狸、狼、野猪等均能感染，人旋毛虫病可引起人死亡。

（一）病原

旋毛形线虫为一种很小的线虫，肉眼几乎难以辨认。虫体越向前端越细，较粗的后部占虫体一半稍多。前部为食道部，食道的前端无食道腺围绕，其后的全部长度均由一列相连的食道腺细胞所包裹。较粗的后部包含着肠管和生殖器官，生殖器官为单管型。雄虫大小为（1.4~1.6）mm×（0.04~0.05）mm，尾端有泄殖孔，其外侧为一对呈耳状悬垂的交配叶，内侧有2对小乳突，无交合刺。雌虫的大小为（3~4）mm×

0.06mm。阴门位于虫体前部（食道部）的中央，胎生。成虫寄生于小肠，称为肠旋毛虫；幼虫寄生于横纹肌，称为肌旋毛虫。

（二）流行病学

旋毛虫病分布于世界各地，宿主范围很广。几乎所有哺乳动物，甚至某些昆虫均能感染旋毛虫，因此旋毛虫的流行存在着广大的自然疫原性。由于这些动物互相捕食或新感染旋毛虫宿主排出的粪便（内含成虫和幼虫）污染了食物，便可能成为其他动物的感染来源。加之旋毛虫在不良因素下的抵抗力很强，肉类的不同加工方法，大都不足以完全杀死肌旋毛虫。低温-12℃可存活57d。盐渍和烟熏只能杀死肉类表层包囊里的幼虫，而深层的可存活一年以上。高温达70℃左右，才能杀死包囊里的幼虫。在腐败的肉尸里的旋毛虫能活100d以上。因此，鼠类或其他动物的腐败的尸体，可相当长期地保存旋毛虫的感染力，这种腐肉也成了感染源。

人感染旋毛虫多与生吃猪肉和食用腌制与烧烤不当的猪肉制品有关。此外，切过生肉的菜刀、砧板均可能偶尔黏附有旋毛虫的包囊，也可能污染食品，造成感染。

（三）临床症状

人的旋毛虫病可分为由成虫引起的肠型和由幼虫引起的肌型两种。成虫侵入黏膜时，引起肠炎，严重时有带血性腹泻，病变包括肠炎，黏膜增厚，水肿，黏液增多和淤斑性出血。感染后15d左右，幼虫进入肌肉，出现肌型症状，其特征为急性肌炎，发热和肌肉疼痛；同时出现吞咽、咀嚼、行走和呼吸困难；脸部特别是眼睑水肿，食欲不振，显著消瘦。病变主要见于横纹肌，偶尔有发生于肺、脑等处的。大部分患者感染轻微，不显症状；严重感染时多因呼吸肌麻痹，心肌及其他脏器的病变和毒素的刺激等而引起死亡。轻症者，肌肉中幼虫形成包囊，急性和全身症状消失，但肌肉疼痛可持续数月之久。

（四）检验检疫

临床症状无特异性，单靠症状无法确诊。可利用间接血凝及酶联免疫吸附试验等诊断。对怀疑猪、狗、猫等动物生前感染旋毛虫时，可剪一小块舌肌进行压片检查。动物死亡后确实诊断的方法是在肌肉中发现旋毛虫幼虫，常用肌肉压片法和消化法。

（五）处理

本病为二类动物疫病。

经屠宰检疫检验确定为猪旋毛虫病或旋毛虫病肉，应进行化制或销毁。

二、棘球蚴病

棘球蚴病又称包虫病，是一类重要的人畜共患寄生虫病，是棘球绦虫的中绦期寄生于牛、羊、猪、人及其他动物的肝、肺及其他器官中所引起。棘球蚴体积大，生长力强，不仅压迫周围组织使之萎缩和功能障碍，还易造成继发感染。如果蚴囊破裂，可引起过敏反应，甚至死亡。成虫棘球绦虫寄生于犬科动物的小肠中，属带科、棘球属，种类较多。目前，世界公认的有4种：细粒棘球绦虫（*Echinococcus granulosus*），多房棘球绦虫（*E.multilocularis*），少节棘球绦虫（*E.oligathrus*），福氏棘球绦虫（*E.vogeli*）。我国有2种：细粒棘球绦虫和多房棘球绦虫，其中以细粒棘球绦虫多见。后两种绦虫主要分布于南美洲。

（一）病原

细粒棘球蚴（单房棘球蚴）为一独立包囊状构造，内含液体。形状不一，形状常因寄生部位不同而有变化，大小常从豌豆大到人头大。一般近球形，直径为5~10cm。

细粒棘球绦虫很小，仅有2~7mm长，由头节和3~4个节片组成，头节上有4个吸盘，有顶突，小钩36~40个分两行排列。成节内含一套雌雄同体的生殖器官，睾丸数35~55个，生殖孔位于节片侧缘的后半部。最后1个节片为孕卵节片，其中仅有子宫，长度约占虫体全长的一半，子宫由主干分支成许多袋形侧枝，子宫侧枝为12~15对，其中充满虫卵，虫卵大小为（32~36）μm×（25~30）μm，被覆着一层辐射状线纹的胚膜，内为六钩蚴。

（二）流行病学

细粒棘球蚴呈世界性分布，以牧区最多。

动物和人细粒棘球蚴感染源，在牧区主要是犬，特别是野犬和牧羊犬。虫卵污染草原和生活环境，造成家畜和人的感染，猎人感染机会多，因其直接接触犬和狐狸的皮毛等。通过水果，饮水和生活用具，误食虫卵也可感染。当人屠杀牲畜时，往往随意丢弃感染棘球蚴的内脏或以其饲养犬，导致犬感染，因此加剧恶性流行。

细粒棘球绦虫的中间宿主范围广泛，流行病学上重要的是绵羊（成年羊），其感染率最高，因其本身是细粒棘球绦虫最适宜的中间宿主，同时放牧羊群经常与牧羊犬接触密切，吃到虫卵的机会多，而牧羊犬又常可吃到绵羊的内脏，因而造成本虫在绵羊与犬之间循环感染。

动物死亡多发于冬季和春季。

（三）临床症状

棘球蚴对动物的危害严重程度主要取决于棘球蚴的大小、数量和寄生部位。机械性压迫使周围组织发生萎缩和功能障碍，代谢产物被吸收后可引起组织炎症和全身过敏反应。绵羊表现为消瘦，被毛逆立、脱毛、黄疸、腹水、咳嗽、倒地不起，终因恶病质或窒息而死亡。牛与其相似，猪的症状不如牛羊明显。各种动物均可因囊泡破裂而产生严重过敏反应，突然死亡，对人危害尤其明显。成虫对犬的致病作用不明显，寄生数千条也无临床表现。

（四）检验检疫

生前诊断困难，剖检时才可以发现，结合症状及免疫学方法可初步诊断。国内，已研制出10多种免疫诊断方法，多数用透析棘球蚴囊液做抗原，也有用亲和层析和聚丙烯酰胺凝胶电泳方法来浓集和分离抗原的，活的或死的原头蚴都能作为有效抗原。其中动物和人均可采用皮内变态反应诊断，敏感性高，但特异性差，一般准确率在70%左右。补体结合试验一般阳性率为50%~80%，有多种假阳性反应。间接血凝试验（IHA）快速简便，检出率为83.3%。酶联免疫吸附试验（ELISA）具有较高的特异性和敏感性。此外，还有酶联金黄色葡萄球菌A蛋白酶免疫吸附试验（PPA-ELISA）、斑点酶联免疫吸附试验（DOT-ELISA）、亲和素生物素酶联免疫吸附试验（ABC-ELISA）。由于这些试验均有不同水平的假阳性和阴性，因此建议有2~3种方法中出现阳性反应是本病的诊断指标。张京元（1990）报告对8种免疫诊断方法的比较，ELISA和ABC-ELISA敏感性最高，其次是IHA，琼脂糖凝胶扩散最差。特异性以酶标记对流免疫电泳最高。因此以上述方法结合应用是诊断和流行病学调查的可靠方法。另外X线、CT检出率较高。

（五）处理

本病为二类动物疫病。病变严重的脏器，整个销毁。轻症者，只切除患部予以销毁。

三、猪囊尾蚴病

猪囊尾蚴病（*Cysticercosis cellulosae*）又称猪囊虫病，是由有钩绦虫（*Taenia solium*）的中绦期猪囊尾蚴寄生所引起。猪与野猪是最主要的中间宿主，犬、骆驼、猫及人也可作为中间宿主。猪囊尾蚴主要寄生于猪的肌肉，也可寄生于人的脑、眼、肌肉等组织，往往导致严重后果。人是有钩绦虫唯一的终末宿主，只寄生于人的小肠中。

（一）病原

猪囊尾蚴外观是椭圆形乳白的半透明囊泡，大小为（6~10）mm×5mm，囊内充满透明液体，囊壁上有一个圆形小高粱米粒大的头节，倒缩囊内，外观似白色石榴籽样。其构造与成虫头节相似，头节上有带有两圈小钩的顶突和4个圆形吸盘。猪囊尾蚴成虫阶段为有钩绦虫，有钩绦虫为大型绦虫，虫体扁长如带，半透明乳白色，由700~1000个节片组成，全虫长2~5m，前端细后端渐宽。头节小呈球形，直径约1mm，其上有顶突，顶突上有25~50个小钩呈两行排列。顶突后有4个圆形吸盘。

（二）流行病学

猪囊尾蚴呈全球性分布，主要流行于亚、非、拉的一些国家和地区。

猪囊尾蚴主要是猪与人之间循环感染的一种危害十分严重的人畜共患寄生虫病。猪囊尾蚴唯一感染来源是有钩绦虫患者，他们每天排出孕节和虫卵，可持续达20余年，因此猪处在他们的威胁中。猪的感染与人的粪便管理和猪的饲养管理方式不当密切相关。人感染有钩绦虫主要取决于饮食卫生习惯和烹调与食肉方法，吃生猪肉及不熟猪肉，卫生及饮食不良误食虫卵所致。在有吃生肉习惯的地区则呈地方性流行。

（三）临床症状

猪囊尾蚴对猪的危害一般不明显。重度感染时，可导致营养不良、贫血、水肿、衰竭，常显两肩显著外张，臀部不正常的肥胖宽阔而呈哑铃形体型或狮体状，发音嘶哑和呼吸困难。大量寄生于猪脑时，可引起严重的神经症状，突然死亡。寄生于眼内时，引起视力减退、眼神痴呆。

人感染有钩绦虫后，虫体头将固着在肠壁上，可引起肠炎，导致腹泻、肠痉挛，同时夺取大量营养，虫体分泌物和代谢产物等毒性物质被吸收后，引起胃肠机能失调和神经症状，如消化不良、恶心、腹泻、便秘、消瘦、贫血等。对人而言最严重的问题是幼虫。猪囊虫寄生在人体组织内引起炎症和占位性病变，危害性远大于成虫，症状取决于寄生部位与数量。当寄生于脑时危害最大，虫体压迫脑组织，患者以癫痫发作为最多见，其次是颅内压增高，间或头痛、眩晕、恶心、呕吐、记忆力减退至消失，严重可致死。

（四）检验检疫

猪囊尾蚴的生前诊断困难。只有当舌部浅表寄生时，触摸舌根或舌腹面常有囊虫引发的疙瘩，眼结膜也可发现囊虫。严重感染的猪，发音嘶哑，呼吸困难，睡觉发鼾，猪体型可能改变，肩胛肌肉严重水肿、增宽，后臂部肌肉水肿隆起，外观呈哑铃状或狮子形。走路前肢僵硬，后肢不灵活，左右摇摆，眼球突出。

近年来发展起来的血清学诊断法很多，如酶联免疫吸附试验（ELISA）、改良ELISA、间接血球凝集试验（IHA）、皮内试验、免疫电泳、间接免疫荧光抗体法、对流免疫电泳以及斑点试验等。随着抗原的纯化和技术的改进，ELISA检出率可达90%以上，但仍难排除与细颈囊尾蚴和棘球蚴的交叉反应。斑点试验敏感性可达98.3%，特异性强（99.62%），操作简便，易于判定，试验操作时间短（20min），适于基层推广。

尸体剖检在多发部位发现猪囊尾蚴便可确诊。商检或食品卫生检验时，在易发现虫体的部位如臀肌、腰肌等处，尤以前臂外侧肌肉群的检出率最高。现行的肉眼肉检法检出率有50%～60%，轻度感染的仍有漏检。

（五）处理

本病被列为二类动物疫病。确诊为囊尾蚴病的患畜胴体及内脏均做化制或销毁处理。

四、弓形虫病

弓形虫病是龚第弓形虫（*Toxoplasma gondi*）引起的。弓形虫病是一种人畜共患病，宿主种类十分广泛，人和动物感染率都很高。据国外报道，人群的平均感染率为25%～50%，有人推算全世界约1/4的人感染弓形虫。猪暴发弓形虫病时，可使整个猪场发病，死亡率高达60%以上。其他家畜如牛、羊、马、犬和实验动物等也都能感染弓形虫。因此本病给人类健康和畜牧业发展带来很大危害和威胁。

（一）病原

弓形虫属真球虫目，弓形虫科，弓形虫属。目前，大多数学者认为发现于世界各地人和动物的弓形虫都是同一种，但有不同的虫株。

（二）流行病学

本病分布于世界各地。动物的感染很普遍，但多数为隐性感染。感染的动物已知有猫、犬、猪、羊、牛、兔、鸽、鸡等40余种。弓形虫病的流行取决于下列因素。

1. 传染源

主要为病畜和带虫动物，因为它们体内带有弓形虫的速殖子、包囊。已证明病畜的唾液、痰、粪、尿、乳汁、腹腔液、眼分泌物、肉、内脏、淋巴结以及急性病例的血液中可能含有速殖子，如果外界条件有利其存在，就可能成为传染来源。

弓形虫对消毒剂抵抗力很强，在4℃环境中，滋养体和包囊在下列药品中0.01%甲醛、50%乙醇、10%碳酸氢钠、5%石炭酸（包囊）、0.1%石炭酸（滋养体）可存活15min。昆虫（如蝇类、蟑螂等）可机械携带本虫而起传播作用。

2. 感染途径

（1）经口感染　是本病最主要的感染途径。人、各种动物吞入猫粪中的卵囊或带虫动物的肉、脏器以及乳、蛋中的速殖子、包囊都能引起感染。

（2）经胎盘感染　孕妇及怀孕的母畜感染弓形虫后，通过胎盘使其后代发生先天性感染。

（3）经皮肤、黏膜感染　速殖子可通过损伤的黏膜、皮肤进入人、畜体内。有人认为速殖子经口感染时，也是由损伤的消化道黏膜进入血流或淋巴而感染的。

（三）临床症状

猪感染后3~7d症状与猪瘟相类似，体温升高到40.5~42℃，呈稽留热型。病猪精神沉郁，食欲废绝或减退，呼吸困难，呈明显的腹式呼吸，呈犬坐式姿势，流浆液性鼻液。皮肤发绀，在嘴部、耳部、下腹部及下肢皮肤出现红紫色的斑块或间有小出血点。有的病猪耳壳上形成痂皮，甚至耳尖发生干性坏死。结膜充血，有眼屎。粪干，以后拉稀。仔猪感染后，临床上常见腹泻，尿少，呈黄褐色。有的病猪出现癫痫样痉挛等神经症状。怀孕母猪感染后，病原体通过胎盘进入到胎儿体内，使母猪流产或新生仔猪出现先天性弓形虫病而死亡。

大多数成年绵羊呈隐性感染，仅有少数有中枢神经和呼吸系统症状。有的母羊无明显症状而流产。流产常出现于正常分娩前4~6周，也有些足月产后死亡的。

（四）检验检疫

弓形虫病临床症状、剖检变化与很多疾病相似，在临床上容易误诊。为了确诊需采用病原检查和血清学诊断。

1. 病原学诊断

（1）脏器涂片检查　取肺、肝、淋巴结做涂片，干燥、固定，然后染色镜检；生前血涂片检查；淋巴结穿刺液涂片检查。

（2）集虫法检查　取肺脏及肺门淋巴结研碎加十倍生理盐水滤过，500r/mim离心3min，取上清液再1500r/mim离心10min，取沉渣涂片，染色镜检。

（3）动物接种　将受检材料接种于试验动物后，再在试验动物体内找虫体的方法来诊断。以小白鼠做腹腔接种较为方便。

2. 血清学诊断

（1）染色试验　取自小白鼠腹水或组织培养所得的游离的弓形虫，分别放在正常血清和待检血清中，经1~2h后，取出虫体各加碱性美蓝染色。正常血清中的虫体染色良好，而待检血清中的虫体染色不良则为阳性，这是因为阳性血清中含有抗体，使虫体的胞浆性质有了改变，以致染不上色。这个试验要倍比稀释血清，认为1：16稀释度有诊断意义。此法可用于早期诊断，因为在感染后两周就呈阳性反应，且持续多年。

（2）间接血凝试验　本法简单，易于推广，适合大规模流行病学调查用。猪于发病后一周抗体明显上升，发病后16~21d达高峰，一个月后，抗体逐渐下降，但在4个月后仍可检出阳性反应。

（3）间接荧光抗体试验　与染色试验符合率较高，反应灵敏，制备的抗原可长期保存，操作也较简便，是一种较好的诊断方法。此外还有补体结合反应、皮内反应、酶联免疫吸附试验及中和试验等均可采用。

（五）处理

对本病的治疗主要是采用磺胺类药物，大多数磺胺类药物对弓形虫病均有效。应注意在发病初期及时用药，如果用药较晚虽可使临床症状消失，但不能抑制虫体进入组织形成包裹，结果使病畜成为带虫者。此外，二磷酸氯喹啉和磷酸伯氨喹啉效果也很好。

搞好预防，畜舍保持清洁，定期消毒。阻断猫及鼠粪便污染饲料及饮水。流产胎儿及其他排泄物，包括流产的场地均需进行严格消毒处理。对死于本病的和可疑的动物尸体严格处理，防止污染环境，禁止用上述物品喂猫、狗或其他动物。人特别是孕妇应避免和猫接触，以防感染。

五、细颈囊尾蚴病

该病是由带科、带属的泡状带绦虫（*Taenis hydatigena*）的中绦期——细颈囊尾蚴（*Cysticercus tenuicollis*）又称细颈囊虫寄生于猪、绵羊、山羊等动物肝脏实质内及被膜上下、浆膜、网膜、肠系膜及其他器官中所引起，严重感染时还可进入胸腔，寄生于肺部。成虫寄生于犬、狼和狐狸等动物的小肠内。本病流行广，对仔猪有较大致病力。

（一）病原

细颈囊尾蚴呈囊泡状，俗称水铃铛，大小不等，豌豆大或更大。囊壁薄，呈乳白色，内含透明液体，肉眼可见囊壁上有一个向内生长且细长颈部的头节，故名细颈囊虫。在脏器中的囊体，体外有一层由宿主组织反应产生的厚膜包围，故不透明，颇易与棘球蚴相混。成虫泡状带绦虫呈乳白色或稍带黄色，体长可达5m，头节上有顶突和26~46个小钩排成两列。前部的节片宽而短，向后逐渐加长。生殖器官一套，在一侧不规则交互开口。孕节长大于宽，其内充满虫卵，子宫侧枝为5~16对，上有小的分枝。虫卵为卵圆形，内含六钩蚴，大小为（36~39）μm×（31~35）μm。

（二）流行病学

本病呈世界性分布，我国各地普遍流行，尤其是猪，感染率为50%左右，个别地区高达70%，且大小猪只都有感染，是猪的一种常见病。流行原因主要是由于感染泡状带绦虫的犬、狼等动物的粪便中排出绦虫的节片或虫卵，它们随着终宿主的活动污染了牧场、饲料和饮水而使猪等中间宿主遭受感染。蝇类是不容忽视的重要传播媒介。每逢农村宰猪或牧区宰羊时，犬多守立于旁，凡不宜食用的废弃内脏便丢弃在地，任犬吞食，这是犬易于感染泡状带绦虫的主要原因。犬的这种感染方式和这种形式的循环，在我国不少农村很常见。

（三）临床症状

细颈囊尾蚴对羔羊及仔猪危害较严重。本病多呈慢性经过，感染早期大猪一般无明显症状，但仔猪可能出现急性出血性肝炎和腹膜炎症状，体温升高，腹部因腹水或腹腔内出血而增大，可由于肝炎及腹膜炎死亡。慢性型的多发生于幼虫自肝脏出来之后，一般无临床表现，影响生长发育。多数仅表现虚弱、消瘦，偶见黄疸，腹部膨大或因囊体压迫肠道引起便秘。

（四）检验检疫

细颈囊尾蚴病的生前诊断较困难，可用血清学方法。目前仍以死后剖检或宰后检查发现细颈囊尾蚴才能确诊。注意急性型易与急性肝片形吸虫病相混淆，在肝脏中发现细颈囊尾蚴时，应与棘球蚴相区别，前者只有一个头节，壁薄而且透明，后者囊壁厚而不透明。

（五）处理

注意防止犬散布病原，禁止犬进入猪舍，避免饲料、饮水被犬粪污染。对犬进行定期驱虫，驱虫药物有吡喹酮或氯硝柳胺。要扑杀野犬，严禁犬类进入屠宰场。

六、猪 蛔 虫 病

猪蛔虫病是由蛔科蛔属（*Ascaris*）的猪蛔虫（*Ascaris suum*）寄生于猪的小肠内引起的。本病分布广泛，对养猪业的危害极为严重，尤其是在卫生条件较差的猪场和营养不良的猪群中，感染率很高，一般都在50%以上。患病仔猪生长发育不良，增重往往比同样条件下的健康猪降低30%左右。严重者生长发育停滞，甚至造成死亡。所以猪蛔虫病是仔猪常见多发的重要疾病之一，也是造成养猪业损失最大的寄生虫病之一。

（一）病原

猪蛔虫是一种大型线虫。虫体呈中间稍粗，两端较细的圆柱状。新鲜虫体为淡红色或淡黄色，死后为苍白色。雄虫长15~25cm，宽为3mm。雌虫长20~40cm，宽约5mm。受精卵和未受精卵的形态有所不同。受精卵为短椭圆形，黄褐色，大小为（50~75）μm×（40~80）μm，卵壳厚，由四层组成，最外一层为凹凸不平的蛋白膜，向内依次为卵黄膜、几丁质膜和脂膜；刚随粪便排出的虫卵，内含一个圆形卵细胞，卵细胞与卵壳在两端形成新月形空隙。未受精卵呈长椭圆形，大小为90μm×40μm，壳薄，多数没有蛋白膜或很薄且不规则，内容物为很多油滴状的卵黄颗粒和空泡。

（二）流行病学

猪蛔虫主要寄生于猪，偶尔感染人。猪蛔虫病广泛流行于猪群中，其原因主要是由于蛔虫卵大量存在，每条雌虫每天可产卵10万~20万个，每条雌虫一生可产卵3000万个。因此，有蛔虫感染的猪场，地面受虫卵污染的情况是十分严重的，猪感染猪蛔虫主要是由于采食了被感染性虫卵污染的饮水和饲料。母猪的乳房也极易被污染，使仔猪于吸奶时感染。蛔虫病在各个季节都能感染，但10~12月份猪体内蛔虫的感染率和感染强度往往都是最高的，到夏初感染率降低。虫卵对各种环境医素的抵抗力很强，使用一般消毒药均无效，只有10%克辽林、5%~10%石炭酸、2%~5%热（60℃）碱液及新鲜石灰乳等才能杀死虫卵。干燥和高温（40℃以上）或夏季日光直射能使虫卵迅速死亡。由于猪蛔虫产卵多，虫卵又具有对外界环境强大的抵抗力，所以，凡有蛔虫猪的猪舍、动物场及其放牧地区，自然有大量的感染性虫卵汇集，构成猪蛔虫病感染和流行的疫源地。猪蛔虫病的流行与饲养管理和环境卫生有密切的关系。在饲养管理不良、卫生条件恶劣和猪只过于拥挤的猪场，在营养缺乏，特别是缺少维生素和矿物质的情况下，3~5个月龄的仔猪最容易大批地感染蛔虫，症状也较严重，并且常常发生死亡。

（三）临床症状

仔猪在感染早期（约一周后），有轻微的湿咳，体温可升高到40℃左右。如感染轻微，又无并发症，则不至引起肺炎。幼虫移行期间，病猪可呈现嗜酸性白细胞增多症，以感染后14~18d为最明显。较为严重的病猪，出现精神沉郁，呼吸及心跳加快，食欲缺乏或时好时坏，异嗜，营养不良，消瘦，贫血，被毛粗糙，或有全身性黄疸，有时病猪生长发育长期受阻，变为僵猪。严重感染时，呼吸困难，急促而不规律，常伴发声音沉重的咳嗽，并有口渴、呕吐、流涎、拉稀等症状。此时多喜卧，不愿走动。可能经1~2周好转，或逐渐虚弱，趋于死亡。

（四）检验检疫

生前诊断主要靠粪便检查法，多采用漂浮集卵法。1g粪便中，虫卵数达1000个时，可以诊断为蛔虫病。因蛔虫有强大的产卵能力，一般采用直接涂片法即可发现虫卵。如寄生的虫体不多，死后剖检时，须在小肠中发现虫体和相应的病变；但蛔虫是否为直接致死的原因必须根据虫体数量，病变程度，生前症状和流行病学资料以及有无其他病原或继发疾病作综合诊断。哺乳仔猪（两个月龄内）的蛔虫病，因其体内尚无发育到性成熟的蛔虫，故不能用粪便检查法作出生前诊断。若为蛔虫病，剖检时，在患猪肺部见有大量出血点；将肺组织撕碎，用幼虫分离法处理时，可以发现大量的蛔虫幼虫。

（五）处理

对本病须采取综合性措施，主要是消灭带虫猪，及时清除粪便，讲求环境卫生和防止仔猪感染。在猪蛔虫病流行的地区，每年春秋两季，应对全群猪只各进行一次驱虫，特别是对断奶后到六个月龄的仔猪，应进行1~3次驱虫（间隔1.5~2个月）。以后每隔1.5~2个月进行1次驱虫。这样可以有效地降低仔猪体内的载虫量和减少外界环境中的虫卵污染，从而逐步控制仔猪蛔虫病的发生。保持圈舍清洁卫生，经常打扫，勤换垫草，土圈则铲去一层表土，垫以新土；对饲槽、用具及圈舍定期（每日1次）用20%~30%热草木灰水或3%~5%热碱水进行杀虫，均可收到防止感染的效果；猪粪及垫草要无害化处理，运到距较远的场所堆积发酵，或挖坑沤肥以杀灭虫卵；在已控制或消灭本虫的猪场，引入猪只时，应先隔离饲养，进行粪便检查，发现患猪时，须进行1~2次驱虫后再并群饲养。此外对断奶后仔猪，加强饲养管理，多给富含维生素和多种微量元素的饲料，可促进生长发育，增强对蛔虫病的抵抗能力。

第四节 家禽重要疫病的检验检疫

家禽重要疫病是指家禽中重要的检疫性传染病和寄生虫病。本节对传染性法氏囊病、马立克病、鸡新城疫、禽流感、鸡传染性支气管炎等家禽重要疫病的检验检疫进行了详细介绍。

一、传染性法氏囊病

传染性法氏囊病又称传染性腔上囊炎（病），冈布罗病（Gumbord disease），统称为IBD。本病是由传染性法氏囊病毒（IBDV）引起的急性接触性传染病，其特征为间歇性腹泻，极度衰弱，法氏囊病变具有特征性，本病的危害除了使鸡减重或发病死亡外，更重要的是由于病毒引起体液免疫中枢器官——法氏囊损害，导致ND、MD等疫苗接种后免疫应答差或失败，还容易使病鸡感染其他传染病和寄生虫病。本病遍布于世界大多养鸡业发达地区。

（一）病原

1986年已被归类为新建立的双股RNA病毒科（Birnaviridae），其大小和壳粒排列方式与蓝舌病病毒（BTV）相同。病毒粒子无囊膜，仅由核酸和衣壳组成，核酸为双节段双股RNA型。电镜检查IBDV有大小两种不同颗粒，大（60）小（20）nm，均为20面体立体对称，小颗粒，可能是大颗粒降解产物/卫星病毒。IBDV有两个不同血清型，用中和试验可加以区别，其中IBDV Ⅱ型是火鸡源性的。其抵抗力较强，对脂溶剂不敏感，耐热（56℃ 5h），耐酸（pH2，1h），0.5%碳酸30℃ 1h不灭活，但0.5%氯胺10min可杀死病毒，病毒-20℃贮藏3年对鸡仍有致病力。

（二）流行病学

自然宿主仅为鸡和火鸡，并具有宿主特异性，野鸟和鸭可产生抗体反应，并可从鸭中分离病毒。3~6周龄鸡最易感，成年鸡因法氏囊萎缩一般不敏感，但野外也见有15周龄鸡感染发病，有母源抗体雏鸡发病可推迟5~8周龄，3周龄以下鸡可隐性感染引起免疫抑制。不同品种鸡均可感染。全年均可发病，但育雏季节多见（4~7月），一般发病率高（可达100%，死亡率不高，多在5%~30%）但环境条件较差、伴发其他疾病时可更高（雏鸡达80%）。本病为高度接触传染性。传播途径：消化道，呼吸道，眼结膜。传染源：病鸡，排毒高峰在感染后3~11d，13d后在排泄物中IBDV显著减少或难以发现，病愈带毒或以卵传递均尚未证实，但通过吸血昆虫或卵壳污染传播仍有可能。初发多是急性型，症状明显，死亡率较高，以后则不太严重，时常察觉不到。

（三）临床症状

经眼接种3周龄鸡24h后可见法氏囊的组织学变化，2~3d可见症状，雏鸡群常大批突然发病，传播迅速，2~3d内可使60%~70%雏鸡发病终究传播全群。早期症状：自啄腔（泄殖腔）引起红肿炎症，泄殖腔周围羽毛污染，排白色微黄色带泡沫稀粪便。病鸡食欲降低，颈/全身震颤，步态不稳，毛蓬松，卧地不动，极度衰竭死亡。泄殖腔上喙突出，用手可触摸到肿大的法氏囊。急性多在出现症状后1~2d死亡，5~7d达死亡高峰，后渐减少。耐过鸡贫血、消瘦，生长缓慢，饮料利用率低。多数情况本病为慢性及隐性感染。

（四）检验检疫

1. 病症观察

当急性暴发，发病和临诊康复都很快（5~7d），死亡集中发生于几天之内等应疑为本病，通过解剖检查到法氏囊特征性肉眼变化，则基本确诊。即使受母源抗体保护或日龄小的幼雏亚临诊感染，也可通过观察法氏囊病变来诊断。

2. 病原检查

可将病料法氏囊、脾、肾等制成乳剂后离心或过滤后，接种CAM9~11日龄鸡胚，3~5d后收获死亡鸡胚和CAM继代，中和试验鉴定分离的病毒，或用人工感染易感雏鸡。可用电镜和荧光抗体法检查感染组织或鸡胚，细胞培养物。

3. 血清学诊断

琼脂糖扩散培养查抗原，感染2~4d就可查出。感染鸡最早5d，但8d全部转阳。该方法简便、易行、欠敏感。对流免疫电泳：快速、敏感。微量血清中和：可了解鸡群免疫水平，较琼脂糖扩散培养敏感。近年来，采用ELISA、免疫荧光。ELISA、琼脂糖扩散培养、中和反应三者高度相关。

（五）防治

1. 疫苗类型

（1）灭活苗　安全，不影响法氏囊功能，但免疫期较短，多用于中雏连续二次以上免疫，或作为种鸡加强免疫，母源抗体可维持29d。

（2）弱毒苗　可肌注、点眼、滴鼻、饮水、气雾、幼雏经饮水免疫效果比灭活苗好，对中雏以上鸡也能迅速产生免疫力，种鸡经活苗免疫后，抗体水平不高，个体差异大，又影响母源抗体，且只能使1周龄雏鸡受到保护。

2. 饮水免疫

不能用酸碱性稀释液稀释疫苗，可加脱脂奶粉或硫代硫酸钠。雏鸡免疫最好在母源抗体消失后，尤其是灭活菌，如果太晚，则不能抑制野毒的感染。接种活苗后7d可接种其他疫苗，无抑制。种鸡免疫最好在法氏囊发达阶段，否则效果不佳。

3. 卫生处理

（1）母源抗体监测　最好为微量中和试验，但琼脂糖扩散培养最易推广。1日龄阳性率小于80%，可在10~17日龄接种；1日龄阳性率大于80%，则10日龄再测，若大于50%，则17~24d再接种；若小于50%，14~21d接种。

（2）环境消毒，防止野毒感染，接种7d后才有免疫力。

（3）发生后处理　对症治疗（补液），使饲料蛋白含量控制在15%，饲料中加1~3倍维生素B和维生素C。疾病初期可全群肌注、饮水免疫。

二、马立克病

马立克病（MD）是疱疹病毒科（Herpesviridae）的马立克病毒（MDV）引起的鸡的一种高度接触性淋巴组织增生性肿瘤性疾病，其病理特征是病鸡的外周神经、性腺、虹膜、各种内脏器官、肌肉和皮肤的单核细胞浸润，产生淋巴细胞性肿瘤。MD引起的经济损失十分惊人，被列为养鸡业三大疾病之首。

（一）病原

裸露的病毒粒子或核衣壳直径为95~100nm，六角形，二十面立体对称，有囊膜的毒粒直径一般为150~170nm，在羽毛囊上皮细胞中形成的有囊膜的毒粒特别大，直径可达273~400nm。

垫料上病毒室温16周，羽毛上室温8周或4℃ 7年仍有感染性，但常用杀毒化学药品均可灭活。

（二）流行病学

易感受动物主要为鸡。传染源是病鸡，带毒鸡。病毒存在于血液、肿瘤、羽毛囊上皮，其中以后者传播作用最为重要。接触（直、间）性传染，以呼吸道传播途径最为主要。病鸡能长期带毒，排毒。

（三）临床症状

根据病变发生的主要部位分为以下四型。

（1）神经型（古典型）　多见于弱毒感染或HVT免疫失败的青年鸡（2~4月龄）主侵害外周神经，造成不全或完全麻痹，可发生在机体一个或数个部位，通常多发生在两翅和两腿，多为一侧。腿横卧、劈叉，姿势有特征性，翅下垂，拖地而行。

（2）内脏（急性型）　内脏器官发生肿瘤，缺乏特征性症状，突然发病，流行迅速，病程短，死亡率高。

（3）眼型　虹膜色素（特征）消失，变为灰色（灰眼、鱼眼、蛤蟆眼），瞳孔边缘不整，视光反应迟钝或失明。

（4）皮肤型　此种病型仅在宰后拔毛时发现羽毛囊肿大，形成结节或瘤状物，此种病变常见于躯干、背、大腿生长粗干羽毛部位。

（四）检验检疫

根据流行病学、症状，病理检查结果，综合分析，作出判定，必要时可将病料送实验室检查。内脏型与鸡白血病眼观变化很相似，需鉴别。

（1）病毒分离　肿瘤细胞、肾、脾细胞，外周血液白细胞。

（2）病毒抗原检查　病料制冰冻切片，荧光抗体染色，羽毛上皮最好，也可琼脂糖扩散培养（羽毛尖，用带有毛囊液的尖部）。

（3）血清学　琼脂糖扩散培养，间接荧光抗体，间接血凝等，其中琼脂糖扩散培养简便易行而广泛采用（须有一方为已知），两孔间可出现多达6条的不同沉淀线。

（五）处理

本病无特效药物治疗，疫苗研究与应用是成功的。

（1）单价苗　Ⅰ、Ⅱ型，细胞结合性苗安全有效，但须液氮保存，使用不便。Ⅲ型（HVT）应用广泛，成本低，可冻干，运输、使用方便。

（2）多价苗　为了增强免疫效果，特别是预防VVMDV推出、研制的，利用不同血清型之间的协同保护（尤为Ⅱ、Ⅲ型之间），也为细胞结合性产品，应该液氮保存、运输。

（3）基因工程疫苗　Yanayida N等在禽痘病毒中表达gB蛋白，免疫鸡能诱导中和抗体，明显降低病毒血症水平，抵抗强毒GA、RBIB、Md15的攻击。

预防马立克病对策为：加强饲养管理和环境卫生，避免应激，禁喂品质不良饲料，预防病毒感染（MD苗不与鸡瘟苗同时接种），防止囊病发生，可对祖代鸡群接种疫苗，增加母源抗体。

三、鸡新城疫

鸡新城疫是由新城疫病毒（NDV）引起的主要侵害鸡、火鸡的急性高度接触性传染病，其他禽类、人偶尔也可感染本病毒。自1926年首次发现以来，已发现有五种病型，亚洲型常呈急性败血经过，死亡率达90%以上，表现呼吸困难、下痢、神经机能紊乱，消化道出血性病变是突出的病理学特征。但也有不显外表症状，只能由血清学检查的病例。因本病在1926年英国新城发现，故得名。本病广泛分布于世界各地，是严重危害养鸡业的主要疾病之一。

（一）病原

NDV为副黏病毒科，副黏病毒属（*Paramyxovirus*），病毒粒子呈蝌蚪状或球形，核酸为单链RNA螺旋对称，核衣壳外包有囊膜（脂蛋白），囊膜外有纤突（有血凝素和酶）。

对乙醚等脂溶剂敏感，但对热、光等物理因素的抵抗力较其他病毒稍强，不耐热，多数毒株60℃ 30min即杀死。如ND暴发经2~8周仍能从鸡舍羽毛等中分离到病毒，-10℃的冻鸡中经2年以上仍有病毒生存。所以注意消毒前应进行物理清洁。

（二）流行病学

火鸡易感性稍低，鸡以幼雏和中雏感受性最高，两年以上老鸡感受性较低，鸭、野禽等常不被察觉，其他如外观健康的家鸭泄殖腔NDV分离率达6.5%~9.3%，其中包括强毒株，流行病学上值得注意。现在关于鸽ND报道也增多。人偶被感染，表现结膜炎或类似流感症状。本病通过直接接触或间接通过飞沫、空气经呼吸道、眼结膜及消化道传播。秋季到春季的寒冷季节容易流行。注意：鸡蛋带毒，飞禽（鸽子、麻雀、乌鸦）带毒，饲养员可能是机械传播。

（三）临床症状

潜伏期2~18d，自然感染多为4~5d。

（1）最急性型　头夜未见异常，凌晨已死亡，不见特征症状。

（2）急性型　体温升高达44℃，嗜眠，昏睡，鸡冠、肉髯发绀，呼吸紊乱，咳嗽、啰音、喘气、呼吸困难，嗉囊、口积液，常见严重下痢、淡绿色甚至血染稀便，甩头发出咯咯声，常从口腔内流出灰黄色恶臭黏液。少数幸存者后期见神经症状，阵发性痉挛，角弓反张，肌肉震颤，翅腿麻痹，死亡率达90%~100%。

（3）亚急性或慢性　以神经症状为明显，反复发作，尤为受惊时更为明显。

含母源抗体的（或在抗体高峰时接种疫苗）雏鸡群仍可发生ND，但两率均要低，以呼吸系统和神经系统症状为主，特别常见斜颈，有免疫力的产蛋鸡，可出现产蛋下降，无色壳蛋、畸形蛋。

（四）检验检疫

根据以上三者，可作出初步诊断，但温和型较难作出确切诊断，没有神经症状时，可能与其他呼吸道疾病混淆。实验室诊断有助于确诊。

（1）病毒分离和鉴定　应在潜伏期或临诊病例的早期采样（感染后3~5d禽的呼吸道分泌物或肺组织），全身症状严重的病例，从脾、血液、扁桃体采样，还可从泄殖腔或脑组织采样。种蛋须来自健康母鸡，无NDV抗体（否则，缓发型毒株不能致死鸡胚，速发型毒株虽能致死鸡胚，但胚液HA凝集价很低或阴性）强、中毒株常使鸡胚36~96d死亡，胚液凝集价较高，弱毒株不能使鸡胚死亡，但胚液能凝集RBC。可疑病料如不使鸡胚死亡，应用尿囊液和鸡胚组织制作悬液，鸡胚盲传3代，另外可用细胞培养物（CEF、CEK）来进行。

（2）血凝抑制试验　通常是将待检血清作倍比稀释，再加入定量HA单位病毒混合，最后加入定量RBC。操作简便，重复性好。而免疫过的老母鸡HI很低或测不出，但攻毒后死亡率极低。中等至高水平HI滴度仍为ND免疫的一个良好的指示系统，特别是对肉鸡来说是如此。感染后6~7d，即可观察到鸡血清HI效价达1：10，作为初次反应，效价在3周达高峰，以后开始慢慢下降，3~4个月变为明显，8~12个月时抗体便不能检出，两次免疫后攻毒，可引起极高的HI效价，特别是用速发型ND毒株攻击时，效价可达1：20。HI价在1：10时有临界诊断意义，大于等于20时表示先前受过感染或接种过疫苗。

（3）中和试验　使恢复期血清和已知NDV混合，使病毒感染能力被中和，可用鸡、鸡胚、细胞（蚀斑法）等具有感受性的宿主来进行。其他的有CF，但繁锁；ID；Chu等

（1982）用单相辐射免疫扩散测定NDV抗体，血清孔外周乳白圈带大小与HI效价相关。FA：快速，作为呼吸道黏膜制作冰冻切片或制作涂抹标本检查，但由于活疫苗的广泛应用限制了它的诊断价值。ELISA：非常敏感，改用微量法后引起了很多研究者兴趣。

（五）处理

注意两点：一是防止病毒与易感禽接触；二是搞好预防接种。

四、禽 流 感

禽流感（AI）是由A型流感病毒（Avian influenza Virus type A）中的任何一型引起的一种感染综合征，又称真性鸡瘟、欧洲鸡瘟。

（一）病原

A型流感病毒属正黏病毒科（Orthomyxoviridae family）、正黏病毒属中的病毒。该病毒的核酸型为单股RNA，病毒粒子一般为球形，直径为80~120nm，但也常有同样直径的丝状形式，长短不一。病毒粒子表面有长10~12nm的密集钉状物或纤突覆盖，病毒囊膜内有螺旋形核衣壳。两种不同形状的表面钉状物是血凝素（HA）和神经氨酸酶（NA）。通常在56℃经30min灭活；某些毒株需要50min才能灭活；对脂溶剂敏感。加入鱼精蛋白、明矾、磷酸钙在−5℃用25%~35%甲醇处理使其沉淀后，仍保持活性。甲醛可破坏病毒的活性；肥皂、去污剂和氧化剂也能破坏其活性。冻干后在−70℃可存活2年。感染的组织置50%甘油盐水中在0℃可保存活性数月。在干燥的灰尘中可保存活性14d。

（二）流行病学

流感在家禽中以鸡和火鸡的易感性最高，其次是珍珠鸡、野鸡和孔雀。鸭、鹅、鸽、鹧鸪也能感染。人也有感染高致病性禽流感的报道。感染禽从呼吸道、结膜和粪便中排出病毒。因此，可能的传播方式有感染禽和易感禽的直接接触和包括气溶胶或暴露于病毒污染的间接接触两种。因为感染禽能从粪便中排出大量病毒，所以，被病毒污染的任何物品，如鸟粪和哺乳动物、饲料、水、设备、物资、笼具、衣物、运输车辆和昆虫等，都易传播疾病。本病一年四季均能发生，但冬春季节多发，夏秋季节零星发生。气候突变、冷刺激，饲料中营养物质缺乏均能促进该病的发生。本病能否垂直传播，现在还没有充分的证据证实，但当母鸡感染后，鸡蛋的内部和表面可存有病毒。人工感染母鸡，在感染后3~4d几乎所产的全部鸡蛋都含有病毒。

（三）临床症状

该病的潜伏期较短，一般为4~5d。因感染禽的品种、日龄、性别、环境因素、病毒的毒力不同，病禽的症状各异，轻重不一。

（1）最急性型　由高致病力流感病毒引起，病禽不出现前驱症状，发病后急剧死亡，死亡率可达90%~100%。

（2）急性型　为目前世界上常见的一种病型。病禽表现为突然发病，体温升高，可达42℃以上。精神沉郁，肿头，眼睑周围浮肿，肉冠和肉垂肿胀、出血甚至坏死，鸡冠发紫。采食量急剧下降。病禽呼吸困难、咳嗽、打喷嚏，张口呼吸，突然尖叫。眼肿胀流泪，初期流浆液性带泡沫的眼泪，后期流黄白色脓性分泌物，眼睑肿胀，两眼突出，肉髯增厚变硬，向两侧开张，呈“金鱼头”状。也有的出现抽搐，头颈后扭，运动失调，瘫痪等神经症状。

（四）检验检疫

由于本病的临床症状和病理变化差异较大，所以确诊必须依靠病毒的分离、鉴定和血清学试验。本病在临床上与新城疫的症状及剖检变化相似，应注意鉴别。

（五）处理

本病是国际确定的A类烈性传染病，在我国公布的动物疫病病种名录中被列为一类动物疫病。扑灭高致病性禽流感的措施：

（1）按规定及程序及时上报疫情，疫点及其周围一定范围内所有禽类要全部扑杀，尸体销毁或化制。

（2）对疫点、疫区实行严格隔离、封锁，并全面彻底消毒，对未出现疫情的受威胁区一定范围内100%实行强制性免疫，建立禽流感免疫带。特别要杜绝所有易感动物和可疑污染物流出和流入隔离封锁区，防止疫情蔓延扩散。

（3）做好直接接触人员的防护工作，以防止对人的感染。

五、鸡传染性支气管炎

传染性支气管炎（IB）是鸡的一种急性、高度接触传染性的呼吸道疾病，以咳嗽、喷嚏、气管啰音为特征。在产蛋鸡群可导致产蛋下降和质量不佳，幼鸡可发生死亡，降低体重和饲料效果，是养鸡业的重要疾病，还易促使CRD的暴发。

（一）病原

为冠状病毒科的代表种，单链RNA，病毒粒子略呈球形，直径80~120nm，囊膜表面有许多呈放射状排列的梨状突起物，核衣壳呈长颈瓶样。

IBV对外界环境的抵抗力不强，对热敏感，多数毒株56℃ 15min及45℃ 90min即被灭活。冻干的IBV感染的尿囊液在-30℃可存活20年，4℃存活3个月。耐酸不耐碱。IBV对乙醚、氯仿及一般消毒剂敏感，可被0.1%的甲醛、0.1%去氧胆酸盐、0.05%~0.1% β-丙内酯灭活。10%葡萄糖对IBV有稳定作用。

（二）流行病学

仅鸡易感，各种年龄鸡均可感染，以1月龄内雏鸡最为严重，本病的传播方式呼吸道为主，也可以经消化道传播，鸡蛋传播也有可能，康复带毒，呼吸道排毒达2周，粪便带毒可达数月，病毒还存在于感染鸡的精液、急性期病鸡所产的蛋。本病一旦感染鸡群，即迅速传播，波及全群，48h内即出现症状。

（三）临床症状

（1）雏鸡　咳嗽、喷嚏、气管啰音、喘息、流鼻涕、个别鸡窦肿胀，流泪，病雏怕冷，互相拥挤在一起，死亡率达30%~50%。

（2）中雏（生长鸡）　突出症状是啰音，伴有一定程度的咳嗽和喘息，一般只有抓鸡贴耳听或夜深人静时才听得到“嗞咿嗞咿”声，这种年龄死亡率明显下降，可能会出现增重减慢或减重现象，这对饲养肉用鸡者损失很大。

（3）成年产蛋鸡　产蛋量低，有时达50%以上，不可孵化数增加，孵化率下降7%，较少死亡。产软壳蛋，畸形和粗壳蛋，蛋的质量下降，蛋白稀薄如水样，蛋黄和蛋白分离，蛋白粘在壳膜表面。

（四）检验检疫

根据雏鸡或幼鸡的急性、高度接触性呼吸道感染和高病死率及母鸡产蛋量显著降低和产畸形蛋史，可作出推测诊断，确诊需进行以下试验。

（1）病毒分离　肺、支气管、气管是分离IBV的适宜材料，多采取数只，制成悬浮液，加双抗过夜，接种鸡胚，37℃培养32~36h，取出活胚冷冻致死，无菌吸取鸡胚液（尿液和羊水）10倍稀释后再接种鸡胚，剩下的鸡胚孵育7d，检查IB的典型病变，特别注意肾中尿酸盐的存在。连续3~5代，收集鸡胚液接种7日龄内雏鸡，18~36h可出现气管啰音，同型抗血清可抑制致病作用，鸡胚也可作中和试验。用尿囊液沉淀物荧光染色，电镜检查。利用干扰试验：鸡胚先接种IBV，再接种NDV B1株，可干扰B1株产生血凝素，这种干扰作用可被同型特异抗血清所抑制，故可用于诊断。

（2）血清学试验　已报道用得较多的有：① 琼脂扩散法；② 病毒中和试验：应用已知病毒检查待检血清中的特异性抗体，分别采病初和2~3周的双份血清，如第二次血样的中和抗体滴度高于血样4倍以上，可作出诊断；③ 对流免疫电泳；④ 间接血凝；⑤ 补反；⑥ 荧光Ab；⑦ 酶标。

（五）处理

尚无有效治疗方法，为了减少并发感染，可使用抗生素，执行一般的卫生、防疫措施。为了控制该病，须采用免疫方法。康复鸡免疫期约一年，雏鸡母源抗体可保持2周，以后降低至消失（只能减轻症状，不能预防IVB呼吸道感染）。

思　考　题

1. 常见人畜共患传染病有哪些？如何进行诊断？
2. 人畜共患寄生虫病的检验检疫手段常用的有哪些？
3. 试述寄生虫病传播的途径。
4. 如何进行狂犬病的综合防治？
5. 经蚊虫等叮咬传播的疾病有哪些？
6. 试论家畜传染病防治综合措施。
7. 牛布氏杆菌病的发病机理是什么？
8. 如何诊断家畜寄生虫病？
9. 常见家禽重要疾病有哪些？其病原特征如何？

10. 论述家畜固有传染病对畜牧业和加工业造成的危害。
11. 家畜炭疽病的临床症状有哪些?
12. 结核病畜的处理措施有哪些?
13. 如何防止流行性乙型脑炎的传播?
14. 临床上诊断牛瘟的依据是什么?
15. 如何切断猪囊尾蚴病的传染源?
16. 弓形虫病主要流传于哪些动物?

第四章　肉品检验检疫技术

第一节　概　　述

一、肉与肉制品

（一）肉的概念

从广义上讲，凡是适合人类作为食品的动物机体的所有构成部分都可称为肉；从狭义上讲，肉是指除去骨的畜禽胴体。但在不同的行业、不同的加工利用场合肉的含义是不同的。在肉品工业和商品学中，肉是指除去毛或皮、头、蹄、尾和内脏（猪保留板油和肾脏）的家畜胴体或称白条肉；去掉羽毛、内脏和爪的家禽胴体或称光禽；而把头、蹄、尾、内脏及爪统称为副产品或下水。因此，胴体所包容的肌肉、脂肪、骨、软骨、筋膜、神经、血管和淋巴结等在肉品工业和商品学中都被纳入“肉”的范畴。在肉制品工业中所说的肉，仅指肌肉以及其中的各种软组织，不包括骨及软骨组织。在加工分割肉时，根据畜禽不同部位而冠以不同的名称，如分割猪肉中的颈背肌肉、前腿肌肉、大排肌肉、后腿肌肉等。在屠宰加工和肉的冷冻加工过程中，根据肉的温度将肉分为热鲜肉、冷却肉、冷冻肉等。通常所说的精肉则是指去掉骨、可见脂肪、筋膜、血管、神经的骨骼肌。

（二）肉制品的概念

将原料肉经过进一步加工处理生产出来的产品称之为肉制品。

二、肉的形态结构、化学组成与物理性状

（一）肉的形态结构

肉的形态结构决定肉的食用价值、营养价值及商品价值。肉主要由肌肉组织、脂肪组织、结缔组织、骨骼组织组成，其比例依动物的种类、品种、年龄、性别、营养状况及肥育程度不同而异。此外，肉还包括神经组织、淋巴组织及血管等，但它们所占比例很小。

肌肉组织和脂肪组织是肉的营养价值所在，占全肉的比例越大，肉的质量越好。结缔组织和骨骼组织，人们难于食用吸收，占全肉的比例越大，肉的质量越差。

（二）肉的化学组成

一般来说，猪、牛、羊的分割肉块含水量55%~70%，粗蛋白15%~20%，脂肪10%~30%。家禽肉水分在73%左右，胸肉含脂肪在1%~2%，粗蛋白约为23%，腿肉含脂肪在6%左右，粗蛋白为18%~19%。从化学组成上分析，肉主要由蛋白质、脂肪、水分、浸出物、维生素和矿物质6种成分组成，肌肉的典型化学组成见表4–1。

表 4–1 成年哺乳动物肌肉的化学成分

成分	含量/%	成分	含量/%
水分	75.0	脂类	2.5
蛋白质	19.0	碳水化合物	1.2
(a)肌纤维	11.5	可溶性无机物和非蛋白含氮物	2.3
（b）肌浆	5.5	（a）含氮物	1.65
（c）结缔组织和小胞体	2.0	（b）无机物	0.65
		维生素	微量

（三）肉的物理性状

肉的物理性状主要指肉的颜色、风味、嫩度及保水性等。这些性状都与动物种类、年龄、性别、肥度、部位、宰前状态、肉的形态结构、冻结的程度等因素有关。

1. 肉的颜色

颜色在某种程度上影响肉的商品价值和人对肉的食欲。如果是微生物引起的肉的颜色变化，还会影响肉的卫生质量。肉的颜色为红色，但红色的深浅程度受动物种类、年龄、环境氧含量、pH等很多因素的影响。

2. 肉的风味

肉的风味是指生鲜肉的气味和加热后肉制品的香气和滋味，是由肉中固有成分经过复杂的生物化学变化，产生的各种有机化合物而形成的，其成分复杂多样，含量甚微，用一般方法很难测定，除少数成分外，多数无营养价值，不稳定，加热易破坏或挥发。

3. 肉的嫩度

影响肉嫩度的因素很多，除与遗传因子有关外，主要取决于肌肉纤维的结构和粗细以及结缔组织的含量和构成，它们主要受动物年龄、营养状况、肌肉的解剖学位置、宰后肉的僵直和成熟过程、加热处理的温度和时间以及酶、pH等因素的影响而发生变化，从而导致肉嫩度的变化。

4. 肉的保水性

肉的保水性又称系水性或系水力，是指肉在压榨、加热、切碎搅拌、冷冻、解冻、腌制等加工或贮藏条件下，保持其原有水分和添加水分的能力。肉的保水性直接影响肉的风味、颜色、质地、嫩度、凝结性等，从而对肉品加工的质量有很大的影响，是评价肉品质量的重要指标之一。

三、宰后肉的变化

动物被屠宰以后，随着血液和氧气供应的停止，肌肉组织已不能维持正常代谢，在体内各种酶或污染的微生物作用下，会发生僵直→成熟→自溶→腐败一系列的化学变化，从而使其感官性状和食用价值也发生相应的改变。僵直和成熟是宰后肉在自身组织酶的作用下必然发生的自然变化，处于这两个阶段的肉是新鲜的。自溶和腐败是宰后肉在内源酶和污染的微生物作用下发生的并非必然的异常变化。自溶现象的出现，标志着肉腐败变质的开始，腐败后的肉则失去了其营养价值和食用价值。因此，在肉的加工和贮藏过程中，一定要加强卫生管理和监督，防止微生物污染，避免出现自溶和腐败现象。

（一）肉的僵直

屠宰后的畜禽肉，随着肌糖原酵解和各种生化反应的进行，肌纤维发生强直性收缩，使肌肉失去弹性，变得僵硬，这种状态称为肉的僵直。僵直肉的特征主要有：①肉质坚硬，干燥、缺乏弹性、嫩度降低。②肉的pH降低。③肉的保水力降低。

肌肉僵直达到顶峰之后，保持一定的时间，其后肌肉又逐渐变软，解除僵直状态，称为解僵。未经解僵的肌肉，口感和风味都较差。经充分解僵后的肌肉，质地变软，保水性提高，适于作为各种肉制品的原料。

（二）肉的成熟

肌肉继僵直之后变得柔软而有弹性；切面富有水分，易于煮烂，肉汤澄清透明，肉质鲜嫩可口，具有愉快的香气和滋味，这个变化过程称为肉的成熟。经过成熟食用性质得到改善的肉称为成熟肉。成熟肉的特征主要有：①胴体或大块肉表面形成一层干燥薄膜，这层薄膜既可防止其下层肉的水分蒸发，减少干耗，又可阻止外界微生物向肉内侵入。②肉的横断面有肉汁渗出，使肉的切面潮湿。③肉质柔软、嫩化，且富有弹性。④烹饪时容易煮烂、具有浓郁的肉香味，肉汤澄清透明，脂肪油珠团聚于表面。⑤肉的内环境呈酸性。

肉在食用之前，原则上都要经过成熟过程来改善其品质，特别是牛、羊肉，成熟对提高其风味是非常必要的。此外，成熟肉不但提高了肉的食用价值，而且由于乳酸和磷酸造成的酸性环境，可抑制或杀灭某些微生物，延长肉的保藏期，故肉成熟还具有重要的卫生学意义。

（三）肉的自溶

新鲜肉在酸性条件下受组织蛋白酶分解的过程称为肉的自溶。屠宰后未经充分冷却的肉，保藏在通风不良且温度较高的环境中，或重叠堆放，散热不良时，过高的温度使肉中组织蛋白酶的活性增强，可加速自溶的过程。此过程产生多种氨基酸，并放出硫化氢及其他不良气味。动物组织中脏器比肌肉更易自溶，尤其以肝脏为显著。自溶肉的特征是肌肉松弛，缺乏弹性，暗淡无光泽，呈褐红色、灰红色或灰绿色，带有酸味。实验室检查呈强酸性反应，硫化氢反应为阳性，氨反应为阴性。

（四）肉的腐败

肉的腐败是指在致腐微生物的作用下，引起蛋白质和其他含氮物质的分解，并形成有毒和不良气味等多种分解产物的化学变化过程。

肉的腐败主要是以蛋白质分解为特征的。蛋白质在致腐微生物产生的蛋白分解酶和肽链内切酶等的作用下，首先分解为多肽，进而形成氨基酸，然后在相应酶的作用下，氨基酸经过脱氨基、脱羧基、氧化还原等作用，进一步分解为各种有机胺类、有机酸以及CO_2、NH_3、H_2S等无机物质，肉即表现出腐败特征。腐败肉的特征主要有：①表面非常干燥或者腻滑发黏，呈灰绿色、污灰色、甚至黑色；新切面发黏发湿，呈暗红色、微绿色或灰色。②肉质松软，指压后的凹陷完全不能恢复。③外表和深层都有显著的腐败气味。④肉的内环境呈碱性。⑤氨反应呈阳性。

无论是参与腐败的微生物及其产生的毒素，还是腐败形成的有毒分解产物，都能危害消费者的健康。因此，腐败肉一律禁止食用，做化制或销毁处理。

第二节 宰前检疫技术

一、宰前检疫的意义

宰前检疫的意义主要在于：①收购时对活畜禽进行严格的检疫，可以避免购入患病畜禽，不但有利于加工出高质量的白条肉或光禽，还可减少因患病畜禽给屠宰加工企业造成的经济损失。②入厂（场）验收时对活畜禽进行严格的检疫，可及时发现患病畜禽，实行病、健畜禽隔离，病、健畜禽分宰，防止疫病扩散，减轻对肉品及加工环境的污染，提高肉品卫生质量。③宰前检疫可以检出宰后检验时难以检出的疾病，如破伤风、狂犬病、李斯特菌病、脑炎、脑包虫病、口蹄疫、肉毒中毒症及某些中毒性疾病等，一般无特殊病理变化或因解剖部位的关系，在宰后检验时常有被忽略和漏检的可能。但这些疾病具有明显而特殊的临床症状，依据其宰前的临床症状是不难作出诊断的。④通过宰前检疫能及时发现疫情，并根据商品畜禽的来源，查找到疫病的疫源地，从而尽快控制和扑灭疫病，保障畜牧业的发展。

二、宰前检疫的组织

畜禽宰前检疫要求兽医卫生检验人员在很短的时间内，从畜禽群中迅速地检出患病畜禽，并作出准确的诊断和处理。这就要求兽医卫生检验人员不仅要具有熟练的技术，而且要做好宰前检疫的组织工作。宰前检疫分以下3步进行。

（一）入厂（场）验收

入厂（场）验收的目的在于将患病畜禽剔除于厂（场）外，防止患病畜禽混在健康畜禽群中进入宰前饲养管理场。一般按以下程序进行入厂（场）验收。

1. 验讫证件，了解疫情

当商品畜禽运到屠宰加工企业后，在未卸下车、船之前，检疫人员应首先向押运人员索取《动物产地检疫合格证明》或《出县境动物检疫合格证明》、《动物及动物产品运载工具消毒证明》，并询问畜禽原产地有无疫情、出售前畜禽的用药和饲喂情况及运输途中的病死状况，而后亲临车、船，仔细察看畜禽群，核对畜禽的种类和数量，如发现数目不符或有途病、途亡情况，必须认真查明原因。若发现疫情或有疫情可疑时，不得卸载，立即将该批畜禽转入隔离圈（栏）内，进行仁细的临床检查和必要的实验室诊断，确诊后根据疾病的性质按有关规定作出处理。检疫时如发现上述检疫证明不符合国家规定，除按规定给予行政处罚外，还需按规定给予补检、补消毒或全群实施重检。

2. 视检畜（禽）群，病健分群

经上述查验认可的商品畜禽，准予卸载。但在卸载时对屠畜要实施外貌检查，并赶入预检圈。方法是在卸载台到预检圈之间设置狭长的走廊，检疫人员在走廊旁的适当位置，视检行进中屠畜的精神外貌和行走姿态，将健康屠畜赶入预检圈，并按产地和批次，分圈饲养。若发现有异常的屠畜，立即涂刷一定的标记，在走廊的近圈端由专人把守，按所作的标记将可疑病畜赶入隔离圈，待卸载完进行详细检查和处理。

家禽则采用飞沟检疫法和障板检疫法。①鸡飞沟检疫法：将鸡群放开，驱赶或在前面由一人以饲料引诱，使其自行通过检疫飞沟。凡能轻易飞过沟者，可认为是假定健康鸡，赶入预检舍；不能飞过沟或掉在沟中者，可认为是疑似病鸡，赶入隔离舍。检疫飞沟的宽度可用健康鸡反复试飞确定。②障板检疫法：将鸡群或鸭群放开，驱赶或在前面由一人以饲料引诱，使其通过一定高度的障板，凡能轻易通过障板者，可认为是假定健康禽，赶入预检舍；不能通过障板者，可认为是疑似病禽，赶入隔离舍。障板的高度由健康鸡、鸭反复试飞而定。

3. 逐头（只）检温，剔除病畜（禽）

对来自农村散养的商品畜禽，经上述检疫后让其在预检圈（舍）安静休息，给足饮水，4h后逐头（只）检温，确认健康的畜禽，赶入宰前饲养圈（舍），体温异常的畜禽，赶入隔离圈（舍）。对来自规模化养殖场的猪或机械化养鸡厂或稍具规模的全进全出式笼养的肉用鸡，可抽查检测体温，如有体温升高者，再进行逐头（只）检温，剔除病畜（禽）。

4. 个别诊断，按章处理

隔离出来的病畜禽或可疑病畜禽，经适当休息后，实施详细的个体临床检查，必要时辅以实验室检查，予以确诊。确认为健康畜禽，转入宰前饲养圈；已确诊的病畜禽或疑似病畜禽，按相关规章或规定进行无害化处理。

（二）住场查圈

入场验收合格的畜禽，在宰前饲养圈（舍）待宰期间，检疫人员应经常深入圈（舍），对畜禽群进行静态、动态和饮食状态等的观察，以便及时发现漏检的或新发病的畜禽，做出相应的处理。同时检查畜禽宰前管理情况，发现问题，及时处理。

（三）送宰检疫

进入宰前饲养圈（舍）的健康畜禽，经过2d左右的宰前管理，即可送去屠宰。为了最大限度地控制病畜禽，在送宰之前要再进行一次以群体检查为主的健康检查，有条件者可检测体温。确认健康合格者，由检疫员签发宰前检疫单送往候宰间。

三、宰前检疫的方法及技术要领

鉴于送宰的牲畜数目通常较多，待宰的时间又不能拖长，尤其在屠宰旺季，实行逐头测温检查实属困难，故生产实践中多采用群体检查和个体检查相结合的办法。其具体做法可归纳为动态、静态、饮食状态观察三大环节和看、听、摸、检四大技术要领。

（一）群体检查

群体检查是将同一来源、同一批次或同一圈（舍）的畜禽作为一群，禽、兔还可按笼、箱、舍划群。检查时按静态、动态、饮食状态观察三大环节进行。

1. 静态观察

在不惊扰畜禽使其处于自然安静的状态下，观察其精神状态、睡卧姿势、呼吸和反刍状态，注意有无咳嗽气喘、呻吟流涎、昏睡嗜眠和独立一隅等反常现象。

2. 动态观察

先看畜禽自然活动时的状态，然后看驱赶时的活动状态。观察其活动姿势，注意有无行走困难、打晃踉跄、屈背弓腰和离群掉队等现象。

3. 饮食状态观察

先观察畜禽自然采食、饮水的状态，再观察给食给水时的状态。注意有无停食、不饮、少食、少饮、贪饮、假食及吞咽困难等异常情况。

经上述检查呈现异常的屠畜，都应标上记号，予以隔离，留待进一步作个体检查。

大批商品禽的群体检查采用飞沟检查法或障板检查法。认为是假定健康禽，再于静态休息和动态活动及摄食饮水时做进一步检查；认为是疑似病禽，应逐只进行个体检查。

（二）个体检查

个体检查主要是对在群体检查中被剔除的病畜禽和可疑病畜禽集中进行的较详细的个体临床检查，但经群体检查判为健康无病的畜禽，必要时也可抽出10%作个体检查；如果发现传染病时，可继续抽查10%，有时甚至全部进行个体检查。个体临床检查的方法，实践中总结为看、听、摸、检四大技术要领。

1. 看

利用检查者的视觉，观察畜禽的表现。先观察其全貌，然后由前至后，由左到右观察其头、颈、胸腹、脊背、四肢、肛门及会阴部。主要观察畜禽的精神外貌、营养状况、被毛、皮肤、可视黏膜、天然孔、鼻镜（鼻盘）、起卧和运动姿势、反刍和呼吸动作、分泌物、排泄物等有无异常。

2. 听

利用检查者的听觉直接或间接（用听诊器）听取畜禽因患病发出的各种反常声音及家畜内脏活动的声音。主要注意畜禽是否发出呻吟、咳嗽、喘鸣声，心音、呼吸音、胃肠蠕动音有无异常。

3. 摸

通过检查者的手触摸畜禽机体各部位，以了解其局部组织有无异常变化及机体的健康状况。主要感觉皮肤的弹性，角、耳根、皮肤的温度（可判定体温的高低），体表有无水肿、气肿、疹块及结节，体表淋巴结是否肿大，有无触摸敏感或压痛的部位。

4. 检

检包括体温检测和实验室检查。因为体温的变化对动物的精神、食欲、呼吸和心血管系统等都有非常明显的影响，所以重点是检测体温，但应注意测体温前要让动物得到充分的休息，避免因运动、曝晒、运输、拥挤等应激因素导致的体温升高。对于畜禽的传染病和寄生虫病，除进行上述一般临床诊断外，为了确诊还必须进行实验室检查。

四、宰前检疫后的处理

经过宰前检疫的畜禽，根据其健康状况及疾病的性质和程度作以下处理。

（一）准宰

凡是健康、符合卫生质量和商品规格的畜禽，准予屠宰，但检疫人员要出具准予屠宰的送宰证明书，送往屠宰加工车间宰杀。

（二）禁宰

畜禽患有危害性大而且目前防治困难的疫病，或急性烈性传染病，或重要的人畜共患病，以及国外有而国内无或国内已经消灭的疫病，均禁止屠宰，采用不放血方式扑杀，尸体按规定做无害化处理，并完善现场消毒。

（三）急宰

确诊为无碍肉食卫生的普通病、一般性传染病畜禽而有死亡危险时，检疫人员可随即签发急宰证明书，送往急宰间紧急宰杀。胴体和内脏按规定作无害化处理，并完善现场消毒。

（四）缓宰

经宰前检疫，确认为普通病和一般性传染病，且有治愈希望者，或患有疑似传染病而未确诊，或按规定需延迟宰杀（免疫注射期，饲喂违禁药品等）的畜禽予以缓宰。但必须考虑有无隔离条件和消毒设备，有无治愈的可能及经济上是否合算等因素。

（五）死畜禽尸体的处理

凡在运输途中或宰前饲养管理期间不明原因死亡的畜禽尸体一律销毁。确定是因挤压、触电、跌跤、水淹、斗殴等纯物理性因素致死的畜禽尸体，经检验肉质良好，并在死后2h内取出全部内脏者，其胴体经无害化处理后可供食用。

五、宰前检疫结果的登记

宰前检疫结束后，检疫人员应详细记录畜禽产地检疫证明、宰前检疫情况及处理结果，并整理存档，保存备查。发现传染病，特别是重大传染病时，检疫人员必须及时向当地和畜禽产地的动物防疫监督机构报告疫情，以便及时采取防治措施。

第三节 宰后检验技术

一、宰后检验的目的及意义

宰后检验是检疫人员应用兽医病理学知识和实验室诊断技术，依照规定的检疫项目、标准和方法，对解体后的畜禽胴体、脏器及组织进行的检验及综合性卫生评价。

宰后检验的主要目的在于发现患有疫病或有碍于公共卫生的其他畜禽疾病的胴体、脏器及组织，继而依照有关规定对有害的畜禽产品和废弃物进行无害化处理，以确保肉类食品的卫生质量。

宰后检验的意义主要在于：宰前检疫只能检出具有体温反应或症状比较明显的患病畜禽和可疑病畜禽，而对那些缺乏明显临床症状，特别是处于发病初期或疾病潜伏期的病畜禽一般无法检出，使其随同健康畜禽一同进入屠宰加工过程，这些病畜禽只有在宰后解体的情况下，经过宰后检验，直接观察胴体、脏器等呈现的病理变化和异常现象以及必要的实验室检查，进行综合分析判断才能被检出。因此，宰后检验是宰前检疫的继续和补充，是肉品安全全程监控的重要环节。

二、宰后检验的组织及技术要求

（一）宰后检验的组织

宰后检验是在高速流水作业的生产线上进行的，要求检疫人员在很短的时间内依据胴体、脏器及组织的病变，快速而准确地判定畜禽疾病的性质，并按规定对患病畜禽的胴体、脏器及组织作出处理。因此，必须做好宰后检验的组织工作。

1. 受检组织器官的选择

宰后检验对受检的组织器官必须加以选择。通常根据病原微生物最常入侵机体的门户和机体最先受害的部位以及畜禽患某些疾病后具有特殊检验意义的器官和组织来选择宰后受检的组织器官。

头部天然孔道、体表皮肤、蹄、爪及消化系统、呼吸系统、泌尿生殖系统、血液和淋巴循环系统是宰后检验的重点，并且头部检验、内脏检验和胴体检验应受到同等的重视。

2. 宰后检验点的设置与同步检验

在我国现有的工艺设备与技术条件下，根据屠宰畜禽宰后检验的要求，有自动或半自动传送装置的屠宰加工企业，宰后检验点的设置与布局如下。

（1）猪宰后检验点的设置

①头部检验点：该点设在脱毛吊上滑轮后或放血完入烫池前。其任务是剖检头部两侧的颌下淋巴结，以检验局限性咽炭疽及淋巴结结核病变。按《生猪屠宰产品品质

检验规程》（GB/T17996—1999）的要求，该点设在脱毛吊上滑轮之后为佳，这样既可减少入烫池前剖开颌下淋巴结造成的污染，又可避免放血后尚在沥血时剖检，血液污染剖开的颌下淋巴结而造成的错判。

②头部咬肌检验点：该点设在去头之前。由专人切开头部两侧的咬肌，检查猪囊尾蚴。

③皮肤检验点：该点设在脱毛之后、开膛之前。检查皮肤有无病变或其他异常情况。

④“白下水”检验点：该点设在开膛暴露或摘出腹腔脏器之后。检验胃、肠、脾、胰（屠宰行业称之为“白下水”）及相应的淋巴结。

⑤“红下水”检验点：该点设在开膛摘出心、肝、肺之后。检验心、肝、肺（屠宰行业称之为“红下水”）及相应的淋巴结。

⑥旋毛虫检验点：开膛之后，设横膈膜肌脚（膈肌角）采样点，将检样与胴体编同一号后送旋毛虫检验室进行旋毛虫检验。

⑦胴体检验点：该点设在胴体劈半之后。主要检验胴体脂肪、肌肉、胸膜、腹膜、骨髓、主要淋巴结及肾脏。还必须检验腰肌。

⑧终末检验点：也称“复检点”。上述各检验点发现可疑病变或遇到疑难问题时，送到该点作进一步详细检查，必要时辅以实验室检验，最后对胴体健康状况进行综合评定。此外，终末检验点还对胴体进行全面复查，负责胴体质量评定及加盖检验印章。

（2）牛羊宰后检验点的设置

①头部检验点：检验头部主要淋巴结、口、唇和咬肌。

②“白下水”检验点：检验胃、肠、脾、胰等脏器及相应的淋巴结。

③“红下水”检验点：检验心、肝、肺等脏器及相应的淋巴结。

④胴体检验点：检查胴体各重点部位、主要淋巴结和肾脏。

⑤终末检验点：与猪的检验任务相同。

（3）家禽宰后检验点的设置

①内脏检验点：检验心、肝、肺、胃、肠、脾、胰和肾等脏器。

②胴体检验点：检验胴体的完整性、清洁度、放血程度、皮肤、鸡冠和肉髯、眼、鼻孔、口腔、咽喉、肛门等。

（4）同步检验　为了保证检验人员能够全面观察屠宰畜禽的胴体和离体的内脏、头、蹄等，通过综合分析对屠宰畜禽的健康状况作出准确的判定，有条件的屠宰加工企业宰后检验应采用同步检验的方式，即将离体的内脏、头、蹄等吊上挂钩或装入托盘，在转移时与胴体在两条平行轨道上同步运行，始终保持同时对照的集中检验。若发现患病畜禽或可疑病畜禽时，能及时将其推入另外的岔道，由专人进行对照检验、综合判定及处理。同步检验的优点在于使胴体、内脏双轨道同步对号、同速运行，检疫员可同时对胴体，内脏所发生的病理变化进行观察，既可避免宰后分点检验时，发现有病变的胴体或脏器、头、蹄后，胴体与离体的脏器、头、蹄等难以对号的现象发生，又可以减少在分点检验时，各检验点只能观察到胴体或脏器、头、蹄等各自表现的局部病变，难以进行综合分析，出现误判或漏检以及因此而造成的病原扩散。

3. 胴体与受检器官的编号

在无同步检验设备的屠宰场，宰后检验点可根据屠宰畜禽的种类不同而分别设置，但为了保证宰后检验结果及处理的正确性，在屠宰加工过程中，对胴体和离体的内脏、头、蹄必须编上统一的号码，以便检验人员发现病变时，及时查找该病畜的胴体及内脏、头、蹄。避免在检出病变的脏器及离体的头、蹄时，找不到相应的胴体，或在检出病变的胴体时，找不到相应的脏器及离体的头、蹄，使无害化处理难以进行。常用的编号方法有贴纸号法、挂牌法和变色铅笔书写法。这些方法各有其优缺点，在实际生产中可根据具体情况选择使用。

（二）宰后检验的技术要求

宰后检验的技术要求主要有：①为了保证在高速流水作业的屠宰加工线上，能迅速、准确地对屠宰畜禽的健康状态作出准确的判定，检验人员必须按照规定，检查最能反映机体病理变化的器官和组织，并遵循一定的检验程序和操作术式，养成良好的工作习惯，以免漏检。②为确保肉品的卫生质量和商品价值，宰后剖检只能在一定的部位切开，切口深浅应适度，切忌乱划或拉锯式切割。肌肉应顺肌纤维方向切割，非必要不得横断，以免造成裂开性切口，导致细菌的侵入或蝇蛆的孳生。检验带皮猪肉的淋巴结时，应尽可能从剖开面沿长轴切开检查，以免皮肤切口太多，损伤商品外观。③当切开脏器和胴体的病变部位时，应防止病变组织污染产品、地面、设备、器具、检验人员的手和工作服。如果在开膛时或进行内脏和内脏淋巴结检验时割破了胃肠道，其内容物流出后污染了胴体和脏器，此时应将污染部分洗净或修切后弃去。脓肿切破后也应如此处理。④检验人员均应配备两套检验刀和钩，以便被污染后替换使用，被污染的器械应立即消毒。同时检验人员应搞好个人防护，穿戴清洁的工作服、鞋帽、围裙和手套上岗，工作期间不得到处走动。

三、宰后检验的基本方法

宰后检验通常以感官检验为主，必要时辅以实验室的病理学、微生物学、寄生虫学和理化学检验，以便对宰后检验中发现的病畜禽作出准确的诊断及相应的卫生处理。宰后感官检验的方法如下：

1. 视检

用肉眼观察胴体的皮肤、肌肉、胸腹膜、脂肪、骨骼、关节、天然孔及各种脏器的色泽、形状、大小、组织状态等是否正常，为进一步的剖检提供依据。例如，牛羊上下颌骨膨大时，要注意检查放线菌病；皮肤、皮下组织、结膜、黏膜和脂肪组织发黄，表明病变可能为黄疸，应仔细检查肝脏和造血器官有无病变；口腔黏膜和蹄部发现水疱、糜烂和溃疡，则应注意鉴别口蹄疫、水疱病、羊痘、传染性水疱性口炎等传染病。

2. 触检

采用手或刀具触摸和触压的方法，判定组织、器官的弹性和软硬度是否正常，并且可以发现位于被检组织或器官深部的结节性病变。例如，在肺叶内的病灶只有通过触摸才能发现。

3. 嗅检

利用检验人员的嗅觉嗅察畜禽的组织和脏器有无异常气味，以判定肉品的卫生质量。有时畜禽患某些疾病时，其组织和器官无明显可见或特征性的病理学变化，必须依靠嗅其肉的气味来判定卫生质量。例如，屠畜生前患尿毒症，肌肉组织就带有尿臭味；农药中毒、药物中毒或药物治疗后不久屠宰的畜禽肉，则带有特殊的药物气味。

4. 剖检

借助于检验刀具，剖开被检组织和器官，检查其深层组织的结构和组织状态，以发现组织和器官内部的病变。这对淋巴结、肌肉、脂肪、脏器和所有病变组织的检查，探明病变的性质和程度是非常重要的。

四、宰后检验的程序及操作要点

宰后检验的各项内容被作为若干环节安插在了屠宰加工的过程中。通常分为头部检验、内脏检验及胴体检验三个基本环节，对于猪还必须增加皮肤检验与旋毛虫检验两个环节。

（一）猪宰后检验的程序与操作要点

1. 头部检验

头部检验项目包括：①剖检颌下淋巴结。通过放血口顺长切开下颌区的皮肤和肌肉，然后在左右下颌角内侧向下各作一个平行切口，从切口的深部剖检两侧颌下淋巴结。主要目的是检验咽型炭疽和结核。②剖检外咬肌。从左右下颌骨外侧平行切开两侧外咬肌，检验有无猪囊尾蚴寄生。③视检头部其他部位。观察鼻盘、唇、舌、齿龈、咽喉黏膜和扁桃体等有无异常，注意有无口蹄疫、传染性水疱病病变。

2. 皮肤检验

由于猪的某些传染病常在皮肤上有指示性症状，故在其胴体开膛解体之前，实施皮肤检验是非常必要的，能及早发现传染病。当发现有传染病可疑的屠体时，打上记号，不行解体，由岔道转到病猪检验点，进行全面的剖检与诊断，可避免扩大污染范围。皮肤检验对于检出和控制猪瘟（皮肤上有点状出血）、败血型猪丹毒（皮肤呈弥漫性充血状）、亚急性猪丹毒（皮肤上有方形、菱形紫红色或黑紫色疹块）、猪肺疫（皮肤发绀）、猪巴氏杆菌病（四肢、耳、腹部呈云斑状出血）等疾病有重要的意义。

3. 内脏检验

绝大多数传染病都可引起内脏发生不同程度的病理变化，有些甚至呈现明显的特征性或启示性病变，因此，内脏检验是宰后检验的重点。实施内脏检验时，应先胃、肠、脾，后心、肝、肺，且要与胴体检验相对照，综合判定结果。

（1）胃、肠、脾的检验　首先视检胃肠浆膜及肠系膜，并剖检肠系膜淋巴结，注意有无肠炭疽。必要时将胃肠移至指定地点，剖检黏膜，注意色泽是否正常，有无充血、出血、水肿、胶样浸润、痈肿、糜烂、溃疡、坏死、结节等病变。例如，猪瘟时胃黏膜有点状出血；猪丹毒时胃底部出血；猪瘟时大肠回盲瓣附近有纽扣状溃疡；猪副伤寒病时大肠黏膜上有灰黄色糠麸状坏死性病变和溃疡；急性胃炎时黏膜充血；慢性胃炎时黏膜肥厚且有皱褶。接着检查脾脏，注意其形态、大小及色泽，触检其弹性及硬度，注意有无肿胀、结节、充血、出血、淤血、梗死等变化，必要时剖检脾髓。例如，猪瘟时脾脏边缘有楔状梗死区。

（2）心、肝、肺的检验　从肺开始，先观察其色泽、形态，有无充血、出血、气肿、结节及实变，剖开左、右支气管淋巴结。然后触摸两侧肺叶，剖开其中每一硬结的部分，必要时剖开支气管。注意有无结节、实变、寄生虫及各种炎症变化。例如，结核病时可见淋巴结和肺实质中有小结节、化脓、干酪化等病变；猪肺疫时呈纤维素性坏死性肺炎；肺丝虫病以突出表面的白色小叶性气肿灶为特征；猪丹毒以卡他性肺炎和充血、水肿为特征。接着剖检心脏。首先仔细检查心包，然后剖开心包，观察心脏外形及心包腔、心外膜的状态，并在左心室肌肉上作一纵斜切口，检查有无囊尾蚴。暴露心脏后，观察心肌、心内膜、心瓣膜及血液凝固状态。应特别注意二尖瓣上有无菜花样赘生物（慢性猪丹毒的病变）。最后检验肝脏，先观察其外表，注意大小、色泽、表面损伤及胆管状态，触检其弹性和硬度。然后剖检肝门淋巴结，并以刀横断胆管，挤压胆管内容物，检查有无肝片吸虫。必要时剖检肝实质和胆囊，观察有无淤血、出血、肿大，变性、坏死、硬化、萎缩、结节、结石、寄生虫损害等。例如，肝片吸虫、华枝睾吸虫寄生胆管时，切开胆管可使虫体溢出；猪瘟病猪的胆囊黏膜出血；败血型猪丹毒的肝脏肿胀、淤血，胆囊黏膜可见炎性充血、水肿。此外，还应注意有无加工方法不当引起的肺呛水、肺呛血及电麻性出血等变化。

（3）肾脏的检验　按我国的屠宰加工习惯，肾脏一般连于胴体上，其检验与胴体检验一并进行。首先剥离肾包膜，然后观察其外表，注意有无贫血、淤血、出血等变化，再触检其弹性和硬度。一般不剖开肾脏检验，如果发现肾脏有某些病理变化，或在其他脏器发现有传染病时，再纵向切开肾脏，检验其皮质、髓质和肾盂的状态。例如，猪瘟时肾皮质色淡，有点状出血；猪肺疫时肾淤血、肿大，有大小不一的出血斑点；猪丹毒时肾淤血、肿大，有出血斑点，有时呈紫色。肾脏上还常可见到囊肿。

（4）子宫、睾丸和乳房的检验　公畜、母畜需剖检睾丸或子宫，注意其形态、大小，有无炎症变化。乳房检验可与胴体检验一并进行，也可单独进行。

4. 旋毛虫检验

当开膛取出腹腔脏器后，由横膈膜肌脚采取样品（两侧各重约15g），编上与胴体一致的号码，送旋毛虫检验室检验。如在样品中发现旋毛虫，再由该胴体采取第2份检样作复核检查。当验证确有旋毛虫时，在胴体上打上适当标记，并控制猪头和食道肌等，根据规定提出处理意见。

5. 胴体检验

首先视检胴体肌肉组织的色泽、微小血管中有无血液滞留及肌肉断面血液浸润状态等，以判定胴体放血程度的好坏，因为胴体放血程度是评价其卫生质量的重要指标。

胴体放血不良的特征是：肌肉的颜色发暗，皮下静脉血液滞留，特别是穿行于背部结缔组织和脂肪沉积部位的微小血管，以及沿肋骨两侧分布的血管清晰可见，当切开肌肉时，切面上可见到暗红色区域，挤压切面有少量血滴渗出。

在判定胴体放血程度的同时，还必须仔细检查皮肤、皮下组织、脂肪、肌肉、胸腹膜、骨骼（尤其是剖开的脊椎骨、骨盆及胸骨）、关节及腱鞘的状态，注意可能发生的各种病变，如出血、皮下和肌肉水肿、脓肿、蜂窝织炎、肿瘤、外伤、肌肉色泽异常、四肢病变等。

最后依次检验颈浅背侧淋巴结、腹股沟浅淋巴结和髂内淋巴结等有无肿大、出血、淤血、化脓等变化。必要时酌情增检颈深后淋巴结、髂下淋巴结、腹股沟深淋巴结和腘淋巴结。并剖开两侧腰肌，检查有无囊尾蚴。如肾和乳房留在胴体上，则一并检查。

6. 复检

为了最大限度地控制病畜肉出厂（场），胴体经上述检验后，还须经过复检（即终末检验点检验）。复检的任务是查验各检验点的检验结果，对胴体的卫生质量作出综合判定，并负责胴体的分等级和盖检印；确定所检出的各种病害肉无害化处理的方法，并对检验结果进行登记。

（二）牛宰后检验的程序与操作要点

牛的宰后检验一般分为头部检验、内脏检验和胴体检验3个环节，其检验内容、方法和要求与猪基本相同，但由于牛的解剖构造及屠宰方式、方法有别于猪，尚需注意如下操作要点：

1. 头部检验

首先观察唇、齿龈、鼻镜及舌面，注意有无水疱，溃疡或烂斑，再用刀将下颌骨间软组织与下颌骨分离，从下颌间隙拉出舌尖，并沿下颌骨将舌根两侧切开，使舌根和咽喉全部露出受检，注意观察有无口蹄疫、放线菌病、结核、出血性败血症、炭疽等疾病引起的病理变化。然后用钩牵引咽喉部，顺舌骨支隆起部纵向剖开咽后内侧淋巴结，并从两侧下颌骨角内侧切开颌下淋巴结，注意有无充血、水肿、炎症、化脓等病变。接着沿舌系带纵向剖开舌肌和内外咬肌，检查有无囊尾蚴。水牛还需注意观察舌肌上有无住肉孢子虫。

2. 内脏检验

（1）胃、肠、脾的检验　开膛后首先视检脾脏，注意其形态、大小及色泽，触检其弹性及硬度，注意有无肿胀、结节、充血、出血、淤血、梗死等变化，然后视检胃肠浆膜及肠系膜，并剖检肠系膜淋巴结，观察色泽是否正常，有无充血、出血、水肿、胶样浸润、痈肿、糜烂、溃疡、结节等病变，注意结核病和寄生虫病。同时进行食道住肉孢子虫的检查。

（2）心、肝、肺的检验　先观察肺的色泽、形态，有无充血、出血、气肿、结节及实变；剖开支气管淋巴结及纵膈淋巴结。然后触摸两侧肺叶，剖开其中每一硬结的部分，必要时剖开支气管。注意有无结节、实变、棘球蚴和其他寄生虫及各种炎症变化。接着观察心脏的色泽、形态，有无出血和其他病变，必要时切开左右心房和心室，观察心内膜、瓣膜、心肌切面及心脏内血液的状态，注意有无血液凝固不良。最后观察肝脏外表，注意大小、色泽、表面损伤及胆管状态；触检其弹性和硬度，注意各种炎症和寄生虫。来自牧区的牛还应特别注意有无棘球蚴。

（3）肾脏的检验　牛的肾脏不带在胴体上，需单独检验，但通常不切开检验，仅视检其表面色泽、形态、大小是否正常，有无出血点和肿胀等；触检其弹性和硬度。必要时切开肾脏，检验其皮质、髓质和肾盂的状态。

（4）子宫、睾丸和乳房的检验　公畜、母畜需剖检睾丸或子宫，特别是有布氏杆菌病嫌疑时。注意其形态、大小，有无炎症变化。乳房检验可与胴体检验一并进行，也可单独进行，注意有无结核、放线菌肿和化脓性乳房炎等。

3. 胴体检验

首先视检胴体的放血程度，观察其皮下组织、肌肉、脂肪、胸腹膜、关节等有无异常，注意胸腹膜上有无结核结节；接着剖检横膈膜、颈部、股部和肩肘部肌肉，检查有无囊尾蚴寄生。最后剖检颈浅淋巴结、髂下淋巴结、腹股沟深淋巴结，观察其有无病理变化。必要时增检咽喉外侧淋巴结、髂内淋巴结和腘淋巴结。

（三）羊宰后检验的程序与操作要点

羊的胴体通常不劈成两半，其宰后检验比猪、牛简单。头部主要视检皮肤、唇及口腔黏膜，注意有无水疱、烂斑、溃疡和痘疮等。内脏重点检查脾脏有无异常，肝脏有无寄生虫和肝硬变等。胴体主要观察体表及胸、腹腔，其检查内容与牛的基本相同。羊一般不剖检淋巴结，当发现可疑病变时，再详细检查淋巴结。

（四）家禽宰后检验的程序与操作要点

家禽的宰后检验不同于家畜的宰后检验，原因在于：①家禽的淋巴系统组织结构特殊，鸡没有淋巴结，只有淋巴小结；鸭和鹅仅在颈胸部和腰部有两群简单的淋巴结，但很小，不便于剖检。②家禽的加工方法与家畜不同，有全净膛、半净膛和不净膛之分，对全净膛者能检查胴体表面、体腔及内脏，对半净膛者一般只能检查胴体表面和肠管，而不净膛者只能检查胴体表面。因此，家禽的宰后检验，不剖检淋巴结，只检查胴体和内脏的状况。

1. 胴体检验

（1）屠宰加工质量和卫生状况　首先检查体表的绒毛、毛根是否拔干净，皮肤有无破损。然后观察头、放血口等处附着的污物是否清除，整个体表是否清洁、完整。

（2）判定放血程度　根据体表的颜色和皮下血管的充盈程度来判定放血是否良好。放血良好的健康光禽，皮肤淡黄略带红色，有光泽，皮下血管不显露；放血不良的光禽，皮肤呈紫红色，表层血管充血，皮下血管显露，常见宰杀口残留血迹或凝血块。若尾、翅尖部呈鲜红色，往往是未死的活禽被浸烫致死造成的。

（3）检查体表和体腔　首先观察体表皮肤有无外伤、水肿、淤血、坏死、溃疡、化脓、肿瘤及寄生虫等病理变化。然后检查全净膛光禽体腔内壁及保留的肺、肾有无异常，体腔内有无炎性渗出物、赘生物、血凝块、寄生虫、粪污等。对半净膛的光禽，用开膛器撑开泄殖腔借助光源观察体腔内有无血污、粪污、胆汁及拉断的肠管以及体腔内保留的内脏有无病变。对不净膛的光禽，在体表发现可疑病变时，应进行体腔和内脏检查。

（4）检查头部和泄殖孔　观察鸡冠、肉髯、眼睑、耳等有无出血、水肿、结痂、溃疡等病变；嗉囊有无积食、积液或积气；眼、鼻有无分泌物；口腔有无黏液、干酪物以及糜烂或溃疡；泄殖孔（肛门）是否紧缩清洁，有无炎症。

2. 内脏检验

在家禽屠宰加工的流水线上检查其内脏时，要根据加工方式对已摘出和尚连在禽胴体上的内脏与胴体作对照检查。对全净膛加工的光禽，取出内脏后应做全面而仔细的检验；半净膛者只能检查拉出的肠管；不净膛的光禽一般不检查内脏，但对胴体检验疑似为病禽者，应剖开胸腹腔，仔细检查内脏和体腔。

（1）肝脏的检查　观察其色泽、形状和大小，是否有肿大，有无黄白色斑纹和结节（注意鸡马立克氏病、鸡白血病、鸡结核病），有无坏死小斑点（注意禽霍乱等）。

（2）脾脏的检查　观察是否有充血、肿大、变色和灰白色结节（注意鸡结核病）。

（3）心脏的检查　注意心包膜是否粗糙，心包腔是否积液，心脏是否有出血及赘生物等。

（4）胃肠的检查　剖检肌胃，剥去角质层（鸡内金），观察有无出血；剪开腺胃，轻轻刮去胃内容物，观察腺胃乳头是否肿大，有无出血和溃疡（注意鸡新城疫、禽流感）。视检整个肠管浆膜及肠系膜有无充血、出血、结节，特别注意小肠和盲肠，必要时剪开肠管检查肠黏膜。

（5）卵巢的检查　观察卵巢有无变形、变色、变硬等现象（注意卵黄性腹膜炎），同时注意卵巢的完整性。

五、宰后检验后的处理

（一）宰后检验的处理

胴体和脏器经过宰后检验，本着既要保障消费者安全，避免造成环境污染和动物疫病传播，又要尽量充分利用，减少经济损失的原则提出处理意见。对有条件食用、不可食用的肉类产品要严格监管机制，实行强制性无害化处理。宰后检验的处理方式通常有以下几种。

1. 适于食用

凡来自健康活畜禽屠宰后的新鲜肉类，其品质符合国家卫生标准，可不受限制出厂（场），直接鲜销、加工肉制品或冷藏。

2. 有条件食用

凡患有一般传染病、轻症寄生虫病和病理损伤的胴体和脏器，根据病理损伤的性质和程度，经过无害化处理，其传染性、毒性等危害消失或寄生虫全部死亡，则可有条件食用。根据我国1996年实施的《畜禽病害肉尸及其产品无害化处理规程》（GB16548—1996）的规定，有条件食用的胴体和脏器，只能采用高温方法进行无害化处理，1959年四部联合颁发的《肉品卫生检验试行规程》中规定的冷冻、产酸、盐腌无害化处理方法均已被废除。

3. 不可食用

凡患有严重传染病、寄生虫病、中毒和严重病理损伤的胴体和脏器，不能在无害化处理后食用者，应进行化制（干化或湿化）。凡患有重要人畜共患病或危害性大的传染病的畜禽尸体、宰后胴体和脏器，必须在严格的监督下用焚烧、深埋、湿化（通过湿化机）等方法予以销毁。化制和销毁按《畜禽病害肉尸及其产品无害化处理规程》（GB16548—1996）的规定进行。

（二）宰后检验结果的登记

宰后检验结束后，应及时认真地将检验结果作详细的登记。登记项目包括：屠宰日期、胴体编号、畜禽种类、产地名称、畜主姓名、疾病名称、病变组织器官及病理变化、检验人员的结论和处理意见等。所有登记资料应作为档案，长期保存备查。当发现某些重大疫病，尤其是人畜共患病时，应及时通知产地和当地的动物防疫监督机构，以便及时采取有效的兽医防治措施。宰后检验结果的登记是一项很有意义的工作，多年积累的丰富的统计资料，可以得出有关兽医卫生方面有价值的结论和研究论据。这些结论和论据，是制定畜禽防疫措施和改善畜禽饲养管理的重要依据，而且宰后检验发现的疾病可以反映某个地区畜禽疫病流行的情况。因此，宰后检验结果的登记工作应经常坚持，专人负责。

（三）盖检印和出具检验证明

1. 盖检印

根据《生猪屠宰产品品质检验规程》（GB/T17236—1999）的规定，屠宰后的猪经过全面复验，确认健康无病，卫生、质量及感官性状又符合要求的，盖上本厂（场）的检验合格印章；对检出的患病畜禽肉分别盖上相应的检验处理印章。根据《牛羊屠宰产品品质检验规程》（GB18393—2001）的规定，屠宰后的牛羊复验合格的在胴体上加盖本厂（场）的肉品品质检验合格印章，准予出厂；对检出的病肉按规定分别盖上相应的检验处理印章。

2. 盖检印染液的配制

盖检印的染液应对人体无害，不污染肉品，无显著异味，易着染在肉的表面，颜色鲜艳，盖印后不流散，能迅速干燥，且附着牢固。切忌用红、蓝墨水和衣服染料等作染液。盖印染液有两种：①蓝紫色染液：龙胆紫2g、乙醇10mL、甘油41mL、水47mL。先将龙胆紫加入乙醇中使其完全溶解，再加入甘油和水充分搅拌混匀即成。②红色染液：品红10g、甘油30mL、乙醇10mL、水50mL。先将品红加入乙醇内，待其完全溶化后再加入甘油和水，充分搅拌混匀即成。

3. 出具检疫检验证明

经屠宰检疫合格的胴体和内脏还需出具《动物产品检疫合格证明》。

第四节　肉的新鲜度检验

肉的新鲜度检验，一般是从感官性状、腐败分解产物的特性和数量、细菌的污染程度三个方面进行的，采用单一的方法很难获得正确的结果。因为肉的变质是一个渐进性的过程，同时变化又非常复杂，只有采用包括感官检验、理化检验和微生物检验在内的综合方法，才能比较客观地对其卫生状况作出正确的判断。

一、感 官 检 验

肉的感官检验应进行色泽、黏度、弹性、气味、煮沸后肉汤等各个项目的检查，首先是看肉的外观及色泽，特别应注意肉的表面和切口处的颜色与光泽，有无色泽灰暗，是否存在淤血、水肿、囊肿和污染等情况。其次是嗅肉的气味，不仅要了解肉表面的气味，还应感知其切开时和试煮后的气味，注意是否有腥臭味。最后用手指按压和触摸肉，以感知其弹性和黏度，结合脂肪以及试煮后肉汤的情况，最后进行综合分析和判定，才能比较客观地反映出肉的质量。国家食品卫生标准中规定的畜禽肉感官指标见表4-2、表4-3和表4-4。

二、理 化 检 验

目前，肉新鲜度理化检验定量检测的项目是挥发性盐基氮。但在实际工作中肉新

表 4-2　猪肉感官指标（GB2707—2005）

项　目	鲜 猪 肉	冻 猪 肉
色　泽	肌肉有光泽，红色均匀、脂肪乳白色	肌肉有光泽，红色或者稍暗、脂肪白色
组织状态	纤维清晰，有坚韧性，指压后凹陷立即恢复	肉质紧密，有坚韧性，解冻后指压凹陷恢复较慢
黏　度	外表湿润，不粘手	外表湿润，切面有渗出液，不粘手
气　味	具有鲜猪肉固有的气味，无异味	解冻后具有鲜猪肉固有的气味，无异味
煮沸后肉汤	澄清透明，脂肪团聚于表面	澄清透明或稍有浑浊、脂肪团聚于表面

表 4-3 牛、羊、兔肉感官指标（GB2708—1994）

项目	鲜牛肉、羊肉、兔肉	冻牛肉、羊肉、兔肉
色泽	肌肉有光泽，红色均匀、脂肪洁白或淡黄色	肌肉有光泽，红色或稍暗、脂肪洁白或微黄色
组织状态	纤维清晰，有坚韧性	肉质紧密、坚实
黏度	外表微干或湿润，不粘手，切面湿润	外表微干或有风干膜或外表湿润不粘手，切面湿润，不粘手
弹性	指压后凹陷立即恢复	解冻后指压凹陷恢复较慢
气味	具有鲜牛肉、羊肉、兔肉固有的气味，无异味和臭味	解冻后具有牛肉、羊肉、兔肉固有的气味，无臭味
煮沸后肉汤	澄清透明，脂肪团聚于表面，具特有香味	澄清透明或稍有浑浊，脂肪团聚于表面，具特有的香味

注：煮沸后肉汤的检查。称取 20g 绞碎的肉样，置于200mL烧杯中，加100mL水，用表面皿盖上烧杯加热至50~60℃，开盖检查气味，继续加热煮沸20~30min，检查肉汤的气味、滋味和透明度，以及脂肪的气味和滋味。

表 4-4 鲜、冻禽产品感官特性（GB16869—2005）

项目	鲜禽产品	冻禽产品（解冻后）
组织状态	肌肉富有弹性，指压后凹陷部位立即恢复原状	肌肉指压后凹陷部位恢复较慢，不易完全恢复原状
色泽	表皮和肌肉切面有光泽，具有禽类品种应有的色泽	
气味	具有禽类品种应有的气味，无异味	
加热后肉汤	透明澄清，脂肪团聚于液面，具有禽类品种应有的滋味	
淤血[以淤血面积（S）计]/cm^2		
$S>1$	不得检出	
$0.5<S\leq1$	片数不得超过抽样量的2%	
$S\leq0.5$	忽略不计	
硬杆毛（长度超过12mm的羽毛，或直径超过2mm的羽毛根）/（根/10kg）≤	1	
异物	不得检出	

注：淤血面积指单一整禽或单一分割禽的1片淤血面积。

鲜度理化检验还常用一些定性的方法：如粗氨测定、pH测定、硫化氢测定、过氧化物酶测定等，以其测得的指标，作为评价肉质量鲜度的重要补充。

（一）挥发性盐基氮测定

在肉品腐败过程中，挥发性盐基氮的含量随着肉腐败的进程而逐渐增加，与肉品腐败程度成正比，能有规律地反映肉品质量鲜度变化，并与感官变化相一致。因此，我国肉与肉制品卫生标准将挥发性盐基氮作为评定肉品质量鲜度变化的客观指标。

1. 挥发性盐基氮的概念

肉中的蛋白质因细菌或酶的作用分解后，所产生的碱性含氮物质有氨和胺类等，它们可与肉腐败过程中同时分解产生的有机酸结合，形成盐基态氮（$NH_4^+ \cdot R^-$）而积集于肉中，因其具有挥发性，故称为挥发性盐基氮（Total volatile basic-nitrogen，TVBN）。

2. 挥发性盐基氮的测定方法

根据国家标准《肉与肉制品卫生标准的分析方法》（GB/T5009.44—1996）的规定，挥发性盐基氮的测定方法有半微量定氮法和微量扩散法。前者操作简便，且比后者准确，故以下介绍半微量定氮法。

（1）原理　利用氧化镁的弱碱性环境，使碱性含氮物质游离并被蒸馏出来，用含有指示剂的硼酸溶液吸收，再用标准酸溶液滴定至终点，同时做试剂空白试验。根据标准酸溶液的用量可计算出挥发性盐基氮的含量。

（2）测定方法

①样品处理：取肉糜10g于250mL烧杯中，加100mL无氨蒸馏水混匀，不时振摇，浸渍30min后过滤，滤液备用。

②测定：取2%硼酸吸收液10mL（加混合指示剂）于锥形瓶中，置凯氏定氮装置冷凝管下端，并使其插入吸收液的液面下。取样品滤液5mL于凯氏定氮装置的反应室中，加5mL 1%氧化镁混悬液，迅速盖塞，并用水封以防漏气。通入蒸汽蒸馏，待冷凝管出现第一滴冷凝水开始计时，蒸馏5min即停止。吸收液用0.0100mol/L盐酸标准溶液或硫酸标准溶液滴定，终点至蓝紫色。同时作试剂空白试验。

（3）计算　按以下公式计算样品中挥发性盐基氮的含量。

$$X=\frac{(V_1-V_2)\times c\times 14}{m\times\frac{5}{100}}$$

式中　X——样品中挥发性盐基氮的含量，mg/100g

V_1——测定用样液消耗盐酸或硫酸标准溶液体积，mL

V_2——试剂空白消耗盐酸或硫酸标准溶液体积，mL

c——盐酸或硫酸标准溶液的浓度，mol/L

14——$\frac{1}{2}N_2$的摩尔质量，g/mol

m——样品质量，g

3. 卫生标准

各类新鲜肉的挥发性盐基氮应符合表4-5的指标。

（二）粗氨测定

肉腐败时蛋白质分解生成的氨和胺类等物质称为粗氨。随着肉腐败程度的加深，

表 4–5 各类新鲜肉挥发性盐基氮指标

挥发性盐基氮含量/（mg/100g）	鲜（冻）畜肉（GB2707—2005）	鲜（冻）禽产品（GB16869—2005）
	≤15	≤15

肉中粗氨的含量会相应的增加，因此，测定肉中粗氨的含量可以判定肉的新鲜程度。但肉中粗氨的含量只能作为判定肉新鲜程度的参考指标。粗氨的定性测定通常采用纳氏试剂（Nessiers）比色法。

1. 原理

氨和胺盐在碱性环境中与纳氏试剂反应，可生成黄色或橙色沉淀，其颜色的深浅和沉淀物的多少能反映肉中粗氨的含量。

2. 测定方法

取试管2支，1支加入1mL肉浸液（1∶10），另一支加入1mL无氨蒸馏水作对照。向两支试管中各加纳氏试剂1~10滴，每加1滴后振荡试管，并比较试管中颜色、透明度、有无浑浊或沉淀等。

3. 判定标准

按表4–6可概略判定氨的含量及肉的鲜度。

表 4–6 纳氏试剂反应氨与胺的含量及肉的鲜度

纳氏试剂滴数	肉浸出液的颜色和沉淀	肉中氨与胺化合物的含量/（mg/100g）	肉的鲜度评价
10	淡黄色，透明，无沉淀	＜16	新鲜肉
10	黄色，透明，无沉淀	16 ~ 20	次鲜肉
10	淡黄色，轻度浑浊，有少量沉淀	21 ~ 30	次鲜肉
6 ~ 8	明显的黄色，浑浊，有沉淀	31 ~ 45	变质肉
1 ~ 5	黄色或橙黄色沉淀	＞45	变质肉

（三）pH（氢离子浓度）测定

畜禽生前肌肉的pH为7.1~7.2。屠宰后由于肉中糖原酵解产生乳酸，ATP分解产生磷酸，使肉的pH下降。如宰后在20℃放置24h则pH可降至5.6~6.0，此pH在肉品工业中称“排酸值”，它能维持到肉开始发生腐败分解前。当肉发生腐败变质时，由于蛋白质被分解为氨和胺类等碱性物质，会使肉的pH上升，可达到6.7以上。因此，pH可以反映肉的新鲜程度。但肉的pH只能作为判定肉新鲜程度的参考指标，因为还有很多因素能影响肉pH的变化。测定肉的pH常用目测比色法和电位法。

1. 原理

目测比色法系利用不同酸碱指示剂的混合物，显示的各种颜色来指示溶液的pH，制成由浅至深的标准试纸或标准比色管，以检样加指示剂后呈现的颜色与标准试纸或标准比色管比较，得出样品的pH。电位法系利用电极在不同溶液中所产生的电位变化测定溶液的pH，即将一个指示电极（玻璃电极）和一个参比电极（甘汞电极）同浸于一个溶液中组成一个电池时，玻璃电极所显示的电位可因溶液中氢离子浓度不同而改变，而甘汞电极则保持不变。这样两电极间便产生电位差。在25℃时，溶液的pH每相差1，电极电位就相差59.16mV，此电位差经直流放大器放大后，在仪器上直接显示pH读数。

2. 测定方法

目测比色法以肉浸液（1∶10）加指示剂呈现的颜色与标准试纸或标准比色管比较，得出样品的pH。电位法可用酸度计直接测肉浸液（1∶10）的pH，该法准确，操作简便、快速。

3. 判定标准

新鲜肉的pH为5.8~6.2，次鲜肉的pH为6.3~6.6，变质肉的pH为6.7以上。

（四）硫化氢测定

在组成肉类的氨基酸中，有一些含硫氢基的氨基酸，在肉腐败分解过程中，这些含硫氢基的氨基酸，在细菌产生的脱巯基酶作用下发生分解，会释放出硫化氢，因此，可根据肉中有无硫化氢和硫化氢的多少来判定肉的新鲜度，但肉中硫化氢的含量只能作为判定肉新鲜程度的参考指标。

1. 原理

硫化氢在碱性条件下与可溶性铅盐反应，可生成黑色硫化铅，据此可判定肉的新鲜度。

2. 测定方法

将被检肉样剪成肉糜，置于100mL具塞锥形瓶中，使之达锥形瓶容积的1/3。将一滤纸条用碱性醋酸铅溶液浸湿，稍干后插入锥形瓶中，使其下端接近但不触及肉糜表面，一般在肉样上方1~2cm处悬挂，立即将滤纸条的另一端以瓶塞固定于瓶口，室温下静置15min后观察滤纸条的颜色变化。

3. 判定标准

新鲜肉滤纸条无颜色变化；次鲜肉滤纸条的边缘变成淡褐色；变质肉滤纸条下部变成褐色或黑褐色。

（五）过氧化物酶的测定

正常动物机体中含有若干酶类，过氧化物酶就是其中的一种，但是过氧化物酶只存在于健康动物的新鲜肉中，不新鲜的肉、患病或濒死畜禽的肉，过氧化物酶的含量显著减少，甚至全无。因此，通过测定肉中的过氧化物酶，既可以判定肉的新鲜程度，又可以检查肉是否是病畜禽的肉。

1. 原理

过氧化物酶能从过氧化氢中裂解出新生态氧，使联苯胺指示剂氧化为二酰亚胺代对苯醌。后者与尚未氧化的联苯胺可形成淡蓝色或青绿色化合物，经过一定时间后变为褐色，据此可判定肉的新鲜度。

2. 测定方法

取2mL肉浸液（1∶10）于试管中，滴加4~5滴0.2%的联苯胺乙醇溶液，充分振荡后加新配制的1%过氧化氢溶液3滴，稍振荡后立即观察结果（结果一定要在1min内判定），同时用水作空白对照。

3. 判定标准

健康畜禽的新鲜肉，肉浸液立即或在数秒内呈蓝色或蓝绿色；次鲜肉、患病或病死畜禽肉，肉浸液无颜色变化或在稍长时间后呈淡青色并迅速转变为褐色；变质肉的肉浸液无颜色变化或呈浅蓝色、褐色。

第五节　肉品的微生物学检验

肉品的腐败变质主要是由于其中的细菌大量生长繁殖，导致蛋白质分解的结果。故肉品被细菌污染后，不仅可以造成肉品的腐败变质，影响其营养价值和食用价值，而且可以导致人食源性感染和食源性中毒，对消费者的健康构成严重的威胁。因此，加强肉品细菌污染的检测和控制具有极为重要的食品卫生学意义，既能判断肉品的卫生质量，又能反映肉品在产、运、销过程中的卫生状况，从而为及时采取有效措施提供依据。

一、菌落总数的测定

1. 菌落总数的概念

菌落总数是指在严格规定的条件下（规定样品的处理、培养基及其pH、培养温度与时间、计数方法等），将经过处理的样品直接接种平板培养基培养，使适应培养条件的每一个活菌细胞必须而且只能生成一个肉眼可见的菌落，而后计数菌落，所得1g（mL）检样中菌落的总数，称为该食品的菌落总数。

菌落总数的单位为个/g（个/mL或个/cm^2）。

按我国国家标准方法规定，菌落总数的测定是在需氧情况下，37℃培养48h，能在普通营养琼脂平板上生长的细菌菌落总数，而厌氧或微需氧菌、有特殊营养要求的以及非嗜中温的细菌，由于培养条件不能满足其生理需求，故难以繁殖生长。因此，菌落总数并不表示实际中的所有细菌总数，也不能区分其中细菌的种类，有时又被称为杂菌数，需氧菌数。

2. 菌落总数的食品卫生学意义

测定肉品菌落总数的食品卫生学意义有两个方面：一是作为肉品被细菌污染程度即清洁状态的指标，反映肉品是否符合卫生要求。肉品的菌落总数越大，表明被细菌污染的程度越严重，其卫生质量越差。二是预测肉品的耐存放程度，估测贮存食品在贮存过程中细菌繁殖的动态。食品的菌落总数越大，表明该食品越不耐存放或存放期限越短；贮存食品在贮存过程中菌落总数增大，则表明贮存食品污染的细菌已开始繁殖生长，应尽早利用，否则食品有变质腐败的可能。

3. 菌落总数的测定方法

菌落总数的测定，一般将被检样品制成几个不同的10倍递增稀释液，根据标准要求或对污染情况的估计，选择2~3个适宜稀释度，分别在制10倍递增稀释的同时，以吸取该稀释度的吸管移取1mL稀释液于灭菌平皿中，每个稀释度做两个平皿。然后将凉至46℃的营养琼脂培养基注入平皿约15mL，并转动平皿，使样品稀释液与培养基混合均匀。同时将营养琼脂培养基倾入加有1mL稀释液（不含样品）的灭菌平皿内作空白对照。待琼脂凝固后，翻转平皿，置（36±1）℃温箱内培养（48±2）h，取出计算平皿内菌落数目，乘以稀释倍数，即得1g（mL）样品所含菌落总数。具体操作参见《食品卫生微生物学检验　菌落总数测定》（GB/T4789.2—2003）。

二、大肠菌群的测定

1. 大肠菌群的概念

大肠菌群是指一大群在37℃、24h能发酵乳糖，产酸、产气，需氧或兼性厌氧的革兰氏阴性无芽孢杆菌。

大肠菌群包括肠杆菌科中的大肠杆菌属、柠檬酸杆菌属、克雷伯氏菌属和肠杆菌属，另外还包括肠杆菌科以外符合上述特性的其他菌属。调查研究表明，大肠菌群的细菌多存在于温血动物粪便、人类经常活动的场所以及有粪便污染的地方，人和温血动物粪便对外界环境的污染是大肠菌群细菌在自然界存在的主要原因。粪便中多以典型大肠杆菌为主，而外界环境中则以大肠菌群中其他菌型较多。

2. 大肠菌群的食品卫生学意义

大肠菌群的细菌主要来源于人和温血动物的粪便，若在肠道以外的环境或食品中发现，就可以认为是被人和温血动物的粪便所污染，故测定肉品大肠菌群的食品卫生学意义有两个方面：一是以大肠菌群作为肉品被人和温血动物粪便污染的指示菌。二是以大肠菌群作为肉品被肠道致病菌污染几率大小的指示菌。大肠菌群数的高低，不仅能表明肉品被粪便污染的程度，而且可反映肉品对人体健康危害性的大小。因为粪便是人和温血动物的肠道排泄物，其中有健康人和温血动物的粪便，也有肠道患者或带菌者的粪便，所以粪便内除一般正常细菌外，同时也会有一些肠道致病菌存在（如沙门氏菌、志贺氏菌等），若肉品被粪便污染，则可以推测该肉品存在着肠道致病菌污染的可能性，潜伏着食物中毒和食源性感染的威胁，必须看作对人体健康具有潜在的危险性。因此，大肠菌群作为评价肉品卫生质量的重要指标之一，目前已被国内外广泛应用。

作为人食品的肉品本不应该被人和温血动物粪便污染，然而要求肉品中完全没有大肠菌群的细菌，实际上是不可能的，为确保肉品的卫生质量，就必须要求尽可能使肉品中大肠菌群的数量降低到最小的程度。食品中大肠菌群的数量，我国和许多国家均采用最可能数来表示。食品中大肠菌群最可能数（最近似数）是指100g或100mL食品中大肠菌群的最近似数，简称大肠菌群MPN（most probable number，MPN）。这种表示方法是按一定方案检验出结果，然后查专门编制的大肠菌群MPN值检索表，即可得出被检样品的大肠菌群MPN值。

3. 大肠菌群的测定方法

由于大肠菌群指的是具有某些特性的一群与粪便污染有关的细菌，因此，大肠菌群的检测一般都是按照它的定义进行的。根据国家标准规定，大肠菌群的测定采用3步法，即乳糖发酵试验、分离培养和证实试验。乳糖发酵试验要求将被检样品制成几个不同的10倍递增稀释液，根据对样品污染情况的估计，选择3个适宜稀释度，每个稀释度接种3管乳糖胆盐发酵管（接种量在1mL以上者，用双料乳糖胆盐发酵管；接种量在1mL以下者，用单料乳糖胆盐发酵管），置（36±1）℃温箱内培养（48±2）h，观察是否产气，如所有乳糖胆盐发酵管均不产气，则报告大肠菌群阴性，如有产气者，则进行分离培养。分离培养要求将产气的乳糖胆盐发酵管培养物分别转接种于伊红美蓝琼脂（EMB）平板上，置（36±1）℃温箱内培养18~24h，然后取出，观察菌落形态，并做革兰氏染色和证实试验。证实试验要求挑取伊红美蓝琼脂平板上可疑大肠菌群菌落1~2个进行革兰氏染色观察，同时接种乳糖发酵管，置（36±1）℃温箱内培养（24±2）h，观察产气情况，凡乳糖发酵管产气，革兰氏染色为阴性的无芽孢杆菌，即可报告为大肠菌群阳性。最后根据证实为大肠菌群阳性的管数，查大肠菌群MPN检索表，报告每100g（mL）样品大肠菌群的最近似数（MPN）。具体操作参见《食品卫生微生物学检验　大肠菌群测定》（GB/T4789.3—2003）。

三、致病菌的检验

此处所说的致病菌主要是指肠道致病菌和致病性球菌。包括沙门氏菌、志贺氏菌、致泻大肠埃希氏菌、副溶血性弧菌、小肠结肠炎耶尔森菌、空肠弯曲杆菌、金黄色葡萄球菌、溶血性链球菌、肉毒杆菌及其肉毒毒素、产气荚膜梭菌、蜡状芽孢杆菌等。肉品的种类不同，检验何种致病菌各有侧重，比较重要的是以下细菌的检验。

（一）沙门氏菌的检验

沙门氏菌属（*Salmonella*）为肠杆菌科的一个大属，有2000多个血清型，广泛存在于各种动物的肠道中，当动物机体免疫力下降时，会进入血液、内脏和肌肉组织，造成肉品原料被沙门氏菌污染。此外，畜禽粪便污染肉品加工场所的环境和用具，也会造成肉品沙门氏菌污染。沙门氏菌是最常见的食源性细菌病原体，也是食物传播病原菌中研究最活跃的细菌。由沙门氏菌引起的食物中毒是常见、多发、危害较大的细菌性食物中毒。我国每年都有很多起沙门氏菌食物中毒发生，不但严重危害了人民群众的身体健康，而且造成了很大的经济损失。因此，沙门氏菌检验在食品卫生检验中具有极其重要的意义。

沙门氏菌检验目前通用的方法分以下5个步骤：

1. 前增菌

将样品接种在含有营养的非选择性培养基中增菌，使受损伤的沙门氏菌细胞恢复到稳定的生理状态。前增菌要求以无菌操作取25g样品（可先用均质器以8000~10000r/min打碎1min，或用乳钵加灭菌砂磨碎），加在装有225mL缓冲蛋白胨水的500mL广口瓶内，于（36±1）℃培养4h。

2. 选择性增菌

在含选择性抑制剂的促生长培养基中进一步增菌，所用培养基允许沙门氏菌持续增殖，同时阻止大多数其他细菌的增殖。选择性增菌要求移取10mL经前增菌培养的缓冲蛋白胨水，转种于100mL氯化镁孔雀绿（MM）增菌液或四硫酸钠煌绿（TTB）增菌液内，于42℃培养18~24h。同时，另取10mL经前增菌培养的缓冲蛋白胨水，转种于100mL亚硒酸盐胱氨酸（SC）增菌液内，于（36±1）℃培养18~24h。

3. 分离培养

采用固体选择性培养基，抑制非沙门氏菌的生长，提供肉眼可见的疑似沙门氏菌纯菌落的识别。分离培养要求取选择性增菌液1接种环，划线接种于1个亚硫酸铋（BS）琼脂平板和一个DHL琼脂平板（或HE、WS、SS琼脂平板）。两种增菌液可同时划线接种在同一个平板上。于（36±1）℃分别培养18~24h（DHL、HE、WS、SS）或40~48h（BS），观察各个平板上生长的菌落。

4. 生化试验

通过生化试验筛选，可排除大多数非沙门氏菌，并可提供沙门氏菌培养物菌属的初步鉴定。生化试验要求自选择性琼脂平板上直接挑取数个可疑菌落，分别接种三糖铁琼脂。在三糖铁琼脂内只有斜面产酸并同时硫化氢（H_2S）阴性的菌株可以排除是沙门氏菌，其他的反应结果均有沙门氏菌的可能，同时也均有不是沙门氏菌的可能。因此，在接种三糖铁琼脂的同时，再接种蛋白胨水（供做靛基质试验）、尿素琼脂（pH7.2）、氰化钾（KCN）培养基和赖氨酸脱羧酶试验培养基及对照培养基各1管，于（36±1）℃培养18~24h，必要时可延长至48h，根据结果判定是否为沙门氏菌属细菌。必要时接种卫矛醇、山梨醇、水杨苷、ONPG、丙二酸盐、氰化钾等培养基进行沙门氏菌生化群的鉴别。

5. 血清学分型鉴定

血清学技术提供了培养物菌种的鉴定。一般采用1.5%琼脂斜面培养物作为玻片凝集试验用的抗原，通过血清凝集试验进行O抗原、H抗原和Vi抗原的鉴定。

综合以上生化试验和血清学分型鉴定的结果，查沙门氏菌抗原表即可判定菌型。具体操作参见《食品卫生微生物学检验　沙门氏菌检验》（GB/T4789.4—2003）。

（二）金黄色葡萄球菌的检验

金黄色葡萄球菌（*Staphylococcus aureus*）不仅在自然界分布非常广泛，而且还是人畜化脓性感染中最常见的病原菌，故肉品被其污染的机会很多。致病性金黄色葡萄球菌在适宜的条件下可产生葡萄球菌肠毒素（*Staphylococcus enterotoxin*），该肠毒素能耐高温（100℃加热2h才能破坏食物中的肠毒素），并能抵抗胃肠道中蛋白酶的水解作用，故一旦肉品被金黄色葡萄球菌污染并产生肠毒素，一般烹调方法不能破坏肠毒素。因此，在我国由金黄色葡萄球菌肠毒素引起的食物中毒事件比较常见。

1. 金黄色葡萄球菌检验

通常采用增菌培养法检验金黄色葡萄球菌，检验方法如下：

（1）检样处理　无菌操作取磨碎的样品25g，置225mL灭菌生理盐水中制成样品混悬液。

（2）增菌及分离培养　吸取5mL样品混悬液，接种于50mL7.5% 氯化钠肉汤或胰酪胨大豆肉汤培养基内，（36±1）℃培养24h，再转接种于血琼脂平板和Baird-Parker琼脂平板上，（36±1）℃培养24h，观察菌落形态，挑取血琼脂平板上金黄色（有时为白色）菌落进行革兰氏染色镜检及血浆凝固酶试验。

金黄色葡萄球菌为革兰氏阳性球菌，排列呈葡萄球状，无芽孢，无荚膜，致病性葡萄球菌菌体较小。在7.5% 氯化钠肉汤中呈浑浊生长，在胰酪胨大豆肉汤内有时液体澄清，菌量多时呈浑浊生长。在血琼脂平板上菌落呈金黄色，有时为白色，大而突起、圆形、不透明、表面光滑，周围有溶血圈。在Baird-Parker琼脂平板上菌落呈圆形，光滑、突起、湿润，颜色呈灰色到黑色，边缘为淡色，周围为一浑浊带，外层有一透明圈；用接种针接触菌落似有奶油树胶的硬度，偶尔也会遇到非脂肪溶解的类似菌落；但无浑浊带及透明圈；长期保存的冷冻或干燥食品中所分离的菌落比典型菌落所产生的黑色较淡些，外观可能粗糙并干燥。

（3）血浆凝固酶试验　吸取1∶4新鲜兔血浆0.5mL，放入小试管中，再加入培养24h的金黄色葡萄球菌肉浸液肉汤培养物0.5mL，振荡摇匀，置（36±1）℃温箱或水浴内，每30min观察1次，观察6h，如出现凝固，即将试管倾斜或倒置时，呈现凝块者，判定为阳性结果。同时以已知阳性和阴性葡萄球菌菌株肉浸液肉汤培养物及肉浸液肉汤作为对照。

2. 金黄色葡萄球菌肠毒素检验

检验金黄色葡萄球菌肠毒素的方法比较多，主要有动物试验、血清学试验、免疫荧光试验及酶联免疫吸附试验等。

金黄色葡萄球菌及其毒素检验，具体操作参见《食品卫生微生物学检验　金黄色葡萄球菌检验》（GB/T4789.10—2003）。

（三）志贺氏菌的检验

志贺氏菌属（*Shigella*）是肠杆菌科的一个重要菌属，也是人类细菌性痢疾的重要病原体，通称痢疾杆菌。志贺氏菌属的细菌在外界环境中生活能力较弱，故分布不如沙门氏菌、金黄色葡萄球菌那样广泛，但在温暖、潮湿的条件下，志贺氏菌也能大量繁殖并生存较长时间，污染肉品后常可引起食物中毒。志贺氏菌食物中毒的发生，主要是已经熟后的鸡、鸭、鱼、肉等肉制品，在运输、存放、销售等过程中被志贺氏菌污染，然后在20~30℃的室温下存放，使该菌大量繁殖，食用前又没有加热灭菌，食用后便可引起食物中毒。人类对痢疾杆菌有很高的易感性，在幼儿可引起急性中毒性菌痢，严重者可导致死亡。

志贺氏菌检验分以下3个步骤：

1. 增菌

以无菌操作取磨碎的样品25g，加入装有225mL GN增菌液的广口瓶内，于（36±1）℃温箱内培养6~8h。培养时间视细菌生长情况而定，当培养液出现轻微浑浊时即应中止培养。

2. 分离培养和初步生化试验

取增菌液1接种环，划线接种HE琼脂平板或SS琼脂平板1个；另取1接种环，划线接种麦康凯琼脂平板或伊红美蓝琼脂平板1个，于（36±1）℃温箱内培养18~24h。志贺氏菌在这些培养基上呈现无色透明、不发酵乳糖的菌落。挑取平板上的可疑菌落，接种三糖铁琼脂和葡萄糖半固体培养基各1管（一般应多挑几个菌落，以防遗漏），于（36±1）℃温箱内培养18~24h，分别观察结果。下述培养物可以弃去：①在三糖铁琼脂斜面上呈蔓延生长的培养物；②在18~24h 内发酵乳糖、蔗糖的培养物；③不分解葡萄糖和只生长在半固体表面的培养物；④产气的培养物；⑤有动力的培养物；⑥产生硫化氢的培养物。凡是乳糖、蔗糖不发酵，葡萄糖产酸不产气（福氏志贺氏菌6型可产生少量气体），无动力的菌株，可做血清学分型和进一步的生化试验。

3. 血清学分型和进一步的生化试验

挑取三糖铁琼脂上的培养物，与已知血清做玻片凝集试验。可先用群因子血清检查，再根据群因子血清出现凝集的结果，依次选用型因子血清检查。在做血清学分型的同时，将三糖铁琼脂上的培养物接种葡萄糖铵、西蒙氏柠檬酸盐、赖氨酸和鸟氨酸脱梭酶、pH7.2 尿素、氰化钾（KCN）、水杨苷、七叶苷等培养基，做进一步的生化试验，必要时还应做革兰氏染色镜检和氧化酶试验。已判定为志贺氏菌属的培养物，应进一步做5%乳糖发酵，甘露醇、棉子糖和甘油的发酵以及靛基质试验。

综合生化试验和血清学分型的结果即可作出菌型判定。具体操作参见《食品卫生微生物学检验　志贺氏菌检验》（GB/T4789.10—2003）。

第六节　肉品的寄生虫学检验

本节主要介绍重要人畜共患寄生虫病的检验及处理。

一、旋 毛 虫 病

旋毛虫病（Trichinosis）是一种人畜共患寄生虫病。成虫寄生于宿主小肠，称为肠旋毛虫；幼虫寄生于同一宿主肌肉内，称为肌旋毛虫。旋毛虫宿主范围很广，可在120多种哺乳动物间广泛传播，主要宿主是人、猪、犬、猫、鼠类等。猪、犬感染旋毛虫病主要是由于吃入带有肌旋毛虫包囊的肉食残渣或感染有旋毛虫的死鼠所致。人感染旋毛虫病主要是吃了生的或未煮熟的含肌旋毛虫的猪肉、犬肉，或食用腌制与烧烤不当的有旋毛虫包囊的肉制品所致。因旋毛虫病可致人死亡，故在公共卫生上极为重要，是肉品卫生检验的必检项目之一。

（一）宰后检验

肠旋毛虫很小，雄虫长1.4~1.6mm，雌虫长3~4mm，虫体前部较细，后部较粗；肌旋毛虫长约1.15mm，在肌纤维之间呈蜷曲状，外有包囊包裹。宰后检验主要是检查肌旋毛虫。猪的肌旋毛虫常寄生于膈肌、舌肌、喉肌、颈肌、咬肌、肋间肌及腰肌等处，其中膈肌感染率最高，因此，在猪屠宰加工的宰后检验中，必须取左右膈肌脚各一小块（每侧约15g）进行旋毛虫检查，方法如下：

1. 眼观结合镜检法

眼观发现膈肌肌纤维间有细小白点时，撕去肌膜，以手支撑肉样突起后目检。典型旋毛虫包囊如针尖大小稍突出肌肉表面，呈露滴状，囊透明，为乳白色、灰白色或黄白色。非典型病灶大小不等，大的有米粒大。发现可疑病灶，用剪刀顺肌纤维剪取麦粒大肉块24粒，放于旋毛虫检查器或两玻片之间作压片镜检。镜下包囊内的虫体呈螺旋状，包囊与周围肌纤维有明显的界限。如发现钙化包囊，滴加几滴10%盐酸，钙盐溶解后可见蜷曲的幼虫。

2. 集样消化法

大批量样品检查可采用集样消化法，即每100g被检肉样用1L人工胃液（内含0.01g/mL的胃蛋白酶和1%体积分数的盐酸）消化。将研磨好的样品加到已预热到37℃的消化液中，然后放到磁力搅拌器上，在37℃搅动3~4h（若在有恒温控制装置的组织搅拌器上可缩短至12~15min）后，让消化物澄清15~20 min，将上面2/3的液体倾去；把余下的液体和沉渣再静止15~20 min，将上部上清液尽可能吸掉，但不要泛起沉渣。沉淀用37℃的自来水冲洗，而后再静止15~20 min，反复冲洗直至上清液透亮。将洗过的沉淀物吸到50mL的试管内。让其静止，吸取最下面的10mL沉淀，倒入一个有适当坐标方格的培养皿中，用解剖显微镜检查旋毛虫幼虫（如数目很大，则应作适当稀释）。若在混合样品中检出旋毛虫幼虫，则必须用组成混合样品的单个样品重复上述检查。

（二）卫生处理

确诊为旋毛虫病的患畜胴体及内脏应作化制或销毁处理；皮张不受限制出厂（场）。

二、囊尾蚴病

囊尾蚴病（Cysticercosis）俗称囊虫病，是由人的猪带绦虫或牛带绦虫的中绦期幼虫——猪囊尾蚴（*Cysticercus cellulosae*）或牛囊尾蚴（*Cysticercus bovis*）引起的一种人畜共患寄生虫病。猪带绦虫或牛带绦虫的虫卵或孕卵节片随人粪便排出后，直接被猪或牛吞食，或污染饲料和饮水后间接被猪或牛吞食，在其适于寄生的肌肉组织中停留下来，经2个多月发育为具有感染能力的囊尾蚴。人食用未熟的含有囊尾蚴的肉或误食附着在生冷食品上散落的囊尾蚴后被感染。该病可感染人及多种动物，故在公共卫生上十分重要。

（一）宰后检验

猪囊尾蚴外观椭圆形，呈米粒或黄豆大半透明包囊状，囊内充满液体，囊壁上有一个圆形粟粒大乳白色向内翻的头节。头节上有4个圆形的吸盘，有顶突，上有两圈角质小钩。牛囊尾蚴外观上与猪囊尾蚴相似，但头节上只有4个吸盘，没有顶突和角质小钩。

猪囊尾蚴主要寄生于横纹肌内，如咬肌、舌肌、膈肌、深腰肌、肋间肌、心肌以及颈、肩、腹部等处的肌肉。严重感染时在其他器官中也可发现，如肝、肺、肾、脑及脂肪等处。牛囊尾蚴在牛体内最常寄生的部位为咬肌、舌肌、心肌、肩胛肌、颈肌及臀肌。我国规定猪囊尾蚴主要检验部位为咬肌、深腰肌和膈肌；牛囊尾蚴主要检验部位为咬肌、舌肌、深腰肌和膈肌。宰后检验在最容易发现虫体的部位查到虫体即可确诊。

（二）卫生处理

确诊为囊尾蚴病的患畜胴体及内脏均做化制或销毁处理；皮张不受限制出厂（场）。

三、棘球蚴病

棘球蚴病又称包虫病（Hydatidosis），由棘球属（*Echinococcus*）绦虫的中绦期幼虫——棘球蚴寄生于牛、羊、猪、人及其他动物的肝、肺等器官中所引起，是一类重要的人畜共患寄生虫病。棘球绦虫种类较多，我国只有细粒棘球绦虫（*E.granulosus*）和多房棘球绦虫（*E.multilocularis*），并以前者多见，且牛和绵羊受其危害最为严重。人感染棘球蚴病多因直接接触犬。由于国内养犬者越来越多，故该病在公共卫生上应给予高度的重视。

（一）宰后检验

细粒棘球蚴（*E.cysticercus*）呈包囊状，从黄豆大到排球大，囊内充满液体。囊壁较厚不透明，分两层，外层为角质层，内层为生发层。由生发层长出砂粒样的小囊，称为生发囊，其内壁上有许多头节（也称原头蚴）。另外，也可由生发层直接长出头节。这些头节和生发囊部分附着在囊壁生发层上，部分脱落在囊液中，眼观呈细砂状，故称“棘球砂”。寄生在家畜的棘球蚴多数如前述构造；寄生于人的棘球蚴有时大囊内还有小囊（子囊）。小囊内又有小囊（孙囊）。孙囊、子囊与母囊构造一样。有的棘球蚴囊内没有头节，这种囊称为不育囊，不能感染新的宿主，其出现与中间宿主种类有一定关系。

棘球蚴主要寄生在肉用动物的肝脏和肺脏，宰后检验时发现虫体即可确诊。

（二）卫生处理

器官有棘球蚴寄生时整个化制或销毁；肌肉组织有棘球蚴寄生时，剔除虫体寄生部位，作化制或销毁处理，其他部分不受限制出厂（场）。

四、弓 形 虫 病

弓形虫病（Toxoplasmosis）是由弓形虫属的刚第弓形虫（*Toxoplasma gondii*）引起的一种分布很广的人畜共患寄生虫病。人、家畜和其他多种动物皆可感染。弓形虫是一种细胞内寄生虫，可寄生于多种组织、器官的有核细胞内，有时也散布于细胞外。虫体在不同发育阶段，有不同的形态。在中间宿主体有滋养体和包囊发育阶段，在终末宿主体有裂殖体、配子体和卵囊发育阶段。滋养体、包囊和卵囊对中间宿主和终末宿主均具有感染性。感染来源主要是病畜和带虫动物，蝇类和蟑螂常起机械性搬运作用。人感染主要是摄食未煮熟的含有滋养体和包囊的肉类或被卵囊污染的食物和饮水等。

（一）宰后检验

滋养体又称速殖子，主要见于急性病例的胸腹水及血液中。典型的速殖子呈新月形或弓形，一端较钝，另一端较锐，中央稍偏钝端处有一核。经姬姆萨氏液染色或瑞氏液染色，胞浆呈淡蓝色，核呈紫红色。包囊常见于慢性病例的脑、眼、骨骼肌与心肌组织中，是虫体在宿主体内的休眠阶段，大小不等，囊膜较厚，通常呈球形或其他形状。囊内含数个至数千个慢殖子（形态与速殖子相似，仅是繁殖缓慢而已）。卵囊呈类圆形或椭圆形，囊壁两层，表面光滑。每个卵囊内有2个孢子囊，每个孢子囊内含有4个长形、微弯的子孢子，无斯氏体和外残体，有内残体。

急性病例出现全身性病变，淋巴结、肝、肺和心脏等器官肿大，并有许多出血点和坏死灶。肠道重度充血，肠黏膜上可见扁豆大小的坏死灶。肠腔和腹腔内有多量渗出物。慢性病例可见内脏器官水肿，并有散在的坏死灶。隐性感染者可在中枢神经系统内见到包囊，有时可见神经胶质增生性脑炎或肉芽肿性脑炎。宰后检验时发现上述病理变化，应重点怀疑猪弓形虫病。确诊可通过涂片染色镜检或动物接种试验查找虫体，也可用免疫学方法检测抗体。

（二）卫生处理

确诊为弓形虫病的患畜胴体及内脏须经高温处理后出厂（场）；皮张不受限制出厂（场）。

第七节　腌腊肉制品的检验

腌腊肉制品是以鲜肉为原料，利用食盐加入适当作料腌渍，经烘制或风晒做形加工而成的肉制品。这种加工方法既是肉类保藏的形式，也是改善肉制品风味的一种手段，因此在我国有很悠久的历史，并已形成了许多名特产品，如金华火腿、宣威火腿、广式腊肉、南京板鸭、南安板鸭等。但由于食盐抑制细菌繁殖和防腐作用本身有一定限度，加上一些耐盐菌和嗜盐菌在高浓度甚至饱和盐水中也能繁殖，如果气温适宜、加工卫生条件差、原料肉不新鲜或处理不当，用盐量和用盐的方法掌握不好等，都容易造成腌腊肉制品变质和腐败。为了保证腌腊肉制品的卫生质量必须对其进行卫生检验。

腌腊肉制品的新鲜度检验，一般以感官检验为主，根据外观、组织状态、气味、煮沸后肉汤等项目的检查判定其新鲜度。由于腌腊肉制品中的微生物不易生存和繁殖，其可能出现的质量问题主要是添加剂亚硝酸盐的残留，其次是在保藏过程中发生的脂肪氧化酸败（即哈喇味），以及加工过程中导致的重金属、苯并（a）芘等污染。所以腌腊肉制品的实验室检验项目主要是理化学检验。

一、感官检验

（一）感官检验的方法

腌腊肉制品的感官检验，一般采用简便易行、效果确实的看、扦、斩、煮、查的方法。

1. 看

看是从腌腊肉制品的表面和切面观察其色泽和硬度，以鉴别其质量好坏。方法是先从腌肉桶（池）内取出上、中、下3层有代表性的肉，察看其表面的色泽和组织状态，有无异物或黏液附着及虫蚀，是否发霉、破裂等。

2. 扦

扦是探测腌腊肉制品深部的气味，方法是用特制竹签刺入腌腊肉制品的深部，一般多选择在骨骼、关节附近插入，拔出后立即嗅闻气味，评定是否有异味或臭味。在第2次插签前，须擦去签上前一次沾染的气味或另行换签。当连续多次嗅检后，嗅觉可能对气味变得不敏感，故经一定操作后要有适当的间隙，以免误判。

整片腌肉通常用5签法，插签部位见图4–1。第1签，从后腿肌肉（臀部）插入髋关节及肌肉深处。第2签，从股内侧透过膝关节后方的肌肉插向膝关节。第3签，从胸部脊椎骨上方朝下斜向插入背部肌肉。第4签，从胸腔肌肉斜向前肘关节后方插入。第5签，从颈椎骨上方斜向插入肩关节。

火腿通常用3签法，插签的部位见图4–2。第1签，在蹄膀部分膝盖骨附近，插入膝关节处。第2签，在商品规格所谓中方段，髋骨部分，髋关节附近插入。第3签，在中方与油头交界处，即从髋骨与荐椎间插入。

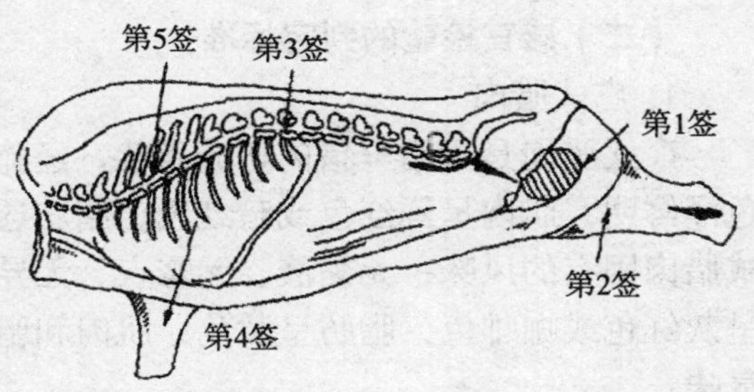

图 4–1　腌肉五签部位示意图

风肉、咸腿等可参考上述方法进行。咸猪头可在耳根部分和额骨之间颞肌部以及咬肌外侧面插签。当插签发现某处有腐败气味时，应立即换签，插签后用油脂封闭签孔以利保存。使用过的

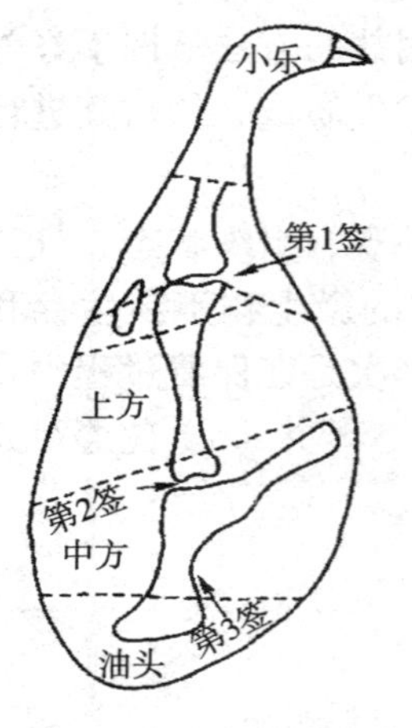

图 4–2 火腿三签部位示意图

竹签须用碱水煮沸消毒。

3. 斩

斩是在看和扦的基础上，对腌腊肉制品内部质量发生疑问时采用的辅助方法，即用刀切开进一步检查腌腊肉制品内部情况；或选肉层最厚部位切开，检查断面肌肉与肥膘的情况。

4. 煮

必要时还可以把腌腊肉制品切成块状放入水中煮沸，以嗅闻和品评熟腌腊肉制品的气味和滋味。

5. 查

查是对腌腊肉制品进行生产场地和原料性状的追踪检查。

（1）腌制卤水检查　良好的腌肉，其卤水应当透明而带有红色，无泡沫，不含絮状物，没有发酵、霉臭和腐败的气味，pH为5.0~6.2。已腐败的腌肉，其卤水呈血红色或污秽的褐红色，浑浊不清，有泡沫及絮状物，有腐败及酸臭气味，pH多在6.8以上。

卤水pH的测定方法与肉新鲜度检验pH的测定方法相同（见第四节肉新鲜度的检验理化检验），但在测定前应将卤水先水浴加热（70℃）至卤水中蛋白质凝结，待沉淀后用滤纸过滤，然后进行测定。

（2）腌腊肉制品虫害检查　各种腌腊肉制品在保藏期间，由于回潮而容易出现各种虫害，常见的虫害有酪蝇（*Piophila casei* L.）、火腿甲虫（*Necrobia rufipes* De Geer）、火腿螨（*Ham mite*）、火腿蝇（*Ham skipper*）、白腹皮蠹（*Dermestes maculatus* De Geer）、红带皮蠹（*Dermestes lardarius* L.）等。

为了发现上述害虫，可于黎明前在火腿、腊肉等堆放处静听和观察，若有虫存在常发出沙沙声，发现成虫就可能有幼虫（蝇蛆）存在。对于蝇蛆的检查，主要是利用白天注意有无飞蝇逐臭现象，若有则表示可能有蝇蛆存在，此时可翻堆进一步检查。对于上述甲虫除敲打驱之外，可用植物油封闭虫眼。对有蝇蛆者可将制品再次投入卤水中，使其致死漂浮。另外，也可用除虫菊酯喷洒仓库墙壁灭虫。

（二）感官检验的判定标准

1. 广式腊肉

广式腊肉是指用鲜猪肉切成条状，经腌制、烘焙或晾晒而成的肉制品。良质腊肉色泽鲜明，肌肉呈鲜红色或暗红色，脂肪透明或呈乳白色；肉身干爽、结实；具有广式腊肉固有的风味；无黏液、无霉点、无异味、无酸败味。变质腊肉色泽暗淡，肌肉呈灰红色或咖啡色，脂肪呈黄色；肌肉和脂肪发霉严重，有脂肪酸败味或肌肉腐败的臭味。

2. 香肠（腊肠）、香肚

香肠（腊肠）、香肚是指以鲜（冻）猪肉切碎或绞碎后加入辅助材料灌进经加工的肠衣或膀胱，再晾晒或烘焙而成的肉制品。良质香肠（腊肠）、香肚，外观肠衣（或肚皮）干燥且紧贴肉馅；组织坚实或有弹性；切面肌肉呈鲜红色或暗红色，脂肪白色或微带红色；具有其固有的气味；无黏液、无霉点、无异味、无酸败味。变质香肠（腊肠）、香肚，肠衣（或肚皮）湿润或发黏，易与肉馅分离，表层甚至深层肉馅和脂肪软化，质地疏松；切面肌肉呈灰色或灰绿色，脂肪发黄，有脂肪酸败味或肌肉腐败的臭味。

3. 火腿

火腿是指用鲜猪肉后腿经过干腌、洗、晒、发酵（或不经洗、晒、发酵）加工而成的肉制品。良质火腿肌肉切面呈深玫瑰色或桃红色；脂肪切面白色或微红色，有光泽；组织致密而结实，切面平整；具有火腿特有的香味；无黏液、无霉点、无异味、无酸败味。变质火腿外表有各种颜色的霉点或霉斑；肌肉切面呈酱色，脂肪切面呈黄色，无光泽；组织疏松，尤其是骨髓及骨周围组织更明显；有脂肪酸败味或肌肉腐败的臭味。

4. 咸肉

咸肉是指用鲜（冻）猪肉经过腌制加工而成的肉制品。良质咸肉外表干燥清洁，质地紧密而结实，切面平整，有光泽；肌肉呈红色或暗红色，脂肪呈白色或微红色；具有咸肉固有的风味，无黏液、无霉点、无异味、无酸败味。变质咸肉外表湿润发黏，有霉点或霉斑；肌肉色泽不均呈酱色，脂肪呈黄色或带绿色；骨周围组织常呈灰褐色；有脂肪酸败味或肌肉腐败的臭味。

5. 板鸭

板鸭是指用健康肥鸭宰杀、去毛、净膛，经盐腌、复卤、晾晒而成的肉制品。良质板鸭（咸鸭）表面光洁，黄白色或乳白色，咸鸭有的呈灰白色；腹腔内壁干燥有盐霜；肌肉切面呈暗红色，组织致密、有光泽；具有板鸭固有的气味，无黏液、无霉点、无异味、无酸败味；肉汤芳香，液面脂肪团聚，肉嫩味鲜。变质板鸭体表发红或深黄色，有大量油脂渗出，腹腔发黏有霉点；肌肉切面呈灰白、淡红或绿色，组织松软发黏；有腐败臭味或严重的哈喇味；肉汤有臭味、哈喇味及涩味。

二、理化检验

按照《腌腊肉制品卫生标准》（GB2730—2005）的规定，腌腊肉制品理化检验的项目主要有亚硝酸盐、苯并（a）芘、三甲氨氮和重金属汞、铅、镉、砷含量的测定，以及腌腊肉制品所含油脂变质指标酸价和过氧化值的测定。

（一）亚硝酸盐含量的测定

1. 亚硝酸盐对肉品的污染及其毒性

硝酸盐广泛存在于自然界中，在食物和饮水中都含有一定数量的硝酸盐，而硝酸盐在细菌产生的硝基还原酶作用下，可转变为亚硝酸盐。此外，硝酸盐和亚硝酸盐还常作为食品添加剂加到肉制品中。由于硝酸盐和亚硝酸盐对人有危害，故我国《食品添加剂使用卫生标准》（GB2760—1996）规定硝酸盐和亚硝酸盐（常用硝酸钠和亚硝酸钠）作为发色剂，只能用于肉类制品和肉类罐头，且规定硝酸盐最大使用量为500mg/kg，亚硝酸盐最大使用量为150mg/kg。硝酸盐对人的危害是在其被还原为亚硝酸盐以后才起作用的。不正确使用硝酸盐或亚硝酸盐，使人体内集聚大量亚硝酸盐时，会发生急性中毒，表现为平滑肌松弛，血管扩张，血压下降；亚硝酸盐还能使血液中的低铁血红蛋白氧化成高铁血红蛋白，使血红蛋白失去携氧的能力，导致机体缺氧，临床出现紫绀等缺氧症状，进而引起呼吸中枢麻痹，严重者可因窒息而死亡。在硝酸盐或亚硝酸盐使用量正常的情况下，肉制品中亚硝酸盐残留的主要危害在于亚硝酸盐是合成*N*–亚硝基化合物的前体物质，而*N*–亚硝基化合物是已确认的强致癌物质。因此，应严格控制肉制品中硝酸盐或亚硝酸盐的使用量及亚硝酸盐的残留量。

2. 亚硝酸盐的测定方法

食品中亚硝酸盐含量的测定按《食品中亚硝酸盐与硝酸盐的测定方法》（GB/T5009.33—2003）的规定，可采用盐酸萘乙二胺法和示波极谱法。以下介绍盐酸萘乙二胺法。

（1）原理　样品经沉淀蛋白质，除去脂肪后，在弱酸性条件下，亚硝酸盐与对氨基苯磺酸重氮化后，再与盐酸萘乙二胺偶合生成紫红色化合物，与标准系列比色定量。

（2）测定方法

①样品处理：称取5.0g去脂肪、筋腱的净瘦肉，绞碎，置于50mL烧杯中，加12.5mL硼砂饱和溶液，搅拌均匀，用70℃左右的水约300mL将样品全部洗入500mL容量瓶中，置沸水浴中加热15min，取出后冷却至室温，然后边转动边加入5mL亚铁氰化钾溶液，摇匀，再加入5mL乙酸锌溶液，以沉淀蛋白质，加水至刻度，摇匀，放置0.5h，除去上层脂肪，清液用滤纸过滤，弃去初滤液30mL，剩余滤液备用。

②测定：吸取上述滤液40mL，加入50mL的具塞比色管中，另吸取0.00、0.20、0.40、0.60、0.80、1.00、1.50、2.00、2.50mL亚硝酸钠标准使用液（相当于0.00、1.00、2.00、3.00、4.00、5.00、7.50、10.00、12.50μg亚硝酸钠），分别置于50mL具塞比色管中。于标准管和样品管中分别加入2mL对氨基苯磺酸溶液（4g/L），混匀。静置3~5min后，各加入1mL盐酸萘乙二胺溶液（2g/L），加水至刻度，混匀，静置15min，用2cm比色杯，以零管调节零点，于波长538nm处测吸光度，绘制标准曲线比较，同时做试剂空白。

（3）计算　按以下公式计算样品中亚硝酸盐的含量。

$$X=\frac{m_2\times 1000}{m_1\times\frac{40}{500}\times 1000}$$

式中　X——样品中亚硝酸盐的含量，mg/kg

m_2——样品测定液中亚硝酸盐的含量，μg

m_1——样品质量，g

我国《食品添加剂使用卫生标准》（GB2760—1996）规定：腌腊肉制品亚硝酸盐（以$NaNO_2$计）≤30mg/kg。

（二）苯并（a）芘含量的测定

1. 苯并（a）芘对肉品的污染及其毒性

苯并（a）芘是由5个苯环构成的多环芳烃类化合物，系多环芳烃类化合物的典型代表，故一般把苯并（a）芘作为环境和食品受多环芳烃类化合物污染的指标。苯并（a）芘是含碳燃料燃烧及有机物热解的产物，主要通过烟尘和加工过程中使用烟熏、烘烤、油炸等工艺污染肉制品。肉制品一旦被苯并（a）芘污染，很难被清除。苯并（a）芘可引起神经系统、免疫系统、肾上腺、肝、肾损害。从已获得的大量流行病学资料和动物实验结果证实，苯并（a）芘是已知的强致癌和致突变物。最初发现苯并（a）芘可引起皮肤癌，后来证明苯并（a）芘可诱发肺、肝、食道、胃肠等多种组织器官的肿瘤；还可导致生育能力降低或不育，并可危害子代，引起子代肿瘤、胚胎死亡或免疫功能降低。

2. 苯并（a）芘的测定方法

食品中苯并（a）芘含量的测定按《食品中苯并（a）芘的测定方法》（GB/T5009.27—2003）的规定，可采用荧光分光光度法和目测比色法。以下介绍荧光分光光度法。

（1）原理　样品先用有机溶剂提取，或经皂化后抽提，再将提取液经液-液分配或色谱柱净化，然后在乙酰化滤纸上分离苯并（a）芘，因苯并（a）芘在紫外光照射下呈蓝紫色荧光斑点，将分离后有苯并（a）芘的滤纸部分剪下，以溶剂浸出荧光物质后，用荧光分光光度计测其荧光强度，与标准比较定量。

（2）测定方法

①样品处理：称取50.0~60.0g切碎混匀的样品，用无水硫酸钠搅拌（样品与无水硫酸钠的比例为1：1或1：2，如水分过多则需在60℃左右将样品烘干），装入滤纸筒内，然后将脂肪提取器接好，加入100mL环己烷于90℃水浴上回流提取6~8h，然后将提取液倒入250mL分液漏斗中，再用6~8mL环己烷淋洗滤纸筒，洗液合并于250mL分液漏斗中，以环己烷饱和过的二甲基甲酰胺提取3次，每次40mL，振摇1min，合并二甲基甲酰胺提取液，用40mL经二甲基甲酰胺饱和过的环己烷提取1次，弃去环己烷液层。二甲基甲酰胺提取液合并于预先装有240mL 硫酸钠溶液（20g/L）的500mL分液漏斗中，混匀，静置数分钟后，用环己烷提取2次，每次100mL，振摇3min，环己烷提取液合并于第1个500mL分液漏斗中。用40~50℃温水洗涤环己烷提取液2次，每次100mL，振摇0.5min，分层后弃去水层液，收集环己烷层，于50~60℃水浴上，减压浓缩至40mL，加适量无水硫酸钠脱水。

②净化：于层析柱下端填入少许玻璃棉，先装入5~6cm氧化铝，轻轻敲管壁使氧化铝层填实，无空隙，顶面平齐，再同样装入5~6cm硅镁型吸附剂，上面再装入5~6cm无水硫酸钠，用30mL环己烷淋洗装好的层析柱，待环己烷液面流至无水硫酸钠层时关

闭活塞。将样品环己烷提取液倒入层析柱中，打开活塞，调节流速为1mL/min，必要时可用适当方法加压，待环己烷液面流至无水硫酸钠层时，用30mL苯洗脱，此时应在紫外光灯下观察，以蓝紫色荧光物质完全从氧化铝层洗下为止，如30mL苯不足时，可适当增加苯量。收集苯液于50~60℃水浴上减压浓缩至0.1~0.5mL。

③分离：在乙酰化滤纸一端5cm处，用铅笔划一横线为起始线，吸取一定量净化后的样品浓缩液，点于滤纸条上，用电吹风从纸条背面吹冷风，使溶剂挥散，同时点20μL苯并（a）芘的标准使用液（1μg/mL），点样时斑点的直径不超过3mm，层析缸（筒）内盛有展开剂，滤纸条下端浸入展开剂约1cm，待溶剂前沿至约20cm时取出阴干。在365nm或254nm紫外光灯下观察展开后的滤纸条，用铅笔圈出标准苯并（a）芘及与其同一位置的样品的蓝紫色斑点，用剪刀剪下此斑点分别放入小比色管中，各加4mL苯加盖，插入50~60℃水浴中不时振摇，浸泡15min。

④测定：将样品及标准斑点的苯浸出液，移入荧光分光光度计的石英杯中，以365nm为激发光波长，365~460nm波长进行荧光扫描，所得荧光光谱与标准苯并（a）芘的荧光光谱比较定性。与样品分析的同时做试剂空白，包括处理样品所用的全部试剂同样操作，分别读取样品溶液、标准溶液及试剂空白溶液于波长406、411、401nm处的荧光强度，然后用基线法求出在406nm处的峰高值F。$F=F_{406}-1/2(F_{401}+F_{411})$，计算所得的数值，为定量计算的荧光强度。

（3）计算　按以下公式计算样品中的苯并（a）芘含量。

$$X=\frac{\frac{m_2}{F}(F_1-F_2)\times 1000}{m_1\times\frac{V_2}{V_1}}$$

式中　X——样品中苯并（a）芘的含量，μg/kg

m_2——苯并（a）芘标准斑点的质量，μg

F——标准斑点浸出液荧光强度，mm

F_1——样品斑点浸出液荧光强度，mm

F_2——试剂空白浸出液荧光强度，mm

V_1——样品浓缩液体积，mL

V_2——点样体积，mL

m_1——样品质量，g

我国《腌腊肉制品卫生标准》（GB2730—2005）规定：烟熏的腌腊肉制品苯并（a）芘≤5μg/kg。

（三）三甲胺氮含量的测定

猪肉中含有氧化三甲胺［$(CH_3)_3NO$］，经细菌及酶作用可还原成三甲胺。火腿三甲胺氮增高是由于原料不新鲜及加工不当或天热时切片暴露过久，细菌生长引起变质所致。三甲胺氮与火腿变质程度有明显的对应关系，并与感官变化相一致。因此，测定火腿三甲胺氮的含量，可以判定火腿的卫生质量。火腿三甲胺氮的含量按《火腿中三甲胺氮的测定》（GB/T5009.179—2003）规定的方法测定，具体操作方法如下。

1. 原理

三甲胺［$(CH_3)_3N$］是肉类食品由于细菌的作用，在腐败过程中，将氧化三甲胺［$(CH_3)_3NO$］还原而产生的，是挥发性碱性含氮物质，该物质可抽提于无水甲苯中，与苦味酸作用，可形成黄色的苦味酸三甲胺盐，与标准系列比色定量。

2. 测定方法

（1）样品处理　取被检肉样20.0g（视样品新鲜程度确定取样量）剪细研匀，加水70mL，移入具塞锥形瓶中，并加20%三氯乙酸10mL，振摇，沉淀蛋白后过滤，滤液即可供测定用。

（2）测定　取上述滤液5mL（也可视样品新鲜程度确定，但必须加水补足至5mL）于Maijel Gerson反应瓶中，加10%甲醛溶液1mL，甲苯10mL，及1+1碳酸钾溶液3mL，立即盖塞，上下剧烈振摇60次，静置20min，吸去下面水层，加入无水硫酸钠约0.5g进行脱水，吸出5mL于预先已置有0.02%苦味酸甲苯溶液5mL的试管中，在410nm处或用蓝色滤光片测得吸光度，并做一空白试验，同时准确吸取三甲胺氮标准使用液（10μg/mL） 0.00、1.00、2.00、3.00、4.00、5.00mL（相当于0.00、10.00、20.00、30.00、40.00、50.00μg三甲胺氮），按样品测定方法同样操作，绘制标准曲线。

（3）计算　按以下公式计算样品中的三甲胺氮含量。

$$X=\frac{\frac{OD_1}{OD_2}\times m}{m_1\times\frac{V_1}{V_2}\times 100}$$

式中　X——样品中三甲胺氮的含量，mg/100g

OD_1——样品光密度

OD_2——标准光密度

V_1——测定用样液体积，mL

V_2——样液稀释后体积，mL

m——标准管三甲胺氮质量，mg

m_1——样品质量，g

3. 卫生标准

我国《腌腊肉制品卫生标准》（GB2730—2005）规定：火腿三甲胺氮≤2.5mg/100g。

（四）汞含量的测定

汞含量按《食品中总汞及有机汞的测定方法》（GB/T5009.17—2003）规定的方法测定。我国《腌腊肉制品卫生标准》（GB2730—2005）规定：腌腊肉制品总汞（以Hg计）≤0.05mg/kg。

（五）铅含量的测定

铅含量按《食品中铅的测定方法》（GB/T5009.12—2003）规定的方法测定。我国

《腌腊肉制品卫生标准》（GB2730—2005）规定：腌腊肉制品铅（Pb）≤0.2mg/kg。

（六）镉含量的测定

镉含量按《食品中镉的测定方法》（GB/T5009.15—2003）规定的方法测定。我国《腌腊肉制品卫生标准》（GB2730—2005）规定：腌腊肉制品镉（Cd）≤0.1mg/kg。

（七）砷含量的测定

砷含量按《食品中总砷及无机砷的测定方法》（GB/T5009.11—2003）规定的方法测定。我国《腌腊肉制品卫生标准》（GB2730—2005）规定：腌腊肉制品无机砷≤0.05mg/kg。

（八）过氧化值的测定

过氧化值是指100g油脂中所含过氧化物从氢碘酸中吸出碘的质量（g）。在油脂酸败初期，首先是油脂中的不饱和脂肪酸被氧化生成过氧化物，因此，常以过氧化物的产生作为油脂开始酸败的标志。定量测定过氧化值，可判定腌腊肉制品中油脂的质量和酸败程度。肉品的过氧化值（以脂肪计）按《食用植物油中卫生标准的分析方法》（GB/T5009.37—2003）的规定，可采用滴定法和比色法测定。以下介绍滴定法。

1. 原理

油脂氧化过程中产生的过氧化物，与碘化钾作用，可生成游离碘，以硫代硫酸钠标准溶液滴定，根据消耗硫代硫酸钠标准溶液的毫升数，可计算出油脂的过氧化值。

2. 测定方法

（1）测定　称取 2.0~3.0g 混匀（必要时过滤）的样品，置于250mL碘瓶中，加30mL三氯甲烷-冰乙酸混合液，使样品完全溶解。加入1mL饱和碘化钾溶液，紧密塞好瓶盖，并轻轻振摇0.5min，然后在暗处放置3min。取出加100mL水，摇匀，立即用硫代硫酸钠标准溶液（0.0020mol/L）滴定，至淡黄色时，加1mL淀粉指示液，继续滴定至蓝色消失为终点，取相同量三氯甲烷-冰乙酸溶液、碘化钾溶液、水，按同一方法，做试剂空白试验。

（2）计算　按以下公式计算样品的过氧化值。

$$X_1=\frac{(V_1-V_2)\times c\times 0.1269}{m}\times 100$$

$$X_2=X_1\times 78.8$$

式中　X_1——样品的过氧化值，g/100g

X_2——样品的过氧化值，meq/kg

V_1——样品消耗硫代硫酸钠标准溶液体积，mL

V_2——试剂空白消耗硫代硫酸钠标准溶液体积，mL

c——硫代硫酸钠标准溶液的浓度，mol/L

m——样品质量，g

0.1269——$\frac{1}{2}I_2$的毫摩质量，g/mmol

78.8——换算因子

3. 卫生标准

我国《腌腊肉制品卫生标准》（GB2730—2005）规定：过氧化值（以脂肪计），火腿≤0.25g/100g；腊肉、咸肉、灌肠制品≤0.5g/100g；非烟熏、烟熏板鸭≤2.5g/100g。

（九）酸价的测定

酸价是指中和1g油脂中所含游离脂肪酸所需氢氧化钾的质量（mg）。由此可见，酸价是表示油脂分解和酸败程度的重要指标，能反映腌腊肉制品中油脂品质的优劣。因油脂在贮存过程中，在微生物、酶和热的作用下水解，产生游离脂肪酸，其游离脂肪酸含量越高，酸价也越高，酸价越高，油脂质量越差。腌腊肉制品酸价的测定，样品处理按《肉与肉制品卫生标准的分析方法》（GB/T5009.44—1996）中14.3的规定操作，测定及结果计算按《食用植物油中卫生标准的分析方法》（GB/T5009.37—2003）中4.1的规定操作，测定方法如下。

1. 原理

利用游离脂肪酸能溶于有机溶剂的特性，提取油脂中的游离脂肪酸，然后用已知浓度的氢氧化钾标准溶液滴定中和，根据消耗氢氧化钾标准溶液的体积（mL），可计算出油脂的酸价。

2. 测定方法

（1）样品处理　称取用绞肉机绞碎的样品100.0g，置于500mL具塞锥形瓶中，加100~200mL石油醚（30~60℃沸程）振荡10min后，放置过夜，用快速滤纸过滤后，减压回收溶剂，得到油脂。

（2）测定　称取 3.0~5.0g 混匀的油脂，置于锥形瓶中，加入50mL中性乙醚–乙醇混合液，振摇使油脂溶解，必要时可置热水中，温热促其溶解。冷至室温，加入酚酞指示液2~3滴，以氢氧化钾标准溶液（0.050mol/L）滴定，至初现微红色，且0.5min内不褪色为终点。

（3）计算　按以下公式计算样品的酸价。

$$X=\frac{V\times c\times 56.11}{m}$$

式中　X——样品的酸价（以氢氧化钾计），mg/g

V——样品消耗氢氧化钾标准溶液的体积，mL

c——氢氧化钾标准溶液的实际浓度，mol/L

m——样品质量，g

56.11——与KOH的摩尔质量，g/mol

3. 卫生标准

我国《腌腊肉制品卫生标准》（GB2730—2005）规定：酸价（以脂肪计）（KOH），灌肠制品、腊肉、咸肉≤4.0mg/g；非烟熏、烟熏板鸭≤1.6mg/g。

三、腌腊肉制品卫生评价与处理

腌腊肉制品感官指标应符合无黏液、无霉点、无异味、无酸败味；凡表层有发光、变色、发霉等，如无腐败变质现象，可进行卫生清除或修割后供食用；变质的腌腊肉制品不准出售，应予销毁。腌腊肉制品的各项理化指标均应符合国家标准，超过国家标准的不得食用，应予以销毁。在香肠、香肚的肉馅中发现蝇蛆、鼠粪；在火腿、板鸭等深部发现严重虫蚀并成蜂窝状者，应作工业用。

第八节　熟肉制品的检验

熟肉制品是指经过选料、初加工、切配以及蒸煮、酱卤、烧烤等工艺处理，食用时不必再经加热烹调的肉制品。熟肉制品既是一种加工方法，又是一种用加热处理来防止肉品腐败变质以延长保存期的手段。但熟肉制品是直接入口的食品，其卫生质量直接关系到广大消费者的身体健康及食肉安全，因此，对熟肉制品的卫生检验提出了更高的要求，其卫生检验以感官检验为主，定期或必要时采样做理化学检验和微生物学检验。

一、感 官 检 验

（一）感官检验的方法

熟肉制品的感官检验主要检验其外表和切面的色泽、坚实度和弹性、气味、滋味等，以判定有无变质、发黏、发霉及污物污染等。夏秋季节还要注意有无苍蝇停留的痕迹和蝇蛆，苍蝇常产卵于整只鸡、鸭的肛门、口、腿、耳等部位，蝇卵孵化后蝇蛆进入体腔或深部，此时熟肉制品外观色泽和气味往往正常，但内部已被蝇蛆所带的微生物污染，故应特别注意。

（二）感官检验的判定标准

1. 酱卤肉

酱卤肉是指以经兽医卫生检验合格的畜禽肉、内脏为主要原料，加以调味辅料，经高温烧煮而成的熟肉制品。其感官检验应具有产品固有的色、香、味，无异物附着。

2. 烧烤肉

烧烤肉是指以经兽医卫生检验合格的猪肉、禽肉加以调味料，经烧烤而成的熟肉制品。其感官检验烧烤猪、鹅、鸭类肌肉切面鲜艳有光泽，微红色，脂肪呈浅乳白色（鹅、鸭浅黄色）；肌肉压之无血水，皮脆；无异味及异臭。叉烧肉类肌肉切面微赤红色，脂肪白而有光泽；肌肉切面紧密，脂肪结实；无异味及异臭。

3. 肴肉

肴肉是指用精选猪腿肉，加硝腌制，经特殊加工制成的熟肉制品。其感官检验应皮白，肉呈微红色，肉汁呈透明晶体状，表面湿润，有弹性，无异味，无异臭。

4. 肉灌肠

肉灌肠是指以鲜（冻）畜肉经加工、腌制、切碎、加入辅料灌入肠衣后，经煮熟而成的红肠、肉肠等制品。其感官检验肠衣（肠皮）干燥完整，并与内容物密切结合，坚实而有弹力，无黏液及霉斑。切面坚实而湿润，肉呈均匀蔷薇红色，脂肪白色。无腐臭，无酸败味。

5. 肉松

肉松是指以畜、禽肉为主要原料，加以调味辅料，经高温烧煮并脱水复制而成的绒絮状、微粒状的熟肉制品。其感官检验太仓式肉松应为浅黄色、浅黄褐色或深黄色；绒絮状，无杂质、焦斑和霉斑；具有肉松固有的香味，无焦臭味、无哈喇等异味；咸甜适口，无油腻味。福建式肉松应为黄色或红褐色；微粒状或稍带絮状，无杂质、焦斑和霉斑；具有肉松固有的香味，无焦臭味、无哈喇等异味；咸甜适口，无油腻味。

6. 肉干、肉脯

肉干是用牛肉、猪肉为原料，经修割、预煮、切丁（片、条）、调味、复煮、收汤、干燥制成的肉制品。肉脯是用猪瘦肉、牛瘦肉为原料，经切片、调味、腌渍、摊筛、烘干、烤制等工艺制成的薄片型肉制品。肉糜脯是用猪瘦肉、牛瘦肉为原料，经绞碎、调味、摊筛、烘干、烤制等工艺制成的薄片型肉制品。其感官检验应具有产品特有的色、香、味、形；无焦臭、哈喇等异味；无杂质。

二、理化检验

按照我国《熟肉制品卫生标准》（GB2726—2005）的规定，熟肉制品理化检验的项目主要有水分、复合磷酸盐、亚硝酸盐、苯并（a）芘和重金属汞、铅、镉、砷含量的测定。

（一）水分含量的测定

熟肉制品中水分的多寡，不仅影响其贮藏期限，而且对其色、香、味有较大的影响，直接关系到商品的价值和销售等问题。水分含量的测定按GB/T5009.3—2003的规定，可采用直接干燥法、减压干燥法或蒸馏法。以下介绍直接干燥法。

1. 原理

食品中的水分一般是指在100℃左右直接干燥的情况下，所失去物质的总量。该法适用于在95~105℃下，不含或含其他挥发性物质甚微的食品。

2. 测定方法

（1）测定　取洁净铝制或玻璃制的扁形称量瓶，置于95~105℃干燥箱中，瓶盖斜支于瓶边，干燥0.5~1.0h，盖好取出，置干燥器内冷却0.5h，称量，并重复干燥至恒重。称取2.00~10.00g切碎或磨细的样品，放入此称量瓶中，样品厚度约为5mm。加盖，精密称量后，置95~105℃干燥箱中，瓶盖斜支于瓶边，干燥2~4h后，盖好取出，放入干燥器内冷却0.5h后称量。然后再放入95~105℃干燥箱中干燥1h左右，取出放干燥器内冷却0.5h后再称量。至前后两次质量差不超过2mg，即为恒重。

（2）计算　按以下公式计算样品中的水分含量。

$$X=\frac{m_1-m_2}{m_1-m_3}\times 100\%$$

式中　X——样品中水分的含量，g/100g

m_1——称量瓶和样品的质量，g

m_2——称量瓶和样品干燥后的质量，g

m_3——称量瓶的质量，g

3. 卫生标准

我国《熟肉制品卫生标准》（GB2726—2005）规定：肉干、肉松、其他熟肉干制品水分≤20.0g/100g；肉脯、肉脯糜水分≤16.0g/100g；油酥肉松、肉粉松≤4.0g/100g。

（二）复合磷酸盐含量的测定

磷酸盐作为食品添加剂被广泛应用于食品工业中，在肉制品中添加磷酸盐不仅可以增加其持水性和结着力（切片成形性），而且可以防止肉制品中脂肪的酸败。但人体过多的摄入磷酸盐会降低钙的吸收，从而导致机体钙磷失衡，引起疾病。故国家食品卫生标准对某些肉制品中磷酸盐的含量作了明确的规定。食品中磷酸盐的含量按《食品中磷的测定方法》（GB/T5009.87—2003）规定的方法测定，具体操作方法如下。

1. 原理

样品中的磷酸盐与酸性钼酸铵作用，生成淡黄色的磷钼酸盐，此盐可经还原呈现蓝色，一般称为钼蓝。蓝色的深浅与磷酸盐含量成正比，在波长660nm处测定吸光度，与标准系列比较定量。

2. 测定方法

（1）样品处理　将瓷蒸发皿在火上加热灼烧、冷却，准确称取均匀样品2.0~5.0g，在火上灼烧成炭分，再于550℃下灰化，直至灰分呈白色为止（必要时可加入浓硝酸湿润后再灰化，有促进样品灰化至白色的作用），加稀盐酸（1+1）10mL及硝酸2滴，在水浴上蒸干，再加稀盐酸（1+1）2mL，用水分数次将残渣全部洗入100mL容量瓶中，并用水稀释至刻度，摇匀过滤（如无沉淀则不需过滤），滤液备用。

（2）测定　取样品滤液0.5mL，置于25mL比色管中，加入2.0mL钼酸铵溶液。另吸取0.00、0.20、0.40、0.60、0.80、1.00mL磷酸盐标准溶液（相当于0.00、2.00、4.00、6.00、8.00、10.00μg磷酸盐），分别置于25mL比色管中，再于每管中依次加入2.0mL钼酸铵溶液。于样品溶液管、磷酸盐标准溶液管各加1mL亚硫酸钠溶液（200g/L），1mL对氢醌（对苯二酚）溶液，加水稀释至刻度，摇匀，静置30min后，以零管调节零点，于波长660nm处测定各磷酸盐标准溶液的吸光度，并绘制标准曲线。根据测得的样品吸光度，从标准曲线上求得相应磷的含量。

（3）计算　按以下公式计算样品中的磷酸盐含量。

$$X=\frac{m_1}{m}\times 1000$$

式中　X——样品中磷酸盐含量，mg/kg

m_1——从标准曲线中查出的相当于磷酸盐（PO_4^{3-}）的质量，g

m——测定时所吸取样品溶液相当于样品的质量，g

3. 卫生标准

我国《熟肉制品卫生标准》（GB2726—2005）规定：复合磷酸盐（以PO_4^{3-}计），熏煮火腿≤8.0g/kg；其他熟肉制品≤5.0g/kg。复合磷酸盐残留量包括肉类本身所含磷及加入的磷酸盐，不包括干制品。

（三）亚硝酸盐含量的测定

亚硝酸盐含量按《食品中亚硝酸盐与硝酸盐的测定方法》（GB/T5009.33—2003）规定的方法测定（见本章）。我国《熟肉制品卫生标准》（GB2760—1996）规定：熟肉制品亚硝酸盐（以$NaNO_2$计）≤30mg/kg。

（四）苯并（a）芘含量的测定

苯并（a）芘含量按《食品中苯并（a）芘的测定方法》（GB/T5009.27—2003）规定的方法测定（见本章）。我国《熟肉制品卫生标准》（GB2726—2005）规定：烧烤和烟熏肉制品苯并（a）芘≤5.0μg/kg。

（五）汞含量的测定

总汞含量按《食品中总汞及有机汞的测定方法》（GB/T5009.17—2003）规定的方法测定（见本章）。我国《熟肉制品卫生标准》（GB2726—2005）规定：熟肉制品总汞（以Hg计）≤0.05mg/kg。

（六）铅含量的测定

铅含量按《食品中总铅的测定方法》（GB/T5009.12—2003）规定的方法测定（见本章）。我国《熟肉制品卫生标准》（GB2726—2005）规定：熟肉制品铅（Pb）≤0.5mg/kg。

（七）镉含量的测定

镉含量按《食品中镉的测定方法》（GB/T5009.15—2003）规定的方法测定（见本章）。我国《熟肉制品卫生标准》（GB2726—2005）规定：熟肉制品镉（Cd）≤0.1mg/kg。

（八）无机砷含量的测定

无机砷含量按《食品中总砷及无机砷的测定方法》（GB/T5009.11—2003）规定的方法测定（见本章）。我国《熟肉制品卫生标准》（GB2726—2005）规定：熟肉制品无机砷≤0.05mg/kg。

三、微生物检验

按照我国《熟肉制品卫生标准》（GB2726—2005）的规定，对熟肉制品必须进行菌落总数、大肠菌群及某些致病菌（沙门氏菌、金黄色葡萄球菌、志贺氏菌）的检验。烧烤肉类采用表面积法做菌落总数测定；其他熟肉制品采用重量法做菌落总数测定。

（一）菌落总数的测定

菌落总数测定的具体操作见第五节肉品的微生物学检验。我国《熟肉制品卫生标准》（GB2726—2005）规定的菌落总数为（cfu/g）：烧烤肉、肴肉、肉灌肠≤50000；酱卤肉≤80000；熏煮火腿、其他熟肉制品≤30000；肉松、油酥肉松、肉粉松≤30000；肉干、肉脯、肉糜脯、其他熟肉干制品≤10000。

（二）大肠菌群的测定

大肠菌群测定的具体操作见第五节肉品的微生物学检验。我国《熟肉制品卫生标准》（GB2726—2005）规定的大肠菌群为（MPN/100g）：肉灌肠≤30；烧烤肉、熏煮火腿、其他熟肉制品≤90、肴肉、酱卤肉≤150；肉松、油酥肉松、肉粉松≤40；肉干、肉脯、肉糜脯、其他熟肉干制品≤30。

（三）致病菌的检验

我国《熟肉制品卫生标准》（GB2726—2005）规定：在熟肉制品中不得检出沙门氏菌、金黄色葡萄球菌和志贺氏菌。这些菌的具体检测方法见第五节肉品的微生物学检验。

四、熟肉制品卫生评价与处理

熟肉制品感官指标应符合无异味、无酸败味、无异物；熟肉干制品无焦斑和霉斑；包装破坏，外观受损者不得销售。熟肉制品的各项理化指标均应符合国家标准，超过国家标准的不得食用，应予以销毁。熟肉制品的菌落总数、大肠菌群不得超标，不得检出致病菌。对于菌落总数、大肠菌群超标，而无感官变化或感官变化轻微的熟肉制品，或无冷藏设备需要隔夜存放的熟肉制品，应回锅加热后及时销售。凡有变质征象或检出致病菌的熟肉制品，均不得销售和食用，应予以销毁。

第九节　肉类罐头的卫生检验

肉类罐头是指各种符合标准要求的原料肉经处理、分选、烹调（或不烹调）、装罐、密封、杀菌、冷却、检验而制成的具有一定真空度的食品。肉类罐头是一种特殊形式的肉品加工方法和保藏方法，具有耐长期保存、容易运输、便于携带、食用方便等优点，故备受消费者喜爱。由于肉类罐头是经过杀菌并在一定真空条件下保藏的食品，如果在其生产加工过程中原料受到微生物的严重污染，杀菌时又未将腐败菌和致病菌彻底杀灭，在保藏过程中于适宜条件下，残存的腐败菌和致病菌可大量生长繁殖，导致肉类罐头变质腐败。因此，对肉类罐头进行卫生检验，具有重要的食品卫生学意义。

一、肉类罐头的常规检验

（一）外观检验

1. 商标纸及罐盖硬印检查

罐头外观检验应遵循一定的程序。首先观察商标纸是否完整和符合规定，商标须与内容物相一致。再查看罐盖硬印是否清晰及罐头的生产日期，判断其是否在保质期内。最后观察罐头外表是否清洁，有无肉眼可见的透气、透水之处、有无漏出的汤汁、有无膨胀现象。

2. 罐盒情况的检查

将罐头的商标纸撕下，观察罐盒接缝及卷边是否正常，焊锡是否完好均匀，卷边处有无皱褶、切角、铁舌、裂隙和流胶现象。罐体及盖底有无凹瘪变形及锈蚀，如有锈斑，应以小刀轻轻刮去锈层，仔细观察有无穿孔，必要时可用放大镜观察，并以探针探测。

3. 敲打试验

将罐头放于桌上，以木槌敲打盖面，良好的罐头盖面应凹陷，发出清脆的实音，不良罐头盖面膨胀，发出浊音或鼓音。

（二）密闭性检查

把撕掉商标纸的罐头洗净擦干，然后将其浸没在事先加热到85℃以上的热水中（如系玻璃罐头，应事先浸入不高于40℃的温水中，然后将水加热到85℃以上，以免骤热爆裂），水面应高出罐头5cm，经3~5min，细心观察罐头周围有无成串的小气泡逸出，同时观察罐头盖底是否突出。密闭性良好的罐头，盖底稍突出，但从热水中取出冷却后盖底又恢复原状。密闭性不良的罐头，会在漏气的地方出现一连串的小气泡。若仅有2~3个气泡出现自卷边和接缝处，可能是卷边或折压缝内原来含有空气，而不是漏气。

（三）膨听试验

将检查密封性后的罐头擦干，贴上编号与送检日期的标签，然后放入37℃温箱中，经10昼夜后取出，使其降至室温。观察记录其膨胀情况。正常罐头不见膨胀或冷却至室温后膨胀自行消退。

正常罐头的盖底中心部分略凹，由于某种原因罐头的盖底向外鼓起的现象称为膨听，又称胖听、胀罐。根据罐头膨听的形成原因不同，一般分为生物性膨听、化学性膨听和物理性膨听。其发生原因、鉴别与评价处理见表4-7。

（四）真空度测定

罐头具有一定的真空度，可以抑制细菌的生长繁殖，防止罐头内容物氧化分解。罐内真空度太低，达不到抑制细菌生长繁殖、防止罐头内容物氧化分解的目的；罐内真空度太高，会发生瘪罐现象（罐头内陷）。制造罐头时，排气和密封的温度越高，则罐头在杀菌、冷却后的真空度也越高。当罐头内容物被细菌分解产生气体或罐内铁

表 4-7　罐头几种膨听的原因、鉴别和处理

膨听类别	膨听原因	鉴别方法					处理
		敲打试验	保温试验	真空度/kPa	穿孔检查	按压试验	
生物性膨听	由于罐内的细菌生长繁殖产生气体而引起	发出鼓音，有内容物空虚的感觉	膨听增大	101.3~303.9	有气体逸出，并有腐败气味	按不下去或去除压力后立即恢复	工业用或销毁
化学性膨听	由于罐内酸性内容物与金属罐作用产生氢气而引起	发出鼓音，有内容物空虚的感觉	膨听不变	101.3~303.9	有气体逸出，无腐败味；但常有酸味或不愉快的金属气味	按不下去或去除压力后立即恢复	工业用或销毁
物理性膨听	（1）由于罐头内容物冻结时罐内水分膨胀而引起	发出实音，有内容物充实的感觉	膨听消失	小于101.3	无气体逸出	用手指强压往往形成不能恢复原状的凹陷	如内容物无变化，允许食用，但宜在食用前煮沸30min以上
	（2）由于内容物在装罐时温度较低且装入过多而引起	同上	同上	同上	同上	同上	同上
	（3）在高气压地区制造的罐头运到低气压地区后，由于罐内压力相对的升高而引起；这种膨听往往是成批的出现	发出鼓音，有内容物空虚的感觉	同上	同上	同上	用手指强压一般能压下去，但去压力后又恢复原状	如果罐头出产地区与检验地区的地势高低有很大差异，且确证无其他原因时准予食用

皮被酸腐蚀产生氢气时，则其真空度显著降低，有时甚至出现膨听现象。因此，测定罐头的真空度不仅能鉴定罐头质量的优劣，而且也能检验制造罐头时排气和密封两道工序的技术操作是否符合规定的要求。

罐头的真空度是用真空测定器测定的。方法是用右手紧握测定器的表壳，并使其基部橡皮座的底面平贴于罐盖面上，用力下压使橡皮座的空管针穿刺罐盖，插进罐内，随即观察并记录表的指针所指的刻度。在读数之前，切勿放松向下的压力，以免

外界空气串入罐内，影响测定结果的准确性。

（五）开罐检查

用天平称出每个被检罐头的总重量。先把罐头放入80~90℃的热水中，加热到汤汁融化，然后打开罐盖，把内容物轻轻地倒入清洁的搪瓷盘中，观察其形态结构，并用玻璃棒轻轻拨动，检查其组织是否完整、块形大小和块数。同时鉴定内容物中固形物的色泽是否合乎标准要求。此外，仔细观察有无小毛、碎骨、血管、血块、淋巴结、草、木、沙石及其他杂质。收集刚做完组织形态鉴定的罐头汤汁，注入500mL量筒中，静置3min后，观察其色泽和澄清程度，并称其重量。用勺盛取固形物和汤汁，先闻其气味，然后品尝滋味，鉴定其是否具有应有的风味。空罐盒用温水刷洗后，擦干罐盒内外残水，观察罐盒内侧有无腐蚀、硫化亚铁黑斑与铁锈斑等现象。再用天平称出空罐的重量，用公式计算出罐头的各种重量。

$$内容物净重=罐头总重量-空罐重量$$

$$肉重=内容物净重-油汁重量$$

$$油重=内容物净重-（肉重+汁重）$$

$$固体物重=肉重+油重$$

$$固体物百分率=\frac{固体物重量}{内容物净重}\times 100（\%）$$

（六）肉类罐头常规检验结果的评价与处理

（1）良质罐头的标签应完整，硬印正确、清楚，检验时在保质期内。罐形正常，结构良好，无锈蚀，密闭性良好。否则作次品处理（次品罐头如内容物无感官变化时可加热处理或加工做肉酱后食用，如已发生感官变化时则作工业用）。

（2）良质罐头真空度应符合规定标准。一般在室温下检查真空度要求在27.1~37.5kPa（203~281mmHg），不得低于26.7kPa（200mmHg）。

（3）良质罐头顶隙不得超过罐高的1/10，否则认为是“假罐”。

（4）良质罐头内容物净重应符合商标规定重量。允许个别罐头有±5%的净重公差。但平均净重不符合商标规定者，应做不合格处理。

（5）良质罐头的固体物重（肉和油）与净重的比例要符合规定的要求，否则作不合格处理。

（6）良质罐头滋味及气味应正常，且有该品种应有的良好风味。不得有其他异味，否则按次品处理。

（7）良质罐头加热后，汤汁透明，呈黄色或琥珀色或深褐色，不浑浊。否则按次品处理。

（8）良质罐头肉块应完整，不得含有明显的筋腱、血管及组织膜，不得有夹杂物，如毛发、木屑、草秆、沙石、金属及其他异物，否则按次品处理。

（9）有膨听现象的罐头，一般不准食用，如能确证膨听原因为物理性因素且内容物无感官变化时，可允许食用，无法确定膨听性质时，一律按生物性膨听处理，作工业用或销毁。

二、肉类罐头的理化检验

按照国家《肉类罐头卫生标准》（GB13100—2005）的规定，肉类罐头理化检验的项目主要有亚硝酸盐、苯并（a）芘和重金属汞、铅、镉、砷、锌、锡含量的测定。

（一）亚硝酸盐含量的测定

亚硝酸盐含量按《食品中亚硝酸盐与硝酸盐的测定方法》（GB/T5009.33—2003）规定的方法测定（见本章第七节）。我国《肉类罐头卫生标准》（GB13100—2005）规定：亚硝酸盐（以$NaNO_2$计）西式火腿罐头≤70mg/kg；其他腌制类罐头≤50mg/kg。

（二）苯并（a）芘含量的测定

苯并（a）芘含量按《食品中苯并（a）芘的测定方法》（GB/T5009.27—2003）规定的方法测定（见本章第七节）。我国《肉类罐头卫生标准》（GB13100—2005）规定：烧烤和烟熏肉类罐头苯并（a）芘≤5μg/kg。

（三）汞含量的测定

总汞含量按《食品中总汞及有机汞的测定方法》（GB/T5009.17—2003）规定的方法测定。我国《肉类罐头卫生标准》（GB13100—2005）规定：肉类罐头总汞（以Hg计）≤0.05mg/kg。

（四）铅含量的测定

铅含量按《食品中总铅的测定方法》（GB/T5009.12—2003）规定的方法测定。我国《肉类罐头卫生标准》（GB13100—2005）规定：肉类罐头铅（Pb）≤0.5mg/kg。

（五）镉含量的测定

镉含量按《食品中镉的测定方法》（GB/T5009.15—2003）规定的方法测定。我国《肉类罐头卫生标准》（GB13100—2005）规定：肉类罐头镉（Cd）≤0.1mg/kg。

（六）无机砷含量的测定

无机砷含量按《食品中总砷及无机砷的测定方法》（GB/T5009.11—2003）规定的方法测定。我国《肉类罐头卫生标准》（GB13100—2005）规定：肉类罐头无机砷≤0.05mg/kg。

（七）锌含量的测定

锌含量按《食品中锌的测定方法》（GB/T5009.14—2003）规定的方法测定。我国《肉类罐头卫生标准》（GB13100—2005）规定：肉类罐头锌（Zn）≤100mg/kg。

（八）锡含量的测定

锡含量按《食品中锡的测定方法》（GB/T5009.16—2003）规定的方法测定。我国《肉类罐头卫生标准》（GB13100—2005）规定：镀锡罐肉类罐头锡（Sn）≤250mg/kg。

三、肉类罐头的微生物检验

罐头食品微生物检验按《罐头食品商业无菌的检验》（GB4789.26—2003）进

行。罐头食品经过适度的热杀菌以后，不含有致病的微生物，也不含有在通常温度下能在其中繁殖的非致病性微生物，这种状态称为罐头食品的商业无菌（commercial sterilization of canned food）。我国《肉类罐头卫生标准》（GB13100—2005）规定：肉类罐头微生物指标应符合罐头商业无菌的要求。

肉类罐头一般是低酸性罐头食品（low acid canned food）。低酸性罐头食品系指杀菌后平衡pH大于4.6、水分活度大于0.85的罐头食品。按《罐头食品商业无菌的检验》（GB4789.26—2003）的规定，低酸性罐头食品商业无菌的检验方法如下。

（一）保温

将样罐在规定温度下按规定时间进行保温，见表4–8。

表 4–8 样品保温时间和温度

罐头种类	温度/℃	时间/d
低酸性罐头食品	36 ± 1	10
预定要输往热带地区（40℃以上）的低酸性罐头食品	56 ± 1	5~7

保温过程中应每天检查，如有膨听或泄漏等现象，立即剔出作开罐检查。

（二）开罐

取做过保温试验的罐头，冷却到常温后，无菌操作开罐检验。方法是将样罐用温水和洗涤剂洗刷干净，用自来水冲洗后擦干。放入无菌室，以紫外杀菌灯照射30min。将样罐移置超净工作台上，用75%酒精棉球擦拭无代号端，并点燃灭菌（膨听罐不能烧）。用灭菌的卫生开罐刀或罐头打孔器开启（带汤汁的罐头开罐前适当振摇），开罐时不能伤及卷边结构。

（三）留样

开罐后，用灭菌吸管或其他适当工具以无菌操作取出内容物10~20mL（g），移入灭菌容器内，保存于冰箱中。待该批罐头检验得出结论后可弃去。

（四）pH测定

取样测定pH，与同批中正常罐相比，看是否有显著的差异。

（五）感官检查

在光线充足、空气清洁无异味的检验室中，将罐头内容物倾入白色搪瓷盘内，由有经验的检验人员对产品的外观、色泽、状态和气味等进行观察和嗅闻，用餐具按压食品或戴薄指套以手指进行触感，鉴别食品有无腐败变质的迹象。

（六）涂片染色镜检

对感官或pH检查结果认为可疑的，以及腐败时pH反应不灵敏的罐头样品（如肉、禽、鱼类罐头等），均应进行涂片染色镜检。

1. 涂片

带汤汁的罐头样品可用接种环挑取汤汁涂于载玻片上。固态食品可以直接涂片或用少量灭菌生理盐水稀释后涂片。待干后用火焰固定。油脂性食品涂片自然干燥并火焰固定后，用二甲苯流洗，自然干燥。

2. 染色镜检

用革兰氏染色法染色，镜检，至少观察5个视野，记录细菌的染色反应、形态特征以及每个视野的菌数。与同批的正常样品进行对比，判断是否有明显的微生物增殖现象。

（七）接种培养

保温期间出现的膨听、泄漏，或开罐检查发现pH可疑、感官质量异常、腐败变质，进一步镜检发现有异常数量细菌的样罐，均应及时进行微生物接种培养。

对需要接种培养的样罐（或留样）用灭菌的工具移出约1mL（g）内容物，分别接种培养。接种量约为培养基的1/10。要求在55℃培养的培养基管，在接种前应在55℃水浴中预热至该温度，接种后立即放入55℃温箱培养。低酸性罐头食品（每罐）接种培养基、管数及培养条件见表4-9。

表 4-9 低酸性罐头的微生物培养方法

培养基	管数	培养条件	时间/h
庖肉培养基	2	（36±1）℃（厌氧）	96~120
庖肉培养基	2	（55±1）℃（厌氧）	24~72
溴甲酚紫葡萄糖肉汤（带倒管）	2	（36±1）℃（需氧）	96~120
溴甲酚紫葡萄糖肉汤（带倒管）	2	（55±1）℃（需氧）	24~72

（八）微生物培养检验程序及判定

将按表4-9接种的培养基管分别放入规定温度的恒温箱中进行培养，每天观察培养基中微生物的生长情况。

对在36℃培养有菌生长的溴甲酚紫肉汤管，观察产酸产气情况，并涂片染色镜检。如果是含杆菌的混合培养物或球菌、酵母菌或霉菌的纯培养物，不再往下检验；如仅有芽孢杆菌则判为嗜温性需氧芽孢杆菌；如仅有杆菌无芽孢则判为嗜温性需氧杆菌，如需进一步证实是否是芽孢杆菌，可转接于锰盐营养琼脂平板在36℃培养后再作判定。

对在55℃培养有菌生长的溴甲酚紫肉汤管，观察产酸产气情况，并涂片染色镜检。如有芽孢杆菌，则判为嗜热性需氧芽孢杆菌；如仅有杆菌而无芽孢则判为嗜热性需氧杆菌。如需要进一步证实是否是芽孢杆菌，可转接于锰盐营养琼脂平板，在55℃培养后再作判定。

对在36℃培养有菌生长的庖肉培养基管，涂片染色镜检，如为不含杆菌的混合菌相，不再往下进行；如有杆菌，带或不带芽孢，都要转接于两个血琼脂平板（或卵黄琼脂平板），在36℃分别进行需氧和厌氧培养。在需氧平板上有芽孢生长，则为嗜温性兼性厌氧芽孢杆菌；在厌氧平板上生长为一般芽孢，则为嗜温性厌氧芽孢杆菌，如为梭状芽孢杆菌，应用庖肉培养基原培养液进行肉毒杆菌及肉毒毒素检验（按GB/T4789.12—2003操作）。

对在55℃培养有菌生长的庖肉培养基管，涂片染色镜检。如有芽孢，则为嗜热性厌氧芽孢杆菌或硫化腐败性芽孢杆菌；如无芽孢仅有杆菌，转接于锰盐营养琼脂平板，在55℃厌氧培养，如有芽孢则为嗜热性厌氧芽孢杆菌，如无芽孢则为嗜热性厌氧杆菌。

（九）罐头密封性检验

对确定有微生物繁殖的样罐均应进行密封性检验以判定该罐是否泄漏，即将已洗净的空罐，经35℃烘干，根据各单位的设备条件进行减压或加压试漏。

1. 减压试漏

将烘干的空罐内小心注入清水至八九成满，将一带橡胶圈的有机玻璃板妥当安放在罐头开启端的卷边上，使能保持密封。启动真空泵，关闭放气阀，用手按住盖板，控制抽气，使真空表从0 Pa升到6.8×10^4 Pa（510mmHg）的时间在1min以上，并保持此真空度1min以上。倾侧空罐仔细观察罐内盖底卷边及焊缝处有无气泡产生，凡同一部位连续产生气泡，应判断为泄漏，记录漏气的时间和真空度，并在漏气部位做上记号。

2. 加压试漏

用橡皮塞将空罐的开孔塞紧，开动空气压缩机，慢慢开启阀门，使罐内压力逐渐加大，同时将空罐浸没在盛水的玻璃缸中，仔细观察罐外盖底卷边及焊缝处有无气泡产生，直至压力升至69kPa并保持2min，凡同一部位连续产生气泡，应判断为泄漏，记录漏气的时间和压力，并在漏气部位做上记号。

（十）结果判定

罐头样品经保温试验未膨听或泄漏；保温后开罐，经感官检查、pH测定或涂片镜检，或接种培养，确证无微生物增殖现象，则为商业无菌。罐头样品经保温试验有1罐及1罐以上发生膨听或泄漏；或保温后开罐，经感官检查、pH测定或涂片镜检和接种培养，确证有微生物增殖现象，则为非商业无菌。

四、肉类罐头卫生评价与处理

经检验符合感官指标、理化指标、微生物指标要求的保质期内的良质罐头，不受限制出厂销售食用。膨听、漏气、漏汁的罐头应销毁，如确证为物理性膨听，可允许食用。外观有缺陷，如锈蚀严重、瘪凹等，应迅速利用。理化指标超过标准的罐头，不允许上市销售。微生物检验如发现肉毒杆菌及其毒素、沙门氏菌、溶血性链球菌、致病性葡萄球菌或志贺氏菌等致病菌，应予销毁；检出大肠杆菌或变形杆菌的，可经再次杀菌后出售。发现罐头有下列缺陷者，不允许食用，应予废弃：①罐头内容物黑变并伴有严重金属味者（如局部黑变且无不良气味的，可除去黑斑后食用）；②内容物有严重酸败味者；③严重改变了口味的平盖酸败罐头；④汤汁浑浊、肉质液化、失去弹性的罐头。

第十节　食用动物油脂的卫生检验

动物油脂是将动物脂肪组织经过加热熔炼而制成的。油脂加工和保存条件不良时，可能使油脂发生酸败变质或遭受有害物质的污染，从而降低或丧失其食用价值。因此，加强动物性油脂的加工卫生与检验，具有非常重要的意义。动物性食用油脂常以生脂肪（肥膘、板油）或炼制油脂在市场上出售，其检验方法包括感官检查和理化检验两方面。

一、感官检查

（一）生脂肪

生脂肪的感官检查项目包括颜色、气味、组织状态及表面污染程度。各种动物生脂肪的感官指标见表4–10。

表 4–10　猪牛羊生脂肪的感官指标

项目	良质生脂肪			不良质生脂肪	变质生脂肪
	猪脂	牛脂	羊脂		
颜色	纯白色	淡黄色	白色或淡黄色	灰色或黄色	灰绿色或黄绿色
气味	具有脂肪本身固有的气味			有轻度辛辣等不愉快气味	明显腐败味
组织状态	质地较软，切面均匀	质地坚实，切面均匀	质地较硬，切面均匀	结构、质地有异常	结构、质地有异常
表面污染度	表面清洁，干燥，无黏液，无污染物			表面有轻度污染	表面发黏，污染严重

（二）炼制油脂

1. 感官检查方法

（1）颜色　将熔化混匀的油脂样品注入清洁干燥的试管（或烧杯中），油液面至容器高度1/3~1/2，置流水或4℃冰箱中，待冷却到15~20℃时在自然光下观察。

（2）气味及滋味　取油脂样品置于小烧杯内，加热，待油样刚熔化，用玻璃棒不断搅拌（或沾取少量油样置清洁的玻片上涂成薄层），闻其气味，并品尝其滋味。

（3）透明度　将上述检查油脂颜色的样品试管（熔化的油样尚未冷却之前）迅速在自然光下观察其透明度，如无悬浮物及浑浊，即认为透明。

（4）稠度　取薄竹片（或软膏篦）按压冷却至15~20℃的油样，测其稠度（硬度）。

2. 感官指标

（1）猪油脂　熟猪油的感官指标见表4-11。

表 4-11　熟猪油的感官指标

项目	状态	一级	二级
形状及色泽	15~20℃凝固时	白色或微带黄色，组织细腻，呈软膏状	白色或带微黄色，稍有光泽，细腻，呈软膏状
	融化态时	微黄色，澄清透明，不允许有沉淀物	微黄色，澄清透明
气味及滋味	15~20℃凝固时 融化态时	有猪油固有的香味及滋味	

（2）牛羊油脂　牛羊油脂的感官指标见表4-12。

表 4-12　动物炼制油脂的感官指标

项目	牛脂		羊脂	
	一级	二级	一级	二级
凝固态的色泽 15~20℃	黄色或淡黄色	黄色或淡黄色，略带淡绿色暗影	白色或淡白色	白色或微黄色，许可有淡绿色暗影
气味及滋味	正常无杂味及异味	正常，可略带轻微焦味	正常，无杂味及异味	正常，可略带微焦味
性状15~20℃	有光泽，细腻，坚实	稍有光泽，较细腻，坚实	有光泽，细腻，坚实	稍有光泽，较细腻，坚实
融化时的透明度	透明	透明	透明	透明

二、理化检验

（一）油脂新鲜度的测定

油脂新鲜度的检验，通常有定量和定性两种测定方法。定量测定一般包括酸价、过氧化值、丙二醛（TBA值）的测定。定性测定包括过氧化物和环氧丙醛的测定等。

由于油脂的酸败有水解和氧化两种形式，其酸败产物各有不同，所以，上述几种鉴定指标也各有不同意义。酸价主要是反映油脂水解酸败程度的，过氧化值是反映油脂氧化酸败程度的，而TBA值虽也是反映油脂氧化酸败程度的，但与不饱和脂肪酸的氧化有密切的关系。

1. 酸价的测定

酸价能反映油脂品质的优劣，因油脂在贮存过程中，在热、酶和微生物等多种因素的作用下，会产生游离脂肪酸。食用动物油脂的游离脂肪酸含量越高，酸价越高，质量越差。

油脂酸价按《食用植物油中卫生标准的分析方法》（GB/T5009.37—2003）规定的方法测定。见本章第七节腌腊肉制品的检验。我国《食用动物油脂卫生标准》（GB10146—2005）规定：猪油酸价（KOH）≤1.5mg/g；牛油、羊油酸价（KOH）特级≤1.25 mg/g、一级≤2.25 mg/g。

2. 过氧化值的测定

过氧化值可作为油脂变质初期的指标，因油脂在尚未出现酸败现象时，已有较多的过氧化物产生，故油脂的过氧化值增高，则表示油脂已开始变质。

油脂过氧化值按《食用植物油中卫生标准的分析方法》（GB/T5009.37—2003）规定的方法测定。见第七节腌腊肉制品的检验。我国《食用动物油脂卫生标准》（GB10146—2005）规定：猪油、牛油、羊油过氧化值≤0.20g/100g。

3. 丙二醛的测定

油脂受光、热、空气中氧的作用，发生酸败反应，分解出醛、酸之类的化合物。丙二醛就是分解产物的一种，其含量越高，油脂品质越差，故丙二醛是油脂氧化酸败的重要指标。

油脂中丙二醛的含量按《猪油中丙二醛的测定》（GB/T5009.181—2003）规定的方法测定，具体操作方法如下。

（1）原理　油脂中不饱和脂肪酸氧化分解产生的丙二醛，可与TBA（硫代巴比妥酸）作用生成粉红色化合物，在538nm波长处有吸收高峰，可进行比色测定。

（2）测定方法

①样品处理：准确称取在70℃水浴上融化均匀的油液10g，置于100mL具塞锥形瓶中，加入50mL三氯乙酸混合液，振摇0.5h（保持油脂融溶状态，如凝结即在70℃水浴上略微加热，使之融化后继续振摇），用双层滤纸过滤，除去油脂，滤液重复用双层滤纸过滤一次。

②测定：准确吸取上述滤液5mL于25mL纳氏比色管中，加5mLTBA试剂，混匀，盖塞，置于90℃水浴内保温40min。取出冷却1h，移入小试管内，加入5mL三氯甲烷，摇匀，静置分层，吸出上清液于1cm比色杯中，以蒸馏水为参比，于波长538nm处测定吸光度。同时做空白试验。

③标准曲线制备：吸取丙二醛标准使用液0.10、0.20、0.30、0.40、0.50mL（相当丙二醛1、2、3、4、5μg），分别置于25mL比色管中，按上述步骤处理，根据测得吸光度作标准曲线，从标准曲线上求出样品浓度。

（3）计算　按以下公式计算样品中丙二醛含量。

$$\text{油脂中丙二醛含量（mg/100g）} = A/10$$

式中　A——由标准曲线上查得样品的相应含量

（4）卫生标准　我国《食用动物油脂卫生标准》（GB10146—2005）规定：猪油、牛油、羊油丙二醛≤0.25mg/100g。

4. 油脂酸败定性试验

（1）过氧化物试验

①原理：当过氧化物存在时，愈疮树脂即被油脂中的过氧化物所氧化，呈蓝色反应。

②测定方法：取油脂样品5g，置于干燥试管中，水浴融化，加2~3滴3%血红素水溶液或5%鲜血水溶液（过氧化物酶原），再加入6~8滴5%愈疮树脂酊和5mL温水，振摇混合，经1~2min后观察颜色。

③判定标准：凡出现浅蓝色者，表示油脂已败坏；无浅蓝色出现，表示油脂新鲜（出现其他颜色均不认作阳性反应）。

（2）间苯三酚法

①原理：油脂酸败后会产生醛类分解产物，环氧丙醛就是其中的一种。在酸性条件下，环氧丙醛与间苯三酚作用可生成桃红色化合物。

②测定方法：取水浴融化的油脂5mL，置于锥形瓶中，加浓盐酸5mL，摇匀，立即加碳酸钙或大理石颗粒（直径2mm）一小匙，快速盖上插有玻璃管的橡皮塞（玻璃管中事先装有间苯三酚试纸条），置30~40℃水浴20min后，观察试纸条的颜色变化。

③判定标准：试纸条桃红色，表示油脂已酸败；试纸条黄色或微橙色，为阴性反应。

（二）油脂中水分的测定

油脂中水分的含量将决定其质量的优劣，因为，水分是脂肪水解的根源，动物油脂中水分含量越多，越容易发生水解和败坏。

1. 直接干燥法

直接干燥法测定油脂中水分见第八节熟肉制品的检验。判定标准见表4-13。

表 4-13　动物油脂水分含量（%）标准

精炼猪油	未精炼猪油				牛脂			羊脂		
	特级	优级	一级	二级	特级	一级	二级	特级	一级	二级
≤0.1	≤0.15	≤0.25	≤0.3	≤0.5	≤0.15	≤0.3	≤0.5	≤0.15	≤0.3	≤0.5

2. 猪油中水分的快速测定

（1）测定方法　取清洁干燥试管，加入2mL四氯化碳，再加入已融化的油样1.10~1.20mL，加盖塞紧，轻轻振摇至溶解，加0.25%中性红-次甲基蓝混合指示剂3滴，混匀，迅速观察颜色反应。

（2）判定标准　以1~2min颜色为准，按表4-14判定。

表 4-14　猪油中水分含量分级标准

等　级	特级	优级	一级	二级	不合格
变色范围	红色	紫色	紫蓝	深蓝	天蓝
相当于水分含量/%	<0.2	<0.25	<0.3	<0.5	>0.5

三、食用动物油脂卫生评价与处理

（1）食用动物油脂的感官指标和理化指标应符合国家标准。

（2）凡油脂中某一理化指标如酸价、过氧化值、TBA值等刚超过国家标准规定，而无感官变化或感官变化轻微者，说明该油脂处于变质初期，不应继续贮存，应迅速利用。

（3）凡油脂过氧化物反应、间苯三酚反应呈明显阳性或过氧化值大于16mmol/L时，又具有明显的感官变化，不可食用，可用于工业。

（4）当油脂具有明显的感官变化时，无论其理化检验结果如何，均不得食用。

思 考 题

1. 畜禽屠宰以后，其肉在组织蛋白酶及微生物的作用下会发生哪些变化？
2. 影响肉成熟的主要因素是什么？成熟肉具有哪些特征？
3. 导致肉发生变质腐败的主要原因是什么？肉发生变质腐败的实质是什么？
4. 屠宰畜禽实施宰前检疫和宰后检验对保证肉品卫生质量有何重要意义？
5. 宰后检验时剖检淋巴结有何意义？如何选择宰后被检淋巴结？在实施猪和牛、羊宰后检验时必须剖检哪些淋巴结？
6. 如何检验肉的新鲜度？评价肉新鲜度的客观指标有哪些？
7. 测定肉品的菌落总数和大肠菌群有何食品卫生学意义？
8. 简述旋毛虫病、囊尾蚴病、棘球蚴病的病原特征及宰后检验与卫生处理。
9. 如何对腌腊肉制品进行卫生检验和卫生评价？
10. 如何对肉类罐头进行常规检验和卫生评价？什么是罐头商业无菌？
11. 判定油脂新鲜度的指标有哪些？其中哪些是定量的？哪些是定性的？

第五章　乳品检验检疫技术

第一节　概　　述

一、乳与乳制品

乳是哺乳动物乳腺分泌的一种具有独特香味和甜味的呈白色或略带黄色，并具有胶体特性的悬液。乳中含有人和动物体，尤其是幼儿（幼畜）必需的主要营养物质，且含有保护幼儿（幼畜）免受感染的抗体。乳制品是以乳为原料经过一定的工艺过程制造的产品。乳与乳制品是人和动物良好的全价营养食品，同时，乳与乳制品对微生物而言，也是生长繁殖的良好培养基质。微生物污染乳与乳制品后，很容易在其中生长繁殖，引起乳与乳制品的腐败变质。由于乳与乳制品在生产和加工过程中可能受到微生物和其他有害、有毒物质的污染，发生品质改变，给食用者带来危害，因此，对乳与乳制品进行检验检疫有着重要意义。

二、乳的组成及主要化学成分

（一）乳的组成

乳是由87%~90%的水分、10%~13%的乳固体及一定量的气体组成。将乳干燥到恒重时所得到的剩余物称为乳固体或干物质，乳固体的主要成分有蛋白质、脂肪、糖、无机盐、维生素等。

（二）乳的主要化学成分

1. 乳蛋白质

含氮化合物在乳中的含量为3.0%~3.5%，其中95%为蛋白质，主要是酪蛋白和乳清蛋白，还有少量脂肪球膜蛋白质。乳清蛋白质中有对热不稳定的各种乳白蛋白和乳球蛋白及对热稳定的蛋白胨等。除此还有约5%非蛋白态含氮化合物。

2. 乳脂肪

乳脂肪是乳的主要成分之一，在乳中的含量一般为3%~5%。它不溶于水，呈微细球状分散于乳液中，由甘油三酯、少量磷脂、固醇等组成。

3. 乳糖

乳糖是哺乳动物乳汁中特有的糖类。牛乳中含量为4.6%~4.7%，全部呈溶解状态。乳糖为D–葡萄糖与D–半乳糖以β–1，4键结合的二糖，又称为1，4–半乳糖苷葡萄糖。

4. 乳中的无机物

牛乳中的无机物又称矿物质，是指除碳、氢、氧、氮以外的各种无机元素，主要有磷、钙、镁、氯、钠、硫、钾等，此外还有一些微量元素。通常，乳中无机物的含量为0.35%~ 1.21%，平均为0.70%左右。乳中无机物的含量随泌乳期及个体健康状态等因素影响而有所变化。

5. 乳中的其他成分

乳中含有多种维生素和酶类等，例如乳中有脂溶性的维生素A、维生素D、维生素E、维生素K和水溶性的维生素B_1、维生素B_2、维生素B_6、维生素B_{12}、维生素C及烟酸，酶类有解脂酶、磷酸酶、淀粉酶、蛋白酶、乳糖酶、半乳糖酶、溶菌酶、过氧化氢酶、过氧化物酶、黄嘌呤氧化酶等。

三、异 常 乳

（一）正常乳和异常乳的概念

正常乳（normal milk）是指奶牛产犊7d以后至干奶期以前所分泌的乳汁。正常乳的成分和性质基本稳定，其理化、感官、微生物指标均符合国家规定的相应质量标准。

异常乳（abnormal milk）是指奶牛在泌乳过程中，由于奶牛本身的生理、病理原因以及其他各种因素造成乳的成分和性质发生变化，这种乳称作异常乳。异常乳不适于加工优质的产品，但有些异常乳有一定的利用价值。

（二）异常乳的种类

按异常乳产生的原因可分为下列几种：

（1）生理异常乳　包括营养不良乳、初乳、末乳。

（2）病理异常乳　包括乳房炎乳、其他病牛乳。

（3）化学异常乳　包括高酸度酒精阳性乳、低酸度酒精阳性乳、冻结乳、低成分乳、混入异物乳、风味异常乳。

（4）人为的异常乳　包括掺水乳、添加中和剂乳、提取脂肪乳及含其他添加物乳。

四、乳制品的安全与卫生

乳与乳制品作为全价食品，其质量受许多因素影响，往往导致其理化性质改变、营养价值降低，甚至不能食用。特别是微生物和有害物质的污染，常是乳与乳制品质量和卫生安全的重要影响因素。

（一）影响乳品安全卫生的因素

1. 原料乳中微生物污染

（1）原料乳中微生物的主要类群　原料乳中常见的微生物归纳起来有：细菌、酵母菌、霉菌，间或存在有霉形体与病毒等。

① 细菌：乳中有许多细菌，根据乳的质量不同，细菌数在400 000~500 000个/mL。常见的细菌类群有：乳酸菌、大肠菌类、丁酸菌、丙酸菌、腐败菌、嗜冷菌及低温菌、嗜热性与耐热性细菌等，这些细菌生长在使用和管理不得当的鲜乳杀菌

设备和乳品加工设备中，从而增加了乳中的细菌数量，并产生不良气味，造成乳制品的质量下降。

② 酵母菌和霉菌：鲜乳中常见的酵母菌有牛乳酵母、酿酒酵母、产膜酵母、假丝酵母和圆酵母等。鲜乳中的霉菌，以乳卵孢霉最多见，也有青霉与曲霉。

③ 噬菌体：噬菌体通过污染乳中的细菌等途径进入乳品制造厂，造成对发酵乳、干酪、稀奶油的严重影响。

（2）病原微生物及其产物　有时鲜乳中可以检出病原微生物，主要来自患某些传染病的动物本身，乳畜本身患传染病时，其乳汁中也常含有病原微生物，主要有牛结核菌、牛布氏菌、炭疽杆菌、链球菌、葡萄球菌和其他化脓球菌、副结核分枝杆菌、结肠炎耶尔森氏杆菌等，如患口蹄疫时，也会有口蹄疫病毒。或者在卫生管理不良的生产过程中污染，鲜乳中也可能存在病原微生物，除了家畜的病原菌外，还有人的病原菌，如伤寒沙门氏菌、化脓性链球菌、猩红热链球菌、痢疾杆菌、白喉杆菌、结核杆菌和其他病原菌。

2. 化学污染

乳与乳制品中常被有毒有害的化学物质污染，主要有以下几类：

（1）工农业生产物质　有害元素、农药及其他有害物质。

（2）饲料　霉菌的有害代谢产物、残留农药、重金属和放射性核元素等。

（3）兽药残留　抗生素、驱虫药和激素等。

（4）人为掺入物质　防腐剂、抗生素、中和剂、淀粉、豆浆、食盐、洗衣粉、化肥、硝酸盐、芒硝、白陶土、白鞋粉、广告白等。

（二）原辅料卫生

1. 原料乳的卫生

收购的原料乳必须新鲜，宜在4℃温度条件下保存。对收购的每批生鲜乳必须进行检验，检验合格后，方可用于加工乳制品。避免收购异常原料乳，如乳房炎乳、低酸性酒精阳性乳、初乳、泌乳末期乳、掺水乳、加碱乳、掺豆浆、淀粉、米汤乳、含有抗生素或其他药品的乳、患人畜共患传染病的乳等。

2. 辅料的卫生

乳制品生产过程中加入的乳糖、柠檬酸钠、磷酸氢二钠等，必须符合食品添加卫生要求，蔗糖要溶解并过滤杂质。为调整乳制品营养成分而加入的各种维生素、铁、钙及其他微量元素，如脂肪、乳糖、豆粉等，必须符合食品卫生要求。

（三）加工过程中的卫生

各种乳制品在加工的各个环节，要按卫生要求进行各种良好规范操作，并保持加工机械、设备、用具、包装材料、加工车间和环境的卫生。

（四）贮藏和运输

根据乳与各种乳制品的特点，按卫生要求进行科学合理的贮藏和运输，防止乳制品被微生物污染或发生氧化、霉变、褐变、酸度偏高等变化。一般应将产品贮存于干燥、通风良好的场所，不得与有害、有异味或影响产品质量的物品混装运输或同处贮存。运输中应避免日晒和雨淋。酸奶贮存温度为2~6℃，用2~6℃冷藏车运输，避免强烈震动。奶油贮存温度不得超过-15℃，应使用冷藏车运输产品。炼乳贮存温度不得高于15℃。

第二节　乳品取样技术

一、样 品 采 集

（一）基本概念

采样又称取样、抽样，是指从原料或产品的总体（通常是一批乳品）中抽取一部分样品，通过分析一个或数个样品，对整批乳品的质量进行估价。

1. 根据样品的性质可分为原始样品和平均样品

（1）原始样品　根据待检乳品的性质，按相应规则从待测食品的各个部位采集少量的小样，混合在一起即是该批乳品的原始样品。

（2）平均样品　将原始样品混合均匀按四分法平均地分出一部分作为全面检验用的样品。

2. 根据样品的作用可分为试验样品、复检样品和保留样品

（1）试验样品　由平均样品中分出用于全部项目检验用的样品。

（2）复检样品　对检验结果有怀疑有争议或分歧时，可根据具体情况进行复检，为此目的的样品为复检样品。

（3）保留样品　对某些样品需封存保留一段时间，以备再次验证。

（二）采样方法

1. 鲜乳

取样时要先将鲜乳混匀，每次取样至少为250mL；在采取数桶乳的混合样时，则先要估计每桶乳的重量，再按重量比例决定每桶应取的数量，用采样管把乳样采集在同一个样品瓶中，混匀，一般每1kg可采样0.2~1.0mL；为了确定牧场在一定时期的乳成分，应逐日按重量取样，通常每1kg采样0.5mL。作为理化检验样品，每1.00mL样品可加1~2滴甲醛作为防腐剂。一般牛乳样品应贮存于4℃以下的场所，以防变质。

2. 炼乳

甜炼乳应按浓缩锅或结晶缸分批取样，对于410g包装者，每批至少取两罐；对于170g包装者，至少取三罐。对于连续化生产，不能以浓缩锅或结晶缸分批者，可按成品混合罐或暂存罐分批，也可以用加糖缓冲罐分批。在工厂内产品不能分别锅次时，可以按生产日期和生产班组，采取产品的千分之一（若不足两罐，取两罐为样品），尾数超过500罐时，增取一罐。淡炼乳应以杀菌锅分批，取样数量同上。在生产过程中对中间产品采样时，可在设备取样阀处取样。样品必须具有代表性。

3. 奶粉和麦乳精

箱装或桶装（包括大复合纸袋）乳粉，开启总数的1%，用灭菌的、长的开口采样钎自容器的四角及中心各部位各采取样品一钎，放在盘中混匀，采样总量的千分之一作为检验样；采取瓶装、听装和袋装乳粉样品时，可按批号采取总量的千分之一，若不足两瓶或听或罐或袋时，取2单位为样品；当连续生产不能分别批次者，可按生产日期或大型贮粉罐划分批次，也可按生产班次划分，尾数超过500件者，应加抽一件；从贮粉箱（或罐）采取半成品时，也用采样钎采样，方法与采取箱装（或桶装）样品相同；用采样钎采取的样品，混匀后，装在密闭样品瓶中。

4. 冰淇淋和冰棍

散装冰淇淋用长柄勺或取样钎从五个不同部位均匀取样，如果冻结坚硬，可在室温下稍加软化，用灭菌小匙取样，取样量为250g以上，装入灭菌广口玻璃瓶内送检，取样量为千分之一；小包装冰淇淋，先将包装盒盖打开，然后用镊子揭开包装纸用取样钎或小刀在不同部位（每件应在两处以上）采取样品，每批采取千分之一，但不得少于两件；未冻结的冰淇淋混合料，可用取样管像牛乳一样取样，如果混合料黏度特别大，可以采用较粗的取样管；冰棍取样时，先用灭菌小刀将木棍切断，将冰棍置入灭菌广口玻璃瓶中，每批采取千分之一，但不得少于两件。

5. 酸乳制品

瓶装酸乳每批采取千分之一。但不得少于两瓶，尾数超过500瓶者增取一瓶。对于桶装酸乳或在酸乳槽中取样时，使用采样钎或勺，自几个不同部位取样，样品置大烧杯中搅匀。

6. 奶油

小包装奶油每批取其千分之一作为检验样，尾数超过500件增取一件，每批产品不得少于两件。大包装产品（桶装或箱装），用奶油采样钎采样 。

7. 干酪

按国家或企业标准中的规定确定取样数量，硬质干酪做理化检验时一般采用刀切取样法。切取时，自干酪外缘至中心切取狭窄的楔形块作为代表样。也可以用采样钎取样。

二、样 品 保 存

（一）保持样品原来的状态

（1）样品应尽量从原包装中采集，不要从已开启的包装内采集。从散装或大包装内采集的样品如果是干燥的，一定要保存在干燥清洁的容器内，不要同有异味的样品一同保存。

（2）装载样品的容器可选择玻璃的或塑料的，可以是瓶式、试管式或袋式。容器必须完整无损，密封不漏出液体。

（3）装供病原学检验样品的容器，用前以干热或高压灭菌并烘干。如选用塑料不能耐高压的容器，经环氧乙烷熏蒸或紫外线20cm处直射灭菌后使用。

（4）根据检验样品的性状及检验的目的，选择不同的容器，一个容器装量不可过多，尤其液态样品不可超过容器量的80%，以防冻结时容器破裂。装入样品后必须加盖，然后用胶布或封箱胶带固封。

（5）液态样品，在胶布或封箱胶带外还须用融化的石蜡加封，以防液体外泄。如果选用塑料袋，则应用两层袋，分别用线结扎袋口，防止液体流出，也防止流入物污染样品。

（二）易变质的样品要冷藏

易腐食品在温度较高的情况下采样，一定要冷藏保存，防止在送到检验室前发生变质。

（三）特殊样品要在现场进行处理

（1）进行霉菌检验的样品，要保持湿润，可放在1%甲醛溶液中保存，也可储存在5%乙醇溶液或稀乙酸溶液中保存。

（2）进行病毒检验的样品，数小时内可以送到检验室的，可只做冷藏处理，超过数小时的应冻结处理。

第三节　乳与乳制品的理化检验

一、酸度的测定

（一）酒精试验

1. 原理

乳中蛋白质形成稳定的胶体溶液，当pH达到等电点时，发生絮凝。而酒精是较强的亲水性物质，它可使蛋白质胶粒脱水，造成聚沉。因此，酒精浓度越高，pH越接近等电点，蛋白质越容易沉淀，用一定浓度的酒精和等量牛乳混合，根据蛋白质的凝聚，判定牛乳的酸度。尽管酒精浓度与牛乳酸度不是呈直线关系，由于方法简便、迅速，它仍被广泛采用。

2. 测定方法

取1mL或2mL配好的中性酒精于试管中，加入等量乳，转动试管，仔细观察有无絮状沉淀。按表5-1评定乳的酸度。

表 5-1　酒精浓度与牛乳酸度的关系（20℃为准）

酒精浓度/%	不出现絮片时的酸度
68	20° T以下
70	19° T以下
72	18° T以下

注：此表不适合于山羊乳。

（二）活性酸度的测定

1. 原理

以氢离子浓度表示的牛乳酸度称作活性酸度，通常使用氢离子浓度的负对数pH表示。pH越低，氢离子浓度越高，酸度越大。正常乳的pH为6.6左右。

2. 方法

按所使用酸度计的说明书进行。

二、乳脂含量的测定

乳脂含量的测定方法有很多种，如：盖勃氏法、巴布考克法、罗兹-哥特里法等。仅以罗兹-哥特里法为例介绍如下。

1. 原理

样品用浓氨水和乙醇处理，氨水使酪蛋白钙盐变成可溶性的盐，促进脂肪球和乙醚的作用，加入乙醇使一系列能被酒精浸出的物质留在水相中，然后利用乙醚提取试样中脂肪，加入石油醚使乙醚不被水饱和，并使分层清晰，将醚层倒入脂肪收集瓶中后，使乙醚和石油醚挥发掉，即得到剩在收集瓶中脂肪的质量。

2. 方法

（1）脂肪收集瓶的准备　精确称取洁净的、冷却至室温的脂肪收集瓶的质量。

（2）样品处理　精确称取经溶解后冷却至室温的样品0.3~0.6g，加入约50℃的热水，使水和样品的总体积为10~11mL，充分混合，冷却；加入25%氨溶液2mL，与样品充分混合。

（3）空白试验　在测定的同时进行空白试验，用10mL水替代样品，其他同样品的测定。

（4）加10mL乙醇，加两滴刚果红溶液混合均匀。

（5）加乙醚25mL，塞紧塞子后，混合均匀。

（6）加石油醚25mL，塞紧塞子，混合均匀。

（7）将毛氏抽脂瓶置于支架上放置30min以上，至醚层和水层完全分开（或在500~600r/min下离心1~5min）。

（8）将醚层倾入已称好重量的脂肪收集瓶中。

（9）重复方法（4）~（8）的操作，进行第二次抽提，此时乙醇、乙醚、石油醚的加入量分别为5mL、15mL、15mL。

（10）重复方法（9）的操作，只是不再加乙醇，进行第三次抽提。

（11）用混合醚淋洗脂肪收集瓶的瓶口和内壁后，将脂肪收集瓶中的乙醇和醚尽可能地挥发掉。

（12）将脂肪收集瓶置于（102±2）℃烘箱中烘1h，在天平室冷却（防尘）1h后称量，然后再将脂肪收集瓶置于烘箱中烘0.5h，再冷却0.5h后称量，重复操作，直至两次称量的差值小于0.5mg。

3. 计算

$$w=\frac{(m_1-m_2)-(m_3-m_4)}{m_0}\times 100\ (\%)$$

式中 w——样品脂肪的质量分数

m_0——称取的样品，g

m_1——脂肪收集瓶和抽提出的物质，g

m_2——空脂肪收集瓶的重量，g

m_3——空白试验中收集瓶和抽提出的物质，g

m_4——空白试验中收集瓶的重量，g

三、乳蛋白的测定

以凯氏法测定总蛋白的含量为例，介绍如下。

1. 原理

两性氨基酸在有中性甲醛存在的情况下，形成一种化合物，该化合物氨基的两个氢被次甲基所取代，于是失去氨基特性，游离的—COOH可以用碱滴定，添加六偏磷酸钠是使它与钙生成可溶性稳定化合物，消除钙离子的影响，使溶液透明一些，有利终点判别。

2. 方法

准确取乳及乳制品样品0.5~10.0mL（g）于凯氏烧瓶中，加入无水硫酸钾10.0g，硫酸铜0.5g和浓硫酸20.0mL。加热待烧瓶中泡沫消失后，升高温度进行消化至透明无黑粒后，继续消化约30min，此时，样液呈现绿色，停止消化，冷却。在凯氏烧瓶中加入蒸馏水200.0mL，连接定氮球及冷凝蒸馏装置，将馏出液出口的冷凝管下端管口插入盛有添加数滴甲基红的0.1mol/L盐酸标准溶液50mL的三角瓶中。在凯氏烧瓶的溶液内加入玻璃珠数粒并徐徐加入50%氢氧化钠溶液80.0mL。立即连接好定氮球，检查整个蒸馏装置是否漏气。进行蒸馏至瓶内液体的1/3时，打开定氮球置于凯氏烧瓶的塞口处，停止加热，用水冲洗冷凝管及馏出液管，用0.1mo1/L HCl标准溶液滴定至灰红色为终点。同时作空白对照试验。

3. 计算

$$总氮量=\frac{c\times(V_2-V_1)\times 0.014}{m}\times 100\ (\%)$$

式中 c——盐酸标准溶液的浓度，mol/L

V_1——空白滴定消耗标准酸溶液的量，mL

V_2——样液滴定消耗的标准酸溶液的量，mL

m——样品重量，g

0.014——$\frac{1}{2}N_2$的毫摩质量，g/mmol

注：在结果计算中，液态样品质量应取10mL乘以乳的相对密度（一般可取1.030）。

$$蛋白质（\%）=总氮量（\%）\times k$$

式中 k——换算系数，乳制品k=6.38（蛋白质含氮15.7%）

四、乳糖含量的测定

乳糖含量的测定方法有多种，如莱因-埃农氏法、碘量法、折光计法等，仅以碘量法为例介绍如下。

1. 原理

原子态氧将乳糖的醛基氧化过程中，使溶液中的碘量减少，用0.1mol/L $Na_2S_2O_3$溶液滴定未反应的碘。具有一个醛基的乳糖和一个氧原子（相当于两个原子碘）化合，又因乳糖分子质量为360.2，所以0.1mol/L碘液1.0mL能使18.01mg乳糖氧化，而换算出乳糖含量。

2. 方法

准确吸取10mL乳样，移入500mL容量瓶中，加入水约300mL和$CuSO_4$溶液10mL，1mol/L的NaOH4mL和5%NaI 5mL，混匀，调整温度到20℃，加水至刻度，混匀，静置30min，将澄清液滤入清洁干燥的三角瓶中。吸取滤液25mL于250mL带塞瓶中，从滴定管放入0.1mol/L碘液25mL，加甲基橙1滴，在搅拌状态下加入0.1mol/L NaOH 37.5mL，将塞子塞好，置暗处放置20min，然后加入0.5mol/L HCl 8mL，再加淀粉指示剂1mL，用0.1mol/L $Na_2S_2O_3$滴定到淡粉色（由于有甲基橙存在）。

3. 计算

$$乳糖含量=\frac{(KV-K_1V_1)\times 360.2}{m}\times 0.99\times 100（\%）$$

式中 V——0.1mol/L碘溶液的量（25mL）

K——0.1mol/L碘液校正系数

V_1——0.1mol/L $Na_2S_2O_3$消耗量，mL

K_1——0.1mol/L $Na_2S_2O_3$校正系数

m——样品重（10mL×相对密度）

0.99——沉淀校正值

五、灰分及主要盐类的测定

（一）灰分的测定

1. 原理

将一定量的样品经碳化后放入高温炉内灼烧，有机物中的碳、氢、氮被氧化分解，有少量的有机物经灼烧后生成无机物，它们和乳品中原有的无机物均残留下来，这些残留物即为灰分。对残留物进行称量即可检测出样品中总灰分的含量。

2. 方法

准确称取乳样25g左右于耐热坩埚中，在水浴上蒸发至干，擦净坩埚外壁的水迹，置电炉上小火碳化至不发生炸裂，移入马福炉中，在550~600℃下灰化（如果测定磷温度应控制在550℃以下），当已成白灰时，待炉温降到200℃以下，将坩埚移入干燥器内，冷却至室温，取出称重，再置550~600℃炉中灰化1h，同上取出冷却，再次称重差，前后两次重量差不超过1mg时，即为灰分量。

3. 计算

$$灰分=\frac{m_1-m_0}{m}\times 100\ (\%)$$

式中 m_1——灰化后坩埚和灰分质量，g

m_0——空坩埚质量，g

m——样品质量，g

（二）乳中钙含量的测定（高锰酸钾滴定法）

1. 原理

将乳中钙以草酸盐形式分离出来，在硫酸存在情况下，用高锰酸钾滴定，从而计算出钙的含量。

2. 方法

准确吸取乳样25mL于100mL容量瓶中，加入25%三氯醋酸30mL，充分振荡，加水至刻度。放置30min，滤入250mL干燥三角瓶中。

吸取滤液50mL于300mL烧杯中，加入甲基橙指示剂1滴，以1：1氨水中和至微黄色（不应出现沉淀）。加热至沸，在不断搅拌下滴加草酸铵溶液至不再产生沉淀（约20mL），在70~80℃水浴中加热1h，用滤纸过滤，滤纸用1：10氨水洗涤3~4次，再用水洗涤烧杯及沉淀，至洗液以$CaCl_2$溶液试验不再发生白色浑浊为止。此滤液及洗液全部收集到250mL容量瓶中，供测定镁含量之用。

将原来沉淀草酸钙的烧杯置于漏斗下，将漏斗上的滤纸通破，用热的6mol/L $\frac{1}{2}H_2SO_4$ 15mL将纸上沉淀溶入原来烧杯中，再用热水50mL左右充分洗涤滤纸，将烧杯放在70~80℃水浴上加热，立即用0.02mol/L $\frac{1}{5}KMnO_4$滴定至粉红色，在30s不消失，再将过滤草酸钙的滤纸投入杯中搅碎，继续滴定至粉红色。

3. 计算

$$钙含量=钾含量=\frac{0.02004\times V\times c}{15\times d\times \frac{50}{100}}\times 100\ (\%)=0.16032\frac{Vc}{d}$$

式中 V——消耗$KMnO_4$的量，mL

c——$KMnO_4$的实际浓度，mol/L

d——乳的相对密度

0.02004——$\frac{1}{2}$ Ca的毫摩质量，g/mmol

（三）镁含量的测定

1. 原理

将分离出草酸钙的滤液，加入磷酸氢二铵溶液使镁生成磷酸铵镁（$MgNH_4PO_4 \cdot 6H_2O$）沉淀，将其洗净后，溶解于盐酸中，用钼蓝比色法测磷，最后按磷酸铵镁换算出镁含量。

2. 方法

将测定总钙时所得草酸钙滤液及洗涤液收集于250mL容量瓶中，加水至刻度，摇匀，取其50mL于300mL烧杯中，加入5%的磷酸氢二铵2mL及浓氨水8mL，搅匀，静置1h以上或过夜。然后滤出$MgNH_4PO_4 \cdot 6H_2O$，用酒精溶液将滤纸上的沉淀洗涤三次，用1∶4HCl 15mL分三次将沉淀物溶解并滤入100mL容量瓶中，盐酸应先溶解烧杯中的剩余沉淀，然后倒入漏斗，以便溶解滤纸上的沉淀，再用水充分洗涤烧杯及漏斗，将洗液并入滤液中，加水至刻度，摇匀。吸取此液2mL于25mL容量瓶中，加水约5mL，加酚酞指示剂1滴，滴加10%NaOH至红色，再加2mol/L（$\frac{1}{2}H_2SO_4$）调成无色，加入1%钼酸铵硫酸溶液5mL，加水至刻度，加入酸性氯化亚锡1滴，产生蓝色，用分光光度计在575mm下测定OD值，根据标准曲线求出磷含量，再由磷含量计算出镁含量。

标准曲线 准确吸取标准磷酸溶液0、0.25、0.5、0.75、1.00，1.25和1.50mL于25mL容量瓶中（分别含磷0.00、2.50、5.00、7.50、10.00、12.50和15.00μg），各加入1%钼酸铵硫酸溶液10mL，加水至刻度，然后各加酸性氯化亚锡1滴，摇匀，测定光密度。以光密度（或消光度）为纵坐标、磷含量为横坐标做出标准曲线。

3. 计算

$$镁含量=1.57 \times \frac{m}{d}（mg/100g）$$

式中 m——从标准曲线查得的磷含量，μg

d——乳的相对密度

1.57——稀释倍数和换算成镁的综合系数

六、磷酸酶的测定

1. 原理

苯基磷酸双钠在碱性缓冲液中被磷酸酶分解成苯酚和磷酸氢二钠，苯酚与2，6–二溴醌氯酰胺起反应显蓝色，蓝色深浅与酚量有关，因而与磷酸酶活力有关。

2. 方法

在试管中加入缓冲基质5mL和乳样品0.5mL，振摇后置于36~44℃水浴中10min，然后加酚酞试剂6滴，立即摇匀，静止5min，有蓝色出现，表示有磷酸酶活力存在。为了提高灵敏度，可加入2mL中性丁醇，摇匀，待丁醇分出后观察结果。本测定应做空白试验。

七、牛乳冰点的测定及掺水计算

（一）牛乳冰点的测定

1. 原理

由于乳中存在水溶性盐类和乳糖，因此引起冰点下降，由于乳的这些成分相当稳定，所以乳的冰点也较稳定，正因为如此，往往用测定冰点推算乳的掺水量。

2. 方法

（1）把煮沸后放冷到10℃以下的蒸馏水30~35mL注入冰点测定器的内管中。

（2）把冷却到10℃以下的乳样30~35mL注入冰点测定器的另一个内管中。

（3）从挥发性液体加入口加进乙醚400mL，缓慢通入干燥的、经过浓H_2SO_4瓶的空气，由于乙醚的蒸发，真空瓶内温度在5~10min内降至0℃，并继续下降，当降至–2℃时，在外管中加入少量乙醇，只需充满外管与内管下部空间以便传热，将装有蒸馏水的内管插入外管中，加塞子，塞子上带有标准温度计等，继续缓慢吹入空气，使搅拌器上下有规律地运动，注视标准温度计。内管温度逐渐下降，直到–1.5~–1.2℃时，会突然上升至一点并停止不动，这一点就是冰点。

（4）更换内管，按上述操作测定牛乳的冰点，必要时补加乙醚约15mL，保持乙醚温度在–3℃左右，加入乙醚时，停止通入空气。

（5）被检样的实际冰点是按上述方法读出的纯水冰点和乳样冰点的代数差。正常牛乳的冰点为–0.545℃。

（二）掺水计算

按冰点计算

$$掺水量=\frac{100\ (t_1-t_2)}{t_1}\times 100\ (\%)$$

式中　t_1——未掺水时乳的冰点（牛乳通常取–0.545℃）

t_2——被检乳样的实际冰点（蒸馏水和乳样所测冰点的代数差）

按上式计算的结果略微偏高，所以常常采用以下公式计算最低加水量：

$$最少加水量=\frac{100\ (t_1-t_2)}{t_1}\times (100-w)\times 100\ (\%)$$

式中　w——牛乳的总干物质含量，%

当乳的滴定酸度超过0.18%（20°T）时，上述结果需要校正，而当酸度超过0.30%（33°T）时，所测冰点不能用于掺水量计算。当乳样中加有甲醛及其他防腐剂时，也不能测出乳的实际冰点。

第四节　乳与乳制品的微生物检验

一、一般微生物检验方法

（一）总菌数测定法（直接镜检法）

1. 原理

将一定量的试样涂抹在一定面积的玻璃片上，进行染色，用显微镜直接测定被检样中细菌数，从而求出总菌数（包括死菌）。

2. 方法

（1）显微镜视野的测定　在涂抹样品取0.01mL情况下，可将一个视野中的平均细菌数乘以显微镜系数，作为报告结果。

显微镜系数F的计算方法：

$$F=\frac{100}{0.01\times\pi r^2}=\frac{10000}{\pi r^2}$$

式中　100 —— 涂抹面积，cm^2

0.01 —— 涂抹样品量，mL

r —— 视野半径，mm

如果使用双目显微镜，当调节眼幅时，视野直径改变，必须重新校正。

（2）涂片　准确吸取样液0.01mL，均匀地涂布在1cm^2面积内。置载玻片于水平干燥板上干燥。

（3）镜检　将涂片置显微镜下镜检，当视野中呈现单个菌分布时，直接计数每个视野中菌的个数，通常可计10~50个视野，再求出每个视野中的平均数。当视野中菌体呈聚集或链状时，将每群作为一个数计，这时相邻的菌或菌群相距超过最小菌径的2倍时，即使一个菌也作为另一个菌群计算。

（4）结果报告　不论是单个计数求出的视野平均菌群，还是对聚集状态求出的平均数，只要再乘上显微镜系数就得出了每mL（g）被检样的细菌总数。利用这种方法只需取两位有效数字即可，第三位可以四舍五入，添零补位，作出最终报告。

（二）菌落总数测定法

菌落总数测定按《食品卫生微生物学检验　菌落总数测定》（GB/T4789.2—2003）规定的方法进行。具体操作参见第四章第四节菌落总数测定。

（三）大肠菌群的检验方法（发酵法）

大肠菌群作为一项卫生指标广泛应用于各种乳制品的检验中。

大肠菌群的测定按《食品卫生微生物学　大肠菌群测定》（GB/T4789.3—2003）规定的方法进行。具体操作参见第四章第四节大肠菌群的测定。

（四）乳酸菌检验法

1. 原理

同活菌数测定法。

2. 方法

将被检样品稀释，方法同细菌菌落总数测定时的稀释，选择2~3个适宜稀释度，吸取1mL于培养皿中（同一稀释度平行接种两个平皿），加入43~45℃的溴甲酚紫（BCP）培养基15mL左右，轻轻转动混匀，凝固后倒置于35~37℃温箱中，培养（72±3）h，计数菌落（通常变黄），从而根据稀释度求出每mL（g）样品中的乳酸菌数。计算和报告均与活菌数测定时相同。

（五）霉菌与酵母的测定（培养法）

1. 原理

与活菌数测定方法相同。

2. 方法

基本同活菌数测定方法，将马铃薯葡萄糖琼脂培养基加热溶解，用10%酒石酸调整pH至3.5，吸收稀释样品1mL于平皿中，加入45℃培养基15~18mL，在（25±2）℃下培养5d。计数和报告方法与活菌数测定相同，如果霉菌较多，最好在第3天计数一次，第5天再计数一次。

3. 注意

培养基pH的调整必须在使用之前进行，若调整pH后再加热溶化时，培养基失去凝固性。

（六）低温菌检验法

1. 原理

与测定菌落总数的方法一样，只是改变培养温度和时间，也可以改变培养基，从而缩短时间。测定原理与活菌数测定原理相同。

2. 方法

（1）采用普通琼脂培养基或酵母浸膏琼脂培养基，具体测定方法和测定活菌数一样。在（7±1）℃下培养10d，计数生长的菌落数。

（2）采用CVT培养基，培养条件为：20~25℃温度下，培养48~72h，其余与上述方法相同。

二、特殊检验方法

生产实际中主要用色素还原法（如刃天青试验和美蓝还原试验）。

1. 原理

当细菌在牛乳中繁殖时消耗氧，于是乳的氧化还原电势下降，因此，加入到乳中的氧化还原指示剂——色素发生颜色的变化，则可利用这种指示剂颜色的变化来判定微生物的活动情况，以此估计乳汁中含菌数的多少，从而确定乳的质量等级。

2. 方法

美蓝还原试验：将硫氰酸美蓝用无菌水配成1：3000溶液。吸取10mL乳样置于试管内，加入1mL美蓝试液，塞上消毒过的橡皮塞，上下倒转试管几次，使染料与乳汁均匀混合。置37℃恒温水浴箱内，每半小时倒转一次，并注意染料褪色的时间，从而估计乳汁中含菌数的多少，按表5-2确定乳的质量等级。

表 5-2　美蓝褪色时间与含菌数的关系

美蓝褪色时间	估计每1mL含菌数
20min以内	20 000 000以上
20min~2h	4 000 000~20 000 000
2h~5h30min	500 000~4 000 000
5h30min以上	500 000以下

第五节　乳与乳制品的卫生学评价

鉴别乳与乳制品的腐败变质，不仅可以降低乳与乳制品腐败变质对人体的危害，而且可以减少因此造成的经济损失。一般用感官、理化、微生物为指标，以各级标准为依据进行乳及乳制品的卫生检验及卫生学评价。

一、原　料　乳

原料乳经过全面检查后，对其质量水平及卫生状态，可以给予综合评价。

（1）乳有下列缺陷者，禁止销售：①色泽异常。②乳汁黏稠，有凝块或絮状沉淀及外观污秽。③有明显异常气味或异常滋味。④产前15d内的胎乳或产后7d内的初乳。

（2）乳汁内有明显污染物或加有防腐剂、抗生素和其他影响食品卫生的物质。乳中不得检出掺假物质。

（3）牛乳相对密度不得低于1.028~1.032；乳脂率不得低于3.0%，酸度不得大于22°T。

（4）炭疽、牛瘟、狂犬病、钩端螺旋病体、开放性结核、乳房放线菌病等患畜乳，一律不准食用。

为了保证乳类的卫生质量，牛乳应净化、消毒后方可出售，生牛乳禁止上市。乳汁中不得掺杂、掺假，添加剂应符合《食品添加剂使用卫生标准》。乳品包装必须严密完整，并注明品名、厂名、生产日期、批号、保存期和使用方法。包装外的食品标签必须与内容相符，严禁伪造和假冒。

二、巴氏杀菌乳

（一）产品分类

（1）全脂巴氏杀菌乳　以牛乳或羊乳为原料，经巴氏杀菌制成的液体产品。

（2）部分脱脂巴氏杀菌乳　以牛乳或羊乳为原料，脱去部分脂肪，经巴氏杀菌制成的液体产品。

（3）脱脂巴氏杀菌乳　以牛乳或羊乳为原料，脱去全部脂肪，经巴氏杀菌制成的液体产品。

（二）技术要求

1. 原料要求

（1）牛乳　应符合国家和行业标准的规定。

（2）食品营养强化剂　应选用国家和行业标准中允许使用的品种，并应符合相应国家标准或行业标准的规定。

2. 感官特性、理化指标、卫生指标

上述各指标均应符合国家和行业标准的规定。

三、灭　菌　乳

（一）产品分类

（1）灭菌纯牛（羊）乳　以牛乳（或羊乳）或复原乳为原料，脱脂或不脱脂，不添加辅料，经超高温瞬时灭菌、无菌罐装或保持灭菌制成的产品。

（2）灭菌调味乳　以牛乳（或羊乳）或复原乳为主料，脱脂或不脱脂，添加辅料，经超高温瞬时灭菌、无菌罐装或保持灭菌制成的产品。

（二）技术要求

1. 原料要求

（1）原料　应符合相应国家标准或行业标准的规定。

（2）食品添加剂和食品营养强化剂　应选用国家标准或行业标准中允许使用的品种，并应符合相应的国家标准或行业标准的规定，不得添加防腐剂。

2. 感官特性、理化指标、卫生指标

上述各指标均应符合国家和行业标准的规定。

四、奶　　油

（一）产品分类

（1）奶油　已经发酵或不经发酵的稀奶油为原料，加工制成的固态产品。

（2）无水奶油　以熔融了的奶油或稀奶油（经发酵或不经发酵）为原料，经加工制成的水分含量较低的固态产品。

（二）技术要求

1. 原料要求

（1）原料　应符合相应的国家标准或行业标准的规定。

（2）食品添加剂和食品营养强化剂　应选用国家标准或行业标准中允许使用的品种，并应符合相应国家标准或行业标准的规定。

2. 感官特性、理化指标、卫生指标

上述各指标均应符合国家和行业标准的规定。

五、炼　　乳

（一）产品分类

（1）无糖炼乳　乳经标准化、预热、浓缩至原体积的1/2.5~1/2.2，灭菌后外观呈稀奶油状的乳制品，又分全脂无糖炼乳和脱脂无糖炼乳。

（2）加糖炼乳　在原料乳中加入约17%的蔗糖，经杀菌、浓缩至原重量的38%左右的乳制品。

（二）技术要求

1. 原料要求

（1）牛乳　应符合相应国家和行业规定的标准。

（2）添加剂和食品营养强化剂　应选用国家和行业标准中允许使用的品种；并应符合相应国家标准或行业标准的规定。

2. 感官特性、理化指标、卫生指标

上述各指标均应符合国家和行业标准的规定。

六、酸　牛　乳

（一）产品分类

（1）纯酸牛乳　以牛乳或复原乳为原料，脱脂、部分脱脂或不脱脂，经发酵制成的产品。

（2）调味酸牛乳　以牛乳或复原乳为主料，脱脂、部分脱脂或不脱脂，添加食糖、调味剂等辅料，经发酵制成的产品。

（3）果料酸牛乳　以牛乳或复原乳为主料，脱脂、部分脱脂或不脱脂，添加天然果料等辅料，经发酵制成的产品。

（二）技术要求

1. 原料要求

（1）原料　应符合相应国家标准或行业标准的规定。

（2）食品添加剂和食品营养强化剂　应选用国家标准或行业标准中允许使用的品种，并应符合相应国家标准或行业标准的规定；不得添加防腐剂。

2. 感官特性、理化指标、卫生指标

上述各指标均应符合国家和行业标准的规定。

3. 乳酸菌数

酸牛乳成品的乳酸菌数不得低于1×10^6cfu/mL。

七、乳酸菌饮料

（一）产品分类

按杀菌和不杀菌分为两类：

（1）活性乳酸菌饮料　经乳酸菌发酵后不杀菌制成。

（2）非活性乳酸菌饮料　经乳酸菌发酵后杀菌制成。

（二）技术要求

1. 原辅料的要求

（1）原料乳　原料乳应该符合相应国家标准或行业标准的规定。

（2）食品添加剂、食品营养强化剂及其他原辅料　应选用国家标准或行业标准中允许使用的品种，并应符合相应国家标准或行业标准的规定。

2. 感官特性、理化指标、卫生指标

上述各指标均应符合国家和行业标准的规定。

八、冷 冻 饮 品

（一）产品定义

冷冻饮品是以饮用水、甜味料、乳品、果品、豆品、食用油脂等为主要原料，加入适量的香料、着色剂、稳定剂、乳化剂等食品添加剂，经配料、灭菌凝冻而制成的冷冻固态饮品。

（二）技术要求

1. 原辅料的要求

（1）原料乳　原料乳应该符合相应国家标准或行业标准的规定。

（2）食品添加剂、食品营养强化剂及其他原辅料　应选用国家标准或行业标准中允许使用的品种，并应符合相应国家标准或行业标准的规定。

2. 感官特性、理化指标、卫生指标

上述各指标均应符合国家和行业标准的规定。

综上所述，乳与乳制品各项指标必须符合国家标准，凡有腐败变质者，必须予以销毁。产品的标签必须与内容相符，严禁伪造和冒充。

思 考 题

1. 乳与乳制品中化学污染物质主要有哪几类?影响乳品安全卫生的因素有哪些?

2. 鲜乳、炼乳、奶粉和麦乳精、冰淇淋、酸乳制品、奶油、干酪的采样方法各是什么?

3. 牛乳酒精试验的原理是什么?

4. 罗兹–哥特里法测乳品脂肪的原理是什么?

5. 总蛋白、酪蛋白与乳清蛋白的凯氏法测定的主要步骤是什么？
6. 乳糖含量常用的测定方法有哪几种？
7. 灰分测定的原理是什么？
8. 为什么牛乳掺水通过冰点的测定能得到结果？
9. 发酵法检验大肠菌群方法的主要步骤有哪些？代表的卫生学意义是什么？
10. 霉菌与酵母的测定时常用什么培养基？酒石酸调整pH至3.5的作用是什么？

第六章　水产品检验检疫技术

第一节　概　　述

水产品含有丰富的蛋白质、脂肪、矿物质和维生素等，营养价值较高，是人类摄取动物蛋白的重要来源。人类使用动物蛋白有20%来自水产动物。因此，充分利用水产资源，发展水产生产，已引起世界各国的重视。我国《食品卫生法》第六条规定："食品应当无毒、无害，符合应当有的营养要求，具有相应的色、香、味等感官性状"。"无毒、无害"是食品的首要条件，因此水产品作为食品的首要条件也应是无毒、无害。一般而言，"毒与害"来源于原料，也可能来源于加工生产过程，它们对人类的危害可以分为三类，即生物性的危害、化学性的危害和物理性的危害。

一、生物性的危害

来自于水产品的生物性危害可分为致病菌危害、病毒危害和寄生虫危害。在水产品中因生物性危害而导致的疾病占全部危害的80%左右。许多不确定因素都能引起生物性的危害，因而控制生物性危害的难度较大。

（一）致病菌

来源于水产品中的致病菌有自身原有致病菌和非自身原有致病菌，非自身原有致病菌是生产过程中被污染的致病菌。自身原有致病菌主要包括肉毒梭菌（*Clostridium botulinum*）、弧菌属（*Vibro* sp.）和单核细胞增生李斯特菌（*Listeriamonocytogenes*）等致病菌；非自身原有致病菌主要包括沙门氏菌属（*Salmonella* sp.）、志贺氏菌属（*Shiglla* sp.）和金黄色葡萄球菌（*Staphylocoocusaureus*）等致病菌。

（二）病毒

只有少数种类的病毒会引起与水产品有关的疾病。这类病毒主要包括甲型肝炎病毒（Hepatitis-type A，HAV）和诺弱病毒（Norovirus，NV）。

（三）寄生虫

已知鱼体和贝类中有50多种蠕虫寄生虫引起人类疾病，大多数极少见，只引起轻度损伤。包括线虫、绦虫和吸虫。

二、化学性危害

水产品化学性危害分为生物毒素危害、添加的化学物质（添加剂）危害和环境污染物危害三类。

（一）生物毒素类

生物毒素是除食源性致病菌如肉毒梭菌（肉毒梭菌毒素）、金黄色葡萄球菌（肠毒素）等产生的毒素以外的某些真菌、藻类代谢产生的有毒物质。

在水产品中的生物毒素主要来源于有毒海藻，被鱼、贝摄食或滤食了有毒海藻在体内富集而成。

水产品中生物毒素有河豚毒素、鱼肉毒素（西加毒素）、贝类毒素和组胺（生物胺）等。

（二）添加化合物（食品添加剂）

在水产品生产过程中常会使用一些添加剂，或是防腐，或是发色，或是保水等，以提高水产品的感官性能和质量，但使用未被批准的添加剂或过量使用食品添加剂均可能导致食源性疾病。水产品中使用的添加剂主要有亚硫酸盐（防腐剂）、亚硝酸钠（防腐剂）、食品色素（FD和C黄色5号）、多磷酸盐（保水剂）和维生素A（营养添加剂）。

（三）环境污染物

环境污染物是指有意无意地或偶然地混入水产品中的化合物质。包括水产品养殖使用的药物残留，有毒有害元素和化合物，清洁用化学药品残留和包装物料中含有的化学药品。

三、物理性危害

物理性危害包括任何在食品中发现的不正常的潜在的有害外来物，消费者误食后可能造成伤害或其他不利于健康的问题。

在水产品中常见的物理危害是金属，其来源可能有几方面：一是捕捞过程中遗留在鱼体上的鱼钩，或在捕捞船上及捕捞工具混入的金属物质。二是在生产过程中，设备、工器具损坏而混入产品中。三是有意插入，例如对虾、鲳鱼中插入钉子等。

第二节　水产品检验抽样和制样

抽样检验是从产品的总体中抽出一部分，通过检验这一部分产品来估计产品总体质量。

一、抽 样 方 法

（一）百分比抽样

原则上应以同一产地、同一条件下加工的同一品种、同一级别、同一规格的产品构成商品批，或以出口报验批构成商品批。一个检验批就是需要检验的一组单位产品，简称批。

一般水产品检验所采用的方法是百分比抽样。该抽样方法是参考历史做法，并考虑实际检验工作量而提出的，即不论产品的批量大小，按同样的百分比从批中抽取样品。

（二）计数调整型抽样方案

把正常抽样方案、加严抽样方案和放宽抽样方案用一整套的调整规则联系起来，这就是调整型抽样方案（见SN/T0376—1995出口水产品检验抽样方法）。

调整型抽样方案是随着对一批产品质量检验结果的变化情况，随时调整抽样方案。当发现产品质量比较正常时，采用正常抽样方案，当发现产品质量较差时，改用加严抽样方案。相反，当发现产品质量比较稳定时，则采用放宽抽样方案。

1. 质量感官检验抽样

（1）活水产品　活水产品必须在现场抽样检验，有的品种还需在加工、包装过程中抽样检验。抽样前要先了解捕捞时间和活力情况，开件（箱）后，应先观察有无异常现象和腐臭气味。活鱼、活河蟹、活梭子蟹装袋前检验抽样，按每批不少于5%的比例随机抽样。活梭子蟹包装后成品，按批次500箱以内抽3箱，每增加500箱增抽1箱，不足500箱的也增抽1箱。活鲍鱼按批次每100件以内抽3件，每增加100件增抽1件，不足100件的也增抽1件。

（2）冻水产品

①冻前半成品：采取流动批抽样检验，在加工过程的某一工序中，不将产品组成批，而直接抽样。按生产加工日、班分别抽查。对分级整理后，如速冻间前的半成品按不少于5%的比例抽查。

②冻后成品：应重点抽查冻后产品质量。分批抽样检验。每批在500箱以内的开采2箱，每增加500箱增开1箱；增加数量不足500箱的也增开1箱。

对于需要解冻检验的，一般在开启箱内抽取样品，抽样前应当了解冷藏期间的库温变化，并着重注意库温不稳定的和堆放在垛顶、靠墙和库门边等温度波动比较大的地方的冻品。

2. 化学检验抽样

（1）抽样容器　容器必须清洁，不得使用盛过化学药品的容器盛放样品。

（2）抽样数量　抽样数量按表6–1抽样数在不同存放部位抽取具有代表性的样品。

3. 微生物检验抽样

表 6–1　化学检验抽样数量

批量/件		最低抽样数/件
冷冻品	活品、腌制品	
150及以下	90以下	3
151~3200	90~500	5
3201~10 000	501~1200	13
	1201~10 000	20

一般要求：取样必须遵循无菌操作程序，防止一切可能的外来污染。每取完一份样品，应更换新的取样用具或将用过的取样用具迅速消毒后，再取另一份样品，以免交叉污染。从取样至开始检验的全过程中，应采取必要的措施防上水产品中固有微生物的数量和生长能力发生变化。确定检验批，应注意产品的均质性和来源。如产品包括若干不同的质量档次或来源，应将质量档次或来源相同的那些产品划分在一起，组成若干分批，然后由这些分批按分层随机取样法取样，或其他适当取样方法进行。抽样数量，可按单位包装件数的平方根计算取样。每批货物的取样数量不少于5件。需要检验沙门氏菌的水产品取样数量不少于8件。

二、样品制备

（一）化学检验样品制备

化学检验的样品分检验样品、原始样品和平均样品三种。由整批产品的各部分采取的少量样品称为检验样品；把许多份检验样品混合在一起称为原始样品；原始样品经过处理再抽取其中一部分作为检验用，称为平均样品。

平均样品的制备将抽取的样品取其可食部分，切碎混合于组织捣碎机混匀。不能用组织捣碎机捣碎的样品，如藻类干制品等则剪成很小的碎片充分混合均匀。

鱼类平均样品的制备有两种方法，小型鱼将鱼从背脊纵向切开，取鱼体一半；中型以上的鱼取其纵切的一半，再横切成2~3cm的小段，选其奇数或偶数段切碎，混匀。

测定鲜度的样品要求品质具有均一性。

检验有害物质含量的样品，产地应当相同，以便找出污染源。从每件中抽取500g为原始样品，原始样品总量不少于2~4kg。再从原始样品中取可食部分，放入组织捣碎机中捣碎均匀，于−18℃冷冻保存。

（二）微生物检验样品制备

样品的全部制备过程均应遵循无菌操作程序。检验冷冻品前应先使其融化。可在0~4℃融化，时间不超过18h，也可在温度不超过45℃的环境中融化，时间不超过15min。

检验液体或半固体样品前应先将其充分摇匀。如容器已装满，可迅速翻转容器25次；如未装满，可于7s内以30cm的幅度摇动25次。从混样到取样检验相隔时间不超过3min。

检验干燥样品前应先用灭菌勺或刮板将样品搅拌均匀。根据不同的检验目的采用不同的样品制备方法。

第三节　水产品品质感官检验

水产品品质感官检验对检验人员、检验环境和感官检验的方法有一定的条件和要求。感官检验人员应具备一定的专业知识和检验实践经验；检验场所自然光线充足（一般光照度为540lx）、温度适宜、通风良好、清洁卫生，无异味和噪声干扰。评定方法包括比较法、评分法、描述法和对照法。

一、活 水 产 品

成活率是活水产品品质的主要指标，活水产品的活力由暂养保管条件和活水产品的生活习性所决定。

（一）活力的鉴别

（1）活鱼　装袋前将活鱼起池后放入流动水槽内，观察有无病、弱、伤、死鱼。把健康、活力良好的鱼放入第二个流动水槽中，检验其对外界的反应和游动情况。

（2）活河蟹　半成品检验。将样品倒入检查容器内，观察其活动情况，对不活动的蟹，翻转其身或按其双腿，如仍无反应，用手托起蟹身，如步足垂下者为死蟹；对反应迟钝，翻转其身无力复位的为弱蟹。

（二）成活率的计算

计算活贝类、活鱼类、活河蟹等的成活率时将活的和死、伤、残、病、弱等分别捡出计重，被检样品净重与死、伤、残、病、弱等总净重的差值占被检样品净重的百分比为成活率。

二、冰鲜水产品

水产品保鲜的三条原则为冷却、清洁和小心。水产品品质变坏主要由三个因素：细菌变化、酶促变化和化学变化。

鱼类鲜度的感官检验是根据鱼体死后的变化规律来确定的。鱼体死后变化可分为三个阶段：死后僵硬阶段（新鲜）、自溶作用阶段（较新鲜）和腐败变质阶段（不新鲜）（见表6–2）。冰鲜水产品鲜度的感官检验特征（对虾）见表6–3。

表 6–2　　冰鲜水产品鲜度的感官检验特征（一般鱼类）

项目	新鲜	较新鲜	不新鲜
眼球	眼球饱满，角膜透明清亮，有弹性	眼角膜起皱，稍变混浊，有时由于内溢血发红	眼球塌陷，角膜混浊，虹膜和眼腔被血红色素浸红
鳃部	鳃色鲜红，黏液透明，无异味或海水味（淡水鱼可带土腥味）	鳃色变暗呈淡红、深红或紫红，黏液带有发酸气味或稍有腥味	鳃色呈褐色，灰白色有混浊的黏液，带有酸臭，腥臭或陈腐味
肌肉	坚实有弹性，手指压后凹陷立即消失，无异味，肌肉切面有光泽	稍松软，手指压后凹陷不能立即消失，稍有腥臭味，肌肉切面无光泽	松软，手指压后凹陷不易消失，有霉味和酸臭味，肌肉易与骨骼分离
体表	有透明黏液，鳞片有光泽，贴附鱼体紧密，不易脱落	黏液多不透明，并有酸味；鳞片光泽较差易脱落	鳞片暗淡无光泽，易脱落；表面黏液污秽，并有腐臭味
腹部	正常不膨胀，肛门凹陷	膨胀不明显，肛门稍突出	膨胀或变软，表面发暗色或淡绿色斑点，肛门突出

表 6–3　　冰鲜水产品鲜度的感官检验特征（对虾）

新鲜	不新鲜
色泽、气味正常；外壳有光泽、半透明，虾体肉质坚密，有弹性，甲壳紧密附着虾体	外壳失去光泽，甲壳黑变较多，体色变红，甲壳与虾体分离，虾肉组织松软，有氨臭味
带头虾：头胸部和腹部联结膜不破裂。养殖虾：体色受养殖场质影响，体表呈青黑色，色素斑点清晰明显	带头虾：头胸部和腹部脱开，头胸部甲壳变红、变黑

三、冻 水 产 品

冻水产品主要检验冻品的色泽、气味、外观状态、冰衣和风干氧化情况，必要时解冻检验。冻水产品解冻后的质量应该与冻前质量基本要求相同。其鲜度检验方法与冰鲜水产品要求相同。

（1）冰衣量的确定　镀冰衣的冻水产品，冻品脱盘后称其重量，再浸入温度10℃以下的水中即捞出，待冻品冰衣形成后，称其重量。根据其增加的重量与镀冰衣后样品的重量的比值计算冰衣量。

（2）冻熟淡水螯虾品质检验　按表6–4判断螯虾的品质。

表 6–4　　冻熟淡水螯虾品质检验

项目　品种	冻熟淡水螯虾仁	冻熟淡水螯虾（整只）
冻块	块形是否平整	虾体是否排列整齐，块形是否平整
色泽	是否具有鲜活螯虾加工成仁后固有的色泽和光泽，有无异色或和发暗现象	是否具有鲜活螯虾加工后固有的色泽和光泽，甲壳上有无附着的白色浮状物
组织形态	螯虾仁是否完整并呈自然弯曲状，组织是否饱满有弹性；脊背肉拖挂是否不超过两节或无脊背肉；有无黑肠和块状虾黄	虾体是否完整并呈自然弯曲状，甲壳间联接膜是否紧密、不破裂、有无软壳虾，去壳后肉质是否紧密有弹性，虾肠是否呈白色
杂质	有无杂质	有无杂质

第四节　水产品理化检验

一、品质理化检验

（一）物理检验

1. 规格

（1）剖割规格　按产品要求检查剖割是否正确、整齐。

（2）长度规格　以长度分规格的种类。

（3）只数规格　以单位重量的只数，每种重量又有规定的种类。

（4）均匀度（适用于冻对虾仁检验）　从最小包装单位样品中挑选出5~10只明显偏大的虾仁，称其重量。再挑出同样数目的明显偏小的虾仁，称其重量。前者与后者重量比值为均匀度。

（5）鱼苗、鱼种的计数方法　开间法、碗（或杯）量法和推算法。

2. 温度

影响商品质量的外界因素很多，冰鲜品、冷冻品的质量变化与温度有直接关系。由于采用人工测温费工费时、准确性差，所以国内都在推广应用温度自动记录装置。种类有：棒状玻璃温度计、双金属温度计（温差温度计）、热电阻温度计、温度自动记录仪。

3. 重量鉴定

（1）衡器　须经国家计量部门鉴定合格，并在有效使用期内，应按国家计量部门的检定规程进行定期鉴定。按检验检疫部门规定的技术规程进行校正，经鉴定、校正后方能使用。

（2）鉴重方法

① 活水产品：根据不同情况分别采用间接或直接称重方法。活贝类、活河蟹、活梭子蟹、活鲍鱼采用直接称重法，即先称被检样品的毛重，后称皮重。净重为毛重与皮重之差。活鱼类采用直接称量法，将已装袋的活鱼倒入三角形的塑料网袋中沥水，待水成滴状时，即可称重。净重为活鱼毛重与网袋皮重之差。

② 冻水产品：袋装干冻品：分别称量被检样品的毛重，在相同包装条件下，任选不少于两个样品的包装称重，取其平均值为包装平均重量。

（3）检验结果判定　被检样品净重与标明净重的差重在允许误差范围内，则判为样品净重合格。如超出允许误差范围，则判为净重不合格。全部检验样品的平均净重，不低于标明净重（净含量），则判为全批重量合格。如低于标明净重（净含量），则判为全批重量不合格。

4. 衡量鉴定

货物衡量是进出口货物交接工作中的一个重要环节。货物经过衡量，计算出货物的体积数据，作为承运人、货主结算运费的依据。衡量器具为木卡尺、钢直尺和皮带卷尺。体积的丈量方法，丈量商品包装的长度、宽度和高度，以最大部分作为丈量的起点。长、宽、高的乘积即为体积（m^3）。

（二）化学成分品质分析检验

（1）水分的测定　60℃恒重法（适用于卤虫卵检验）、常压干燥法（适用于鱼粉检验）、减压干燥法——仲裁法（适用于鱼粉检验）。

（2）蛋白质的测定——凯氏定氮法（适用于鱼粉检验）　用浓硫酸加热分解样品，加入无水硫酸钠提高硫酸的沸点，加入硫酸铜进行催化，使有机物全部分解，蛋白质中的氮生成铵盐，再加入过量的氢氧化钠，使溶液呈碱性，进行蒸馏，铵盐成为氨逸出，用酸吸收。蒸馏时加入锌粒可以避免暴沸。通过氨所消耗的酸量计算蛋白质的含量。

（3）脂肪的测定——索氏抽提法（适用于鱼粉检验仲裁法）　索氏脂肪提取器用乙醚提取试样，称提取物的重量，除脂肪外还有有机酸、磷脂、脂溶性维生素、叶绿素等，因而测定结果称粗脂肪（脂肪）或乙醚提取物。

（4）盐分的测定　包括快速法（适用于腌制水产品检验）、直接滴定法（适用于水产品检验）和电位滴定法（适用于水产品检验）。

（5）沙分的测定　酸不溶性灰分的测定（适用于鱼粉检验）和泥沙杂质的测定（适用于干海带检验）。

二、鲜度检验

水产品的鲜度检验主要是对水产品的原料进行检验。

（一）吲哚的测定

分光光度法（适用于冻无头虾、冻虾仁及其制品的检验）：样品中的吲哚随水蒸气蒸馏蒸出，用三氯甲烷萃取，加显色剂振摇，分离出酸层，以乙酸定容，用分光光度计测定，标准曲线法定量。

（二）挥发性盐基氮

挥发性盐基氮是指动物性食品由于酶和细菌的作用，在腐败过程中，使蛋白质分解而产生氨以及胺类等碱性含氮物质。

（1）半微量定氮法　在碱性溶液中蒸出挥发性盐基氮后，用标准酸滴定计算含量。

（2）微量扩散法　挥发性含氮物质可在37℃碱性溶液中释出，挥发后吸收于吸收液中，用标准酸滴定，计算含量。

三、食品添加剂含量的检验

（一）硼酸的测定

采用比色法（适用于水产品检验）。样品用碳酸钠使之呈碱性，灰化后用盐酸调至酸性，过滤，定容。取样液于塑料杯内，加酚酞指示剂及碳酸铵溶液至呈红色。同样做硼酸标准系列、空白，置于水浴上蒸干。加盐酸溶解，加草酸、丙酮、姜黄素溶液，在温度55℃水浴上保温，用丙酮溶解，比色定量。

（二）乙氧三甲喹啉的测定

荧光光度法测定（适用于鱼粉的检验）。样品中的乙氧三甲喹啉用甲醇提取，经液–液分离净化后，用荧光分光光度计测定荧光强度，与标准曲线比较定量。

（三）亚硝酸与硝酸盐的测定

（1）亚硝酸盐测定（比色法）　样品经沉淀蛋白质、除去脂肪后，在弱酸条件下亚硝酸盐与对氨基苯磺酸重氮化后，再与*N*–1–萘基乙二胺偶合形成紫红色染料，与标准比较定量。

（2）硝酸盐测定　样品经沉淀蛋白质、除去脂肪后，溶液通过镉柱，可加入镉粉，使其中的硝酸根离子还原成亚硝酸根离子，在弱酸条件下，亚硝酸盐与对氨基苯磺酸重氮化后，再与*N*-1-萘基乙二胺偶合形成紫红色染料，测得亚硝酸盐总量，由总量减去亚硝酸盐含量即得硝酸盐含量。

（四）亚硫酸盐的测定

（1）盐酸副玫瑰苯胺法　亚硫酸盐与四氯汞钠反应生成稳定的络合物，再与甲醛及盐酸副玫瑰苯胺作用生成紫红色络合物，与标准系列比较定量。最低检出浓度为1mg/kg。

（2）蒸馏法　在密闭容器中对样品进行酸化并加热蒸馏，以释放出其中的二氧化硫，用乙酸铅溶液吸收。吸收后用浓盐酸酸化，再以碘标准溶液滴定，根据所消耗的碘标准溶液量计算出样品中的二氧化硫含量。

（五）叔丁基羟基茴香醚（BHA）与2，6-二叔丁基对甲酚（BHT）的测定

样品中的叔丁基羟基茴香醚与2，6-二叔丁基对甲酚用石油醚提取，通过层析柱使BHA与BHT净化，浓缩后，经气相色谱分离后用氢火焰离子化检测器检测，根据样品峰高与标准峰高比较定量。

（六）山梨酸、苯甲酸的测定

样品酸化后，用乙醚提取山梨酸、苯甲酸，用附氢火焰离子化检测器的气相色谱仪进行分离测定，与标准系列比较定量。

四、环境污染物的检验

（一）有害元素检验

采用冷原子吸收法测定总汞、砷、铜等，气相色谱法（酸提取巯基棉法）测定甲基汞。

（二）农药残留量的检验

1. 六六六（BHC）滴滴涕残留量的测定

试样用高氯酸-冰乙酸（1+1）消化，消化液用石油醚提取。提取液用浓硫酸净化，配有电子俘获检测器的气相色谱仪测定，内标法定量。

2. 多种有机氯残留的测定

试样经与无水硫酸钠一起研磨干燥后，用丙酮-石油醚提取农药残留，提取液经氟罗里硅土净化，净化后样液用配有电子俘获检测器的气相色谱仪测定，外标法定量。

3. 多氯联苯残留的测定——气相色谱法（适用于鱼、虾、贝的检验）

样品用无水硫酸钠研磨干燥后，于索氏抽提器内，用石油醚加丙酮（8+2）提取。提取液经皂化、硫酸钠溶液洗涤、浓硫酸净化后以配有电子俘获检测器的气相色谱仪测定。灭蚁灵作内标定量。

（三）渔药残留检验

1. 噁喹酸残留的测定——液相色谱法（适用于活鳗鱼的检验）

样品经捣碎后，用二氯甲烷提取，除去溶剂后残渣用稀盐酸溶液和正己烷处理以除去脂肪，然后用二氯甲烷萃取，在减压下除去提取液中有机试剂，然后在重氮甲烷-乙醚溶液中甲基化，吹干，残留物溶于甲醇水溶液中，用液相色谱仪进行测定。

2. 氯霉素残留的测定

以乙酸乙酯提取，取部分乙酸乙酯提取液，用氮气吹去乙酸乙酯后，残渣溶解于高氯酸中。用正己烷抽去脂肪，用液相色谱-质谱联用仪测定，外标法定量。

3. 硝基呋喃及其代谢产物残留的测定

样品加入邻硝基苯甲醛、水和盐酸，涡旋振荡，37℃避光水浴过夜（约16h）。磷酸氢二钾调节pH至7~7.5。经乙酸乙酯液-液萃取，40℃氮气吹干。甲醇水定容，离心后过0.45μm滤膜，高效液相色谱-串联四级杆质谱联用仪测定。利用电喷雾离子化电离（ESI）技术，使硝基呋喃类代谢物离子化，产生准分子离子峰MH^+，为提高定性能力和抗干扰能力，用二级质谱碎片进行定性，丰度最强的二级碎片进行定量。内标法定量。

4. 孔雀石绿和结晶紫及其代谢产物残留的测定

样品加入盐酸羟胺、对甲苯磺酸溶液和醋酸钠缓冲溶液，经乙腈和二氯甲烷提取，收集下层清液，40℃旋转蒸发至干，3∶7甲醇水溶解残渣定容。用正己烷去除脂肪，离心并过0.45μm滤膜，高效液相色谱-串联四级杆质谱联用仪测定。利用电喷雾离子化电离（ESI）技术，使孔雀石绿、结晶紫及其代谢物离子化，产生准分子离子峰MH^+，为提高定性能力和抗干扰能力，用二级质谱碎片进行定性，丰度最强的二级碎片进行定量。内标法定量。

5. 四环素族残留的测定

用高氯酸提取液提取，涡旋混匀并过滤，氢氧化钠调节pH到4.0，经固相萃取，甲醇洗脱，收集洗脱液至离心瓶中，40℃旋转蒸发至干，用1∶1甲醇水溶解残渣定容。配DAD检测器的液相色谱仪进行测定，液相色谱-质谱联用仪进行确证。

第五节　水产品细菌学检验

适用于各种鱼类和贝甲类及其糜制品和熟制品的检验。

一、设备和材料

采样箱、篮、灭菌塑料袋、有盖搪瓷盘、灭菌刀、镊子、剪子、灭菌具塞广口瓶，灭菌棉签，带绳编号牌。实验室检验用品见《食品卫生微生物学检验　菌落总数测定》（GB 4789.2—1994），《食品卫生微生物学检验　大肠菌群测定》（GB 4789.3—1994）和GB 4789.4~GB 4789.16—2003各有关致病菌检验。

二、水产品细菌学检验

（一）样品的采取和送检

赴现场采取水产食品样品时，应按检验目的和水产品的种类确定采样量和方法。

（二）检样的处理

（1）鱼类　采取检样的部位为背肌。先用流水将鱼体体表冲净，去鳞，再用70%酒精棉球擦净鱼背，待干后用灭菌刀在鱼背部沿脊椎切开5cm，再切开两端使两块背肌分别向两侧翻开，然后用无菌剪子剪取肉10g，放入灭菌乳钵内，用灭菌剪子剪碎，加灭菌海砂或玻璃砂研磨（有条件情况下可用均质器），检样磨碎后加入90mL灭菌生理盐水，混匀成稀释液。注意在剪取肉样时，勿触破及沾上鱼皮。鱼糜制品和熟制品应放乳钵内进一步捣碎后，再加生理盐水混匀成稀释液。

（2）虾类　采取检样的部位为腹节内的肌肉。将虾体在流水下冲净，摘去头胸节甲，用灭菌剪子剪除腹节与头胸节连接处的肌肉，然后挤出腹节内的肌肉，称取10g放入灭菌乳钵内，以后操作同鱼类检样处理。

（三）检验方法

（1）菌落总数测定　按GB/T 4789.2—2003《食品卫生微生物学检验　菌落总数测定》执行；

（2）大肠菌群测定　按GB/T 4789.3—2003《食品卫生微生物学检验　大肠菌群测定》执行；

（3）沙门氏菌检验　按GB/T 4789.4—2003《食品卫生微生物学检验　沙门氏菌测定》执行；

（4）志贺氏菌检验　按GB/T 4789.5—2003《食品卫生微生物学检验　志贺氏菌测定》执行；

（5）副溶血性弧菌检验　按GB/T 4789.7—2003《食品卫生微生物学检验　副溶血性弧菌测定》执行；

（6）金黄色葡萄球菌检验　按GB/T 4789.10—2003《食品卫生微生物学检验　金黄色葡萄球菌测定》执行；

（7）霉菌和酵母计数　按GB/T 4789.15—2003《食品卫生微生物学检验　霉菌和酵母计数》执行。

第六节　水产品寄生虫检验

检验水产品中寄生虫，尤其是在有生吃水产品习惯的地方要特别注意检验，这对预防寄生虫病的传播是十分重要的。水产品寄生虫检验是商品检验、食品卫生检验以及水产动植物检疫的项目。

一、双　槽　蚴

田鸡腿中曼氏双槽蚴的成虫是曼氏裂头绦虫（*Spirometramansoni*）。曼氏裂头蚴长形，约300mm×0.7mm，体前端稍大，具有与成虫相似的头节。体不分节，但有横皱纹。曼氏裂头蚴寄生人体会引起曼氏裂头蚴病，危害远比成虫大。

田鸡是第二中间宿主，在蛙皮下肌肉内寄生。加工去皮田鸡腿时，逐只检查，肉眼观察可见的呈乳白色圆形乃至锥形点状的田鸡腿挑出，不供食用。

将鱼肉内发现的乳白色长圆形长为1~1.5cm，宽2~3mm的组织取下，压在滴有甘油（1：3）的两片载玻片中，用放大镜观察。凡看到头上有一个大裂缝状的吸沟，身上有横纹，这便是阔节裂头绦虫的幼虫——双槽蚴。

二、微孢子虫

在海捕对虾里有时会发现一种虾体呈乳白色的虾，渔民和水产品加工厂习惯称其为“油虾”。“油虾”是寄生微孢子虫的病态虾，肌肉内寄生着大量微孢子虫（Microspridium）。微孢子虫属孢子纲（Sporozoa），单极丝亚目（Monocnidea legeret hesse）。肉眼看不见，在电镜下，其特征为产孢子各期的原虫，无线粒状，可见到特征性的卷线极丝。

鳕鱼片中微孢子虫的无数微孢子扩散到肌肉中，孢子囊中所含的蛋白质酶会使肌肉组织变成粥状，使鱼体溃疡。在灯箱检虫台上查看每片鳕鱼片中有无寄生虫及虫卵。

鳗鱼微孢子虫病，是由微孢子虫类的鳗匹里虫（*Pleislophoraanguillarum*）侵入肌肉并繁殖而引起的鱼病。在病鱼体表，可以观察到体侧凹凸不平，刚成种的鳗鱼全身为乳白色的斑纹，把凹部肌肉和乳白点部分刮到载玻片上，用400倍显微镜可以看到很多茄子型的寄生孢子虫。

三、异尖线虫蚴

异尖线虫（Anisakis）为成虫，已有30个属。异尖线虫病是二类检疫病。检验常见异尖线虫科的异尖线虫属海异尖线虫（Anisakismarina）、地线新属的Terranova的幼虫。这些虫科的第三期幼虫寄生于许多海水鱼体内。异尖线虫蚴具有以下形态特点：虫体长纺锤状，长1.5~2.6cm，宽0.1cm，体表三层，无翼，体壁肌层较厚。人因摄食有活幼虫的鱼肉而感染，称为异尖线虫病。

四、绦虫蚴

绦虫蚴是鳕鱼片中常见的寄生虫。将鳕鱼片逐片放在特制的灯箱检验台上，用小镊子除去鱼片上附着的寄生虫蚴。绦虫蚴在温度-20℃以下24h即可死亡。

五、后尾蚴

将鱼肉内发现的淡白色，椭圆形或圆形如针尖的小泡取下压在滴有甘油（1：3）的两片载玻片中，显微镜下观察，可以看到有特殊构造的虫体，体前后各有一个圆形吸盘，有时虫体在囊体内作回旋状的运动。这便是中华分支睾吸虫的幼虫——后尾蚴（Metaceroaria）。

第七节 水产品天然毒素检验

一、贝类毒素的检验

（一）腹泻性贝类毒素（DSP）的检验

适用于海产双壳类贝肉、贝柱、外套膜及其制品的检验。用丙酮提取贝类中毒素，再转移至乙醚中，经减压浓缩至干后，再以1%吐温60生理盐水溶解残留物注射小白鼠观察存活情况，计算其毒力。

（二）麻痹性贝类毒素（PSP）的检验

多采用生物测定法，适用于海产双壳贝类贝肉、贝柱和其他可供食用部分的检验。PSP是化学结构以石房蛤贝毒素（Saxitoxin）为代表的，摄取后可能产生麻痹作用的，存在于贝类体内的海洋生物毒性物质的总称。

本方法采用鼠单位测定，对PSP予以定量。鼠单位定义为，对体重为20g的小白鼠腹腔注射1mL贝类提取液后，在15min时杀死小白鼠所需的最低毒素量。采用石房蛤贝毒素（Saxitoxin）作为毒素标准品，将鼠单位换算成毒素的微克数。根据小白鼠注射贝类提取液后的死亡时间，查出鼠单位，并按小白鼠体重，校正鼠单位，计算确定每100g贝肉的PSP的质量（μg）。所测定结果代表存在于贝肉内各种化学结构的PSP毒素的总量。

（三）记忆丧失性贝类毒素（ASP）的检验

样品用甲醇/水提取，经LC-SAX强阴离子柱固相萃取（SPE）净化，用反相液相色谱紫外检测器测定，外标法定量。

（四）神经性贝类毒素（NSP）的检验

目前，在我国对贝类的检验中，尚未发现神经性贝类毒素（NSP）。这里，我们不探讨其检验办法。

二、组胺的检验

鱼体中组胺用戊醇提取，遇偶氮试剂显橙色，与标准系列比较定量。最低检出浓度为5mg/100g。

三、河豚毒素的测定

（一）毒性

河豚是含有天然毒素的著名毒鱼，多数种类的内脏含有剧毒，尤其是卵巢和肝脏最多。其毒性物质即河豚毒素（Tetrodotoxin，TTX），它是自然界非蛋白毒素中较强烈的一种毒素，结晶河豚毒素对人的致死量为0.5~1.0mg/kg。近海常见河豚各部位含毒强弱一般顺序为：卵、肝、皮、肠、肾、眼、鳃、脊髓、脾、血、精巢、肌肉。

（二）毒素的测定

1. 毒素判定性试验

将制备试液、分别以0.5mL注射三只以上同样体重15~20g健康小白鼠的腹腔内，观察60min内小白鼠是否死亡。致死时间非常短促时，注射后，最初是静止的，但很快激烈地翻动，接着步行困难，呼吸困难。最后四肢麻痹，抽搐而死。经解剖内脏无显著变化。

2. 毒素定量试验

（1）试样制备　取绞碎样5.0g于200mL圆底烧瓶中，加入甲醇50mL，用稀醋酸调至微酸性（pH4~5）后，在水浴上用回流冷凝器浸出10~20min，这样浸出2次，将每次浸出液离心分离后取澄清液，再移入蒸发皿中，在水浴上将甲醇蒸干。用乙醚约20mL洗油脂数次，再用水10mL溶解，过滤除去不溶物，滤液作为原液，试样原液1mL相当于样品0.5g。

（2）生物试验（最小致死量的判定）　试样原液用水稀释成不同浓度，各取0.5mL注入体重15~20g的小白鼠腹腔内，测定小白鼠呈现河豚毒素特有症状病倒的时间。

（3）毒力计算　毒力单位——以试样1g致死小白鼠的克数为单位，称鼠单位（MU）（Mouse unit）。

$$\text{毒力}=\frac{\text{原液体积（mL）}\times\text{小白鼠体重（g）}}{\text{试样重（g）}\times\text{注射液量（0.5mL）最小致死量的原液稀释度}}\text{（MU）}$$

目前TTX测定方法除了小鼠生物试验法外，还有免疫化学测定法、高效液相色谱法以及HPLC/MS等。其中小鼠生物试验法的发展时间已有半个多世纪，方法成熟，但该法费时费力，对动物要求高，缺乏特异性，重复性较差。高效液相色谱等精密仪器分析能准确定性与定量，确保权威性，但是存在检测费用高、专用仪器昂贵等弊端。酶联免疫反应特异性强，灵敏度高，对仪器设备要求不高，但成本相对偏高。

思　考　题

1. 如何理解水产品的生物性危害、化学性危害和物理性危害？
2. 水产品化学检验抽样有哪些要求？
3. 冻水产品品质检验包括哪些方面？如何判断？
4. 简述渔药孔雀石绿和结晶紫及其代谢产物残留的测定方法。
5. 简述水产品寄生虫双槽蚴的形态特征、第二中间宿主和检验方法。
6. 简述水产品天然毒素中河豚毒素的测定方法。

第七章　蛋品卫生检验检疫技术

蛋与蛋制品包括：鲜蛋、冰鲜蛋、巴氏消毒冰全蛋、冰蛋黄、冰蛋白、巴氏消毒全蛋粉、全蛋粉、蛋黄粉、蛋白片、高温复制冰全蛋、巴氏消毒次冰全蛋、皮蛋等。

蛋与蛋制品的卫生质量主要依据感官指标进行判定。但腐败变质和脂肪酸败以及农药残留、有害金属污染所造成的某些指标的改变需要进行严格的理化检验才能进行评价。

第一节　蛋的品质鉴定方法

一、感官鉴定法

感官鉴定法分为视觉鉴定、听觉鉴定、触觉鉴定和嗅觉鉴定等方面。

二、光照鉴定法

灯光透照法是根据蛋有透光性，不同质量蛋的物理结构及化学成分发生变化，这些变化在光透视下又具有各自的特征，故可借助光透鉴别蛋的质量。如借助光可观察蛋壳结构的致密度、气室的大小、蛋白、蛋黄及系带、胚胎等特征，做出蛋质综合评定。

新鲜蛋打开后，可见蛋白浓厚，系带粗而坚实，蛋黄膜有韧性，不同等级的蛋在光照和打开观察状态如下。

（一）一级蛋

照检时，气室不移动，高度不超过0.7cm。蛋白紧密、透明，蛋黄不移动，位于蛋的中央，光照时不明显而紧密。打开于平面玻璃上，可见蛋内容物所占面积正常，浓蛋白多而不流散，蛋黄圆形，蛋黄膜韧性大。煮熟后蛋黄稍离中央位置，气室不大。打开倒入油锅中，浓蛋白占面积大，蛋黄呈圆形。

（二）二级蛋

气室稍动或固定，高度不超过0.9cm，蛋黄明显而位于蛋的中央或稍偏离，蛋白不十分紧密但透明。打开后，蛋内容物占面积大，稀蛋白多，蛋黄稍扁平。煮后，蛋黄靠近蛋壳，气室大。煎时，浓蛋白几乎不见，蛋黄离中央位置并扁平。

（三）三级蛋

三级蛋是鲜蛋中的合格蛋。气室移动且大，蛋黄显著偏离中央位置而移动，蛋白稀薄透明。打开后倾出，可见蛋内容物占较大面积，浓蛋白极少，几乎全是稀蛋白。

蛋黄扁平软弱。煮后蛋黄形状不正常，气室大。

三、理化鉴定法

（一）气室大小的测定

禽蛋气室的大小与蛋存放时间、存放的温度和湿度有关。存放时间越长或温度高、湿度小，气室则大。用气室测定仪进行测定。气室测定仪是用透明的角质板或塑料板制成，其上刻有刻度。气室的大小有两种表示法：气室高度和气室宽度。

（二）哈夫单位的测定

哈夫单位（Haugh Unit）的计算是根据蛋白的高度与蛋重之间的回归关系来计算出一个蛋的蛋白高度。实际上是反应蛋白的状况，由蛋白状况反映蛋的新鲜程度。因此，使用哈夫单位要比过去测定蛋白黏度或只测定蛋白高度来评定蛋新鲜度更准确。许多国家已把哈夫单位作为评定蛋质量的主要指标，并规定指标范围从100到30，“100”最好，“30”表示蛋质量最差。一般情况下，特级蛋哈夫单位必须在“72”以上。

（三）蛋黄指数

蛋黄指数即蛋黄高度与蛋黄直径之比。蛋黄指数是表示蛋黄体积增大的程度，蛋越陈，蛋黄指数越小，新鲜蛋的蛋黄指数为0.40~0.44，蛋黄指数小于0.25时，蛋打开倒出时即成散黄蛋。

蛋黄指数的测定方法：将蛋打开倒在蛋质检查台上，用高度测微尺测量蛋黄高度，再用游标卡尺量蛋黄的宽度（直径），然后计算蛋黄指数。

（四）禽蛋挥发性盐基氮的测定

挥发性盐基氮是指动物性食品由于酶和细菌的作用，在腐败过程中，使蛋白质分解而产生的氨及胺类碱性物质，氨和胺总含量的多少能说明禽蛋的新鲜程度。常用测定方法有半微量蒸馏法和微量扩散法。

（五）荧光鉴定法

荧光鉴定法是用紫外线照射，观察蛋对光谱的变化来鉴别蛋的新鲜度，蛋质由新鲜趋向陈腐，荧光强度由弱到强。新鲜蛋荧光反应为深红色，随着新鲜度降低，荧光反应由深红—红色—粉红色—紫红色，甚至变为紫色。日本多采用此法鉴别新、陈蛋。

（六）相对密度鉴别法

新鲜蛋具有一定的相对密度，但随着内容物变化，蛋白变稀，水分蒸发，全蛋相对密度日趋下降，故可以测定蛋的相对密度得知蛋的新鲜度。

测定方法是先配不同浓度的食盐水，其相对密度不同。将蛋置于食盐溶液中，蛋在溶液内不漂浮的盐水的相对密度即为该蛋的相对密度。优质蛋相对密度为1.08以上，低于1.05者为陈腐蛋。

检验蛋的质量还可测定蛋液的表面张力、黏度、游离脂肪酸含量等。

第二节　蛋与蛋品卫生标准的分析方法

一、鲜　鸡　蛋

适用于鲜鸡蛋、冷藏鲜鸡蛋、化学贮藏蛋。

（一）感官检查

1. 鲜鸡蛋

蛋壳清洁完整，灯光透视时整个蛋呈微红色，蛋黄不见或略见阴影。打开后蛋黄凸起完整，并带有韧性，蛋白澄清透明，稀稠分明。

2. 冷藏鲜鸡蛋

经冷藏其品质应符合《鲜蛋卫生标准》（GB 2748—2003）规定。

3. 化学贮藏蛋

经化学方法（石灰水、泡花碱等）贮藏，其品质应符合《鲜蛋卫生标准》（GB 2748—2003）规定。

（二）理化检验

1. 汞

按《食品中总汞的测定方法》（GB/T 5009.17—1985）操作。取鲜鸡蛋10个，去壳，全部混匀，取样。

2. 六六六、滴滴涕

按《食品中六六六、滴滴涕残留量的测定方法》（GB/T 5009.19—1996）操作。

二、冰　全　蛋

冰全蛋是指鸡蛋经打蛋、过滤、冷冻制成的蛋制品。

（一）感官检查

坚洁均匀，黄色或淡黄色，具有冰鸡全蛋的正常气味，无异味和杂质。必要时使用下列方法鉴定。

1. 状态

用餐刀在产品的表面上用力压紧，冰冻良好的冰蛋品刀不能切入内部，即为冰冻坚硬。样品解冻后肉眼观察冰全蛋，冰蛋白全部为均匀液体，冰蛋黄为稠密均匀的膏状体。

2. 气味

在冰冻状和融化后，分别以嗅觉检验，应具有本品应有的气味而无其他异味，必要时可结合做下列试验：取样品20g于100mL烧杯中，加入50mL沸水，趁热立即嗅其气味。

3. 色泽

解冻前先观察冷冻状态的色泽，解冻后将蛋液注入50mL无色烧杯中，放在白纸上观察。

4. 杂质

取解冻后的蛋液100mL，置于白搪瓷盘中，缓缓加入清水100~200mL，使成稀释液，然后观察其有无杂质。如有可疑杂质及未融解的蛋块时，即月镊子取出，再将所余的清液倒入筛孔为1mm的筛内，过滤，筛上如留杂质，用水冲洗一次，与以上所检出者一并用放大镜检查。

（二）理化检验

1. 水分

按《食品中水分的测定方法》GB 5009.3—1985直接干燥法操作。

2. 脂肪（三氯甲烷冷浸法）

（1）原理　三氯甲烷浸出物以脂肪计。

（2）试剂　中性三氯甲烷：内含无水乙醇（1%）。取三氯甲烷，以等量的水洗1次，同时按三氯甲烷体积20：1的比例加入氢氧化钠溶液（100g/L），洗涤2次，静置分层。倾出洗涤液，再用等量的水洗涤2~3次，至呈中性。将三氯甲烷用无水氯化钙脱水后，于80℃水浴上进行蒸馏，接取中间馏出液并检查是否为中性。于每100mL三氯甲烷中加入无水乙醇1mL，贮于棕色瓶中。

（3）仪器

① 脂肪浸抽管：玻璃质，管长150mm，内径18mm，缩口部填脱脂棉。

② 脂肪瓶：标准磨口，容量约150mL。

（4）分析步骤

称取2.00~2.50g均匀样品于100mL烧杯中，加约15g无水硫酸钠粉末，以玻璃棒搅匀，充分研细，小心移入脂肪浸抽管中，用少许脱脂棉拭净烧杯及玻璃棒上附着的样品，将脱脂棉一并移入脂肪浸抽管内。用100mL中性三氯甲烷分10次浸洗管内样品，使脂肪洗净为止，将三氯甲烷滤入已知质量的脂肪瓶中，移脂肪瓶于水浴上接冷凝器回收三氯甲烷。将脂肪瓶置于70~75℃恒温真空干燥箱内干燥4h取出，移入干燥器内至恒重，称量。

①计算：

$$X_1=\frac{(m_2-m_3)}{m_1}\times 100\%$$

式中　X_1——样品中脂肪含量，%

m_1——样品质量，g

m_2——脂肪瓶加脂肪质量，g

m_3——脂肪瓶质量，g

结果的表述：报告算术平均值，精确至小数点后一位。

②允许差：相对相差≤3%。

3. 游离脂肪酸

（1）原理　将蛋中油脂用三氯甲烷提取后以乙醇钠标准滴定溶液滴定，测定其游离脂肪酸（以油酸计）含量。

乙醇钠标准滴定溶液［c（CH_3CH_2ONa）＝0.05mol/L］：量取800mL无水乙醇，置

于锥形瓶中，将1g金属钠切成碎片，分次加入无水乙醇中，待作用完毕后，摇匀，密塞，静置过夜，将澄清液倾入棕色瓶中。按下述方法标定。

准确称取约0.2g在105~110℃干燥至恒量的基准邻苯二甲酸氢钾，加50mL新煮沸过的冷水，振摇使溶解，加3滴酚酞指示液，用上述配制乙醇钠溶液滴定至初现粉红色半分钟不褪，同时做试剂空白试验。

$$c_1=\frac{m_4}{(V_1-V_2)\times 0.2040}$$

式中 c_1——乙醇钠标准溶液的实际浓度，mol/L

m_4——邻苯二甲酸氢钾的质量，g

V_1——邻苯二甲酸氢钾消耗乙醇钠溶液的体积，mL

V_2——试剂空白消耗乙醇钠溶液的体积，mL

0.2040——邻苯二甲酸氢钾（$KHC_8H_4O_4$）的摩尔质量，g/mmol

（2）分析步骤　将测定脂肪后所得干燥浸出物以30mL中性三氯甲烷溶解，加3滴酚酞指示液，用乙醇钠标准滴定溶液（0.05mol/L）滴定，至溶液呈现粉红色0.5min不褪为终点。

（3）计算

$$X_2\text{（以油酸计）}=\frac{V_3\times c_2\times 0.2820}{m_5}\times 100\text{（\%）}$$

式中 X_2——样品中游离脂肪酸的含量（以油酸计），g/100g

V_3——样品消耗乙醇钠标准滴定溶液的体积，mL

c_2——乙醇钠标准滴定溶液的实际浓度，mol/L

m_5——测定脂肪时所得干燥浸出物的质量，g

0.2820——与1.00mL乙醇钠标准滴定溶液［c（CH_3CH_2ONa）＝1.000mol/L］相当的油酸质量，g

结果的表述：报告算术平均值，精确至小数点后一位。

（4）允许差　相对相差≤5%。

注：配制乙醇钠溶液时，钠与乙醇作用放出氢气，故应离火远些。金属钠与切下的表面碎片应放回原煤油液中保存，切勿接触水，以免着火，配制时戴上眼镜与手套以做好防护。

4. 其他成分

无机砷按《食品中总砷及无机砷的测定方法》（GB/T 5009.11—2003）操作，汞按《食品中总汞及有机汞的测定方法》（GB/T 5009.17—2003）操作，锌按《食品中锌的测定方法》（GB/T 5009.14—2003）操作，六六六、滴滴涕按《食品中六六六、滴滴涕残留量的测定方法》（GB/T 5009.19—2003）操作。

三、巴氏消毒冰鸡全蛋、冰蛋黄和冰蛋白

巴氏消毒冰全蛋是指鲜鸡蛋经打蛋、过滤、巴氏低温消毒、冷冻制成的蛋制品。

冰鸡蛋黄是指鲜鸡蛋的蛋黄，经加工处理、冷冻制成的蛋制品。

冰蛋白是指鲜蛋的蛋白，经加工处理、冷冻制成的蛋制品。

（一）感官检查

巴氏消毒冰全蛋和冰鸡蛋黄坚洁均匀，黄色或淡黄色。具有冰鸡全蛋的正常气味，无异味或杂质。应符合《蛋制品卫生标准》（GB 2749—2003）的规定。

冰蛋白坚洁均匀，白色或乳白色，具有正常冰鸡蛋白的正常气味，无异味和杂质。应符合GB 2749—2003的规定。

（二）理化检验

水分、脂肪、游离脂肪酸测定同冰全蛋中水分、脂肪、游离脂肪酸测定。其中冰蛋黄、冰蛋白脂肪称取样品量不超过2g。无机砷按《食品中总砷及无机砷的测定方法》（GB/T 5009.11—2003）操作，汞按《食品中总汞及有机汞的测定方法》（GB/T 5009.17—2003）操作，锌按《食品中锌的测定方法》（GB/T 5009.14—2003）操作，六六六、滴滴涕按《食品中六六六、滴滴涕残留量的测定方法》（GB/T 5009.19—2003）操作。

四、巴氏杀菌全蛋粉

巴氏杀菌全蛋粉是指鲜鸡蛋经打蛋、过滤、巴氏低温消毒、喷雾干燥制成的蛋制品。

（一）感官检查

粉末状或极易松散的块状，均匀淡黄色，具有鸡全蛋粉的正常气味，无异味和杂质。应符合GB 2753—1996的规定。

（二）理化检验

1. 溶解指数

（1）原理　根据样品溶于氯化钠溶液（50g/L）的折射率，计算溶解指数。

（2）试剂　氯化钠溶液（50g/L）：称取5g氯化钠溶解水中后稀释至100mL。

（3）仪器　阿贝氏折光计，振荡器。

（4）分析步骤　称取1.00g混匀样品（以干样计），置于50mL锥形瓶中，准确加入5mL氯化钠溶液（50g/L），加5粒小玻璃珠，用橡皮塞塞紧瓶口。轻轻旋摇锥形瓶使蛋粉全部湿润，然后振荡0.5h。取下锥形瓶，将样液倾入内径15mm试管中（如样液中仍有蛋粉颗粒存在须重做试验），静置1.5h。取内径约2mm的尖端吸管，尖端向下，用手指按紧吸管上口，小心将吸管插入试管至样液底部，开启吸管上口，使管底样液升入吸管尖端内部少许，紧堵吸管上口取出吸管，用脱脂棉将吸管外壁的蛋液拭净，小心将样液滴于折光计三棱镜上，调节折光计所附水管的水温为20℃，读取样液的折射率。

同时测定氯化钠溶液（50g/L）的折射率。

（5）计算

$$X_3=(n-n_1)\times 100$$

式中 X_3——溶解指数

n——样品溶液的折射率

n_1——氯化钠溶液（50g/L）的折射率

2. 水分

准确称取2.00g混匀样品，操作同冰全蛋。

3. 脂肪

分析步骤：准确称取约1.00g混匀的样品，置于脂肪浸抽管内，样品上覆以少许脱脂棉。以下按冰全蛋自“用100mL中性三氯甲烷分10次浸洗管内样品”起，依法操作。

4. 游离脂肪酸检验

同“冰全蛋”游离脂肪酸检验。

5. 其他成分

按《食品中总砷及无机砷的测定方法》（GB/T 5009.11—2003）操作，汞按《食品中总汞及有机汞的测定方法》（GB/T 5009.17—2003）操作，锌按《食品中锌的测定方法》（GB/T 5009.14—2003）操作，六六六、滴滴涕按《食品中六六六、滴滴涕残留量的测定方法》（GB/T 5009.19—2003）操作。

五、鸡全蛋粉、鸡蛋黄粉

鸡全蛋粉是指鲜鸡蛋经打蛋、过滤、喷雾干燥制成的蛋制品。

鸡蛋黄粉是指鲜鸡蛋黄经加工处理、喷雾干燥制成的蛋制品。

（一）感官检查

粉末状或极易松散的块状，均匀淡黄色（鸡蛋黄粉为均匀黄色），具有鸡蛋粉或鸡蛋黄粉的正常气味，无异味和杂质。应符合《鸡全蛋粉卫生标准》（GB 2754—1981）和《鸡蛋黄粉卫生标准》（GB 2755—1981）的规定。

（二）理化检验

溶解指数、水分、脂肪同巴氏杀菌全蛋粉。游离脂肪酸同“冰全蛋”游离脂肪酸检验。汞按《食品中总汞及有机汞的测定方法》（GB/T 5009.17—2003）操作。2.8g鸡全蛋粉相当10g鲜蛋；4.8g鸡蛋黄粉相当10g鲜蛋黄。六六六、滴滴涕的测定按《食品中六六六、滴滴涕残留量的测定方法》（GB/T 5009.19—2003）操作。

六、蛋 白 片

蛋白片是指以鲜蛋的蛋白为原料，经加工处理、发酵、干燥制成的蛋制品。

（一）感官检查

晶片状及碎屑状，呈均匀浅黄色，具有鸡蛋白片的正常气味，无异味和杂质。应符合《鸡蛋白片卫生标准》GB 2756—1981的规定。必要时用下列方法鉴定。

（1）杂质　用二倍放大镜检查。

（2）碎屑　将全部样品称量，置直径300mm、筛孔1.5mm的铜筛中，均匀用力筛30转，称量筛下碎屑质量。

$$X_4=\frac{m_6}{m_7}\times 1000$$

式中　X_4——样品中碎屑量，g/100g

m_6——样品质量，g

m_7——筛下碎屑质量，g

（二）理化检验

（1）水分检验　同“冰全蛋”水分检验。

（2）水溶物　根据蒸干样品水溶液中水分，剩余固体物的量，计算水溶物。

（3）总酸度　根据中和样品水溶液消耗氢氧化钠标准滴定溶液的体积计算总酸度。

（4）汞　按《食品中总汞及有机汞的测定方法》（GB/T 5009.17—2003）操作。1.2g鸡蛋白片相当10g鲜鸡蛋白。

（5）六六六、滴滴涕　按《食品中六六六、滴滴涕残留量的测定方法》（GB/T 5009.19—2003）操作。1.2g鸡蛋白片相当10g鲜鸡蛋白。

七、皮蛋（松花蛋）

（一）感官检查

先仔细观察皮蛋外观（包泥、形态）有无发霉，敲摇检验时注意颤动及响声，皮蛋刮泥后，观察蛋壳的完整性（有无裂纹），然后剥开蛋壳，要注意蛋体的完整性，检查有无铅斑、霉斑异物（小组块）、松花花纹。剖开后，检查蛋白的透明度、色泽、弹性、气味、滋味，检查蛋黄的形态、色泽、气味、滋味。

（二）理化检验

1. pH

待测溶液中氢离子（H）与玻璃电极的膜电位呈一定的函数变化关系，可直接从酸度计上读取被测溶液的pH。

2. 游离碱度

样品中游离的水溶性碱性物质，按100g皮蛋消耗盐酸（1.0mol/L）量计算（碱性物质以氢氧化钠计）。

3. 挥发性盐基氮

原理：皮蛋中蛋白质分解后产生碱性含氮物质，如氨、伯胺、仲胺等。此类物质具有挥发性，在弱碱性溶液中加热蒸馏可随水蒸气蒸出，用硼酸吸收后，再用盐酸滴定，可以计算出100g皮蛋中含氮的质量（mg）。

4. 总碱度

样品的总碱度是指样品灰分中能与强酸（如盐酸、硫酸等）相作用的所有物质的含量（以氢氧化钠计），按100g皮蛋消耗盐酸（1.0mol/L）量计算。

5. 铅、汞、锌

取3（鸭）或5（鸡）枚皮蛋，去壳后称其总量，然后放入高速组织捣碎机内，按2：1加去离子水捣成匀浆。铅按《食品中铅的测定方法》（GB/T 5009.12—2003）进行测定。总汞按《食品中总汞及有机汞的测定方法》（GB/T 5009.17—2003）进行测定，锌按《食品中锌的测定方法》（GB/T 5009.14—2003）进行测定。

思 考 题

1. 蛋与蛋制品包括哪些种类？
2. 蛋的感官鉴定包括哪四种方法？
3. 哈夫单位如何测定？如何用其评定蛋质量？
4. 如何进行鲜鸡蛋的感官检查？
5. 简述冰全蛋的脂肪测定方法。
6. 简述皮蛋的挥发性盐基氮测定方法。

参 考 文 献

[1] 于大海，崔砚林. 中国进出境动物检疫规范. 北京：中国农业出版仁，1997

[2] 于恩庶. 中国人兽共患病学（第二版）. 福州：福建科技出版社，1996

[3] 王子轼. 动物防疫与检疫技术. 北京：中国农业出版社，2006

[4] 王秉栋. 动物性食品卫生理化检验. 北京：中国农业出版社，1994

[5] 王茂起，刘志诚，陈炳卿. 现代食品卫生学. 北京：人民卫生出版社，2001

[6] 王叔淳. 食品卫生检验技术手册（第三版）. 北京：化学工业出版社，2002

[7] 王桂芝. 兽医防疫与检验. 北京：中国农业出版社，1998

[8] 王雪敏. 动物性食品卫生检验. 北京：中国农业出版社，2002

[9] 王晶，王林，黄晓蓉. 食品安全快速检测技术. 北京：化学工业出版社，2002

[10] 史贤明. 食品安全与卫生学. 北京：中国农业出版社，2003

[11] 甘孟侯. 中国禽病学. 北京：中国农业出版社，1999

[12] 刘占杰，王惠霖. 动物性食品卫生学（第二版）. 北京：中国农业出版社，1992

[13] 刘秀梵. 兽疫流行病学. 北京：中国农业出版社，2000

[14] 江汉湖. 食品安全性与质量控制. 北京：中国轻工业出版社，2001

[15] 许伟琦. 畜禽检疫检验手册. 上海：上海科学技术出版社，2000

[16] 孙保华，马丽珍. 肉品科学与技术. 北京：中国轻工业出版社，2003

[17] 孙锡斌. 动物性食品卫生学. 北京：高等教育出版社，2006

[18] 孙锡斌，程国富. 动植物检疫检验图谱. 北京：中国农业出版社，2004

[19] 何计国. 食品卫生学. 北京：中国农业大学出版社，2002

[20] 李兴霞，王国霞，潘家荣等. 免疫传感器在食品安全检测中的应月. 食品研究与开发，2005，26（5）：122~125

[21] 李佑民. 家畜传染病学. 北京：蓝天出版社，1993

[22] 李志红，杨汉春，沈佐锐. 动植物检疫概论. 北京：中国农业大学出版社，2004

[23] 陆承平. 兽医微生物学（第三版）. 北京：中国农业出版社，2001

[24] 张卓然. 医学微生物实验学（第二版）. 北京：科学出版社，2002

[25] 李泽瑶. 水产品安全质量控制与检验检疫手册. 北京：企业管理出版社，2003

[26] 张彦明，佘锐萍. 动物性食品卫生学（第三版）. 北京：中国农业出版社，2002

[27] 张彦明，佘锐萍主编. 动物性食品卫生学（第三版）. 北京：中国农业出版社，2003

[28] 李晓东. 蛋品科学与技术. 北京：化学工业出版社，2005

[29] 吴清民. 兽医传染病学. 北京：中国农业大学出版社，2002

[30] 陈淑玉，汪溥钦. 禽类寄生虫学. 广州：广东科技出版社，1994

[31] 张舒亚，潘良文，李晓虹等. 贝类产品中诺沃克病毒RT-PCR检测方法. 检验检疫科学，2005，15（1）：39~42

[32] 佘锐萍主编. 动物产品卫生检验. 北京：中国农业大学出版社，2000

[33] 陈福生，高志贤，王建华. 食品安全检测与现代生物技术. 北京：化学工业出版社，2004

[34] 张意静. 食品分析技术. 北京：中国轻工业出版社，2001

[35] 范天吉. 乳与乳制品. 分析监测与执行标准实务全书. 呼和浩特：内蒙古人民出版社，2003

[36] 金世琳. 乳品工业手册. 北京：轻工业出版社，1987

[37] 杨廷桂. 动物防疫与检疫. 北京：中国农业出版社，2001

[38] 杨洁彬. 食品微生物学（第二版）. 北京：中国农业大学出版社，1995

[39] 郎需龙，王兴龙，刘文森. 食品中病原菌检测技术研究进展. 食品科技，2006（6）：113~115

[40] 周琦，赖平安，汪琳等. 基因芯片技术快速检测SARS病毒.检验检疫科学，2005，15（6）：20~22

[41] 武宝利，张国梅，高春光等. 生物传感器的应用研究进展. 中国生物工程杂志，2004，24（7）：65~69

[42] 南庆贤主编. 肉类工业手册. 北京：中国轻工业出版社，2003

[43] 费恩阁. 动物传染病学. 长春：吉林科技出版社，1995

[44] 涂健，祁克宗，潘鑫. PCR在畜禽疫病诊断上的应用及研究进展. 动物医学进展，2004，25（3）：22~24

[45] 耿捷，罗卫，林苗等. 基因芯片技术检测新城疫病毒. 防疫聚焦，2004，12：72~73

[46] 殷震，刘景华. 动物病毒学（第二版）. 北京： 科学出版社，1997

[47] 秦智锋，钟安清，杨宝华等. 用基因芯片鉴别诊断四种水疱性疾病. 中国病毒学，2003，18（2）：174~177

[48] 陶义训. 免疫学和免疫学检验. 北京：人民卫生出版社，1997

[49] 巢强国. 食品质量检验. 北京：中国计量出版社，2005

[50] 黄青云. 畜牧微生物学（第四版）. 北京：中国农业出版社，2003

[51] 黄伟坤. 食品检验与分析. 北京：中国轻工业出版社，1989

[52] 韩雪清，林祥梅，吴绍强等. 猪链球菌2型多重PCR快速检测方法的建立. 中国兽医科学，2006，36（2）：112~117

[53] 蔡宝祥. 家畜传染病学（第四版）. 北京：中国农业出版社，2001

[54] 廖延雄. 兽医微生物实验诊断手册. 北京：中国农业出版社，1995

[55] 潘良文，张舒亚，李晓虹等. 贝类产品中诺沃克病毒的实时荧光RT-PCR检测方法研究. 检验检疫科学，2004，14（5）：1~3

[56] 板垣四郎，板垣博. 家畜寄生虫学. 东京：金原出版株式会社，1983

[57] 中华人民共和国国家标准. 食品卫生检验方法. 理化部分. 北京：中国标准出版社，1996

[58] 中华人民共和国国家标准. 食品卫生检验方法. 微生物部分［S］. 北京：中国标准出版社，1996

[59] 农业部畜牧兽医司. 中国动物疫病志. 北京：科学出版社，1993

[60] 兽医临床寄生虫学编辑委员会.兽医临床寄生虫学（第三版）. 东京：文永堂，1980

[61] 中国农业科学院哈尔滨兽医研究所. 动物传染病学. 北京：中国农业出版社，1999

[62] 农业部人事司，农业部职业技能培训教材编审委员会. 动物检疫检验工. 北京：中国农业出版社，2004

[63] 卫生部卫生监督中心卫生标准处. 食品卫生标准及相关法规汇编（下）. 北京：中国标准出版社，2005

第二篇 植物检验检疫

第八章 有害生物风险分析

第一节 有害生物在自然界中分布的区域性

一、有害生物传播的“人为性”

自起源以来，生物就一直具有向适宜其生存的所有区域扩张的潜力和趋势，但在经贸不发达、交通不便的情况下，海洋、沙漠和山脉等天然屏障的阻隔，外界自然和生态条件的限制，加之国与国之间的某些人为限制，常常使生物的扩散和蔓延受到限制，多数生物只能分布在适宜它生存的部分地区。生物长期在这样的区域里繁衍生息，对该地区的生态条件产生了适应性，形成许多特有物种和特定的生态系统。这样一来，就一个地区里的有害生物而言，无论在种类上、数量上、适应性上，还是在发生、传播以及对植物的危害等诸多方面，与其他地区的有害生物就有了明显的差别，表现出了“区域性”的特点。

有害生物在不断的进化，环境条件也在不断的变化，所以有害生物的地理分布区域是动态的，任何时候有害生物的分布格局都是有害生物与环境相互作用的结果。有害生物的“局部”分布是暂时的，而“广泛”分布是必然的终极。一般认为影响有害生物地理分布的主要因素包括气候条件、生物因素、地理环境、土壤条件和人类活动等。由于人类活动，地理障碍对有害生物的地域扩张的限制和阻碍作用基本消失，有害生物分布的限制因素就主要是生态因素了。可以预见，世界上在气候相似区域的物种组成正朝着越来越相似的方向发展，也就是相似气候带上的生物种类逐渐趋同。

事实证明，除了少数迁飞昆虫和少数可经气流远距离传播的病菌以外，多数有害生物要想靠自身主动扩散或借助自然界外力（风、雨、流水、寄主动物等）传播至遥远的新地区去，是非常困难的。而有害生物的人为传播，降低了有言生物跨越空间障碍的难度，其传播速度、范围和程度都远胜于自然传播，给农业生产、生态系统及人类健康带来严重的危害，给人类造成巨大的经济损失。人类自从从事生产活动以来，就一直在自觉、不自觉地充当有害生物在世界各地传播蔓延的“帮凶”。有害生物可以潜伏在植物的种子、苗木及植物产品的内部，或黏附在外表，或混杂于其间，随着人为的调运、邮寄、携带这些植物及其产品而无意引入本国或本地区。除此而外，有害生物也可以通过人为有意引入而传入。

研究表明，美国大约40%的农作物害虫是从国外传入的，欧洲也达到20%。在夏威夷，95%的害虫是近两百年传入的。

将种植资源引入一个国家或地区，可为该国家或地区作物育种和植物栽培提供大量的种植资源，但也增加了外来有害生物的传入机会，带病种子一旦成为育种材料，其本身就可能是潜在的发病中心。特别是在现代交通工具发达的情况下，不仅扩大了外来有害生物的传入渠道，极大地缩短了有害生物远距离传播的时间，削弱了地理自然屏障的阻隔作用，有害生物在传播中自然死亡的几率减小，从而极大地增长了有害生物迅速传入一个新地区的可能性，这种情况在世界性的品种资源交流和引进中时有发生。丹麦种子病理学家尼尔高教授在他编著的《种子检疫》一书中列举了25起肯定是因引种而在世界范围内传播蔓延的病害，而且在这里还没有包括闻名世界的烟草霜霉病、马铃薯癌肿病、玉米细菌性枯萎病。

今天，经济全球化和国际贸易自由化正在不同程度上影响世界上的各个角落，原有的文化、习俗、社会等方面的隔离或壁垒逐渐减少或淡化，这样一来，国际交往及其贸易往来大大的增加，在世界范围内形成巨大的人流和物流，加之交通运输和信息通讯的快速发展，上述天然屏障的作用则基本消失，外来有害生物得以有意或无意地引入和传播的机会极大地增加，几百万年生物隔离的历史宣告结束。人类从来没有像今天这样如此激烈地影响生物分布并造成物种混杂，人为传播有害生物的问题已成为一个新的全球化的现象。因而，在当今社会，通过植物检疫和植物卫生措施来防止有害生物的人为传播比以往任何时刻都显得更为迫切，植物检疫面临着前所未有的巨大挑战。据统计，2004年中国全国口岸截获植物有害生物2538种88594批次，分别是2001年的6.6倍和22倍，远远高于我国外贸进出口的增长幅度。

二、有害生物传入新区的危害性

有害生物传入新区后能否定殖，建立稳定的种群，主要取决于气候条件是否适宜，有无适生的寄主植物以及媒介生物。新区有害生物的种类、寄主植物的抗病虫性强弱、新区的地理、气候、植被、天敌等生态条件影响新传入有害生物的种群密度及其危害性。一般有害生物传入新区后有以下几种发展趋势。

（一）不能存活，或不能建立起稳定的种群而消亡

新区气候条件不适宜，或无寄主植物，或无传病媒介，不可能成为该有害生物的分布区。如马铃薯癌肿病只适合在气候冷凉的山区发生，到了高温地区则不能生存，即使传进去了也无关紧要。又如马铃薯甲虫一般不能在一年中日均气温15℃以上的天数少于60d，最冷月20cm土层温度低于-8℃的地区发生。又如玉米细菌性枯萎病在没有玉米叶甲等媒介昆虫的地区，柑橘黄龙病在没有柑橘木虱分布的地区都不可能流行危害。

（二）新区与有害生物的原产地的气候、寄主等生态条件相近似，成为该有害生物新的分布区，甚至成为严重危害区

对这种情况，在这类地区应严加防范，否则，将产生严重后果，且后患无穷。自从棉红铃虫、棉枯萎病先后从美国传入我国后，每年都使我国蒙受重大经济损失。在检疫上，这类有害生物是各国重点防范的对象。

松材线虫是国际上公认的检疫性有害生物，起源于北美大陆，在美国、日本广泛分布。根据对日本资料的分析，中国年平均温度在10℃的地区应为松材线虫的适生区。1999年，农业部植物检疫实验所依据中国2000多个县的气象数据，利用地理信息系统（GIS）制作了中国松材线虫的适生区，我国的东南部广大地区的气候适合松材线虫的发生。此外，农业部植物检疫实验所研究发现，中国全境广泛分布有大面积感病的松树树种（马尾松、云南松、红松、华山松、日本黑松、樟子松、黄山松和琉球松等），高效的松材线虫传播媒介（松墨天牛和云杉花墨天牛）也在我国全境广泛存在，但中国却缺乏控制松材线虫的天敌。因此，松材线虫随来自疫区美国和日本输华货物木质包装材料传入中国的风险极高。有鉴于此，自2000年1月1日起，中国对美国和日本输华货物木质包装材料采取检疫措施。

（三）在原产地危害性不大的有害生物传入新区后，危害加重，甚至造成毁灭性的灾害

有些有害生物在原产地的危害不一定很大，但传入新区后，由于适生条件的变化却可能成为严重危害的生物。如栗树疫病在日本危害并不严重，但20世纪初随栗树苗闯入美国后，由于美洲栗不抗此病，即成为美国栗树上的重要病害，并迅速蔓延，摧毁了美国东部地区的大部分栗树。又如柑橘吹绵介壳虫，在原产地澳洲，由于有天敌澳洲瓢虫存在，所以种群受到控制，危害性不大，但19世纪80年代随柑橘苗传入美国后，由于当地缺乏澳洲瓢虫这种天敌，因而很快成为柑橘上的一大害虫，直到后来将这种天敌引入美国后，才有效地控制了柑橘吹绵介壳虫。

对这类有害生物，检疫上很容易产生疏漏。今后应加强有害生物风险分析，科学预测，严防传入。

三、加强植物检疫的紧迫性

我国幅员辽阔，跨越寒温带、温带、暖温带、亚热带和热带5个气候带，地形复杂，种类丰富，具备和世界上大多数国家相同的气候条件，相类似的寄主种类，所以世界各国各地区很多生物种类，我国均有适合其生存和繁殖的环境条件。同时，我国一般缺乏控制外来有害生物扩展和繁殖的有效天敌。所以，外来有害生物一旦成功传入，就会在很大范围内扩展蔓延，可能从多个方面改变或破坏我国的生态环境，造成巨大的经济损失。加入WTO之后，中国经济逐步融入全球一体化大潮之中，对外贸易更加频繁和多样化，入侵有害生物种类的增加及生物入侵速度的加快将是前所未有的。自20世纪70年代以来，国外的危险农林病虫害传入我国后的扩散蔓延有逐渐增加的趋势，外来危险生物的入侵已对农业生产和农村经济造成了巨大的经济损失，对人民群众身体健康带来了巨大威胁，对我国生态安全构成了严重威胁，全面影响建设小康社会的进程。现在，有害生物扩散和蔓延已成为国际社会不容回避的问题，成为21世纪生物多样性保护、生态安全、农业可持续发展的主要障碍之一。此外，在国际贸易中常因外来有害生物问题引发纠纷，随着国际贸易的多元化和多样化，外来有害生物入侵问题必将引起各贸易国的高度重视。特别是在WTO框架内，植物检疫越来越成为各国保护本国农产品生产、促进本国农产品对外贸易、限制别国农产品进口的非关税贸易壁垒。因此，加强植物检疫工作，加强对外来有害生物的预防与控制的研究，是保障我国经济安全、生态安全、社会稳定和维护国家利益的重大需求，具有十分重要的科学意义与长远的战略意义。

第二节　植物检疫与植物卫生

一、植物检疫的概念

植物检疫在国外已有100多年的历史了，在中国也有半个多世纪的实践经验。在长期的植物检疫实践过程中，人们对植物检疫概念的认识也在不断的深入和完善。

丹麦种子病理专家P.Neergard（1977）对植物检疫的解释是：“防止植物病原物和有害生物从一地区传入另一个通常是未曾侵染过的地区的官方预防措施”。植物检疫专家K.P.Kahn（1977）指出：“植物检疫的目的在于保护农业生产及其环境不因由于人为疏忽而引进危险生物，从而造成本可避免的危害，其方法是由一个国家的政府（有时是一个区域内几个政府）颁布带有强制性的规章，以限制进口植物、植物产品、土壤、活生物培养、包装材料、有关填充物、容器和运载工具等，旨在防止有害生物的传入并传播到新区”。联合国粮农组织（FAO，1983）把植物检疫定义为“为了预防和延迟植物病虫害在它们尚未发生的地区定殖而对货物的流通所进行的法律限制”。

FAO/IPPC 2002年版的国际植物卫生措施标准第5号出版物（ISPM Pub.No.5）—《植物检疫术语》给植物检疫（Plant Quarantine）的定义是：“任何为防止检疫性有害生物传入和/或扩散或使它们处于官方控制之下的一切活动”。通俗地讲，植物检疫是为防止人为地传播本国或本地区没有发生，或虽发生但分布未广且在政府机构控制中的有害生物，保护本国或本地区农业生产和生态环境安全，由法定的政府机构，依法应用科学技术等手段对可以传带这些有害生物的植物及其产品等，采取旨在预防这些有害生物传播的各种措施的综合管理体系。

（1）植物检疫的目的　控制检疫性有害生物，防范其在人类社会交往及各种经贸活动中随植物、植物产品以及其他检疫物人为传播，保护农业生产、生态环境安全和人类健康，同时促进国民经济发展和社会稳定。

（2）植物检疫是由植物检疫法规来保障实施　法规是植物检疫的法律依据，植物检疫是由法定的政府机构依法进行检疫。随着中国加入世界贸易组织，中国经济正逐步融入全球经济一体化大潮之中，在这种情况下，除了要遵守国家和地方政府制定的植物检疫法规以外，还要遵守国际性植物检疫法规。要参照WTO的有关规定和国际组织制定的标准、建议和指南，进一步健全和完善我国植物检疫法律法规体系，使之成为科学的，与市场经济相一致的，与国际通行做法相符合的植物检疫法律法规体系。同时应继续加强对世贸组织有关规则和协议的研究及其应用，保护我国的农业生产和生态环境，打破国外植物检疫的技术壁垒，促进我国的农产品出口，保护我国的农产品市场，从而充分利用世贸组织的原则维护国家和民族利益。

（3）植物检疫是一系列措施所构成的“综合管理体系”　即对可能传带检疫性有害生物的植物、植物产品以及其他检疫物等采取一系列旨在阻止和防范其传播的措施所构成的包括法制管理、行政管理、技术管理的“综合管理体系”。植物检疫不仅仅涉及植物检疫机构，还涉及有关的生产、科研和技术推广部门，涉及交通、运输、邮政、贸易、海关、民航、旅游、司法、种子管理及粮食等部门。从这个意义上来说，植物检疫又是一项涉及生物、社会、法律、贸易、技术保障以及信息管理等领域的系统工程。

（4）植物检疫的科学保障是有害生物风险分析　有害生物风险分析是植物检疫政策和法规的制定、修改以及检疫措施的实施的科学依据和重要支持工具。有害生物风险分析使植物检疫符合当今国际社会对植物检疫科学化和国际化的要求。

二、植物检疫与植物卫生

（一）植物检疫概念的拓展

植物卫生（Phytosanitary）的概念是在乌拉圭回合贸易谈判中起草《实施卫生与植物卫生措施协定》（SPS）时提出的，后来为FAO/IPPC接受。

早期的植物检疫运用行政的强制措施和法律手段，防范从国外或外地传入本国或本地没有的有害生物。后来，人们认识到有害生物的地理分布受寄主、气候和其他各种环境条件的制约，如果在一个能满足某种有害生物发生所有条件的地理区域内该有害生物都已广为分布，那么该有害生物的地理分布就达到了生态学极限，否则就没有达到生态学极限。基于这样的认识，以后的植物检疫就不仅针对本国或本地没有发生的有害生物，还针对本国或本地虽有发生但尚未达到生态学极限的有害生物。“检疫性有害生物”应该包括本国或本地区没有分布或者在本国或本地区的分布还没有达到生态学极限的有害生物，植物检疫就是指为防范“检疫性有害生物”的传入而采取的一切活动。

20世纪90年代后，全球贸易自由化势头越来越猛，农产品国际贸易空前活跃。在国际贸易中需要进行“限定”（Regulated）的有害生物范围已不局限于“检疫性有害生物”，而拓展至“本国或本地区虽有发生，但存在用于种植的植物上会影响其用途，导致不可接受的损失的有害生物”上了。新加入的这一类即所谓的“限定的非检疫性有害生物”，使原来的植物检疫的概念显然已经不能适应新的形势了，于是“植物卫生”

这一新的术语应运而生。

植物卫生是为防止人为地传播本国或本地区没有发生，或虽发生但分布未广且在政府机构控制中的有害生物，以及控制本国或本地区虽有发生，但存在用于种植的植物上会影响其用途，导致不可接受的损失的有害生物，保护本国或本地区农业生产和生态环境安全，由法定的政府机构，依法应用科学技术等手段对可以传带这些有害生物的植物及其产品等，采取旨在预防这些有害生物传播危害的各种措施的综合管理体系。

植物卫生概念的出现是植物检疫适应贸易经济活动的需要以及植物保护科学发展的必然结果。植物卫生在深化植物检疫概念含义的同时，也拓展了植物检疫的管辖范围。

（二）植物检疫与植物卫生面临着新的挑战

进入21世纪，人们越来越关注外来生物入侵（Bioinvasion）和转基因生物及其产品对农业生产、人类健康和生物多样性的潜在风险等问题。只针对检疫性有害生物或者限定的有害生物而采取管理措施的植物检疫和植物卫生已经不能满足形势发展的需要了，植物检疫和植物卫生还要在防范外来物种入侵和规避转基因生物风险，保护生态环境方面发挥重要作用。

按照《生物多样性公约》（Convention on Biological Diversity，1992）及《卡塔赫纳生物安全议定书》（Cartagena Protocol on Biosafety to the CBD，2000）中的有关条款要求，签约国应阻止引入对生态系统、生境、物种、人类健康带来威胁的外来物种（包括活体遗传改良和经过遗传修饰的生物），建立和维护有效的方法与技术以控制及根除已入侵的外来有害物种。

近来有研究表明，我国外来入侵物种造成的经济损失约为144.8亿美元（以8.2788元人民币兑1美元计），为国民生产总值的1.36%（2000年我国国民生产总值为88189.6亿元人民币）。在我国已查明的283种外来入侵物种中，39.6%是属于有意引进的，49.3%是属于无意引进的。经自然扩散而进入中国境内的外来入侵物种仅9种，占3.1%。这足以说明：一方面，今后既要重视对无意引进外来入侵物种的预防工作，严格检疫，把好国门关；另一方面，又要对外来物种的有意引进进行严格管理，实行外来物种引进的风险评估制度，切实加强外来入侵物种的防治工作。目前我国防治外来入侵物种的法律法规不健全，对随着国际贸易、人员往来等引进外来有害生物有明确的法律规定，但对有意识的物种引进则无完善的管理规定。研究表明，我国有50%的外来入侵植物是作为牧草或饲料、观赏植物、纤维植物、药用植物、蔬菜、草坪植物而引进的。因此，我们必须进一步制定和完善防范外来有害生物入侵的法律规范，同时，要有计划地深入开展对外来有害生物的风险分析工作，为农产品贸易的取向、特别是为引种决策提供科学依据和积极的预警措施方案。今后，在引种工作中，要根据联合国粮农组织（FAO）的国际植物检疫措施标准“有害生物风险分析准则”进行有害生物风险分析。经以引进种苗为传播途径起点的

PRA，明确应防范的检疫性有害生物等的传入，采取有效可行的控制措施，使经济发展所需的种苗安全引进。

我国生物技术在亚洲居领先地位，近年来转基因生物环境释放种类和规模也大幅度增加，为了确保转基因作物及其产品的安全性，必须加强对转基因生物及产品的管理。今后，应深入研究《卡塔赫纳生物安全议定书》，建立健全我国的生物安全法律体系，加快转基因生物风险评估的风险管理能力建设。

第三节　有害生物风险分析的历史与发展

一、风险与风险管理

风险就是危险，是指遭受损失、伤害、不利或毁灭的可能性。风险是一种客观存在。在一定条件下，风险的发生带有一定的规律性。这种规律性给人们提供了把风险降到最小限度的可能性。

人们很早就有意无意地采用各种方法来处理日常生活中的风险，保险业的出现是人类管理风险的创举。保险实践的发展，使得风险管理从无到有，从低水平到高水平并逐渐发展成为一门独立于保险学的新学科——风险管理学，同时，风险管理的概念也开始在其他领域逐步得到应用。随着科学技术的进步，人们认识、管理和控制风险的能力也在不断地增强。从20世纪80年代末期开始，有害生物风险分析（Pest Risk Analysis，PRA）在植物检疫领域得到广泛应用。《实施卫生与植物卫生措施协定》（SPS）明确指出，有害生物风险分析是植物检疫决策的科学依据。

风险管理就是研究风险发生和变化的规律，评估风险对社会、经济和生活等可能造成损失的程度，并选择有效的手段，有计划、有目的地处理风险，以期用最小的成本代价，获得最大的安全保障。

二、风险管理的程序

为达到风险管理目标，风险管理需要完成一系列风险管理程序（见图8-1）。

（一）风险识别

对尚未发生的、潜在的风险因素进行连续地、系统地鉴别、分类，判定风险因素的主次和大小，这是风险管理的基础。

（二）风险估算

对风险事件发生的可能性及风险事件造成损失的严重性和最大可能损失进行分析、估计与衡量，为风险控制方法的选择提供可靠的依据。

（三）风险控制方法的选择

据风险识别和估算的结果选择最佳的风险控制方法。按照风险的不同特性，可以采取不同的方法控制风险。

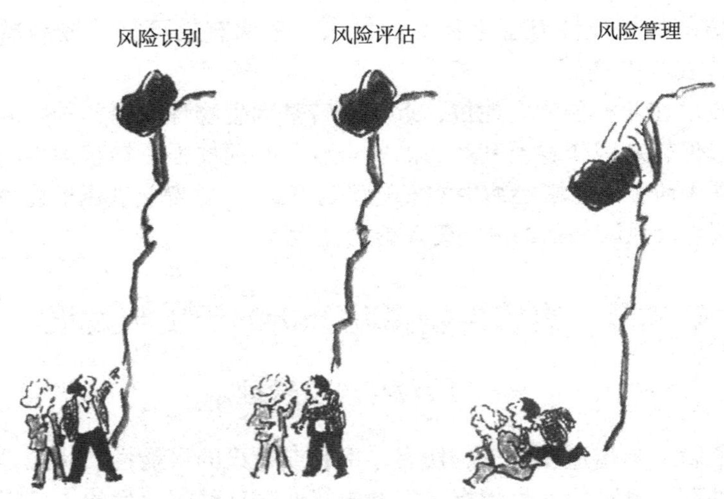

图 8-1 风险管理程序（引自《有害生物风险分析》）

（1）风险回避 是指放弃可能带来损失的活动。这是一种简单彻底的风险控制方法，也是一种消极的方法，容易失去与放弃的活动相关联的利益。

（2）风险防止 是指采取预防措施和抑制措施等，减少损失发生的机会，或降低损失的严重性。风险防止涉及一个现实成本与潜在损失比较的问题，若潜在损失远大于采取预防措施所支出的成本的话，就应该采用风险防止手段。风险防止措施主要有3种：一是预防措施，指尽可能地消除风险因素；二是保护措施，是指对可能受损目标进行保护；三是减损措施，指当损失发生后尽可能缩小损失范围，将损失降到最低程度。

现在，人们通常把风险的识别、进行风险评估和提出风险管理措施这个过程称作风险分析。

三、有害生物风险评估的产生和发展

在联合国粮农组织（FAO）/国际植物保护公约（IPPC）2002年版的国际植物卫生措施标准（ISPM）第5号出版物（ISPM Pub.No.5）—《植物检疫术语》中，对有害生物风险分析的定义是："评价生物学或其他科学、经济学证据，确定某种有害生物是否应予以限制以及限制所采取的植物卫生措施力度的过程"。

为了防范或者降低国际植物及其产品贸易传播有害生物的风险，人类很早就开始了有害生物的风险评估，并实施风险管理——采取植物检疫和植物卫生措施的实践，有害生物风险分析也在这一实践中发展并成熟起来。

（一）有害生物风险分析的诞生（1870—1920年）

在近代，由于新航路的开辟，新大陆的发现，打破了原有的各大洲之间相对隔离的局面，人员的大量流动和日益频繁的贸易往来使有害生物逐渐传播开来，给农业生产带来了严重的损失。早期的植物保护学家认识到农作物所受到的危害是有害生物所引起的，意识到这些有害生物是通过引种以及商贸活动等途径传入的，于是在这样一个风险评估的基础上提出了对传播途径进行风险管理的措施——禁止进口，以控制和降低有害生物传入危害的风险。1872—1873年，法国、俄国颁布禁止美国的马铃薯进口以防止马铃薯甲虫传入及禁止从国外输入葡萄枝条以防根瘤蚜传入的法令，这标志着有害生物风险分析的诞生。

19世纪70年代开始的有害生物风险分析，只是对植物上可能携带的有害生物进行简单风险评估，仅仅考虑了植物和有害生物的个别生物学特征，只评价了个别风险因素—传入可能性等，尚未评价气候条件、定殖可能和扩散可能等风险因素。

（二）有害生物风险分析的发展阶段（1920—1990年）

相对于有害生物进入可能性而言，在这一阶段人类认识到进入后定殖的可能性大小对正确评价有害生物风险具有同等重要的意义，这使得对有害生物的风险管理的措施更加科学，逐渐减少了禁止进口这种极端的措施。

1924年，Cook首次将气候图引入有害生物适生地的研究领域，提出环境比较原则可用于预测新区有害生物可能分布区。Cook的气候图技术经Urarov（1931）的生活史气候图、Bodenheimer（1938）的生态气候图等的发展和完善，成为早期有害生物适生性研究最经典的研究技术。利用这些技术，从20世纪30年代开始，应用气象学研究的成果，研究植物检疫中最著名有害生物之一——地中海实蝇（*Ceratitis capitata*）在美国的适应性问题，利用影响地中海实蝇生存的气候条件，分析在美国可能的分布区域，评价了其定殖可能性等主要风险因素。Cook（1924、1925、1931）和Weltzien（1972）分别在昆虫和植病方面提出了有害昆虫的生态区（损害区）（Ecological zonation，Damage zone）和病害的地理病理学（Geophytopathology）的概念，明确了有害生物的地理分布区域性—有害生物定殖可能性评价的重要基础。1981年我国也开始了对甜菜锈病（*Uromyces betae*）等重要有害生物的适生性分析，确定了较为适宜的风险管理策略。1985年澳大利亚科学家研制了计算机模型Climex，开始应用计算机技术评估有害生物的定殖风险。

（三）有害生物风险分析的成熟阶段（1990至今）

20世纪90年代以来，人们开始从过去只注重有害生物进入和定殖（适生性）问题的分析，转入了对包括进入和定殖可能性在内的，有害生物传入和扩散可能性、潜在的经济影响以及环境影响等的综合风险因素的评估。不少国家的有害生物风险分析都综合考虑有害生物的寄主范围、生存所需要的气候条件、扩散能力、受威胁农作物的重要性、运输中存活情况、直接和间接的经济影响、环境损害等多种风险因素，并通过综合因素指标的量化和评估来确定风险的大小及适当保护水平的检疫措施。

1991年，Sutherst等提出了有害生物风险评估的专家系统（PESKY），该系统通过分析气候、植被分布、地理因子等生态因素及检疫管理和人类活动等因素，综合评估有害生物的风险。现在，地理信息系统（GIS）、全球卫星定位系统（GPS）、计算机模型和专家系统等已广泛用于PRA，生态学中的种群模型、定量经济学方法、概率模型、多因子综合决策分析等技术近年来也在PRA中加以应用，PRA正朝着定量分析方向发展。

有害生物风险分析也逐步进入到规范化的阶段，FAO/IPPC先后制定了《有害生物风险分析准则》（1996，ISPM Pub.No.2）和《包括环境风险分析在内的检疫性有害生物风险分析》（2003，ISPM Pub.No.11，Rev. 1）两个国际植物卫生措施标准，协调世界各国的有害生物风险分析。

许多国家开始制定本国的有害生物风险分析工作程序和有害生物风险分析的技术指南，例如美国和澳大利亚对本国的有害生物风险分析的工作程序和技术指南都作了多次的修订，澳大利亚和新西兰还制定了相关的国家标准。

第四节　有害生物风险分析的国际标准及风险分析程序

《实施卫生与植物卫生措施协定》（SPS协定）中明确指出：检疫方面的限制必须有充分的科学依据来支持，原来设定的零允许量与现行的贸易是不相容的，某一生物的危险性应通过风险分析来决定，这一分析还应该是透明的，应阐明国家间的差异。因此，随着新的世界贸易体制的建立，开展PRA工作既是遵守《SPS协定》及其透明原则的体现，又强化了植物检疫对贸易的促进作用，增强本国农产品的市场准入机会，还可发挥检疫作为正当技术壁垒的作用，充分发挥检疫的保护作用，同时为检疫决策提供了重要的支持。

一、有害生物风险分析的国际标准

为进一步协调各国PRA工作，FAO/IPPC先后颁布了《有害生物风险分析准则》（1996，ISPM Pub.No.2）和《包括环境风险分析在内的检疫性有害生物风险分析》（2003，ISPM Pub.No.11，Rev. 1）2个有害生物风险分析的ISPM，使有害生物风险分析逐步进入到规范化的阶段。

《有害生物风险分析准则》介绍了有害生物风险分析工作，包括检疫性有害生物风险分析和限定的非检疫性有害生物风险分析两个部分。该标准对有害生物风险分析具有基本的指导意义。《包括环境风险分析在内的检疫性有害生物风险分析》是在其基础上的发展和细化，它详细介绍了检疫性有害生物风险分析定义、作用、目的、操作程序、应用范围以及关于植物有害生物对环境和生物多样性风险的分析等。其目的是为国家植物保护组织制定植物检疫法规、确定检疫性有害生物及为采取必要的检疫措施提供科学依据。这两个标准是按照风险管理学的原理和方法制定的，并且遵循了风险识别、风险估算到风险控制方法的选择和实施这一风险管理学的程序。

二、检疫性有害生物风险分析的标准程序

有害生物风险分析分起始、有害生物风险评估和有害生物风险管理3个阶段进行

（见图8-2）。

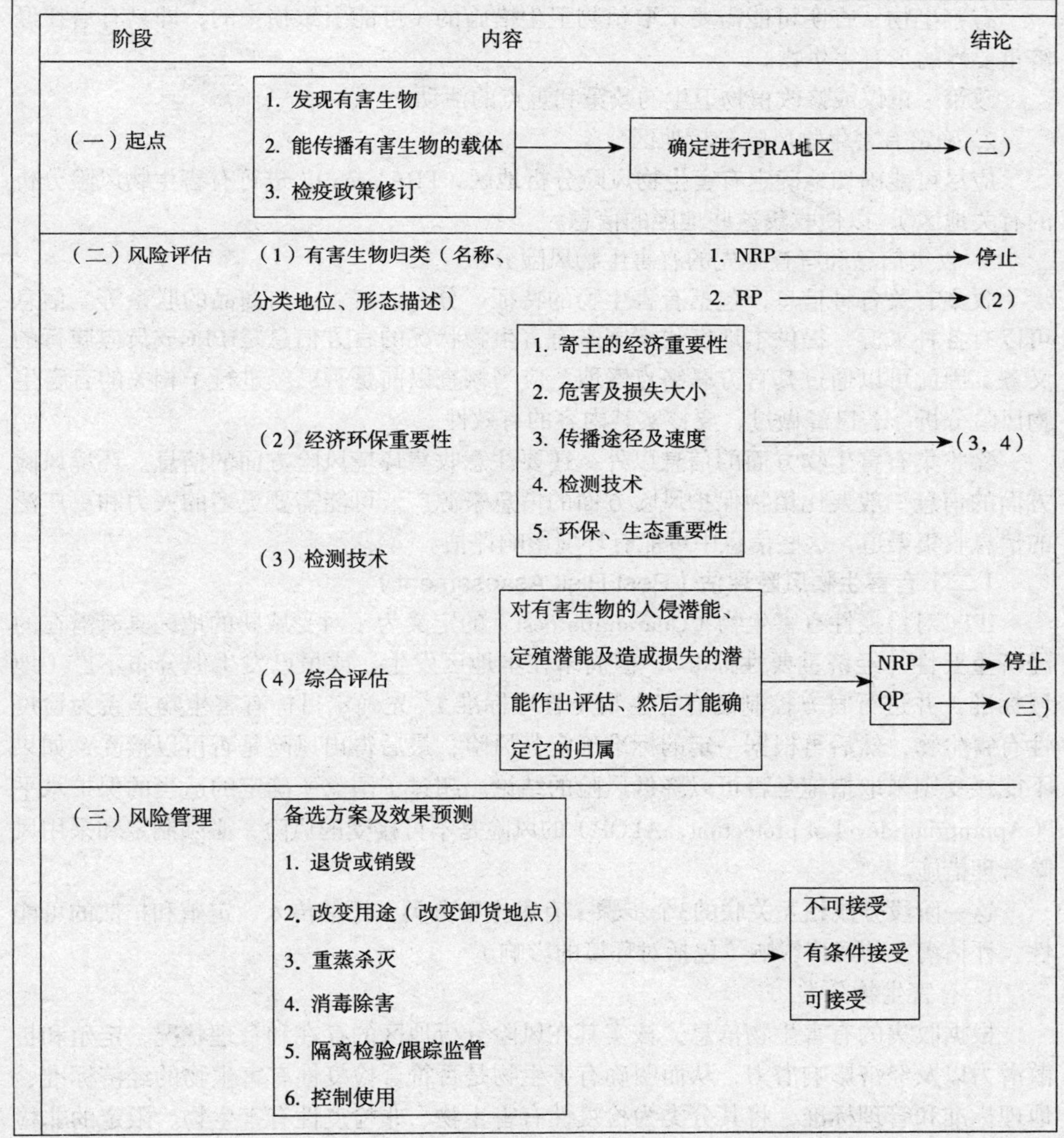

图 8-2　有害生物风险分析流程示意图（引自《植物检疫学》）

（一）起始

这一阶段的目的是确定检疫工作中关注的有害生物和/或它们的传播途径及威胁区域范围。

1. 起点

确定传播途径、确定有害生物、修订植物检疫政策。

途径：查明有害生物的潜在途径。

有害生物：查明可能需要采取植物卫生措施的（可能引致损失的，即具有潜在经济重要性的）有害生物。

政策：审议或修改植物卫生的政策和重点的活动。

2. 确定有害生物风险分析地区

应尽可能确切地确定有害生物风险分析地区（PRA area）（进行有害生物风险分析的有关地区），以便收集这些地区的信息。

3. 收集信息和审查早先的有害生物风险分析

收集有关各种信息，包括有害生物的特征、分布、寄主、与商品的联系等。信息可以有各种来源，提供本地区或本国家有害生物状况的官方信息是IPPC成员应履行的义务，因此可以通过其官方联络点索取。应当核查以前是否已经进行了相关的有害生物风险分析。若已经做过，要核实其内容的有效性。

除收集有害生物方面的信息以外，还要注意收集环境风险方面的信息。环境风险方面的信息一般要比植物保护风险方面的信息来源广，可能需要更多的人力和更广泛的信息收集渠道，这些信息中可能有环境影响评估。

（二）有害生物风险评估（Pest Risk Assessment）

IPPC对检疫性有害生物（Quarantine pest）的定义为：对受威胁的地区具有潜在的经济重要性（经济重要性标准），但尚未在本地区发生，或虽已发生但分布不广（地域标准）并进行官方控制的有害生物（管理标准），先确定目标有害生物是否为检疫性有害生物，然后再根据一定的标准确定其风险，最后得出风险是否可以接受，如果不能接受则采取措施是否可以降低风险的结论。超过了国家所确定的适当的保护水平（Appropriate level of protection，ALOP）的风险是不可接受的风险，必须制定和采用风险管理措施。

这一阶段分成相互关联的3个步骤：有害生物分类，评估传入、定殖和扩散的可能性，评估潜在的经济影响（包括对环境的影响）。

1. 有害生物分类

根据收集的有害生物信息，核实其在风险分析地区的存在和管理状况，定殖和扩散潜力以及经济影响潜力，从而明确有害生物是否符合检疫性有害生物的经济标准、地理标准和管理标准，将其分类为检疫性有害生物、非检疫性有害生物、限定的非检疫性有害生物（就种植用植物而言）。

2. 评估传入、定殖和扩散的可能性

评价有害生物进入的可能性、定殖的可能性和定殖后扩散的可能性大小。查明有害生物风险分析地区中生态因子利于有害生物定殖的地区，即受威胁地区——生态学因素（气候、寄主等）适合某种有害生物定殖的地区。

3. 评估潜在的经济影响

考虑有害生物的影响，包括直接影响（对有害生物分析地区潜在寄主或特定寄主的影响，如产量损失、控制成本等）和间接影响（如对市场的影响、社会的影响等），分析经济影响（包括商业影响、非商业影响和环境影响等），查明有害生物风险分析地区中有害生物的存在将造成重大经济损失的地区。

（三）有害生物风险管理（Pest Risk Management）

确认可以降低风险的风险管理措施的各种可选择方案，评价这些方案的效率和影响，并决定或推荐可以接受的降低风险的措施。

1. 风险水平及其可接受性

是否采取管理措施的标准是一个国家的ALOP，如果风险评估得出结论是风险高于ALOP，则风险不能接受，必须考虑将风险降低到可以接受水平或低于可接受水平的植物卫生措施。

2. 确定和选择适当的风险管理方案

可供选择的各种植物卫生措施或各种植物卫生措施的组合，包括：应用于货物的措施、为阻止或减少在作物中蔓延的措施和确保生产地区、产地或生长点或作物没有有害生物的措施，国内的控制措施以及禁止输入的措施。

在风险管理的措施中，植物卫生证书和其他遵守措施是国际通行有效被普遍采用的方法。考虑适当的遵守措施，包括出口验证，要求在植物卫生证书中证实执行了风险管理的措施。

在选择有效的降低风险的风险管理方案时，要考虑应用风险评估结果所决定的风险控制方法及其对风险的削减程度。在风险评估中可以确定采取措施降低前的基准风险水平，在风险管理中将这一基准风险水平与可采取措施降低后的风险相比较，以测定植物卫生措施的有效性。评价和决定风险管理措施的原则主要是科学性、可行性、对贸易的影响最小性。

有害生物风险管理程序的结果应该是两种：①未确定风险管理措施，认为没有适合的措施；②选择了一个或几项管理措施，发现这些措施可以降低有害生物风险至可接受水平。对所确定的措施，也还需要进行监测和审议，并及时修订。

有害生物风险分析要确认风险评估和降低风险的管理措施相关的不确定性，明确不确定性的领域和不确定性的程度。不确定性是由于信息的不完整或可获得的信息的不断变化造成的。确认不确定性的目的是给决策者提供尽可能完整和客观的意见。

至于环境风险管理，应该强调在检疫措施中对不确定因素采取了哪些措施，并且要说明不确定因素在整个风险因素中占多少比例，要以风险比例的形式表示。植物检疫措施中涉及的环境风险部分，应该通知国家负责生物多样性政策、策略和行动计划的主管部门。

在整个有害生物风险分析过程中，保证足够的文档资料和充分的沟通是必要的，沟通要求信息的双向交换，特别是分析结果，要与有利害关系或受影响者沟通，征求各方面的意见和评论。

三、有害生物风险分析的方法

有害生物风险分析的方法有定性有害生物风险分析和定量有害生物风险分析两类。

（一）定性有害生物风险分析和定量有害生物风险分析

定性风险分析一般采用非概率抽样的方法，研究个别或局部的特征及规律，将风险事件分解为多个风险要素，并将这些要素按某种方式进行多维向量运算后得到整体的风险分析，其结果用风险的高、中、低等类似的等级指标来表述。

定量风险分析是在时间和空间上分析造成风险的各个风险事件（场景分析），用数学的语言来描述这些风险事件，并建立这些风险事件之间的函数关系（数学模型），对其进行虚拟现实的模拟（计算机模拟），其结果用风险发生的概率估计来表述。

（二）定量有害生物风险分析是未来有害生物风险分析发展的方向

定性有害生物风险分析一般以专家经验及模糊判断为主，为规范其实施过程，需要预先对各风险因素定义分级标准，然后采用指标分级、专家打分等方法来对各个风险因素进行评估，最后再通过加权、几何平均或其他的多维向量运算法则来对若干指标进行综合评价。

定性有害生物风险分析20世纪得到了很大的发展，基本上满足了植物检疫工作的需要，是目前世界各国进行有害生物风险评估的主要方式。对澳大利亚进口中国鸭梨、加拿大的栎树突死病以及松材线虫随美国和日本输华货物木质包装材料传入中国的风险分析都是定性风险分析的例子。但由于定性有害生物风险分析的主观性、经验性和非量化的描述等特点，使其本身存在一些固有的缺陷，其科学性常常受到质疑。

定量风险分析的技术和方法早已应用于医学、管理学、工程学、金融学等领域。在20世纪40年代和50年代，在这些领域中应用的蒙特卡洛模拟首先被应用于原子弹的威力评估和核污染的风险评估，20世纪60年代开始应用于其他领域，近来则被应用于有害生物风险分析中。此外，场景分析中的事件树分析、布尔代数、概率逻辑、数据分布、模糊数学等方法都可用于有害生物定量分析工作中。另外，近些年由于生物学的迅速发展，某些重要有害生物的流行学研究已比较深入，积累了大量准确的基础数据，为有害生物的定量风险分析铺平了道路，使得分析者能够借助数学和计算机建立模型，通过大规模的模拟运算来预测和计算风险的大小。定量有害生物风险评估的结果是数量化的，有很好的可比性，有助于风险管理者更清楚地认识风险的种类、大小、来源，制定更科学的管理措施。随着科技的进步，特别是对各种有害生物发生规律的更深入的了解，定量风险分析将会占据越来越重要的位置。

四、世界各国有害生物风险分析现状

澳大利亚、加拿大、新西兰、中国和美国的有害生物风险分析起步早，工作做得较好，迄今已形成较为完善的符合IPPC国际标准的体系。非洲国家是PRA能力最弱的地区。欧盟、欧洲和地中海区域植物保护组织及其成员国PRA工作很不平衡，但已经制定了区域性的PRA标准。中国和日本是亚洲地区PRA能力最强的国家。

（一）美国的PRA发展

美国的PRA工作由美国农业部（USDA）、动植物健康检验局（APHIS）植物保护和检疫处（PPQ）负责，通常是PPQ官员和昆虫学、病理学、信息学等学科的专家组成工作组，对进口商品或有害生物等开展PRA。

美国目前的 PRA 仍然以定性的风险评估为主。APHIS 制定了《以传播途径为起点的有害生物风险评估指南》和《杂草起始的有害生物风险评估指南》两个评估指南，并不断修订，使得美国定性风险分析工作更趋规范统一和成熟完善。这两个指南所使用的评估原则和术语符合联合国粮农组织（FAO）和北美植物保护组织（NAPPO）的有关标准。1995年11月至2002年4月，PPQ在其官方网站上公布完成的商品有害生物风险评估115个，其中包括中国盆景、针叶木包装等。另外还公布完成了4个有毒有害杂草的风险评估、7个引进用于生物防治物种的环境评估等其他种类的评估和报告。

（二）澳大利亚的PRA发展

澳大利亚农林渔业部（AFFA）生物安全局（BA）负责进行有害生物风险分析，目前，澳大利亚的有害生物风险分析按照《进口风险分析管理框架手册（草案）》和《进口风险分析指南（草案）》进行。

澳大利亚在进行植物检疫决策时，仅考虑由于进口导致有害生物传入澳大利亚的潜在影响，包括社会、环境和经济影响，经济影响包括控制有害生物暴发的成本，社会损失和所导致的相关产业丧失市场的成本。截至2000年底，澳大利亚已按照所制定的 PRA 程序完成了24个进口风险分析，包括新西兰的苹果、日本的富士苹果、韩国的鸭梨、中国鸭梨的 PRA 等。

（三）加拿大的PRA发展

加拿大的有害生物风险分析由加拿大农业和农业食品部食品检验局（CFIA）植物健康风险评估处（PHRA）负责。

加拿大的有害生物风险分析是按照国际通行规则来进行的。目前，加拿大风险评估的主要方法是定性风险评估，先给所有因素打分，最后给出总的得分，分出风险的等级。

风险评估的第一阶段利用申请所提供的信息，描述商品的详情、背景、产业介绍以及相关的风险评估，截获其他与植物健康有关的信息等。第二阶段首先考虑商品本身是否有变为农业或林业有害生物的潜能，这对于新的作物或园艺种类很重要。如果商品本身有风险，就要进行相关的有害生物风险评估。然后再根据已有的相关资料，列出该商品上传带的有害生物名录，检查检疫状况和潜在的意义，确定出检疫性有害生物。第三阶段是风险评估的报告，包括潜在的检疫性有害生物风险的性质和评价。

（四）中国有害生物风险分析的发展

中国的有害生物风险分析经历了起步、积极探索和全面快速发展阶段。

1. 起步阶段（1949—1980年）

解放初，我国的植物保护专家根据进口贸易的情况，对一些有害生物陆续进行了简单的风险评估，提出了一些风险管理的建议。据此，1954年我国政府制定了“输出输入植物应施检疫种类与检疫对象名单”。后来又对这个名单进行了修订，于1966年颁布了“进口植物检疫对象名单”，标志着我国PRA工作的开始。

2. 积极探索阶段（1981—1989年）

从1981年起，原农业部植物检疫实验所就开展了植物有害生物的检疫重要性评价和适生性分析，制定了评价指标和分析办法，以分值大小排列出各类有害生物在检疫工作中的重要性程度和位次，提出了检疫对策，并开始建立“有害生物疫情数据库”和“各国病虫草害名录数据库”，为1986年制定《进口植物检疫对象名单》、《禁止进口植物名单》和有关检疫措施提供了科学依据。1984年，北京农业大学建立了农业气候相似距数据库。我国植物保护学者利用该系统先后对美国白蛾、假高粱等有害生物在我国可能适生的潜在危险性进行了分析。这一时期还引进了澳大利亚生态气候评价计算机模型——CLIMEX系统，分析了地中海实蝇的适生范围，预测了潜在危险性，为美国水果输入我国的检疫决策提供了依据。此外，还先后对谷斑皮蠹和甜菜锈病的适生性进行了研究，为检疫的宏观预测提供了依据。

3. 全面快速发展时期（1990年至今）

这一时期PRA的概念被引入中国，已成为我国植物检疫决策的科学基础。

1991年起，动植物检疫实验所主持农业部“八五”重点课题“检疫性病虫害的危险性评估（PRA）研究”，开始探讨中国PRA程序，建立了PRA指标体系和量化方法。

1995年，中国正式成立了有害生物风险分析工作组，开始制定中国PRA程序。2000年，经批准在动植物检疫实验所正式设立了“PRA办公室”，这是我国第1个PRA机构，已经成为我国PRA工作的中心。PRA办公室成立以来，组成了由昆虫、真菌、细菌、线虫、病毒和计算机专家组成的PRA工作组，制定了PRA的工作流程和PRA程序，对FAO/IPPC正在制定的有关PRA的国际标准提出了修改意见，开展了卓有成效的PRA工作。2002年4月国家质量监督检验检疫总局成立了中国进出境动植物检疫风险分析委员会，委员会主要通过不定期举行会议等方式，研究和讨论我国进出境动植物检疫风险分析方面的重大事宜，审议重要的进出境动植物检疫风险分析报告，及时就有关进出境动植物检疫决策问题征询委员们的意见和建议。通过委员会的工作，将把我国进出境动植物风险分析工作再推上一个新的台阶。

20世纪90年代的PRA，为我国1992年制定《进境植物检疫危险性病虫杂草名录》和《进境植物检疫禁止进境物名录》、1997年颁布《进境植物检疫潜在危险性病虫杂草名录》和修订《进境植物检疫禁止进境物名录》提供了科学依据。

1993年，动植物检疫实验所主持完成中国第1个PRA报告——《对美国（华盛顿州、加利福尼亚州）地中海实蝇的危险性分析》，为中美植物检疫谈判提供科学依据。在这以后，我国完成了约40个风险分析报告，涉及输华水果、输华木质包装材料、进口原木、进口葡萄苗和马铃薯种薯、进口小麦和大豆等。1999年开始进境植物繁殖材料风险分析，由动植物检疫实验所牵头，组成了进境植物繁殖材料风险分析协作组。完成多份风险分析报告，确定出了检疫性有害生物和限定的非检疫性有害生物，并将这些进境繁殖材料分为高、中、低风险3个等级。这是历史上完成的风险分析报告最多的阶段，为制定检疫政策、采取检疫措施提供了科学依据，对保护我国农业生产的安全发挥了积极作用。

1999年，动植物检疫实验所主持完成《松材线虫随美国和日本输华货物木质包装材料传入中国的风险分析报告》，据此，原国家出入境检验检疫局和海关总署、对外贸易经济合作部联合发布1999年第23号公告，自2000年1月1日起，对美国、日本的输华货物实施紧急植物检疫措施。

在2000年PRA办公室组织完成的《关于中国从国外进口原木截获有害生物的风险评估报告》的基础上，原国家出入境检验检疫局、海关总署、国家林业局、农业部和对外贸易经济合作部联合发布2001第2号公告，自2001年7月1日起，对进口原木实施了新的植物检疫措施。

2000—2001年，针对中美农业合作协议，由动植物检疫实验所主持与中国农业大学和辽宁、上海出入境检验检疫局合作，开展了小麦矮腥黑穗病菌（TCK）定量风险分析的研究工作，这也是我国第一个真正的定量PRA，取得了国际领先的成果。这项研究利用地理信息系统（GIS），根据18年的气象数据，建立了TCK地理植物病理学模型，以科学的方法和严密的数据分析了TCK在我国发生的可能性，绘制出TCK发生的风险区划图，其中高中风险区约占冬麦区总面积19.3%，说明TCK对中国小麦生产存在着重大威胁，为我国采取相应的检疫措施提供了科学依据。此项成果填补了国内空白，对中美谈判、口岸检疫和对TCK疫麦处理都具有重要意义。

从1994年起，中国开始参加联合国粮农组织（FAO）、国际植物保护公约（IPPC）秘书处关于有PRA国际标准起草的一系列工作组会议，参与制定了PRA的有关国际标准。目前，中国正对有关检疫政策和有关国家农产品进入中国问题进行分析。各国向中国输入新的植物及植物产品项目都要进行有害生物风险分析，PRA已经成为我国植物检疫决策工作中必不可少的重要环节，我国制定植物检疫法规以及对外农产品市场准入谈判也都离不开PRA工作。

PRA在保护我国农业生产和生态环境，保护我国的相关产业并促进我国农产品的出口创汇等方面发挥越来越重要的作用。

第五节　转基因植物的风险评估

一、转基因作物的现状

采用基因工程技术，将外源基因（从各种生物中分离或人工合成）转移到原来不具有这种基因的生物体内，使之有效表达并遗传，由此获得的基因改良生物称为基因修饰生物体（genetically modified organisms, GMO），也称转基因生物（transgenic organisms）。如将某种生物的基因转移到农作物中去，使其出现原先不具有的性状或产物，这种农作物就称为转基因农作物（genetically modified crops，GMC）。GMO是基因修饰食品（genetically modified food，GMF）的基础，我国习惯将基因修饰食品称为“转基因食品”。

自1983年转基因烟草和转基因马铃薯成功问世以来，从美国政府1994年在国际上第一个批准延迟成熟期的转基因番茄商品化种植以后，全世界已有51种转基因植（作）物被批准投入商品化生产。

转基因农作物种植的面积发展非常迅速，1996—2002年，全球转基因作物种植面积增长了35倍，从1996年的170万hm^2增长到2002年的5870万hm^2，每年的增长率都超过10%。

2002年，4个主要种植转基因作物的国家，其转基因作物种植面积占全球转基因作物种植面积的98.98%。种植转基因作物的格局是：美国3900万hm^2，占66.44%；阿根廷1350万hm^2，占23.0%；加拿大350万hm^2，占5.96%；中国210万hm^2，占3.58%。自1996年以来，一直保持这样的发展模式。

近年来全球种植面积最大的4种转基因作物是转基因大豆、转基因玉米、转基因棉花和转基因油菜。2002年，转基因大豆3650万hm^2，占62.18%；转基因玉米1240万hm^2，位居第二；转基因棉花680万hm^2，位居第三；转基因油菜300万hm^2，位居第四。

在转基因作物的特性类型方面，1996—2001年，种植面积最大的是抗除草剂转基因作物，其种植面积约占转基因作物总种植面积的77%；其次是抗虫性转基因作物，其种植面积约占15%；排名第三是抗虫兼抗除草剂作物，其种植面积约占8%。当代转基因作物品种的重点集中在抗环境压力和胁迫方面。

截止到2002年3月，中国的转基因农作物和转基因林木共有22种，其中转基因棉花、转基因大豆、转基因马铃薯、转基因烟草、转基因玉米、转基因花生、转基因菠菜、转基因甜椒和转基因小麦等进行了田间试验，而且转基因棉花已大规模商品化生产，2002年我国转基因棉花占全国棉花种植面积的51%。现在中国是继美国、阿根廷、加拿大之后的世界上转基因农作物田间试验和商品化生产的面积排名第4大国。近年来，我国进口的转基因作物及其初级加工品数猛增，其中进口大豆从1996年的110.8万t上升到1999年的431万t，2000年的1041.6万t，2001年的1393.8万t。

转基因生物具有巨大的经济效益和潜力，以美国为例，1996年70%的Bt转基因棉花可以不再喷洒杀虫剂，产量提高70%，每公顷节约140~180美元。中国种植转基因棉花，在1997—2000年的4年间总经济效益达3.37亿元。2000年全世界转基因作物的产值超过30亿美元，预计到2010年转基因作物总产值将超过300亿美元。

二、转基因作物的安全性

转基因作物及其产品是现代生物技术的产物。虽然转基因作物及其产品能为人类带来实惠，但同时也要规避潜在的风险。总的来说，目前人们所忧虑的转基因作物及产品的风险主要集中在两个方面：一个是食用安全性，另一个是环境安全性。

（一）转基因作物的环境安全性

与非转基因植物一样，转基因植物也可与近源植物种杂交，产生杂种。转基因作物的商业化生产造成大规模环境释放，可能使转入的外源基因流向其近缘植物。这种形式的遗传物质的转移，称为“基因流”或“基因漂移”（gene flow/dispersal），其造成的转基因杂交影响可称为“基因污染”。如果基因流发生在转基因作物和生物多样性中心的近缘野生种之间，则“基因污染”可能引起生物多样性中心的遗传多样性的降低和丧失。如果这种基因流发生在转基因作物和有亲缘关系的杂草之间，则这种“基因污染”可能导致产生更加难以控制的杂草，出现所谓“超级杂草”。如果这种基因流发生在转基因作物和传统作物之间，则这种“基因污染”可能改变某些传统作物的消费性质，使它们不再属于“无公害”食物之列。

墨西哥是玉米的原产地和多样性中心，1996—1998年在墨西哥的一些山区推广种植转基因玉米，由于转基因玉米“基因漂移”，到2000—2001年就发现200~300km外的墨西哥南部山区传统玉米与野生玉米受到“基因污染”。这是首次在农作物遗传多样性中心发现如此大规模的“基因污染”事件，它将对世界粮食安全产生深远的不可估量的损失。

在抗除草剂转基因作物中，转基因油菜杂草化表现得非常突出。1998年在加拿大西部Alberta省发现一种在北美被称为Canola的油菜（*Brassica napus*），经鉴定，它含有由抗草甘膦、抗固杀草（草铵膦）、抗咪唑啉类除草剂等三种转基因堆积而成的“广谱抗除草剂基因”（HT基因）。从遗传学角度分析，这种多抗性HT基因是由几个基因组成的基因群。组成HT基因群的几个外源性目的基因插入在同一条染色体上的相邻位置上，是堆积的基因群，可以稳定遗传。1999年，加拿大又在11块试验地中发现拥有同样抗三种除草剂基因的“广谱抗除草剂”特性的特殊油菜和含有2种抗除草剂基因的油菜与杂草杂交的品种。目前抗除草剂基因堆积形成的HT基因污染源（野草化油菜）在加拿大田野已不罕见。1996年加拿大引入转基因油菜，三年后就出现HT基因构成的堆积基因的多抗性野草化油菜——超级杂草，其演进速度十分惊人。

另一个有名的事例是J. E. Losey等在《Nature》（1996）发表的引起全球关注的报道。他们在实验室中用加有Bt转基因玉米花粉的马利筋叶片来喂饲大斑蝶幼虫，并以加普通玉米花粉及不加玉米花粉的马利筋叶片作为对照，结果表明喂饲加有Bt转基因玉米花粉的马利筋叶片的大斑蝶幼虫第二天死亡10%以上，4d后死亡44%，而对照组全部存活。此外，对加有Bt转基因玉米花粉的马利筋叶片摄取量小的幼虫生长缓慢，重量只有喂饲无花粉叶片幼虫的一半。这个试验表明Bt转基因玉米花粉可能威胁大斑蝶种的生存。大斑蝶是一种美丽的蝴蝶，深受美国人的喜爱。Bt转基因玉米对大斑蝶物种生存的威胁轰动美国，也波及全球，在《Nature》报道之后，欧盟宣布禁止转基因玉米和转基因大豆进口。

转基因植物的生态环境风险主要包括：转基因作物可能演变为杂草或将基因传

递到其他杂草；"基因漂流"和"基因污染"会从根本上破坏物种遗传多样性，损害天然基因库；转基因植物对土壤生态系统可能产生不良影响；产生新的病毒或超级病毒；对非靶标生物的不利影响；加速靶标生物的抗性进化；对生物多样性造成侵袭和伤害等。

（二）转基因食品的安全性

目前，关于转基因食物安全性方面的主要担忧是：转基因食品有毒性吗？转基因食品可能造成过敏吗？转基因食品会降低营养价值，使营养结构失衡吗？转基因食品中的标记基因会不会有危险？一些具有抗除草剂或毒杀害虫的基因，是否会通过食物链进入人体体内而影响健康？外源性目的基因移植后是否会产生新的有害遗传性状或不利于健康的因素？转基因食品对人类的生殖遗传是否有影响，有什么影响？

美国食品与药物管理局（FDA）明确认定"星联玉米"是通过改造修饰以抗害虫的Bt转基因玉米，Bt基因所产生的Cry9c杀虫蛋白是一种潜在的过敏原，可引起少数人产生诸如皮疹、腹泻或呼吸系统过敏反应，并有潜伏效应。1998年美国环保局只批准"星联玉米"用作动物饲料生产，不用作食品原料。2000年，尽管"星联玉米"的种植面积在当年美国玉米总种植面积中仅占不到1%，但由于管理不善，未实行严格的隔离制度，当年美国收获的玉米中约有10%被"星联玉米"污染。2000年9月，"地球之友"组织首先发现美国市场上的玉米面饼等300多种产品中含有微量"星联玉米"，引起了轩然大波。该污染事件的发现导致了费用昂贵的食品撤回行动以及巨额的赔偿。至少有50多人受到了"星联玉米"的伤害，引起了过敏反应，受害者症状各异，如腹痛、腹泻、皮疹，少数还发生了严重威胁生命的反应。

1998年8月英国科学家披露，实验白鼠在食用转基因马铃薯后，器官生长异常，体重减轻，免疫系统遭受破坏。

三、转基因植物的风险评估

（一）风险评估原则

1. 转基因食品安全性评估的原则

安全性评估是一项复杂、精细的综合工作。目前得到世界经济发展合作组织、世界粮农组织、世界卫生组织以及多数国家认同的安全性评估原则是：实质等同原则、个案分析原则和逐步完善原则。

（1）实质等同原则　如果一种转基因食品与现存的传统同类食品相比较，其天然有毒物质、过敏原、营养成分及抗营养因子、农艺性状是类似的，那么它们就具有实质等同性，因此无须进一步检测。如果个别成分不同，则只需对这些个别成分进行单独的毒性、过敏性等安全性检测。

（2）个案分析原则　强调不同转基因作物或转基因食品，即使它们转化的是同一种外源基因，也必须逐个进行安全性审查。同一种作物转化不同的基因也同理需要逐个进行审查。

（3）逐步完善原则　是指目前的安全性评估只能在目前设备条件和技术水平上进行，评估的结果不可能是尽善尽美的；随着研究的深入和技术条件的提高，需要不断地进行完善，逐步提高安全性评估手段的有效性和准确性。

2. 转基因生物环境风险分析的基本原则

为了最大限度地确保风险评估结果的准确性，评估者在评估转基因生物环境释放风险时，需要遵循下列基本原则：

（1）科学性　是指转基因生物风险的评估应以有关供体、载体、受体的背景信息以及转基因生物本体的实验数据为基础。

（2）熟悉性　是指对某一转基因生物有关生物学、生态学和释放环境背景信息十分了解，并且对与之相类似的转基因生物使用具有经验。但是，熟悉并不表示所评估的转基因生物安全无害，而仅意味着可以采用已知的管理策略和措施对其进行有效的管理；不熟悉也并不表示所评估的转基因生物有害，仅意味着在对该转基因生物熟悉之前，需要逐步对其所涉及的各种风险进行评估。

（3）逐步评估　一种成熟的转基因生物开发过程需要经过实验室研究、不同限制条件下的野外试验以及大规模商业化生产等过程。逐步评估要求在每个阶段上应对转基因生物进行风险评估。前步试验获得的相关数据和经验可作为后步风险评估的基础。

（4）个案评估　由于每种转基因生物在供体、载体、受体、遗传操作、预定用途以及接受环境等方面存在一定的差异性，因此不同品种/品系的转基因生物或在不同环境中释放的同一品种/品系的转基因生物所产生的风险都有可能不同，必须针对具体的转基因生物环境释放个案进行风险评估。

（5）实质等同性　是指评价转基因生物在特定用途以及对生态环境和人体健康的安全性方面，是否等同于正在使用的、并且通常认为是安全的同种物种的生物体。

（二）风险评估

1. 转基因植物的食用安全性评价

根据实质等同性原则将评价的内容分为3个方面：

（1）插入基因所表达蛋白的安全性评价。

（2）用选择性和特异性的分析检验来评估非预期（多效性的）影响　转基因食品的重要营养成分要与相应的非转基因品系及其亲本进行比较，分析结果要与现有的数据进行比较，以确定其营养水平在正常的范围之内，抗营养成分也要与现有数据和其对照比较，以确认内源毒素没有发生有意义的变化，食品加工产品各种成分也应进行分析，以保证所测定参数在可接受的范围之内。

（3）健康显示（wholesomeness）测试的选择性应用　一般情况下，为模拟商业化的饲喂实践，这些饲喂实验用家畜家禽进行。对于人类食用的食品来说，就将这种新食品用25倍于人类最大估计摄入量去饲喂大鼠，用每组每种性别的大鼠进行4周以上的实验。全食物（wholefood）饲喂实验时，动物对食物的微小变化不敏感，健康显示测试的参数包括每日健康观察、每周体重、食品消耗等，4周后进行全面的尸检，如果在尸检中发现任何异常，这些组织就要进行显微镜检。这种28d的急性毒理学研究通常用来评价是否在饲喂待检食品过程中，有任何不利的影响表现出来，在尸检中，应该观察器官重量、血液学、临床化学以及组织病理学等方面的变化。

2. 转基因植物的环境风险评估

对于转基因植物的风险分析，一般由风险识别、风险评估和风险管理3个部分组成，可分解为下列7个步骤：

第一步，查明与该转基因生物有关的各种风险事件；

第二步，确定在特定释放环境条件下，每种风险事件是如何发生的；

第三步，如果在特定的释放环境条件下可能发生某种风险事件，则应估算这种风险事件产生的潜在危害程度；

第四步，针对可能产生危害的每种风险事件，估算其发生的概率；

第五步，根据“风险（R）=风险事件产生的潜在危害程度（M）×风险事件发生的概率（P）”，估算每种风险；

第六步，综合评价转基因生物在环境释放过程中的总体风险；

第七步，根据“转基因生物环境释放可能产生的总体风险水平”与“可接受的风险水平”比值的大小，科学地确定转基因生物是否能够在该环境条件下进行释放以及需要采取的风险管理措施。

（1）风险识别　风险识别的目的就是分析转基因生物在释放环境中可能产生的各种风险事件发生的可能性。其基本识别方法是以申请者提交的相关信息和数据为基础，在释放前对有关环境因子进行调查，分析这些因子对转基因生物各种风险事件发生的影响。调查内容主要包括：转基因生物环境释放点的地理位置、气候特征、土壤状况；转基因生物环境释放点周围的生物群落等其他环境条件；转基因生物环境释放后有关风险管理的控制措施等。尽可能查明转基因生物所拥有的主要风险特征。对于一般的转基因生物来说，这些风险特征主要包括6个方面：转基因生物在环境中的存活、定居、传播和竞争能力；转基因生物基因在环境中的潜在转移性；转基因生物插入序列的表达产物特性；转基因生物表型和基因型的稳定性；转基因生物在环境中对其他生物体的致病性和毒性；转基因生物在环境中可能产生的其他潜在影响。

（2）风险评估

① 风险事件发生可能性的推断：某一风险事件的发生不仅取决于转基因生物本体，而且也与其所处的释放环境条件和预定用途密切相关。因此，对于具有风险特征的转基因生物，要推断其相关风险事件在释放环境中发生的可能性，就必须在释放前对有关环境因子进行调查，分析这些因子对转基因生物各种风险事件发生的影响。一般情况下，释放及释放环境因子的调查内容主要包括：转基因生物环境释放的数量、

方法、频次和持续时间；转基因生物环境释放点的数量及其规模；转基因生物环境释放点的地理位置；转基因生物环境释放点及受其影响区域的气候特征；转基因生物环境释放点离居民点和其他重要生物群落的距离；转基因生物环境释放点附近的植物和动物情况；转基因生物环境释放点的扰动情况；转基因生物环境释放点土壤状况等其他环境条件；转基因生物环境释放后有关风险管理的控制措施。

② 危害程度的确定：在通常情况下，将转基因生物在释放环境中所产生的某种危害程度定性地分为严重危害、中度危害、轻度危害和可忽略的危害4个等级，然后根据具体个案情况进行确定。

③ 风险概率的确定：由于转基因生物在释放环境中各种风险事件发生的概率目前难以定量计算，所以通常将其每种风险事件发生的概率定性地分为高度可能、中度可能、低度可能、几乎不可能4个水平。

④ 风险水平的分级：按照转基因生物可能产生对生物多样性、人类健康和环境的潜在风险程度，从低风险到高风险将转基因生物环境释放可能产生的风险分为Ⅰ~Ⅳ级4个水平。

⑤ 风险水平的确定：按照风险水平=潜在危害程度×风险事件发生的概率，转基因生物某种风险事件发生的概率、所产生的潜在危害程度和风险水平3者间的定性关系如表8-1所示。

表 8-1　风险事件发生的概率、所产生的潜在危害程度和风险水平间的定性关系

发生概率	严重危害	中度危害	低度危害	可忽略的危害
高度可能	Ⅳ	Ⅳ	Ⅲ	Ⅰ
中度可能	Ⅳ	Ⅲ	Ⅱ	Ⅰ
低度可能	Ⅲ	Ⅲ	Ⅱ	Ⅰ
几乎不可能	Ⅰ	Ⅰ	Ⅰ	Ⅰ

现在有关风险识别和风险评估的具体方法尚处于定性水平，还很难在定量水平上描述转基因生物环境释放的风险。目前，在转基因生物风险评估的实践中，通常采用“问题清单审查法（Checklist）”综合完成风险识别和风险评估。“问题清单审查法”是评估者按照预先精心编制的与风险评估有关的问题清单，对照申请者提供的有关信息和数据，根据定性的评价标准对转基因生物环境释放可能产生的各种风险进行分析、估算和评价。对于一些新的转基因生物，由于知识和经验的限制，所列问题不可能完全，因而有可能造成某些重要的风险在实际评估时没有考虑到。

（3）风险管理　根据“转基因生物环境释放可能产生的总体风险水平”与“可接受的风险水平”比值的大小，确定转基因生物是否能够在该环境条件下进行释放，或采取适当的管理措施降低风险水平，尽可能地消除风险因素，缩小损失范围，将损失

降到最低程度。

四、国内外对转基因生物及其产品的管理

为了确保转基因生物的安全性，世界卫生组织（WHO）早在20世纪90年代就提出了对转基因食品进行安全性评价和监管的要求。1992年巴西联合国环境与发展大会上通过了《生物多样性公约》，并在1993年12月29日生效；1994年联合国环境署组织起草了《国际生物技术安全准则》；2000年联合国通过了《卡塔赫纳生物安全议定书》；2000年八国首脑会议也对生物技术的发展、安全性及贸易问题进行了讨论并发表了备忘录。

由于各国的政治、经济、社会、文化和环境等各不相同，因而对转基因生物及其产品管理的态度和立场也不尽相同，其中以美国和欧盟最具代表性。美国与加拿大基本上认为以分子生物学为基础所开发的转基因作物，与早期的传统育种方式开发的作物，并无本质上的差异，只是在精确性与效率上得到提高。因此，转基因作物的管理模式，是以产品为基础（product-based），只要通过最终产品审查，转基因作物将同传统产品一样，不需再另行标识。而大部分欧盟国家的管理模式，则多采取以技术为基础（technology-based），认为重组DNA技术本身即具有潜在的危险性，因此在商品化过程中需要逐步审查，终产品也需要特别标识。欧盟是世界上对转基因产品要求最为严格的地区。

中国国务院于2001年5月23日发布了《农业转基因生物安全管理条例》，该《条例》对农业转基因生物的研究和试验、生产与加工、经营、进口与出口、监督检查等方面作了具体的规定，同时针对农业转基因生物的安全管理建立了下列4项基本制度：

（1）国务院建立农业转基因生物安全管理部际联席会议制度　此联席会议由农业、科技、环保、卫生、检验检疫等有关部门负责人组成，负责研究、协调农业转基因生物安全管理工作中的重大问题。

（2）国家对农业转基因生物的安全性实行分级管理评价制度　按照转基因生物对人类、动植物和微生物的危险程度从低到高分为Ⅰ、Ⅱ、Ⅲ、Ⅳ四个安全等级。

（3）国家建立农业转基因生物安全评价制度　对农业转基因生物从实验室研究一直到中间试验、环境释放、生产性试验每一环节实行安全性评价和审批。

（4）国家对农业转基因生物实行标识制度　对列入农业转基因生物目录的农业转基因生物，需要由生产、分装单位和个人在其销售前进行标识。

为了配合《条例》的实施，农业部于2002年1月5日发布了《农业转基因生物安全评价管理办法》、《农业转基因生物进口安全管理办法》、《农业转基因生物标识管理办法》，同时下发了关于贯彻执行《农业转基因生物安全管理条例》及配套规章的通知。

为了加强对转基因食品的监督管理，保障消费者的健康权和知情权，卫生部制定了《转基因食品卫生管理办法》，该办法2002年7月1日起施行，办法规定建立转基因食品食用安全性和营养质量评价制度，并制定和颁布转基因食品食用安全性和营养质量评价规程及有关标准。卫生部设立转基因食品专家委员会，负责转基因食品食用安全

性与营养质量的评价工作。

思　考　题

1. 通过学习，谈谈你对“加强植物检疫的紧迫性”的认识。
2. 什么是检疫性有害生物与限定的非检疫性有害生物？其区别是什么？
3. 什么是有害生物风险分析？为什么要加强有害生物风险分析？
4. 简述有害生物风险分析的国际标准及风险分析程序。

第九章　植物检疫法规

追溯植物检疫的发展历史，我们就会明了“法制性”是植物检疫与生俱来的属性，植物检疫是由植物检疫法规来保障实施的，人类植物检疫的发展史实际上就是一个植物检疫法规和法规执行机构发展和完善的过程。

第一节　植物检疫法规的发展和类别

一、植物检疫法规的起源与发展

（一）植物检疫单项法令诞生于人类与病虫害的长期斗争之中

19世纪中后叶到20世纪初，世界上一系列灾难性的有害生物猖獗蔓延，给人类造成了深重的灾难。如1860年法国由于进口美国的葡萄苗而传入葡萄根瘤蚜，在此后的25年中，毁灭葡萄园250万hm^2，占法国葡萄栽培面积的1/3，损失200万法郎，使法国酿酒业几乎全部停工；1870年，美国科罗拉多州马铃薯运销欧洲，将马铃薯甲虫传入了欧洲，致使欧洲马铃薯严重减产。由于有害生物的国际传播蔓延，促使一些国家针对某一病虫害颁布禁止疫区植物进口的法令，1872年德国、1873年俄国相继颁布了禁止从国外输入葡萄枝条，以防止葡萄根瘤蚜传入的法令；1875年俄国、德国为了防止马铃薯甲虫的传入，禁止从美国进口马铃薯；1877年印度尼西亚禁止从斯里兰卡进口咖啡植株和咖啡豆，以防止咖啡锈病的传入。

这个时期是植物检疫诞生的初期，由于国际贸易尚处于较低水平，有害生物的传播途径单一，种类较少，因此采取的防范措施比较单一，颁布的法令都是国家单项禁令，目的是控制单个有害生物的传入。

（二）由单项禁令向综合性法规发展

交通运输的发展使得贸易范围扩大，有害生物随贸易传播的种类和范围也在扩大。随着科学技术的进步，特别是植物保护学的发展，人们认识到只是针对某一种疫病虫害和禁止疫区植物及其产品的输入是不够的，而且也不利于贸易发展。人们通过科学的评估，掌握了多数有害生物传播的规律，综合性防范有害生物传播的国家检疫法规应运而生。1908年澳大利亚颁布了《检疫法》（包括卫生检疫和动植物检疫的内容），1912年美国国会通过了《植物检疫法》，1914年日本制定了《出入植物取缔法》开始实施全面的植物检疫。

（三）从个别国家（地区）的法规发展到双边协议、协定和国际公约

植物检疫取得成效的一个必要条件是着眼于保护一个生物地理区域，而不仅仅是保护某个个别的国家。人们在从对有害生物的长期斗争中认识到：只有整个生物地理区域内的各个国家联合起来，才能真正起到防范有害生物传入的作用。另外，防范有害生物传入特别需要农产品出口国的支持和配合，只有大家一起努力才能真正实现植物检疫的目标。因此，检疫法规由各个国家的法规发展为国家间双边合作、多边合作的形式。

1881年欧洲一些国家联合制定了《国际葡萄根瘤蚜公约》，这是世界上第一个防范有害生物越境传播的区域性国际植物检疫公约。1914年，中国、法国、意大利、奥地利、匈牙利等31个国家在罗马签署了《国际植物病理公约》。1929年，一些国家在《国际葡萄根瘤蚜公约》修订文本的基础上，签署了《国际植物保护公约》(IPPC)，协调世界各国的植物检疫，1951年联合国粮农组织通过了这个公约，1979年和1997年进行了两次修订。

在IPPC的帮助下，在世界范围内先后建立起了9个区域植物保护组织（Regional Plant Protection Organization，RPPO），RPPO是各地理区域有关国家处理植物保护事务的政府间组织。RPPO在本地区发挥协调作用，促进统一植物卫生措施，促进制定和采用国际植物卫生措施标准，在实现IPPC的宗旨方面发挥了积极的作用。这9个区域性组织分别是：

亚洲和太平洋植物保护委员会（Asian and Pacific Plant Protection Commission，APPPC）

加勒比海地区植物保护委员会（Caribbean Plant Protection Commission，CPPC）

欧洲和地中海地区植物保护组织（European and Mediterranean Plant Protection Organization，EPPO）

卡塔赫拉协定委员会（Comunidad Andina，CA），又称中南美洲植保组织

南锥体区域植保委员会（Comite Regional de Sanidad Vegetal Para el Cono Sur，COSAVE）

泛非植物检疫理事会（Inter-African Phytosanitary Council，IAPSC）

北美洲植物保护组织（North American Plant Protection Organization，NAPPO）

中美洲国际农业卫生组织（Organismo International Regional de Sanidad Agropecuaria，OIRSA）

太平洋地区植保组织（Pacific Plant Protection Organization，PPPO）

亚洲和太平洋植物保护委员会（APPPC）成立于1956年，总部设立在泰国曼谷，现有24个成员国。1990年4月在北京召开的联合国粮农组织第二十届亚太区域大会上中国被正式批准加入该组织。APPPC负责协调亚洲和太平洋区域各国植物保护专业方面所出现的各类问题，如疫情通报、防治进展、检疫措施等。APPPC定期出版物为《通讯季刊》(*Quaterly Newsletter*)。

亚太地区植保组织、欧共体植保组织和北美植保组织是联合国粮农组织秘书处的直属机构，其日常工作由联合国粮农组织直接派遣植物保护官员主持，其他均是

在IPPC的要求下建立的区域性组织。IPPC、RPPO和世界各国的国家植物保护机构（National Plant Protection Organization，NPPO）构成了植物卫生国际合作的网络。

1994年117个国家（包括中国）签署了《实施卫生与植物卫生措施协定》（SPS协定），SPS现已成为WTO规范植物检疫行为的多边贸易规则。

二、植物检疫法规的类别

法规又称法律规范，是由国家政府或权威组织制定或认可，以国家强制措施保障实施的行为规则。

《植物检疫术语》给予植物检疫法规（Phytosanitary Regulation）的定义是："为防止检疫性有害生物传入、扩散或为限制具有潜在经济影响的限定的非检疫性有害生物而制定的法规，包括制定颁发植物检疫证书的程序的官方规定"。

植物检疫法规，按制定它的权力机构和法规所能起法律作用的地理或行政范围，可分为国际性的、国家性的、地方性的几种类型；按照其内容从形式上可分为综合性法规和单项法规。

国际性植检法规是由有关的国际组织为保护所有签约国的共同利益而制定的公约、协定和国际标准。如联合国粮农组织（FAO）制定的《国际植物保护公约》（IPPC），世界贸易组织（WTO）制定的《实施卫生与植物卫生措施协定》（SPS协定），FAO颁布的植物检疫措施的国际标准（ISPM），联合国环境规划署制定的《生物多样性公约》（CBD）和《卡塔赫纳生物安全议定书》等。另外，世界上已建立起了9个区域性植保组织，这9个植保组织也各有其自己的植检法规，如"亚洲太平洋植物保护委员会"（APPPC）就制定有《亚洲和太平洋区域植物保护协定》。至于植物检疫双边协定、协议及合同条款中的检疫规定就更是屡见不鲜。

全国性植物检疫法规是由一个国家政府的立法机关或由国家授权的有关部门制定的。世界上大凡主权国家在开展植物检疫工作时，一般都有自己的植物检疫法规。各国的法规一般都是先由其有关的立法机构或行政机构颁布一项"植物检疫法"或"植物检疫条例"。在这个"法"或"条例"中授权给主管部门根据工作的需要，颁布许多具体的法令和规章（如"实施细则"和各种单项法规等）。

地方性植检法规是由地方政府根据本地区的特点和需要，在国家法规的基础上，制定一些适合于本地区具体情况的"实施办法"、"规定"、"通知"、"布告"等。

第二节　国际性植物检疫法规

一、《国际植物保护公约》（IPPC）

国际植物保护公约（International Plant Protection Convention，IPPC）是1951年联合国粮食和农业组织（FAO）通过的一个有关植物保护的多边国际协议，1952年生效。1979年和1997年，FAO分别对IPPC进行了2次修改。该公约是目前有关植物保护领域中参加国家最多、影响最大的一个国际公约。公约自1951年粮农组织大会第一次通过以来，由联合国粮农组织总干事保管，由设在粮农组织植物保护处的IPPC秘书处负责执行和管理，主要通过区域和国家植保组织的合作实施检疫工作。截至2003年11月7日，IPPC已有123个缔约方。

（一）《国际植物保护公约》简介

《国际植物保护公约》包括前言、条款、证书格式附录三个方面。

《国际植物保护公约》中条款共有十五条。

第一条为缔约宗旨与缔约国的责任；

第二条为公约应用范围，主要解释植物、植物产品、有害生物、检疫性有害生物等；

第三条为补充规定，涉及如何制定与本公约有关的补充规定如特定区域、特定植物与植物产品、特定有害生物、特定的运输方式等，并使这些规定生效；

第四条主要阐述各缔约国应建立国家植物保护机构，明确其职能，同时各缔约国应将各国植物保护组织工作范围及其变更情况上报FAO；

第五条为植物检疫证书，主要规定植物检疫证书应包括的内容；

第六条进口检疫要求，涉及缔约国对进口植物、植物产品的限制进口、禁止进口、检疫检查、检疫处理（消毒除害处理、销毁处理、退货处理）的约定，并要求各缔约国公布禁止及限制进境的有害生物名单，要求缔约国所采取的措施应最低限度影响国际贸易；

第七条国际合作，要求各缔约国与联合国粮农组织密切情报联系，建立并充分利用有关组织，报告有害生物的发生、分布、传播为害及有效的防治措施的情况；

第八条区域性植物保护组织，该条款要求各缔约国加强合作，在适当地区范围内建立地区植物保护组织，发挥它们的协调作用；

第九条为争议的解决，着重阐述缔约国间对本公约的解释和适用问题发生争议时的解决办法；

第十条声明在本《公约》生效后，以前签订的相关协议失效；

第十一条适用的领土范围，主要指缔约国声明变更公约适应其领土范围的程序，公约规定在联合国粮农组织总干事接到申请30d后生效；

第十二条批准与参加公约组织，主要规定了加入公约组织及其批准的程序；

第十三条涉及公约的修正，指缔约国要求修正公约议案的提出与修正并生效的程序；

第十四条生效，指公约对缔约国的生效条件；

第十五条为任何缔约国退出公约组织的程序。

（二）《国际植物保护公约》的地位与作用

《国际植物保护公约》是植物检疫的第一个国际法规，其主要任务是加强国际间植物保护的合作，更有效地防治有害生物及防止有害生物的传播，统一国际植物检疫证书格式，促进国际植物保护信息交流。

《国际植物保护公约》是每一个开展植物检疫工作国家制定和实施本国植物检疫

法规的基础。

世界贸易组织（WTO）制定的《实施卫生与植物卫生措施协定》（SPS）于1995年生效，由于认识到IPPC在植物检疫及植物卫生方面所起的作用，规定IPPC为植物检疫措施国际标准（ISPM）的制定机构。可以预计，IPPC制定的标准将逐步覆盖植物检疫的各个方面，使各国的植物检疫在国际标准的指导下走向规范和协调。

综上所述，作为植物检疫原则，开展合作及行动的国际论坛和参考基准，IPPC发挥了极为重要的作用。尤其是该公约为植物卫生国际标准的制定提供了机制，制定出的标准有助于促进国际贸易和环境保护。

（三）植物检疫措施的国际标准

截至2003年已公布的植物检疫措施的国际标准如表9-1所示。

表 9-1 植物检疫措施的国际标准

标　准	名　称	公布年份
ISPM Pub. No.1	与国际贸易有关的植物检疫原则	1995
ISPM Pub. No.2	有害生物风险分析准则	1996
ISPM Pub. No.3	外来生物防治物的输入和释放行为守则	1996
ISPM Pub. No.4	建立非疫区的要求	1996
ISPM Pub. No.5	植物检疫术语	2003
术语表补编第1号	限定有害生物官方防治概念的解释和应用准则	2001
术语表补编第2号	理解潜在经济重要性及包括提及环境考虑的其他有关术语的准则	2003
ISPM Pub. No.6	监测准则	1997
ISPM Pub. No.7	出境证书系统	1997
ISPM Pub. No.8	某一地区有害生物状况的确定	1998
ISPM Pub. No.9	有害生物铲除计划准则	1998
ISPM Pub. No.10	建立非疫产地和非疫生产点的要求	1999
ISPM Pub. No.11，Rev.1	包括环境风险分析在内的检疫性有害生物的风险分析	2003
ISPM Pub. No.12	植物检疫证书准则	2001
ISPM Pub. No.13	违约和紧急行动通知准则	2001
ISPM Pub. No.14	有害生物管理体系中综合防治措施的利用	2002
ISPM Pub. No.15	国际贸易中木质包装材料检疫准则	2002
ISPM Pub. No.16	限定的非检疫性有害生物: 概念与应用	2002
ISPM Pub. No.17	有害生物报告	2002
ISPM Pub. No.18	辐射用作植物检疫措施的准则	2003
ISPM Pub. No.19	限定有害生物清单准则	2003

二、《实施卫生与植物卫生措施协定》(SPS协定)

世界贸易组织(WTO)规范货物贸易中动植物和卫生检疫行为的是《实施卫生与植物卫生措施协定》(SPS协定),SPS协定是世界贸易组织(WTO)关于全球制定植物检疫法律和采取植物检疫措施的最高原则。

SPS协定有14条,3个附件,其内容丰富,涉及面广,主要目的是支持各成员实施保护人类、动物、植物的生命或健康所采取的必须措施,规范动植物卫生检疫的国际运行规则,将其对贸易的消极作用降低到最小。1995年1月1日,SPS协定对大多数WTO成员国开始生效,但其中第14款规定,最不发达国家被允许推迟5年实施。中国2001年12月11日正式成为WTO成员,从此,中国就已经开始积极采取行动,执行SPS协定和运用SPS措施了。

(一)《实施卫生与植物卫生措施协定》简介

1. 基本权利和义务

《实施卫生与植物卫生措施协定》规定了各缔约国的基本权利与相应的义务,明确缔约国有权采取保护人类、动植物生命及健康所必需的措施,但这些措施不能对相同条件的国家之间构成不公正的歧视,或变相限制或消极影响国际贸易。

2. 国际化和标准化

《实施卫生与植物卫生措施协定》要求缔约国所采取的检疫措施应以国际标准、指南或建议为基础,要求缔约国尽可能参加如IPPC等相关的国际组织。

3. 非歧视原则

SPS协定要求缔约国坚持非歧视原则,即出口缔约国已经表明其所采取的措施已达到进口方的检疫保护水平,进口方应等同地接受这些措施;即使这些措施与自己的不同,或不同于其他国家对同样商品所采取的措施。

4. 风险性评估与检疫的保护措施

(1)SPS协定要求缔约国采取的检疫措施应建立在风险性评估的基础之上;

(2)规定了风险性评估考虑的诸因素应包括科学依据、相关工序和生产方法、检验程序、检测方法、有害生物所存在的非疫区相关生态条件、检疫或其他治疗(扑灭)方法;

(3)在进行风险性评估和确定检疫措施的保护程度时,应考虑相关的经济因素,包括有害生物的传入、传播对生产、销售的潜在为害和损失、进口国进行控制或扑灭的成本,以及以某种方式降低风险的相对成本。此外,应该考虑将不利于贸易的影响降低到最小限度。

5. 非疫区和低度流行区

非疫区应是符合检疫条件的产地(一个国家、一个国家的地区或几个国家组成);在评估某一产地的疫情时,应特别考虑有害生物的流行程度,有没有建立扑灭或控制疫情的措施。此外,有关国际组织制定的标准或指南也是考虑的因素之一。

6. 透明度

在《实施卫生与植物卫生措施协定》中特别强调各缔约国制定的检疫法规及标准应对外公布，并且要求在公布与生效之间有一定时间的间隔，以便出口国采取措施以适应进口国的要求；此外，各缔约国还要建立相应的法规、标准咨询点，便于回答其他缔约国提出的问题或向其提供相应的文件。

7. 建立动植物检疫和卫生措施有关的委员会

为完成SPS协定规定的各项任务，各缔约国应该建立动植物检疫和卫生措施有关的委员会。协调和鼓励缔约国就有关检疫问题进行磋商或谈判，开展技术合作，与有关国际组织一起制定检疫措施和标准、指南或建议，与有关国际组织保持密切联系，获得最好的科学和技术信息，审查本协议的运行和执行情况，积累经验后，提出修改的建议。

（二）研究、运用《实施卫生与植物卫生措施协定》，保护我国农业生产和生态系统，适应跨越国外植物卫生技术性贸易壁垒扩大出口的需求

目前的SPS协定还存在一些概念含糊和矛盾之处，这些“灰色区域”的存在不仅削弱了原来防止SPS协定成为贸易保护主义的本意，反而为贸易保护主义打开了方便之门。目前，存在着一种趋势，即SPS协定越来越成为有效的、披着科学外衣的、更为隐蔽的技术性贸易壁垒。截至2000年10月底，美国已经在国际贸易中341次使用SPS协定来调整它的对外贸易，欧盟则使用了170次，澳大利亚使用了120次。伴随着SPS协定被频繁使用，有关SPS协定的贸易纠纷也越来越多。

随着经济全球化进程的日益加快，经济领域的竞争日趋激烈，尤其是我国加入WTO后，许多贸易大国和地区针对中国农副产品的贸易壁垒日趋加强。中国是发展中国家，经济、技术水平还不很发达，一些发达国家常以我国低廉的农产品冲击了他们本国农民的利益为由；利用SPS协定，要么提出名目繁多且苛刻的检验检疫项目和标准，要么利用SPS协定灰色区域，在无科学依据的情况下对我国农产品采取紧急措施，千方百计地设置障碍阻止我国农产品出口。据不完全统计，仅2003年前三季度，国外针对中国农副产品的技术性贸易壁垒措施比2002年增加了280项，平均每天增加一项。面对这种情况，为防止有害生物的输入，保护我国人民和动植物的健康与安全，保护我国的经济利益，加强对SPS协定的研究及其运用就显得更为迫切了。特别是要加强SPS协定关于有害生物风险分析、非疫区与有害生物低度流行区等规定，确定适宜我国国情的检疫保护水平方面的研究，并从检疫措施入手实施农产品进口贸易的限制和反限制，以有效地防止限定的有害生物的传入，保护国内农产品市场，促进对外经济贸易的发展。

三、《生物多样性公约》

鉴于全球生物多样性遭受越来越严重的威胁，自20世纪80年代以来，国际社会普遍关注生物多样性保护与生物资源的持续利用，并将生物多样性列为全球环境保护的热点问题之一。早在1988年11月，联合国环境规划署就召开了生物多样性特设专家工作组会议，探讨了制定生物多样性国际公约的必要性。1989年5月建立了技术和法律特设专家工作组，拟订了一份保护和可持续利用生物多样性的国际法律文书。1992年5月内罗毕会议通过了《生物多样性公约协议文本》。1992年6月3日在巴西首都里约热内卢召开了联合国环境与发展大会，有153个国家在会议期间签署了《生物多样性公约》（Convention on Biological Diversity，CBD）。1992年11月，中国七届人大第28次会议审议批准了此公约，使中国成为了这个公约的最早缔约国之一。《生物多样性公约》于1993年12月29日生效，是自1992年环发大会以来进展较快的国际环境公约。

《生物多样性公约》内容共42个条款，2个附件，主要内容包括：生物多样性战略与行动计划、生物多样性查明与监测、就地保护、迁地保护、生物多样性组成部分的持续利用、激励措施、研究和培训、公众教育和意识、影响评估和尽量减少不利影响、遗传资源的获取与惠益分享、技术的取得和转让、信息交流、技术和科学合作、生物安全等。《公约》第一次对生物多样性概念做了全面阐述，第一次将生物遗传资源保护纳入国际公约，第一次承认将生物多样性保护作为人类共同关注的焦点问题。《公约》提出三大目标：保护生物多样性，持续利用生物多样性的组成部分，以及公平合理地分享由遗传资源而产生的惠益。

与植物检疫关系最密切的是第八条第八款的规定：各成员国应尽力防止引进、控制或消除那些威胁到生态系统、生境或物种的外来物种。

2000年1月24~28日在加拿大蒙特利尔召开的《生物多样性公约》缔约方大会特别会议续会上通过了《生物多样性公约》框架下的《卡塔赫纳生物安全议定书》,《议定书》适用于可能对生物多样性保护和可持续利用产生不利影响的所有转基因活生物体的越境、转移、过境处理和使用，这是第一部关于转基因生物及其产品管理的国际法规。

四、检疫双边协定、议定书及合同条款中的检疫规定

双边检疫协定、议定书是国际条约的一种，是常用的文本方式。双边检疫协定是两个国家政府间就其检疫业务达成一致意见，两国共同信守和实施的国际文本，在两个国家内具有法律性效力。议定书一般指两国间相应的政府主管机关，就某方面的业务双方协商达成一致意见并共同遵守实施，议定书的文本同样具有法律效力。备忘录是双边就某事经过协商，最后以文字形式记录表述其结果，内容反映双方协商后的一致意见和各自不同的意见，没有法律效力，但可作参考，同时也是签署协定和议定书的过渡性质的文本。

为了适应改革开放，农业发展、农产品贸易和植物检疫的需要，目前，中国政府已与五大洲的多个国家签订了双边植物检疫协定、协议、议定书、备忘录。通过双边协定、议定书等的签订和实施，有利于促进农产品贸易的发展和防止有害生物的传播。

在植物、植物产品的贸易合同中经常有植物检疫的要求。这些要求也是贸易双方必须遵守的。

第三节 中国植物检疫法规

一、植物检疫法规的基本内容

植物检疫法规基本内容包括以下若干方面。

（一）法规名称

倘若是修改或取代旧的法规，则应说明被修改或取代的法规名称。

（二）立法宗旨

检疫法规的宗旨是：

（1）防止自国外传入本国未发生或分布未广的有害生物种类；

（2）防止国内局部地区发生的有害生物蔓延扩散，并尽力封锁消灭；

（3）在国际贸易中防止有害生物的传播，为贸易往来提供服务。

概括起来就是防止危害动植物的有害生物的传播，保护农林牧渔业生产、人体健康和生态环境，促进经济技术交流，为经济建设服务。

（三）名词术语解释

如动物、植物、动植物产品、有害生物、生物制品、污染、截留、隔离、除害处理、包装物、运输工具、检疫证书等，大部分法规中都有明确的定义和解释。

（四）法规中的分项和检疫范围

从法规分项分为：进口检疫，出口检疫，旅客携带物检疫，邮包检疫，过境检疫，入境后检疫，国内地区间检疫（国内检疫）；检疫范围包括：动植物，动植物产品，用于动植物体的生物制品，可能受有害生物污染的运输工具，运载容器，包装物和铺垫材料，以及其他可能传播疫情的货物及物品等。

（五）法规的主管部门和执法机构

法规必须明确其主管部门和各级执法机构，以及他们的主要职责和权利、义务，同时也必须明确执法过程中与海关、交通、铁道、民航、邮电等有关部门的配合和协作关系。

（六）规定禁止进口或限制进口各物

一般法规都禁止进口动植物病原体（包括菌种、毒种等），有害昆虫，线虫，植食性螨，软体动物，有害杂草，植物蒿秆，有机肥料，动物尸体，土壤等。有的法规还明确规定禁止或限制传入的有害生物名单，并根据它们的重要性分为一类和二类，以及疫情严重流行的国家和地区的有关动物、植物和易受感染的动植物产品名单。

（七）检疫程序

包括检疫审批、报检、抽样、检验方法和标准、检疫处理、出证、放行和监管等规定。

（八）奖惩或法律责任

一般检疫法规规定违反有关规定的单位或个人，根据情节轻重给予惩处；执行条例有成绩的单位和个人，给予奖励。而检疫法规规定接受检疫的单位和个人，同实施检疫的机关和检疫官员形成法律关系，双方享有一定的权利和履行相应的义务，都是受国家法律保护的，违反者都要受到法律的制裁。检疫法较检疫条例有更高的法律效力。

（九）法规公布日期和生效日期

（十）根据法规制定实施细则和专项具体办法

（十一）其他规定

履行本国签署或参加国际公约、协定、协议的规定；因执行法规规定而使动植物、动植物产品等受到的损失，检疫部门及检疫官员不负赔偿责任；进出境的外交官，其他常驻代表机关均须遵守法规的规定以及有关检疫人员的着装和检疫收费等。

制定检疫法规要建立在科学的基础上，立法前需做大量的调查研究工作；特别要广泛收集、整理和分析国内外有关疫情的资料和经验教训，根据本国的国情，从实际出发，既要有针对性又要考虑执行的可行性，同时应参照WTO的有关规定和国际组织制定的标准、建议和指南，提高立法质量，构建出一个科学的，与市场经济相一致的，与国际通行做法相符合的植物检疫法律法规体系。

二、进出境植物检疫的主要法规

（1）中华人民共和国进出境动植物检疫法（1991.10.30第七届全国人民代表大会常务委员会第22次会议通过）；

（2）中华人民共和国进出境动植物检疫法实施条例（1996.12.2国务院总理李鹏签发）；

（3）中华人民共和国进境植物检疫性有害生物名录（2007.5.28农业部发布）；

（4）中华人民共和国进出境动植物检疫法行政处罚实施办法（1992.5.21农业部发布）；

（5）中华人民共和国进境植物检疫禁止进境物名录（1997.7.29中华人民共和国农业部发布）；

（6）国外引种检疫审批管理办法（1993.11.10农业部发布）；

（7）农业部、国家检验检疫局《关于进一步加强国外引种检疫审批管理工作的通知》（农发[1999]7号）；

（8）农业转基因生物安全管理条例（2001.5.23国务院第304号令颁布）；

（9）农业转基因生物安全评价管理办法（2002.1.15农业部发布）；

（10）农业转基因生物进口安全管理办法（2002.1.15农业部发布）；

（11）农业转基因生物标识管理办法（2002.1.15农业部发布）；

（12）出入境检验检疫风险预警及快速反应管理规定（2001.9.17国家质量监督检验检疫总局令第1号公布）；

（13）进境植物和植物产品风险分析管理规定（2002.12.31国家质量监督检验检疫总局令第41号公布）。

除此而外，还发布有一些配套的检疫技术规程，对果蔬类、烟草类、粮谷类、豆类、薯类、饲料类进出境检疫方面的技术规程。另外，还有有关旅检、邮检、转基因产品检疫、过境检疫、除害处理等方面的技术规程。

三、国内植物检疫的主要法规

（一）全国性的植物检疫法规

（1）植物检疫条例（1992年修订）（1992.5.13国务院发布）；

（2）植物检疫条例实施细则（农业部分）（1995.2.25农业部发布）；

（3）植物检疫条例实施细则（林业部分）（1994.7.26林业部发布）；

（4）全国农业植物检疫性有害生物名单和应施检疫的植物、植物产品名单（2006.3.2农业部发布）；

（5）全国林业植物检疫性有害生物名单和应施检疫的森林植物及其产品名单（2004.8.12国家林业局公布）；

（6）中华人民共和国种子法（2000.7.8全国人民代表大会常务委员会发布）；

（7）农业生物基因工程安全管理实施办法（1996.7.10农业部颁布）；

（8）农业转基因生物安全管理条例（2001.5.23国务院第304号令颁布）；

（9）农业转基因生物安全评价管理办法（2002.1.15农业部发布）；

（10）农业转基因生物标识管理办法（2002.1.15农业部发布）。

除此以外，还发布有一些配套的检疫技术规程，如1985年以来由农业部制定，国家标准局颁布了水稻、小麦、棉花、大豆、甘薯、马铃薯、玉米、柑橘、苹果的“种苗产地检疫规程”；1989年6月2日林业部颁布国内森林植物检疫技术规程；1995年6月2日国家标准局颁布农业植物调运检疫规程。

另外，《中华人民共和国农业法》、《中华人民共和国种子法》、《中华人民共和国森林法》、《中华人民共和国邮政法》、《中华人民共和国铁路法》和《中华人民共和国刑法》中都有植物检疫方面的相关内容。

（二）地方性植物检疫法规

（1）各省、市、自治区政府制定的有关“植物检疫实施条例办法”、“植物检疫性有害生物和应施检疫的植物、植物产品补充名单”以及其他有关的植物检疫规定；

（2）各地、市、县级政府发布的有关植物检疫的“通知”、“通告”、“规定”等。

以上这些进出境以及国内植物检疫的法规相辅相成，构筑起我国植物检疫的法制管理体系，是我国目前开展植物检疫工作的法律依据。

四、加强植物检疫立法工作，建立并健全我国植物检疫法规体系

（一）建立科学的，与市场经济相一致的，与国际通行做法相符合的植物检疫法律法规体系

1. 参照WTO的有关规定和国际组织制定的标准、建议和指南，进一步健全和完善

植物检疫法律法规体系，提高立法质量

近年来，植物检疫立法工作得到高度重视，立法步伐不断加快，从法律、行政法规到部门规章，已经初步形成了比较健全的植物检疫法律法规体系。入世后面对新形势，需要对已不适应形势要求的一些植物检疫法律法规进行修改和完善。今后，我国的植物检疫立法应该在《实施卫生与植物卫生措施协定》（SPS）的框架下，转化、吸收、借鉴、移植SPS的规定，充分反映科学性、协调性、等同性、程序性和透明度等原则；还应根据我国实际情况，积极采用国际标准。国际植物保护公约（IPPC）已制定出了区域性植物有害生物名单，还制定了一系列与植物检疫有关的国际植物卫生标准和程序。所有这些都可以为我们在立法时借鉴。

2. 国家立法，防范外来生物入侵

目前我国动植物检疫实行检疫性有害生物名单制度，只能对已知的特定的有害生物进行检疫，农业法、森林法、种子法、渔业法、环境保护法等相关法规，也未明确对外来生物的防范。一言概之，防患外来生物还没有国家立法。在这种情况下，执法没有依据，也不利于防患外来有害生物入侵体系与能力建设。

外来生物除通过自然力的传播外，主要通过人为引种、贸易及旅游等途径进入我国。目前，我国现行的法律法规对防止外来有害生物随着国际贸易、人员交流、往来等传入有明确的规定，而对有意识的物种引进是否可能成为外来入侵物种的管理并无明确、完善的管理规定。有研究表明，我国有50%的外来入侵植物是作为牧草或饲草、观赏植物、纤维植物、药用植物、蔬菜、草坪植物等引进的。因此，加强对有意引种的法规管理是我国防范外来有害生物入侵的重要方面。要通过立法法规形式明确外来物种引进的宗旨，提倡资源性引种，限制生产性引种；实行许可制度，严格审查引种主体，规范引种管理；建立风险评估机制，加强引进物种对环境、生态、生物多样性等的风险评估；实行严格的环境释放制度等，严格控制环境释放。

（二）适应我国扩大改革开放和社会主义市场经济的体制的要求，加强和完善国内植物检疫法规建设

我国植物检疫法规有很多不适应检疫新形势的方面。一是国内植物检疫立法缓慢，滞后于进出境植物检疫立法。1998年国务院机构改革后，进出境口岸检疫与国内植物检疫职能有了重大调整，赋予农业部“主管全国植物检疫工作，起草植物检疫法律、法规，签署政府间协议、协定，制定有关标准，组织国内植物检疫，发布疫情并组织扑灭”等职能，但至今未从法律、法规上明确规定，有关检疫法律、法规也未作相应的修改；二是进出境植物检疫法律、法规、规章与国内植物检疫法律、法规、规章不配套，农业植物检疫法律、法规、规章与森林植物检疫法律、法规、规章不配套。在涉及出口植物及其产品产地检疫、进口植物和植物产品检疫许可、进口植物和植物产品入境后检疫监管、农业与森林植物检疫分工等方面，《进出境动植物检疫法》及其配套法规规章与《植物检疫条例》及其配套规章、《植物检疫条例农业实施细则》

与《植物检疫条例林业实施细则》有关条文和法律规定相互冲突和矛盾，存在许多不一致的地方，造成执行中都有自己的法律根据，不能协调一致。

面对这些不足，首先应尽快制定《植物检疫法》。《植物检疫法》应该是以现行《植物检疫条例》为基础，与正在修订的《进出境动植物检疫法》相衔接，全面调整与WTO相关国际规则不一致的检疫政策和措施，成为与国际接轨的一部系统而全面的植物检疫基本法。重点对现行《条例》中关于检疫性有害生物的确定程序、国外引种检疫审批、产地检疫、检疫要求书、调运检疫、疫区封锁控制、检疫机构的设置及要求、法律保障措施等方面，做进一步的调整或明确。另外，应参照美国等西方发达国家的做法和国际惯例，重点增加市场检疫监督，确定国内检疫体制，建立签署协定、议定书和检疫条件等对外检疫条款的国内审批程序、有害生物风险分析程序、植物检疫禁令和解禁的对外公布程序、植物疫情确认和对外发布程序等。同时，也需完善国内植物检疫的主要措施方面的法制建设，包括禁止性措施、防疫消毒措施、强制性检疫处理措施、紧急防治措施和行政处罚、刑事处罚等国内植物检疫行政措施。还要进一步用法律规范理顺检疫内部关系，从而建立起一个高效的植物检疫管理体系和运行机制。

思 考 题

1. 写出FAO、IPPC、WTO、SPS及ISPM的中文全称；并请简要说明它们之间的关系。
2. 简述《实施卫生与植物卫生措施协定》（SPS协定）的原则和精神。
3. 进出境植物检疫的主要法规和国内植物检疫的主要法规有哪些？相互间有哪些联系？
4. 谈谈你对加强植物检疫立法工作，建立并健全我国植物检疫法规体系的认识。

第十章　植物检疫的主要措施

在半个多世纪的植物检疫实践中，中国已经建立起了一套植物检疫的基本制度，采取了一系列植物检疫措施，在防止检疫性有害生物在人类社会交往及各种经贸活动中随植物、植物产品以及其他检疫物人为传播，保护农业生产和生态环境安全，促进国民经济发展和社会稳定方面发挥了积极的作用。

根据《植物检疫条例》及《植物检疫条例实施细则》的有关规定，我国已经建立起来的国内植物检疫基本制度主要包括：植物检疫性有害生物审定制度，植物和植物产品产地检疫制度，国内植物和植物产品调运检疫制度，国外引进种子、苗木检疫审批制度，国内植物检疫收费制度，植物检疫疫情发布管理制度，植物检疫疫情监测制度，新发现检疫性有害生物封锁、控制和扑灭等制度；国内植物检疫行政措施主要包括：禁止性措施，防疫消毒措施，强制性检疫处理措施和紧急防治措施。

根据《中华人民共和国进出境动植物检疫法》及《中华人民共和国进出境动植物检疫法实施条例》的有关规定，我国已经建立起来的出入境植物检疫基本制度主要包括检疫审批制度、报检制度、现场检验制度、隔离检疫制度、调离检疫物批准制度、检疫放行制度、检疫监督制度七项制度；出入境植物检疫行政措施主要包括禁止入境措施、检疫检验措施、检疫处理措施、防疫消毒措施和紧急预防五项措施。

《植物检疫术语》对植物检疫（Plant quarantine）下的定义是："任何为防止检疫性有害生物传入和/或扩散或使它们处于官方控制之下的一切活动"。基于此定义，总结国内外植物检疫的做法和经验，可以认为：植物检疫是一个根据有害生物的人为传播规律，对植物和植物产品在入境前（调运前）、入境时（调运时）、入境后（调运后）采取包括有法制、行政、技术等方面相应检疫措施的综合管理体系。对植物和植物产品在流通前、流通中和流通后可以分别采取以下植物检疫措施：划定"疫区"和"保护区"，分别采取封锁、消灭和保护的措施；建立健康种苗基地和进行产地检疫；切实做好植物检疫审批和报检工作；把好进出境口岸检疫和国内调运检疫关；搞好国外引进种苗等繁殖材料的隔离试种检疫；建立疫情监测制度，坚决、及时地封锁、控制和扑灭传入的检疫性有害生物。

第一节　检疫性有害生物"疫区"和"保护区"的划定

一、国内植物检疫的做法

对"疫区"和"保护区"的划分在我国都已有明确规定（见《条例》第五、六条和《细则》第十一、十二条)。其中对划区原则、程序分别作了阐述。划定“疫区”是防止植物检疫性有害生物扩散蔓延，对准确有效地封锁、消灭疫区的植物检疫性有害生物，更好地保护未发生区的农业生产都起到了重要作用。

“疫区”是指在某一植物检疫性有害生物分布未广的情况下，对发生了这一有害生物的地区，为了防止其向未发生地区传播扩散，经省(自治区、直辖市)人民政府批准而划定，并采取封锁、消灭措施的区域。

“保护区”是指在某一植物检疫性有害生物发生已较普遍的情况下，对尚无此有害生物分布的地区，为了防止其被污染或被人为传入，经省(自治区、直辖市)人民政府批准而划定，并采取保护措施的区域。

“疫区”的范围应严格控制，应根据检疫性有害生物的传播情况、当地的地理环境、交通状况以及采取封锁、消灭措施的需要划定。既要考虑到有利于控制、消灭检疫性有害生物，又要考虑到有利于商品经济的发展，尽可能方便生产和经营活动。

在疫区内应采取严格的控制、封锁、除治、消灭措施，有计划、有步骤、有重点、分期分批地逐步压缩疫区范围，直至扑灭检疫性病虫害。疫区内的种子、苗木及其他繁殖材料以及应施检疫的植物及其产品，只限在疫区内种植、使用，禁止运出疫区。如有特殊情况需要运出疫区的，必须事先征得所在省植物检疫机构的批准；调出省外的，应经农业部审批(森林植物及林产品则经林业部审批)。在发生疫情的地区，植物检疫机构可以派人参加当地的道路联合检查站或者木材检查站；发生特大疫情时，经省(自治区、直辖市)人民政府批准，可以设立植物检疫检查站。

保护区应严禁到疫区去调入有关植物及其产品。从其他地区调入有关的植物及其产品，也应严格履行检疫手续。

“疫区”和“保护区”的划定，由省(市、自治区)农业、林业主管部门共同提出，报省(市、自治区)人民政府批准，并报国务院农业、林业主管部门备案。疫区和保护区范围涉及两省(市、自治区)以上的，由有关省(市、自治区)农业、林业主管部门共同提出，报国务院农业、林业主管部门批准后划定。

如果疫区内的检疫性有害生物已经消灭或已取得控制蔓延的有效办法，可按疫区划定时的程序，办理撤销“疫区”的手续；如果保护区传入了检疫性有害生物，并且短期内已无法消灭时，则要取消其“保护区”的称号。其取消的程序和划定时相同。

新中国成立以来，我国在疫区和保护区划定，新发现的检疫性有害生物封锁、控制和扑灭方面进行了大量的工作，有效地阻止了检疫性有害生物的传播与扩散。自1982年松材线虫在中国发现以后，中国政府采取了极为严格的官方控制措施。根据国内《植物检疫条例》规定，林业部门将松材线虫列为国内森林植物检疫性有害生物，划定了松材线虫的疫区范围(目前江苏、浙江、安徽、湖北、山东和广东的部分地区被划为松材线虫疫区)，营造隔离林带，禁止调运未经彻底处理的松木、根桩、枝条及其制品。同时通过产地检疫、调运检疫并在主要交通要道设立检查站查验《植物检疫证书》等措施，防止松材线虫的进一步蔓延。对发现了松材线虫的疫点进行封锁、扑灭，采取了严密的监测措施，划分不同病害种类以进行分类施策，全面清理死树以消灭病源，同时利用生物、化学技术实施综合治理。林业部和农业部发布了有关相应的法规，对松材线虫病防治的组织领导、监测、检疫、防除和防范等作出了详细的规定，地方政府也纷纷出台了松材线虫防治条例。多年来中国政府投入了大量的人力、物力和财力，将松材线虫控制在局部地区。

二、国际植物检疫“非疫区”的确定

为了促进国际农产品自由贸易的发展，世界贸易组织（WTO）和联合国粮农组织（FAO）均强调要把动植物检验检疫对贸易的不利影响降低到最低限度。IPPC、SPS协定以及ISPM里都有“非疫区”概念的表述，这一概念的提出，对规范国际贸易中植物检疫和植物卫生行为，避免各国因不恰当地使用技术性贸易壁垒等措施而产生贸易争端都是非常重要的。

（一）“疫区”及相关的几个概念

“疫区”（Quarantine area）这个概念，国外用的很少，在FAO的术语中无此术语。一般而言，疫区是指由官方划定的发现有检疫性有害生物存在与为害，并正由官方采取措施控制中的地区。因此，一旦发现有政府确定的检疫性有害生物为害，并经过政府认定之后，应该由政府宣布，同时，该疫区就应由政府采取相应的检疫措施加以控制，阻止疫情进一步发展。当特定的检疫性有害生物被铲除或扑灭后，经专家认定，再由政府宣布撤销。疫区可以是一个国家的全部或部分地区，也可以是几个国家的全部或部分地区。

适应促进贸易自由化以及促进各国农产品出口的需要，根据疫区内特定有害生物发生、为害的程度又把疫区进一步的细分，出现了有害生物低度流行区、缓冲区、受控制区、保护区、非疫产地和非疫生产点等新的植物检疫概念。

（1）有害生物低度流行区　由主管当局认定的某种特定有害生物发生程度低，并得到有效的监控、防治或铲除的一个地区，可以是一个国家的部分或全部地区，也可以是几个国家的部分或全部地区。

（2）缓冲区　环绕或与疫区、有疫害生产地、非疫区、无疫害生产地、无疫害生产点邻近的地区，该地区内没有特定的有害生物发生或发生程度很低并由官方控制，同时实施植物检疫措施防止有害生物的扩散。

（3）受控制地区　一个限定的地区，指国家植物保护组织确定为阻止有害生物从疫区扩散的最小地区。

（4）保护区　国家植保组织确定的对一个受威胁地区进行有效保护的最小区域。受威胁地区是指生态因素适合某种有害生物的定殖，该有害生物的定殖将会造成重大经济损失的地区。

（二）非疫区、非疫产地和非疫生产点

1. 非疫区、非疫产地和非疫生产点

1996年FAO/IPPC的植物检疫措施国际标准（ISPM）第4号出版物（ISPM Pub. No.4）《建立非疫区的要求》出版，随后于1999年又出版了第10号出版物（ISPM Pub. No.10）《建立非疫产地和非疫生产点的要求》。这两个标准介绍了建立和利用非疫区、非疫产地和非疫生产点的要求。

非疫区（Pest free area）是指有科学证据证明未发现某种有害生物并由官方维持的地区。

由于疫区的范围有时很大，可以是一个国家或几个国家在疫区内，在这个大的疫区内可能还有局部的无某一特定有害生物分布，在经过主管部门核准以后，可以称为"非疫产地"和"非疫生产点"。非疫产地是指科学证据表明特定有害生物没有发生并且官方能适当保持此状况达到规定时间的地区。非疫生产点则指科学证据表明特定有害生物没有发生并且官方能保持此状况达到规定时间的产地内作为一个单独单位以非疫产地相同方式加以管理的限定部分。

为建立非疫区、非疫产地或非疫生产点，需要划定缓冲区。

非疫区的定界与所关注的有害生物的生物学特性相关，原则上非疫区的定界应与有害生物发生状况紧密联系，但实际上一般按照符合有害生物生态范围的极易识别的边界来界定。因此，非疫区的界定可以是行政的边界，也可以是河流、海洋、山脉或海拔高度等地理特征的边界。在建立和维护非疫区时，应着重考虑确定建立无有害生物的体系、保持无有害生物状态下植物检疫措施及核查无有害生物状况的方法三方面因素。

非疫产地、非疫生产点与非疫区虽有共同的目标，但在实现方式上不同。一个非疫区比一个非疫产地大得多。它包括许多个产地，也可能包括整个国家或几个国家的一个部分。一个非疫区可能被一个天然屏障或通常被一个相当大的缓冲区所隔离。但一个非疫产地可能位于一个有关有害生物普遍发生、却被隔离的区域内，一般在其毗邻的地方建立一个缓冲区。非疫区一般可毫不间断地保持许多年，而非疫产地的状况可能仅保持一个或几个生长季节。作为一个整体，非疫区常由输出国植物保护组织来管理，而非疫产地则是在国家植物保护组织监管和负责下由生产者独立经营管理。若在非疫区内发现有害生物，整个区域都会被认为有问题；若在非疫产地内发现有害生物，该产地丧失其非疫状况，但这同一区域内实施同一体系的其他产地则不受直接影响。非疫产地与非疫区的区别同样适用于非疫生产点。

非疫区的建立最重要的是要有科学、有效、持续的监测体系，确保无检疫性有害生物发生；要有科学、有效的控制、除害处理、歼灭措施或手段，确保一旦发生立即歼灭，继续保持非疫状态，而且这一切都应是官方行为。

澳大利亚在实蝇（昆士兰实蝇和地中海实蝇）非疫区的组建和维护方面起步较早，它将跨越东南部南澳大利亚、维多利亚和新南威尔士3个州包括3大柑橘产区的长约800km、宽50~450km的区域建立为实蝇排除区。依据柑橘主产区所在的地理位置，在实蝇排除区内划定了3个非疫区。实蝇排除区在地理位置上与地中海实蝇和昆士兰实蝇在澳大利亚的主要发生区均存在一定的自然屏障，这些地理屏障不利于这两种实蝇自然扩散进入实蝇非疫区。实蝇排除区与地中海实蝇主要分布区的距离达2500~3500km，且其间有Nullabor大平原、维多利亚大沙漠及Mount lofty山脉等地理屏障。实蝇排除区与昆士兰实蝇主要分布区之间有称为Great Dividing山脉相隔。此外，实蝇排除区及其外围的气候环境、植被条件等均不利于地中海实蝇及昆士兰实蝇自然扩散到实蝇非疫区。澳大利亚实蝇排除区及其外围地区降雨量少，气候干燥、炎热，土质以沙质土为主，需借人工灌溉才能维持产区果树的正常生长。在产区外的植被主要是一些零星的本地植被，以矮化桉树林为主，几乎没有实蝇寄主存在。三个非疫区通过大力开展公众宣传教育，立法检疫控制，在进入实蝇排除区的4个高风险高速线路上设立了4个路卡查验，在3个非疫区及其外围的实蝇排除区内建立实蝇监测诱捕体系以及构建实蝇应急反应体系等来维护，每年的维护费用高达600万澳元。

2. 建立“非疫区”的必要性

非疫区、非疫产地与非疫生产点概念与SPS“区域性原则”相适应。一旦按照国际标准建立非疫区，在满足某些要求后，无须执行额外的植物检疫措施，就可以将非疫区产品出口到关注此特定有害生物的国家，并且根据一个非疫区状况可以作为签发植物检疫证书的依据。同时，建立非疫区，也可以成为进口国为保护受威胁地区而提出采取植物检疫措施的理由之一。

过去在国际间进行植物检疫时，在各国制定、公布的禁止进境的植物名单中所列的“禁止的国家或地区”一栏，通常都是以国家为单位，即把整个国家划成了疫区，这在某种程度上影响了世界农产品的贸易。实际上，在一个幅员辽阔的国家，由于不同的气候条件、生态环境和检疫防治措施等差异，有害生物发生情况可能有所不同。近年来，国际上为适应国际农产品贸易的发展和种质资源交流的需要，已开始更新观念和做法，使用非疫区、非疫产地、非疫生产点的概念，来决定采用什么样的植物检疫措施，这样做更科学。如日本过去把整个中国列为瓜实蝇疫区（实际仅南方部分地区发生），后经中日双方检疫部门共同工作，实地考察、调查确认中国的新疆地区无瓜实蝇发生，由此，日本对新疆哈密瓜的进口予以解禁。我国过去把美国、智利列为地中海实蝇疫区，禁止进口他们的水果。近年来，经过双方共同工作，我国允许美国华盛顿州的苹果和智利第6~9区的苹果、猕猴桃有条件进口（如指定出口果园和包装厂，监测，低温处理，不得带有检疫性有害生物和指定入境口岸等）。

前不久，我国就柑橘生产建立“非疫区”问题进行了专题调查和研讨，把我国柑橘生产非疫区建设初步划分为两种类型：一是在长江柑橘带（鄂、渝、川）建立非疫区；二是在赣、浙、闽柑橘主产区，选择无疫害及检疫和防除条件好的地方，建设非疫产地或非疫生产点。柑橘生产的非疫区建设要抓好三个环节。一是非疫区的确定，在调查研究基础上，对规划的长江柑橘带非疫区和赣、浙、闽柑橘非疫产地或非疫生产点布点调查监测，为非疫区的确定提供科学依据；二是无疫害检疫措施的落实。包括建立无疫苗圃，从源头上杜绝检疫性有害生物的传入，加强柑橘生产、收获、包装、储藏过程的病虫害调查和防除，向生产者提供检疫技术咨询等；三是无疫状态的核查。建立疫情预警系统，定期调查监测，确保无疫状态。为了建立和巩固非疫区，必须按照有关国际标准要求，切实加强非疫区检疫基础设施建设，建立柑橘苗木检疫中心、疫情监测站和市场检疫监督点，装备必要的检测仪器、预警设备、监测诱捕器和试剂盒、疫情处理器材等，完善检疫检验和监测预警体系。

我国从2001年起设立专项资金，对农业植物有害生物进行普查，现已基本掌握了具有出口优势的农产品的有害生物发生和分布情况。目前，我国已经在31个具有检疫性实蝇适生条件的省、自治区、直辖市设置了20 442个检疫性实蝇监测点，初步建立了全国实蝇监测体系，可以为划分检疫性实蝇疫区、非疫区和低度流行区，制定实蝇检疫措施提供科学依据，也为今后及时发现传入的检疫性实蝇，在其繁殖大量的种群、扩散定殖之前采取有效的根除扑灭措施，保护国内果蔬生产和出口市场奠定基础。

在前面工作的基础上，农业部于2004年初规划确定，采取国际通行的做法，在西北黄土高原、山东半岛和辽冀建设以苹果蠹蛾和柑橘小实蝇为目标的非疫区，涉及7省38个市（地）104个县（市、区）；计划到2005年底，建成符合国际标准的苹果非疫区133.33万hm^2（2 000万亩），保证非疫区内苹果生产的安全；到2007年，鲜苹果出口量达到180万t，力争占领1/4的国际苹果市场。

建设非疫区是促进农产品出口最有效和最经济的措施，这一措施实际上已经成为国际检疫的通行做法。我国应该尽快利用这一手段建设一批高标准、无公害、规模化的农产品非疫出口和加工基地，以获取国际市场的“准入证”，突破技术性贸易壁垒，提升我国农产品的国际竞争能力，将我国农产品的比较优势转化为出口优势，促进我国的经济发展。加快建设非疫区是促进农产品出口的必然选择，是当前迫切需要解决的重大课题。

第二节　建立健康种苗基地和产地检疫

产地检疫和建立健康种苗基地可以从源头上阻断有害生物的人为传播，是积极、主动、有效的植物检疫措施，它服务于农业生产和经济发展，是植物检疫工作的重要组成部分。

我国《植物检疫条例》第十一条以及《细则》第十七、十八、十九条，指出植物检疫工作重点是进行植物种子、苗木和其他繁殖材料场地，包括原（良）种场、制种田，科研和教学单位良种繁殖基地等的检验。

一、建立健康种苗生产基地

建立健康种苗生产基地，生产健康种苗，既可为农业生产提供优质的种子、苗木，又能从源头上确保所调运的种子、苗木不传带检疫性有害生物。这一措施与种子部门的良种繁育和推广的种子工作要求相一致，工作目标都是服务于农业生产的发展。所以，建立健康种苗基地的措施受到世界各国的高度重视。

我国《植物检疫条例》第十一条规定："种子、苗木和其他繁殖材料的繁育单位，必须有计划地建立无植物检疫对象的种苗繁育基地、母树林基地。试验、推广的种子、苗木和其他繁殖材料，不得带有植物检疫对象。植物检疫机构应实施产地检疫"。

建立健康种苗基地是靠制定基地管理规范、基地内种子苗木管理规定、基地认证要求等一系列管理制度，来达到最终生产出健康种苗并繁殖的目的。

建立健康种苗基地，如良种场、原种场和苗圃等，最重要的是要确保基地的安全，防止基地外的病虫，特别是检疫性有害生物的传入，使基地繁育出来的种苗真正是无检疫性有害生物的"健康种苗"。

在基地选址前，事先应征求当地植检机关的意见，选址于无检疫性有害生物分布的地区。基地周围应科学地建立宽带2.5km上的缓冲区，缓冲区尽量利用山川、河流自然隔离条件，在缓冲区内采取与基地一样的疫情监测、控制措施，确保无检疫性有害生物发生。此外，为确保基地安全，基地应有独立的排灌系统，交通比较方便。

在基地建设时，除了对选址有要求外，对基地用种及有害生物监控也有要求。基地内所用的种子、苗木及其他繁殖材料，一定要确保是健康的，所用肥料同样也应是不带有害生物的"净肥"。因此，除自留的无病虫材料外，外来种苗一定要来自无这类病虫发生的地区，并在基地种植前必须消毒处理（热处理或化学处理等）。此外，要加强基地内的病、虫、杂草发生动态的调查和快速反应能力与一般防治能力的建设。要按照国际标准改善监测和检测技术手段，基地内实现对生产过程中的检疫性有害生物的全程监控和快速检测，及时诊断，通过有害生物防治应急反应体系快速反应，达到铲除疫情隐患的目的。

建立健康种苗生产基地工作正逐渐走向规范化和标准化。我国由国家标准局发布的水稻、小麦、棉花、大豆、甘薯、马铃薯、柑橘、苹果等作物的产地检疫规程对这一工作都有规定，可根据实际情况参照执行。

二、产 地 检 疫

（一）产地检疫的概念

产地检疫，通常是指植物检疫机构对申请检疫的单位或个人所生产的种子、苗木等繁殖材料及农产品（含森林植物的种子、苗木和林产品）等，在原产地生产期间所进行的检疫检查、检测以及必要时的监督除害处理，并根据检查、检测和除害处理结果出具相关证明的全过程。

（二）实施产地检疫的意义

（1）在植物生长期间，病、虫、杂草的为害情况及症状、形态特征等均表现明显，容易发现和识别，便于诊断、鉴定，可大大提高检疫工作的准确性、可靠性。

（2）经过产地检疫合格后的种子、苗木等植物及其产品，在国内调运和进出境时不再检验检疫，简化了国内调运和进出境时的手续，加快商品流通。

（3）事先申报产地检疫，能够在植检部门的指导和监督下，采取预防和综合性措施，在生产过程中，防止和消除有关检疫性有害生物的为害，生产出更多合格的种子、苗木和有关农、林产品，这样在国内调运和进出境时，就可避免因检疫不合格不得不进行除害处理而造成的经济损失。

产地检疫是植物检疫具有积极性、主动性、预防性的措施。它把检疫的重点放在种苗的生产环节，充分体现植物检疫“把关、服务、促进”的指导思想。它减轻了国内调运和进出境检疫的压力，变被动服务、消极把关为主动服务、积极把关，在保证检疫质量的同时促进了经济和贸易的健康发展。因此，在全球经济贸易一体化进程不断加快的今天，关卡检疫正逐渐向产地检疫转移，并逐步与产地合格证、质量保证体系和认证制度相结合。产地检疫的这些特点，决定了产地检疫在植物检疫中的基础地位，产地检疫也因此成为我国植物检疫的基本制度。

我国根据主要农作物种苗的产地检疫规程，建立起了一批符合国家标准的健康种子、苗木繁育和生产基地，近年来国内植物检疫机构每年实施产地植物检疫面积0.2亿多公顷，生产合格健康种子和苗木25万多吨。我国国内产地植物检疫工作已经走上了制度化、规范化和标准化的轨道。

（三）产地检疫的具体做法

1. 国内产地检疫的具体做法

国家标准局发布的水稻、小麦、棉花、大豆、甘薯、马铃薯、柑橘、苹果等植物种苗（薯）的《产地检疫规程》为开展产地检疫提供了标准化的实施方法。对于还没有产地检疫规程的，根据有害生物的发生特点，生长期间进行必要的调查，也可按检疫机构认可的方法进行。

国家产地检疫规程一般包括适用范围、名词解释、检疫对象、控制病虫害、进行健康种苗（或种薯）的生产以及产地检疫检验和发证。在产地检疫规程里，对种苗生产地的选择、繁殖材料的来源，种苗生产管理、应实施检疫的有害生物的种类、检验方法、疫情处理和签证等作出了明确的规定。

原种场、良种场、苗圃及其他计划生产作商品流通和推广用的种子、苗木及有关农（林）产品，包括农林院校、科研单位试验、示范、推广的种子、苗木等繁殖材料，都要进行产地检疫。

这些单位或个人在播种前应向所在地的植检机关申报进行产地检疫，并填写产地检疫申请表，然后，植检机关再根据不同的作物、所针对的不同病虫对象等，确定检疫方案，然后实施检疫。如果是准备建立新的种苗基地（如原种场、良种场等），则在基地的地址选择、所用的种子、苗木、繁殖材料的选取和消毒处理等方面，都应按植检法规的规定和在植检人员的指导下进行。

植检人员在进行产地检疫时，先进行田间的现场调查，必要时还要进行室内的检验、鉴定和有关的除害处理。具体的做法，可按照《产地检疫规程》的具体规定要求进行。

产地检疫合格的，发给“产地检疫合格证”。在产地检疫过程中，对检出有限定的有害生物的，应由检疫人员监督生产（经营）单位（个人）进行除害处理。凡能通过消毒或灭虫处理达到除害目的的，进行消毒或灭虫处理，处理后经复检合格的，可以发给“产地检疫合格证”；对无法进行消毒、灭虫等除害处理，或处理后复检不合格的，不签发“产地检疫合格证”，不能作种用或外运，可根据具体情况作改变用途或销毁处理。

产地检疫是国内植物检疫的一项基本制度，已经取得了巨大的成就。对于这项制度，今后结合非疫区、非疫产地和非疫生产点的建设还需进一步加强和完善。

2. 预检

《植物检疫术语》将“预检”定义为“由进口国的国家植物保护组织检查或在其定期监督下，在原产国进行的检查货物的检疫出证或核实”。

根据双边协议或工作计划，输入方的植物检疫人员到输出地调查、了解、核实输出方的检疫机构是否履行了双边协议的所有承诺，包括整个生产过程、储藏、运输、包装、检疫标识、装载等各个环节的所有承诺，输入方的植物检疫人员在确认后方可输入植物及其产品。预检需要有关国家和地区之间检疫机构的协商与合作，是近些年来国际植物检疫的一个新的动向。

预检有很多优点，如能简化口岸检疫手续，方便国际贸易，提高检疫效率和准确性、可靠性等，所以已经引起了越来越多的国家的重视。近来，澳大利亚在河北输澳鸭梨所涉及的出口基地果园、加工厂，对鸭梨生产和病虫害防治、有害生物监测、果实采摘、加工、入库、冷藏、运输和出证等全过程进行了考察，实施了预检，目前，河北鸭梨已经成功地出口澳大利亚。美国近些年来对许多进口农产品在它们从产地国运出前进行了预检，例如从智利进口的苹果和葡萄一般都进行预检和熏蒸处理，又如针对南美的落叶水果、新西兰的苹果、日本的橙子以及比利时和荷兰的郁金香和蕨类植物等都进行了预检。中国对美国华盛顿州的苹果和佛罗里达州等地的柑橘，哥伦比亚的香蕉，印度的芒果，巴西、土耳其、加拿大等地的烟草等也都经过了预检，在确认无苹果蠹蛾、地中海实蝇和烟草霜霉病菌等检疫性有害生物的基础上，上述农产品得以进入中国市场。

随着全球经济一体化，贸易自由化进程的加快，国际间通过预检进行植物检疫合作的做法将会越来越受到重视和欢迎。

第三节 植物检疫的审批与报检

一、植物检疫审批

（一）植物检疫审批的概念和意义

1. 概念和意义

植物检疫审批是指从国外输入某些检疫物或引进国家法规规定的禁止进境物时，

或在国内县级行政区以上范围之间调运时，事先都必须向有关的植物检疫机关提出申请，经审查、批准后方可实施输入或调运计划的一种检疫制度。

通过检疫审批，可以从宏观上对从国外引进或国内调运种苗等植物、植物产品进行控制和管理，从而对检疫性有害生物或限定的有害生物实施超前性预防，因此世界各国普遍采用该项制度，《中华人民共和国进出境动植物检疫法》和《植物检疫条例》及其配套法规中也对此做出了明确的规定。近年来，我国国内植物检疫机构每年检疫审批国外引种2 000~3 000批次，来自几十个国家和地区。

建立和完善检疫审批制度，对植物及其产品，特别是种子、苗木等繁殖材料的引进和调运能健康有序地进行，对于保护农业、林业及生态环境安全是十分重要的。1984年，我国一些育种单位从叙利亚国际旱地作物中心引进一批蚕豆种质资源未经国外引种检疫审批，在没有检疫审批单的情况下放行，又不经隔离试种就分散到浙江、江苏、云南、甘肃、湖北、青海等省与国内外其他蚕豆品种进行品种对比试验，致使在欧洲严重危害蚕豆的蚕豆染色病毒病在八省市农科院的引种圃中发生，经国家植物检疫机构的检疫处理，虽已扑灭，但已造成较大的经济损失。事实证明建立引进种苗检疫审批制度是明智之举，由于检疫机构认真进行检疫审批工作，有效地防止了检疫性有害生物的传入，在丰富我国农作物品种资源，促进我国农业生产发展的同时，保障了国家农业生产安全，维护了国家的正当权益，实现了植物检疫“把关、服务和促进”的宗旨。

认真执行植物检疫审批制度，可以避免从疫区或限定的有害生物发生的国家或地区引种，同时可以让货主或其代理人了解我国的检疫要求，以便在签订合同时将我国的检疫要求列入合同，使国外检疫机关在出境检疫时有依据，使供货商及早组织符合要求的货物，避免不符合检疫要求的货物运到我国。这样做还可使货主避免因违章引进和调运而被依法进行检疫处理和处罚造成经济损失和承担法律责任。同时，一旦进境的货物到达口岸后，被我国口岸植检机关检出贸易合同或协议中不准进境的限定的有害生物时，货主可以依据合同或协议中订明的要求向外方索赔或退货，避免或减少货主的经济损失。此外，通过检疫审批，还可促使向国外引种的单位事先有计划地做好种苗入境后的隔离试种准备。

从发展趋势来看，今后国际上植物及植物产品市场准入的谈判和双边协议的签订及实施将会越来越多，作为打破技术性贸易壁垒，采用科学合理的植物检疫措施的基础—有害生物风险分析将是不可或缺的。1999年我国开始进境植物繁殖材料风险分析工作，已完成多份风险分析报告，确定出了检疫性有害生物和限定的非检疫性有害生物，并将这些进境繁殖材料分为高、中、低风险3个等级。今后我国对种子、苗木及繁殖材料的引进，将会按照其风险大小进行管理，预计有害生物风险分析将成为必须的程序。

2. 植物检疫审批的依据

《中华人民共和国进出境动植物检疫法》、《植物检疫条例》、《植物检疫条例实施细则（农业部分）》，1993年农业部发布的《国外引种检疫审批管理办法》，1999年农业部发布的《关于进一步加强国外引种检疫审批管理工作的通知》，2001年国务院发布的《农业转基因生物安全管理条例》，2002年国家质检总局颁布的《进境动植物检疫审批管理办法》，2003年国家林业局发布的《引进林木种子、苗木及其他繁殖材料检疫审批和监管规定》等法律、法规和规定是我国植物检疫审批的法律依据。另外，2007年农业部发布的《中华人民共和国进境植物检疫性有害生物名录》，1997年农业部发布的《中华人民共和国进境植物检疫禁止进境物名录》，也都是我国植物检疫审批的重要法律依据。

3. 植物检疫审批的范围

从境外引进种子、种苗及其他繁殖材料以及某些植物产品和其他应检物（如果蔬类、烟草类、粮谷类、豆类、薯类、饲料类、植物栽培介质等）的审批；从境外引进国家规定的“禁止进境物”的特许审批；境内植物检疫审批，即省、自治区、直辖市间，县级以上行政区域间调运应施检疫的植物及其产品，特别是种子、苗木及其他繁殖材料的审批。

4. 我国负责办理检疫审批手续的植物检疫机关

（1）国家质量监督检验检疫总局　负责因科学研究等需要引进《中华人民共和国进出境动植物检疫法》第五条第一款规定中与植物检疫有关的禁止进境物的特许审批。

（2）国务院农业主管部门、林业主管部门所属的植物检疫机构及省、自治区、直辖市植物检疫机构　负责从国外引进植物种子、苗木及其他繁殖材料的审批。国内省、自治区、直辖市间种苗调运的检疫许可由各省、自治区、直辖市的植物检疫机构负责办理。

（二）从国外引进种苗及其他繁殖材料以及“禁止进境物”的审批

1. 从国外引进植物种子、苗木及其他繁殖材料的审批

（1）负责办理检疫审批手续的植物检疫机关及其权限　根据《植物检疫条例》和《细则》及《国外引种检疫审批管理办法》的有关规定，国外引种分为两级审批，即中央和省（自治区）、直辖市两级植物检疫机构，其他部门尚无此权。农业部全国农业技术推广服务中心植检处，是中央级植物检疫执行机构。地方植物检疫机构，包括各省（自治区），直辖市的农业厅（局）植物检疫（植保植检）站。

中央级机构审批权限包括：国务院和中央各部门在京单位、驻京部队，外国驻京机构等单位的引种；全国的国际性、区域性实验，为制种而引进的种苗；审批限量表以外的大量种苗的引进；热带作物的种苗引进。

地方机构审批权限包括：负责本省（自治区）、直辖市内，以及中央驻地方单位，限量内的农作物种苗资源、科研试验材料，生产用引进种苗的审批；对上报中央的引进种苗负责检疫申请签署意见；监管本地范围内引进种苗的种植情况，并在生长期间组织有关部门进行疫情监管，出具检测报告。

（2）引种检疫申报和审批

① 申报：引种单位应在签订贸易合同、协议的30日之前，向检疫机构提出申请，并填写《引进种子、苗木审批申请书》、《引进种子、苗木检疫审批单》、《引进林木种子、苗木和其他繁殖材料检疫审批单》或《进境动植物检疫许可证申请表》。提交有关初审证明材料。对报中央审批的，需种植地的省（自治区）、直辖市植物检疫机构签署意见，而热带作物则由农业部农垦司签署意见。

② 审批：经对申请单位提供的有效证件和相关单证是否齐全进行审查后，根据国家的有关检疫法规和输出国家或地区的植物疫情，以及两国间签订的检疫卫生条件，签署审批意见，对于批准进境的，签发《进境动植物检疫许可证》或《引进种子、苗木检疫审批单》，并提出具体的检疫要求，同时指定允许进境的口岸，并要求引进后在指定的地点进行隔离试种。

2. 引进“禁止进境物”的特许审批

根据《中华人民共和国进出境动植物检疫法》第五条第一款规定中与植物检疫有关的禁止进境物的特许审批的规定，涉及植物病原体（包括菌种、毒种等）、害虫及其他有害生物、土壤及植物疫情流行国家和地区的有关植物、植物产品和其他检疫物。

国家以法规的形式规定，一般情况下“禁止进境物”不准进境。如因科学研究等特殊需要引进这些禁止进境物时，可以事先提出申请，经国家质量监督检验检疫总局批准后，有条件地进境。

办理特许检疫审批时，申报单位或个人必须事先向国家质量监督检验检疫总局提交书面申请，说明其引进物的名称、数量、用途、引进方式、进境后的防疫措施；如确系科学研究的特殊需要，需要引进禁止进境物，需提供上级主管部门的证明、有关口岸动植物检疫机关的签署意见。

国家动植物检疫机关批准引进时，应提出批准的数量、检疫要求、指定进境口岸等，并委托有关口岸动植物检疫机关核查和监督使用。

（三）国内调运植物、植物产品的审批

1992年颁布的《植物检疫条例》及其后颁布的《实施细则》（农业和林业部分）和各省、自治区和直辖市制定的《植物检疫实施办法》中都有关于国内调运种苗等繁殖材料审批方面的规定。

按照这些法规的要求，国内植物调运检疫审批的程序是：

凡省、自治区、直辖市间调运应施检疫的植物、植物产品、种子、苗木和其他繁殖材料，调入单位根据所调的植物及其产品等是属于农业植物的种子、苗木和其他繁殖材料还是林业植物的种子、苗木和其他繁殖材料，在调运前分别向所在地的省、自治区、直辖市的农业或林业植检机构，或授权的地（市）县级农业或林业植检机构提出申请，索取植物检疫要求函单，办理审批手续。

省、自治区、直辖市内县级行政区间调运，则须事先向所在地的县级（或县级以上）有关检疫机构提出申请，索取植物检疫要求函单，办理审批手续。

接受申请的和负责审批的有关植物检疫机构，在接到申请以后，根据《植物检疫条例》及其《实施细则》（农业部分或林业部分）、“全国农业或林业植物检疫性有害生物名单”、“应施检疫的农业或林业植物、植物产品名单”以及本省、自治区、直辖市制定的“植物检疫实施办法”和“农业或林业植物检疫对象补充名单”等法规，再根据掌握的有关调出单位所在地的病虫疫情进行审核，并决定是否批准调运。如果批准调运，则签发“植物检疫要求书”，对调运提出检疫要求。申请人领取“检疫要求书”后，交给调出单位。调出单位再向所在地的有关植检机构申请检疫，检疫机构则根据“检疫要求书”中提出的检疫要求进行检疫，合格的签发“植物检疫证书”，允许调运。

二、植物检疫报检

报检是进出境和国内调运检疫工作的一个重要环节，也是我国《动植物检疫法》和《植物检疫条例》中规定的法律程序。

（一）进出境植物检疫报检

进出境植物检疫报检是有关检疫物进出境或过境时由货主或代理人向植物检疫机关及时声明并申请检疫的法律程序。就植物检疫而言，需进行检疫报检的检疫物主要包括输入、输出以及过境的植物、植物产品、装载植物或植物产品的容器和材料、输入货物的植物性包装物、铺垫材料以及来自有害生物疫区的运输工具等。

检疫报检一般由报检员凭《报检员证》向检疫机关办理手续。办理检疫申报手续时，报检员首先填写报检单，然后将报检单、检疫证书（由输出国家或地区的官方检疫机关出具）、产地证书、贸易合同、信用证、发票等单证一并交检疫机关。如果属于应办理检疫许可手续的，则在报检时还需提交进境许可证。进口转基因产品，应在报检时提交进口转基因农产品临时证书（2003年9月20日前）或农业转基因生物安全证书（2003年9月20日后）和农业转基因生物标识审查认可批准文件。

（二）国内调运检疫报检

省、自治区、直辖市间调运应施检疫的植物及其产品，种子、苗木和其他繁殖材料，调出方持调入方提供的调入地所在县或县级以上植物检疫机关签发的“植物检疫要求书”，向调出方所在地的省、自治区、直辖市植检机关或其授权的当地植检机关报检，填写“报检单”；省内县（市）级行政区之间调运，则向调出方所在地的县（市）植物检疫机关（林业植物及其林产品等向林业检疫机关）报检。调出地的有关植物检疫机关凭调入地的“植物检疫要求书”受理报检，并实施检疫。经检疫检验合格的，签发“植物检疫证书”。调入方在调运的应施检疫的植物及其产品到达目的地以后，应向调入方所在地的相应的植检机关交验调出地的有关植检机关出具的“植物检疫证书”。调入地的植物检疫机关一方面查验“植物检疫证书”是否合格和在有效期内，另一方面核查货证是否相符。对来自疫情发生的县级行政区域的应检植物、植物产品（特别是种子、种苗及其他繁殖材料），或者其他可能带有检疫性有害生物的应检植物、植物产品应进行复检。

第四节　进出境口岸检疫和国内调运检疫

进出境口岸检疫指植物及其产品及其他应检物品在进出国境时的检疫。包括进境检疫、出境检疫、过境检疫、旅客携带物检疫、邮寄物检疫、运输工具检疫，由口岸植物检疫机关负责。

国内调运检疫包括对种子、苗木和其他繁殖材料以及植检法规中规定的应施检疫的植物、植物产品在国内县级以上行政区域间调运时的检疫。由调出和调入单位或个人所在省（自治区、直辖市）、地（市）、县（市）的有关植物检疫机关共同负责。

进出境口岸检疫和国内调运检疫是植物检疫综合管理体系中的一个重要环节。实践证明，许多检疫性有害生物都可以通过认真的、符合科学程序的"关卡检疫"——进出境检疫和国内调运检疫而被截获。据国家质量监督检验检疫总局统计，2001年进境植物检疫共截获检疫性有害生物384种4 030批次，分别来自76个国家和地区，疫情批次最多的美国达81种。检疫部门每年在进口的植物、植物产品和其他检疫物中都发现和截获大量检疫性有害生物。如：地中海实蝇、小麦矮腥黑穗病菌、印度腥黑穗病菌、烟草霜霉病菌、松材线虫、大豆疫病菌、谷斑皮蠹、菜豆象、巴西豆象、非洲大蜗牛、稻水象、美国白蛾、双钩异翅长蠹、番茄环斑病毒等。

进出境口岸检疫和国内调运检疫也有一定的局限性。因为这一措施是通过对应检货物的取样检查来检疫检验的，而供检查、检验所取样的数量毕竟有限，而且由于通常情况下，有害生物含量很少，即使供检样品中未检出检疫性有害生物，也不能保证所调运的植物及其产品不带有检疫性有害生物，更何况有些有害生物，特别是有些细菌类病害和病毒类病害因技术条件的限制，一般的检查和检验难以检出。美国塞拉森（Sarasen）的实验证明，对货样全检时，第一次的检查只能发现全部不合格品的65%，第二次全检时，又会发现其中的18%，第三次是8%，第四次是4%。因此，在经过4次全检时，仍有2%的不合格品可能未被检出，所以，即使全检，也难免发生漏检的现象。此外检出后的除害处理也存在许多条件和技术方面的困难，较难达到理想的效果。

目前，国际上在检疫风险管理方面更注重系统管理，在加强口岸检疫和地区之间的调运检疫，提高其检疫效率和除害处理的效果的同时，更加注重在产地生长期、货物启运前以及入境后的检疫监管，努力从生产、加工、储藏、运输到市场、目的地管理一系列环节把关，以达到综合控制风险的目的。

今后，高新技术，特别是分子生物学和信息技术将在植物检疫上得到全面应用，检疫技术更加灵敏、快速、有效，甚至自动化，口岸检疫和地区之间调运检疫必将更加快速、准确，检验后的处理和处置必将更加正确、可靠。人类越来越关注环境问题，检疫所使用的各种处理技术都将朝着对人、动植物和生态环境均无害方向发展，物理方法将更多地应用于检疫处理。为更好地适应"依法把关、监管有效、方便进出、管理科学"检验检疫新的要求，今后我国会参照国际组织的标准、建议和指南进行口岸检疫和地区之间调运检疫工作，使我国的植物检疫逐步步入国际化、标准化和规范化的轨道。

一、国内调运检疫

调运检疫指各类植物种子、苗木和其他繁殖材料及应施检疫的植物、植物产品在流通（包括托运、邮寄、自运、携带、销售等）过程中，农业专职植物检疫人员根据植物检疫法规进行的检疫检验和签证。

1995年6月2日发布的《农业植物调运检疫规程》规定了在国内调运农业植物种子、苗木和其他繁殖材料及应施检疫的植物、植物产品检疫的程序。

农业植物调运检疫按准备工作、现场检疫、室内检疫、评定与签证四项程序进行。

（一）准备工作

凭介绍信（或身份证）受理并审核农业植物调运检疫报验申请单，调入地提交要审核的农业植物调运检疫要求书，复检时核查植物检疫证书。

向申报人查询货源安排、运输工具、包装材料等情况，准备检疫工具，确定检疫时间、地点和方法。

（二）现场检查

1. 现场检查内容

现场调运应检农业植物、植物产品及其包装材料、运载工具、堆放场所等，是否有检疫性有害生物，有无病原物和害虫、各虫态及其排泄物、分泌物、蜕皮壳、蛀孔等痕迹。复检时应核查调运应检农业植物及其产品与检疫证书是否相符。

2. 抽样

根据不同应检农业植物及其产品，不同包装、不同数量，分别采用对角线五点取样或分层设点等方法取样。用肉眼或手持放大镜直接观察抽件样品。

3. 检查

对种子过筛检查，对苗木、接穗、块茎、果实等仔细检查根部、枝条、茎秆、皮层内外、叶片、芽眼和果实表面、萼洼、果梗等部位有无害虫各虫态及蛀孔、虫道、虫瘿；有无病害症状、肿瘤、菌瘿、杂草籽等。具体抽查件数见表10–1。

表 10–1　现场抽样件数标准表

种类	按货物总件数抽样百分率/%	抽样最低数
种子类	≥4 000kg的2~5	10件
	<4 000kg的5~10	10件
苗木类	>10 000株的3~5	100株
	100~10 000株的6~10	
果实类、块根茎	0.2~5	5件或100kg
中药材、烟草	0.2~5	5件

注：（1）散装种子100kg为一件，苗木100株为一件。

（2）不足抽样最低数的全部检验。

（3）其他类可参照表中比例抽查。

（三）室内检验

1. 取样

对现场检查难以得出有无检疫性有害生物，需要室内检验或认为有必要保存样品的，应结合现场抽件检查，取样带回室内检验或保存。

（1）取样方法 根据不同应检农业植物及其产品、不同包装、不同数量、不同检疫性有害生物，注意货物不同部位的代表性，采用对角线、棋盘式或随机取样的方法提取代表样品，取样份数和每份样品数量见表10–2和表10–3。

表 10–2 现场取样份数

货物总量	取样份数
100件以下	1
101～500件	2
501～3000件	3
3000件以上	4

表10–3 每份样品数量

	植物种类	每份样品数量/g或株
种子类	块茎、块根、葱头、大蒜、红枣等	200～2500
	花生、玉米、大豆、蚕豆、菜豆等	1000～1500
	稻谷、麦类、高粱、绿豆、棉籽等	1000
	谷子、小米、芝麻、油菜籽、亚麻籽等	500
	蔬菜、牧草籽、花卉籽等	100
	烟籽等	10～30
苗木类	柑橘、苹果、花卉、薯苗等	10～100
果实类	柑橘、苹果等	2000～2500

注：其他类参照表中类型抽取样品。

（2）提取检验样品

①种子类：现场取回的代表样品，分别进行充分混匀后，铺在玻璃板上，样品厚度不超过1cm，再用正方形四分法，抽取室内检验所需样品的数量。

② 苗木、果实、块根（茎）类：现场所取的样品逐一检查，检取带有害虫及病虫为害症状者，进行室内剖检和镜检等。

2. 室内一般检验方法

植物检疫人员根据应检物品情况采取一种或几种检验方法。

（1）种子过筛检验 将受检样品倒入相应孔径筛内，筛孔规格见表10–4。

表 10-4　样品种类及其筛孔孔径规格表

样品种类	筛层数	各层孔径规格/mm	孔形
花生米、大豆、玉米、蓖麻籽等	3	3.5、2.5、1.5	圆形
水稻、麦类、高粱、大麻籽等	2	2.5、1.5	圆形
谷子、油菜籽、芝麻、亚麻籽等	2	2.0、1.2	圆形

必要时按下列公式计算含量：

$$每1kg含量=发现数量（g）/试样重量（g）\times 1000$$

（2）种子相对密度检验　运用病种子、虫蛀种子与健康种子间的相对密度差异，用不同相对密度的溶液区分沉浮，然后捞取浮种进一步检查。

（3）种子染色检验　某些植物或植物器官，被害虫为害后常可用特殊的化学药品处理，使其染上特有的颜色，帮助检出和区分害虫种类。检验禾谷类种子常用高锰酸钾染色法，检验豆类种子常用碘化钾染色法和油浸检验法。

（4）直接镜检　对查获的害虫，可在双筒解剖镜下鉴定种类；也可挑取样品病变部分，沾涂于玻片上，用显微镜检查病原种类。

（5）洗涤检验　将受检样品5~25g倒入10~50mL无菌水的三角瓶内，振荡5~10min，离心浓缩，取其浓缩的沉淀液适当稀释，置于显微镜下检查病原物种类，必要时计算病原物接种体的负荷量。

（6）解剖检验　对疑难病害或隐蔽型病虫为害的应检农业植物及其产品，用刀解剖被害处或切片，置解剖镜或显微镜下检查。

（7）分离培养检验　将受检样品消毒，并移于相应培养基上培养检验。

（8）血清反应检验　分别采用特制的抗血清检验细菌、病毒、类菌原体。

（9）噬菌体检验　利用专化性噬菌体的侵染试验快速检验细菌。

（10）萌芽检验　常用的有保湿培养、沙土萌芽、土内萌芽、试管幼苗症状观测等检验方法。

（四）评定与签证

1. 评定

根据现场或室内检验结果，对受检农业植物及其产品进行评定。

2. 签证

未发现检疫性有害生物的签发植物检疫证书并放行，复检不签证；

发现带有或感染有检疫性有害生物的植物或产品，除保留样品和标本外，签发农业植物调运检疫检验结果通知单，通知申报单位或个人，立即采取消毒、改变用途、控制使用或销毁等处理并监督执行。

二、进出境口岸检疫

进出境口岸检疫一般包括受理报检并制定检验检疫方案、现场检疫、室内检疫、评定与签证与检疫处理等内容。

（一）受理报检并制定检验检疫方案

（1）审核受理报检单或货运单，贸易合同或信用证和原产地的检疫证书等有关单证。

（2）查询报检货物情况和资料，认真分析疫情，根据下列检验检疫依据制定检验检疫方案，明确检验检疫要求，并确定检疫时间、地点和方法。

①政府及政府主管部门间双边植物检疫协议、协议、备忘录和议定书规定的检验检疫要求。

②中国法律、行政法规和国家质检总局规定的检验检疫要求。

③输入国家或地区检疫要求和强制性检验要求。

④检疫审批单上的检疫要求、贸易合同或信用证订明的其他检验检疫要求。

（二）现场检疫

现场检疫是指检疫人员在车站、码头、机场等现场对检疫物进行检查、抽样，初步确认是否符合相关检疫要求的法定程序。现场检查和抽样是现场检验的主要内容。

1. 现场检查

主要针对运输及装载工具、货物及存放场所、携带物及邮寄物等应检物进行查验。

（1）登轮、登车检查装载货物的船舱或车厢内外、上下四壁、缝隙边角，以及包装物、铺垫物、残留物等害虫易潜伏、藏身的地方。

（2）检查货物堆存的仓库或场所，注意货物表层、堆角、周围环境以及包装外部和袋角有无害虫及害虫的排泄物、分泌物、蜕皮壳、虫卵及蛀孔等为害痕迹。

（3）检查旅客携带物和邮寄的植物及其产品，一般以检查害虫为主，对病害和杂草做针对性检验。先检查植物及其产品的外表包装，然后检查内部。如发现害虫，则应装人指形管，带回实验室进行鉴定。

2. 现场抽样

对进出境的货物通常采用抽样检验　在现场抽样时，要特别注意抽样数量的确定和取样方法的选择。

（1）现场抽样及代表样品的制备　在实际工作中，应按“批”进行检查、放行或处理。对于同一国家或地区、同一运输工具、同一品名（种苗为同一品种）、同一商品标准、并有同一收货人或发货人的货物通称为一批货物。在一批货物中，每一个独立的袋、箱、筐、桶、捆、托等称为“件”。散装货物不存在“件”，以100~1000kg为一件计算。从整批货物中抽样，抽件数的确定需要视货物类型而定。

取样既要考虑到病、虫、杂草的特征及移动性和趋性等习性，也要注意到货物不同部位的代表性，采用对角线、棋盘式或随机的方法按规定的抽件数和重量采样。然后按规定制备代表样品送实验室进行检查。

（2）现场检验方法　现场检验的方法主要包括X光机检查、检疫犬检查、肉眼检查和过筛检查等。

X光机和检疫犬检查主要用于旅客携带物的现场检查。

抽件后，可以开件进行肉眼检查和过筛检查。通过肉眼或手持放大镜对植物及其产品、包装器材、运载工具、堆存场所和铺垫材料等是否带有或混有检疫性病害、害虫和杂草进行检验。也可将样品过筛后检查筛上物和筛下物中有无害虫、伪茧和杂草籽等，并进行识别分类，必要时装入指形管带回室内鉴定。

（三）实验室检验

实验室检验是借助于实验室仪器、设备对检疫物样品作进一步有害生物的鉴定、植物产品的品质检验以及卫生安全检验的过程。

针对可疑有害生物的鉴定可按照有关国家、行业标准进行检验鉴定。常用的实验室检验方法有肉眼检验、过筛检验、相对密度检验、染色检验、X光检验、洗涤检验、保湿萌芽检验、分离培养与接种检验、噬菌体检验、显微镜检验、血清学检验、指示植物接种检验、分子鉴定和计算机辅助鉴定等。

在对植物产品进行品质检验时，凡列入《实施检验检疫的进出境商品目录》的进口植物及其产品，按照国家技术规范的强制性检疫进行检验；尚未制定国家技术规范强制性要求的，可以参照国家质检总局指定的国外有关标准进行检验。未列入《实施检验检疫的进出境商品目录》的进口植物及其产品申请检验的，按合同规定的检验方法进行，合同没有规定检验方法的按照我国相关检验标准进行检验。

对样品进行卫生安全检验时，可按卫生标准及国家有关规定进行卫生安全项目检验。粮食、油料、饲料都有需要检验的卫生安全检验项目、相关的检测方法和限量标准。

（四）评定与签证

在对植物、植物产品和其他检疫物进行了现场检验和实验室检验后，需根据有害生物的实际情况、国家检疫法规、植检双边协定和贸易合同条款中的检疫要求，做出正确的检疫结论，决定是否进行检疫处理。经现场检验和实验室检验或经检疫处理后合格的植物、植物产品和其他检疫物，检疫机关将签署通关单或加盖放行章予以出证放行。

1. 检疫处理

针对植物、植物产品和其他检疫物，经现场检验或实验室检验，如果发现带有国家规定的应禁止或限制的植物有害生物，则应区分情况对货物分别采用除害处理、禁止出口、退回或销毁处理、限制使用和隔离检疫等处理方式。其中，邮寄及旅客携带的植物和植物产品由于物主无法处理需由检疫机关代为处理；其他的植物及其产品均可通知报检人或承运人负责处理，并由检疫机关监督执行。

（1）除害处理　我国植物检疫法规规定，有下列情况之一的，需采用物理或化学的方法进行除害处理。

① 输入、输出植物、植物产品经检疫发现感染限定的有害生物，并具有有效方法

除害处理的；

② 输入、输出植物种子、种苗等繁殖材料经检疫发现感染检疫性有害生物，并有条件可以除害的。

（2）退回或销毁处理　我国植物检疫法规规定，有下列情况之一的，作退回或销毁处理：

① 输入《中华人民共和国进境植物检疫禁止进境物名录》中的植物、植物产品，并未事先办理特许审批手续的；

② 输入植物、植物产品及应检物中经检验发现有《中华人民共和国进境植物检疫性有害生物名录》中所规定的有害生物，且无有效除害处理方法的；

③ 调运的植物、植物产品经检疫发现有害生物，为害严重并已失去使用价值的。

（3）禁止出口处理　我国植物检疫法规规定，有下列情况之一的，作禁止出口或调运处理：

① 输出的植物、植物产品经检验发现进境国检疫要求中所规定不能带有的有害生物，并无有效除害处理方法的；

② 输出植物、植物产品经检验发现有害生物，为害严重并已失去使用价值的。

（4）限制使用　将带有有害生物的产品通过限制使用范围、时间、地点、加工方式、条件等，并且同时做好防疫措施达到有效控制有害生物的目的。

（5）隔离检疫　将需要隔离的种苗移放在隔离场圃中种植培养，经过一段生长周期的观察，再决定进一步的检疫处理方法。

2. 检疫出证

根据进出境或植物、植物产品及其他检疫物的检疫和除害处理结果，检疫机关就可签发相关单证，并对经检验、检测合格或经除害处理合格的检疫物准予放行。

第五节　隔离试种检疫

一、隔离试种检疫的必要性

（一）隔离试种检疫概念

隔离试种检疫是将拟引进的植物种子、苗木和其他繁殖材料，于植物检疫机关指定的场所内，在隔离条件下进行试种，经过在生长期间的观察和多种手段监测、检验，对其健康状况进行评价，并进行评价后处理的一项检疫监管措施。

隔离试种检疫是为了防止进境种子、苗木和其他繁殖材料携带的检疫性有害生物因检疫技术的局限而传入国内的一项重要监管措施，也是许多发达国家普遍采取的一项检疫制度。

（二）隔离试种检疫的必要性

由于种苗及其他繁殖材料传带检疫性有害生物风险极大，所以隔离试种检疫是植物检疫综合体系中防止人为传播检疫性有害生物的极为重要的一道防线，也是从境外引种检疫的三个重要组成部分（检疫审批、口岸检疫、隔离试种）之一。隔离试种检疫对于确保所引进的材料不会传带检疫性有害生物具有特别重要的意义。

1. 隔离试种检疫可以避免"审批单"检疫要求和入境口岸检验检疫的盲目性

目前，在对进境植物繁殖材料进行以引进种苗为传播途径起点的PRA工作还未广泛开展的情况下，"审批单"的检疫要求一般是根据国外有害生物发生的资料，或者国内未发生或仅局部发生的有害生物进行制定。而新传入病虫能否流行，是难以估量的，其影响因素十分复杂。例如，植物抗病性、病虫生理小种的分化，以及天敌种群不同和环境因素的变化，包括其他微生物的演变和互作关系等。而这些因素在制定检疫性有害生物名单乃至入境口岸检查时都不能很准确判断，有一定的"盲目性"，但隔离试种期间可以监测其发生流行情况，及时消除隐患。

2. 隔离试种检疫可以克服口岸检疫技术的"局限性"

因为抽样中存在标准误差，特别是货物带的有害生物数量少时，其被抽检出的几率很小，加之因检疫技术的局限，就有可能漏检。只有在生长期间通过观察症状表现，并结合实验室检验才能得出准确的检验结果。

鉴于隔离检疫在进境植物检疫中的重要作用，欧、美等发达国家特别重视引进种苗的隔离检疫工作，将其作为防止疫情传入的最重要措施，投入大量资金建设隔离检疫设施，并对国外引种隔离检疫作出严格规定，配备专门人员，实施隔离检疫，取得了巨大的成绩。

美、澳等国对从未引进过的、疫情不清的种苗，通常都先进行PRA，按引进种苗风险大小分类采取不同的检疫措施，或禁止引进，或有条件引进，或基本放开。美、澳等国规定经有害生物风险分析具有较高危险性的进口植物种苗，要实施隔离检疫。澳大利亚联邦和州均建有隔离检疫苗圃、隔离温室、繁殖温室、网室和荫棚等各种设施及技术装备，不少地方还有政府认可的私人隔离检疫苗圃。美国农业部在马里兰州建有装备现代化的国家植物种质隔离检疫中心（NPGQC），还指定5所州立大学承担隔离试种检疫任务。英国农业部在约克建立了2 000m^2的大型检疫隔离设施，其中检疫隔离温室耗资300万英镑，选用高质量材料保证温室的密封性，通过调节进出气流实现正负压差，用水采用封闭循环，温度、光照、湿度均采用计算机自动控制。与隔离设施配套的综合性实验室，其装备包括透射电子显微镜、扫描电子显微镜、PCR仪、高速冷冻离心机等，可开展PCR、血清学检测、核酸杂交等检验检测工作。

中国从20世纪80年代起建立起了一批不同层次的隔离检疫场所。目前，我国在北京、上海、大连、厦门、四川、广东和海南等地建有较高水平隔离检疫圃。海南热带植物隔离检疫中心是目前国内唯一的同时具有负压隔离检疫温室以及智能可控型温室、隔离检疫圃、塑料温室、脱毒中心、遮阳网大棚、品种园等隔离检疫以及优良植物品种繁育设施。总的看来，我国的隔离检疫基本上处于相对集中种植进行疫情监测的水平，与严格意义上的隔离检疫差距较大。

为加强我国植物检疫防疫体系的建设，1998年启动的植保工程计划在全国分大区建设6个国家级隔离检疫场，并在各省建立24个省级隔离检疫圃。隔离区采取全封闭运行，装备先进的病虫检验和脱毒处理设备，以及配套的温室、网室和大棚。隔离检疫场（圃）根据工作需要，可设置检验部、栽培部、处理部等部门。检验部负责送检材料的报检、初检和植物生长期间的病虫害检验；栽培部负责送检材料的栽培和管理；处理部负责送检样品发现病虫害后的熏蒸、销毁以及其他处理措施的实施，负责送检材料包装物的焚烧处理和栽培器皿、土壤的灭菌处理。隔离检疫场（圃）建成后，将承担引进种苗隔离试种和生长期间的检疫检验，并为科研、生产单位提供不带法定检疫病虫的健康种苗，确保农业生产安全。到2003年，国家已重点装备了3个检疫隔离监测场（北京、广东、四川）。

二、隔离试种检疫的基本程序

我国的《植物检疫条例》第十二条规定："从国外引进的可能潜伏有危险性病、虫的种子、苗木和其他繁殖材料，必须隔离试种，植物检疫机构应进行调查、观察和检疫，证明确实不带危险性病、虫的，方可分散种植"。《实施细则》第二十一条规定："引进单位在申请引种前，应安排好试种计划。引进后，必须在指定地点集中进行隔离试种，隔离试种的时间，一年生作物不得少于一个生育周期，多年生作物不得少于二年。在隔离试种期间，经当地植物检疫机关检疫，证明确实不带有检疫对象的，方可分散种植。如发现检疫对象或其他危险性病、虫、杂草，应认真按植物检疫机构的意见处理。"国家质检总局1999年发布了《进境植物繁殖材料隔离检疫圃管理办法》，该办法规定国家质检总局统一管理全国进境植物繁殖材料的检疫工作，各地的出入境检验检疫机构负责所辖地区的进境繁殖材料的检疫和监督管理工作。

我国有关的植检法规规定，所有高、中风险的繁殖材料必须在检验检疫机构指定的隔离检疫场（圃）进行隔离检疫。高风险的必须在国家级隔离检疫场（圃）隔离检疫；因承担科研、教学等需要引进高风险的繁殖材料，经报国家质检总局批准后，可在专业隔离检疫圃实施隔离检疫。

隔离检疫的基本过程包括5个步骤：

（一）供试材料登记

供试材料由货主运往隔离试种圃或隔离试种区，由专人负责登记。

（二）初步检验与处理

由检疫人员在初检室对送检材料进行初步检查，如发现有问题需要先行熏蒸、消毒处理的则进行熏蒸、消毒处理；认为必须销毁的则销毁，并对所有包装、铺垫材料、绳、索等均应焚毁。

（三）栽培合格的材料

不需要先行熏蒸处理，或经处理后检查合格，可以进入检疫场（圃）的供检材料，在专用盆栽室里用消毒后备用的盆和土壤将其盆栽，并移入检疫温室，按照事先制定的检疫方案进行管理。

（四）生长期检验与处理

在温室内进行生长期的检查，必要时取样到有关的有害生物检验鉴定室通过必要的检测手段进行检测。如发现进境植物检疫性有害生物、政府及政府主管部门间签订的双边植物检疫协定、备忘录和协议书中订明的有关有害生物、其他有检疫意义的有害生物的，作销毁处理。

（五）出证放行

隔离检疫结束后，隔离检疫场（圃）出具检疫结果和报告。未发现进境植物检疫性有害生物、政府及政府主管部门间签订的双边植物检疫协定、备忘录和协议书中订明的有关有害生物、其他有检疫意义的有害生物的，予以放行，出具《入境货物检验检疫证明》。发现有上述有害生物的，作销毁处理，出具《检验检疫处理通知书》。对外索赔的，出具《植物检疫证书》。

第六节　疫情的监测和控制

疫情的监测和控制是植物检疫综合管理体系中的一个重要组成部分，是植物检疫监督管理体系的重要组成部分。

一、疫情的监测

根据具体情况在进出境植物及产品和其他检疫物的装卸、运输、储存、加工场所，包括机场、港口、车站、仓库、加工厂、农场等地进行疫情的调查和采取有效的监测措施，从而及时发现和了解限定的有害生物的疫情，并采取有效的控制措施，就可以有较好的检疫效果。

根据FAO/IPPC颁布的植物检疫措施国际标准第6号出版物“监测准则”的要求，国家植物保护组织应建立一个信息收集系统来收集、证实或汇编需要注意的有害生物的有关信息。监测的方法包括一般监测（广泛收集某一特定地区有害生物状况）和特定监测（针对特定的有害生物开展专门的调查），国家植物检疫机关应根据调查的结果公布有害生物的发生和分布情况。

通过疫情的监测收集到的有害生物的信息，可以确定一个地区、某些寄主或商品中有害生物存在或分布情况，或证明在建立和保持非疫区时一个地区不存在有害生物，以便为制定检疫措施提供依据。从这个意义上来说，疫情的调查和监测是采取植物检疫注册登记制度，产地检疫和预检、隔离试种以及除害处理的监管等植物检疫监管措施的必要条件。

疫情监测的方法很多，除常规的调查方法外，常用的方法是诱捕法，在检疫性病害的监测中有时采用预测圃法。

目前我国已经在31个具有检疫性实蝇适生条件的省、自治区、直辖市设置了20 442个检疫性实蝇监测点，通过采取引诱剂和诱捕器等方法在我国较大范围进行了地中海实蝇、瓜实蝇和橘小实蝇等的监测，初步建立了全国实蝇监测体系，全面启动了外来生物监测网，可以为划分检疫性实蝇疫区、非疫区和低度流行区，制定实蝇检疫措施提供科学依据，也为今后及时发现传入的检疫性实蝇，在其繁殖大量的种群、扩散定殖之前采取有效的根除扑灭措施，保护国内果蔬生产和出口市场奠定基础。

二、疫情的控制

（一）疫情控制方法

国家需要拥有和加强快速反应能力，构建“快速反应”机制与体系，一旦发现入侵的检疫性有害生物，有能力快速地予以清除或消灭。这需要政府的支持、训练有素的专业人员、必要的仪器设备及可使用的经费。

针对入侵的检疫性有害生物，要开发出针对特定目标的有效的、可接受的消灭或控制外来检疫性有害生物的技术与方法，重点在于发展消灭或控制外来检疫性有害生物的包括有生物防治、低污染化学防治、物理防治、生态替代、综合利用等可持续控制技术的综合治理技术体系，制定出最佳的优选方案与组合技术。

对新发现的小面积危害的检疫性有害生物，采用高效的紧急扑灭技术（如化学防治、人工防除、机械防除）。目前，我国假高粱的分布范围还比较局限，仅在山东、江苏、上海等局部地区有发生，如果采取有效的防除措施完全有可能将其扑灭。连云港的经验值得借鉴，他们连续坚持数年，在假高粱生长期间进行化学防治，效果显著，已经有效抑制了假高粱种子的形成和分布范围的扩大。人工、机械防治适宜于那些刚刚传入、定居还没有大面积扩散的入侵物种。如陕西西安、咸阳和辽宁锦州等地通过采用人工剪除幼虫网幕、高截树头成功控制了美国白蛾。

对大面积发生并已基本稳定的，采用能建立自然生态平衡达到长久抑制效果的生物防治等技术。外来入侵物种之所以会在新的领域猖獗，其主要因素之一就是缺少自然天敌的相互制约。从原产地引进自然天敌，在进行安全性、专一性、生态适应性等一系列研究的基础上释放，以达到生态控制外来入侵物种的目的。

要加强外来有害生物初始种群的野外监测技术与种群大面积发生蔓延检测技术（如遥感监测、雷达监测）的研究。在疫点清除后，要继续进行跟踪监控，开展综合防治，巩固清除成果。除此而外，要重视外来入侵有害生物清除后的生态恢复工作。

（二）控制疫情成功的事例

国内外用综合治理技术体系扑灭和控制疫情的事例已不罕见。

橘小实蝇和瓜实蝇原是日本南部琉球群岛的重要经济害虫，也是日本内、外检疫性害虫。在政府资助和冲绳县农林水产部实蝇对策事业所的具体组织、实施下，对橘小实蝇主要采用性引诱剂诱虫醚，加少量杀虫剂二溴磷，诱杀田间雄成虫，以减少雌虫交尾的机会，不断压低虫口。经十余年分岛屿逐片扑灭，共花费26亿日元，于1986年达到根除；对瓜实蝇则采用雄性不孕方法加以控制。在冲绳的那霸市建立了现代化瓜实蝇繁殖和雄性不育处理工厂（投资35.89亿日元），用^{60}Co-γ射线辐射处理室内人工大量繁殖的瓜实蝇蛹，造成羽化后的雄蝇不育（对雌蝇也有一定影响），然后用直升机在虫害区上空释放，经与野外瓜实蝇雌成虫交配后，使雌蝇不产生受精卵，丧失生殖力。每周释放几千万头，多时达1亿头。前后费时21年，共耗资约200亿日元，到1993年10月全部消灭了瓜实蝇。对这两种实蝇共动员了42万人次进行调查和防治。这两项防治工程虽投资巨大，但经济效益显著，每年可挽回因虫害造成的经济损失约50亿日元，堪称世界扑灭农业害虫现代史上辉煌事例之一。

美国十分重视采取综合措施控制除治检疫性有害生物。如对地中海实蝇的除治，他们采取了以下措施：①采用飞机等投放马拉硫磷毒饵，压低实蝇种群，为不育除治奠定基础；②利用二嗪农处理土壤，杀死老熟幼虫；③在发现害虫200m^{2}区域内的全部果实摘除，剖开检查并销毁，以杀灭幼虫；④利用诱捕器诱捕成虫；⑤利用飞机释放不育成虫，在地中海实蝇发生中心区按每周每平方公里202万头量释放不育实蝇，在缓冲区以每周每平方公里释放65万头不育实蝇，持续释放90d。美国利用上述方法曾9次扑灭了佛罗里达州的地中海实蝇，证明上述综合措施是相当有效的。

1982年5月，我国大陆首次在珠海市发现松突圆蚧。广东省于1984年成立防治松突圆蚧指挥部具体指导防治工作，组织有关单位和专家开展各方面的研究，包括对松突圆蚧的发生和危害规律等应用基础、化学防治、生物防治和营林防治等应用技术的研究。与此同时，发现了松突圆蚧的重要天敌——花角蚜小蜂（*Coccobius azumai* Tahikawa），并对其分类地位、生物学、生态学特性进行研究，形成了以营林为基础，以天敌利用为主，引进和应用花角蚜小蜂防治松突圆蚧为重点的防治原则。1986年将花角蚜小蜂由日本引入广东省防治松突圆蚧。在林间应用技术上，研究采用了林间小片繁育法增殖蜂源。1989年底，花角蚜小蜂已在广东省受松突圆蚧危害的马尾松林内定居。1989年建立106hm^{2}种蜂基地后，采取林间小片自然繁蜂、地面人工挂放和飞机撒放寄主枝条等方法助迁花角蚜小蜂，到1993年，累计放蜂总面积73.83万hm^2，占当时疫区面积的80%左右，寄生蜂的定居率在97.8%~100%，雌蚧被寄生率达40%~50%。到1996年，花角蚜小蜂通过助迁和本身的扩散，基本覆盖整个松突圆蚧发生区。1989—1997年，松突圆蚧发生和危害的程度较缓和，1997年后又急剧增加，其原因是1989—1997年大面积应用花角蚜小蜂控制了松突圆蚧的蔓延，1997年后因花角蚜小蜂种源缺乏，中断了生物防治，灾害又趋严重。目前，除继续研究、利用花角蚜小蜂控制松突圆蚧外，还开展利用本地天敌控制松突圆蚧的研究。

除了以上成功的事例以外，我国对棉花枯萎病、黄萎病、水稻细菌性条斑病、柑橘溃疡病、黄龙病、马铃薯癌肿病、美国白蛾、松材线虫、柑橘大实蝇、假高粱、毒麦等许多检疫性有害生物，都曾先后采取过除治措施，并取得了较好的效果。

三、迎接挑战，加强疫情的监测和控制工作

改革开放以后，我国大量的引种和调运，增加了外来检疫性有害生物传入、传播蔓延的机会。特别令人关注的是，为防止小麦矮腥黑穗病、地中海实蝇、马铃薯金线

虫、烟草霜霉病等重大检疫病虫传入，原来一直禁止进口的小麦、马铃薯、水果、烟叶等产品，将带有一定允许量检疫病虫陆续进入中国，有害生物传入的风险迅速增大。近年来，检疫性有害生物传入我国的频率大大加快，传入的时间间隔越来越短，突发频率越来越高。与此同时，随着国内农产品调运量的大幅度增加，国内原来局部发生的检疫性有害生物如苹果蠹蛾、橘小实蝇、柑橘溃疡病、稻水象甲、棉花黄萎病等发生范围有所扩大，控制难度加大。所有这些都对我国农业生产、生态环境、人类健康，外贸出口、经济持续稳定发展造成了严重威胁。因此，对疫情的监测和控制方面的工作亟待加强。

今后，要开展科学研究，为外来检疫性有害生物的管理提供科学依据。要全面分析外来植物有害生物的分布和作用；以有害生物进入、逃逸、种群建立和危害的不同阶段，从基因、物种、生态系统等层次研究有害生物入侵的生态学机理及其危害发生、发展和暴发的规律；建立针对不同传播媒介，不同入侵途径和不同风险度的有害生物的风险评价和风险管理技术体系；建立有害生物检疫检测、环境监测和预测预报的技术平台以及信息网络和数据库系统；以严重危害我国生态环境、农业、林业的重要外来有害生物为对象，探索外来有害生物生物防治、生态替代、资源再利用、高效低毒化学控制的可持续控制技术和环境友好组合技术；建立具有国际先进水平的全方位、全过程、高技术、高灵敏度的外来有害生物风险评价、预警与安全控制的研究技术平台，为我国农业安全生产、社会经济发展、生态环境保护提供技术支撑和安全保障。

思 考 题

1. 从综合治理的高度，列举出对植物及产品在流通前、流通中和流通后的各个环节采取的检疫措施。为什么不能过分依靠设卡把关，而要同时加强产地检疫，切实抓好入境后检疫，建立完善的检疫监管制度?

2. 简述建立“非疫区”的现实意义。

3. 简述建立无植物检疫性有害生物的种苗繁育基地，生产健康种苗的意义，基地建设过程中应注意哪些问题?

4. 什么是产地检疫？产地检疫的意义是什么？如何进行产地检疫？

5. 从国外引进种苗等繁殖材料、国内调运种苗等繁殖材料以及引进禁止进口物的审批意义是什么？

6. 什么是口岸进、出境检疫和国内调运检疫？简述口岸进、出境检疫和国内调运检疫的意义。

7. 简述隔离试种检疫的概念及其现实意义。

8. 做好疫情的监测和控制工作有何现实意义？

第十一章　植物检验检疫技术

植物检疫是技术性非常强的执法与管理工作，提高植物检疫技术水平，使检疫技术更加灵敏、快速、准确、安全、高通量、简便、标准化和易于推广，是提高植物检疫的科学管理水平，更好地保护我国的农业生产和生态环境，打破国外植物检疫的技术壁垒，促进我国的农产品出口，保护我国的农产品市场的客观需求。

1998年我国启动了“植保工程”，计划重点装备300个检疫实验室、6个检疫隔离监测场、24个无法定检疫病虫区域和种苗繁育中心。到2003年，国家已重点装备3个检疫隔离监测场、25个检疫实验室、25个危险性病虫检测站、5个TCK疫情检测站、1个葡萄苗木检测中心和1个有害生物风险分析中心。检疫的技术条件已得到了初步改善，我国植物检疫的防疫能力得到了提高。

目前，除了应用常规的检疫检验技术外，植物检疫技术在免疫学、分子生物学等领域取得了巨大的进步，尤其是免疫学技术、核酸技术的应用，为有害生物的快速检测提供了有力的保证。预计，高新技术，特别是分子生物学和信息技术将在植物检疫上得到全面应用。

第一节　常规检验检疫技术

常规检验检疫技术有过筛检验、软X光透视检测、检疫犬检查、相对密度检验、染色检验、直接镜检、洗涤检验、分离培养检验、血清反应检验、生理生化测定、噬菌体检验和萌芽检验、诱捕器诱集检验、鉴别寄主检验和植物病原线虫的分离等检验方法。

一、现场检验检疫技术

（一）直接检查

通过肉眼、手持放大镜或实体显微镜，对种子、植物、植物材料、包装工具、堆存场所和铺垫材料等进行观察，结合症状和镜检结果，判断是否带有或混有检疫性有害生物。操作时，可直接观察检疫物中有无虫体、菌瘿、杂草籽或病斑、蛀孔等为害状。检查时，应先检查外表和周围，然后由表及里仔细观察。观察是否有害虫的各虫态、虫的尸体、蜕皮、卵块、排泄物、巢茧和为害状，是否有病原物的菌瘿、菌核和病害的病状及病征，是否混有杂草的果实、种子等。对于种苗、接穗、插条和块茎、块根、鳞茎，要特别注意根部、枝条、茎秆皮层内外、叶片、芽眼和果实表面、萼注、果梗等部位，同时需检查是否夹带或黏着土壤。对皮棉、棉籽等要注意检查包布内壁、棉絮表层、棉籽以及掺杂物等处，运输工具和堆存场所，应仔细观察仓库内外六面的壁缝及四角，铺垫材料和木包装仔细观察残留碎屑和虫孔。必要时，结合用刀刮或剖开检验植物受害的可疑部分，查找虫体、菌核、菌瘿等。

（二）过筛检验

主要用于检查粮谷、油料种子、籽粒状干果和生药材等植物产品中的仓储害虫、菌核、菌瘿、虫瘿、病残体、杂草籽、土壤等。例如，小麦矮腥黑穗病的“菌瘿”等，此方法常用于现场的初检，或者室内检验的初级阶段。

其方法是根据不同的供检物品、选用不同孔形和孔径套筛，在现场货物的不同层面、不同部位，以一定的方式取样（因不同货物而异），以回旋法筛检，仔细检查筛上物和筛下物中有无病、虫、杂草籽，并进行识别、分类，必要时装入事先备好的容器带回实验室鉴定。供检样品种类及所用筛孔孔径规格见表11-1。实验室的过筛法检验则是对从现场取回的样品用一定规格的套筛进行筛选，将筛上物和筛下物分别倒入白瓷盘内，用肉眼或借助10~15倍放大镜检查、鉴定所含病、虫、杂草籽的种类，统计含量，并收集其标本保存备查。

表 11-1 样品种类及其筛孔孔径规格表

样品种类	筛层数	各层孔径规格/mm	孔形
花生米、大豆、玉米、蓖麻籽等	3	3.5、2.5、1.5	圆形
水稻、麦类、高粱、大麻籽等	2	2.5、1.5	圆形
谷子、油菜籽、芝麻、亚麻籽等	2	2.0、1.2	圆形

必要时按下列公式计算含量：

病原物含量（%）=病粒或菌瘿、菌核数/样品重量（g）×100

害虫含量/（头/kg）=害虫头数/样品重量（kg）

杂草种子含量可按上述公式计算所占比例（%）或每千克粒数。

（三）软X光透视检测

X射线根据其波长及穿透力，可以分为3类：波长在0.01nm以下，穿透力最强，称为硬X射线；波长在0.01~0.05nm，穿透力次强，称为软X射线；波长在0.05nm以上，穿透力较弱，称为超软X射线，一般也算作软X射线。软X射线由于波长较长，能级较低，穿透力较弱，被检验的物体吸收率高，成像对比度强，层次清晰，因而最常用作摄影。

在现场检查时，可通过X光机查看旅客所携带包裹中的物品，因此可以广泛用来检查旅客的行李物品是否携带我国禁止进境物，防止有害生物传入我国。

（四）检疫犬检查

检疫犬检查是利用犬类灵敏的嗅觉，检查旅客的行李、邮寄包裹和运输货物中国家有关禁止携带、邮寄、运输的物品。借鉴美国、加拿大、日本和澳大利亚利用检疫犬搜索动植物产品的经验，在我国首都国际机场、广州白云机场、浦东国际机场、南京禄口国际机场、大连周水子国际机场、深圳国际机场、台湾桃园机场等陆续开展使用检疫犬进行检测。检疫犬在国际入境通道来回执勤，主要穿插在行李传送带旁边进行搜查，也可对正在办理入境手续的排队旅客搜检其手提箱包。检疫犬的应用能有效地加强检验检疫的把关力度，提高检出率，减轻检验检疫人员的劳动强度。

二、实验室检验检疫技术

（一）相对密度检验

一般用于检验种子、粮谷、豆类中的内蛀性害虫，也可检验其中的菌瘿、菌核和病秕籽粒及菟丝子等杂草籽。其原理是有虫害的籽粒及菌瘿、菌核、病秕粒、草籽比健康籽粒轻，将其浸入一定浓度的食盐水或其他溶液中，使它们浮于液面。捞取浮物，再结合解剖镜检，即可鉴定种类。

豆类等较重的种子，用饱和食盐水（在100mL、20℃温水中，溶入食盐36g）或硝酸铵溶液（硝酸铵300~500g，溶于1 000mL水中）浸泡（浸入后搅拌5~10s，静置1~2min），可漂浮出豆象危害的籽粒。

稻谷等籽粒较轻，可用2%硝酸铁溶液检出被谷象等蛀害谷粒；方法是取经过筛的样品100g，倒入硝酸铁溶液中，搅拌或摇晃1min，即可使健康粒下沉，被害粒上浮而分开。

（二）染色检验法

某些植物和植物器官被害虫为害或病原感染后，或某些病原物本身，常可用特殊的化学药品处理，使其染上特殊的颜色，帮助检出和区分病虫种类，这种方法即为化学染色法。

当检查粮谷中隐藏的谷象、米象时，将样品15g放在铁丝网中，先浸入30℃水中1min，再移入1% $KMnO_4$溶液内染色1min，然后用清水洗净，在放大镜下观察，凡粒面有直径约0.5mm左右黑斑点挑选出来进行检查；检查豆类中隐蔽的豆象时，将样品50g放在铁丝网中，先浸入1%碘化钾或2%的碘酒中染色1~1.5min，后移入0.5% NaOH或氢氧化钾液中处理20~30s，取出用水冲洗0.5min，再摊开检查，凡粒面有1~2mm直径的黑色圆点者，即挑出检查。

在植物病原细菌检验中，常用的有革兰氏染色和鞭毛染色法。鞭毛染色常用的方法有西萨基尔染色法（Geseres-Gill）和银盐染色法，操作步骤为：涂片后，先用媒染剂处理数分钟，用水清洗晾干后，染液染色数分钟，水洗干燥后即可在显微镜下观察。革兰氏染色的原理是不同细菌胞壁的结构和化学特征不同，染色反应也不一样。操作步骤为：用新培养菌涂片后，先用结晶紫染液染色，通过媒染剂碘液着色处理后，用酒精脱色，再经番红复染，在光学显微镜下观察呈红色的为革兰氏阴性，呈深紫色的为革兰氏阳性。一些植物病原菌的鞭毛染色和革兰氏染色反应见表11-2。

表 11-2　　植物病原菌的鞭毛染色和革兰氏染色反应特点

属　名	鞭毛数量及着生特征	革兰氏染色反应
假单胞菌属（*Pseudomonas*）	1根或多根，极鞭	阴性
黄单胞菌属（*Xanthomonas*）	1根，极鞭	阴性
土壤杆菌属（*Agrobacterium*）	1～6根，周鞭	阴性
欧文菌属　（*Erwinia*）	多根，周鞭	阴性
棒形杆菌属（*Clavibacter*）	无鞭毛或少数极鞭	阴性

（引自洪霓《植物检疫方法与技术》）

另外，该法还适用于检验植物组织中的内寄生线虫。方法是在烧杯中加入酸性品红乳酸酚溶液，加热至沸腾，加入洗净的植物材料，透明染色1~3min后用冷水冲洗，然后转移到培养皿中，加入乳酸酚溶液褪色，用解剖镜检查植物组织中有无染成红色的线虫。

（三）直接镜检

对查获的害虫，可在双目解剖镜下鉴定种类；也可挑取样品病变部分，沾涂于玻片上，置显微镜下检查病原种类。

电镜的分辨率已达到0.2~0.4nm，比最好的光学显微镜高10万倍。目前电镜检验技术主要有负染法、超薄切片技术、免疫吸附电镜技术等，由于其分辨率高，因而可以用于植物病毒、植原体和细菌等病原物的检验和鉴定中。

（四）洗涤检验法

适用于检查附着在粮谷类和其他种子表面的真菌孢子、细菌或颖壳上的病原线虫，如检查小麦种子是否带有小麦矮腥黑穗病菌，甜菜种子是否带有甜菜锈病等都常采用此法。

操作步骤如下：

1. 洗脱孢子

将按规定取样得来的供检样品（因种子的种类而异，一般10~100g）两份，分别放入三角瓶中，加入10~100mL 的无菌蒸馏水，在振荡器上振荡5~10min，洗脱黏附在种子表面的病菌孢子。

2. 离心富集

将洗液倒入离心管中，以2 000~4 000r/min的转速离心10~30min，使病原物完全沉淀下来。

3. 镜检计数

弃去上清液，每个离心管内再加少量蒸馏水，摇动离心管使沉淀重新悬浮。将离心管内的悬浮液集中到量筒或有刻度的试管内，定容至一定的毫升数。再取悬浮液制片镜检、鉴定。每个样品至少检查5个玻片。如果要统计每克种子含某种病菌孢子的数量，通常采用血球计数板检测计数来推算。

（五）分离培养检验

1. 应用范围

本方法主要适用于潜伏于种子、苗木、繁殖材料及植物产品内的（包括表层和深层的）病原菌。

一些专性寄生菌，如白粉菌类、锈菌类、病毒类和大多数类菌原体、类病毒等，目前还不能在人工培养基上分离培养，因而不能采用此法。

2. 分离方法

不同的病原菌分离所用的培养基、分离方法、分离培养的条件不同，必须因病制宜地选用适宜的培养基、分离方法和培养条件。

通常，分离培养真菌最常用的是马铃薯葡萄糖琼脂培养基，分离培养病原细菌最常用的是牛肉汁培养基，这两种培养基是适宜于多数病原菌生长的通用培养基。对于一些有特殊营养要求的病原菌，或在分离时为了抑制其他菌类的生长，往往需要用特殊的选择性培养基。

组织分离法适用于对病原真菌的分离，将试样材料经表面消毒并冲洗后切成4~5mm的小块，轻轻置于平板培养基表面，写好标签后即可置于适宜温度下培养观察，待病原菌长出后再进行形态学鉴定或进一步纯化后接种鉴定。

稀释分离法适用于对产生孢子的真菌、放线菌和细菌的分离。对于病原真菌，将发病部位的孢子挑取少量放入试管中的无菌水中，制成孢子悬浮液，并稀释配成不同浓度，与经冷却的熔化琼脂培养基混合后倒入培养皿中培养。待病原菌长出后再进行形态学鉴定或进一步纯化后接种鉴定。

画线分离法则主要适用于细菌的分离，试样则在表面消毒后应研碎并在灭菌水中浸泡10~20min后再画线。

此外，各种病原菌发病的部位和存在的植物组织不同，分离时要采取不同的方法。如分离潜伏于种子表层或深层的病菌，可先将种子表面消毒，用灭菌水洗涤后，移植于培养基上；如要确定病菌的潜伏部位时，可将种子表面消毒，用灭菌水洗涤后，将种粒放在消毒过的培养皿内，再用消毒过的解剖刀分割成不同部分，移植于培养基上，或是先将种子按不同部分分成小块再作表面消毒，作培养工作；如需了解种子外部附着的菌群时，应先用灭菌水洗涤，然后将洗液稀释到一定程度，以后采取稀释法培养；在分离块茎、块根及苗木、接穗等繁殖材料所带的病菌时，可先将病部用70%酒精或0.1%升汞（$HgCl_2$）溶液作表面消毒，用无菌水洗涤3~4次后，再挑取内部组织进行培养，或者切取与健全组织邻近的部分病部，进行表面消毒和洗涤，然后再培养。

3. 接种方法

当供检的样品通过适宜的分离方法分离得到病原菌后，再根据不同类别的病菌，分别采用形态学、生物学特性、生理生化等方法进行鉴定，必要时还需对分离的病原菌作进一步的致病性测定，即接种鉴定，以确定分离菌是否就是病原菌。接种方法可根据病原菌和寄主植物种类及病菌的传播和侵染途径来设计。如种子传染的病害可用拌种法、浸种法、花期接种法等方法接种；土壤传染的病害可用土壤接种法、蘸根接种法、根部切伤接种法；气流和雨水传播的病害可用喷雾法、喷洒法、针刺法、剪叶法、涂抹法、注射法等方法接种；有些昆虫介体传播的病害，可用相应的昆虫介体接种；有的通过嫁接传染的病害则可用嫁接法接种。

（六）血清学检验法

血清学反应又称免疫学反应，是指抗原与抗体之间发生的各种作用。抗原指的是能诱导产生抗体的一类物质，它可以是病毒、细菌、真菌、植物菌原体等微生物，也可以是酶类、DNA、RNA、类脂、多糖等有机化合物。抗体是指由抗原注射到动物体内诱导产生的、并能与抗原在体外进行特异性反应的一类物质，主要是一些免疫球蛋白。含有抗体的血清通常称为抗血清。抗原能与由其诱导产生的抗体发生凝集、沉淀等反应。血清学检验法就是制备具有专化性的抗体（抗血清），利用抗原–抗体反应检测样本中有无目标病原物，实现对病原物的检测、鉴定。

血清学反应检测技术的前提条件是要获得具有待测有害生物的特异抗体（抗血清），利用抗原–抗体的特异性反应即可检测出样品中有无目标生物的存在。常用的抗体有多克隆抗体（PAB）和单克隆抗体（MAB）。多克隆抗体制备较简单，应用很普遍，但除检测目标外，有时会与非目标蛋白发生反应；而单克隆抗体制备较复杂，但专化性较强。目前，大多数植物病毒都有商品化抗体或试剂盒出售，并附有病毒样品的制备、血清学操作程序和结果判定及注意事项等。国内也已研制出了检测水稻细菌性条斑病菌、水稻白叶枯病菌及柑橘溃疡病菌及多种植物病毒的单克隆抗体。

血清学反应检测技术，随着免疫学理论的进展有了很大的发展，方法很多。从最初的沉淀反应、凝集反应，到现在的酶联免疫吸附方法等，操作技术日趋微量化、自动化、标准化，检测技术的敏感性和特异性大大提高。

目前，实验室中最常用的血清学方法有免疫电镜和免疫电泳、琼脂双扩散、酶联免疫技术、斑点免疫技术和免疫荧光检验等。

血清学方法是植物病害检疫检验的有力手段之一。它快速、准确、灵敏度高、操作方便，应用范围广，适用于对种传、土传及苗木等种用材料传播的病害的检测。当前主要用于植物真菌、病毒类病害和某些细菌性病害的检测。

1. 免疫电镜技术（Immunoelectron microscopy，IEM）

这项技术是电镜技术和免疫学技术相结合的一种方法。其操作是利用载有支撑膜的铜网经漂浮于抗体或抗原液中，经冲洗、吸干，再漂浮于抗原或抗体液中，再冲洗、吸干、染色，电镜下诱捕的病毒粒体就会显现出来。

免疫电镜技术的电镜制片方法有多种，常用的有3种：诱捕法、修饰法和诱捕修饰法。

诱捕法是先将抗体（抗血清）包被在电子显微镜的铜网支持膜上，然后根据抗血清和病原物（抗原）之间的相互作用而将同源病原物（抗原）吸附于铜网支持膜上，最后用电子显微镜进行检测；修饰法是在抗血清包被铜网和病原物（抗原）处理后，将吸附在铜网上的病原物用抗血清处理，同源病原物表面会因吸附抗血清而在其表面形成一层由抗血清形成的“外套”，出现了“外套”，电子显微镜下病原体就很容易观察到。

免疫电镜技术出现后，进行了多次改进，后来的A-蛋白免疫电镜法和胶体金免疫电镜等使检测的灵敏度进一步提高。

免疫电镜技术快速、准确、省工、省抗体和抗原材料，且制好的铜网以及抗血清的包被铜网均可保存一段时间，并可邮寄，因此该技术已广泛应用于植物病原真菌、病毒以及类病毒的检测中。

2. 酶联免疫吸附技术（Enzyme-Linked Immuno-Sorbent Assay，ELISA）

酶联免疫吸附技术是血清学反应中最常用的一种酶标记法。该技术的基本原理是把抗原、抗体的特异性免疫反应和酶的高效灵敏催化反应有机地结合起来，即通过化学的方法将酶标记在抗体或抗原上，然后将它与相应的抗原或抗体起反应，形成酶标记的免疫复合物。结合在免疫复合物上的酶，在遇到相应的底物时，就催化无色底物生成有色的产物。这样就可根据颜色的深浅和有无，进行定性、定量的分析。

酶联免疫吸附测定法最早是用于病毒的检测，由于其具有快逗、灵敏、特异等优点而受到人们的推崇。20世纪80年代后，它又开始逐渐应用于类菌质体、植物病原细菌及植物病原真菌的检测。

ELISA法主要有：直接法、间接法、夹心法、竞争法、酶抗酶法和双抗体夹心法，其中以双抗体夹心法在植物病原物的鉴定上应用最为广泛。

双抗体夹心法DAS-ELISA是一种灵敏度高，特异性强，检测快速、准确的酶联免疫吸附技术。其基本步骤为：①以抗体作为包被物；②加相应的抗原与之反应；③加酶标抗体，使之与抗原抗体复合物反应；④加底物，显色，在线性的剂量反应曲线范围内，酶与底物反应的颜色与样品中抗原的含量成正比，颜色深浅可利用自动仪器进行检测，因此，这种方法可用于定量检测。

由于DAS-ELISA是以抗体作为包被物，抗原中的非抗原大分子物质不能吸附于载体上，因此具有较强的特异性。用双抗体夹心法，魏梅生等（1999）开发了酶联检测试剂盒，对南方菜豆花叶病毒进行了检测，结果表明，该方法进行检测特异性较强、灵敏度较高。

以后，又对ELISA技术检测速度、灵敏度、准确性以及仪器装备等方面进行了改进，使之更加趋于完善。在DAS-ELISA基础上发展起来有异种动物抗体夹心方法（ELISA-DSM）和A蛋白酶联法（SPA-ELISA），灵敏度和特异性都有提高。

3. 斑点免疫法（DIA）

斑点免疫法（Dot Immunobinding Assay，DIBA)技术是近年发展起来的血清学技术，它采用硝酸纤维膜（NC）代替ELISA的酶联板，通过酶标记抗体与吸附于硝酸纤维素膜（NC）上的抗原发生特异性结合，经加底物溶液后在NC膜上形成有色斑点的免疫学方法。

同ELISA相似，DIBA也有直接法、间接法、双抗体夹心法。斑点免疫技术是一项十分有用的血清学技术，它的一个重要用途是组织免疫印迹，通常可以将组织材料（如切割开的种子）直接与硝酸纤维素膜接触，抗原从组织中释放，并结合于膜上，通过直接法检验或使用辣根过氧化物酶（或碱性磷酸酶）标记间接检测结合于膜上的抗原。由于斑点免疫检测技术具有与电镜观察法同样高的灵敏度，且操作容易、简便，试验本身血清用量少，且可重复利用，一次性检测的样品量大，因此是一种适合检疫需要的快速诊断检测方法。

4. 免疫荧光抗体法（Immunofluorescent，IF）

免疫荧光抗体法是先将荧光染料（异硫氰酸荧光黄、罗丹明和得克萨斯红等）与抗体，以化学的方法结合起来，形成标记抗体。当与相应的抗原反应后，产生有荧光标记的抗体-抗原复合物。借助于荧光显微镜的光激法，能观察到荧光。荧光的存在就表示抗原的存在。

免疫荧光技术具有间接和直接免疫荧光法，间接免疫荧光法在实践中用途较广。

免疫荧光技术检测的灵敏度一般为10^3~10^5cfu/mL，不仅对每个荧光细胞可以记数，而且可以观察有关细胞的形态特征。荧光抗体测定现已成功应用于植物组织、种子及土壤中细菌及真菌的检测。

（七）生理生化测定

在分离培养获得细菌纯培养物后，有时还需要进行生理生化测定。传统的测定方法用细菌培养物接种于特定的培养物或检测管，通过产酸、产气、颜色变化等反应，检测细菌的耐盐性、好氧或厌氧性、对碳素化合物的利用和分解能力、对氮素化合物的利用和分解能力、对大分子化合物的分解能力等，达到鉴别目的。

目前，在传统测定的基础上，发展出了测定细菌多项生理生化指标，并借助于计算机统计和决策的快速测定方法。例如，生化测定试剂盒、Biolog测定、甲基脂肪酸气相色谱分析法等。

研发出的商品化生化测定试剂盒主要包含鉴定某一类细菌的关键碳源、氮源、特殊酶及有机酸等，并附有比较和检索用的计算数据库。Biolog细菌自动化鉴定系统大大地简化了传统的细菌鉴定程序，它将大量的细菌生理、生化测定参数与先进的计算机技术有机地结合起来。应用时只需将经过纯化后的病原细菌制成菌悬液，再接种到反应板上，4~24 h后，便可得到准确的鉴定结果。

（八）噬菌体检验法

噬菌体是侵染细菌的病毒，能在活细菌细胞中寄生、繁殖，并裂解寄主细胞。在液体培养时使浑浊的细菌悬浮液变得澄清；在固体平板上培养时则出现许多边缘整齐、透明光亮的圆形无菌空斑，称为噬菌斑。

一般来说，自然界中凡有细菌存在的地方，就有可能存在寄生该细菌的噬菌体，而且噬菌体的数量消长也常常与该寄主细菌的数量消长成正相关；另外，噬菌体的寄主范围常有一定的专化性。自20世纪50年代起，噬菌体与寄主细菌的相关性和选择的专化性就被用于追踪植物病原细菌潜伏的场所，测定细菌的种类和数量，探索病菌的消长规律，进行病害的预测预报以及应用于植物病原细菌的检疫检验。另外，可以利用专化性噬菌体鉴定病原细菌的菌系。

在植物检疫中应用噬菌体来检验细菌病害的方法，主要有增殖法和间接法。

1. 增殖法

根据噬菌体与寄主细菌存在的相关性，根据噬菌体只能在活的寄主细菌中增殖的原理，在检验样品的浸泡液中加入某种已知的专化噬菌体，经过一定时间的培养，以噬菌体的数量是否增加来测知目标寄主细菌的存在与否。

噬菌体增殖法已被成功地用于检验玉米细菌性枯萎病菌、柑橘溃疡病和菜豆疫病菌。

2. 间接法

利用已知的寄主细菌（指示菌）测定目标噬菌体的存在，从而间接证明是否带有细菌。

在进行水稻种子检验时，由于白叶枯病菌、细菌性条斑病菌和噬菌体主要存在于颖壳内外，而米粒上极少，因此只需测定颖壳即可。用间接法来检验稻种中的白叶枯病菌已列入我国国家标准局发布的《水稻种子产地检疫规程》。其检验程序如下：

（1）样品的制备　从供试的稻种中，多点取样，经充分混合后，随机称取种子10g，脱下谷壳，磨碎后放入消毒过的小烧杯中，加灭菌水20mL，浸泡30min后用纱布过滤除去谷壳，滤液供测定用。

（2）指示菌液的制备　检验本地的稻种可用本地病稻株上分离出来的菌种作指示菌；检验外地引入的稻种，用菌种OS－3（江苏）和OS－14（辽宁）两个菌株作混合指示菌。指示菌要纯、要新鲜培养的，一般以在斜面培养基上培养3~5d的菌为最好，超过10d以上的不宜使用。每管斜面菌种试管中，加5mL灭菌水，刮下菌苔，配制成细菌悬浮液（含菌量应在9亿/mL以上）作为指示菌液供测定用。

（3）测定方法　每个供测稻种样品，分别吸取制备好的样品液1.0、0.5、0.2mL，放入三个灭菌的培养皿中，然后，每个培养皿中加入1mL指示菌液，与样品液混匀，数分钟后，再在各培养皿中加入熔化后冷却至45℃左右的普通牛肉汁蛋白胨固体培养基10 mL，迅速摇匀，待凝成平板后，放入25~28℃温箱中，培养10~12h后，观察各个培养皿中有无噬菌斑出现。如果有噬菌斑，则说明供测的稻种中有白叶枯病菌。然后记载各培养皿中的噬菌斑数，并换算成每克种子所含的噬菌体数。

应用噬菌体检验法检验时，不需要分离细菌，也不需要进一步鉴定，直接就可获得检验结果，具有快速、准确的优点。缺点是非目标菌大量存在时敏感性较差，噬菌体与寄主细菌的选择专化性和细菌对噬菌体的抵抗性都有可能影响检验的准确性。

（九）保湿萌芽检验

一般种子携带的病原菌，无论其为内生菌或外在菌，在种子萌芽阶段，即开始侵染危害。其中，有很多在种子的萌芽期或幼苗的早期，就表现症状，甚至在种子还未萌发时，表面就长出病菌。对这类病害，可采用保湿萌芽试验检验种子带菌情况。

1. 保湿培养检验

保湿培养检验包括吸水纸法、冰冻吸水法和琼脂平皿法三种方法。

（1）吸水纸检验法　吸水纸法适用于许多类型的种子，如禾谷类、豆类、麻类、各种蔬菜、观赏植物和林木种子等的种传真菌病害的检验。它已被列为国际种子检验协会（ISTA）规定的种子健康检验的常规方法之一。

用无菌吸水纸（滤纸）三层，吸足无菌水后，滴掉多余的水，然后放入无菌的柏氏培育皿（这些培育皿可以透过近紫外光）内，将待测样品种子保持一定距离，放于滤纸上，再将培养皿置于20~28℃（视不同检验对象而定）的温箱中，以12/12h为一周期，用近紫外灯光照射和黑暗交替处理（用2根40W近紫外灯光日光灯管，两管相距20cm，悬挂高度距离培养皿40cm）。培养时间视检查对象而定（一般3~7d），待病原菌长出后再镜检、鉴定。

对于在培养中能产生繁殖结构的多种种传半知菌，吸水纸法有利于分生孢子的形成和致病真菌在幼苗上的症状的发展。检查时，用低倍的体视显微镜在50倍到60倍下观察真菌的生长。发现可疑种子后做好标记，统计带菌率，并记录观察到的真菌生长特性。应特别注意观察种子上菌丝体的颜色、疏密程度和生长特点、真菌繁殖结构的类型和特征。

（2）冰冻吸水纸法　冰冻吸水纸法是常规吸水纸检验法的改进。此法用于某些种传病原真菌的某些种的检查与检验，并可以减少杂菌污染、抑制种子发芽。

将种子排列在吸水纸上，将一般谷物种子在10℃下保持3d，使其先萌芽。然后，在20℃的温度下，保持2d（其他种子在20℃保持4d）。再将幼苗在-20℃冰冻过夜，以死亡的幼苗作为培养基。以后在20℃的条件下，以12 h紫外光/12 h黑暗交替处理，保持5~7d。为了防止细菌污染，可在吸水纸上加些抗生素，如2×10^{-4}金霉素或土霉素等数滴。然后在体视显微镜下观察种子上真菌的存在及形态特点。

（3）琼脂平皿法　此法是将待检种子放在琼脂培养基上，通过一定温度下的培养，使其在种子上产生菌落后进行鉴定。常用于检验棉籽是否携带棉花枯、黄萎病菌以及矮腥黑穗病菌与普通腥黑穗病菌。

此法和吸水纸法不同之处，就是用1.5%~1.7%琼脂，经灭菌后倒入无菌培养皿中，制成一定厚度的平面，代替吸水纸。其优点是因含水量均匀一致，有利于病原菌生长，皿内洁净，杂菌少，便于检查。

2. 萌芽法检验

（1）沙土萌发检验　可用普通河沙进行检验，以通过1mm筛孔的沙粒最为适合。首先，将沙用清水洗去泥垢，然后用沸水煮过，铺在经酒精或福尔马林液消毒过的萌芽器内，加冷开水至含沙量的60%左右。沙面应低于容器边沿4cm，在铺平的沙上排列种子，间隔一定距离。排好种子后，再加细沙覆盖2~3cm，并加容器盖，置于25℃的温箱中。

当第一个幼芽长高碰到顶盖时，即应去盖。经过一定时期，将幼芽连根取出，并取出发芽的种子，根据幼芽和未发芽的种子所表现的症状及种苗上有无孢子，就可计算出发芽率和发病率。

（2）土内萌发检验　将种子播种在含有灭菌土壤的盆钵或播种箱内，保持适宜发芽的温、湿度。到种子发芽出土后，进行检验，分析其发病情形。

（3）试管幼苗症状测定　取长160 mm，直径为16 mm的大试管若干支，每管内盛有1%热的、透明的水琼脂培养基10mL。消毒过的管子保持大约60° 的角度，待培养基完全凝固后，每管放入1粒种子，塞紧管口。再置于20℃下（或培养于对病原和寄主适合的其他温度下），用人工光照和黑暗各半（12h）处理。当幼苗达到管顶时，即可将管盖取掉。待培养期到后，检查幼苗症状。

（十）诱捕器诱集检验

利用特异性诱集剂，置于特制的诱捕装置中，诱测检疫性害虫（主要是成虫）的方法，称为诱捕器诱集检验。

目前主要应用的诱集剂是信息素和诱饵两类。

（1）信息素　是一种由同种个体释放并引起其他个体行为反应的化学物质，包括性信息素、报警素、追踪素和聚集素等。信息素特异性强，灵敏度高，可引诱同种个体定向至释放源。许多重要害虫的信息素的物质成分已研究清楚，可以用于诱集检验。如实蝇类信息素包括诱虫醚、诱蝇酮、实蝇酯等，诱虫醚主要成分为甲基丁子香酚；诱蝇酮主要成分是4-对乙酸基苯基丁酮，对柑橘小实蝇、瓜实蝇及其近缘种有较强的引诱作用；实蝇酯主要成分是4-（5）-氯-2-甲基-环乙烷-1-羧酸叔丁酯，对地中海实蝇引诱活性较强。

（2）诱饵　是指存在于许多植物或动物寄主体内的天然物质或人工合成物质，可刺激嗅觉器官而产生定向行为，引导害虫直接移向食物诱饵。如柑橘大实蝇喜食糖蜜等发酵物，用蛋白胨1份，红糖水5份，啤酒酵母2份、水92份调配成的混合物，对柑橘大实蝇有良好的诱集效果。

诱集剂虽然有种的特异性，但常能同时诱到近似种，故应将所诱虫种做仔细鉴定。

诱芯是负载诱集剂的材料，目前使用的诱芯有塑料、橡胶和脱脂棉球三大类。

迄今为止所使用的诱捕器样式不下几十种，如水盆式、平板式、屋脊型、翼型、双锥体型等，如在美国使用Jackson式诱捕器为屋脊状，内挂浸透引诱剂的诱芯，底部横插一涂有含药剂黏胶的薄板。又如Mcphail式为瓶式，瓶壁透明，内盛诱液，底部中间有一开口，实蝇自下往上进入瓶中，可因取食或飞逃而进入诱液中。不同类型和形状的诱捕器适用于不同种类的昆虫。另外，诱捕器悬挂高度、密度等都会影响监测效果。使用时，可根据害虫种类来确定诱捕器的数量。诱捕实蝇类，在果园每150~250m^2设一个诱捕器；在机场、港口、车站、仓库内，每20m^2设一个诱捕器；诱捕谷斑皮蠹需在调运现场每10m²设一个诱捕器；诱捕苹果蠹蛾每30m²设一个诱捕器；在果园设置诱捕器，挂在树上即可；在调运现场，应架在距地面1~2m高的物体上，每天检查诱虫数量，并定期更换诱芯。

诱捕器主要用于产地、港口、机场、车站、货栈、仓库、农产品批发市场、远洋垃圾集中堆放处理场所及其临近地区等处的虫情监测，这是虫情监测的一种常用方法。

近年来我国对果蔬和林木上双翅目（实蝇）和鞘翅目（小蠹虫）害虫诱捕器及诱捕技术进行了一些研究，取得了较好的成绩。

今后可设置针对性的诱捕器进行疫情监测。在水果、蔬菜、木材、棉花和粮谷类的进口口岸、运输沿线、市场、仓库、加工厂等场所可使用诱捕器监测实蝇、大小蠹、墨西哥棉铃象、谷斑皮蠹等检疫性害虫；在产地可长期进行害虫诱捕监测，结合其他调查手段了解清楚害虫的分布和发展动态，进行针对性防治和检疫处理，为检疫性害虫疫区、非疫区和低度流行区划分，非疫区无疫害状况的维持奠定基础。

（十一）鉴别寄主检测

鉴别寄主检测是植物病毒生物定性测定的一种基本方法，被广泛应用于植物病毒的鉴定、诊断及检疫中。将许多病毒接种到某些特定的敏感植物上可以产生特定的症状。根据这些症状的特点，可以判断是否有某种病原物存在。在生物学鉴定时，需将病毒接种到这些鉴别寄主上，然后观察症状反应，常用的人工接种方法包括汁液摩擦接种和嫁接接种，有的病毒不能通过机械接种传染，而需借助介体昆虫或菟丝子等进行传染。

鉴别寄主包括草本植物和木本植物。对一种病毒有特殊反应的寄主，可以归结成一组，称为“鉴别寄主谱”。一般可以包括3~5种不同反应类型的寄主植物。理想的鉴别寄主应该是容易并能快速生长，具有适宜接种的大叶片，接种以后，能比较快地产生特异而稳定的症状反应，最好是产生枯斑反应（包括枯斑、环班、斑纹等），若形成的病斑能保持不连续、不愈合在一起，在以后叶不出现系统感染则更好。表11-3是马铃薯的病毒在鉴别寄主上的症状表现。

表 11-3 马铃薯的病毒在鉴别寄主上的症状表现

检验病毒	接种植物	检查时间/d	症状表现
PVX	千日红	5 ~ 7	叶面有红色环形枯斑
PVM	千日红	12 ~ 24	叶面有紫红色小枯斑
PVS	千日红	14 ~ 25	叶面有橘红色小枯斑
PVG	心叶烟	20	系统性白斑花叶
PVY	普通烟	7 ~ 10	先是明脉，后脉常花叶
PVA	香料烟	7 ~ 10	明脉
PSTV	莨菪	5 ~ 10	沿脉出现褐色环死斑

（引自许志刚《植物检疫学》）

汁液摩擦接种法鉴定时多用病植物汁液、种子浸渍液或种子研磨制成的提取液摩擦接种指示植物，依据指示植物症状表现鉴定病毒种类。每次接种的株数不得少于5株，并要有重复和对照试验。接种方法是先在鉴别寄主叶片上轻轻喷上一层金刚砂（300~600筛目），然后用手指、纱布、消毒棉球、毛笔或小的扁刷等蘸取事先在低温下研磨榨取的供检测的植物汁液，在喷有金刚砂的叶片上轻轻摩擦（对照植株蘸无菌水摩擦），然后用清水冲洗掉叶面上的杂物，置于保持适宜的温度（20~25℃）、湿度和光照的隔离温室中培养，定期观察并记录指示植物的症状反应。

嫁接接种方法是指将待检的果树、林木材料的接穗嫁接接种到对该病毒敏感的木本指示植物上进行鉴定。木本指示植物鉴定常用的嫁接接种方法有芽接法和切接法。

利用鉴别寄主检测法来检验、诊断植物病毒病害是一种传统的有应用价值的方法。缺点是工作量大，时间长，灵敏度低，难以大量检测样本。同时病毒症状的出现与否和症状发生程度容易受到寄主生理状况和生长条件（如温度、光照）的影响，同时该方法也需要占用较多的土地或温室资源和植物培养时间。

（十二）植物病原线虫的各种分离方法

1. 漏斗分离法（又称贝尔曼漏斗法）

这是分离线虫最常用的方法，用于分离活动性较大的线虫，如水稻干尖线虫、松材线虫等，对于休眠期线虫以及一些在植物组织内的定居性线虫（如根结线虫或孢囊线虫的雌虫）或迁移性、活动性很小的线虫不适用。

将直径12~15cm的玻璃漏斗放在漏斗架上，在漏斗下面接一段10~15cm的透明乳胶管，乳胶管上装一止水夹，下方接一个培养皿或离心管。将待检的植物样品（植物根系或组织需剪碎，种子需破碎，但不成粉末）或土壤样品，用纱布包好，放在装有2/3水的漏斗中，向漏斗内补水至材料被浸没。20~30℃浸泡12~24h，线虫游离到水中，并沉降到漏斗下部的乳胶管中。打开止水夹，放出5~10mL水（如果需要定量检查，则先取出样品，再放出全部浸泡水），在解剖镜下检查。线虫数少，或浸泡水全部放出时，可经离心（1 000~1 500r/min，2~3min）后再检查。

2. 浅盘分离法

原理同漏斗法。也是用于分离可活动的病原线虫，是一种较有效地从土壤及组织碎片中分离线虫的方法。

用一个筛盘和一个底盘，筛盘放在底盘内。底盘内装适量的水，筛盘铺上纱布或线虫滤纸，铺上线虫分离材料后放入底盘内，再从边缘补加水至材料被浸没。放置在21~25℃条件下1d后，取底盘内的线虫液依次通过20目及300目网筛，小心收集300目网筛上的线虫。

3. 简易漂浮分离法

本法主要用于分离土壤中的线虫孢囊，利用干燥的线虫孢囊能漂浮在水面上的特性分离土壤中的线虫孢囊。

该方法一次可处理50~100g土样。将土粒杂物风干后，经6mm孔径的分样筛过筛后，倒入750~1 000mL的三角瓶中，加清水半瓶摇动0.5min，再加水至瓶口，静置10~15min。线虫的孢囊和杂物漂浮在水面上，把漂浮物倒入10目和80目的套筛内，用水适当淋洗后，将80目筛上的过滤物轻轻扣倒在滤纸上，然后用放大镜或体视显微镜检查晾干后滤纸上的孢囊。

4. 过筛分离法

此法利用线虫与其他土壤成分之间的大小差异和各自不同的相对密度进行分离，可以分离土壤中各种类群线虫。

具体操作：采用一组不同孔径的分样筛（一般需20目、100目、200目、300目四种型号），下层为细筛。先将土样放入一个大容器（一般用塑料桶）内，少量土可用大烧杯，向容器内加水至4/5，充分搅动，使土壤中的线虫都悬浮在水和泥浆中，静置0.5min，使泥沙沉淀，线虫仍然悬浮在水中。将水倾注套筛，粗筛上收集大的沙粒、根系等杂物，100目筛则收集线虫的孢囊，甚至大的线虫（如剑线虫等），200~300目筛可收集一些虫体较小的大多数线虫。

第二节　植物检验检疫新技术的应用

随着科学技术的飞速发展，生物技术、分子生物学的方法或手段已被用于植物检疫中，对有害生物的检测检验，在特异性、灵敏度、准确性及缩短检验时间和简化检测程序等方面都有了长足的发展。

用分子生物学的方法，可以从基因序列和基因序列的同源差异角度，确定有害生物的遗传变异和亲缘性，从而达到准确检测和鉴定有害生物的目的。

一、核酸杂交技术

两种不同来源的核酸链通过碱基配对形成双链的过程称为核酸杂交（nucleotide hybridization）。杂交双方是待测核酸序列及探针。用于检测的已知核酸片段称为探针，核酸探针可以是DNA或RNA探针，植物病毒及类病毒基因组多为RNA，所用探针多为互补DNA（cDNA）或互补RNA（cRNA）探针。为了便于示踪，探针常用放射性核素或一些非放射性标记物如^{32}P、生物素、地高辛进行标记。

传统的核酸分子杂交方法有膜上印迹杂交和原位杂交等。

膜上印迹杂交包括Southern印迹和Northern印迹，是指将核酸从细胞中分离纯化后结合到一定的固相支持物上，在体外与存在于液相中的带有标记的核酸探针进行杂交的过程。Southern印迹的基本步骤是：首先将DNA用限制性内切酶消化，酶切片断根据分子质量大小在琼脂糖凝胶电泳上被分离。然后，通过毛细管作用将凝胶中的DNA酶解片断转移到膜（尼龙膜或硝酸纤维素膜）上，并与放射性同位素标记的探针杂交。洗膜，去除未杂交的（未结合的）探针，最后将洗过的膜曝光，即可在X光片上显示杂交带，通过杂交带在膜上的位置可估计出与之相对应的杂交DNA片断的长度。杂交带的数目和大小则反映了基因的特征。Northern印迹的基本步骤是：首先纯化细胞中的RNA并按相对分子质量的大小在琼脂糖凝胶电泳上分离；然后转膜，与放射性标记的探针杂交，洗膜，曝光；最后在X光片上即可显示出对应于靶mRNA的杂交带。杂交带的位置和mRNA的长度相关，而杂交带的强度（或黑度）可用来衡量初始细胞中存在该mRNA的量，低水平表达的基因的mRNA只出现较弱的杂交带，而高效表达的基因形成高量的mRNA时，杂交带的颜色较深。

原位杂交是指带有标记的探针与细胞或组织切片中的核酸进行杂交并对其进行检测的方法，是在细胞或组织内进行DNA或RNA精确定量的特异性方法之一。该法的基本步骤是：首先获得某种组织的显微切片，然后将探针加入载玻片上的细胞中，探针分子进入细胞质，并与靶mRNA形成杂交分子。将组织切片置于显微镜下进行观察。杂交分子可通过探针的标记物和细胞内的染色区进行检测。原位杂交也可测定染色体上哪一部分和某一特定的核酸分子（探针）具有互补序列，进行基因定位与作图。可用放射性同位素、荧光分子、催化产生有色物质的酶或地高辛等标记探针。

核酸杂交技术在近些年来最大的改进是使用非放射性检测系统，地高辛标记dUTP是植物病原物检测中应用最广泛的非放射性标记，抗地高辛抗体的酶结合物与探针特异结合，然后通过底物发光或分解产生有色的沉淀物来判断反应结果。核酸杂交技术在植物病原物，尤其是基因组较小的类病毒和病毒，如在马铃薯纺锤块茎类病毒、桃潜隐花叶类病毒和柑橘裂皮类病毒等和多种果树病毒的检测中有广泛的应用。近来，荧光原位杂交已应用于细菌的检测上。

二、限制性片段长度多态性标记技术

限制性片段长度多态性标记技术（Restriction Fragment Length Polymorphism，RFLP）在植物检疫中可用于植物病原真菌、细菌和线虫等的鉴定和分类，特别在对近似种或种下分类鉴定方面具有广阔的前景。

RFLP分析的方法是：分别提取标准菌和待测菌的基因组DNA或质粒DNA，用限制性内切酶消解，从而产生大量的限制性片段，通过凝胶电泳将DNA片段按各自的长度分开。当酶解片段数量比较多时，电泳后，虽按片段长度分开，但实际上仍然是形成连续一片的带。为了把多态片断检测出来，需要将凝胶中的DNA变性，通过Southern blotting转移至硝酸纤维素滤膜或尼龙膜等支持膜上，使DNA单链与支持膜牢固结合，再用经同位素或地高辛标记的探针与膜上的酶切片段分子杂交，通过放射自显影显示出杂交带，这种带谱数量差异，就是病原生物不同种或相似种、变种的遗传基因信息的真实表现。

三、聚合酶链式反应

聚合酶链式反应（Polymerase Chain Reaction，PCR）是一种在体外模拟自然DNA复制过程的核酸扩增技术。PCR的原理是通过靶DNA变性（模板变性）、引物与模板

DNA（待扩增DNA）一侧的互补序列复性杂交（引物退火）、耐热性DNA聚合酶催化引物延伸（延伸）等过程的多次循环，产生待扩增的DNA片段。这三个反应作为一个周期，反复循环，从而达到迅速扩增特异性DNA的目的。

模板变性是指反应系统加热至90~95℃，模板双链DNA变性成为两条单链DNA，作为互补链聚合反应的模板；引物退火是指降低反应系统温度至37~60℃，使人工合成的两种寡聚核苷酸引物分别与模板DNA链的3′ 侧的互补序列杂交（复性），形成部分双链；延伸是将反应系统的温度升至70~75℃，耐热性DNA聚合酶催化引物按5′→3′方向延伸，合成模板DNA的互补链。由于上一次循环合成的两条互补链均可作为下一次循环的模板DNA链，所以每循环一次，底物DNA的拷贝数增加一倍，理论上的最高值应是2^n。理论上它可以检测到一个目标分子，是最为灵敏的检测方法。PCR技术快速、准确、需样品量少等特点十分符合植物检疫检验的要求，现已在植物细菌、病毒、类病毒、真菌和线虫等检测中发挥了重要作用。

（一）免疫PCR技术（I-PCR）

I-PCR是近年在酶联免疫吸附实验（ELISA）基础上建立起来的一种新方法，它同时具备抗原抗体反应的专一性和PCR的惊人扩增能力，用PCR扩增代替ELISA的酶催化底物显色，具有更强的信号放大能力，敏感性可比ELISA提高10^5倍，理论上能检测单分子抗原，又无放射免疫法的放射性危害。

其一般程序为：首先于酶联板上包被捕获抗原的抗体，然后加入待检抗原，该步也可将待检抗原直接包被于酶联板上；加入标记了DNA分子Marker的检测抗体，温育后充分洗涤；PCR扩增黏附于抗原/抗体复合物上的DNA分子；对PCR产物进行分析。

（二）反转录PCR检测技术（RT-PCR）

在植物病毒中，70%以上是RNA病毒，对于大多数RNA病毒，则需要先将RNA反转录成cDNA，再进行PCR扩增。

RT-PCR 由两个步骤组成：反转录（RT）和PCR。在反转录（RT）过程中，首先要从植物细胞中提取RNA，然后有效去除细胞裂解物中的DNA和蛋白质等杂质，其次要防止在提取过程中，内源及外源性RNA酶对RNA的降解，对操作要求十分严格。以后对RT—PCR技术又进行了改进，将病毒的抗原与抗体特异性免疫反应与PCR技术相结合，即出现了免疫捕获RT-PCR技术（Imunocapture-reverse transcription PCR，IC-RT-PCR）。

IC-RT-PCR技术在进行RT-PCR技术扩增反应前，利用病毒专化性抗体与病毒抗原结合的原理，将目标病毒固定在微管或微板等固相上，经洗涤、洗脱处理后，富集病毒，再进行RT-PCR反应。这样不仅避免了常规RT-PCR样品制备的损失和破坏，而且捕捉RNA的效率达96%以上，提高了RNA的浓度，也相应提高了RT-PCR的灵敏度。

（三）巢式PCR（Nested-PCR）

巢式PCR是一种PCR改良模式，它由两轮PCR扩增和利用两套引物对所组成，首先对靶DNA进行第一次扩增，然后从第一次反应产物中取出少量作为反应模板进行第二次扩增，第二次PCR引物与第一次反应产物的序列互补，第二次PCR扩增的产物即为目的产物。与常规PCR相比，该法的检测特异性和灵敏度都有明显提高。丁芳等（2004）采用PCR与巢式PCR技术对柑橘黄龙病进行检测，对特异的柑橘黄龙病的DNA片段进行了克隆、测序分析，并对两种方法检测柑橘黄龙病的灵敏度进行了比较，结果证明巢式PCR比常规PCR的灵敏度高。

（四）多重PCR（MPCR）

多重PCR基本原理与常规PCR相同，区别是在同一反应体系中加入一对以上的引物，如果存在与各对引物特异互补的模板，则它们分别结合在模板相对应的部位，同时在同一反应体系中扩增出一条以上的目的DNA片段。多重PCR反应体系的组成和PCR循环的条件需要经过优化以确保同时扩增多个片段。理论上只要PCR扩增的条件合适，引物对的数量可以不限。多重PCR既有单个PCR的特异性和敏感性，又较之快捷和经济，在引物和PCR反应条件的设计方面表现出很大的灵活性。

采用该技术可在一个反应体系中同时检测不同的目标DNA或RNA，因而在检疫上可以快速鉴别一种植物是否受到多种病毒或细菌等的侵染。

（五）实时荧光PCR

1996年，由美国Applied Biosystems公司推出了PCR和核酸杂交以及荧光电信号放大结合同步的实时荧光定量PCR技术。

实时荧光PCR技术，是指在PCR反应体系中加入带有荧光基团的互补探针，如果有PCR反应（扩增），荧光信号就较大。这样利用荧光信号积累可以实时监测整个PCR进程，还可以通过标准阳性荧光信号大小对未知样品荧光信号强弱进行定量。借助于荧光信号来检测PCR产物，一方面提高了灵敏度，另一方面PCR每循环一次就收集一个数据，建立实时扩增曲线，准确地确定*ct*值，从而根据*ct*值确定起始DNA拷贝数，做到了真正意义上的DNA定量。其主要过程包括设定反应体系、热循环及全程的实时监控，最快在20min内给出结果。

目前应用于实时定量PCR检测中的探针主要有3种：分子信标探针、杂交探针和TaqMan探针，用得较多的是TaqMan探针。

实时荧光PCR检测技术不仅实现了PCR从定性到定量分析的飞跃，它结合了PCR技术的高灵敏度和核酸杂交技术的特异性，而且与常规PCR相比，它具有特异性更强、能有效解决PCR污染问题、自动化程度高、检测速度快等特点。因此在植物病害检疫中实时荧光PCR技术可用于植物病原真菌、细菌、线虫、病毒等的鉴定和分类，特别在对植原体和难培养菌以及近似种或种下的分类鉴定中显示出良好的应用前景。

四、随机扩增多态性DNA技术

1990年，Williams和Welsh等发明了随机扩增多态性DNA（Randomly Amplified Polymorphic DNA，RAPD）技术。这种方法以PCR为基础，但是不必预先知道DNA序列的信息。它是通过分析遗传物质DNA经过PCR扩增的多态性来诊断生物体内在基因排布与外在性状表现的规律的技术。RAPD基本原理是利用随机引物（长度为10个核苷酸左右）通过PCR反应非定点扩增DNA片段，然后用凝胶电泳分析扩增产物DNA片段的多态性。扩增片段多态性反映了基因组相应区域的DNA多态性。RAPD标记技术操作简便、快速、DNA用量少，可用于对整个基因组DNA进行多态性检测，也可用于构建基因组指纹图谱。

Haymer等1997年用RAPD－PCR的方法分析5个不同国家地中海实蝇的遗传关系，目的是解决美国本土地中海实蝇的入侵机制问题，确定这些种群之间可能的基因交流。研究人员从80个随机引物中选取了6个引物来区分这些种群，分析这些种群间存在的遗传关系，结果表明：1992—1994年加利福尼亚州的地中海实蝇是多次独立的入侵事件，加利福尼亚州南部的样品和危地马拉地区非常相似。

五、基因芯片检测技术

基因芯片（gene chip）是生物芯片的一种。生物芯片技术是生命科学与微电子学等学科相互交叉的一门高新技术，采用光导原位合成（in situ synthesis）或微量点样等技术，将数以万计的DNA片断（探针）高密度有序地固定在固相支持物（玻片、硅片、聚丙烯酰胺凝胶）上，产生二维DNA探针阵列，阵列中的每个分子的序列及位置都是已知的，并且按预先设定好的序列点阵。这样可与标记的样品中的靶分子进行杂交，通过特定的仪器对杂交信号的强度进行高效、快速的检测分析，从而对检测样品中的靶分子进行高效判断和定量。

基因芯片技术具有高密度、快速、检测自动化等优点。今后，在检验检疫中具有广阔的应用前景。

第三节　植物检疫信息和资料的收集

充分掌握国内外植物检疫方面的信息是开展植物检疫工作的基础。只有做好植物检疫情报资料工作，才能从宏观上为植物检疫决策提供科学依据，才能从微观上改进和提高检验检疫技术，从而充分发挥检疫的超前和预警作用，使植物检疫管理工作符合科学化和国际化的要求。

一、植物检疫情报资料的内容

植物检疫情报资料主要包括国内外植物有害生物的疫情，特别是有害生物风险分析需要的大量信息，包括有害生物的名称、寄主范围、地理分布、生物学、传播扩散方式、鉴别特征和检测方法等，包括有寄主植物、农产品及其地理分布、商业用途及价值的资料，还包括有害生物与寄主植物的相互作用，即症状、为害、经济影响、防治方法和对自然环境和社会环境的影响等。此外，还应注意收集国际社会检疫工作开展的情况，包括国际间植物检疫组织的成立、发展、活动情况，现行的国际标准、指南或建议，各国检疫法规的颁布、修改的情况，各国在植物检疫理论研究方面的进展，有关防范有害生物的研究成果，各国检疫工作的做法、经验、技术、方法等；再有，植物及其产品在国际间及国内流通的动态，特别是我国从国外引进种子、苗木等繁殖材料的动态，各国口岸截获植物病虫杂草的动态也是我们所关注的；最后，还要关注并收集国内外科技发展动态和在植物检疫中有应用前景的高新技术资料。

二、植物检疫信息和资料的收集

（一）文献信息收集

在收集检疫性有害生物的文献时，尽可能利用图书馆，从国外公开出版物中获取大量的文献信息。如针对检疫性有害生物，可先查阅动物学记录，或生物学文摘等。可从书中查找学名和英文名称，查到之后，根据所列内容和页次，就可找到原文的全称和著作人姓名，所登载的期刊名称、卷数、期号、页次、年份或书名和出版社等，再作进一步的查阅。此外，可查找一些公开的出版物，如由FAO出版的“粮农组织植物保护通报”，该出版物报道有大量的“世界植物病虫害情报局”获得的世界各地的危险性病虫害发生、传播和危害情况。欧洲及地中海区域植物保护组织出版的“EPPO通报”刊载该组织34个成员国的植物保护措施，其中包括植物病虫害及其防治等方面的文章和调查报告。亚洲太平洋地区植物保护委员会出版有“季度新闻通讯”、“信息通讯”和“技术文献”。国际农业和生物科学中心（CABI）编制的“植物病害分布图”和“害虫分布图”对于检疫是十分有用的。这些分布图，每一地图都标出了一种病原物或者一种害虫的世界分布状况。

另外，各国出版的植物病理学、昆虫学、真菌学、细菌学、病毒学、线虫学、杂草学等方面的学报、报道、年鉴、评论、文摘等也是重要的情报资料的来源。

在国内公开出版的一些刊物上经常可以刊登植物检疫方面的有关内容。如《植物保护学报》、《植物病理学报》、《昆虫学报》、《植物保护》、《植物检疫》、《中国进出境动植物检疫》等。除此而外，其他农学、林学、园艺、仓储、微生物等方面的各种专业刊物常载有大量有关的病、虫、杂草发生，传播、危害情况及防治的信息和资料也值得一看。

我国已加入国际植物保护公约组织，可以作为缔约国参加《公约》框架下的国际交流与合作，共享其他缔约方提供的有害生物信息，参与国际植物检疫措施标准及相关规则的制定，参与检疫争端的合理解决，这为我国及时掌握准确、全面的检疫信息提供了极为便利的条件。

（二）利用网络收集文献信息

21世纪，随着网络技术的迅猛发展，因特网作为当今人类知识的最大宝库，在人们面前展示出一个信息的新天地。网上众多的联机数据库和信息网站，改变了传统的植物检疫信息交流和沟通方式。

1. 农业文献数据库

（1）CAB ABSTRACTS 该数据库由国际农业和生物科学中心（CABI）生产。内容包括 CABI 出版的50余种农业文摘的全部资料，资料来源于70多种语言，1.4万余种连续出版物及其他文献，数据量达15万条。

（2）AGRIS（农业索引） 该数据库由联合国粮食及农业组织（FAO）和国际农业科技情报系统（AGRIS）生产。收录世界各国（美国除外），特别是第三世界国家的农牧业生产，植物保护的科技资料及有关农村发展的资料，是目录数据库，有少量文摘，该光盘数据库始于1975年，现文献量已超过200万条记录。年更新递增量约为13万条。

（3）AGRICOLA 该数据库由美国农业图书馆（NAL）生产。其内容就是美国农业图书馆的馆藏目录。其数据来自2 000多种有关农业期刊和其他图书、研究报告、会议资料和政府出版物等。

（4）检疫数据库 EPPO建立了植物检疫数据库，该数据库包括了EPPO所有A_1和A_2名单中的有害生物的寄主范围、地理分布及其他详尽的目录。同时，包括每种有害生物在一个国家中发生程度的细节，如温室、田间发生情况，传入日期及扑灭情况的信息。EPPO还和CABI合作，为欧盟（EU）编制了植物检疫资料单的数据库，这个数据库包含有害生物（包括学名、异名、分类地位、俗名、命名和分类的说明）、寄主、地理分布、生物学、检测和鉴定、传播和扩散方式、有害生物的重要性（包括经济影响、防治和检疫风险）和植物检疫措施及参考文献。

FAO全球植物检疫信息系统数据库不仅与前述数据库相似，而且能提供有关国家和地区植物保护组织的植物检疫条例摘要、检疫性有害生物名单及处理方法。另外，亚洲及太平洋地区的植物检疫中心和培训研究所（PLANTI）的植物信息数据库（PLANTINFO）、USDA-APHIS和USDA-ARS建立的国家农业病原信息系统（NAPIS）和世界植物病原数据库（WPPD）及由澳大利亚AQIS建立的病虫害信息库也是检疫中很重要的数据库。我国检验检疫部门也建立了动植物检验检疫文献题录数据库。

（5）核酸蛋白序列数据库 这方面的数据库有欧洲分子生物学实验室核酸序列数据库EMBI（1988）、基因银行Genbank（1992）、美国的核糖体数据库RAP（1993）、日本的DNA数据库DDBJ和基因序列数据库GSDB等。

2. 常用的植物检疫信息网站

国内信息

中国农业信息网 http://www.agri.gov.cn

中国植物保护信息网 http://www.chinainfowww.com

中国植物保护网 http://www.ipmchina.net

中国植保咨询网 http://www.zhibao.net

中国林科院计算机科研网http://www.forestry.ac.cn

中国检验检疫信息网 http://www.ciq.gov.cn

植保技术与推广 http://www.chinainfo.gov.cn/periodical/zbjsytg

植物病理学报 http://www.china.gov.cn/periodical/zwblxb

中国农业科技教育信息网 http://www.agri.gov.cn/kejiao

农业部信息中心 http://www.agri.gov.cn/aic

中国生物入侵网 http://www.bioinvasion.org.cn

中国国家质量监督检验总局网 http://www.aqsiq.gov.cn

现代信息技术的发展和应用，使植物检疫信息的获取、传递、交流和应用前所未有的方便和快捷。充分利用现代信息技术，及时、全面收集植物检疫信息，可以进一步提升检疫的科学性、前瞻性和预防性。

思 考 题

1. 植物病原真菌、细菌、病毒、线虫的常规检疫检验方法主要有哪些？
2. 植物检疫性害虫的常规检疫检验方法主要有哪些？
3. 植物检验检疫有哪些新技术？
4. 如何进行植物检疫信息和资料的收集？

第十二章　检疫处理

第一节　检疫处理的原则和方法

检疫处理是指对国内或国际贸易调运的经检疫不合格的植物、植物产品和其他检疫物，由检验检疫机关依法采取强制性处理措施的过程。

在植物检疫工作中，检疫处理是防止有害生物人为传播的一项不可或缺的重要环节。在世界贸易全球化进程中，检疫处理除了在防止有害生物传播、扩散方面继续发挥积极作用以外，在打破贸易壁垒、促进对外贸易发展、保护本国农产品市场、确保引种安全、实现我国农业可持续发展等方面又被赋予了新的任务。

检疫处理须对贸易的消极作用降到最小，这是人们对植物检疫与贸易在长期各自的发展和相互碰撞的磨合中逐渐形成的共识。换言之，检疫处理要做到既防止有害生物的传播，又允许这些农产品可在一定条件下自由调运。

一、检疫处理的目的

植物检疫处理的目的首先是要杀灭在国内或国际贸易调运物品上的限定的有害生物，保证处理后的检疫物在市场流通中的生物安全性。出现下列情况时一般都要进行检疫处理：在检疫中发现检疫性有害生物，或者发现其他有害生物，经风险分析，在我国分布未广的或没有分布的，在产地国对检疫物或生态环境造成破坏的，有资料表明有潜在危险性的；进境检疫物中发现一般生活害虫违反了合同的约定，严重影响货物的品质或感官，影响储存或市场流通的有害生物。

植物检疫处理的另一个目的是为了履行国际有关公约以及有关条约的规定，或者对特定的检疫物为了满足有关国家的准入要求或履行合同约定。如许多国家的法规把对一些特定产品作强制性的检疫处理作为进口的一个条件，因为在这类产品中难以查出一种限定的有害生物或这种检疫物在产地国家是某一种限定的有害生物特定的寄主，具有潜在的危险性。例如，出口至日本的大米，按照合同的要求，在装运前必须进行熏蒸等预防性处理；货物出口至国外，特别是输往欧盟及美、加、澳、新以及韩国的木质包装需要按国际植物检疫措施标准第15号《国际贸易中的本质包装材料管理准则》进行热处理和其他处理措施，保证其生物安全性。对于在原产地极易遭受有害生物侵袭的物品，为了避免在目的地进行详细而费时的检查，作为预防性处理可规定某检疫物不应携带有限定的有害生物作为进口的一个条件，或直接进行产地预检。

二、检疫处理的原则

检疫处理总的原则是在保证限定的有害生物不传入、传出和扩散的前提下，尽量减少经济损失，以促进外贸和国民经济的发展；能进行有效检疫处理的，尽量不作退回或销毁处理。检疫处理的原则因检疫物的种类以及发现有害生物的类别不同而有差异，但实施检疫处理都应遵循一些基本原则。这些原则是：

（1）检疫处理必须符合检疫法规的有关规定，有充分的法律依据。

（2）检疫处理措施应当是必须采取的，应设法使检疫处理所造成的损失减低到最小。

（3）检疫处理方法必须完全有效，能彻底消灭限定的有害生物，完全杜绝限定的有害生物的传播和扩展。

（4）所采取的处理方法应当安全可靠。

①对所处理的货物安全：保证在货物中无残毒，不降低植物产品的品质、风味、营养价值，不污损其外观；处理方法还应保证植物和植物繁殖材料的存活能力和繁殖能力，不影响货物原来的使用用途。

②对操作人员安全，又不污染环境。

（5）凡涉及环境保护、食品卫生、农药管理、商品检验以及其他行政管理部门的措施，应征得有关部门的认可，并符合各项管理办法、规定和标准的要求。

（6）检疫处理应当快速，尽量减少对正常贸易的影响。

（7）检疫处理必须在检验检疫机关的监管下实施。

三、检疫处理的方式

检疫处理方式是一个广义的检疫处理的概念，它应包括退回、销毁、除害、限制使用和隔离检疫这几个方面。在检疫处理方式中，除害处理是主体。

（一）依照我国植检法规的有关规定，遇到下列情况时应退回或销毁

事先未办理进境或国内调运审批手续，现场又发现限定的有害生物；虽然办理了检疫审批手续，但现场又发现限定的有害生物且无有效的或彻底的杀灭办法。

发现有害生物危害严重，农产品已失去其使用价值。

另外，对《中华人民共和国进出境动植物检疫法》第五条所列的禁止进境物，明确规定一旦发现作退回或者销毁处理。

（二）除害处理包括物理方法、化学处理方法

（三）限制使用

这是有害生物管理中一项新创举，也就是说将带有有害生物的产品通过限制使用范围、时间、地点、加工方式、条件等，以使有害生物在时间上或空间上与其寄主或适生地区相隔离，并且同时做好防疫措施达到有效控制有害生物的目的。我国可根据有害生物的习性采取异地卸货，异地加工或改变用途使之无害化，如可将热带、亚热带植物产品在北方口岸卸货、加工，植物种子种用改作加工或食用，我国进境的带有TCK的病麦转运至海南加工使用等。

（四）隔离检疫

将需要隔离的种苗移放在隔离场圃中种植培养，经过一段生长周期的观察，再决定进一步的检疫处理方法。

四、除害处理的方法

《中国进出境植物检疫处理手册》的出版发行和熏蒸消毒监督管理办法及帐幕、集装箱、简易熏蒸库熏蒸操作规程的发布，表明我国内、外检检疫除害处理技术正日趋规范化和标准化，并逐步与国际通用技术接轨。2004年中国检科院成立，其下属的动植物检疫研究所除开展植物检验检疫相关基础、理论研究外，还进行检疫应用科学，特别是检疫除害处理研究，这是适应未来发展的重要举措，今后，我国的检疫处理技术必将迈上一个新的台阶。

高效、环保、快速、经济、安全是检疫除害处理的基本要求和发展方向。在实际工作中，要根据不同有害生物种类和不同的货物及其他条件，采用下列一种或几种检疫处理方法。

（一）物理方法

利用高温、低温、微波、高频和辐照处理等方法处理植物、植物产品和其他检疫物，多兼杀菌、杀虫效果，对处理种子、苗木、水果和食品等有较好的应用前景。

（二）化学处理方法

有药剂熏蒸处理、喷药处理、药液浸渍处理、药剂拌种处理等，其中，药剂熏蒸处理最普遍，运用最广，且效果好，时间短。

化学处理方法是植物、植物产品上除害处理的重要手段，也常用于交通工具和储运场所的消毒。

第二节　物理处理方法

物理处理方法是对带有限定的有害生物的货物进行低（高）温处理、高频或微波处理、气调处理、辐射处理等。

实际工作时，应根据处理要求、有害生物种类、检疫物种类和设备条件等，选用适宜有效的方法。随着人们对环境问题和食品安全问题的日益关注，物理处理方法将越来越多地被人们采用。

一、低（高）温处理

各种有害生物都有一定的生长发育适宜温度范围和可忍受的最高、最低温度范围，高于或低于每种有害生物各自可忍受的最高或最低温度范围，并持续一定时间，有害生物即会死亡。因此可以利用高温或低温来杀灭各种检疫物中的有害生物。

高温或低温处理的目的是消灭有害生物而不伤害寄主材料。由于不同的植物、植物产品对温度的耐受能力不同，特别是种子、苗木等繁殖材料以及蔬菜、水果等对温度的反应是比较敏感的，因此，采用高温或低温处理，若有操作规范的，可按规范执行，若无规范，事先除了要对有关有害生物对高温、低温的耐受能力进行试验外，还要对被处理的植物、植物产品等进行耐高温和耐低温的试验。要在保证所处理的植物及其产品安全的基础上，使用高、低温处理来杀虫灭菌。

高、低温处理技术是植物检疫中比较常用的技术，这方面的新技术也正在不断地被开发出来。

（一）低温处理

低温处理技术包括冷处理技术和速冻处理技术。

1. 冷处理

冷处理用以杀死多种水果中热带实蝇和其他昆虫，是在检疫处理实践中被经常使用的一项技术。

冷处理通常是在冷藏库内（包括陆地冷藏库和船舱冷藏库）和集装箱内进行。是应用持续的高于冰点的低温作为控制害虫的一种处理方法。该处理要求严格控制处理温度和处理时间，这是冷处理有效性的根本条件。在低温处理前后，分别可配合使用溴甲烷辅助熏蒸，以达到缩短低温时间的目的。

（1）冷藏库处理　陆地冷藏库和船舱冷藏库必须符合如下条件：制冷设备能力应符合处理温度的要求并保证温度的稳定性；冷藏库应配备足够数量的温度记录传感器，每300m^{3}的堆垛应配备三个传感器，一个用于检测空气温度，两个用于监测堆垛内水果或蔬菜的温度；使用的温度自动记录仪应精密准确，需获得检疫官员认可；冷藏库内应有空气循环系统，使库内各部温度一致。

在我国与美国签订的华盛顿州（俄勒冈州、爱达荷州）苹果输华植物检疫要求议定书中就有有关运输前冷藏方面的要求。《议定书》明确规定，这三个州的Red delicious和Gold delicious两品种的苹果在包装运输前，须在0℃条件下贮藏40d或3.3℃条件下贮藏90d。

（2）集装箱冷处理　具备制冷设备并能自动控制箱内温度的集装箱，可以在运载过程中对某些检疫物进行冷处理。为监测处理的有效性，在进行低温处理时，于水果或蔬菜间放置温度自动记录仪，记录运输期间集装箱内水果或蔬菜的温度动态，40ft*集装箱放置三个温度记录仪，20ft集装箱放置两个温度记录仪。集装箱运抵口岸时，由检疫官员开启温度记录仪的铅封，检查处理时间和处理温度是否符合规定的要求。

我国在《输往美国荔枝冷处理工作程序》中这样规定：对于经过生长期、采果及加工厂检疫监督及检疫检验合格，贮藏于冷藏库中符合输美要求的荔枝，按不同的堆放点，用便携式测温仪随机测定荔枝的果肉温度。当测得的果温的最高温度达到4℃以下时（以2℃为宜）时，可以装入冷藏集装箱中。集装箱冷处理的温度要求为：1℃或

* 1ft=0.3048m。

以下连续处理15d，或者1.39℃或以下连续处理18d。

2. 速冻处理

“速冻”处理也是低温处理的一种类型。这种处理方法包括在－17℃或更低的温度下预冻，接着按规定在－17℃或更低温度下保持一定时间，然后在不能高于－6℃温度下保藏。

速冻处理需具备满足上述温度处理的冷冻仓和贮藏仓，在冷冻仓内必须设置自动温度记录仪，记录速冻过程中温度的变化动态。

此方法在处理加工用水果和蔬菜时，可以杀死多种害虫。

（二）高温处理

高温除害处理方法包括有干热处理、热水处理、蒸汽热处理等。

1. 干热处理

用干热处理蔬菜种子，特别是对多种种子传播的病毒，细菌和真菌，都有理想的除害效果（见表12-1）。

表 12-1 有害病原生物干热处理温度和时间

对象	目标有害生物	温度和处理时间
黄瓜种子	绿斑花叶病毒（CGMMV）	70℃，2～3d
莴苣种子	莴苣花叶病毒（LMV）	50～52℃，3d；70～80℃，1d
辣椒种子	烟草花叶病毒（TMV）	75℃，2个月；80℃，3d；70℃，5d
番茄种子	溃疡病毒（*Clavibacter michinganense* subsp.*michiganense*）	68℃，1d；70℃，4～6d 85℃，1～1.5d
番茄种子	枯萎病菌（*Fusarium oxspoiumf* sp.*lycopesici*）	40℃，1d 75℃，7d
黄瓜种子	黑星病菌（*Cladosporium cucumerinum*）	70℃，2d
番茄种子	黄萎病菌（*Verticillium tricorpus*）	75℃，6d；80℃，5d
小麦原粮、麦麸皮等	矮腥黑粉菌（*Tilleria contraversa*）	130℃，30min；125℃，60min
饲料、面粉等	谷斑皮蠹（*Trogoderma granarium*）	82.2℃，7min
甘薯块根	根瘤线虫（*Meloidoyne* spp.）	39.4℃，30h
土壤	多种有害生物	121℃，2h

干热处理一般在烤炉、烤箱或干热室里进行。这种方法的关键是使被处理的材料内部达到特定的温度，并保持到需要的处理时间。当被处理物内部温度达到处理温度时，开始计算处理时间。处理时一定要考虑被处理物的耐热性，不能降低种子的萌发率。

除了用于蔬菜种子外，干热法还用于处理原粮、饲料、面粉、包装袋、干花、草制品和土壤等，以杀死害虫、病菌以及其他有害生物。现也有将甘薯加热到39.4℃维持30h成功清除根结线虫的报道。

对输日稻草成功的检疫除害处理，促成了我国的稻草制品顺利出口日本。《输往日本稻草热处理工作程序》规定用干热法处理榻榻米。方法是将榻榻米放入干热处理器中，彼此隔开，在榻榻米内部插入12个测温点，在处理器空间设置3个测温点，处理指标为榻榻米内部最低温度超过80℃后，保持温度不低于80℃继续处理2 h。

2. 蒸汽热处理

蒸汽热处理又称湿热处理，国外常用此法处理水果和蔬菜，杀死地中海实蝇、墨西哥实蝇、橘小实蝇和瓜实蝇等害虫，也用于处理木质包装材料。

蒸汽热处理的温度和时间，因寄主植物和害虫种类的组合不同而异。通常用43.3~44.4℃的饱和水蒸气加热果实，在6~8h内使之逐渐升温，果实中心可达到该温度，再保持6~8h，处理后立即冷却、干燥。

水果蒸汽热处理设施包括三个部分：产品处理前的分级、清洁、整理车间；产品蒸汽热处理室；产品热处理后的降温、去湿、包装车间。蒸汽热处理的主要设施及其功能如下：

（1）热饱和蒸汽发生装置　这一装置应能按规定要求自动控制输出的蒸汽温度，蒸汽的输出量应能使室内的水果在规定时间内达到规定的温度。

（2）蒸汽分配管和气体循环风扇　蒸汽分配管把蒸汽均匀地分配到室内任何一个果品的货位，循环风扇使室内蒸汽处于均一状态，使蒸汽热量均匀地被每个水果吸收。

（3）温度监测系统　温度监测系统包括多个温度传感器，温度传感器均匀分布在室内空间各个点，传感器的探头插入水果的内部，通过温度显示仪可以了解处理过程中室内各点水果果肉的温度动态。

检疫官员主要监督处理室内热蒸汽分布的均匀性、温度监测系统的准确性，以及产品处理后防止再感染的有效性。

在种子、苗木消毒中，也可以使用蒸汽热处理。例如，柑橘种子用54~56℃湿热空气处理10~60min，能杀灭种子内部潜伏感染的黄龙病、溃疡病和疮痂病病原菌等。用49℃湿热空气处理柑橘苗木和接穗50min可消除黄龙病病原物。

改革开放以后，我国也使用蒸汽热处理对出口产品进行处理。通过对稻草和荔枝进行蒸汽热处理技术方面的研究，促成了稻草和荔枝出口日本。对荔枝实施蒸汽热处理的三个连续环节是：首先将荔枝果肉温度升达30℃；然后，在50min内，使荔枝果肉温度从30℃上升至41℃；最后一个环节是让果肉温度继续上升至46.5℃并维持10min。

3. 热水处理

使用热水处理植物种子和无性繁殖材料，可以除治病原真菌、细菌、线虫、某些昆虫和螨类。在检疫上热水处理法多用于带病种子以及对无性繁殖材料上的线虫和其他有害生物的处理。

热水处理法的原理是利用植物材料与有害生物耐热性的差异，研究处理的温度和时间组合对植物材料和有害生物的影响，要考虑既不伤害植物的活性，又要达到除治有害生物的目的。

用热水处理种子，即温汤浸种是铲除种子内部病菌的主要方法。

温汤浸种包括预浸、预热、浸种和冷却干燥几个步骤。即预先用冷水浸渍4~12h，排除种胚和种皮间的空气，以利于快速热传导，同时刺激种内休眠菌丝体恢复生长，降低病菌的耐热性。然后将种子放在比处理温度低9~10℃的热水中，浸种预热1~2min。再在适当温度的热水中处理一定时间，处理完毕后将浸过的种子摊开晾晒，或通气处理，使之迅速冷却、干燥。

在我国温汤浸种被用于防治水稻稻瘟病、白叶枯病、胡麻斑病、棉花炭疽病、立枯病、黄萎病、枯萎病和甘薯黑斑病。

为了繁育出不带柑橘黄龙病和溃疡病的健康柑橘种苗，我国柑橘苗木产地检疫操作规程规定，对所使用的柑橘种子必须用热水浸泡处理，即将种子置于50~52℃热水中预浸5~6min，然后投入水温55~57℃的保温桶内，使水温保持在（55±0.3）℃处理50min，处理完毕后，取出立即摊开冷却，稍晾干后播种。

温汤处理林木种子效果也不错。如对兴安落叶松种子小峰、黄连木种子小峰、柠条种子豆象、紫穗槐豆象、刺槐种子小峰都有用温汤处理种子杀虫效果好的报道。

在检疫上也常用热水处理法处理无性繁殖材料，如对马铃薯块茎用55℃热水5min处理金线虫；对花卉球根用44℃热水240min处理穿孔线虫，用44℃热水90~120min处理水仙球蝇；对葡萄苗木用54.5℃热水3min处理葡萄根瘤蚜。有些处理方法提倡在热水中加入杀菌剂或湿润剂。福尔马林常常作为杀菌剂与热水混合处理鳞茎（40%的甲醛1：水200），在热水中可以更有效杀死线虫。

鳞茎和其他植物材料在处理后应立即移出容器，然后摊成单层进行冷却、干燥。处理后的植物材料常施一些杀菌剂，方法是在滴干水后施用药液，或者在干燥后施用药粉。

二、电磁波处理

电磁波处理一般来说包括微波、高频处理和辐照处理。

（一）微波处理

微波、高频处理杀虫灭菌的优点是物质从内部加热、升温快、杀虫效率高、快速、安全、无残毒、操作简便、处理费用低，在植检中很适合于旅检和邮检部门处理旅客携带或邮寄的少量非种用材料，近年来也进行了用微波处理木质包装材料中的检疫性害虫的研究。

利用高频加热进行除害处理，早在20世纪50年代国际上就已有研究。我国从1975年起就对高频和微波加热设备进行机体选型试制和口岸旅检除害试验。实验表明，用3.5kW的高频设备，一次处理1kg左右的粮食，在2.5min内，粮食各部位的温度均达到60℃，且受热均匀，粮粒内部和外部的害虫都能被杀死。另有试验证明，微波处理带水稻干尖线虫的稻种，处理温度在63.4℃时，病原线虫死亡率达100%。现在，国产

GP3.5—J18型高频介质加热设备，已用于旅检和邮检。

采用高频或微波处理灭虫，非常关键的是要注意掌握好处理温度和时间，以达到既能满足除害的要求，又不损害被处理物品质的目的。同时还要克服因介质的内容物的组成不一样和磁场不均匀，导致介质的升温不均匀的弱点。一般来说，受处理的样品的表层温度低于内层的温度，为提高处理样品温度的均匀性，在处理时，可采取一定的措施减少表面热量的损失。如采用隔热加盖的容器，每次处理样品放置的厚度、松紧要均匀一致；处理水果时，同一批次处理的水果，其大小，成熟度应尽量一致。

（二）辐照处理

辐照处理主要是利用放射性同位素辐射出来的射线除治有害生物。当前主要研究利用的是放射性同位素钴60（常写成^{60}Co）辐射出来的γ射线。

辐照设施主要包括辐射源、硬件设施（辐射器、携带设备和传输设备、控制系统及其他辅助设施）、场地、辐射防护棚及仓库等。

较高剂量辐照处理可以直接杀死害虫，低剂量辐照处理可以导致害虫不育。辐照处理破坏昆虫的生殖细胞，使雌虫不能产卵或卵不能孵化，雄虫不产生精子或精子无受精能力，即使有时雄虫能够交配，但其受精卵不能正常发育而死亡。一定地理范围内，人工饲养并连续大量释放辐射过的不育昆虫，与野生种群交配，能抑制田间虫口增长，以至消灭野生群体。日本在20世纪80年代，用^{60}Co-γ射线辐射处理室内人工大量繁殖的瓜实蝇蛹，造成羽化后的雄蝇不育，然后用直升机在虫害区上空释放，这项工程持续了11年，耗资41亿日元，释放了80余亿头不育虫，1986年在日本西南诸岛和小笠原诸岛基本消灭了瓜实蝇。

国内外对玉米螟、红铃虫、三化螟、小菜蛾、瓜实蝇、苹果蠹蛾、红铃虫、桃小食心虫利用辐射不育开展防治方面的工作很多，对玉米螟和小菜蛾等已经进行了田间试验。

美国、加拿大、荷兰、土耳其等国的辐射贮粮害虫研究进展很快，有的结合红外线或低剂量农药进行综合防治。美国已准许用^{60}Co-γ射线辐照小麦、面粉杀虫（允许吸收剂量为200~500 Gy/kg），前苏联也用^{60}Co-γ射线辐照谷物（允许吸收剂量为300Gy/kg）。

辐照处理作为新鲜水果的检疫处理方法的有效性从20世纪80年代末就被北美植物保护组织和美国政府所承认。2000年5月美国通过了题为《进口水果蔬菜的辐照检疫处理》的法规建议稿，允许辐照作为进口果蔬中11种主要果实蝇和芒果果核象甲的检疫处理方法。

目前，辐照处理对鳞翅目、双翅目和蜱螨亚纲的应用研究较为广泛和深入。从总体上看，鳞翅目的害虫对辐射具有较高的耐受性，一般300~500Gy可使试虫不育，对其他害虫的辐射不育剂量一般在100~500Gy之间。我国在辐照处理水果检疫处理方面也取得了一定的成绩。1998年，我国开展了进口水果γ射线辐照检疫处理的研究，以300Gy剂量辐照进口的菲律宾芒果，橘小实蝇和芒果实蝇幼虫的死亡率及蛹的不羽化率均达到令人满意的水平。

为了确保辐照处理作为一种检疫处理方法的有效性，FAO的“辐照作为一种检疫处理方法：研究议定书”规定了标准的实验条件和方法，包括检疫害虫和商品的确定及鉴定、辐照处理有效水平的确定、辐照害虫敏感期、剂量学方法、数据处理、实验规模和商品的辐照耐受性等。FAO推荐使用表12–2所列剂量来处理植物害虫（2002年）。

表 12–2 辐射处理植物害虫剂量标准（FAO，2002）

害虫种类	虫态	处理剂量/Gy
蚜虫、粉虱等	成虫	50 ~ 100
种子内象虫	成虫	70 ~ 100
甲虫类	成虫	50 ~ 150
象甲类	成虫	80 ~ 200
果蝇		60 ~ 250
钻蛀性害虫	幼虫	100 ~ 300
螨类		200 ~ 300
仓储害虫（甲虫）	成虫、幼虫	50 ~ 400
线虫	所有虫态	4 000

辐照灭虫处理方法安全、经济、有效、快速，处理时不需拆包，不受温度影响，没有残留和环境污染问题。20世纪90年代以来，在国际贸易中主要的熏蒸剂溴甲烷正逐步退出，随着辐照技术研究的日趋成熟和经验积累日益增多，辐照技术作为广谱检疫处理方法逐步得到国际组织的认可，并被许多国际组织和政府机构推荐使用。美国农业部动植物检疫局（USDA–APHIS）已将辐照处理技术正式作为一种检疫处理手段。FAO也在2003年颁布了国际植物检疫措施标准第18号出版物——《辐射用作植物检疫措施的准则（Guidelines for the use of irradiation as a phytosanitary measure. FAO. 2003）》，该标准将辐照处理正式纳入有害生物风险管理。辐照处理必将在食品、新鲜水果蔬菜、花卉苗木、木材和木制品、医疗用品等检疫处理方面发挥更大的作用。

第三节　化学处理方法

化学处理是目前检疫处理中最常用的处理方式，主要有熏蒸处理、化学药剂处理和防腐处理等。

一、熏 蒸 处 理

在适当的气温和压力下，使用熏蒸剂在船舱、仓库、帐幕、集装箱等能密闭的场所毒杀有害生物称为熏蒸。熏蒸处理是最普遍使用的化学处理方法，具有适用面广，高效等特点，被广泛应用到木材、粮食、水果、种子、苗木、花卉、药材、土壤、文物、资料、标本以及运输工具、包装、铺垫材料上的各类害虫、真菌、线虫、螨类及软体动物的除害处理上。

（一）熏蒸方式

根据熏蒸压力的不同，药剂熏蒸的方式有常压熏蒸和真空熏蒸两种方式。

1. 常压熏蒸

常压熏蒸即是在正常大气压下进行的熏蒸，通常进行的仓库熏蒸、船舱熏蒸、车辆熏蒸、帐幕熏蒸等都是常压熏蒸。

目前中国已有检疫熏蒸除害处理方面的技术标准4个：《磷化氢环流熏蒸技术流程》（LS/T 1201—2002），《溴甲烷、硫酰氟帐幕熏蒸处理规程》（SN/T 1123—2002），《集装箱熏蒸规程》（SN/T 1124—2002），《简易熏蒸库熏蒸操作规程》（SN/T 1143—2002）。熏蒸的程序一般包括熏蒸前的准备、投药、检测、熏蒸评定、通风散气、残留药剂浓度检测等步骤。

2. 真空熏蒸

真空熏蒸在投放熏蒸剂之前，移去熏蒸空间的部分空气，这样做有利于熏蒸剂渗透到被熏蒸物体的内部，提高杀灭有害生物的效果，缩短处理时间和减少熏蒸剂使用量。真空熏蒸只能在足以承受住减压影响的坚固气密室内进行。出于各种技术上的考虑，可用于真空熏蒸的熏蒸剂有严格限制。检疫真空熏蒸使用的熏蒸剂为环氧乙烷、氢氰酸、溴甲烷和丙烯腈。

真空熏蒸技术安全、快速、有效。由于真空熏蒸时间短，一些不适于常压熏蒸除虫灭菌的种子、苗木、水果、蔬菜可考虑使用真空熏蒸技术。

真空熏蒸需要真空熏蒸库。一个标准的大型真空熏蒸库在设计上应包括熏蒸室、真空泵、施药系统、循环和排出系统。2002年，北京检验检疫局研制成功我国最大的真空循环熏蒸设备。该设备的容积大，单箱体容积65m^3，总容积130m^3，是目前国内最大的真空熏蒸设备。该设备创新地采用了双仓倒药设计，解决了真空条件下药剂浓度的检测，实现了真空条件下对药剂的重复使用，重复使用率可达70%以上，体现出高效、环保、经济、安全的特性。

作为植物检疫处理的一个重要手段，国内外对真空熏蒸的研究已开展了近半个世纪，并积累了大量的数据，在发达国家真空熏蒸库已被广泛地应用于植物检疫处理。真空熏蒸也是未来检疫除害方法研究和应用的一个重点。

（二）影响熏蒸效果的主要因素

在熏蒸过程中，影响熏蒸效果的因素很多，熏蒸剂的有关性质，有害生物状况对药剂的忍耐力，环境因素均会影响到熏蒸处理的效果。

1. 熏蒸剂的有关性质对熏蒸效果的影响

（1）熏蒸剂的挥发性和扩散性与药效的关系　液体或固体熏蒸剂经过蒸发、升华或化学作用转化为蒸气或气体的性能，称为熏蒸剂的挥发性。熏蒸剂经挥发成为气体后，即从分子密度大的施药部位向分子密度小的非施药部位进行热运动，称为熏蒸剂的扩散性。

在适当的气温下，挥发性和扩散性能好的熏蒸剂施入密闭环境中后，短时间内易在被熏蒸物体内部各部位达到有效浓度，杀虫和消毒效果较好。

熏蒸剂的挥发性和扩散性取决于熏蒸剂的沸点、蒸气压、分子质量和气体相对密度。一个理想的熏蒸剂最好是沸点低，蒸气压高，相对密度小，分子质量小。溴甲烷、磷化氢、硫酰氟和环氧乙烷都是符合上述一条或多条标准的优良熏蒸剂。

熏蒸剂的挥发性和扩散性也与环境温度、被熏蒸物的吸着、被熏蒸物堆码形式与孔隙度、施药点的数目有关。杂货或袋装粮，对熏蒸剂穿透的阻力小，散装粮阻力大，尤其是海运粮船，经远洋航行，粮食致密，船舱深，需打渗药管，辅助熏蒸剂渗透。

在许多熏蒸过程中，可以采取一些强力通风措施，如使用特殊设计的环流熏蒸设备，使熏蒸剂尽快地分布到密闭环境的各个部位，以取得较好的熏蒸效果。

（2）熏蒸密闭时间与药效的关系　多数熏蒸剂在一定浓度范围内和一定温度下，杀死某种有害生物或某一发育阶段所需的密闭时间与毒气浓度成反比关系。即较低的浓度下保持较长的时间或较高浓度下保持较短的时间，其杀虫效果是一样的。密闭时间与毒气浓度的关系可用公式：

$$\rho \times t=K$$

式中　ρ——浓度，g/m^{3}或mg/L

t——时间，h

K——常数，（g·h）/m^{3}或（mg·h）/L

各种熏蒸剂有效ρt值是不一样的。熏蒸剂只有达到或超过所建议的杀死最具耐力的有害生物或发育阶段的有效ρt值，才能保证熏蒸效果。

上述ρt值规则并非对所有的熏蒸剂都完全适用，其关系式也只是一种近似值。而具有普遍意义的关系是：

$$\rho^n \times t=K$$

指数n为毒力指数。若n小于1，说明该熏蒸剂是以时间为主导因素的熏蒸剂。换句话说，对该熏蒸剂延长熏蒸时间在防治战略上要比增加浓度更好。要做到这一点，熏蒸环境必须具有良好的气密性，以便气体保持较长的时间，或通过不断地补充熏蒸剂的方法以满足所需熏蒸时间的要求。在熏蒸过程中如能保持密闭环境中的恒定的杀虫气体浓度，将会取得较好的熏蒸效果。磷化氢就是以时间为主导因素的熏蒸剂。对于n值大于1的熏蒸剂，在熏蒸中增加其浓度比延长时间更有效，溴甲烷等在大多数情况下属于此类型。

2. 有害生物状况对药效的影响

不同有害生物对同一药剂的敏感性不同，同一有害生物不同时期、生理状态对药剂的敏感性不同，对于不同虫期来说，一般卵期和蛹期对熏蒸剂的耐药力比起成虫和幼虫期要强得多；病原真菌的营养细胞的抵抗力弱，而休眠机构（如菌核、厚壁孢子、子座等）耐药力强，细菌的芽孢、线虫的卵都有很强的耐药力。

3. 环境因素对药效的影响

（1）温度　温度可以影响药剂的挥发性、扩散性以及被熏蒸物的吸着能力，会影响到毒气在密闭环境中的分布。温差导致粮堆内形成微气流，从而对毒气的分布速度和分布状态产生影响。

温度升高时，熏蒸剂的挥发性和扩散性增加，而被熏蒸物的吸着则减小，毒气会迅速充斥整个熏蒸场所，进而达到有效杀灭有害生物的浓度；气温高，有害生物生理代谢旺盛，呼吸率增加，单位时间内熏蒸剂进入有害生物的量也相对提高，从而使熏蒸杀灭有害生物的速度和效果得到提高。当气温高于10℃时，温度升高，可以提高熏蒸效果。温度在10℃以下称为低温熏蒸。较低温度增加货物对熏蒸剂的吸收，降低熏蒸剂挥发穿透能力，降低有害生物呼吸率，增加抗毒能力。因此，不提倡低温熏蒸。一般谷物温度在21~25℃时使用有效的杀虫剂量，当温度下降时，要适当增加剂量：10~15℃，药量增加到1.5倍；16~20℃，药量加到1.25倍；25℃以上，用3/4的药量。

《粮油储藏技术规范》在关于磷化铝常规施药方法中指出：施药部位还要考虑粮堆气流状态，当平均粮温高于仓温3℃以上时，应在粮仓或粮堆下层施药；当平均粮温低于仓温3℃以上时，应在粮面施药；新入仓的粮食各部分粮温接近，应采取均匀埋藏的方法，并在仓门及四角增加施药点。

（2）湿度　空气湿度对熏蒸效果的影响不如温度那样大，但对落叶植物或其他生长中的植物及其器官，熏蒸时必须保持较高的湿度。对于种子等的熏蒸，湿度越低越好。

（3）气体成分与药效的关系　害虫呼吸需要氧气，如果环境中氧气浓度降到一定程度，害虫就会提高呼吸率，这样有利于熏蒸杀虫效果的提高。二氧化碳可以刺激害虫呼吸，也有助于吸收熏蒸毒气，提高熏蒸杀虫效果。

调节空气成分，如调节氧气在2%以内，或充入氮气在98%以上，或充入二氧化碳在35%以上，会导致害虫生长、发育不正常，甚至窒息死亡。熏蒸时，不一定像气调那样调控气体，只要适当改变气体成分就能对熏蒸剂起到增效作用。有资料表明5%左右的二氧化碳对磷化氢就有明显的增效作用。二氧化碳浓度为1%~2%时，尽管这样的浓度不能够明显地提高害虫的呼吸率，但仍可通过提高磷化氢气体扩散和渗透、促进气体均匀分布、延长磷化氢在粮堆中的滞留时间而提高熏蒸效果。

（三）常见熏蒸药剂

经常使用的熏蒸剂有十多种（表12–3），按物理性质可分为固态熏蒸剂，如磷化铝、氰化钠、氰化钾；液态熏蒸剂，如四氯化碳、二溴乙烷、氯化苦、二硫化碳等；气体熏蒸剂，如硫酰氟、溴甲烷、环氧乙烷等，经压缩液化，贮存在耐压钢瓶内。

一般来说，理想的熏蒸剂应具备高效、低毒，有高度的挥发性和良好的渗透性，

表 12-3 常用熏蒸剂的基本性能和用途

熏蒸剂	相对分子质量 气态相对密度（空气为 1）	沸点/℃	空气中的燃烧极限/%（体积分数）		气味	对金属的影响	用途及说明
			最低	最高			
二硫化碳 CS_2	76.13 2.64	46.3	1	50	纯体几乎无味，非纯体有难闻气味	商品制剂不纯对某些金属有腐蚀作用	谷类、土壤熏蒸防治葡萄根瘤蚜、杀线虫和地下害虫、水果熏蒸
四氯化碳 CCl_4	153.84 5.32	76.7	不可燃		类似乙醚或氯仿的气味	在高温高湿下对某些金属有腐蚀作用	只有微弱的杀虫能力；主要用于谷物熏蒸、燃烧性熏蒸剂的混合剂，减少起火危险和帮助分布
氯化苦 CCl_3NO_2	164.39 5.68	112	不可燃		烈性催泪性气体	潮湿条件下有腐蚀性	谷物和植物产品，对种子安全；损害活植物、水果和蔬菜；可杀细菌和真菌；土壤熏蒸杀伤杂草种子和有生命的植物
二溴乙烷 $C_2H_4Br_2$	187.88 6.49	131.6	不可燃		类似氯仿的气味	可与铝起反应，有损电器设备	一般熏蒸剂；具体用于某些水果熏蒸，可损害生长中的植物；美国提出停止使用；土壤熏蒸杀土壤线虫；熏蒸原木蛀干害虫
溴甲烷 CH_3Br	94.95 3.27	3.6	13.5	14.5	低浓度无味，高浓度有强烈的霉味或甜味	同上	一般熏蒸剂；可谨慎用于苗圃砧木、生长中的植物、一些水果和含水量低的种子，杀真菌、线虫

磷化氢 PH_3	34.04 1.21	-87.4	2	100	非纯体有类似大蒜的气味	对铜、金银制品有强腐蚀性，有损电器原件	粮食和食品熏蒸，气体由磷化铝产生
硫酰氟 SO_2F_2	102.06 2.88	-55.2	不可燃		无味	无腐蚀性	一般熏蒸剂；用于木材蛀干害虫、白蚁、林木种子害虫、纺织品、皮毛、烟草、文史档案及带有橡胶垫的精密仪器的仓储害虫
丙烯腈 CH_2—CHCN	53.03 1.8	77	3	17	类似芥末味		烟草和植物产品“点”处理；对生长着的植物、新鲜水果和蔬菜有损害；和四氯化碳混用作为建筑物熏蒸防治干木白蚁
二氧化碳 CO_2	44.6 1.53	-78.5	不可燃		无味	无腐蚀性	作为惰性气体和可燃性熏蒸剂混用；直接用于防治储粮害虫
氧硫化碳 COS	60.07 2.485（25℃）	-50.2	12.0	29	非纯品带有典型硫化物气味	在硫化氢（浓度在0.1％以上）存在时对铜有腐蚀作用，对钢、铁有破坏作用	储粮害虫

续表

熏蒸剂	相对分子质量 气态相对密度（空气为 1）	沸点/℃	空气中的燃烧极限/%（体积分数）		气味	对金属的影响	用途及说明
			最低	最高			
二氯己烷 $C_2H_4Cl_2$	98.97 3.4	83.5	6	16	类似氯仿气味	无腐蚀性	种子和谷物，一般和四氯化碳混合应用，用于土壤熏蒸处理
环氧乙烷 $(CH_2)_2O$	44.05 1.52	10.7	3	80	有霉味，对眼、鼻黏膜有刺激作用	腐蚀性较低	原粮、加工粮和某些植物产品，实际应用的浓度对许多细菌和真菌及病毒均有毒性；具有强植物毒性，影响种子发芽
敌敌畏 $C_4H_7O_4PCl_2$	221 7.6	74 （1mmHg）	不可燃		略带芳香味	对黑铁皮和软钢有腐蚀性	建筑物空间熏蒸，穿透货物能力极差
氢氰酸 HCN	27.03 0.90	26.0	6	41	类似苦杏仁味	对大多数金属无腐蚀作用	一般熏蒸剂；对植物有毒性；对种子安全；不推荐用于植物、鲜果和蔬菜

具有明显的警戒性，易于检测，不燃烧、不爆炸，对金属无腐蚀性，不与熏蒸物起化学吸着反应，在熏蒸物中不留残毒，易于通风散毒，不影响种子发芽和熏蒸物的品质，不会迅速凝结成液体，不溶于水，药剂便宜，施药方便等特点。

实际上还没有一种熏蒸剂具有以上所有优点的。所以，我们必须熟悉各种熏蒸剂的主要理化性质，用其所长，避其所短，根据熏蒸物品的种类、特征、有害生物的种类和不同的发育阶段、熏蒸时的气温和有关条件、施用熏蒸剂的成本等诸方面的条件来选择适合的熏蒸剂。对某些虽有某种缺点的熏蒸剂（如易燃、可爆、毒性较大等），如果熏蒸效果好，其他优点也突出，只要有克服其缺点的办法和措施，则同样可以选用。

溴甲烷因其残留低、渗透性强、杀虫效果好、使用方便安全等特点而位居检疫处理用熏蒸剂之首，但因溴甲烷排放到大气中后，会严重破坏臭氧层。所以1992年签署的《蒙特利尔协定》要求发达国家在2005年前停止使用溴甲烷，发展中国家则必须在2015年前停止使用溴甲烷。目前世界上一些发达国家，对我国检疫处理出境货物的溴甲烷残留量有严格的限制（美国要求残留5mg/kg以下），所以对溴甲烷替代熏蒸剂及替代技术的研究迫在眉睫。

1. 溴甲烷（CH_3Br）

（1）理化性质　相对分子质量为94.95，在常温下是无色的气体，少量时无味，浓度较高时微带香甜如乙醚或氯仿气味。一般都压缩成液体，装在钢瓶中。气体相对密度3.27（0℃），沸点3.6℃，冰点为-93℃，蒸发潜热257.57J/g，水中溶解度1.34g/100mL（25℃），商品纯度98%~99.4%。微溶于水，易溶于酒精、乙醚、氯仿、二硫化碳、苯等有机溶剂和油类、脂肪、橡胶、树脂等物质。

液态的溴甲烷易将脂肪、树脂、橡胶等物质溶解，熏蒸施药时要防止把药液直接喷在塑料或橡胶帐幕上。溴甲烷气体对金属、棉、丝、毛织品和木材等无不良影响。

溴甲烷化学性质比较稳定，不易被酸碱物质所分解，但在酒精溶液中能起分解作用。在一般熏蒸浓度下不燃烧，不爆炸。以溴甲烷为熏蒸剂时，不应使用铝制仪器和设备，因为液态溴甲烷与铝会发生反应而爆炸。

（2）溴甲烷的使用　溴甲烷穿透性强、扩散迅速、对昆虫毒性高，是良好的检疫熏蒸剂。溴甲烷在较广泛的温度范围（6℃以上）内有效，其横向和向下扩散迅速，向上扩散缓慢，为确保最初熏蒸气体的迅速分布，应辅以风扇或鼓风机环流。对常压熏蒸室的熏蒸，开始15min必须使室内空气循环，以确保良好的分布。对真空熏蒸，全部熏蒸期间，气体环流应该不断，在大多数情况下，必须用专门设备使溴甲烷气化。

溴甲烷是广谱性的神经毒剂，对仓储害虫、蛀果性害虫、蛀干害虫、蚧壳虫、粉虱、蓟马、蚜虫以及螨类、蜗牛、某些真菌和鼠类有效。溴甲烷在常压或真空减压下广泛应用于各种植物、植物材料和植物产品、仓库、面粉厂、船只、车辆等运输工具以及包装材料、木材、建筑物、衣服、文史档案资料等熏蒸，也可用作土壤熏蒸和新鲜蔬菜、水果的熏蒸。但不能熏蒸大豆粉、全麦面粉和其他蛋白质含量高的面粉。溴甲烷也可与其他熏蒸剂混合使用。国产溴甲烷贮存在I型和Ⅱ塑的钢瓶内，有25kg和70kg装。使用时打开钢瓶阀门，溴甲烷就能自动喷出并气化。

按照国际处理标准用溴甲烷进行检疫熏蒸处理，处理后，化学残留在一般情况下不会超过国际上所公认的安全标准，也不会影响鲜果和蔬菜的贮藏期限及植物和种子的生活力。表12–4是用溴甲烷在熏蒸室或帐幕常压熏蒸苹果处理苹果蠹蛾使用剂量。

表 12–4　熏蒸室、帐幕溴甲烷熏蒸苹果处理苹果蠹蛾的剂量

温度/℃	剂量/（g/m^3）	密闭时间/h
≥32	16	2
26.5 ~ 31.5	24	2
20.5 ~ 26	32	2
15.5 ~ 20.5	40	2
10 ~ 15	48	2
4.5 ~ 9.5	64	2

由于熏蒸剂的蒸汽压力大于外部大气压，密闭室内的气体会溢出。正常的扩散也使气体通过洞穴、裂缝或其他薄弱区域向外扩散，这既降低熏蒸效果，也很危险。溴甲烷在浓度不低于17mg/kg时，可被卤素检漏仪迅速测定。检测器可以测定低于2g/m^3（500mg/kg）的浓度。更高的浓度可用热导分析仪或其他气体分析仪进行测定。

（3）溴甲烷的毒性及其安全防护　溴甲烷对人和动物有毒。具有缓滞的神经麻醉性，损伤神经系统、肾脏、肺。无警戒性。在发生中毒后，有潜伏期，中毒症状要在数小时到2~3d内出现，慢者数星期至数月。由于溴甲烷没有警告气味，因此，人和动物容易暴露在有害的浓度中。应避免皮肤接触液体溴甲烷，否则会引起严重水疱。液体溴甲烷还可通过人体皮肤被吸收，衣服和鞋袜溅污溴甲烷后应尽快脱去，接触溴甲烷部位应用水彻底冲洗。实施溴甲烷熏蒸时，严格禁止单独操作，应两人或更多人共同作业。准备好安全防护设备，包括防毒面具和适用的滤毒罐等，以防意外。

（4）溴甲烷的替代状况　目前，对于溴甲烷替代熏蒸剂及替代技术的研究主要集中在几个方面：加强溴甲烷回收利用及与其他熏蒸剂混合熏蒸技术的研究。据报道，溴甲烷和磷化氢混合、溴甲烷和二氧化碳混合均能增加防效；加强溴甲烷替代熏蒸剂的筛选，从目前的一些研究看来，具有较大潜力的替代药剂有磷化氢、硫酰氟和氧硫化碳（COS）等；加强物理处理方法的研究，主要包括对冷（热）处理、辐照处理、微波处理的研究；加强对化学处理方法的研究，我国已开始化学浸泡处理和防腐剂处理；加强气调处理方法的研究，国外已利用高二氧化碳和低氧气体及冷藏相结合的方法处理水果。

2. 磷化氢（PH_3）

（1）理化性质　磷化氢相对分子质量34.04，沸点－87.4℃，气体相对密度

1.21（0℃），蒸发潜热429.57J/g。冷水中溶解度26mg/100mL（17℃）。

纯净的磷化氢是无色无味的剧毒气体，但在伴随金属磷化物释放磷化氢气体的同时往往带有电石或大蒜异臭味，但在某些条件下这种特殊的气味也可能消失。

磷化氢微溶于水，可溶于乙醇和乙醚。在空气中，当磷化氢的浓度超过1.7%或26g/m^{3}时就形成了燃爆混合比，加之双磷（P_2H_2）的存在即可自燃，产生白色烟雾（P_2O_5）。

磷化氢能和所有金属反应，特别对铜或铜合金有严重腐蚀作用，电机、电线、电子装置可能受其损坏。

磷化铝原药为浅黄色或灰绿色松散固体，吸潮后缓慢地释放出磷化氢。

$$AlP+3H_2O \rightarrow PH_3\uparrow + Al(OH)_3$$

磷化铝片剂或丸剂中含有白蜡、硬脂酸镁和氨基甲酸铵，能同时放出二氧化碳和氨。这两种气体有助于在片剂或丸剂释放磷化氢时将其稀释，以减少燃烧的危险。

（2）磷化氢的毒理机制 磷化氢进入虫体后，在氧气存在的状态下，首先被活化为有毒中间体，然后与细胞内线粒体膜上的细胞色素氧化酶的铁卟啉结合，形成一种无催化能力的稳定化合物，使该酶失去活性。结果是呼吸链中细胞色素c（还原型）无法在细胞色素氧化酶的作用下，把氢原子交给分子氧形成水，生物氧化过程中断，能量代谢无法正常进行，致使害虫窒息死亡。另外。磷化氢还可抑制虫体的过氧化氢酶，使其失去催化分解过氧化氢的能力，导致虫体内过氧化氢的积累，引起害虫生理中毒，致使害虫病变或死亡。

（3）磷化氢在检疫上的应用 磷化铝为广谱性熏蒸杀虫剂，常用于防治植物产品和其他贮藏品上的昆虫，应用于谷物、油料、饲料、种子、药材、坚果、干果、茶叶、面粉、香料、糖果、可可豆、咖啡豆、麻袋等熏蒸。以防治玉米象、米象、豆象、谷蛾、谷螟、麦蛾、粉螟、赤拟谷盗、锯谷盗、长角谷盗、谷蠹等。熏蒸原木对小蠹类、天牛类害虫也有效。但很少报道使用磷化氢防治有生命植物、水果及蔬菜上的害虫。

磷化氢可应用在仓库内及露天帐幕熏蒸。一般按立方米（m^3）粮食计算用药量。如用磷化氢片剂，可用3~4片（即磷化氢3~4g）。当在露天帐幕熏蒸条件下，用药量可适当增加。熏蒸时间一般72h以上，但要根据气温而定，在12~15℃时，熏蒸5d，16~26℃时熏蒸4d，20℃以上时只需3d。熏蒸完毕，通风散毒，5~6d后，残存毒气即可消失。

用磷化氢帐幕熏蒸时，应按照使用剂量先计算好用药量，将磷化铝片剂平均分盛于盛药盘或盛药罐中。每个盛药盘或盛药罐中的磷化铝片数不能超过26片。将已盛好磷化铝片剂或丸剂的盛药盘或盛药罐沿堆垛底部四周均匀放置于帐幕内。放置片剂后，4h内开始产生气体，药剂的放置和帐篷的覆盖必须在这个时间内完成。在熏蒸结束前，要特别注意用磷化氢检测仪器监测磷化氢气体浓度，如果低于规定的浓度，则应查明泄漏原因，采取相应的补救措施，以保证熏蒸杀虫的有效性。

（4）磷化氢的毒性及其安全防护　磷化氢对高等动物的毒性属剧毒。作用于人的神经系统，抑制神经中枢，刺激肺部，引起肺水肿和使心脏扩大。其中，以神经系统受害最早且最重，还会影响到呼吸系统、心血管系统和肝脏。操作时必须戴防毒面具和胶皮手套，做好安全防护。

3. 硫酰氟（SO_2F_2）

（1）理化性质　硫酰氟是一种无色、无味的气体，相对分子质量为102.06，相对密度2.88，沸点-55.2℃，熔点-120℃，蒸发潜热184.95J/g，商品纯度98%~99%。化学性质稳定，不燃烧、不爆炸。难溶于水，可溶于酒精、氯仿、四氯化碳、甲苯等有机溶剂，在碱性溶液中易水解，无腐蚀性。

（2）硫酰氟的毒理机制　研究发现，硫酰氟能抑制氧气的吸收；能破坏生物体内磷酸的平衡；能够抑制大分子脂肪酸的水解；能抑制那些需要镁离子才具有活性的酶，包括烯醇酶和能量代谢中的一些酶。

（3）硫酰氟的应用　硫酰氟具有渗透力强、使用温度范围广、用量小、吸附量少、解吸快等特点。硫酰氟对昆虫除卵外的所有虫态剧毒，适用于毛、棉、化纤织品、木材、皮革、烟草、竹木器、工艺品等农副产品及土特产仓库，文物档案害虫的防治和粮、棉、林木种子的杀虫消毒，对建筑物和水库堤坝白蚁有明显效果。但硫酰氟对植物是有毒的，不适用于有生命植物、水果或蔬菜的熏蒸。

硫酰氟使用温度范围广，在较低的温度（0~6℃）下仍能发挥良好的杀虫作用。但杀虫效果仍受温度的影响，在21℃以下，硫酰氟的效力迅速下降。

通常，硫酰氟的帐篷熏蒸操作规程同溴甲烷。为了保证熏蒸剂在整个密闭范围内的完全分布，需要良好的空气环流。整个熏蒸期应监测熏蒸剂的浓度，以确保不发生泄漏。计量硫酰氟，可用商用台秤计量盛药钢瓶的重量减少来计算。在熏蒸期间，可用熏蒸检测热导仪来检测硫酰氟的有效浓度。

硫酰氟对高等动物的毒性属中等，为常用熏蒸剂溴甲烷的1/3。目前，尚没有硫酰氟中毒的解毒剂。应用硫酰氟熏蒸杀虫，必须严格遵守操作规程。

4. 环氧乙烷［$(CH_2)_2O$］

（1）理化性质　环氧乙烷是一种极易挥发的无色液体，渗透力强。低浓度时具刺激性乙醚味，高浓度时有刺激性芥末味。相对分子质量44.05，沸点10.7℃，熔点-111.3℃，气体相对密度1.521，气化潜热581.9J/g。极易溶于水，易溶于油脂、奶油、蜡中，尤其是橡皮中。一般无腐蚀性。环氧乙烷具有强烈的易燃和易爆性，空气中的燃烧极限为3%~80%（按体积）。在植物检疫上，大多数与二氧化碳（10%环氧乙烷：90%的二氧化碳）混合使用，二氧化碳的作用是降低燃烧和爆炸的危险。环氧乙烷还能与氟利昂混用，比例通常是12%：88%。

（2）环氧乙烷的毒理机制　环氧乙烷能与蛋白质上的羧基、氨基、硫氢基和羟基产生烷化反应，代替其不稳定的氢原子，而构成一个带有羟乙基根的化合物，阻碍了蛋白质的正常化学反应和新陈代谢，从而杀死有害生物。

（3）环氧乙烷的应用　环氧乙烷对昆虫和微生物毒性高，效果显著，适用于熏蒸原粮、成品粮、烟草、香料、衣服、皮革、纸张等。在植物检疫上环氧乙烷用作大批量谷类及烟草昆虫的熏蒸剂，用作粮食杀菌剂，也处理由蜗牛污染的非植物性货物和场地，以及处理其他气体可能腐蚀而损坏的高灵敏度电子设备。由于环氧乙烷对植物有毒，可能损害大多数种子的萌芽，所以不能用在活的植物材料、水果或蔬菜及种子上。

在用环氧乙烷熏蒸时，用于环流的风扇必须是不发火花的，限用防爆鼓风机，供气钢瓶必须安全固定，以防止气体释放期间动摇，油布必须宽松悬挂，允许大约25%的气体增加。为防止过度膨胀，在气体开始释放时，必须从密封末端，离毒气体释放点最远点排放空气。这可以通过轻轻地抬起油布，直至发现熏蒸剂排出，然后再密封油布来完成。也可以利用一种特殊的排气管。熏蒸剂的释放必须距离被熏蒸物2m远，以防止环氧乙烷可能的凝结作用。如果钢瓶被安置在密闭室外，则应该使用特殊的韧性金属管道系统输送气体，无论如何不能使用铝制品。用篷布帐幕熏蒸时钢瓶最好放在内部，从外部可以打开阀门。

环氧乙烷在植物检疫工作中常被用来作为灭菌处理，主要用作疫粮的杀菌。目前国内用环氧乙烷处理进境小麦，在15~25℃，用药量175~200g/m^3，熏蒸3~5d，可杀死小麦矮腥黑穗病菌；在国内有许多大宗商品的检疫处理中，也有使用成功的实例。

（4）环氧乙烷的毒性及其安全防护　该剂对高等动物的毒性为中等毒性。与其他熏蒸剂相比，环氧乙烷对人相对毒性较小，它是一种神经系统抑制剂。人体反复吸入较低浓度蒸气时，出现生长抑制、腹泻、肝、肾营养障碍和呼吸道刺激症状；吸入高浓度蒸气时有流泪、流涕、呼吸困难、恶心、呕吐、腹泻、肺水肿、瘫痪（尤其是下肢）、惊厥等症状，严重者引起死亡，死因主要是肺水肿。发现有中毒现象立即离开熏蒸场所，呼吸新鲜空气，并请医生治疗。进入高浓度区域必须用防毒面具，最好使用自控呼吸式的防毒装置。

近来国外怀疑环氧乙烷能够引起基因畸变，而且还认为环氧乙烷同被熏蒸食品的组成物质发生化学反应产生可疑的致癌物质如氯乙醇和溴乙醇等。

5. 氯化苦（CCl_3NO_2）

氯化苦纯品为无色油状液体，遇光变淡黄色。是一种化学催泪剂。相对分子质量164.39，沸点112℃，熔点-64℃，气体相对密度为5.676，液体为1.592（20℃）。在空气中不燃烧、不爆炸。难溶于水，易溶于有机溶剂（如酒精、汽油、乙醚、脂肪）中。在光线下、在水中分解较快。湿气存在时对金属有腐蚀性。

氯化苦主要用于仓库熏蒸和土壤处理。整仓熏蒸贮粮时，用药量以空间计算为20~30g/m^3，以粮堆体积计为35~70g/m^3。此外，还用于空仓、器材、加工厂农副产品和水分含量为14%的豆类熏蒸。用氯化苦处理土壤，在土温10℃和土壤含水量较高的条件下进行效果较好，用药量为60g/m^3。打出20cm的孔后注药，每穴注药5mL，穴间距20~30cm，施药后用土覆盖孔穴并压实，挥发的气体在土壤中扩散，杀死有害生物。

氯化苦渗透力较强，但挥发速度较慢，使用时应尽量扩大其蒸发面。该剂易被多孔性物体，如面粉、墙壁、砖木、麻袋等吸附，散气迟缓，不宜熏蒸加工粮。种子含水量高时，熏蒸后发芽率降低。氯化苦对植物有严重的药害，因此不能作为植物、水果和蔬菜的熏蒸剂。

氯化苦对人、畜有剧毒，轻者眼膜受刺激流泪，重者咳嗽、呕吐、窒息、肺水肿、心率失常、虚脱以致死亡。中毒者以3%硼酸水洗眼。禁止人工呼吸，应立即送医院请医生诊治。熏蒸时，必须戴适合的防毒面具及胶皮手套；充分散毒后，才能入库搬运货物。

二、化学药剂处理

化学药剂主要用于种子、无性繁殖材料、运输工具和储运场所的灭害消毒处理。根据处理对象不同采取不同的施药方法，常用的有拌种法、种苗浸渍法和喷雾法等。

（一）种子处理

1. 拌种法

在检疫上，常用福美双、克菌丹、苯菌灵、多菌灵、硫菌灵、甲基硫菌灵、萎锈灵、三唑酮、三唑醇、甲霜灵等药剂处理大批量种子。

2. 浸种法

这种方法在浸种后需要立即干燥，药效优于拌种法。如用800μg/mL氯霉素浸种48h，可以防除水稻细菌性条斑病和白叶枯病。

（二）无性繁殖材料处理

可用杀菌剂、抗菌剂浸渍处理苗木、接穗、球根、块茎等无性繁殖材料。

针对柑橘溃疡病和柑橘黄龙病，我国国家标准局颁发的“柑橘苗木产地检疫规程”中，规定对柑橘苗圃所用的接穗必须进行以下的药剂处理：

（1）把接穗芽条置于1 000 U/mL的盐酸四环素液中浸2.5h；

（2）取出晾干或用草纸吸干接穗上的水分后，再置于50%苯来特或50%多菌灵1：800~1 000的药液中浸20~30min，取出静置20~30min，再用清水冲洗；

（3）晾干或用草纸吸干接穗上的水分后，再置于700 U/mL硫酸链霉素和1%乙醇的混合液中浸30min，取出静置20~30min，清水冲洗后，摊开晾干表面水分，用清洁草纸包装备用。

近年来，上海出入境检验检疫局开展了苗木浸根杀寄生线虫处理技术的研究。研究证明浸种灵（10%二硫氰基甲烷乳油）对苗木根围植物寄生线虫有较强的触杀毒性，在出口露根苗木上用500至1000倍浸种灵浸根处理3min，可以杀灭苗木根围线虫。

三、防 腐 处 理

在检疫上，防腐处理多用于木制材料的除害处理，我国在这方面刚开始起步。

（一）防腐剂的类型

根据其介质和有效成分不同可分为下面三大类。

1. 焦油型

包括煤焦油和沥青等。1986年后，杂酚油类防腐剂被美国环境保护署列为“限制使用”的农药，非获得准许不得使用。

2. 有机溶剂型

包括一些以有机溶剂为载体的化学防腐剂，如CCA（砷-铬-铜盐）。1986年后CCA被列入“限制使用”之列。另外，有机杀虫、杀菌剂有时也被认为属于此类防腐剂中的一特例。该类防腐剂既可用于木材的表面处理，也可进行加压渗透处理。

3. 水溶型

包括一些水溶性金属复盐类，如CCA、AZCA、氨化柠檬酸铜盐（ACC）等。该类防腐剂只能用于真空加压法中使用。

（二）防腐剂的使用方法

1. 表面处理法

该法主要用于对木材表面或浅层的有害物进行防腐，如喷雾法、喷射法、涂抹法及浸泡法等。该类只是一种暂时性防护法，同时，还有可能造成人员的伤害和环境污染等问题。

2. 加压渗透法

该法是利用一系列抽真空和加压过程，迫使防腐剂进入木材组织细胞，使防腐剂能够与木材紧密结合，从而达到木材的持久防腐效果。该法防腐效果一般可长达数十年。美国、加拿大和英国在要求对中国输出木质包装进行防腐处理时多倾向于使用CCA真空加压防腐处理法。

（三）CCA加压处理木材的一般程序

先将欲处理的木材放置于一气密性较好的圆筒中，然后抽真空使筒中和木材组织中保持真空，向筒中加入防腐剂并同时加压，当被处理的木材达到预设的防腐剂滞留量时即可，最后再进行抽真空以使木材中多余的（指与木材组织结合不牢固的）防腐剂抽出。

（四）使用防腐剂过程中应注意的事项

（1）应注意防腐处理过程中操作人员的安全　接触CCA的操作人员必须穿防护服、戴手套、佩戴防护面具。严禁操作过程中取食、吸烟和喝饮料。

（2）防腐处理必须全面和彻底。

（3）对防腐处理后的木材、木制品的安全使用及它们的废弃物的处理　目前正在中国销售的防腐木材大都是CCA处理的，砷作为一种致癌物质，对环境和人体健康存在较大威胁，经砷处理过的木材、木制品及其废弃物，不能焚烧，不能接触水面或地面。因而，国家应严格市场准入，迅速对使用砷进行处理的木包装及木材进行风险评估，限制国外已经禁用的砷防腐处理的木包装及木材传入国内，同时应根据《中华人民共和国固体废物污染环境防治法》制定相应的固体废弃物处理及管理法规，禁止使用砷处理木包装，并将其列入《国家危险废弃物名录》，同时制定有关鉴别、检测标准。采取目前欧盟、美国等发达国家的做法，在木材储存过程中使用砷进行处理的木材不得投放市场。如需投放市场，应加贴警示标签，这些木材的废料应作为危险性废物，由专门授权的垃圾处理场专门处理。

第四节　进境原木及木质包装材料的检疫处理

进境原木及货物木质包装是携带林木有害生物在国际间传播的重要载体。近年来，随着全球经济一体化和贸易自由化进程的加快，国际社会越来越关注和重视这一情况。各国纷纷对进境原木和木质包装实行严格的检疫措施。

一、进境原木的检疫处理

近年来，由于国家封山育林、启动天然林保护工程，对进口木材实行零关税及取消核定公司经营制度等鼓励政策，加上国内木材需求趋旺等原因，我国木材进口急剧增加。经常在来自马来西亚、俄罗斯、印度尼西亚、加蓬、缅甸、德国、巴布亚新几内亚和莫桑比克等国家或地区的原木上截获小蠹类、天牛类、白蚁类、线虫类等林木有害生物。

国家质量监督检验检疫总局《关于印发〈中国进境原木除害处理方法及技术要求〉的通知》（国质检函［2001］202号）中公布了对中国进境原木除害处理的方法及技术要求。这些除害方法及技术要求适用于进境带树皮的，或经检疫发现检疫性有害生物须做检疫处理的原木。

（一）熏蒸处理

熏蒸处理可在船舱、集装箱、库房或帐幕内进行。目前口岸上熏蒸较多的是进口原木场地帐幕熏蒸处理。

1. 溴甲烷常压熏蒸

环境温度在5~15℃时，溴甲烷的剂量起始浓度达到120g/m^3，密闭时间至少16h。

环境温度在15℃以上时，溴甲烷的剂量起始浓度达到80g/m^3，密闭时间至少16h。

2. 硫酰氟常压熏蒸

环境温度在5~10℃，硫酰氟的剂量起始浓度达到104g/m^3，密闭时间至少24h。

环境温度在10℃以上，硫酰氟的剂量起始浓度达到80g/m^3，密闭时间至少24h。

（二）热处理

热处理可采用蒸汽、热水、干热、微波等方式。处理时原木的中心温度至少要达到71.1℃，并保持75min以上。

（三）浸泡处理

有条件的地方，可将原木完全浸泡于水中90d以上，杀灭所携带的有害生物。

（四）其他经输出国官方植物检疫部门批准使用的有效的除害处理方法

二、木质包装材料的检疫处理

（一）木质包装材料检疫处理的国内外概况

随着运输方式和装卸机械的更新，木质包装的使用率越来越高，据不完全统计，近年来约有70%的集装箱装运的货物使用木质包装。木质包装检疫在植物检验检疫中占有举足轻重的地位，出境检疫的质量关系到出口货物的通关结汇，进境检疫批次多、携带疫情几率高，直接关系到进口国的生态安全。因此，有关国际组织（如联合国粮农组织，国际植物保护公约组织）和各国政府纷纷研究对策，加强对木质包装携带有害生物的控制。

2002年3月，国际植保组织（IPPC）制定了国际植物检疫措施标准第15号《国际贸易中的木质包装材料管理准则》，建议所有国家或地区采取统一的木质包装除害处理措施，并加施统一的标识，代替原来的植物检疫证书，避免不同国家或地区采取不同的检疫要求对贸易产生影响，标识上包含了除害处理方法、来源地等信息，直接加施于木质包装上，方便查验和识别。

我国根据国际标准对进、出境货物木质包装检疫规定进行了调整。我国国家质检总局、海关总署、商务部、国家林业局联合发布2005年第11号公告。公告规定，进境货物木质包装应由输出国家或地区政府植物检疫机构认可的企业按照IPPC公布的国际植物检疫措施标准第15号《国际贸易中的木质包装材料管理准则》在输出国家或地区进行检疫除害处理，并加施政府植物检疫机构批准的IPPC（国际植物保护公约组织）专用标识。该规定于2006年1月1日起施行。2005年中华人民共和国国家质量监督检验检疫总局令第69号公布了《出境货物木质包装检疫处理管理办法》，随后质检总局、海关总署、商务部、林业局2005年第4号公告公布了出境货物木质包装有关要求。《出境货物木质包装检疫处理管理办法》规定从2005年3月1日起，出境货物使用的木质包装，必须按国际标准进行检疫除害处理，即在出口前实施有效的熏蒸处理或热处理，并在处理合格的木质包装上加施全球统一的专用标识，以确保其符合输入国家或地区的检疫要求。我国对进、出境货物木质包装检疫的新规定是我国与国际植物检疫通行做法接轨，对进、出境木质包装加强检疫的重大举措。

木质包装作为热点问题已引起各界的广泛关注，随着越来越多的国家（地区）采用第15号国际标准，木质包装检疫工作将会对全球贸易的推进和发展造成深远的影响。

（二）木质包装材料检疫处理的国际标准

2002年联合国粮农组织颁布了第15号国际检疫措施标准，即《国际贸易中的木质包装材料管理准则》。该标准界定了管理的木质包装材料范围，公布了对木质包装材料进行除害处理的措施，规定了木质包装材料进口时程序。

1. 管理的木质包装材料

这些原则是针对针叶树和非针叶树为原料的木质包装材料。

木质包装是指用于包装、铺垫、支撑、加固货物的木质材料，如木箱、木板条箱、木托盘、垫仓木料、木桶、木垫方、枕木、木衬板、木轴、木楔等。在制造过程中使用胶、热、压力或它们的组合等而制作的木质产品，如胶合板、碎料板、定向条状板或薄板，以及薄板旋切芯、锯屑、木丝和刨花、原木薄片等都被排除在需要管理的木质包装材料之外。

2. 木质包装材料的处理措施

目前ISM15批准的两项措施有：

（1）热处理（heat treatment，HT） 木质包装材料的加热要遵照特定的时间–温度表。木质材料内部的温度不低于56℃，时间不少于30min。

窑内烘干法（klin–drying,KD）、化学压饱和法（chemical pressure impregnation，CPI）或其他方法只要符合热处理规范均可视为热处理。

（2）溴甲烷熏蒸 溴甲烷熏蒸处理最低温度不低于10℃，最低熏蒸应为16h（见表12–5）。

表 12–5 溴甲烷熏蒸木质包装材料的最低标准

温度/℃	剂量	最低浓度/（g/m^3）			
		0.5h	2h	4h	16h
≥21	48	36	24	17	14
≥16	56	42	28	20	17
≥11	64	48	32	22	19

用热处理和溴甲烷方法处理可有效杀灭窃蠹科、长蠹科、吉丁虫科、天牛科、象甲科等翅目、粉蠹科、拟天牛科、小蠹科、树蜂科昆虫以及松材线虫。

（3）有待批准的其他方法

①熏蒸：磷化氢、硫酰胺、硫化碳；

②化学加压浸透方法：高压/真空过程、双真空过程、冷热槽法、树液置换法；

③辐射处理：γ射线，X射线、微波、红外线、电子束处理；

④受控大气处理。

3. 进口时程序

要求输出国的国家植物保护机构建立出境木质包装除害处理管理体系和标识制度，经除害处理合格的出境木质包装须加施全球统一的除害处理标识。该标准规定对经有效除害处理并加施标识的木质包装，输入国入境口岸不再查验《植物检疫证书》，对木质包装不带标识，或虽带标识，但发现有活的有害生物，入境口岸可采取除害处理、处置（焚烧、掩埋和加工等）或拒绝入境的措施，并可通报输出国的植保机构。

思 考 题

1. 检疫处理有哪些基本原则?
2. 常用的检疫性害虫的除害处理方法有哪几种?
3. 你知道有哪几种熏蒸药剂?简述常压熏蒸的熏蒸程序及要注意的问题。
4. 溴甲烷替代熏蒸剂及替代技术有哪些研究动向?
5. 简述高温和低温处理检疫性害虫的原理和常用方法。
6. 常用的检疫性病害的除害处理方法有哪几种?
7. 简述化学药剂处理检疫性病害的几种常用方法。
8. 你知道检疫处理技术发展的新动向是什么吗?
9. 木质包装材料检疫处理技术措施有哪些?

第十三章　检疫性植物有害生物

绪论已述及，根据在国际贸易中采取植物检疫措施的需要将有害生物分为两类：限定的有害生物和非限定的有害生物。在植物检疫领域里，限定的有害生物是指那些正在被官方采取检疫手段进行控制的有害生物，包括检疫性有害生物和限定的非检疫性有害生物。

检疫性植物有害生物主要包括3大类别，即检疫性植物病原物、检疫性害虫和检疫性杂草。

2007年5月农业部发布了《中华人民共和国进境植物检疫性有害生物名录》，该名录包括真菌、原核生物、病毒及类病毒、线虫、昆虫、软体动物、杂草等有害生物。

2006年3月及2004年8月农业部和林业部分别发布了全国农业和林业植物检疫性有害生物目录。在全国农业植物检疫性有害生物目录中，病害21种，虫害17种，杂草5种。在全国林业植物检疫性有害生物目录中，病害7种，虫害11 种，植物1种。

第一节　检疫性植物病原物

植物病害检疫一般是针对那些可以通过人为因素进行远距离传播、适应性强、扩散速度快、防治和根除困难的，即具有检疫重要性的病原物进行的。植物病害检疫是植物检疫的一个十分重要的组成部分，在我国的进境检疫性植物有害生物中，检疫性病原物所占比例就占到50%左右。在植物检疫性病害中，真菌病害和病毒病害最多，细菌和线虫病害相对较少。

一、检疫性植物病原真菌

由真菌引起的植物病害占植物病害总数的90%以上。病原真菌可潜伏在植物种苗的内部，或黏附于种苗和植物产品的外表，或混杂在种子及植物产品中，随人类的生产实践活动以及调运、邮寄或携带发生远距离传播。被列入各国检疫性名录的真菌病害有100多种。小麦矮腥黑穗病、大豆疫病、烟草霜霉病等是重要的检疫性植物真菌病害。

（一）小麦矮腥黑穗病菌

1. 分布及危害

起源于北美洲和欧洲。目前遍及欧洲、西亚、北非和北美等32个国家，尤其美国中西部和东北部10余个州是该病的常发区。

小麦矮腥黑穗病是重要的国际检疫性病害，小麦矮腥黑穗病是麦类黑穗病中危害最大、防治最难的一种病害。病菌系统侵染使植株严重矮化多分蘖，病穗的籽粒被黑粉取代，形成菌瘿，通常发病率约等于产量损失率。病害一般流行年份小麦减产20%~50%，严重时高达75%以上，甚至造成绝产。1972年美国西北部7个州发病面积达24万hm^2，平均减产17%，损失小麦1.2万kg，严重地块发病率高达90%。

2. 主要寄主植物及所致病害症状

限于禾本科。主要为害小麦，也侵染大麦、黑麦等18个属的多种植物，但小麦以外的其他寄主上很难自然发病。冰草属为天然发病的主要禾本科寄主。

小麦感染此病后，发病植株严重矮化，株高只有健株的1/3~1/2，个别小孽感病后紧贴地面，高度不足15cm；分蘖增加，一般比健株增加50%以上；病穗比正常健穗宽且长，小穗紧密，穗部扭曲，整个穗子呈炸开状；菌瘿较硬，颜色深黑，粒大且圆；大部分品种在感病后，于乳熟期出现不规则的条状褪绿花斑。

3. 病原菌特性及传播途径

小麦矮腥黑穗病菌（*Tilletia controversa* Kühn，TCK）属担子菌亚门（Basidiomycotina），冬孢菌纲（Teliomycetes），黑粉菌目（Ustilaginales），黑粉菌科（Tillletiaceae），腥黑粉菌属（*Tilletia*）。

小麦矮腥黑穗病菌冬孢子近球形，深黄褐色并有网状突起，网状突起外包裹一层胶质鞘。冬孢子大小14.3~19.5μm，网目为2.0~6.3μm，网脊多数钝而短，为1.0~2.75μm，胶质鞘厚度为2.0~3.5μm。不孕孢子含量较高，形状圆形，无色至淡绿色，网纹不显著或无网纹，有胶质鞘（见图13-1，图13-2）。

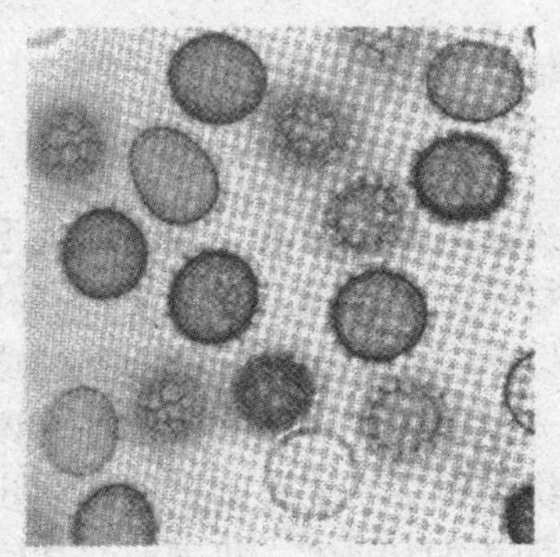

图 13-1　小麦矮腥黑穗病菌冬孢子和不育孢子（Blair J Goates，1996）

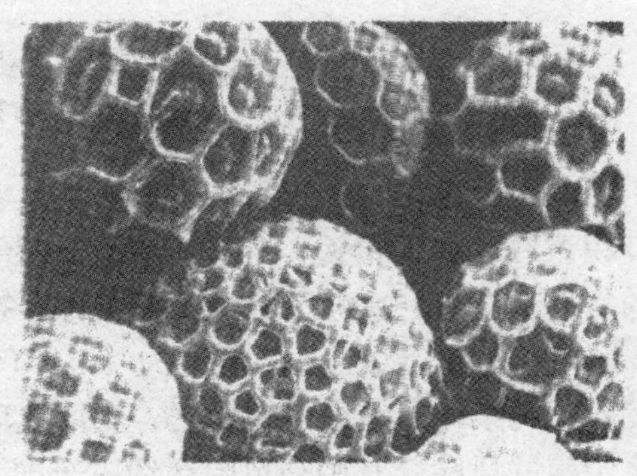

图 13-2　小麦矮腥黑穗病菌冬孢子外部形态（Blair J Goates，1996）

小麦矮腥黑穗病菌冬孢子萌发需持续低温和散射光照。萌发的基本温度是：-2℃（最低），3~8℃（最适温度），15℃（最高）。光照适宜光波长为400~600nm。当温度为5℃及适宜光照的条件下，冬孢子通常经3~5周后萌发，最高萌发率出现在6~8周。冬孢子萌发时不整齐，先菌丝无分隔但有分枝出现，每个分枝的突起上着生有担孢子，共12~20多个，多的可达28~66个；担孢子无色，线形，（46~47）μm ×

15μm，担孢子成对呈H形桥，后在顶端形成新月形的无色透明的次生担孢子，大小为（22~30）μm ×（2.7~3）μm，再由次生担孢子顶端长出更细更长的侵染丝侵入寄主体内。分散的冬孢子在土壤中可存活1年，但在水田只能存活5个月，菌瘿中冬孢子可存活3~10年（见图13-3）。

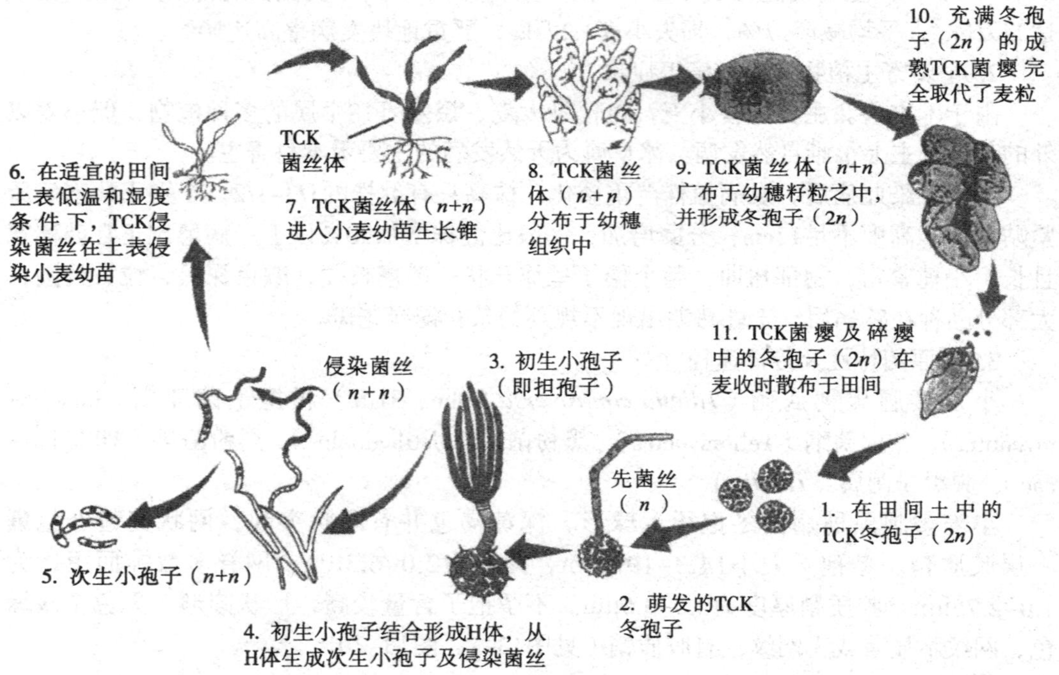

图 13-3　小麦矮腥黑穗病菌的侵染及病害循环

（引自李尉民《有害生物风险分析》）

该病发生条件和冬孢子能否萌发关系密切，在疫区其发生程度与长时间低温、积雪及积雪厚度成正相关。冬季长期稳定积雪可提供稳定的低温和高湿环境，有利于病害的发生和流行。适合小麦矮腥黑穗病菌冬孢子萌发侵染的条件是连续积雪60d或降水0.2mm，持续45d，2cm土层温度为-0.2~10℃，具弱光照。陈克等（2002）根据该病菌萌发侵染的条件，结合气象数据，利用地理信息系统分析了小麦矮腥黑穗病在我国冬麦区定殖的风险。其中高风险区约占全国冬麦区总面积的19.3%。我国西北高原冬麦区和新疆青藏高原晚播冬麦区为高度危险区，江淮流域及华北、东北的冬麦区属危险区。

小麦矮腥黑穗病菌主要随土壤传播，带菌的种子、粮食也能进行远距离传播。带菌种子是下一年的重要侵染源。进口带菌小麦，是小麦矮腥黑穗病菌传入中国的一个重要渠道。

4. 检疫检验方法

各国对小麦矮腥黑穗病菌的检验鉴定方法进行了多方面的长期探讨，但结果多不理想，我国通过与美方专家的合作研究，提出了包括过筛检验、洗涤检验、冬孢子自发荧光鉴定和萌发试验在内的一套检验和鉴定方法。

（1）过筛检验　样品经长孔筛（1.75mm×20mm）或圆孔筛（1.5、2.5mm）过筛，仔细检查有无病粒及其碎片，对可疑物进行镜检。

（2）洗涤检验　称取50 g样品放入三角瓶中，加100 mL无菌水振荡5min，将悬浮液倒入离心管，以1000r/min离心5min，弃去上清液，加入数滴席尔氏液，制片镜检。洗涤时加入1~2滴吐温20则效果更好；制片时须用席尔氏液为浮载剂，以避免孢子的胶质鞘变形；测量时最好用油镜（1000×）可减少误差。每个样品检查25~30个孢子，记录孢子的网脊高度，胶质鞘厚度、网目和孢子大小。研究表明，TCK70%以上的冬孢子网脊高度集中在1.5~2.5μm，胶质鞘厚度集中在2~3μm。而网腥黑穗病菌的冬孢子网脊高度多在1.2μm以内，胶质鞘厚度集中在1.5μm以内。

（3）冬孢子自发荧光鉴定　发现病粒和碎片时，以无菌水制成孢子悬浮液，滴至载玻片上。自然干燥后以无荧光浸没油为浮载剂制片，在落射荧光显微镜（激发滤光片485nm，屏障滤片520 nm）下观测200个冬孢子的自发荧光。一般小麦矮腥黑穗病菌冬孢子的网纹立即发出橙黄色至黄绿色的荧光，而网腥黑穗病菌孢子的网纹无荧光或荧光率很低。

（4）冬孢子萌发试验　当冬孢子的形态测量结果交叉重叠，不易区分小麦矮腥黑穗病菌和网腥黑穗病菌，而孢子量又充足时，可进一步用冬孢子萌发试验进行鉴别。将孢子悬浮液接种在3%水琼脂平板上，分别放置在5℃光照和17℃黑暗下培养，矮腥黑穗病菌在17℃无光照条件下不萌发，在5℃光照下至少3周才开始萌发，而网腥黑穗病菌孢子在17℃黑暗和5℃光照条件下，1周左右便可萌发。

（二）烟草霜霉菌

1. 分布及危害

烟草霜霉病于1891年首次在澳大利亚报道，迅速向各烟区传播。目前，已广泛分布于世界各大洲近65个国家。中国尚未发现。

烟草霜霉病是危害烟草的毁灭性病害，病菌具有极强的气传性，也可随种苗、烟叶进行远距离传播。病菌一旦定殖，会迅速向各烟草种植区蔓延扩散，引起植株大量枯死、严重降低烟叶的产量和品质。20世纪90年代以来，美国烟区不断受到霜霉病的侵袭，造成严重的经济损失。

2. 主要寄主植物及所致病害症状

烟草霜霉菌为专性寄生菌，寄主范围窄。自然条件下，主要危害烟草属的植物，同时也可侵染番茄、辣椒、茄子、马铃薯等茄科作物。

烟草的各生育期均可受害。气候干燥时病苗叶尖微黄，类似缺氮症，叶背有1~2mm不规则小斑，皱缩、扭曲。湿度大时，叶上产生淡黄色小病斑，逐渐变深呈水渍状，叶背面产生白色霉层，后呈微蓝色或淡灰色霉层，故又称“蓝霉病”。严重时烟苗迅速变黄、凋萎，甚至整株死亡。成株期局部受侵时，叶片有黄色病斑，相互愈合成褐色坏死斑，湿度大时，叶背产生茂密的灰白色或蓝灰色霉层，干燥时病斑干裂穿孔。病斑还可出现在芽、花及蒴果上；系统侵染时，叶片狭小呈黄化斑驳至变褐坏死，随后脱落成光秆，茎、根部维管束有褐色条斑，植株矮化、萎蔫，甚至整株枯死。病株烟叶品质变劣。

3. 病原菌特性及传播途径

烟草霜霉菌［*Peronospora hyoscyami* de Bary f.sp.*tabacina* （Adam）Skalicky］属鞭毛菌亚门（Mastigomycotina），卵菌纲（Oomycetes），霜霉目（Peronosporales），霜霉科（Peronosporaceae），霜霉属（*Peronospora*）。

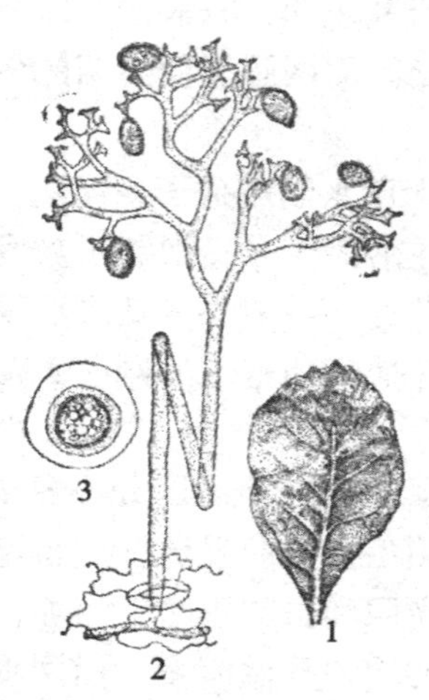

图 13–4 烟草霜霉病
1—烟草病叶 2—孢囊梗和孢子囊 3—卵孢子

烟草霜霉病病菌为专性寄生菌，具有孢囊、孢囊梗和卵孢子。菌丝体无色透明，无隔膜，生长于叶肉细胞组织之间，由很多的球形吸器伸入细胞。孢囊（下称孢子）、孢囊梗生于叶背面，树枝状，400~750μm，具有5~8次双分叉分枝，基部分枝呈锐角，向上部的分枝呈直角，分枝顶端削尖，产孢时孢囊梗生长停止。孢子柠檬形，无色半透明，（16~28）μm×（13~17）μm，大多（18~22）μm×16μm，孢子的大小受温度及寄主生育期的影响，孢子成熟后，由于孢囊梗顶端膨压降低而脱落。孢子遇到适宜环境，1~2 h内即能萌发，萌发时在孢子顶部或两侧形成芽管后侵入寄主组织。卵孢子通常在坏死组织内产生，叶脉附近最多，黄褐色至红褐色，直径在24~75μm，周围被有光滑或稍粗糙的外膜，干燥时收缩成棱角状皱纹（见图13–4）。

孢子囊形成的最适温度为15~21℃，最低为2℃，最高30℃。孢子囊萌发最适温度为14~21℃，最低1~2℃，最高35℃。孢子囊侵染的适宜温度为14~21℃，最低5℃，当温度为35℃时，6h内仍有侵染活性。孢子囊萌发对湿度条件要求很高，相对湿度低于97%时萌发率很低，相对湿度在98.5%以上，或叶面饱和湿度时间越长，萌发和侵染率越高。孢子囊对紫外线敏感，在太阳光直射下1h即死亡。卵孢子抗逆性很强，据前民主德国烟草研究所报告，将带菌烟叶200kg，在80℃下烘烤 4 d，然后在35℃、相对湿度50%~60%条件下发酵，孢子仍有侵染能力。

气流传播是烟霜霉病得以造成重大危害的主要途径，孢囊孢子是进行气流传播的主要病原体，孢子在2h之内，可传播200km，最多可达1 600km。烟草霜霉菌的孢子囊和卵孢子可在病株残体和土壤中越冬，能随烟叶和烟叶制品的调运进行远距离传播。

4. 检疫检验方法

（1）症状检查　抽取烟叶样品，用肉眼逐片检查受害烟叶．对光透视，可见明显病斑，叶背病斑上密生灰白色或灰褐色霉层，拣出做进一步检查。或将可疑烟叶保湿，取叶背的霉状物制片镜检。

（2）洗涤检验　将剪碎叶片或种子1~10g置于250mL三角瓶内，加入适量蒸馏水，振荡5min，再将洗涤液以1 000r/min离心5min，弃上清液，镜检沉淀物中有无病菌的孢囊梗或孢子囊。

（3）卵孢子检验　剪取老病斑周围组织若干小块，置于小烧杯中，加适量10%氢氧化钾（或乳酚油），煮沸5~10min至叶片透明，加0.05%苯胺兰蓝（棉蓝）乳酚油作浮载剂，镜检有无卵孢子。

（4）种苗检验　观察种苗叶片上有无霜霉病的症状，症状明显的可镜检病原菌形态。症状不明显的可疑烟苗，取叶片置入铺有3层湿滤纸的培养皿中，保湿（18℃、黑暗条件）24h后，检查有无产生霉层。

（三）大豆疫霉菌

1. 分布及危害

由大豆疫霉菌（*Phytophthora sojae* Kaufmann & Gerdemann）侵染大豆引起的疫霉根腐病是大豆生产上的毁灭性病害之一。该病于1948年在美国印第安那州被首次发现，现分布于美国（28个州）、加拿大、匈牙利、意大利、巴西、阿根廷、日本、印度、前苏联、德国、法国、英国、澳大利亚、新西兰等近20个国家的大豆主要产区。目前，大豆疫霉根腐病在我国黑龙江等地也有发生，成为我国大豆生产主要威胁之一。

大豆疫霉根腐病在适宜的条件下传播扩展很迅速，造成极严重的经济损失。一般发病田减产30%~50%，高感品种减产50%~70%，严重地块绝产，为毁灭性病害。被害种子大都是不成熟的青豆，蛋白质含量明显下降。在美国，大豆疫霉根腐病一直都是大豆生产的重要病害之一，造成极大损失。在美国大豆主产区的中北部12个州，1989—1991年该病导致年平均损失1.88亿美元，在美国南部16个州，该病造成的损失仍列大豆病害第3位。

2. 主要寄主植物及所致病害症状

大豆疫霉菌寄生专化性很强，主要侵染大豆，还可以为害羽扇豆、菜豆、豌豆、双花扁豆、红花、欧芹、甜菜、菠菜、胡萝卜、马铃薯、番茄、甘蔗、紫苜蓿等。

大豆的整个生育期均可发病，病菌可侵染大豆的根、茎、叶和部分豆荚，该病引起根腐、茎腐、植株矮化、枯萎和死亡。出苗期引起种子腐烂、幼苗猝倒、死亡。成株期茎基部表现黑褐色病斑，向上部扩展至下部侧枝，病茎髓部变黑，皮层和维管束组织坏死，靠近病斑的叶基部变黑凹陷，随即叶片下垂凋萎但不脱落。受害植株最初下部叶片发黄，上部叶片很快失绿，随即整株枯死。豆荚受害，基部呈水渍状，以后扩展至整个豆荚，发病豆荚变褐干枯。病荚中豆粒淡褐色至黑褐色．无光泽，皱缩干瘪，明显变小。根部受害呈黑褐色，形成边缘不清的病斑。

3. 病原菌特性及传播途径

大豆疫霉菌（*Phytophthora sojae* Kaufmann & Gerdemann）属鞭毛菌亚门（Mastigomycotina），卵菌纲（Comycetes），霜霉目（Peronosporales），腐霉科（Pythiaceae），疫霉属（*Phytophthora*）。

（1）大豆疫霉菌形态特征（见图13–5） 大豆疫霉菌在PDA培养基上生长缓慢，菌落形态均匀，气生菌丝致密，幼龄菌丝体无隔多核，菌丝体宽2.6~8.8μm，分枝大多呈直角，在分枝基部稍有缢缩。菌体老化时产生隔膜，并形成结节状或不规则的菌丝体膨大，膨大呈球形，椭圆形，大小不等。

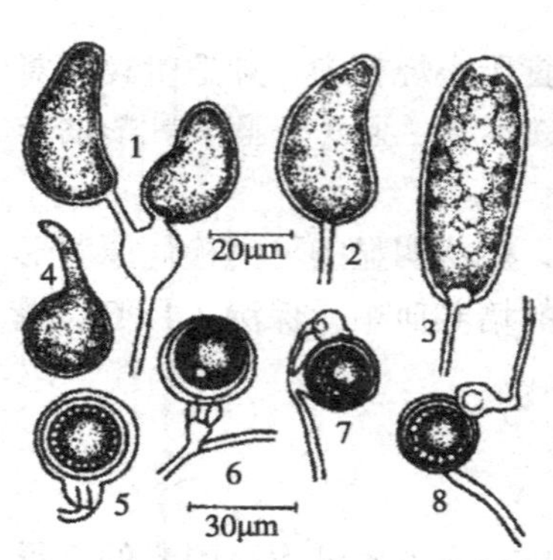

图 13–5 大豆疫霉菌
1~3—孢子囊 4—孢子囊萌发
5~8—雄器、藏卵器和卵孢子
（仿余永年）

本菌在利马豆培养基和自来水中可以形成大量孢子囊，孢囊梗单生，无限生长，多数不分枝。孢子囊顶生，倒梨形，顶部稍厚，乳突不明显。新孢子囊在旧孢子囊内以层出方式产生，孢子囊不脱落，（35~50）μm×（25~35）μm。游动孢子在孢子囊里形成，卵形，一端或两端钝尖，具2根鞭毛，茸鞭朝前，尾鞭长度为茸鞭的4~5倍。

此菌在胡萝卜或利马豆固体培养基上，生长1周后可大量产生卵孢子，为同宗配合。雄器侧生，偶有穿雄现象。藏卵器壁薄，球形至扁球形，直径29~58μm。卵孢子球形，壁厚，光滑，有内壁和外壁，卵孢子直径27~36μm。卵孢子大小和孢子囊大小及乳突均受培养基和培养时间的影响而有所变化。

（2）大豆疫霉菌生物学特性 该菌有多个生理小种分化。1997年美国已报道有45个生理小种。

该菌卵孢子越冬后萌发，形成孢子囊，萌发后产生游动孢子，游动孢子随水流传带到植株的根部，萌发生出芽管，侵入寄主。孢子囊也可直接萌发产生芽管，其最适温度为25℃，而产生游动孢子或小型孢子囊的适宜温度为14℃。卵孢子的萌发适宜温度为23~27℃，且需光照。卵孢子抗逆性强，可在土壤中存活多年。菌丝生长最适温度为20~25℃。

大豆疫霉根腐病是典型的土传病害。收获过程中混杂在种子样品中的土壤（粒）带有活的疫霉菌病土是病原菌在田间传播的重要途径，孢子囊和游动孢子是田间传播的重要形式。

带菌的种子、混杂在种子中的病残体和种子表面附着的土壤随种子调运是病原菌远距离传播的重要途径。

4. 检疫检验方法

除了可以从发病组织上分离鉴定大豆疫霉菌，直接从大豆根际土壤中检测病原菌，也可以诊断该病的发生。比较有效的大豆疫霉菌的土壤诱捕分离法主要有大豆叶碟诱钓法和幼苗生物测定法，其中大豆叶碟诱钓法最为经济有效．目前我国海关检疫使用的国家标准就是此法。

（1）种子检验法　大豆疫霉菌以卵孢子和菌丝体存在于种皮内部，种子检验时应检查种皮里是否带有疫霉菌卵孢子。挑取可疑病粒，用10%氢氧化钾或自来水中浸泡2h以上，取出后剩下种皮，在解剖镜下制片，然后在显微镜下检查，即可见到大豆疫霉卵孢子。同时也可对卵孢子进行活性检查，可采用染色法，用0.05%噻唑蓝（MTT）35℃染色48h，在显微镜下观察卵孢子，被染上蓝色的为休眠后可以萌发的卵孢子，玫瑰红色的表示处于休眠中的卵孢子，黑色的和未染上颜色的表示已死亡的卵孢子。

（2）幼苗生物测定法　水淹土壤1h，排水，风干至土壤水势为-30kPa后，将土壤容器放入塑料袋中防止进一步干燥，在室温下孵育2周（从水淹开始计算），此阶段卵孢子萌发形成游动孢子囊。接着将处理土样放入直径10cm的容器中，并播种15粒高度感病大豆品种，浇适量的水或覆盖湿蛭石并放入塑料袋中保湿，以保证种子萌发。播种3d后，当根长大约5cm时水淹24h，排水后，在温室孵育10d，此期间豆苗出土并发生猝倒。直接切片后将带病组织接种到半选择性培养基上（LBA、V8、CMA、CA）进行分离培养。培养时加入少量可抑制其他真菌和细菌生长的抗生素（如匹马霉素10mg/kg、安比西林250mg/kg、利福霉素10mg/kg、五氯硝基苯100mg/kg、恶霜灵50mg/kg）或杀菌剂，最后得到纯培养的大豆疫霉菌，也可将病根组织清洗后在蒸馏水中培养，待根组织周围产生霉层，或待病菌释放出游动孢子时，将病菌接入半选择性培养基上培养。

（3）大豆叶碟诱钓法　取5~20 g土样放入小烧杯，加蒸馏水高过土面1~2cm（不要搅拌土壤与水），去掉形成的表面膜或漂浮的有机物残渣。用打孔器将生长10~15d平展的高度感病大豆品种幼苗的单叶打成直径0.5cm的叶碟，每烧杯水面放叶碟20~30片。孵育2h后用消毒镊子将叶碟取出并用无菌吸水纸吸水数秒，叶碟放入疫霉菌培养基中，然后在25℃黑暗条件下孵育3d。大豆疫霉菌的菌丝从侵染（水侵状）叶碟边缘长出0.5~3mm，很容易鉴别。

（4）血清学检测　在美国已开发出检测病组织中大豆疫霉菌的单克隆抗体检测试剂盒，操作程序简单，仅需要10min就可完成检测。美国也发展了检测和定量土壤中大豆疫霉菌的免疫检测方法，该方法从土壤中提取卵孢子，匀浆卵孢子然后进行ELISA检测，疫霉菌的数量可以通过与实验室制备的标准卵孢子梯度（200、100、35、0）进行比较估计。有研究证实卵孢子只产生于带菌种子的种皮，因而检测大豆种皮存在卵孢子与否可以作为大豆种子带菌检测方法之一。

二、检疫性植物病原细菌

植物细菌病害数目较真菌、病毒病害少，但种苗传播比例大，约占细菌病害总数的47%。植物细菌在较小量接种体存在的情况下便可流行，而且种苗传播细菌一旦传入极难防治。细菌病害的检疫比真菌病害困难得多。因此，不少植物病原细菌被世界各国列为检疫性有害生物，并被给予高度重视。

（一）玉米细菌性枯萎病菌

1. 分布及危害

玉米细菌性枯萎病1897年最早在美国被发现，现广泛分布于美国的中部和东南部。在加拿大、巴西、欧洲东南部及亚洲的泰国、越南和马来西亚等国也有分布。

此病是玉米的一种严重病害，引起玉米枯萎，对产量影响很大。感染了玉米细菌性枯萎病菌的植株对茎腐病的抵抗力大大下降，发病严重时颗粒无收。1897年美国长岛甜玉米由于玉米细菌性枯萎病所致损失20%~40%；1932—1933年此病在多个州流行，平均损失6%~13%；1976年仅6个州就损失了20万t玉米；1988年纽约州玉米细菌性枯萎病又暴发成灾，损失相当严重，估计达30多万美元。

2. 主要寄主植物及所致病害症状

主要是玉米，特别是甜玉米，也侵染马齿玉米、粉质玉米、硬粒玉米和爆裂玉米。其他禾本科自然寄主有假蜀黍等。人工接种可侵染薏苡、高粱、燕麦、粟和其他禾本科杂草等。

玉米的各个生长阶段都能够受到玉米细菌性枯萎病菌的侵染，典型的症状是矮缩和枯萎。病株在苗期可导致枯萎死亡，如果在植株生长后期被感染，植株可以长到正常大小。玉米细菌性枯萎病是一种维管束病害，导管里充满黄亮色细菌黏液，病株茎的横切面上可以看到渗出的黏液。

3. 病原菌特性及传播途径

玉米细菌性枯萎病菌［*Pantoea stewartii* subsp. *stewartii*（Smith）Mertaert *et al.*］属原核生物界（Procaryotes），薄壁菌门（Gracilicutes），肠杆菌科（Enterobacteriaceae），多源菌属（*Pantoea*）。

玉米细菌性枯萎病菌是一种黄色的、不运动、无内生孢子、革兰氏染色阴性、兼性厌氧杆菌，大小为（0.4~0.7）μm×（0.9~2.0）μm，以单个或短链形式存在。在营养琼脂培养基上菌落小，圆形，生长慢，黄色，表面平滑。病原细菌的生长最低温度为7~9℃，最适温度为30℃，最高温度为39℃，致死温度是53℃、10min，生长最适pH为6.0~8.0。

研究证明，玉米细菌性枯萎病的发病和流行取决于冬季气温的高低。寒冷的冬季气温很低，可使虫媒大批死亡，病害的传播和流行受到明显的抑制，在疫区，如果冬季3个月（12月至次年2月）的平均温度总和在37~38℃以上，有利于虫媒越冬，预示着越冬虫源的存活率很高，次年夏季病害极有可能大发生或流行；若低于32℃，由于越冬昆虫大量死亡，虫媒的越冬存活率很低，不具备造成病害大发生的虫源基数，夏季病害就会很少流行或不发生。

玉米细菌性枯萎病菌的传播主要是以玉米种子带菌和昆虫带菌为主。在疫区，玉米种子是初侵染之一，而主要由带菌昆虫［玉米跳甲（*Chaetocnema pulicaria*）］等在植株上取食而传播。一般来说，在国际贸易中，带菌种子是该病远距离传播的主要因素，是传入无病区的主要侵染源。病菌存在于种子的内、外部。

4. 检疫检验方法

玉米细菌性枯萎病的检测和诊断，包括在田间实地观察植株的发病症状、分离培养、免疫学检测和鉴定、病原菌生理生化鉴定和致病性测定等。

（1）直观检查　根据玉米细菌性枯萎病的症状特点结合细菌溢脓的观察，初步确定细菌性病害，但必须进行病原分离，且与其他类似病害区分开。

（2）分离培养

① 从病株中分离：在新鲜病斑边缘切取部分组织，用常规方法分离培养病原细菌。

② 从土壤、病残组织和昆虫体内分离：从土壤、病残组织和昆虫体内分离病原细菌时，由于杂菌污染的可能性很大，通常采用伊凡诺夫选择性培养基，以常规方法来分离。

③ 从种子中分离：选取玉米种子样品，用95%乙醇洗去种子表面的染料和农药（拌种用的），再用无菌水冲洗几遍，然后在无菌容器中破碎，加入适量的0.01mol/L PBS缓冲液，在 4 ℃下浸泡过夜。浸泡液经纱布过滤，并差速离心浓缩，然后在523培养基或改良W氏培养基上做稀释平板分离。

接种好的培养皿在28℃下培养 3 d以后，根据玉米细菌性枯萎病菌的菌落特征挑取生长缓慢、黄色的、扁平到凸起、半透明的奶油状或流态的具有完全边缘的小菌落。

（3）病原鉴定　首先将分离得到的待测细菌进行纯化，然后做革兰氏染色和鞭毛染色，并进行免疫学和噬菌体检测。

将革兰氏染色阴性、无鞭毛、免疫学和噬菌体检测为阳性的菌株再做进一步生化测定，根据欧文氏菌属中各种间的生理生化区别进行鉴定。

（4）致病性试验　分离培养获得的完全符合玉米细菌性枯萎病菌特征与特性的菌株，还需进行致病性测定来加以证实。接种方法是：取3~4叶期的甜玉米幼苗，将待测菌配成每1mL含有10^7~10^8cfu/ mL的菌悬液，用注射器注射接种于幼苗的茎基部，直到喇叭口处出现菌液为止，并保湿培养。如果是玉米细菌性枯萎病菌，则几天以后可以看到典型症状。

（二）梨火疫病菌

1. 分布及危害

梨火疫病主要分布在美洲、欧洲、亚洲、大洋洲、非洲。

梨火疫病是蔷薇科仁果类果树上为害重、传播快的一种毁灭性病害。梨火疫病主要为害花、叶和嫩梢，同时也能为害果实、枝条和树干。病害从病梢可很快扩展到枝条和树干，直至根部。有时可使栽培多年的苹果和梨树在几周内死亡。1957年该病传入欧洲，1966年英国就有12 000株树发病。该病害1966年首次在荷兰发生，其后10年间摧毁了200万株栒子，13 000 株火棘，8 700株红果树，4 500株花楸。1968年在丹麦首次发现，1977年几乎遍布全国。1971年传入德国，侵袭了18 000株梨树，造成350 000马克的损失，第2年联邦政府为铲除该病害花费约420 000马克，但并未能阻止病区的扩大。

2. 主要寄主植物及所致病害症状

梨火疫病菌寄主范围很广，能为害梨、苹果、山楂、火棘、栒子、李等40多个属220多种植物，大部分属蔷薇科。

梨火疫病最典型的症状是花、果实和叶片受火疫病菌侵害后，很快变黑褐色枯萎，犹如火烧一般，但仍挂在树上不落，故此得名。

目前国际上将其症状据受侵害的部位，分成 5 种类型。

（1）花枯萎　病原直接侵染开放的花引起花枯萎。一般发生于早春，病菌直接从花器侵入，初为水渍状斑，花基部或花柄暗色，不久萎蔫。病菌可扩展至花梗及花簇中其他的花；在温暖潮湿条件下，花梗上有菌脓渗出。随着枯萎发展，花梗、花等变褐至黑褐色，在某些情况下仅限于花梗，条件适宜时可继续侵染并杀死小枝并形成小溃疡斑。

（2）溃疡枯萎　溃疡枯萎是指前一季越冬溃疡边缘的病菌重新复活的结果。最初的症状是在复活的溃疡附近的健康树皮组织上出现窄的水渍状区，几天后，树皮内部组织出现褐色条斑，随后病菌侵入附近的繁殖枝内部并引起萎蔫死亡。这些枝条特别是嫩枝与下面谈及的枝枯萎有明显区别，即在萎蔫之前枝尖芽褪色（黄至橘黄色）。

（3）枝枯萎　花被侵染后，枝和嫩枝是最易感病的植物部位。细菌直接侵入前 1~3叶的枝尖，然后杀死整个枝条及支持枝。最初症状是枝尖萎蔫，但萎蔫前不褪色，像拐杖状。枝枯萎发展很快，条件适宜时，几天内可移动15~30cm以上，造成整枝死亡，病枝、枝皮、叶通常变黑。潮湿时，枝条上出现菌脓。生长后期，终芽前出现的枝枯萎一般不会萎蔫，且仅在枝的最上部出现坏死。随着病菌不断深入，并侵染主干，皮层收缩，下陷，形成溃疡斑。

病菌也可直接从气孔、水孔等自然孔口或蕾苞，或由风引起的伤口侵入叶片，初叶边坏死，并向中脉、中柄、茎扩展，后变黑，通常有菌脓。

（4）损伤枯萎和砧木枯萎　这两种比较特殊，前者主要是由于晚霜、冰雹或大风损伤引起，如果实，很容易引起果实枯萎。后者仅限于高感品种EMAL-26、EMLA-9和MARK-39砧木。通常是由感病的接穗在这些砧木上发病后引起，最终呈溃疡带而杀死树体。

3. 病原菌特性及传播途径

梨火疫病菌学名为*Erwinia amylovora*（Burrill）Winslow *et al.*，属原核生物界（Procaryotes）、薄壁菌门（Gracilicutes）、肠杆菌科（Enterobacteriaceae）欧文氏菌属（*Erwinia*）。

梨火疫病菌为直杆菌，有荚膜，周生鞭毛，能运动，大小为（0.9~1.8）μm×（0.6~1.5）μm，多数单生，有时成双或短时间内3~4个呈链状。革兰氏染色阴性，兼性厌氧。在含5%蔗糖培养基上菌落半球形隆起，黏质，奶油色，生长较快，3d后菌落直径3~4mm。烟酸为其生长所必须，在含烟酸的培养基上能利用铵盐作为主要氮源。

病菌生长所需的温度范围为6~37℃，生长最适温度25~27℃，最高温度33~34℃，致死温度45~50℃、10min，最适 pH为 6 。

梨火疫病菌在病株病疤边缘活组织、幼嫩枝条的维管束里越冬，挂在树上的病果也是它的越冬场所，如冬季温和，病菌还能在病株树皮上度过，来年早春病菌在上年的溃疡处迅速繁殖，遇到潮湿、温和的天气，从病部渗出大量乳白色黏稠状的细菌分泌物，即为当年的初侵染源，通过昆虫、雨滴、风、鸟类以及人的田间操作将病菌传给健株。病菌也通过伤口、自然孔口（气孔、蜜腺、水孔）、花侵入寄主组织，有一定损伤的花、叶、幼果和茂盛的嫩枝最易感病（见图13-6）。

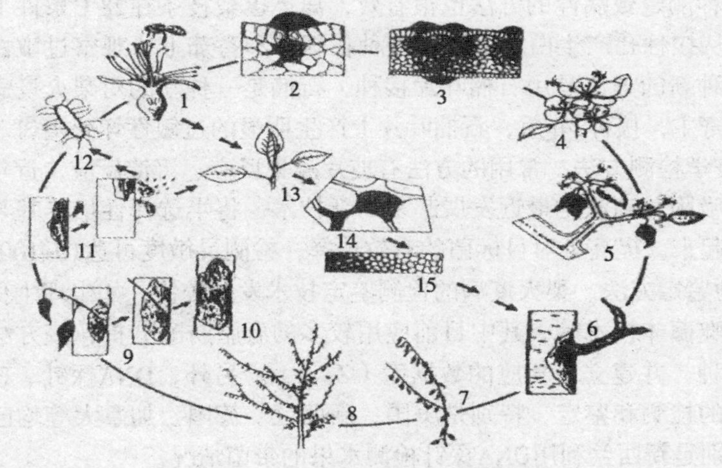

图 13-6　梨火疫病菌的侵染及病害循环

1—蜜蜂在花间传播病菌　2—病菌通过伤口或气孔侵染花　3—细菌在细胞间繁殖和扩散　4—花朵萎蔫或死亡　5—再侵染　6—形成新的溃疡　7—罹病枝条　8—罹病幼树　9—病菌在溃疡斑边缘越冬　10—溃疡环绕枝干并产生菌脓　11—昆虫和风雨传播细菌　12—病菌形态　13—直接侵染幼枝　14—病菌在树皮组织间繁殖扩散　15—树皮组织崩解

（仿van der Zwet *et al.*，1995）

梨火疫病远距离传播主要通过寄主繁殖材料，包括种苗、接穗、砧木、水果、被污染的运输工具、候鸟及气流进行传播。梨火疫病的自然传播距离为每年16km，超过100km的传播都是通过繁殖或包装材料及候鸟造成的。

4. 检疫检验方法

（1）产地检疫　梨火疫病的症状很典型，可在梨火疫病发生为害期到田间进行检查与观察，必要时采集可疑样本进行实验室检测与鉴定。

（2）分离培养　利用半选择性培养基来分离和鉴定是一项基本工作。可以根据该病在不同培养基上的菌落特征、颜色进行快速鉴定。目前已报道多种半选择性培养基用以分离和鉴定梨火疫病菌。如在MS培养基上梨火疫病菌菌落为橙红色，边缘光滑透明；在CG培养基上梨火疫病菌在29℃培养48~72 h后形成典型的火山口状菌落，在带有斜射光的体视镜下清晰可见；在TTC培养基上梨火疫病菌在27℃培养2~3d，形成独特的红色肉瘤状菌落；在CCT培养基上梨火疫病菌在27℃培养3d，菌落直径4~7mm，光滑、中凸、边缘整齐，菌落淡紫色透明，从中心向外有蓝色辐射条纹；在Zeller改良培养基（NSA）上，梨火疫病菌在27℃下培养2~3d后，菌落直径为3~7mm，橙红色，高度隆起半球形，中心色深，有蛋黄状中心环。

（3）致病性测定和过敏性反应　一般利用幼梨或苹果及梨的幼苗来测定分离物的致病性，如果产生明显的特征性菌脓，就认为是梨火疫病菌。用针刺接种苹果实生苗，72h后苗萎蔫、坏死并产生大量菌脓；幼梨切片针刺接种后27℃培养1~3d，产生乳白色高度隆起的球状菌脓，这是测定致病性最经典的方法，目前仍在广泛使用；用离体巴梨枝条接种测定致病性的方法也很有效，离体巴梨枝条在28℃条件下保湿培养，接种60 h后可从接种孔产生白色菌脓；接种在烟草和番茄上可观察过敏性反应特征，更为快速的一种新的方法是用石楠叶片接种，石楠是一种新的对梨火疫病菌产生过敏性坏死反应的寄主，接种24h后，石楠叶片上产生明显的过敏性坏死褐斑。

（4）免疫学检测方法　常用的方法有玻片凝集反应、沉淀反应，近年来多用免疫荧光法。免疫吸附分离法是最近发展起来的新技术，将半选择性培养基与常规免疫学检测方法结合起来，提高了对目标菌的有效选择，检测灵敏度可达10~100个/ mL。

（5）其他鉴定方法　梨火疫病的检测鉴定技术发展较快，如生理生化试验、菌体脂肪酸分析、噬菌体技术等，其中目前应用较多的有脂肪酸分析，该方法在美国、英国用于鉴定菌种，并建立了相应的数据库（Zwet）。另外，DNA探针、PCR技术也用于梨火疫病菌的检测和鉴定，特别是美国、新西兰、德国、加拿大等均已开始应用于实际检疫，特别是新西兰利用DNA探针检测水果的带菌情况。

三、检疫性植物病原线虫

植物受线虫危害后所表现的症状与一般的病害症状相似，因此常称为线虫病。植物线虫广泛寄生在各种植物的根、茎、叶、花、芽和种实上，使植物发生各种线虫病。植物线虫对农作物的危害是十分巨大的，若考虑直接和间接影响，线虫在世界所有作物上造成的年平均损失达10%，而对主要的农作物而言，植物寄生线虫造成的年平均损失达12.3%。许多检疫性植物病原线虫可以通过块根、块茎、种子、苗木等繁殖材料、木质包装材料等途径进行传播，随着我国对外贸易的迅速扩大，我国面临严重的检疫性植物病原线虫入侵的风险。

重要的检疫性线虫有马铃薯金线虫、香蕉穿孔线虫、鳞球茎茎线虫和松材线虫等。

（一）香蕉穿孔线虫

1. 分布及危害

香蕉穿孔线虫属于全球性分布，发生在世界绝大多数香蕉产区，分布于亚洲、美洲、欧洲、非洲、太平洋岛屿及大洋洲59个国家和地区。在温带地区温室内也有发生。中国无香蕉穿孔线虫分布。

香蕉穿孔线虫病是香蕉的毁灭性病害，可导致香蕉树的快速死亡。此外，还会引起多种经济植物病害，如导致胡椒、椰子和生姜等作物的严重损失。1969年苏里南香蕉种植园普遍发生该病，减产50%以上。印尼的邦加岛，在此病猖獗流行的20年里，2 200万株香蕉树被毁，造成90%以上的植株死亡，损失严重。

2. 主要寄主植物及所致病害症状

香蕉穿孔线虫有广泛的寄主范围，主要侵染芭蕉科、天南星科和竹芋科。据报道200多种植物是广义上的香蕉穿孔线虫的寄主，主要有香蕉、柑橘、葡萄柚、柠檬、大豆、高粱、玉米、甘蔗、茄子、咖啡、番茄、马铃薯、生姜、茶、蔬菜、凤梨、观赏植物、牧草等。

香蕉受害时地下根表面可见淡红褐色凹陷斑痕，感病3~4周后根表出现边缘稍凸起的纵裂缝，将受害的根纵切，可清楚地看到皮层红褐色病斑，随着病害的发展，根系生长衰弱，根短肿胀，最终导致根部变黑腐烂。线虫虽不侵入根的中柱，但可穿通根皮层，形成空腔，线虫则聚集在韧皮部和形成层内取食、发育，而被穿通皮层的根会死亡。随着幼小侧根的不断死亡，香蕉的根系逐渐减少。受线虫危害的香蕉地上部分表现的症状主要为生长不良，发育停滞，叶片及果穗变小，数量也减少，尚未成熟即脱落，严重侵染时导致植株死亡。

3. 线虫特性及传播途径

香蕉穿孔线虫的学名是*Radopholus similis*（Cobb）Thone，隶属垫刃目（Tylenchida），垫刃亚目（Tylenchina），垫刃总科（Tylenchoidea），短体科（Pratylenchidae），穿孔线虫属（*Radopholus*）。

香蕉穿孔线虫雌虫为圆筒形，唇区半圆形，稍缢缩或不缢缩，唇环3~4个。口针基部球圆形，前端稍凸出。侧区刻线4条，至尾中部处开始愈合为3条。尾部透明区长9~17μm，尾圆锥形，末端圆，有环纹。侧尾腺开口于尾前部的1/3尾长处。雄虫唇区高，半球形，明显地缢缩，唇环3~5个。头4裂，侧唇明显减少，口针及食道明显地退化。尾部圆呈圆锥形，末端尖。交合伞粗齿状，包裹尾部超过2/3，引带具小尖突。交合刺有强大的刺头（见图13-7）。

香蕉穿孔线虫为迁移性内寄生线虫，整个生活史都在根组织内完成，在不良条件下有时可以转移到根外。其2~4龄幼虫均能侵入寄主，幼虫从近根尖处侵入。香蕉穿孔线虫在24~32℃温度下，完成一个生活周期需20~25d。成熟雌虫每天产卵4~5粒，产卵期约 2 周，孵化期8~10d，幼虫期10~13d。在合适的条件下，线虫群体在侵染45d后增长10倍，每1kg土壤中线虫群体多达3 000条左右，每100g根组织线虫超过100 000条。香蕉穿孔线虫及其卵在休闲地能存活12周以上，在有寄主（包括杂草寄主）根存在的土壤中线虫能存活14个月以上。

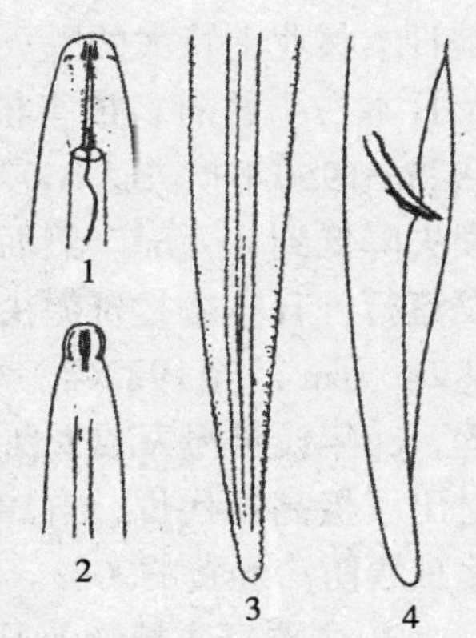

图 13-7　香蕉穿孔线虫
1—雌虫体前部　2—雄虫体前部
3—雌虫体后部　4—雄虫体后部
（仿Sher，转引自Siddiqi）

带病的苗木地下部分及其黏附的土壤是远距离传播的主因。水流、黏附在人、畜和耕作工具上的土壤是近距离传播的媒介。在种植小区，不同植株通过根的互相接触和线虫本身蠕动迁移进行传播。

4. 检疫检验方法

采集的样品务必避免太阳光的直接照射，并尽可能在短时间内进行线虫分离。

（1）解剖检验　洗净根表皮黏附的土壤，仔细观察根部表皮是否有为害状，如红褐色斑、裂缝、暗褐色或黑色坏死。取带有症状的根，剪成小段，放入玻璃培养皿中，加入清水，在解剖镜下用针和镊子挑开皮层观察有无破坏痕迹，并检查水中有无游离的线虫，挑取线虫在显微镜下进行形态鉴定。

（2）分离检验　对于可疑的病根样品，切成2~3cm的长碎片，充分混匀，称取25g，用浅盘或漏斗分离24h后镜检，设重复处理。土壤样品匀称取100g或100 mL，用糖水漂浮离心或过筛分离线虫，同样设重复处理。将分离到的线虫制成玻片，在显微镜下观察，进行准确的形态鉴定。如发现形态特征和测量值与香蕉穿孔线虫一致，还需进一步进行染色体数目、基数的测定，初步证实是否为香蕉穿孔线虫。

（3）致病性测定　在检疫隔离苗圃用香蕉、柑橘幼苗作致病性测定，最后确定是否为香蕉穿孔线虫。

（二）松材线虫

1. 分布及危害

现在日本、美国、加拿大、墨西哥、朝鲜、韩国及中国（江苏、安徽、浙江、山东、广东、湖北、台湾和香港地区）发现有松材线虫的危害。

松材线虫侵染松树后导致树体水分输导受阻，引起松材萎蔫病，该病是林木上的一种毁灭性病害，该病寄主种类多、适生范围广、致病能力强、死亡速度快，传播蔓延迅速、治理难度大，被称为松树的“癌症”。由松材线虫引起的松材线虫萎蔫病是日本林业上特大的毁灭性病害。1905年在日本发现松材线虫，至1927年，病害已波及日本27个县府，被害松树达100m^3，1932年损失10 000m^3，1937年损失30 000m^3，1947—1950年损失达100万m^3。20世纪50~60年代，实行清除死树的防治控制措施，年损失降低到50万m^3。然而，病害继续扩展蔓延，至70年代，松材线虫病在日本再次暴发流行，日本松林资源由此遭到灭顶之灾，1978—1981年为暴发高潮期，年损失量高达240万m^3。至1982年，松材线虫病已遍及全日本，日本政府实施松材线虫病防治工程，80年代年损失减少到100万m^3。至1999年，木材损失下降到72万m^3。但日本政府已付出了极高的代价，自1977—1997年这20年中，日本用于该病的防治费用占全部森林病虫害防治经费的90%。

2. 主要寄主植物及所致病害症状

松材线虫的寄主有43种松属植物，如白皮松、加勒比松、红松、马尾松等。还可侵染11种非松属针叶树，如雪松、香脂冷杉、欧洲落叶松、白云杉等。

松材线虫侵染后松树表现为针叶失水、褪绿，由有光泽的绿色经短时间从绿、黄绿过程迅速变为黄褐色，直至变成红褐色，进而枯萎死亡。在林间，有时是松树的局部枝条或部分树干先表现症状，然后再扩展到整株松树发病死亡。对于高度抗病的树种，表现局部枝条被松材线虫侵染，整株并不死亡，甚至以后能恢复健康。在适合发病的夏季，绝大多数病树从针叶开始变色至整株死亡30d左右。由于传病介体的迁移取食，在大片的松林地可见红褐色与正常的绿色植株相间。

3. 线虫特性及传播途径

（1）松材线虫的形态特征（见图13-8）　松材线虫学名为*Bursaphelenchus xylophilus*（Steiner & Buhrer 1934）Nickle，隶属线虫门（Nematoda），侧尾腺口纲（Secernentea），垫刃目（Tylenchida），滑刃科（Aphelenchoididae），伞滑刃属（*Bursaphelenchus*）。

松材线虫为雌雄同形，两性成虫和幼虫的虫体均为细长的蠕虫形。雌虫体长为1mm左右，唇区高，缢缩显著。口针细长，14~16cm，基部球明显。中食道球卵圆形，占体宽的2/3，瓣门明显。食道腺叶长为3~4倍食道处体宽，背覆盖于肠部。神经环位于中食道球后，排泄孔位于食道和肠连接处；半月体显著，位于排泄孔后2/3体宽处。单卵巢，卵母细胞单行排列。阴门位于虫体中后部，约73%体长处，有明显的阴门盖；后阴子宫囊长，约为阴肛距的3/4。尾亚圆锥形，末端宽圆，无或有微小的尾尖突。

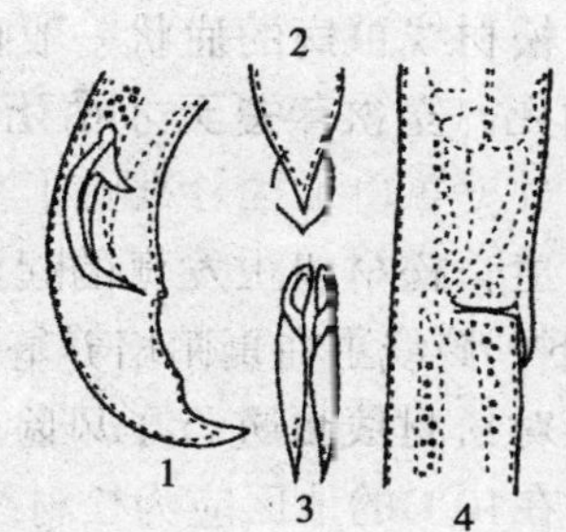

图 13-8　松材线虫
1—雄虫尾部侧面　2—雄虫尾部腹面，末端有尾翼
3—雄虫交合刺腹面　4—雌虫阴门

雄虫体形类似雌虫。雄虫交合刺大，弓状，成对，喙突显著，交合刺远端膨大如盘。尾似鸟爪状，腹向弯曲，尾端有一小的端生交合伞。两对尾乳突分别位于泄殖腔前和交合伞前。交合刺玫瑰状，成对，喙突显著。

（2）松材线虫的生物学特征　松材线虫为一种移居性植物内寄生线虫，生活史包括取食寄主植物阶段和取食真菌阶段。松材线虫取食寄主植物阶段也称繁殖阶段，成虫和幼虫在形成层和树脂道薄壁细胞上取食及移动。取食真菌阶段也称分散阶段，线虫在死亡树干内取食真菌并繁殖，树体中的许多真菌，如镰刀菌（*Fusarium* spp.）和长喙壳菌（*Ceratocystis* spp.）等都可作为该线虫的饲料。松材线虫的生活史与媒介昆虫松墨天牛的生活史相偶联。在5~6月，携带线虫的天牛出现，进行补充营养，此时，在天牛气管中的线虫从气门逸出，通过天牛取食造成的伤口进入寄主植物体内。线虫在松树的体内脱皮变为成虫，交配、产卵，并迅速繁殖，在松树体内穿移。线虫取食上皮细胞和薄壁细胞或取食侵入木材的真菌。受侵染后的30d内，松树表现出蒸腾作用减弱和树脂分泌减少，树木开始褪绿，在3个月内，树木开始死亡。在秋末冬初，当病树死亡或干枯时，线虫受到环境胁迫，由繁殖型阶段转变为分散型阶段。病树木质部内的松材线虫蜕变为分散性3龄幼虫越冬渡过不良环境，3龄幼虫不断向天牛蛹室集中。春末，集中于天牛蛹室内的3龄幼虫，蜕变为4龄幼虫，等天牛一羽化，4龄幼虫就立即移至尚未飞出病树的天牛成虫体表，大多数4龄幼虫再通过腹部气门进入天牛遍布全身的气管，天牛携带4龄幼虫飞出病树后，在健康松树上补充营养取食时，线虫从天牛气管内爬出，并从天牛取食时在松枝上造成的伤口侵入到松树内，这样，新的一轮生活史循环又开始了。随后，松材线虫在松树体内蜕皮、繁殖和移动、取食。

松材线虫萎蔫病的发生与环境条件密切相关，特别是温度和土壤含水量直接影响松材线虫的生长发育及病害的发生发展，在松树生长季节，若遇高温、干旱，病害发生就严重，损失随之急剧增加。松材线虫大多在6~7月侵入新的松树，松树感病后30~40d就出现针叶褪绿，在高温干旱时从开始出现症状至死亡为30~45d，所以，松林出现松材线虫病的症状一般在7~9月，但对于温度较低的地区，部分松树感病后当年不枯死，至次年夏天才枯死，有的植株不表现全株枯死，而仅为树冠少量枝条枯死。

据报道，松材线虫发育的起始温度为9.5℃，超过33℃松材线虫就不再繁殖，在25~28℃下，该线虫在真菌培养基上生长、繁殖最快。

我国对松材线虫进行了风险分析，根据日本松材线虫病发生环境推测，中国年平均温度在10℃的地区应为松材线虫的适生区，我国的海南、广东、广西、福建、台湾、浙江、江西、云南、贵州、四川、湖南、湖北、江苏、安徽、河南、陕西、山东、河北、山西、北京、上海、天津、香港地区是松材线虫的适生区，而辽宁、新疆、西藏、甘肃的部分地区也适合松材线虫的发生。因此，中国大多数地区的气候条件适合松材线虫的发生。

（3）松材线虫的传播　墨天牛属（*Monochamus* spp.）是松材线虫的传播媒介，迄今，仅发现 6 种墨天牛能传播松材线虫，它们分别为松墨天牛（*M.alternatus*）、云杉花墨天牛（*M.saltuarius*）、卡罗来纳墨天牛（*M.carolinensis*）、白点墨天牛（*M.scutellatus*）、南美墨天牛（*M.titillator*）及（*M.mutator*）。其中，松墨天牛是最主要的传播媒介，它主要分布于日本、中国吉林以南及朝鲜等地。墨天牛传播松材线虫主要有两种方式：一种为补充取食期传播，另一种为产卵期传播，前者为主要的传播方式。人为调运病木及其加工品，是松材线虫远距离传播的唯一途径。

4. 检疫检验方法

（1）产地检验　在产地，未发现有典型症状的病树时，先查找有天牛为害的虫孔、碎木屑等痕迹的植株，在树干任何部位做一伤口，几天后观察，如伤口充满大量的树脂为健树，否则为可疑病树。半月后再观察，如发现针叶失绿、变色等症状，并在45d内全部枯死者表明有该病发生，接着可在树干、树皮及根部取样切成碎条，或用麻花钻从天牛蛀孔边上钻取木屑，用贝尔曼法或浅盘法分离线虫。凡从有病国家进口的松苗、小树及粗大的松材、松材包装物，视批量多少抽样，切碎或钻孔取屑分离线虫。如发现线虫则制成临时玻片，在显微镜下进一步鉴定。如发现幼虫，可用灰葡萄孢霉（*Botrytis cinerea*）等真菌饲喂，待获得成虫后再作鉴定。

（2）病原线虫的检验　将从产地取的样用贝尔曼法或浅盘法分离线虫。可将样品切成小薄片，浸渍在清水中，12~24h后，线虫从水中游出，收集漏斗底部的水样，进行镜检。

鉴定松材线虫时要注意与拟松材线虫的区别。后者在我国分布广泛。两者的主要区别是雌虫尾部特征：松材线虫雌虫尾端宽圆，无指状尾尖突，或少数尾端有微小而短的尾尖突，长度不超过2μm（常为1μm左右）；雄虫尾端抱片为尖状卵圆形，致病力强，危害重，发病不到2个月树即枯死。而拟松材线虫雌虫尾部圆锥形，末端有明显的指状尾尖突，长度在3.3μm以上（常为5μm）。雄虫尾端抱片为方状铁铲形，致病力弱，危害较轻。

（3）分子生物学检测　目前不少学者力图采用分子生物学的方法，解决松材线虫的快速检测问题。目前所采用的方法有DNA探针杂交、各种PCR技术、RFLP分析、DNA序列测定等。

四、检疫性植物病原病毒

植物病毒病仅次于真菌病害而居于第二位。植物病毒病的症状常见的主要有花叶、叶片黄化，叶、茎、根、果实处形成环斑、圆斑、条斑等，还有的出现卷叶、缩叶、花器退化、矮化、丛枝、束顶等畸形。大田作物、果树、蔬菜、林木以及观赏性植物都会感染病毒病。

不同的植物病毒传播方式不同。许多检疫性病毒主要是通过种子和无性繁殖的块茎、鳞球茎、接穗、砧木、苗木、试管苗等进行远距离传播。昆虫特别是蚜虫、叶蝉、蓟马可以作为病毒类有害生物的传播介体，螨类、线虫及低等真菌也是一些病毒的介体。某些病毒可通过接触或机械传播。

病毒类有害生物可引起严重的产量损失、商品价值的降低和病害的流行。特别是由于国际间引种日益频繁，外来病毒传入的可能性增大、速度加快，平均每年以1~2种增加。因为外来病毒类有害生物的扩散引起新的生态危机，导致各国频频启动根除措施。因此，许多国家都十分重视对病毒的检疫。

植物病毒的检测相对于真菌来说是困难的，主要是由于种苗带毒以后，在外表上往往不显现症状；要检出、确认病毒至少需3种方法，如育苗观察、接种鉴别寄主、血清学方法、电镜观察。近年来，分子生物学方法如cDNA探针和PCR技术也越来越多地应用于检疫性植物病毒的检测，极大地提高了病毒检测的速度和灵敏度。

（一）番茄环斑病毒

1. 分布及危害

番茄环斑病毒（Tomato ring spot virus，ToRSV）主要分布于北美温带地区，如加拿大和美国。此外，日本、土耳其、挪威、瑞典、芬兰、俄罗斯、波兰、捷克、匈牙利、德国、奥地利、瑞士、荷兰、比利时、英国、爱尔兰、法国、意大利、前南斯拉夫、澳大利亚、新西兰、墨西哥、牙买加、巴西、智利等国均有报道，我国台湾也有报道。

由于番茄环斑病毒寄主范围广，可以危害许多重要的经济作物，造成严重经济损失，是北美发生最严重的植物病毒病之一，导致严重的产量损失甚至绝收。

2. 主要寄主植物及所致病害症状

寄主范围广，人工接种可侵染35科105属157种以上单子叶和双子叶植物，自然界多发生在观赏植物、木本和草本植物上，常见的自然寄主有葡萄、桃、李、樱桃、苹果、榆树、悬钩子、覆盆子、玫瑰、天竺葵、唐菖蒲、水仙、五星花、大丽花、八仙花、千日红、接骨木、兰花、大豆、菜豆、烟草、黄瓜、番茄以及果园杂草（如蒲公英、繁缕）等。

在不同果树上该病毒所致病害症状不一，在几种主要经济作物上的症状为：

（1）桃　危害严重和最具经济重要性的病害主要有桃树茎痘病（Peach stem pitting，PSP）和桃树黄芽花叶（Peach yellow bud mosaic）。PSP在病树的树干上形成茎沟和茎痘，病株靠近地面或地面以下的树干树皮变厚、发软，呈海绵状。将树皮剥去可见树干上出现凹陷的痘斑和沟槽。桃树黄芽花叶的明显特征是春天病树新梢产生黄色的叶簇，叶簇长至2~5mm时大部分死亡。新感染的植株叶片，在主脉附近出现不规则的褪绿斑，以后变为坏死斑。

（2）苹果　受侵染的苹果树枝条稀少，叶片变小、黄化、丛生，果小而色深。主干受侵染后通常在砧木与接穗的嫁接口处坏死，表现肿胀。具经济重要性的病害主要有苹果结合部坏死和衰退病（Apple union necrosis and decline，AUND）。

（3）葡萄　植株矮化、衰退、叶小而卷、有黄色或褪绿斑驳和环斑，剥开外皮木质部有凹陷点和条。韧皮部不正常增厚，呈海绵状，节间短，茎丛簇，坐果率低，果粒大小不一。具经济重要性的病害主要有葡萄黄脉病（Grapevine yellow vein disease）。

3. 病毒特性及传播途径

番茄环斑病毒（Tomato ring spot virus，ToRSV）属豇豆花叶病毒科（Comoviridae）、线虫传多面体病毒属（*Nepovirus*）。

ToRSV病毒粒子为等轴对称多面体，直径约25nm。基因组为+ssRNA，全基因组大小为15.8kb，其中RNA1和RNA2分别为8.5kb和7.3kb，外壳蛋白分子质量为58 000u。

提纯的病毒有 3 个组分即上层（T）为无RNA的蛋白质空壳，中、下层为含有RNA完整粒体，沉降系数分别为53S（T）、119S（M）和127S（B）。在烟草病汁中，病毒的致死温度约58℃，10min，稀释终点为10^{-3}，体外存活期 2 d（20℃）。病毒具强免疫原性。

该病毒存在较多株系，其中 3 个株系的特性比较清楚：即烟草株系、桃黄芽花叶株系和葡萄黄脉株系，前两者血清学相同，而它们与葡萄黄脉株系的血清学只是部分相同。

自然界通过种子苗木调运作远距离传播，近距离蔓延靠土壤介体线虫。

种苗传毒的植物较多，如红三叶草（种传率3%~7%）、大豆（76%）、草莓（68%）、烟草（11%）、千日红（76%）、蒲公英（20%）、天竺葵（30%）、接骨木（11%）、番茄（3%）以及桃、李、悬钩子、杏、蔷薇、唐菖蒲等。

传毒介体为土壤中的几种剑线虫，以美洲剑线虫（*Xiphinema americanum*）最为主要，其次有*X.californicum*和 *X.rivesi*，*X.americanum*的 3 龄幼虫和成虫均可传播，饲毒和接毒都可在 1 h内完成。线虫传毒效率极高，单头线虫便能接种成功，线虫获毒后可保持传毒力几周或几个月。除介体外，草本寄主人工摩擦接种易传毒，但木本植物中能通过嫁接传毒。

4. 检疫检验方法

在产地检疫或进行疫情调查时，可通过症状观察作初步判断，并结合室内检验进一步鉴定。在调运检疫时，对来自该病毒发生区的寄主植物的种苗都应进行检查。常用的方法有：

（1）鉴别寄主生物学检测方法　取一定量的样品，加入适量样品提取缓冲液研磨，用摩擦接种法接种于鉴别寄主植物上，然后将鉴别寄主植物栽种于20~25℃的隔离检疫温、网室中，2~3周后出现明显症状。

①昆诺阿藜：接种后 4 d，接种叶出现局部褪绿斑，直径约1mm，后变成坏死斑，并沿叶脉坏死，约 1 周后，上部未接种幼叶出现系统褪绿斑，后成坏死斑、顶枯、严重的整株枯死。

②黄瓜：接种叶产生局部褪绿或坏死斑点，以后形成系统性斑驳。

③菜豆和豌豆：接种3~5d后，产生局部褪绿斑或环斑，系统性顶部叶片坏死。

④普通烟：接种叶局部坏死或环斑，系统性环斑或线状条纹。

⑤番茄：接种叶局部坏死或斑块，系统性环驳和坏死。

⑥豇豆：接种叶局部坏死和褪绿斑，系统性顶端坏死。

（2）血清学检测　可用琼脂免疫双扩散法和SPA-ELISA法。由于番茄环斑病毒存在多个株系，没有任何一个株系的抗血清可以有效地检测所有的分离物，检测时应将几个株系的抗血清混合使用，避免漏检。

（3）免疫电镜　观察病毒粒体的形态，测量其大小。

（二）烟草环斑病毒

1. 分布及危害

1972年首次报道在美国弗吉尼亚烟草上发现烟草环斑病毒（Tobacco ringspot virus，TRSV），此后在亚洲、非洲、欧洲、大洋洲、北美洲、南美洲的30多个国家都有发生。

据报道烟草环斑病毒病发生时，大豆产量损失50%以上，菜豆减产30%~50%，茄子减产可达55.2%~70.3%。烟草感染该病毒后植株矮化，叶片小而质次，烟叶产量降低。受该病毒危害的种子发芽率降低。

2. 主要寄主植物及所致病害症状

TRSV寄主范围很广，可侵染54科246种植物，自然侵染寄主有豆类、瓜类、薯类、花卉和果树等，尤其以茄科和豆科植物发生最普遍、危害最严重。

烟草叶片感染了TRSV后，在叶片上产生褪绿环斑或坏死环斑，病斑的直径为2~8mm，还可导致烟草植株矮化。

TRSV侵染大豆，引起植株顶芽弯曲变褐枯死、病株其他侧芽也变褐色。茎和复叶叶柄产生褐色条纹，豆荚发育不良。结荚前感病荚上产生紫色斑。

TRSV侵染葡萄，葡萄植株矮化，叶片上褪绿斑驳，枝干木质部有凹陷的孔和沟，韧皮部增厚，呈海绵状，结果少。

TRSV侵染越橘，植株矮化不结实，顶梢枯死，叶片有褪绿斑或线纹。

TRSV侵染西瓜，植株矮化、束顶、褪绿，叶片产生坏死斑。

TRSV侵染唐菖蒲，花叶、叶片斑驳。

3. 病毒特性及传播途径

烟草环斑病毒（Tobacco ringspot virus，TRSV）属豇豆花叶病毒科（Comoviridae）、线虫传多面体病毒属（*Nepovirus*）。

病毒粒体为等轴多面体，直径约28nm。基因组为+ssRNA。纯化的病毒制剂主要有无RNA的空壳（T，5.6×10^4u）、非侵染性的核蛋白（M，1.4×10^6u）和侵染性核蛋白（B，2.4×10^6u）三种主要成分。还有一种粒体类似卫星核蛋白（SL），沉降系数分别为53S（T）、91 S（M）、126S（B）、122S（SL）。外壳蛋白占粒体重的60%，蛋白亚基的分子质量为5.7×10^4u，每个病毒粒体有60个蛋白亚基组成。核酸占粒体重的40%，为单链RNA，基因组由两种 RNA组成，即RNA-1，RNA-2，分子质量分别为2.73×10^6u、1.34×10^6u。

该病毒的致死温度为60~70℃，稀释终点为 10^{-4}~10^{-3}。在寄主的汁液中，该病毒的体外存活期，20℃下为1d，在干燥的叶片内致病力能维持30d。该病毒对低温的抵抗力很强，在-18℃下可存活22个月。TRSV具有较好的免疫原性，易得到效价为1∶2 000以上的抗血清。与同组的其他病毒，如番茄环斑病毒和南芥菜花叶病毒等无血清学关系。

TRSV传播途径有多种：①机械传播：通过汁液摩擦接种传毒，在田间可通过病健株间接触或人为的农事操作而相互传染。②种传：据报道大豆种传率为 40%~100%，甜瓜种传率为3%~7%、千日红种传率为25%~50%、莴苣种传率为3%~21%、豇豆种传率为82%、蒲公英种传率为9%~36%，马铃薯、百日菊、天竺葵等均经种子传毒。③介体传播，传毒介体主要是土壤中的美洲剑线虫（*Xiphinema americanum*），其成虫和3龄幼虫均能传毒，单头线虫也能传毒。线虫在24h内获毒，获毒线虫在 10℃条件下49周后仍可传毒。另蓟马的若虫、螨、叶蝉、烟草叶甲和蚜虫也可传毒。

4. 检疫检验方法

禁止从病区进口带病的种子、鳞块茎和种苗。如有特殊需要，经批准可限量引进，并在防虫温室或网室里种植检疫1~2年，在各生长阶段观察其叶片是否有异常表现或症状。然后取样进行以下检验。

（1）鉴别寄主生物学检测方法

①白肋烟：接种后4~7d，接种叶出现局部褪绿斑或坏死斑，约半个月后发展为系统褪绿或坏死环斑，后期或温度超过30℃时新长叶无症带毒。

②豇豆黑种三尺：接种4~7d，接种叶出现褐色的坏死斑或环斑，10~15d生长点坏死，最后全株枯死。

③昆诺阿藜：接种叶局部坏死斑，一般无系统反应。

④番杏：接种叶局部褪绿斑后发展为系统褪绿斑，叶小，株矮。

（2）血清学检测　TRSV具有免疫原性强，容易制备高滴度，特异性强等特点，用琼脂双扩散、酶联免疫吸附法（SPA-ELISA）、免疫电镜技术均可有效地检出TRSV。

在进行琼脂免疫双扩散检测时，必须选用适宜稀释度的TRSV抗血清，并设有阳性及阴性对照。被检测样品与TRSV抗血清产生沉淀线，且此沉淀线与阳性对照的沉淀线相融合，才能判为阳性反应。两沉淀线交叉或被测样品不产生沉淀线为阴性反应。

用SPA-ELISA方法检测样品灵敏度高，特异性强，可以同时检测大量样品。检测时必须用特异性强的抗血清，选择适宜的工作浓度，并设阳性及阴性对照，以提高检测的准确性。

可用免疫电镜（诱捕法和诱捕修饰法）制片观察病毒粒体，检测病汁液用诱捕法制片，若与TRSV同源，在电镜下能观察到许多等轴多面体病毒粒体。诱捕修饰法制片，除能观察到许多病毒粒体外，病毒粒体外还附着有明显的TRSV抗体外套。

第二节　检疫性害虫

检疫性害虫种类丰富，能够直接取食、为害多种植物和植物产品，造成严重的经济损失。检疫性害虫主要包括昆虫、螨类和软体动物等。在检疫性昰虫中，实蝇、甲虫（如豆象、象鼻虫、叶甲、皮蠹、长蠹、小蠹等）以及蛾类等均为重要的类群。不同类群的害虫其形态特征不同，为害方式不同，检验检疫的方法也有所区别。

一、检疫性实蝇

实蝇属昆虫纲，双翅目，实蝇科。目前，世界已知实蝇约有500个属、4 500余种，中国约400种；其中直接为害水果、蔬菜的实蝇达15个属，150余种。实蝇可为害植物根、茎、叶、花及果实，其中以为害果实的种类尤为重要。实蝇以幼虫在果实内部取食为害，可引起细菌等感染，造成落果或整个果实腐烂；成虫在果皮表面产卵，形成产卵孔，可引起细菌感染。实蝇类害虫极易随果、蔬、花卉传播蔓延，世界各国都十分重视实蝇检疫。目前，世界各国实施检疫的实蝇种类将近20种（属），重要的检疫性实蝇种类包括地中海实蝇、南美按实蝇、苹果实蝇、橘小实蝇、蜜橘大实蝇等。现将地中海实蝇的危害与检验检疫方法说明如下。

1. 分布及危害

地中海实蝇分布在非洲的绝大部分地区，美洲、欧洲、大洋洲部分国家和地区（如尼加拉瓜、美国、巴西、法国、德国、意大利、澳大利亚等），亚洲少数国家和地区（如塞浦路斯、伊朗、以色列等）。

该虫以其分布和寄主之广，繁殖力之高，危害程度之大，成为世界公认的最具毁灭性的农业害虫之一。地中海实蝇雌蝇在各类果皮下产卵，幼虫在果实内取食发育。除直接取食果肉为害外，还可导致细菌、真菌的发生，使整个果实腐烂。产卵后，还会在果实表面留下产卵孔痕迹。曾有一果内有高达100条虫的记录，果实被害率可高达50%~90%。不少国家防治该虫花费了大量的人力、物力和财力，美国佛罗里达州1956年针对该虫的治理费用达1 000万美元，而加利福尼亚州1980—1982年则花费1亿美元。

2. 寄主

地中海实蝇寄主包括260余种水果、蔬菜、花卉和坚果。喜食寄主有杏、桃、咖啡、油桃、金橘、枇杷、番木瓜、番石榴、柿、酸橙、红橘、苹果、枣、樱桃、无花果、柠檬、芒果、橙、梨、柚、李等。几乎所有的水果均可被害，有水果“杀手”之称。

3. 生物学特性及传播途径

学名为*Ceratitis capitata*（Wiedemann），属于双翅目（Diptera），实蝇科（Tephritidae）。

（1）形态特征（见图13-9） 地中海实蝇成虫体长4~5.5mm。头部黄色至褐色，触角第1和2节红褐色，第3节黄色，芒黑色。中胸背板上的花纹和翅上的带纹特殊，且小盾片端半部黑色；雄虫第2对额眶鬃端部特化为黑色菱形薄片。因而极易鉴别。

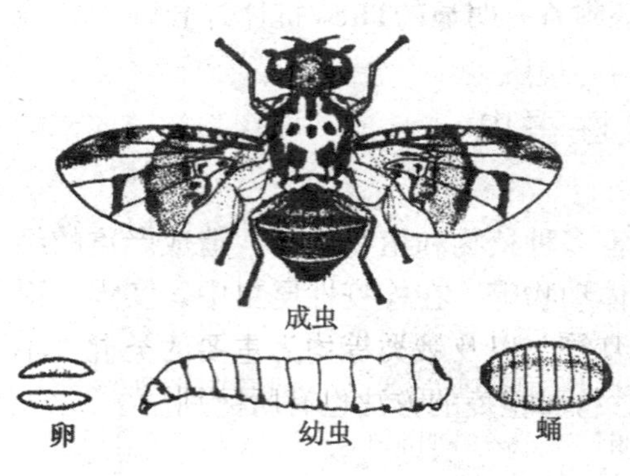

图 13-9 地中海实蝇
（仿中国动植物检疫局、农业部植物检疫实验所）

卵长0.9~1.1mm，宽0.2~0.25mm，纺锤形，白色至浅黄色，略弯曲。

幼虫蛆状，乳白色至黄色，通常随体内所含食物而异。第3龄老熟幼虫长7~10mm，宽1.5~2.0mm。

蛹黄褐色至黑褐色，长椭圆形，长4~4.3mm，宽2.1~2.4mm。

（2）生物学特性及传播途径 地中海实蝇在各发生区，年发生2~16代不等，在冬季平均气温高于12℃地区，可终年活动，低于12℃地区，则以幼虫、蛹或成虫越冬。

成虫自土壤中羽化出来后，作为补充营养，多在附近取食植物渗出液、蜜露、动物分泌物、细菌、果汁等，性成熟后飞向有果实的树丛交配。一头雌虫每天产卵达

22~60粒，一生可产卵高达500~800粒，一个果实上可能有多个卵腔。在适宜的食物、温度和水分等条件下，有的成虫可存活1年以上。幼虫孵出后即在果实内取食，发育最适温度24~30℃，温度为24.4~26.1℃时发育历期6~10d。成熟后通常离果钻入深5~15cm的土中化蛹，蛹期在24.4~26.1℃时为6~13d。

成虫有较强飞行能力，可以自然扩散蔓延。能以卵、幼虫、蛹和成虫随水果、蔬菜等农产品及其包装物、土壤、交通工具等远距离传播。

4. 检疫检验方法

抽样检查水果，观察表面有无产卵孔，有无手按有松软感觉的水渍状斑块或黑化的斑块，剖杷有无幼虫。番茄受害果皮上刺孔周围变成绿色；桃上产卵孔处会流出胶状果汁；枇杷受害果实即使成熟变黄，但刺孔周围仍为绿色；甜橙、梨、苹果果实被害部分变硬，颜色发暗，且凹陷下去；柑橘上产卵孔周围呈火山喷口状突起。

二、检疫性甲虫

甲虫是昆虫纲鞘翅目昆虫的通称。作为一类重要的农林业害虫，甲虫主要危害作物（如象甲等）、储粮（如豆象）、水果（如芒果象甲等）和木材（如小蠹、天牛等）等，造成严重经济损失，引起世界许多国家的高度重视。重要的检疫性甲虫种类包括菜豆象、墨西哥棉铃象、马铃薯甲虫、欧洲榆小蠹、稻水象甲、大谷蠹、双钩异翅长蠹、谷斑皮蠹、椰心叶甲和芒果果肉象甲等。

（一）马铃薯甲虫

1. 分布

原产于墨西哥北部落基山东麓，现主要分布于欧洲和亚洲的30多个国家和地区。1979年已扩展到中国的边界地区。

2. 寄主

此虫最喜取食马铃薯，其次为茄子和番茄，也可取食烟草及颠茄属、茄属、曼陀罗属和菲沃斯属的多种植物。马铃薯甲虫幼虫和成虫常将马铃薯叶片吃光，一般减产30%~50%，有时高达90%。此虫还传播马铃薯褐斑病和环腐病等。美国1991年以后的马铃薯甲虫平均防治费用高达306美元/hm^2，在该虫严重为害区，平均防治费用高达412美元/hm^2；在马铃薯甲虫抗性未出现以前，密歇根州地区的防治费用为35~74美元/hm^2，产量损失约为12.2%，而在马铃薯甲虫出现抗性并严重为害后，其产量损失高达20.5%。

马铃薯甲虫是为害马铃薯的毁灭性害虫，也是重要的检疫性有害生物。

3. 生物学特性及传播途径

马铃薯甲虫的学名为*Leptinotarsa decemlineata*（Say），隶属鞘翅目（Coleoptera），叶甲科（Chrsomelidae）。

（1）形态特征（见图13-10） 成虫体长 9 ~11.5mm，宽6.1~7.6mm，短卵圆形，体背显著隆起。淡黄色至红褐色，具多数黑色条纹和斑，头顶的黑斑多呈三角形，复

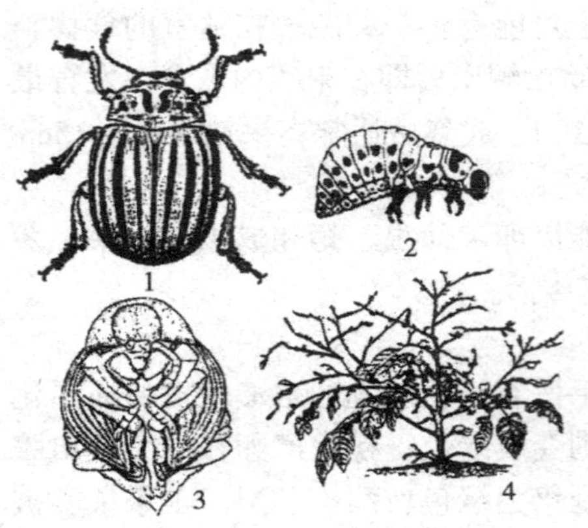

图 13-10 马铃薯甲虫
1—成虫 2—幼虫 3—蛹 4—为害状
（引自杨长举《植物害虫检疫学》）

眼后方有一黑斑，但通常被前胸背板遮盖。触角11节，第1节粗而长，第2节短，第5、6节约等长，触角基部6节黄色，端部5节膨大而色暗。上唇显著横宽，中央缺刻浅，前缘着生刚毛。前胸背板隆起，长 1.7~2.6mm，宽4.7~5.7mm；基缘呈弧形，后侧角稍钝，前侧角突出；顶部中央有一“U”形斑纹或 2 条黑色纵纹，每侧又有 5 个黑斑；背板中区的刻点细小，近侧缘的刻点粗而密。小盾片光滑，黄色至近黑色。鞘翅卵圆形，显著隆起，每一鞘翅有 5 个黑色纵条纹，均由翅基部延伸到翅端，翅合缝黑色，鞘翅刻点粗大，沿条纹排成不规则的刻点行。足短，转节呈三角形，腿节稍粗而侧扁，胫节端部方向变宽，跗节 5 节，假 4 节，第 4 节极短；爪的基部无附齿。腹部第1~5节腹板两侧具黑斑，第1~4腹板的中央两侧另有长椭圆形黑斑。雄虫外生殖器的阳茎呈圆筒形状，显著弯曲，端部扁平，长为宽的3.5倍。雌雄两性外形差别不大，雌虫个体一般稍大，雄虫最末腹板较隆起，上面有一纵凹线，雌虫无上述凹线。

马铃薯甲虫的卵长卵圆形，长1.5~1.8mm，宽0.7~0.8mm，淡黄色至深橘黄色。

马铃薯甲虫的幼虫共4龄，1、2龄幼虫暗褐色，3 龄开始逐渐变鲜黄色、粉红色或橘黄色。头黑色发亮，前胸背板骨片以及胸部和腹部的气门片暗褐色或黑色。头为下口式，头盖缝短，额缝由头盖缝发出，开始一段相互平行延伸，然后呈一钝角左右分开。头的每侧有小眼6个分成2组，上方4个，下方2个。触角短，3节。上唇、唇基及额之间由缝分开。头壳上仅着生初生刚毛，刚毛短，每侧顶部着生刚毛5根。额区呈三角形。前缘着生刚毛8根；额上方着生刚毛2根。唇基横宽，着生刚毛6根，排成一排。上唇横宽，半圆形，中部凹陷狭而深。上颚三角形，有端齿5个，其中上部的1个齿小。

1龄幼虫前胸背板骨片全为黑色，随着虫龄的增加，前胸背板颜色变淡，仅后部仍为黑色。除最末两个体节外，虫体每侧有两行大的暗色骨片，即气门骨片和上侧骨片。腹节上的气门骨片呈瘤状突出，包围气门，中、后胸由于缺少气门，气门骨片完整。腹部9节，较胸部显著膨大，中央部分特别膨大，且向上隆起，以后各节急剧缩小，末端尖细。腹部腹面有短刚毛组成的3行小斑点。第8、9腹节背板各有一块大骨化板，骨化板后缘着生粗刚毛。足转节呈三角形，着生3根短刚毛，爪大，骨化程度高，基部的附齿近矩形。

马铃薯甲虫的蛹为离蛹，椭圆形，橘黄色或淡红色，体侧各有一排黑色小斑点。

（2）生物学特性及传播途径 马铃薯甲虫在欧洲和美洲，一年发生1~3代，在中国新疆伊犁地区以发生2代为主，局部3代，世代重叠。

马铃薯甲虫以成虫在土壤中6~15cm处越冬，当越冬处的土温回升到14~15℃时，成虫开始出土，通过爬行和飞行扩散以寻觅寄主。经过1~2周后，成虫开始交尾、产卵。有的个体交尾发生于前1年的秋天，即在冬季滞育到来之前，这样的雌虫到第2年春不需要再行交尾，经过几天的取食后可以产卵。在后一种情况下，1头雌虫就可以独自形成一个新的疫源地。卵以卵块状产于叶背面，卵粒与叶面多呈垂直状态。同一卵块的卵几乎同时孵化，幼虫孵化后开始取食。卵期随温度条件而异，5~17d，幼虫期15~34d。4龄幼虫末期停止进食，大量幼虫在离被害株10~20cm半径的范围内入土化蛹。约10d后，新羽化的成虫出土，爬向离其最近的寄主开始取食；受当时的气温、光周期及寄主植物条件等许多因素的影响，成虫有不同的反应，诸如交配并繁殖下一代，飞行迁移或停止取食进入滞育状态等。

马铃薯甲虫主要通过贸易的途径及风、气流和水流进行传播。来自疫区的薯块、水果、蔬菜、原木及包装材料及运载工具均有可能携带此虫。风对该虫的传播起很大的作用，该虫扩展的方向与发生季风的方向一致，成虫可被大风吹到150~350km之外。

4. 检疫检验方法

对来自疫区的薯块、水果、蔬菜、包装材料及运载工具都应仔细检查。该虫个体较大，成虫、幼虫和卵色泽亮艳，因此并不难辨识。应注意货物表层、堆脚、包装物、铺垫物及周围环境有无成虫、卵、幼虫及蛹。

首先进行现场抽检，进行肉眼检查，过筛检查，最后进行实验室镜检，有时还需将虫培养为成虫进行鉴定。

（二）椰心叶甲

1. 分布

该虫分布于印度尼西亚、澳大利亚、巴布亚新几内亚、所罗门群岛、新喀里多尼亚、萨摩亚群岛、法属波利尼西亚、新赫布里底群岛、俾斯麦群岛、社会群岛、塔西提岛等地，我国台湾、香港和华南局部地区也有发现。

成虫和幼虫为害心叶。在未展开的卷叶内或卷叶间纵向取食叶肉组织，在叶脉间留下窄条食痕。随着叶片长大，窄条取食痕也扩大形成不规则大型条块，并且褐化、坏死，在比较严重的情况下，椰叶皱缩、枯萎、破碎，甚至大面积折落，留下部分叶脉架，以致有效光合面积所剩无几。在椰林、园林或苗圃中，椰子、大王椰子、蒲葵等受害后，可见心叶枯黄，呈火烧状。一般情况下，被害树龄在3~10年间，4~5年者受害最重。

20世纪70年代初椰心叶甲随种苗传入我国台湾，1976年统计受害椰子苗约4 000株，而到1978年仅恒春受害植株已达4万株以上。1994年资料显示在我国香港椰心叶甲对多种植物为害较重，尤其是华盛顿葵、椰子，为害率为100%和62%。自1999年底在深圳发现椰心叶甲以来，该虫的为害区域不断扩大，为害程度较重。常规防治情况下寄主植物受害株率高达37%。由于该虫主要为害棕榈科植物，对我国热带和亚热带地区的绿化、景观和生态构成严重威胁。

2. 寄主

椰子、西谷椰子、大王椰子、华盛顿椰子、亚历山大椰子、雪棕、槟榔、棕榈、卡喷特木、鱼尾葵、假槟榔、山葵、刺葵、蒲葵、散尾葵、省藤等植物。其中椰子是最主要的寄主。

3. 生物学特性及传播途径

椰心叶甲学名为*Brontispa longissima*（Gestro），隶属昆虫纲，鞘翅目（Coleoptera），铁甲科（Hispidae）。

（1）形态特征（见图13-11） 椰心叶甲的成虫体细扁，长8.0~10.0mm，鞘翅宽约2.0mm。触角粗线状，11节，黄褐色，顶端4节色深，有绒毛，柄节长2倍于宽。雌雄二性角间突长超过柄节的1/2，由基部向端渐尖，不平截。沿角间突向后有浅褐色纵沟。头中间部分宽过于长。前胸背板红黄色，长度相当，刻点粗而排列不规则，数量超过100。鞘翅有时全为红黄色，有时后面部分（比例变化较大）甚至整个全为蓝黑色，刻点大多窄于横向间距，刻点间区除两侧和末梢外较平。

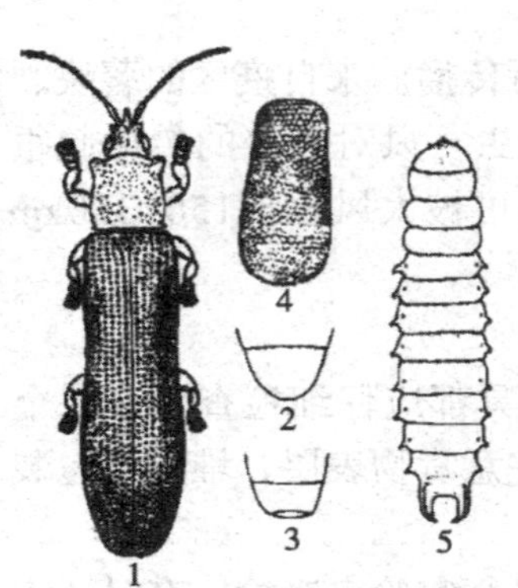

图 13-11 椰心叶甲
1—成虫 2—雌虫腹末
3—雄虫腹末 4—卵 5—幼虫
（仿Maulik）

卵为椭圆形，褐色，长1.5mm，宽1.0mm。卵的上表面有蜂窝状扁平凸起。

椰心叶甲的成熟幼虫体扁平，乳白色至白色。头部隆起，两侧圆。前胸和各腹节两侧有1对刺状侧突，腹9节，因第8节和第9节合并，在末端形成1对内弯的钳状尾突，实际只可见8节，腹第8节侧突长小于尾突宽。

椰心叶甲的蛹和幼虫相似，但个体稍粗，出现翅芽和足。腹末仍保留1对钳状突起，但突起基部的气门开口消失。

（2）生物学特性 在广州地区自然温度条件下，椰心叶甲一年发生3代以上，世代重叠，主要以成虫越冬。成虫平均寿命156d，最长达235d；雌雄虫一生均可交配多次。成虫产卵期长，产卵不规则，单雌平均产卵119粒，最多可达196粒。飞行磨测定表表明，雌虫飞行能力比雄虫强，24h未取食成虫最远飞行距离可达400多米；成虫和幼虫均具有负趋光性、假死性。成虫3~5d不取食、高龄幼虫7d不取食仍存活。幼虫一般有5龄，在温度和寄主不适宜的情况下，可进入6~7龄，或提前化蛹，从卵到成虫羽化需36~61d。

在海南椰子和散尾葵上，幼虫共5龄；在大王椰子和鱼尾葵上，幼虫有6龄，平均幼虫历期为46.7d和54.0d；卵期在25~30℃时平均为3.1d，蛹期平均为5.5~6.3d。椰心叶甲在散尾葵上取食，产卵前期短，为6.3d，平均产卵量为113.7粒；在鱼尾葵上，产卵前期长，为13.0d，平均产卵量为157.3粒。椰心叶甲的最适发育温度范围为26~29℃，32℃以上对该虫有抑制作用。椰心叶甲发育起点温度为15.8℃，有效积温为617.8日度

（DD）。

各虫态随种苗或其他载体远距离传播，也可因飞行逐渐扩散。

4. 检疫检验方法

对进境棕榈科植物种苗、运载工具及国内苗圃进行认真检查，检查有无椰心叶甲危害状或各个虫态，若有可疑虫卵、幼虫或蛹，应饲养到成虫进行种类鉴定。

（三）双钩异翅长蠹

1. 分布

该虫在日本、越南、缅甸、泰国、马来西亚、印度尼西亚、菲律宾、印度、斯里兰卡、以色列、马达加斯加、巴巴多斯、古巴、美国以及中国（云南、广东、海南、台湾和香港）都有发现。

2. 寄主

寄主为白格、黑格、华楹、黄桐、橡胶树、木棉、琼楠、橄榄、苹婆、柳安、乳香、合欢、翅果麻、厚皮树、银合欢、洋椿、黄檀、龙竹、龙脑香、嘉榄、芒果、桑、紫檀、柚木、榆绿木、榄仁树、翻白叶、利藤、温武汝、楠榜、巴丹、道以治、大磷创等木材、竹材和藤材，也能为害衰弱树和树木的枝条。

该虫是热带和亚热带地区常见的重要钻蛀性害虫，被害寄主材质受到破坏，甚至完全失去使用价值。

3. 生物学特性及传播途径

双钩异翅长蠹的学名为*Heterobostrychus aequalis*（Waterhouse），隶属鞘翅目（Coleopetera），长蠹科（Bostrichidae）。

（1）形态特征（见图13-12）　双钩异翅长蠹成虫赤褐色，圆筒形，体长6~15mm，宽2.1~3.0mm。头部黑色，具细粒状突起。触角10节，锤状部3节，其长度超过触角全长一半，端节呈椭圆形。前胸背板前缘呈弧状凹入，前缘角有1个较大的齿状突起，与之相连的还有5~6个锯齿状突起，背板前半部密布粒状突起。鞘翅刻点清晰，排列成行，有光泽，刻点沟间光滑无毛。鞘翅两侧缘自基缘向后几乎平行延伸，至翅后1/4处急剧收缩。雄虫的鞘翅斜面两侧有两对钩状突起，上面的一对较大，呈尖钩状，向上弯曲，下面的一对较小，位于鞘翅边缘，无尖钩，仅稍隆起。雌虫鞘翅斜面仅有稍微隆起的瘤粒，无尖钩。

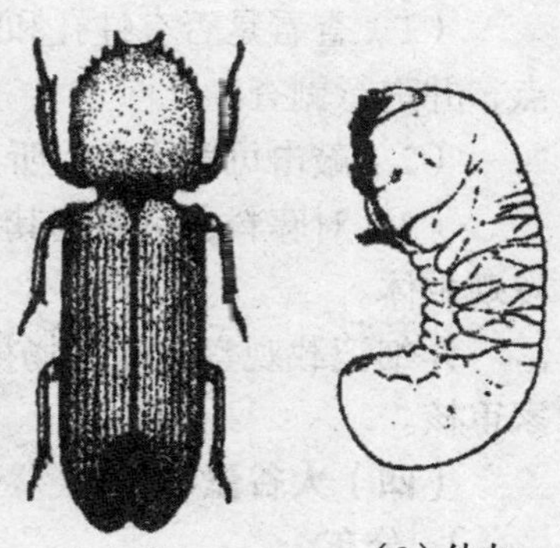

图 13-12　双钩异翅长蠹
（仿R.E.Woodruff）

双钩异翅长蠹成熟幼虫体肥胖，长8.5~15mm，宽3.5~4mm，乳白色。体长12节，体壁皱褶。头部大部分被前胸背板覆盖，背面中央有1白色中线，前额密被黄褐色的短柔毛。体向腹节弯曲，胸部特别粗，中央明显具1条白色而稍下陷的中线，中线后端较大。胸部侧面中间有1浅黄色的骨化片，长1.5~1.8mm，斜向，其下方有 1 椭圆形的气门，黄褐色，长约0.4mm，宽约0.18mm。

双钩异翅长蠹蛹长7~15mm。前蛹期体乳白色，可见触角轮廓，锤状部 3 节，复眼为暗褐色。前胸背板前缘凹入，两侧密布乳白色锯齿状突起，且密布浅褐色柔毛。中胸背板具 1 瘤突，后胸背板中央有一纵向凹入，后缘具 1 束浅褐色毛。腹部各节后缘中部有 1 列浅褐色毛，第 6 节的毛呈倒“V”形。鞘翅弯向腹部。后蛹期体转浅黄色，复眼和上颚黑色，触角可见柄节、鞭节 6 节和锤状部 3 节。前胸背板两侧锯齿状突起呈褐色，鞘翅逐渐向背中吻合，鞘翅斜面的 1 对突起明显，成虫轮廓明显。

（2）生物学特性　双钩异翅长蠹在热带、亚热带地区一年发生2~3代，以老熟幼虫或成虫在寄主内越冬。越冬幼虫于次年3月中、下旬化蛹，蛹期9~12d，3月下旬至4月下旬为羽化盛期。第一代成虫于6月下旬至7月上旬开始出现，第二代成虫于10月上、中旬开始出现。第二代部分幼虫期延长，以老熟幼虫越冬，最后一批成虫期延至3月中、下旬，与第三代（越冬代）成虫期重叠。第三代幼虫于10月上旬进入越冬，至第二年3月中旬化蛹，下旬羽化，其中部分越冬代成虫寿命长达5个月，世代重叠严重，全年都能见到成虫和幼虫。

成虫羽化后2~3d开始在木材表面蛀食，形成浅窝或蛀孔，有粉状物排出。成虫白天常隐蔽在木材或木竹藤制品形成的缝隙中，夜间活动，具弱趋光性，飞行能力较强。成虫的钻蛀性极强，在环境不适的条件下，可蛀穿尼龙薄膜、玻璃胶、木板等。蛀孔由树皮到边材，其蛀道长度不等，雌虫喜欢钻进锯材、剥皮原木、木质包装箱或藤料的缝隙或孔洞中产卵，或咬一不规则的产卵窝，产卵于其中，卵散产。

幼虫钻蛀为害，蛀道大多数沿木材的纵向伸展弯曲并相互交错，长可达30cm，直径约为6mm。蛀道中充满粉状的排泄物。幼虫老熟后在蛀道末端化蛹。

双钩异翅长蠹远距离以各种虫态通过木、竹、藤料制品和包装铺垫材料传播。近距离靠成虫飞行扩散。

4. 检疫检验方法

在现场普遍采用的步骤为：

（1）查看是否有蛀孔和蛀屑，根据蛀孔的大小和蛀屑的新旧程度，判断害虫的位点，并进行剥查。

（2）敲击可疑木块，听声音是否异常，如发现异常，则进行剥查。

（3）对藤料，可根据其韧性来判断，被害的藤料韧性受影响，极易折断，据此可发现虫体。

详细记载观察到的现场被害状，并将查获的虫体送实验室鉴定。必要时请有关专家审核。

（四）大谷蠹

1. 分布

此虫原产于美国南部，后扩展到美洲其他地区。20世纪80年代初在非洲立足。当前分布于以下国家：泰国、印度、多哥、肯尼亚、坦桑尼亚、布隆迪、赞比亚、马拉维、美国（加利福尼亚、康涅狄格、得克萨斯、华盛顿、哥伦比亚特区）、墨西哥、危地马拉、萨尔瓦多、洪都拉斯、尼加拉瓜、哥斯达黎加、巴拿马、哥伦比亚、秘鲁、巴西。

2. 寄主

主要为害储藏的玉米和木薯干，对红薯干也造成严重为害，还为害软质小麦、花生、豇豆、可可豆、扁豆和糙米。对木制器具及仓内木质结构也可为害。

该虫为害既可发生于玉米收获之前，又可发生于储藏期。成虫穿透玉米棒的包叶蛀入籽粒，并由一个籽粒转入另一个籽粒，产生大量的玉米碎屑。此外，大谷蠹对木薯干和红薯干也造成严重为害，可将薯干破坏成粉屑。在非洲，经4个月储藏后，木薯干重量损失有时可达70%。

3. 生物学特性及传播途径

大谷蠹学名是*Prostephanus truncatus*（Horn），隶属鞘翅目（Coleoptera），长蠹科（Bostrichidae）。

（1）形态特征（见图13-13）　大谷蠹成虫体长3~4mm，圆筒状，红褐色至黑褐色，略有光泽，体表密布刻点，疏被短而直的刚毛。头下垂，与前胸近垂直，由背方不可见。触角10节，触角棒 3 节，末节约与第 8 、9 节等宽，索节细，上面着生长毛。前胸背板长宽略相等，两侧缘由基部向端部方向呈弧形狭缩，边缘具细齿，中区的前部有多数小齿列，后部为颗粒区，侧面后半部有 1 条弧形的齿列，无完整的侧脊。鞘翅刻点粗而密，排成较整齐的刻点行，仅在小盾片附近刻点散乱，行间不明显隆起。鞘翅后部陡斜，形成平坦的斜面，斜面四周的缘脊明显，呈圆形包围斜面。后足跗节短于胫节。

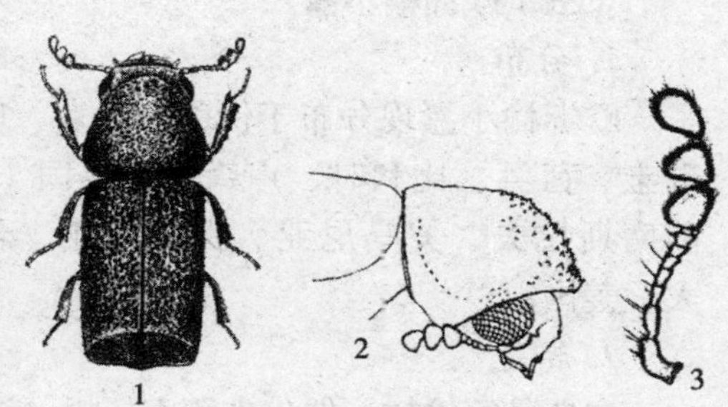

图 13-13　大谷蠹

1—成虫　2—头部侧面观　3—触角

（引自张生芳《中国储藏物甲虫》）

大谷蠹卵长约0.9mm，宽约0.5mm，椭圆形，初产时呈珍珠白色。

大谷蠹老熟幼虫体长4~5mm。身体弯曲呈“C”形。头长大于宽，深缩入前胸，除触角着生处的后方有少量刚毛外，其余部分光裸。触角短， 3 节，第 1 节短，狭带状，第 2 节长宽相等，端部着生少数长刚毛，并在端部连结膜上有 1 明显的感觉锥。第 3 节短而直，约为第 2 节的2/5或第 2 节宽的1/4，端部具微毛或感觉器，唇基宽短，前、后缘显著弯曲，有胸足 3 对。第1~5腹节背板各有 2 条褶。

大谷蠹蛹白色，随蛹龄增加渐变暗色。上颚多黑色。鞘翅紧贴虫体。前胸背板光滑，端半部约着生18个瘤突，腹部多皱，无瘤突。背板和腹板侧区具微刺，刺的端部分二叉、三叉或不分叉。

（2）生物学特性　大谷蠹成虫钻入玉米粒后，留下 1 整齐的圆形蛀孔。在玉米粒间穿行时，则可形成大量的粉屑。交尾后，雌虫在与主虫道垂直的盲端室内产卵。卵成批产下，一批可达20粒左右，上面覆盖碎屑。产卵前期5~10d，产卵高峰约在产卵后的第20d，产卵期维持95~100d，每头雌虫平均产卵约50粒。在32℃、相对湿度80%条件下，卵期为4.86d，幼虫期为25.4d，蛹期为5.16d，雌成虫寿命为61.1d，雄成虫寿命为44.7d，完成一代需35d。

此虫除自然扩散外，主要通过被感染过的寄主随交通工具进行传播。

4. 检疫检验方法

对大谷蠹可进行现场抽检，进行肉眼检查，过筛检查，X光检验，饲养检查，最后进行实验室镜检。

现场抽检检查时要注意玉米等有无蛀孔。有条件时可对种子进行X光检验。采回的部分样品可放入30~32℃，相对湿度80%的条件下进行观察。

大谷蠹成虫鞘翅后半部有斜面，斜面四周的缘脊明显，呈圆形包围斜面，为该种的重要鉴别特征。前胸背板每侧后半部各有1条弧形的齿列，这一特征也不见于许多常见的种。这些特征可用于实验室镜检。

（五）欧洲榆小蠹

1. 分布

欧洲榆小蠹现分布于伊朗、丹麦、瑞典、前苏联、捷克、波兰、匈牙利、德国、瑞士、荷兰、比利时、卢森堡、英国、爱尔兰、法国、西班牙、葡萄牙、意大利、前南斯拉夫、罗马尼亚、保加利亚、希腊、埃及、阿尔及利亚、澳大利亚、加拿大、美国。

2. 寄主

主要危害榆树，偶尔也危害杨树、李树、栎树等。

欧洲榆小蠹为害树干和主材的韧皮部，破坏形成层。该虫还是荷兰榆枯萎病病菌（*Ceraticystis ulmi*）的媒介昆虫，荷兰榆枯萎病是一种毁灭性的病害，能引起榆树大批死亡，在欧洲该病曾使用于美化街道和公园的榆树大批死亡，造成巨大的损失。许多国家将荷兰榆枯萎病及其传播者欧洲榆小蠹列为主要检疫性有害生物。

3. 生物学特性及传播途径

欧洲榆小蠹的学名是*Scolytus multistriatus*（Marsham），隶属鞘翅目（Coleoptera），小蠹科（Scolytidae）。

（1）形态特征（见图13-14） 欧洲榆小蠹成虫体长1.9~3.8mm，长约为宽的2.3倍，体红褐色，鞘翅常有光泽。雄虫额稍凹，表面有粗糙的斜皱纹，刻点不清晰，额毛细长稠密，环聚在额周缘，雌虫额明显突起，额毛较稀较短。触角锤状部有明显的角状缝，呈铲状，不分节，触角鞭节7节。眼椭圆形，无缺刻。前胸背板方形，表面光亮，刻点较粗、深陷，相距很近，相距约刻点直径的2倍，光滑无毛。鞘翅长为宽的1.3倍，刻点沟凹陷中等，沟间部略凹陷，刻点沟和沟间部的刻点单行排列，很小，中等凹陷，较近，沟间部的刻点常较刻点沟中的刻点稍小。表面光滑，鞘翅后方不构成斜面。第 2 腹板前半部中央有向后突起的圆柱形的粗直大瘤突，雄虫从第 2 腹节起，腹部向鞘翅末端水平延伸，第2~4腹节的侧缘有 1 列齿瘤。两性腹部形态基本相同，但雌虫2~4腹板后缘的刺瘤较小，第3、4腹板后缘中间光平无瘤。

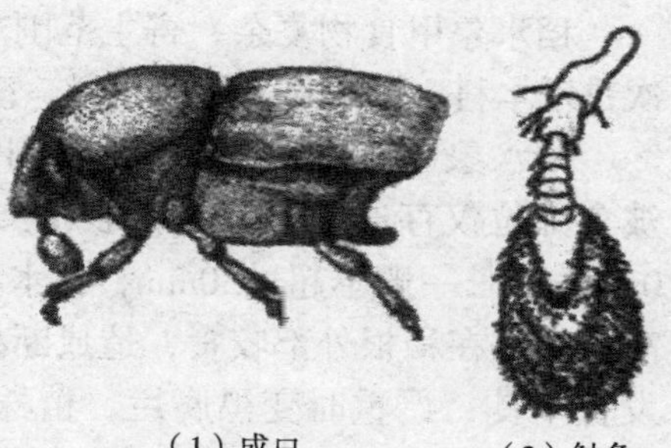

（1）成虫　（2）触角

图 13–14　欧洲榆小蠹

（仿C.L Metcal f）

卵白色，近球形。

欧洲榆小蠹的成熟幼虫长5~6mm，体形拱曲，多皱褶，无足。额心脏形，有 6 对额刚毛，第 2 、3 、6 额刚毛不排列在一条横线上，第 2 、4 额刚毛前后几乎排列成一直线。有 5 对上唇毛，侧方的 3 对排列成三角形，前方有中毛两对。

欧洲榆小蠹蛹具有短状的翅芽，弯曲着包在腹部之外，身体颜色由白色至黑色，随蛹龄的增加而颜色加深。

（2）生物学特性　该虫一年发生1~3代不等，以幼虫越冬，少数以成虫或蛹越冬。成虫约在 5 月羽化，第 1 代成虫飞行期可持续40~50d，最多能飞行5km。每雌可产卵35~140粒，在相对湿度为75%和27℃的恒温条件下，卵孵化需 6 d，幼虫期为27~29d，蛹期为 7 d。越冬后第 1 代成虫在健康的树干和枝条上取食，构筑坑道，将病菌孢子传入韧皮部。幼虫取食形成的子坑道从母坑道出发，呈辐射状。幼虫在树皮中化蛹，成虫在蛹室内羽化后稍停一段时间后咬穿树皮，留下约2mm的圆形羽化孔。该虫有滞育特性，在前南斯拉夫的研究表明，20%的第 1 代种群和85%的第 2 代种群滞育。

随该虫的寄主木材和包装材料远距离传播，近距离扩散靠成虫飞行和爬行。

4. 检疫检验方法

对榆木及其制品、包装物要严格检疫，特别是来自疫区的货物，应引起高度的警惕。在现场检疫时，仔细检查该批货物及其包装铺垫材料是否带有树皮，树皮上是否有虫孔、虫、活虫、虫粪及虫残体，如发现可疑情况，则剥皮检查，将查到的虫体保存好，尽快送实验室镜检，并详细记录所观察到的症状。如发现是可疑虫体，则尽快送有关专家核实。

（六）稻水象甲

1. 分布

稻水象甲原产于美国密西西比河流域，1959年在加利福尼亚州首次发现，现在主要分布在亚洲和美洲的部分国家（地区），如中国（局部地区）、朝鲜、日本、加拿大、美国、墨西哥、古巴、多米尼加、哥伦比亚、圭亚那等。该虫于1988年在中国河北唐山首次发现，接着先后在环渤海6省市、东南沿海3省以及内陆3省被发现。

2. 寄主

稻水象甲食物复杂，寄主范围非常广泛。稻水象甲最重要的寄主植物是水稻，其次是禾本科、泽泻科、鸭跖草科、莎草科、灯心草科杂草。

稻水象甲成虫沿寄主植物的叶脉啃食叶肉或幼苗叶鞘，一般从正面取食，叶片被食部位仅存透明下表皮，形成长短不一的白色长条斑；条斑宽0.38~0.8mm，通常0.5mm，长一般不超过30mm，在水稻上，低龄幼虫在稻根内蛀食，使稻根呈空筒状；高龄幼虫在稻根外部咬食，造成断根。移栽不久的稻秧被害后易形成浮秧。受害根系发育不良，严重时变黑腐烂，植株矮小，生育期明显推迟。该虫为害水稻一般减产15%~30%，严重的50%~70%，甚至绝产。因成虫孤雌生殖，水陆两栖，寄主范围广，幼虫在水层土下食根，故较难防治。在美国，严重为害时，产量损失大于1 123kg/hm^2，全美因该虫为害造成的损失占稻谷产量的7%，净损失1 220万美元。1990年美国农业部报告全年防治费用超过4 000万美元。现在，稻水象甲是美国分布最广而最具经济重要性的水稻食根者，是美国发生最普遍而具毁灭性的水稻害虫。

3. 生物学特性及传播途径

稻水象甲的学名是*Lissorhoptrus oryzophilus Kuschel*，隶属鞘翅目（Coleoptera），象虫科（Curculionidae）。

稻水象甲有两性生殖型和孤雌生殖型，在中国发生的稻水象甲为孤雌生殖型。

（1）稻水象甲的形态特征（见图13-15） 稻水象甲成虫体长2.6~3.8mm，体宽1.15~1.75mm。雌虫略比雄虫大，体壁褐色，密布相互连接的灰色鳞片，前胸背板和鞘翅的中区没有这种鳞片，呈暗褐色斑。喙端部和腹部、触角沟两侧、头和前胸背板基部、眼四周、前中后足基节基部、可见腹节 3 、4 的腹面及腹节 5 的末端被覆黄色圆形鳞片。喙几乎和前胸背板一样长，有些弯曲，近乎扁圆筒形。额宽于喙。触角红褐色，着生于喙中间之前；柄节棒形，索节 6 节，索节 1 膨大呈球形，雌虫索节 1 长几乎为索节 2 的1.2倍，雄虫的为1.1倍，索节 2 长大于宽，索节3~6宽大于长。触角棒呈倒卵形或长椭圆形，长为宽的2.0~2.1倍，棒为 3 节，棒节 1 光亮无毛。前胸背板宽略大（1.1倍）于长，前端明显细缢，两侧边近直形，只在中间稍向两侧突起，中间最宽，眼叶相当明显。小盾片不可见。鞘翅侧缘平行，宽为前胸背板的1.5倍，鞘翅长也是宽的1.5倍，鞘翅明显具肩，肩斜，翅端平截或稍凹陷，行纹细不明显，行间宽为行纹的2倍，其上被覆 3 行整齐鳞片，鞘翅行间1、3、5、7中后部上有瘤突。腿节棒形，不具齿。胫节细长、弯曲，中足胫节两侧各有 1 排长的游泳毛。雄虫后足胫节无前锐突，锐突短而粗，深裂呈两叉形。雌虫的锐突单个的长而尖，有前锐突。后足胫节锐突形状是稻水象甲成虫性别鉴定的一个有用特征。跗节 3 不呈二叶状，和

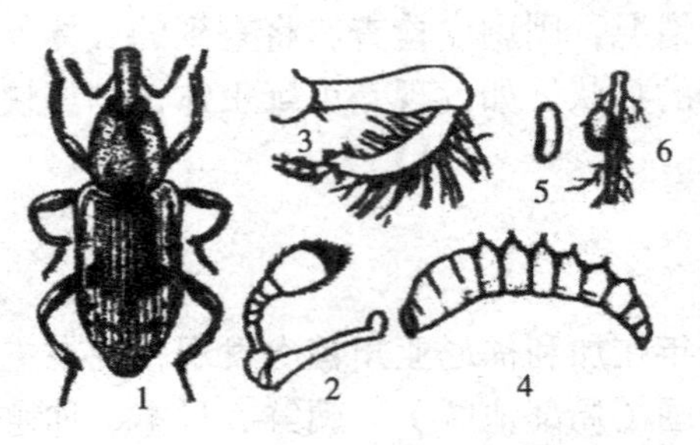

图 13-15 稻水象甲
1—成虫 2—触角 3—中足
4—幼虫 5—卵 6—土茧
（仿杨长举《植物害虫检疫学》）

跗节2等宽，雌虫后足跗节2长为宽的1.7倍。

稻水象甲雌虫的腹部比雄虫粗大。雌虫可见腹节1、2的腹面中央平坦或凸起，雄虫在中央有较宽的凹陷。两性成虫可见腹节5腹面隆起的形状和程度也不同；雄虫隆起不达腹节5长度的一半，隆起区的后缘是直的。雌虫隆起区超过腹节5长度的一半，隆起区的后缘为圆弧形。雌虫腹部背板7后缘呈深的凹陷（有个体变异），而雄虫为平截或稍凹陷。

稻水象甲卵呈珍珠白色，圆柱形。向内弯曲，两端头为圆形，长径约0.8mm，短径约0.2mm，长为宽的3~4倍。

稻水象甲幼虫呈白色，无足，头部褐色，腹节2~7背面有成对朝前伸的钩状气门。幼虫被水淹没后，可以从植物的根内和根周围获得空气。活虫可见体内大的气管分枝。幼虫有4龄，从其水生栖所、腹部背面钩状气门形状以及延长的新月形身体，通常可以区别出稻水象甲的幼虫。

稻水象甲老熟幼虫在附着于根部上的土茧中化蛹。土茧形似绿豆，长径4~5mm，短径3~4mm，颜色土色。蛹白色。大小、形状近似成虫。

（2）稻水象甲的生物学特性　稻水象甲有孤雌生殖和两性生殖类型，随环境条件而变化，在中国发生的稻水象甲为孤雌生殖型。

稻水象甲在中国北方单季稻区，年发生1代；在南方双季稻区，年发生两个完全世代，但相当一部分一代成虫羽化后直接转移到山坡田边越夏或越冬。

稻水象甲以成虫在稻草、稻茬、水田四周和林带禾本科杂草的根基部、落叶下以及住宅附近的草地内越冬。到次年4月，越冬成虫开始活动，就近取食禾本科杂草嫩叶。水稻插秧后，它就迁入稻田，5月上旬开始产卵，多在田周边近水面被淹叶鞘部位。1头雌虫产卵50~100粒，每日1~2粒，产卵期30~50d。卵期在1周左右，开始孵化，6月中旬成虫可见，初孵化幼虫在水底以食根为主，群居性强。6~8月中旬，在植株根部结茧化蛹，1~2周开始羽化。成虫有较强的迁飞能力和明显的趋光性，白天在稻根潜伏，夜间取食畦畔禾本科杂草叶片。8月下旬迁转到越冬场所。

稻水象甲卵期4~10d，幼虫期14~30d，前蛹期1~2d，蛹期5~7d。

我国研究表明，稻水象甲从蛰伏场所到繁殖场所只有迁移性飞行（migratory）而无局地飞行（trivial flight），甚至连爬行都很少。稻水象甲在双季稻区，每年有春夏秋3次迁飞：春季越冬代成虫迁入早稻田繁殖，形成第一代致害种群；第1代成虫生殖滞育，95%以上个体迁出早稻田行夏蛰并越冬；少量落入秧田者和早稻收割时散落田内而晚稻插秧时尚未迁离的个体构成二代虫源，故二代种群一般不会对晚稻构成威胁；秋季二代成虫羽化后迁入越冬场所滞育越冬。

稻水象甲传播途径多样，可通过自身的活动，如爬行、飞翔等，借风、雨、水流等“海、陆、空”行为自然扩散。或随稻种、稻谷、稻壳及其他寄主植物、交通工具等行远距离人为传播。其中稻水象甲从稻田到越冬场所的季节性迁飞，使发生区不断向毗邻地区短距离扩散；向新区拓展的远距离扩散，主要借助于人为传带。

4. 检疫检验方法

严格检疫检验，通过对其适生区、适生场所、嗜好寄主植物，采样检验，开展普查、监测，力求做到早发现。在第一代成虫发生期灯光诱集，检查和镜检有无成虫。在成虫产卵期，采集新鲜带根幼嫩植株在热水中浸泡5min，再移入70%热酒精中浸泡1d以上，卵呈现绿色。为检测有无幼虫和茧，可将根上带土的稻株浸泡在饱和盐溶液中，搅拌，检查有无上浮的土茧和幼虫，然后用吸管取出，镜检检定。

（七）菜豆象

1. 分布

菜豆象现分布于亚洲少数国家（地区），如朝鲜、日本、缅甸等；欧洲大部分国家；非洲部分国家，如尼日利亚、埃塞俄比亚、肯尼亚、乌干达、布隆迪、刚果和安哥拉等，大洋洲的澳大利亚、新西兰等；美洲的部分国家（地区），如美国、墨西哥、古巴、哥伦比亚、秘鲁、巴西、智利和阿根廷等。

2. 寄主

主要危害菜豆属的植物，也危害豇豆、兵豆、鹰嘴豆、木豆、蚕豆和豌豆等。

菜豆象在田间和仓库内繁殖危害，但主要对储藏的食用豆类造成严重危害。此虫为多种菜豆和其他豆类的重要害虫，幼虫在豆粒内蛀食，曾在1粒豆内发现有34头幼虫蛀食。在墨西哥、中美洲和巴拿马，菜豆象和巴西豆象在豆类储藏期间共同造成的重量损失为35%，在巴西为13.3%。

3. 生物学特性及传播途径

菜豆象的学名为*Acanthoscelides obtectus*（Say），隶属于鞘翅目（Coleoptera），豆象科（Bruchidae）。

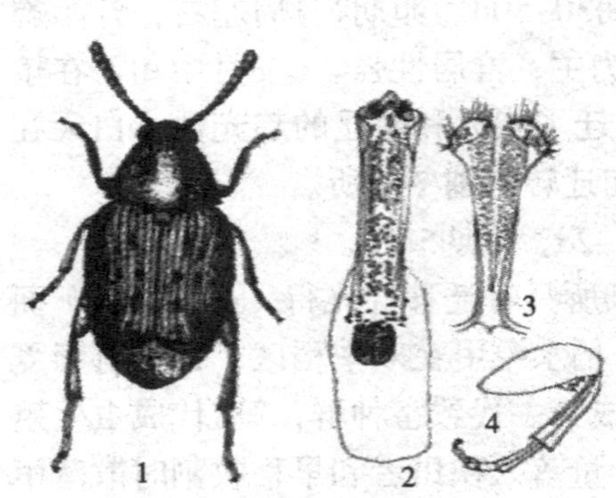

图 13-16 菜豆象

1—成虫 2—阳茎 3—阳基侧突 4—后足

（引自张生芳《中国储藏物甲虫》）

（1）形态特征（见图13-16） 菜豆象的成虫体长2~4mm。头黑色，通常有橘红色的眼后斑，上唇及口器多呈橘红色。触角基部4节（有时第5节基半部）及第11节橘红色，其余节黑色。胸部黑色，足大部橘红色。鞘翅黑色，仅端部边缘橘红色。腹部橘红色，仅腹板基部有时呈黑色。臀板橘红色。头及前胸密被黄色毛。鞘翅密被黄色毛，在近鞘翅基部、中部及端部有褐色毛斑。足被白色毛，腹面密被白色毛或杂以黄色毛，臀板被白色或黄色毛。菜豆象头部长而宽，密布刻点。额中线光滑无刻点，由额唇基沟延伸至头顶，有时稍隆起。触角第1~4节丝状，第5~10节锯齿状，末节端部尖细。前胸背板圆锥形，中区布刻点，端部及边缘刻点变小。小盾片黑色，方形，端部2裂，密布倒伏状黄色毛。鞘翅行纹深，行纹3、4及行纹5、6分别在基部靠边。后足腿节端部与基部缢缩，呈梭形，中部约与后足基节等宽，腹面近端部有一长而尖的齿及 2 个小齿，齿的长度约为小齿的 2 倍。后足胫节具前纵脊、前侧纵脊、侧纵脊及后纵脊，其中前侧纵脊在端部 1 / 4 不明显，后足胫节端部前方的刺长均为第1跗节长的 1 / 6 。臂板隆起。雄虫第5腹板后缘明显凹入，雌虫稍凹入。

菜豆象卵长椭圆形，一端稍尖，卵平均长约0.66mm，平均宽约0.26mm。卵初产乳白色，渐变淡黄色，透明，有光泽。

菜豆象1龄幼虫体长约0.8mm，宽约0.3mm。中胸及后胸最宽，向腹部渐细。前胸盾呈“X”或“H”形，上面着生齿突。第8、9腹节背板具卵圆形的骨化板。足由2节组成。老熟幼虫体长2.4~3.5mm，宽1.6~2.3mm，体粗壮，弯曲，呈“C”形，足退化。无前胸盾，第 8 、9 腹节背板无骨化板。

菜豆象蛹长3~5mm，宽约 2 mm，椭圆形，淡黄色，疏生柔毛。

（2）生物学特性　菜豆象在法国南部每年发生4~5代，在美国西部每年发生5~6代，在巴西为8代。以幼虫或成虫在仓内越冬，部分在田间越冬。次年春播时随被害种子带到田间，或成虫在仓内羽化后飞往田间菜豆田。另外，此虫同样可以在仓内连续繁殖。越冬成虫于次年春季气温18℃以上时开始交尾产卵。成虫寿命4~37d，一般为20~28d。产卵可持续10~18d，雌虫产的卵并不黏附在豆粒上，而是分散于豆粒之间，或将卵产于仓内地板、墙壁或包装物上。在田间，卵多产于成熟豆荚的裂隙处，每次可产卵50~90粒，卵期一般为6~11d。最适于该虫发育的温度为30℃，相对湿度为70%左右。幼虫共4龄，初孵幼虫胸足发达，在豆粒表面四处爬行寻找蛀入点，在最适条件下，幼虫期约为30d。卵、幼虫和蛹的发育起点温度分别为14.27℃、9.42℃和14.4℃。

主要借助被侵染的豆类种子通过贸易和引种进行传播，卵、幼虫、蛹和成虫均可被携带。

4. 检疫检验方法

（1）产地检查　菜豆象雌虫将卵产于成熟开裂荚的种子上，或将卵产于荚内。因此，田间调查要在寄主种子趋于成熟时进行，用扫网法捕获成虫，或检查带卵的豆荚。

（2）实验室检验　在实验室里，可进行过筛检验，相对密度检验、染色检验、X光透视检验等。

过筛检查种子，看有无成虫和卵，注意豆粒上是否有成虫的羽化孔或幼虫蛀入孔。成虫产的卵并不黏附在豆粒表面，必须在样品的筛出物中仔细寻找，可使用黑色衬底进行观察。菜豆象的卵形状近短圆筒状，而非扁平状。比较容易识别。幼虫区别常见的多种仓储豆象，在于上唇的亚颏骨片完整，呈弧形狭带状。成虫通过触角的颜色、后足腿节腹面近端部 3 个齿突（少数个体有 4 个齿）及雄虫外生殖器的形态进行鉴定。

若被害的种子为褐色、红色或其他深色，暗色背景为发现幼虫蛀入孔提供了一个有利的条件，不宜进行染色检验。若被害种子为白色或接近白色，可用染色法迅速将蛀入孔染成红色，方法如下：将样品放入1%碘化钾溶液或2%碘酒溶液中，使种子全部沉浸在染色液内，并轻轻晃动，使豆粒表面与染色液充分接触。2min后，将样品取出放在0.5%氢氧化钠或氢氧化钾液内固定1min，然后用清水漂洗0.5min。以上方法使幼虫蛀入孔显褐色至深褐色。另外，也可以将酸性品红0.5g、冰醋酸50mL及蒸馏水950mL混合，配制成酸性品红染色液。将样品充分浸泡2min，然后用自来水漂洗0.5min。上述方法可将幼虫蛀入孔染成清晰可辨的粉红色。

有条件的话，也可借X光机检查豆粒内的幼虫、蛹或成虫。

（八）墨西哥棉铃象

1. 分布

主要分布在美洲，如美国、墨西哥、危地马拉、萨尔瓦多、洪都拉斯、尼加拉瓜、哥斯达黎加、古巴、海地、多米尼加、哥伦比亚、委内瑞拉、巴西等。

2. 寄主

墨西哥棉铃象主要危害棉花，也危害苘麻属、木槿属的野生种类。

成虫在棉花现蕾之前，危害棉苗嫩梢和嫩叶；现蕾后则取食棉蕾、棉铃的内部组织，致使被害棉蕾张开、脱落或干枯在棉枝上。幼虫蛀食棉蕾、棉铃，使棉蕾不能开花或只产生有少量纤维的种子。墨西哥棉铃象发生严重时可引起棉花减产1/3~1/2，且难以防治，被国际上列为重要的检疫性有害生物。

3. 生物学特性及传播途径

墨西哥棉铃象的学名为*Anthonomus grandis Boheman*，隶属鞘翅目（Coleoptera），象甲科（Curculionidae）。

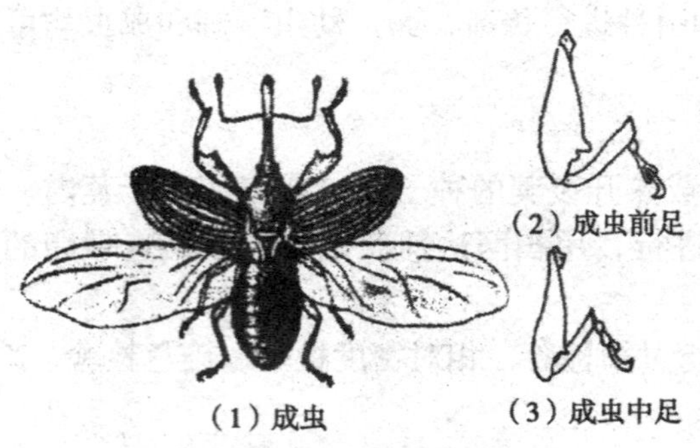

图 13–17　墨西哥棉铃象
（仿洪霓《植物检疫方法与技术》）

（1）形态特征（见图13–17）　墨西哥棉铃象的雌虫体长4.5mm、宽2.2mm，呈椭圆形，体红褐色到暗红色，被覆粗糙刻点和茸毛。头部圆形，眼相当突起，喙细长从两端到中间略收缩，触角嵌入处较雄虫的远离端部，喙基部有稀疏茸毛。触角索节7节，索节2长于索节3，索节 3~7等长，触角棒3节，索节和棒节颜色相同。前胸背板1.5倍宽于长，最宽处在中间，两侧从基部到中间几乎直，后角直角形，前端不缩缢，圆形。背面相当隆起，密布刻点，鞘翅长椭圆形，基部稍宽于前胸背板，向后逐渐加宽，两侧边前端2/3几乎平行，其余部分逐渐收缩成圆形。鞘翅行纹刻点深而且互相接近，行间稍稍凸起。后翅无明显斑点，臀板外露。雌虫的腹部腹面只有7节，第8节被前臀板遮盖。前足腿节特别粗大，棒状，有2个粗大的齿，内侧齿长而粗大，外侧齿呈尖锐三角形，两齿基部合生。中、后足腿节不如前腿节粗大。只有一个齿。跗节发达，爪离生，前足跗节的爪有雌雄异态现象，雌虫的爪内侧具较细长而尖锐的齿，其长几乎等于爪。

墨西哥棉铃象的雄虫体长5mm、宽3mm，体色较浅，喙较雌虫的略短粗，喙的两侧边近于平行，刻点大，触角嵌入处位于末端到眼之间的1/3处，和雌虫比更加靠近喙的末端。爪内侧的齿较雌虫的粗大，端部不那么尖。雄虫腹部腹面为8节，第8节不被前臀板遮盖。

墨西哥棉铃象的卵白色椭圆形，长0.8mm、宽0.5mm。

墨西哥棉铃象的老熟幼虫体长略大于8mm，体白色，被覆少数刚毛，无足，头部浅黄褐色，体型C形，腹部气孔二孔形。

墨西哥棉铃象的蛹为裸蛹，乳白色。

（2）生物学特性　墨西哥棉铃象在美国中部1年发生2~3代，南部发生8~10代，在中美洲（亚热带和热带棉区）可全年繁殖，发生8~10代。以成虫在靠近棉田的碎石、落叶下、树皮下、树木上的苔藓中、堆积的茎秆、作物残基内、轧棉机、牲口棚或其他越冬场所越冬。越冬成虫复苏后，先在棉花幼嫩生长点末端取食，当棉蕾或棉铃出现时造成最大危害。成虫嗜好危害生长期约6d的花芽或蕾。交尾后雌虫先在棉蕾或棉铃上咬一个穴，在其中产1粒卵。卵3~5d孵化成白色、无足幼虫。幼虫孵化出来以后，一直在棉蕾或棉铃内取食，历期7~14d，蜕皮2~3次。老熟后在棉蕾或棉铃内的取食孔穴中化蛹，蛹期持续约5d。成虫羽化后，咬食孔道钻出，羽化后的成虫取食约4d后，开始产卵。1代生活史平均约需25d。

墨西哥棉铃象幼虫、蛹和成虫可随籽棉、棉籽、棉籽壳的调运而远距离传播。成虫具有较强的飞翔能力，每年可以自然传播40~160km。

4. 检疫检验方法

鉴于籽棉和棉籽对传播此虫有很大的危险性，对疫区，特别是对美国、墨西哥及中美、南美国家进口的棉籽、籽棉必须进行严格的检疫检验。

在进行现场检验时，要重点检查上层棉花，在卸货过程中，继续检查中下层棉花。注意检查货舱或车厢四壁、缝隙边角以及包装物、铺垫物等该虫易藏身的地方。检查中如发现棉籽，应逐一剖开检查有无害虫。现场发现的可疑成虫、蛹、幼虫应进行实验室镜检鉴定。

三、检疫性蛾类

蛾类昆虫属昆虫纲鳞翅目（Lepidoptera），主要以幼虫危害植物叶片、茎干或果实，对农林产品的产量和质量影响极大。重要的检疫性蛾类有苹果蠹蛾、美国白蛾和咖啡潜叶蛾等。

（一）苹果蠹蛾

1. 分布

苹果蠹蛾起源于欧亚大陆南部，现分布在欧洲，也分布于亚洲、美洲、大洋洲部分国家（地区），如中国的新疆和甘肃、哈萨克斯坦、吉尔吉斯斯坦、美国、澳大利亚、阿根廷、智利等；非洲少数国家（地区）也有分布，如埃及、摩洛哥、南非等。

2. 寄主

苹果、梨、沙果、桃、杏、李、胡桃、石榴、山楂、野苹果等。

苹果蠹蛾以幼虫为害果实的果肉和种子。苹果和沙果被蛀后，蛀孔外部逐渐有褐色虫粪排出，严重时，可堆积相当数量，以丝连缀成串，挂在蛀果之下；香梨被蛀后所排出的虫粪则为黑色。

苹果蠹蛾幼虫蛀果为害，使果实品质降低或失去食用价值，受害后还会造成大量落果，对产量影响很大。在新疆，苹果和沙果第1代幼虫的蛀果率达50%左右，第2代幼虫的蛀果率达80%以上；香梨蛀果率达44%，严重时也达到60%以上，而造成的落果数量，更是难以统计。1986年苹果蠹蛾传入甘肃，在敦煌市立足，而后迅速扩展。到1992年已遍布全市，30多个大中型果园受害，年均损失40多万元，是世界上最严重的蛀果害虫之一。

3. 生物学特性及传播途径

苹果蠹蛾的学名为*Cydia pomonella*（L.），隶属于鳞翅目（Lepidoptera），卷蛾科（Torticidae）。

（1）苹果蠹蛾的形态特征（见图13-18） 苹果蠹蛾成虫体长8mm，翅展19~20mm，体灰褐色而带紫色光泽，前翅臀角处有深褐色椭圆形大斑，内有3条青铜色条斑，这是苹果蠹蛾的显著特征。翅基部色较浅，其外缘略呈三角形，有较深的波状纹。雄蛾前翅腹面中室后缘有一较深的黑褐色条斑，雌蛾无。后翅褐色，基部颜色较淡。

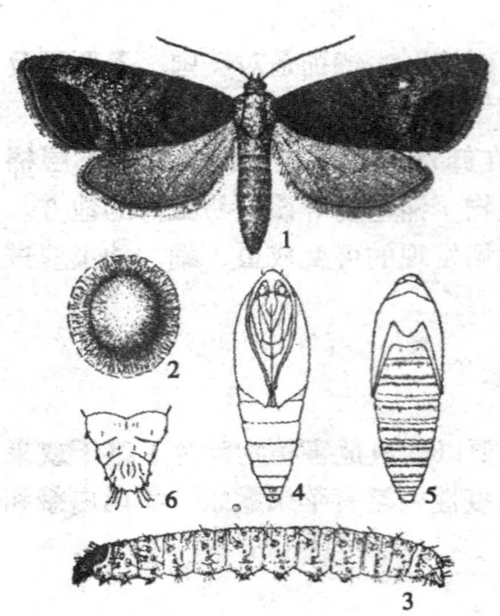

图 13-18 苹果蠹蛾

1—成虫 2—卵 3—幼虫 4~6—蛹

（1，3仿浙江农业大学，2，4，5，6仿张学祖）

苹果蠹蛾卵呈椭圆形，扁平，中央略凸出，随着胚胎发育可见卵上显出一圈红色斑纹，卵壳上有很细的皱纹。

苹果蠹蛾的初龄幼虫黄白色。成熟幼虫体长14~18mm，头黄褐色，体呈红色，背面色深，腹面色浅，前胸盾淡黄色，并有褐色斑点，臀板上有淡褐色斑点。腹末端无臀栉。腹足趾钩为单序缺环。

苹果蠹蛾蛹黄褐色，体长7~10mm。肛门两侧各有2根臀棘，末端有6根，共10根臀棘。

（2）苹果蠹蛾的生物学特性 苹果蠹蛾年发生1~4代。北欧1代，前苏联1~3代，美国2~4代。我国新疆年发生2~3代。在新疆，越冬成虫5月初开始出现，6月底发生第一代成虫，其发生期可延续到8月底。5月底至7月下旬，为第1代为害期。成虫有趋光性。黄昏至清晨交尾，产卵前期3~6d，雌虫产卵50粒以上，最多可达140粒，其卵散产于果面与叶面上，有的也产在枝条上，以上层叶片和果实上卵最多，喜产在背风向阳处。成虫盛期后10~14d为卵盛期，第1代卵期为9~16d，第2代为8d左右。幼虫一般从果实蒂部、梗洼或萼洼蛀入，可转果为害，造成果实脱落，一头幼虫能咬几个苹果，从蛀果到脱果通常需一个月左右。幼虫期平均28~30d，幼虫老熟后脱果爬到树干裂缝处或地上隐蔽物以及土中结茧化蛹，也有在果内、包装物及贮藏室化蛹。一部分幼虫有滞育习性，脱果晚，幼虫滞育与光照长短有关。在北纬30° 地区，90%幼虫进入滞育的光周期为13.8h，43° 地区为15.2h，50° 地区为16.5h。

苹果蠹蛾幼虫为兼性滞育，即使在最有利的温度和光周期条件下，第1代幼虫总有一部分进入滞育，在新疆2代区，第1代幼虫的滞育率为25%~30%，有时可达50%。

苹果蠹蛾生长发育的适宜温度为15~30℃，温度低于11℃或高于32℃不利于其生长发育。生长发育的最适相对湿度为70%~80%。

苹果蠹蛾主要以幼虫或蛹随运输果品和繁殖材料远距离传播，成虫也可近距离传播。

4. 检疫检验方法

产地检验时，可根据苹果蠹蛾的为害状及形态特征进行初步观察和鉴别，发现为害状后，应剖检果实，必要时将其中的幼虫和蛹进行镜检，要经常进行疫情调查，采用苹果蠹蛾性诱剂是很好的监测方法。

口岸检疫时，对果品、繁殖材料、包装物及运输工具要严格检查是否带虫，根据幼虫和蛹的形态特征进行鉴别，必要时把幼虫或蛹饲养出成虫再鉴定。

（二）美国白蛾

1. 分布及危害

原产于北美洲，后传入欧洲和亚洲。现分布于中国（辽宁、河北、山东、天津、陕西）、朝鲜半岛、日本、土耳其、前苏联、波兰、斯洛伐克、匈牙利、奥地利、法国、意大利、前南斯拉夫、罗马尼亚、希腊、加拿大、美国、墨西哥。

2. 寄主

此虫属典型的多食性害虫。据报道可为害200多种林木、果树、农作物和野生植物，其中主要为害多种阔叶树。最嗜食的植物有桑、白蜡槭（糖槭），其次为胡桃、苹果、梧桐、李、樱桃、柿、榆和柳等。

幼虫4龄前群居树冠为害，在叶背啃食叶肉，只残留叶脉；同时，吐丝拉网成幕。网幕直径多为1m左右，大的可达3m。一株树上有多个网幕，最多达200个。幼虫5龄后分散成个体，从幕内转移至新叶继续为害。当叶全部吃光后，还可转移到附近农作物上为害，可蔓延到附近铁路、公路和居民区。幼虫为害可造成树势衰弱，易遭其他病虫害的侵袭，并降低抗寒抗逆能力。被害果树果实早期落果，有时树叶全被吃光，最后整株树死亡。该虫适生范围广，繁殖力强，传播途径多，蔓延快，暴发性强，防治困难，危害性大。因此，该虫严重影响养蚕业，林果业和城市绿化。

3. 生物学特性及传播途径

美国白蛾学名为*Hyphantria cunea*（Drury），隶属鳞翅目（Lepidoptera），灯蛾科（Arctiidae）。

（1）美国白蛾的形态特征（见图13-19） 美国白蛾雄虫翅展23~35mm，雌虫33~45mm。头部密被白色长毛。雄虫触角双栉齿状，雌虫锯齿状。复眼大而突出，黑色，有单眼。上唇须小，喙短而弱。翅的底色为纯白色，雄虫前翅由无斑到有多数的暗褐色斑，雌虫翅无斑或斑点较少。在一年发生两代的地区，春季由越冬蛹羽化出的成虫翅斑较多，夏季羽化的成虫翅斑较退化。前翅R_1脉由中室单独发出，R_2~R_5共柄；M_1由中室前角发出，M_2、M_3由中室后角上方发出，Cu_1由中室后角发出。后翅S_c+R_1由中室前缘中部发出，R_s和M_1由中室前角发出，M_2、M_3有 1 短的共柄，由中室后角上方发出，Cu_1由中室后角发出。前足基节及腿节端部橘黄色，胫节及跗节大部黑色，胫节有 2 个端刺，一个长而弯曲，另一个短而直。后足胫节仅有 1 对端距，缺中距。

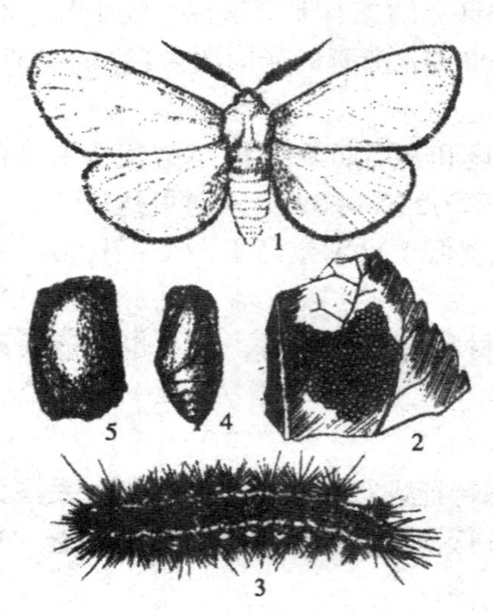

图 13-19 美国白蛾
1—成虫 2—卵块 3—幼虫 4—蛹 5—茧
（仿张执中）

美国白蛾有红头型与黑头型之分。红头型幼虫的头和身体毛瘤呈橘红色，而黑头型幼虫的头和身体毛瘤为黑色。红头型只发生在美洲，发生在欧洲和亚洲的都是黑头型。我国的美国白蛾幼虫大多属于黑头型。老熟幼虫体长达28~35mm。头黑色发亮，身体黄绿色至灰褐色。体呈圆筒状，背方有 1 条深褐色至黑色宽纵带，暗色带内分布黑色毛瘤，体侧淡黄色，多着生橘黄色毛瘤。气门周围散布淡灰色不规则小斑纹，侧线及气门下线黄色，腹面灰黄色至淡灰色，腹足黑色有光泽。

美国白蛾蛹体长8~15mm，宽3~5mm。暗红褐色有光泽。外面有一层黄褐色薄茧。美国白蛾蛹头部、前胸及中胸布满小而不规则的皱纹刻点，后胸及腹部各节除节间沟外密布浅的凹刻，胸部背中央有 1 纵脊。臀棘8~15根，棘的末端膨大，中间凹陷。

美国白蛾卵圆球形，直径0.4~0.5mm，初产时呈淡绿色或黄绿色，有光泽，表面具多数规则的小凹刻。

（2）美国白蛾的生物学特性 美国白蛾在我国北方1年发生完整的2代。以蛹在树皮下或地面枯枝落叶处越冬，越冬蛹于次年4月下旬开始羽化。成虫羽化期可延续到5月中下旬，当年第一代卵最早可在4月下旬见到。第1代幼虫最早见于5月上旬，6月中下旬为第1代幼虫为害盛期，6月中旬发育较早的幼虫已经开始化蛹。7月上旬，第1代成虫出现。第2代幼虫7月中旬开始发生，8月中旬为第2代幼虫危害盛期，为美国白蛾全年为害最为严重的时期。第1代虫期发生比较整齐，第2代虫期发生期则比较紊乱，虫期重叠现象严重，第2代大部分幼虫化蛹越冬，少部分化蛹早的如果当年温度较高可再发生一代，即能够发生第3代。在大连市和秦皇岛市一般年发生2代，遇到秋季高温年份，第3代也能完成发育。天津市、陕西关中地区第3代美国白蛾发生量较大，化蛹率也高，占总发生量的30%左右。

美国白蛾成虫一般将卵产在树冠外围的叶背面。产卵时间长，有时长达2d以上。一头雌蛾一般只产一个卵块，大部分卵为第1天产下。在不受干扰的情况下，雌虫产的卵为紧密单层排列，卵块上覆盖有一层致密的雌蛾腹部脱落的体毛保护，雌蛾最高产卵量可达1 800粒，平均800~900粒。雌蛾寿命一般5~8d，雄蛾4~7d。成虫一次飞行距离在100m以内。成虫有弱趋光性。

美国白蛾第1代卵期为11~20d，平均15d，第2代卵期为7~15d，平均11d。平均温度23~25℃，相对湿度75%~80%最适于卵的发育。

美国白蛾幼虫有6~7个龄期，其历期随环境条件变化而不同，一般为40d左右。平均温度24~26℃，相对湿度70%~80%最适于幼虫的发育。美国白蛾幼虫孵化后营群居结网生活是该虫的一大特点，故又称网幕毛虫。1~2龄幼虫只在叶背面取食叶肉，留下叶脉，呈透明纱窗状，3龄幼虫开始将叶片咬成缺刻。3龄前的幼虫群集在一个网幕内为害，4龄开始分网，分成若干个小群体，形成几个网幕，藏匿其中取食。1~4龄幼虫一直生活在网幕中。4龄末幼虫食量大增，5龄幼虫破网分散为单个个体取食，进入暴食期。

美国白蛾第1代蛹期为12d左右，第2代蛹期为8~9个月。第2代蛹（即越冬蛹）多发生滞育。幼虫期的短光照为诱导滞育的重要因子，其次是温度、湿度、食物的质量等因子。10~14h的短日照及低温诱导滞育。

美国白蛾扩展的最主要途径是随原木、苗木、鲜果、蔬菜及包装物等借助于交通工具进行远距离传播。各个虫态，都有可能借助交通工具进行传播，但总的来看，以4龄以上的幼虫和蛹传播的机会最多。成虫、幼虫还可自主扩散，每年向外扩散35~40km。

4. 检疫检验方法

对来自疫区的木材、苗木、鲜果、蔬菜以及包装箱、填充物和交通工具都必须认真检查。检验成虫应注意货物及交通工具的各个隐蔽处及苗木的叶背面；检验卵应注意寄主植物的叶背；检验低龄幼虫应注意寄主植物上的网幕，检验老龄幼虫及蛹应注意树干缝洞及根部土壤、包装材料及货物的木箱、运载工具的内外角落、缝隙及孔洞，原木和木材的树皮下、裂缝、洞穴及草堆的内层。

在成虫发生期可设置黑光灯或利用性信息素来诱捕或监测美国白蛾。

对可疑标本要进行实验室镜检。对发现的成虫标本，首先要确定是否属灯蛾科，要根据后翅翅脉等特征与毒蛾科、夜蛾科和虎蛾科等相区分。若确属灯蛾科，然后继续循灯蛾科分亚科及分属检索表，看是否属于白蛾属（*Hyphantria*）。该属在中国只有美国白蛾1个种。

四、其他检疫性害虫

（一）葡萄根瘤蚜

1. 分布

葡萄根瘤蚜主要分布在亚洲、欧洲、大洋洲的部分国家（地区），如朝鲜、日本、俄罗斯、波兰、捷克、德国、瑞士、法国、意大利、澳大利亚、新西兰等；在非洲和美洲的少数国家（地区）也有分布，如南非、加拿大、秘鲁、巴西、阿根廷等。

2. 寄主

此虫为单食性有害生物，仅危害葡萄属植物（葡萄及野生葡萄）。

主要危害根部，也可危害叶片，须根被害后肿胀，形成菱角形根瘤，蚜虫多在凹陷的一侧（不在根瘤内部而在外部）。侧根和大根被害后形成关节形的肿瘤，蚜虫多在肿瘤缝隙处。由于根部养分被刺吸和受害变色腐烂，严重破坏根系吸收、输送水分和养分的功能，造成树势衰弱，影响开花结果，严重时可造成植株死亡。叶片被害后，在叶背面形成虫瘿（开口在叶片正面），阻碍叶片正常生长。此虫是历史上最早被实施检疫的害虫之一。在1860年传入法国后，在20多年内，共毁灭该国葡萄约100万hm^2。并曾给欧洲葡萄生产造成毁灭性灾害。

3. 生物学特性及传播途径

葡萄根瘤蚜的学名为*Viteus vitifoliae*（Fitch），隶属于同翅目（Homoptera），根瘤蚜科（Phylloxeridae）

（1）形态特征（见图13-20）　此虫的虫态可分为干母、根瘤型无翅成蚜、叶瘿型无翅成蚜、有翅蚜、性蚜、卵和若虫等。

①干母：体长1~1.3mm，体黄绿色，体表多毛，有细微沟纹，触角第3节长度大于第1节与第2节之和。无翅，孤雌卵生。

②根瘤型无翅成蚜：体呈卵圆形，长1.15~1.50mm，宽0.75~0.9mm，污黄色或鲜黄色，无翅，无腹管。体背各节具灰黑色瘤，头部4个，各胸节6个，各腹节4个。胸、腹各节背面各具1横形深色大瘤状突起。复眼由3个小眼组成，触角3节，第3节最长，其端部有1个圆形或椭圆形感觉器圈，末端有刺毛3根（个别的具4根）。

③叶瘿型无翅成蚜：体近于圆形，无翅，无腹管，与根瘤型无翅成蚜很相似，但体背无瘤，体表具细微凹凸皱纹，触角末端有刺毛 5 根。

④有翅蚜：体呈长椭圆形，长约0.90mm，宽约0.45mm，复眼由多个小眼组成，单眼3个。翅2对，前宽后窄，静止时平叠于体背（不同于一般有翅蚜的翅呈屋脊状覆于体背）。触角第3节有感觉器圈2个，1个在基部近圆形，另1个在端部长椭圆形。前翅翅痣长形，有中脉、肘脉和臀脉3根斜脉，后翅仅有1根脉（经分脉）。

⑤性蚜：雌成蚜体长0.38mm，宽0.16mm，无口器和翅，黄褐色，复眼由3个小眼组成。雄成蚜体长0.31mm，宽0.13mm，无口器和翅，黄褐色，复眼由3个小眼组成。

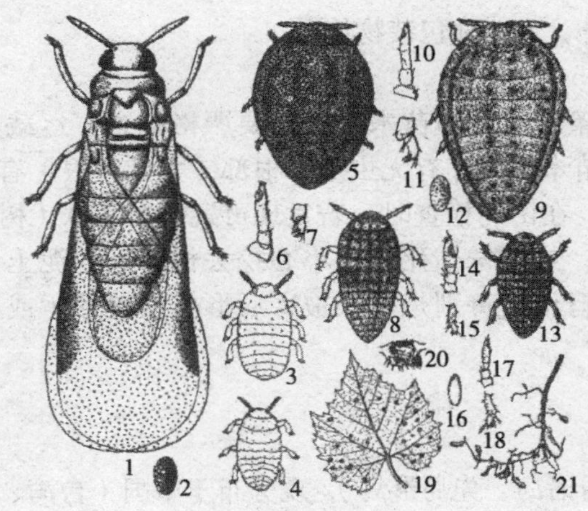

图 13-20　葡萄根瘤蚜

1—成蚜　2—卵　性蚜：3—雌性蚜　4—雄蚜　叶瘿型孤雌蚜：5—成蚜　6—成蚜触角　7—成蚜第3对足端部　8—若蚜　根瘤型孤雌蚜：9—成蚜　10—成蚜触角　11—成蚜足端部　12—卵　13—若蚜　14—若蚜触角　15—若蚜足端部　干母：16—越冬卵　17—若蚜触角　18—若蚜足端部　19—叶片上的虫瘿　20—叶瘿横切面　21—根部上的根瘤

（仿Grassi和Silvestri）

⑥卵：干母、根瘤型和叶瘿型无翅成蚜产下的均为无性卵，长约0.3mm，宽约0.15mm，初产时呈淡黄至黄绿色，后渐变为暗黄绿色。有翅蚜产下的大小两种卵是有性卵，初产时呈为黄色，后呈暗黄色，大的为雌卵，长0.35~0.5mm，宽0.15~0.18mm，小的为雄卵，长约0.28mm，宽约0.14mm。性蚜产下的为越冬卵，长约0.27mm，宽约0.11mm，呈橄榄绿色。

⑦若虫：共 4 龄，体淡黄色，眼、触角、喙及足分别与各型成虫相似。

（2）生物学特性　在烟台葡萄根瘤蚜（根瘤型）一年可发生8代，主要以第1龄若虫在10mm以下的土层中及2年以上的粗根根叉缝隙被害处越冬。翌春4月上旬，越冬若虫开始活动，此时，主要为害粗根，5月上旬开始产卵。雌虫一生产卵9~19粒。若虫孵化后常爬行一段距离，寻觅适当场所固定，开始吸食为害，成虫寿命长14~26d，平均为20d；产卵期为9~21d，平均为12.5d；幼虫期12~18d，平均14.5d。田间虫口密度以5月中旬到6月底和9月上旬到9月底两段时间为最高。7月以后进入雨季，前期被害的须根腐烂。此时，根瘤蚜可沿根和土壤缝隙爬到地表须根上吸食，从而造成根瘤。7月上、中旬根瘤形成最多。6月以后，开始出现有翅型若蚜，以8、9月份发生最多。羽化后多不出土，少量出土也不在枝蔓上产卵。此虫在烟台一般于山地壤土或黏土中发生较为普遍，沙地不利其存活。土壤温度对若虫存活率有显著影响。土壤温度16℃时，若虫存活率约为21℃时的1/3。若虫期从21℃时的28d，延长到71d，土壤温度大于32℃时，可使若虫死亡。

此虫主要随带根的葡萄苗木调运而传播。在有完整生活史的地区，越冬卵附着在扦插枝条上传播。此外，也能随包装物传播。

4. 检疫检验方法

引进葡萄苗、插条时，不但苗木、插条要严格检查，运载工具和包装物也要检查。检查时，要注意苗木的叶片有无虫瘿，根部（尤其须根）有无根瘤，根部的皮缝和其他缝隙有无虫卵。在田间检查时，若发现可疑的被害株（树势明显衰弱，提前黄叶、落叶，产量下降，或整株枯死），小心挖去根附近的泥土，露出须根，检查根部有无被害的根瘤和蚜虫，特别是须根被害后形成的菱形（或鸟头状）根瘤，较易被发现。

（二）松突圆蚧

1. 分布

原产于日本（冲绳诸岛、先岛群岛），现分布于中国（台湾、香港、澳门、广东和福建）、日本（冲绳诸岛、先岛群岛）。

2. 寄主

松突圆蚧的寄主是马尾松、湿地松、日本黑松、本种加勒比松、巴哈马加勒比松、洪都拉斯加勒比松、展松、卵果松、短叶松、卡锡松、晚松、光松、列果沙松、南亚松。

松突圆蚧主要以成虫和雌若虫群栖于较老针叶基部叶鞘内吸食植物汁液，致使松叶受害处变褐、发黑、缢缩或腐烂，继而针叶上部枯黄、卷曲或脱落、枝梢萎缩，抽梢短而少，影响松树生长，使马尾松等树势衰弱。马尾松受害后，年平均受害率比受害前下降了4.3%，有些松树受松突圆蚧为害后，相继发生较严重的蛀干害虫及其他病害，出现松树枯死现象。松突圆蚧的为害直接影响木材和松脂的产量，是一种为害松属树种的检疫性害虫，其蔓延和危害对疫区的松林资源、生态环境、自然景观、外贸出口和社会经济发展产生严重的影响，直接威胁我国南方松林及重点生态区的安全。

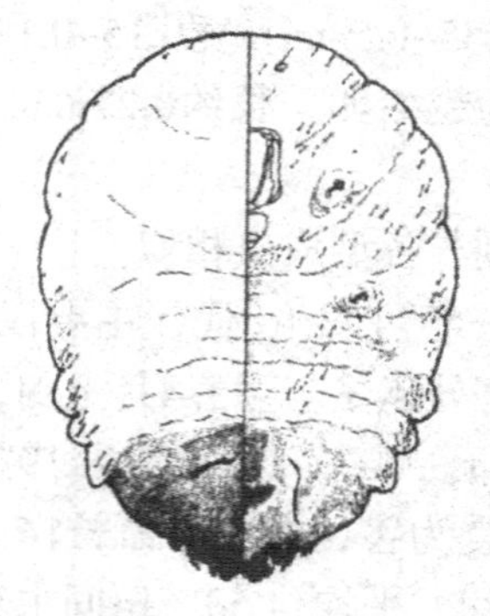

图 13-21　松突圆蚧雌成虫背、腹面（仿商鸿生）

3. 生物学特性及传播途径

松突圆蚧学名为*Hemiberlesia pitysophila* Takagi，隶属于同翅目（Homoptera），蚧总科（Coccoidea），盾蚧科（Diaspididae）。

（1）松突圆蚧的形态特征（见图13-21）　松突圆蚧雌成虫体略呈宽梨形。腹末端臀板宽而近似半圆形。腹部第 2 至第 4 腹节侧缘常明显向外突出。体壁除臀板外均为膜质，在口器下方常有鳞状颗粒分布，或有的个体此颗粒不甚明显。臀叶 2 对（偶有不明显的第3臀叶），中臀叶大，其末端钝圆，两侧有缺刻。中臀叶之两叶多为平行状伸出，两叶间的距离约为臀叶宽度的 1 / 3 。第 2 对臀叶很小，但高度硬化，呈小齿状斜向内伸出，其大小远小于中臀叶，第 3 对臀叶不明显或全无。臀棘细长如刺，其顶端除中臀叶间的臀棘外，均可见有小分叉或小分枝。臀棘的形状，在不同个体间存在有变异，其顶端有略呈缨状者。臀棘的分布通常在两中臀叶间 2 根，此 2 根臀棘细而短，其长度不超过中臀叶。在中臀叶与第 2 对臀叶间具 2 根臀棘，第 2 对臀叶与第 3 对臀叶间具 3 根臀棘，再向上常有很小的 3 根臀棘分布。臀板上的背管腺细长，中臀叶间的背管腺明显越过肛门，其他背管腺在臀板两侧排成简单的 3 条纵列。肛门略呈圆形，其直径近似中臀叶长度。蚧壳常为白色。

雄成虫虫体小，体长约0.78mm。触角10节，每节均生有数根细毛。单眼2对。翅1对，前翅膜质，具2条翅脉，后翅退化成为平衡棒，棒端有刚毛1根。腹部末端交尾器稍有弯曲。

卵：椭圆，淡黄，长约0.25mm，宽约0.12mm。

初孵若虫体呈长卵形，眼1对发达，位于头前端，靠近触角。触角4节，基部3节较短，顶端节最长。口器发达。足3对。背面从中胸到腹部末端的体缘分布有管状腺。

预蛹：椭圆，后端略小，长约0.75mm，宽约0.4mm，淡黄，前端出现眼点。

蛹：椭圆，淡黄，长约0.75mm，宽约0.4mm。复眼黑色，触角、足、翅、及交配器淡黄而稍显透明。

（2）松突圆蚧的生物学特性　雄虫为完全变态，雌虫为不完全变态。雌虫孕卵量平均约40粒，产卵期可持续30~50d，卵胎生。孵出的若虫通常在母体腹下存留一段时间，待环境条件适宜时，从母体蚧壳边缘爬出。新出壳的若虫在寄主植物上活跃爬行，寻到合适寄生部位后，将口针刺入植物组织内开始取食，并不再改变寄生位置。经一段时间取食后若虫开始泌蜡，形成介壳盖住虫体。发育至2龄中期时，一部分若虫介壳尾端伸长，介壳下的虫体前端出现眼点、触角、足和翅芽雏形，口器退化，雄性进入前蛹期，再经退皮成为蛹，附肢和翅芽更为完善，交尾器也开始显露，蛹体也随之长大，再经一段时间，便羽化为雄成虫。另一部分若虫，2龄后不显眼点，足全部退化，口器发达，蜕皮后成为雌成虫。羽化后的雄成虫通常还要在介壳内蛰伏一段时间，选择合适时机爬出介壳，胸足和翅逐渐硬化，跳跃或飞翔寻找雌成虫交尾，交尾后逐渐死去。雌成虫经交尾受精后即孕卵，完成1个世代。

该蚧虫在广东通常一年可发生 5 代，世代重叠，无明显的越冬期。各世代雌蚧完成1代的历期分别为52.9~62.5d，47.5~50.2d，46.3~46.7d，49.4~51.0d，114.0~118.3d。松突圆蚧的发育起点温度为：1龄若虫为（6.7 ± 0.6）℃；2龄若虫为（10.4 ± 2.6）℃；蛹期为（13.8 ± 3.3）℃；雌成虫期为（11.5 ± 2.0）℃；整个生活史为（13.0 ± 2.8）℃。松突圆蚧的有效积温为：1龄若虫为227.5DD；2龄若虫为172.0DD；蛹期为61.4DD；雌成虫期为378.8DD；整个生活史为728DD。

松突圆蚧在初孵幼虫未进入固定阶段时随风雨、流水、动物和人类的生产活动，特别是随活苗木和新伐枝叶进行人为运输。有研究表明，松突圆蚧的自然传播媒介为气流。气流运载初孵若虫和雄成虫作无规律跳跃式传播。水平传播距离为3~5km，垂直传播距离为0.1km。3~12月为传播期，高峰期为5~6月，18~20℃为最适传播期，松突圆蚧入侵广东20年来，呈现半弧形辐射状的形式不断向内地西部和西北部扩散蔓延，平均每年扩散蔓延5.27万hm^2。

4. 检疫检验方法

在检疫过程中可采取为害状直观检验和室内检验相结合的方法。在口岸或产地检验时，按比例随机取样，验证样品是否被松突圆蚧寄生。

观察松树、苗木、盆景针叶是否枯黄、卷曲或脱落，被害部位有无变色、发黑、缢缩或腐烂的症状。特别要注意松针、嫩梢的基部，新鲜球果的鳞片间及新生针叶的中、上部。危害状直观检验时，可同时采样进行实验室制片镜检鉴定。

第三节 检疫性杂草

检疫性杂草是指在农田中夹杂在作物间生长的非目标性植物，通常为一年生或多年生的草本植物，偶有木本植物。杂草不仅造成农作物歉收，而且助长病虫害的发生和蔓延，有的还可以成为病虫害的媒介和寄主，有些杂草本身就是一种寄生物。检疫性杂草可分为寄生型杂草和有毒型杂草等类群。

在检疫性杂草中，重要的种类有豚草、菟丝子属、毒麦、列当属、假高粱等。

一、菟 丝 子 属

（一）分布

原产美洲，广泛分布于全世界。以亚洲为主，我国有分布。

菟丝子（Cuscuta L.）是菟丝子科（Cuscutaceae），菟丝子属（Cuscuta）植物的总称，该属约有170种，我国有14种，以东北和新疆地区发生较多。

（二）寄主

菟丝子属种类多，寄主范围极广。主要寄生于豆科、菊科、蓼科、茄科、苋科、藜科、百合科、伞形科、杨柳科、蔷薇科等草本或木本植物上。据报道，在美国、前苏联及欧亚许多国家的甜菜、洋葱、葡萄、果树、黄瓜、紫花苜蓿、胡椒、番茄等，都受到菟丝子的严重危害。

菟丝子是全寄生的草本寄生性种子杂草，本身无根无叶，借特殊器官——吸器与寄主的维管束相连接，吸取寄主植物的营养和水分，而且造成寄主输导组织的机械性障碍，严重影响寄主植物的生长发育，且缠绕在寄主的周围，造成大片植物的死亡。菟丝子同时又为农作物病虫害提供中间寄主，助长病虫害发生，它还具有顽强的适应性和可塑性，一旦传入，极难根除。

（三）主要鉴定特征（见图13-22）

菟丝子属植物是一年生寄生缠绕草本植物，无根，也无叶或叶退化为小的鳞片，茎线形，光滑，无毛。幼苗时淡绿色，寄生后，茎呈黄色，褐色或为紫红色，大多为黄色。茎缠绕后长出吸器，借助吸器固着寄主，它的吸器不仅吸收寄主的养料和水分，而且给寄主的输导组织造成机械性障碍。花小，白色或淡红色。无花梗或有极短的梗。花序为穗状花序或簇生成团伞花序。苞片小或缺。花为5出数，少有4出数。萼片近相等，基部或多或少连合成杯状、壶状或钟状，包围在花冠的周围。花冠管状、壶状、球状或钟状。于花冠管内面基部雄蕊之下具有边缘分裂或流苏状鳞片。雄蕊着生在冠筒喉部或在花冠裂片相邻处，通常略有伸出，具短的花丝及内向花药。子房近球形，2室，花柱2，分离或连合为1个，柱头2。蒴果近球形，周裂，附有残存的花冠。种子1~4粒不等。种子无毛，没有胚根和子叶。

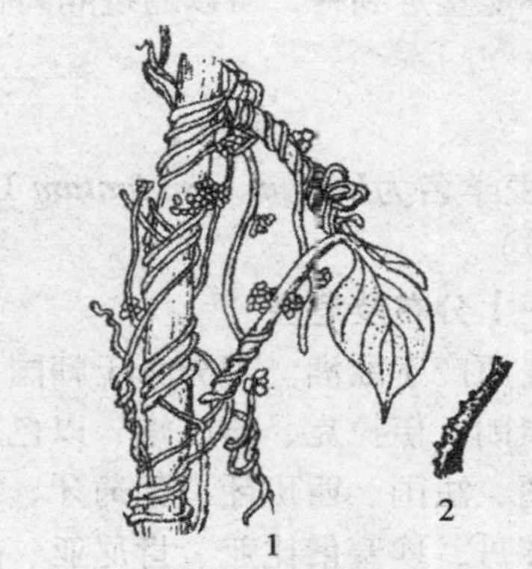

图 13–22 菟丝子形态

1—缠绕在寄主上的菟丝子 2—菟丝子茎上吸器

（仿李杨汉）

（四）生物学特性及传播途径

菟丝子主要以种子繁殖，在自然条件下，种子萌发与寄主植物的生长具有同步节律性。当寄主进入生长季节时，菟丝子种子也开始萌发和寄生生长。在环境条件不适宜萌发时，种子休眠，在土壤中多年，仍有生活力。菟丝子种子萌发后，长出细长的茎缠绕寄主，自种子萌发出土到缠绕上寄主约需 3 d。缠绕上寄主以后与寄主建立起寄生关系约需 1 周，此时下部逐渐干枯而与土壤分离，从长出新苗到现蕾需 1 个月以上，现蕾到开花约10d，自开花到果实成熟约需要20d左右。因此，菟丝子从出土到种子成熟需80~90d。菟丝子从茎的下部逐渐向上现蕾、开花、结果、成熟，同一株菟丝子上的开花结果的时间不一致，早开花的种子已经成熟，迟开花的还在结实，结果时间很长，数量多，1 株菟丝子能结数千粒种子。菟丝子也能进行营养繁殖，一般离体的活菟丝子茎再与寄主植物接触，仍能缠绕，长出吸器，再次与寄主植物建立寄生关系，吸收寄主的营养，继续迅速蔓生。

菟丝子主要是以种子进行传播扩散。菟丝子种子小而多，寿命长，易混杂在农作物、商品粮以及种子或饲料中作远距离传播。缠绕在寄主上的菟丝子片断也能随寄主远距离传播。

（五）检疫检验方法

对受检的植物、植物产品进行现场直接检验及过筛检验。

直接检验，适用于新鲜苗木或带茎叶的干燥材料。按规定取代表性样品，用肉眼或借助放大镜检查植物茎、叶有无菟丝子缠绕或夹带。于干燥材料上发现菟丝子茎丝后，其种子有时会脱落，应注意检查检验材料底层之碎屑。

过筛检验，适用于谷类作物的种子材料。检查材料大于菟丝子，可采用正筛法将菟丝子由筛下物分检出来，检查材料小于菟丝种子，可采用倒筛法将菟丝子由上筛层分检出来，检查材料与菟丝子种子大小相近的，可通过适当的相对密度法、滑动法、磁吸法分检之，并在解剖镜下镜检。

如不能鉴定到种，可以通过隔离种植检验，根据花果的特征进行鉴定。

二、毒　麦

毒麦学名为*Lolium temulentum* L.，隶属禾本科（Gramineae），大麦族燕麦草属（*Lolium*）。

（一）分布及危害

毒麦原产于欧洲。现分布于韩国、日本、新加坡、菲律宾、印度、斯里兰卡、阿富汗、伊朗、伊拉克、黎巴嫩、以色列、约旦、土耳其、前苏联、波兰、德国、奥地利、英国、法国、西班牙、葡萄牙、意大利、阿尔巴尼亚、希腊、埃及、突尼斯、摩洛哥、苏丹、埃塞俄比亚、肯尼亚、南非、澳大利亚、新西兰、加拿大、美国、墨西哥、哥伦比亚、委内瑞拉、巴西、智利、阿根廷、乌拉圭。20世纪50年代传入我国，现在黑龙江、内蒙古、山东、江苏、云南、西藏、山西、上海、浙江、福建、北京、广东等省市区有该杂草发生的报道。

麦田发生毒麦后会影响小麦产量。更重要的是：毒麦籽粒的种皮之下，含有毒麦碱（$C_7H_{12}N_2O$）和黑麦草碱，能麻痹中枢神经，因而有毒。人、畜及家禽吃了都会中毒，据资料介绍，人吃了含4%毒麦的面粉，就能引起头晕、昏迷、恶心、呕吐、痉挛，在一定时期内，甚至不能劳动。家禽吃毒麦的剂量，达到体重的0.7%时，就会中毒。毒麦对马、牛、羊都有自然中毒的病例，并且以未成熟或多雨潮湿季节收获时毒性最强，但其茎叶皆无毒害。毒麦具有较强的适应性和繁殖力，分蘖力为小麦的2~3倍，一旦侵入农田，不及时根除，几年后混杂率可高达60%~70%，严重影响作物的产量和质量。

（二）主要鉴定特征

毒麦形似小麦，幼茎部紫红色，后变为绿色，须根较稀，茎直立，丛生，光滑，坚硬不易倒伏。株高50~110cm左右，一般比小麦矮10~15cm（肥沃田中比小麦矮，瘠薄田中比小麦高）。叶鞘包于茎秆上，叶片较薄，下面光滑，上面较粗糙，叶脉明显。叶片长10~15cm，宽4~6mm。穗形狭长。穗轴平滑，两侧有轴沟，呈波浪形弯曲，穗长10~25cm，每穗有8~19个小穗，互生于穗轴上，每小穗2~6个花，排成 2 列。小穗以穗片的背腹面对向穗轴，第 1 颖缺，第 2 颖大，长10~20mm，先端尖而钝头，具3~5脉。外稃椭圆形，长6~8mm，先端钝。芒自近外稃顶端处伸出，芒长7~15mm。内稃与外稃等长。颖果被内、外稃紧包，紧贴于稃片内不易脱离，颖果长椭圆形，坚硬，无光泽，呈灰褐色，长4~6mm。腹沟较宽。带稃颖果长6~9mm，宽2~2.8mm，厚1.5~2.5mm。千粒重10~13g。

（三）生物学特性及传播途径

为一年生杂草。常与小麦、大麦和燕麦混生，是麦类作物田的一种恶性杂草。毒麦以种子繁殖，在土内10cm深处尚能出土，而小麦则不能出土，在室内贮藏2年仍有萌芽力。毒麦必须完全成熟，经过休眠期以后，才能充分萌芽。从播种到萌芽需5d，萌芽势较小麦缓慢。在我国东北，毒麦在4月末、5月初出苗，比小麦晚2~3d，但出土后生长迅速，5月下旬抽穗，比小麦迟5d，成熟期在6月上旬，比小麦迟7~10d。在我国南方，抽穗一般在5月上旬，比小麦迟6~7d，扬花、灌浆期比小麦长，成熟期比小麦迟5~7d。一般在6月10日前后成熟，比大、元麦迟熟20d左右。

毒麦以种子传播。成熟后一部分落在田里，次年萌发，大部分混杂在小麦籽实里，随调运传播。

（四）检疫检验方法

对受检的植物、植物产品进行产地直接检验或过筛检验。

（1）产地检验　在小麦和毒麦的抽穗期，根据毒麦的穗部特征进行鉴别，记载有无毒麦发生和毒麦的混杂率。

（2）过筛检验　对进口或调运的小麦进行过筛检验，过筛后，进行镜检鉴定。在解剖镜下，观察小穗、小穗轴的内稃、外稃和外稃上的芒等形态特征，并依据带稃颖果的外表形态特征和黑麦草属主要种分种检索表进行分种检索。

思　考　题

1. 试从生物学特性、危害特点、地理分布、传播途径和检验检疫方法等方面，分别阐述小麦矮腥黑穗病菌、大豆疫霉菌、烟草霜霉病、梨火疫病菌、番茄环斑病毒、香蕉穿孔线虫、松材线虫、地中海实蝇、马铃薯甲虫、大谷蠹、菜豆象、双钩异翅长蠹、欧洲榆小蠹、椰心叶甲、葡萄根瘤蚜、苹果蠹蛾、美国白蛾、稻水象甲、松突圆蚧等的特点及检疫重要性。

2. 试举一例，从生物学特性、危害情况、地理分布、传播途径和检验检疫方法等方面，阐述检疫性杂草的特点。

参考文献

[1] 万方浩，郑小波，郭建英. 重要农林外来入侵物种的生物学与控制. 北京：科学出版社，2005

[2] 王四宝，刘云鹏，樊美珍等. 不同诱捕技术对松褐天牛的诱捕效果. 应用生态学报，2005，16（3）：505~508

[3] 王春林. 抓住机遇迎接挑战. 植物检疫，2001，15（3）：165~169

[4] 王春林. 抓住机遇迎接挑战（续）. 植物检疫，2001，15（4）：239~241

[5] 王春林.《实施卫生与植物卫生措施协议》的影响及其政策取向. 植保技术与推广，2001，21（12）：32~34

[6] 王春林.《实施卫生与植物卫生措施协议》的影响及其政策取向（续）. 植保技术与推广，2002，22（1），24~26

[7] 王春林，王玉玺，吴立峰. 从生产环节入手突破绿色壁垒——建设种植业非疫生产区的思考. 植保技术与推广，2003，23（1）：34~36

[8] 王跃进. 溴甲烷及其替代技术（一）. 植物检疫，1998，12（2）：103~106

[9] 王跃进. 溴甲烷及其替代技术（二）. 植物检疫，1998，12（3）：184~187

[10] 王跃进等. 黄斑星天牛溴甲烷检疫熏蒸技术研究. 植物检疫，2003，17（1）：1~6

[11] 王跃进，黄庆林，王新. 木质包装集装箱溴甲烷检疫熏蒸技术研究. 植物检疫，2003，17（15）：257~259

[12] 王福祥. 美国重视国内检疫病虫的封锁扑灭. 植保技术与推广，2001，21（5）：45~46

[13] 王福祥. 植物检疫在农业生产与贸易中的地位与作用（上）. 世界农业，2002，11：38~40

[14] 王福祥. 植物检疫在农业生产与贸易中的地位与作用（下）. 世界农业，2002，12：36~38

[15] 王福祥. 国际植物检疫发展的特点和趋势. 植物检疫，2002，22（10）：33~35

[16] 王福祥，吴立峰. 加入国际植保公约组织有利于增进国际合作. 植物检疫，2004，24（3）：170~172

[17] 付昌斌. 检疫处理中的熏蒸和辐射处理法. 植物检疫，1998，12（6）：365~368

[18] 刘元明. 植物检疫在农产品非疫区生产中的地位与作用. 湖北植保，2003，（6）：31~32

[19] 刘栋，江世宏，张国安. 入侵红火蚁防治方法的研究进展. 华中农业大学学报，2005，24（4）：417~422

[20] 李文，龚国祥. 我国签订的双边植物检疫条约概况. 植物检疫，2004，18（1）：62~63

[21] 农业部全国植物保护总站，浙江农业大学植保系. 植物检疫学. 北京：农业出版社，1991

[22] 李先誉. 新中国的农业植物检疫. 植保技术与推广，2000，20（4）：37~39

[23] 李先誉. 我国引进种苗的检疫审批及疫情监测. 植物检疫，2000，14（6）：358~360

[24] 全国农业技术推广中心. 植物检疫性有害生物图鉴. 北京：中国农业出版社，2001

[25] 朱西儒，徐志宏，陈枝楠. 植物检疫学. 北京：化学工业出版社，2004

[26] 朱光耀，周伯军，李鸣. 船舶熏蒸技术. 植物检疫，2005，19（1）：60~62

[27] 朱延书，康宁. 生物技术在植物检疫检测中的应用. 江苏林业科技，2003，30（3）：42~47

[28] 许志刚. 植物检疫学. 北京：中国农业出版社，2003

[29] 全国农业技术推广中心. 植物检疫性有害生物图鉴. 北京：中国农业出版社，2001

[30] 全国农业技术推广服务中心. 潜在的植物检疫性有害生物图鉴. 北京：中国农业出版社，2005

[31] 李建光，汪万春，武国栋. 应用真空熏蒸技术杀灭蔗扁蛾. 植物检疫，2004，18（3）：140~142

[32] 李祥. 植物检疫概论. 武汉：湖北科学技术出版社，1996

[33] 李淑荣，王传耀，高美须. 辐照技术在农产品检疫上的应用. 植物检疫，1998，12（5）：302~304

[34] 李尉民. 国际出入境检疫发展趋势及中国应采取的对策. 中国检验检疫，1999，（7）：5~6

[35] 李尉民，岳宁，夏红民. 转基因生物及其产品的风险与管理. 生物技术通报，2000，（4）：41~44

[36] 李尉民，岳宁，曹喆.《卡塔赫纳生物安全议定书》及其对转基因农产品国际贸易和生物技术发展的影响与对策. 生物技术通报，2000，（5）：7~10

[37] 李尉民. 有害生物风险分析. 北京：中国农业出版社，2003

[38] 安榆林，朱宏斌，陈建东. 水浸处理原木杀虫机理的研究. 南京林业大学学报（自然科学版），2002，26（2）：11~14

[39] 李德山，段刚，赵汗青. 植物检疫除害处理研究现状及方向. 植物检疫，2003，17（5）：289~292

[40] 汤德良，张从仲，徐国淦. 溴甲烷的替代技术初探. 植物检疫，1997，11（6）：365~368

[41] 陈乃中，吴佳教. 澳大利亚实蝇非疫区的组建与维护. 植物保护，2005，31（3）：79~82

[42] 陈 飞，肖国平，姚永华. 中国动物检疫展望. 动物科学与动物医学，2002，19（2）：5~28

[43] 陈青青. 我国人境蔬菜检疫性病虫害的检疫及控制. 福建农业科技，2005，（2）：56~57

[44] 陈洪俊，范晓虹，李尉民. 我国有害生物风险分析（PRA）的历史与现状. 植物检疫，2002，16（1）：28~32

[45] 吴佳教，杨国海，梁广勤等. 气调检疫处理研究进展. 植物检疫，1999，13（1）：36~39

[46] 张润志，任立，刘宁. 严防危险性害虫红火蚁入侵. 昆虫知识，2005，42（1）:6~10

[47] 林进添，曾玲，陆永跃. 高度和地点对性引诱剂诱集橘小实蝇雄虫效果的影响. 植物保护，2005，31（2）：67~68

[48] 周明华，杜国兴，陈正桥. 适应入世要求 强化植物检疫监管. 植物检疫，2003，17（2）：102~105

[49] 赵友福，魏亚东，高崇省等. 利用BIOLOG鉴定系统快速鉴定菜豆萎蔫病菌的研究. 植物病理学报，1997，27（2）:139~144

[50] 赵立荣，廖金铃，钟国强. 松材线虫和拟松材线虫的PCR快速检测. 华南农业大学学报，2005，26（2）：59~61

[51] 夏红民. 迈向新世纪的中国进出境植物检疫. 植物检疫，2000，14（4）：220~226

[52] 夏红民. 迈向新世纪的中国进出境植物检疫（续一）. 植物检疫，2000，14（5）：294~298

[53] 夏红民. 迈向新世纪的中国进出境植物检疫（续二）. 植物检疫，2000，14（6）：354~358

[54] 夏红民. 图说动植物检疫. 北京：新世界出版社，2002

[55] 夏红民. 动植物检疫除害处理工作实现跨越式发展. 中国检验检疫. 2004，（1）：11~12

[56] 夏红民. 害虫检疫在国际农产品贸易中的地位和对策. 植物检疫，2003，17（4）:237~239

[57] 夏敬源. 加强检疫法制建设，迎接WTO挑战. 植保技术与推广. 2001，21（11），7~9

[58] 高步衢. 我国植物检疫发展简史. 森林病虫通讯，1996,（1）: 37~40

[59] 高美须. 辐照作为一种检疫处理方法的发展和现状. 植物检疫，2003，17（12）: 91~94

[60] 徐国淦. 有害生物熏蒸及其他处理使用技术. 北京：中国农业出版社，1995

[61] 徐国淦. 熏蒸剂硫酰氟及熏蒸处理设备在我国的开发研究. 植物检疫，1998，12（1）: 38~46

[62] 徐洁莲，韩诗畴，欧剑峰等. 不同诱捕器与诱芯对橘小实蝇的诱杀效果. 中国南方果树，2004，33（4）: 13~14

[63] 徐海，招晖，余道坚等. 热冷处理技术在植物检疫中应用概况. 植物检疫，1998，12（2）: 107~109

[64] 徐海根，王建民，强胜等. 外来物种入侵生物安全遗传资源. 北京：科学出版社，2004

[65] 梁广勤，杨国海，梁帆. 气调技术在检疫处理中的应用. 中国进出境动植检，1998,（3）43~44

[66] 梁广勤，梁 帆，杨国海. 利用低温和气调对鲜荔枝作检疫杀虫处理试验. 中山大学学报（自然科学版），1997，36（2）: 122~124

[67] 黄澍，胡美英，官珊. 检疫害虫稻水象甲的控制技术研究进展. 昆虫天敌，2004，26（2）: 86~91

[68] 窦坦德. 植物病原真菌检测技术研究进展. 植物检疫，2001，15（1）: 31~33

[69] 詹国辉，樊新华，孙威等. 辐照处理在检疫除害中的应用. 四川林业科技，2002，23（4）: 37~41

[70] 廖太林，刘建峰，叶建仁. 血清学反应在植物病害检疫上的应用. 林业科技开发，2001，15（4）: 3~6

[71] FAO.International Standards for Phytosanitary Measurements No.1~19.1995~2003，ROME

[72] Fvederick R D，Karen E S，Tooley P W *et al.*Identification and differentiation of *Tilletia indica* and *T. walkeri* using the polymerase chain reaction.Phytopathology，2000，90（9）:951~960

[73] Hewiff W B and Chiarappa L. Plant health and quarantine in international transfer of genetic resource.CRC Press，1977

[74] MacCormick C A，Griffin H G，Underwood H M，*et al.*Common DNA sequences with potential for detection of genetically manipulated organisms in food .J Appl Microbiol，1998，84:969~980

[75] Schaad N W，Frederick R D.Real-time PCR and its application for rapid pland disease diagnostics.Can J Pathol，2002，24:250~258

[76] Smith O P.Development of a PCR method for indentification of *Tilletia indica*.Causal Agent of Karnal Bunt of Wheat.Phytopathology，1996，86（1）:115~122

[77] Subr Z，Gallo J.Characterization of monoclonal antibodies against broad bean stain and red clover mottle viruses.Acta Virol，1994，38（6）:317~320